国外电子与通信教材系列

半导体物理与器件

（第四版）

Semiconductor Physics and Devices：Basic Principles
Fourth Edition

［美］ Donald A. Neamen 著

赵毅强 姚素英 史再峰 等译

电子工业出版社
Publishing House of Electronics Industry
北京·BEIJING

内 容 简 介

本书是微电子技术领域的基础教程。全书涵盖了量子力学、固体物理、半导体材料物理及半导体器件物理等内容。全书分成三部分，共计 15 章。第一部分为半导体材料属性，主要讨论固体晶格结构、量子力学、固体量子理论、平衡半导体、输运现象、半导体中的非平衡过剩载流子；第二部分为半导体器件基础，主要讨论 pn 结、pn 结二极管、金属半导体和半导体异质结、金属–氧化物–半导体场效应晶体管、双极晶体管、结型场效应晶体管；第三部分为专用半导体器件，主要介绍光器件、半导体微波器件和功率器件等。书中既讲述了半导体基础知识，也分析讨论了小尺寸器件物理问题，具有一定的深度和广度。另外，全书各章难点之后均列有例题、自测题，每章末尾均安排有复习要点、重要术语解释及知识点。全书各章末尾列有习题和参考文献，书后附有部分习题答案。

本书可作为高等院校微电子技术专业本科生及相关专业研究生的教材或参考书，也可作为相关领域工程技术人员的参考资料。

Donald A. Neamen.

Semiconductor Physics and Devices, Basic Principles, Fourth Edition.

ISBN: 0-07-352958-3. Copyright © 2012 by McGraw–Hill Education.

All Rights reserved. No part of this publication may be reproduced or transmitted in any form or by any means, electronic or mechanical, including without limitation photocopying, recording, taping, or any database, information or retrieval system, without the prior written permission of the publisher.

This authorized Chinese translation edition is jointly published by McGraw-Hill Education and Publishing House of Electronics Industry. This edition is authorized for sale in the People's Republic of China only, excluding Hong Kong, Macao SAR and Taiwan.

Copyright © 2018 by McGraw-Hill Education and Publishing House of Electronics Industry.

版权贸易合同登记号 图字：01-2011-3949

图书在版编目（CIP）数据

半导体物理与器件：第四版 /（美）唐纳德·A.尼曼（Donald A. Neamen）著；赵毅强等译.
北京：电子工业出版社，2018.6
书名原文：Semiconductor Physics and Devices: Basic Principles, Fourth Edition
国外电子与通信教材系列
ISBN 978-7-121-34321-6

Ⅰ.①半⋯ Ⅱ.①唐⋯ ②赵⋯ Ⅲ.①半导体物理—高等学校—教材 ②半导体器件—高等学校—教材
Ⅳ.① O47 ② TN303

中国版本图书馆 CIP 数据核字（2018）第 111575 号

策划编辑：马 岚
责任编辑：马 岚 特约编辑：马晓云
印 刷：三河市鑫金马印装有限公司
装 订：三河市鑫金马印装有限公司
出版发行：电子工业出版社
　　　　　北京市海淀区万寿路 173 信箱　邮编：100036
开 本：787×1092 1/16 印张：35 字数：986 千字
版 次：2005 年 1 月第 1 版（原著第 3 版）
　　　　2018 年 6 月第 2 版（原著第 4 版）
印 次：2023 年 3 月第 11 次印刷
定 价：129.00 元

凡所购买电子工业出版社图书有缺损问题，请向购买书店调换。若书店售缺，请与本社发行部联系，联系及邮购电话：（010）88254888，88258888。

质量投诉请发邮件至 zlts@phei.com.cn，盗版侵权举报请发邮件至 dbqq@phei.com.cn。

本书咨询联系方式：classic-series-info@phei.com.cn。

译 者 序

从 1947 年第一只晶体管的诞生，到 1958 年第一块集成电路的出现，历经半个多世纪的发展，微电子技术推动了人类社会跨入信息时代，影响着我们生活的方方面面。具有基础性地位的微电子技术对现代信息产业的带动作用，长期以来一直深受世人的瞩目与重视。近年来，在世界半导体集成电路设计与制造中心正加速向中国转移的背景下，我国制定了一批旨在促进微电子产业发展的支持政策，相信在不久的将来，我国将逐渐从集成电路的消耗大国转变成集成电路的设计、制造强国。半导体物理及器件的相关知识是微电子技术的基础，掌握该知识对从事相关工作至关重要。基于此，我们在电子工业出版社的大力支持下，组织天津大学在微电子方向从事教学、科研的老师翻译了本书，作为一本微电子入门书籍奉献给读者。本书既可以作为高等院校微电子技术相关专业本科生及研究生的教材，也可以作为从事相关领域工作的工程技术人员的参考资料。

本书作者有着多年丰富的教学和科研经验，本书作为第四版，是在前三版作为教材使用多年的基础上，结合当今微电子器件发展的现状而修订的。除了保持原书的综合性和基础性的特点，第四版在章节安排上进行了调整，将讲述场效应晶体管（MOSFET）的两章内容提前到双极型晶体管（BJT）章节的前面，充分体现了现代半导体集成电路中 MOSFET 的重要性。其次，结合最新技术进展在第 15 章中增加了微波器件的内容。为了帮助读者更好地学习，在每一章的开始，增加了本章内容的说明。书中主要内容包括量子力学基本知识、能带理论、半导体物理、半导体器件和特种半导体器件等，既有一定广度，又有深入的分析。全书共有 15 章，作者讲解深入浅出，理论分析透彻，重点突出，每一章都配有小结和知识点汇总，并配以大量习题供读者选做。从第三版使用情况来看，读者反映良好，对于拟学习半导体物理与器件的读者来说，是一种很好的选择。

第四版的翻译工作是在第三版的基础上补充完善的，参与本版翻译与校对工作的有赵毅强、姚素英、史再峰和盛大力等人。其中姚素英负责第 1 章至第 3 章，赵毅强负责第 4 章至第 9 章，史再峰负责第 10 章至第 12 章，盛大力负责第 13 章至第 15 章。根据我们的教学体会和读者的反馈，最近我们对全书进行了勘误，参与人员有叶茂、胡凯和何家骥等人。

鉴于译者的水平有限，书中难免有不足和疏漏之处，敬请读者批评、指正。

赵毅强

天津大学微电子学院

2018 年 5 月

前　　言

宗旨与目标

出版本书第四版的目的在于将有关半导体器件的特性、工作原理及其局限性的基础知识介绍给读者。要想更好地理解这些基础知识，就必须对半导体材料物理知识进行全面了解。本书有意将量子力学、固体量子理论、半导体材料物理和半导体器件物理综合在一起，因为所有这些理论对了解当今半导体器件的工作原理及其未来的发展是非常重要的。

在本书中所包含的物理知识远远超过了许多半导体器件入门书籍中所涵盖的内容。尽管本书覆盖面很广，但作者坚信：一旦透彻理解了这些入门知识和材料物理知识，那么对半导体器件物理的理解就会水到渠成，而且会理解得更快，学习效率更高。本书对基础物理知识的不惜篇幅，将有助于读者更好地理解甚至可能开发出新型的半导体器件。

既然本书的目的在于为读者奉献一部有关半导体器件理论的入门书籍，因此许多深奥的理论并未涉及，同时也未对半导体的制造工艺做仔细描述。虽然本书对诸如扩散和离子注入等制造工艺有所涉猎并进行了一般性讨论，但仅局限于那些对器件特性有直接影响的工艺和场合。

预备知识

由于本书针对的是电气工程领域大学三年制和四年制的学生，因此假设读者已经掌握了微分方程、大学物理和电磁学的基础知识。当然，了解现代物理知识更好，但这并不是必需的。预先修完电子线路基础课程对阅读本书会更有帮助。

章节安排

本书分为三部分：第一部分介绍量子力学初步知识和半导体材料物理；第二部分介绍半导体器件物理的基本知识；第三部分介绍专用半导体器件，包括光器件、半导体微波器件和功率器件。

第一部分包括第 1 章至第 6 章。第 1 章先从固体晶格结构开始，然后过渡到理想单晶半导体材料。第 2 章和第 3 章介绍量子力学和固体量子理论，这些都是必须掌握的基础物理知识。第 4 章到第 6 章覆盖了半导体材料物理知识。其中，第 4 章讨论热平衡半导体物理，第 5 章讨论半导体内部的载流子输运现象。非平衡过剩载流子是第 6 章的主要内容，理解半导体中的过剩载流子行为对于理解器件物理至关重要。

第二部分包括第 7 章到第 13 章。第 7 章主要讨论 pn 结电子学；第 8 章讨论 pn 结电流-电压特性；第 9 章讨论整流及非整流金属半导体结和半导体异质结；第 10 章和第 11 章阐述 MOS 场效应晶体管理论；第 12 章探讨双极晶体管；第 13 章阐述结型场效应管。在详尽介绍 pn 结理论后，关于这三种基本晶体管类型的章节，读者可不必按顺序阅读，因为这些章节彼此之间是相互独立的。

第三部分包括第 14 章和第 15 章。第 14 章介绍光器件，如太阳能电池和发光二极管；第 15 章介绍半导体微波器件和半导体功率器件。

本书末尾是 8 个附录。附录 A 是符号列表，以帮助读者了解各种符号及其含义。附录 B 包含单位转换表与常数表。附录 H 给出了部分习题答案，有助于学生检查自身的学习情况。

使用说明 [①]

本书可作为本科生第三学期或第四学期一个学期的教材。和许多教材一样，本书的内容不可能在一个学期内全部讲授完。这就给授课老师提供了一定的自由空间，授课老师可根据教学目的对教材内容进行取舍。下文给出了两种可供选择的安排，但本书不是百科全书。对于可以略过而又不会影响全书连贯性的章节，我们在目录和对应章节中用 * 号予以标记。这些章节尽管在半导体器件物理的发展中很重要，但可以推迟讲授。

新墨西哥大学电子工程专业大三学生的一门课程广泛使用了本书中的材料。建议用略小于半个学期的时间学习前六章；剩余的时间用于学习 pn 结、金属-氧化物-半导体场效应晶体管和双极晶体管。其他的一些主题可考虑在学期末学习。

尽管 MOS 晶体管先于双极晶体管或结型场效应晶体管阐述，但描述三种基本晶体管类型之一的各个章节都是彼此独立的，任何一种类型都可以先讲。

注意事项

本书引入了有关半导体材料和器件物理等理论知识。虽然许多电子工程系的学生更乐于制作电子电路和计算机编程，而不是去学习有关半导体器件的理论，但是本书的内容对于理解诸如微处理器等电子器件的局限性是至关重要的。

数学的应用贯穿全书，这看起来很枯燥，但最后的结论是其他手段无法获得的。尽管有些描述工艺的数学模型看起来很抽象，但它们描述和预言物理过程方向的能力已完全经受住了时间的考验。

作者鼓励读者经常研读每一章的开始部分，以便深刻领会每章或每个主题的目的。这种不断的复习对学习前五章尤为重要，因为它们讲述的是基础物理知识。

还应注意的是，尽管有些章节可以略过且不会影响连贯性，但有些教师还是会选择这些章节。因此，标 * 号的章节并不意味着不重要。

有些问题可能到课程结束时也得不到解答，理解这一点也很重要。虽然作者不喜欢"它可以这样讲"之类的说法，但书中有些概念的推导确实超出了本书的范围。本书对这一科目仅具导论性质。对那些修完课程后还没有解决的问题，我们鼓励读者记下这些问题，或许在后续课程中这些问题就能得到解答。

教学顺序

对于教学顺序，每位教师都有自己的选择，但通常有两种方案。第一种方案称为 MOSFET 方案，是在讲授双极晶体管之前讲授 MOS 晶体管。读者会注意到本书中的 MOSFET 内容放到了 pn 结二极管之后的第 10 章和第 11 章。

第二种方案称为双极型方案，也称为传统方案，是在讨论 pn 结二极管后立即介绍双极晶体管。由于 MOSFET 留在学期末讲授，因此到时可能没有足够的时间来讲授这一重要主题。

---

① 采用本书作为教材的教师可联系te_service@phei.com.cn获取相关教辅资源。——编者注

遗憾的是，由于时间限制，将每一章中的所有内容在一个学期内都讲完是不可能的。余下的内容可以留到下一个学期讲授或留给读者自学。

MOSFET 方案

第1章	晶格结构
第2章、第3章	量子力学和固体物理选讲
第4章	半导体物理
第5章	输运现象
第6章	非平衡过剩载流子选讲
第7章	pn 结
第10章、第11章	MOS 晶体管
第8章	pn 结二极管
第9章	肖特基二极管简介
第12章	双极晶体管，其他选讲内容

双极型方案

第1章	晶格结构
第2章、第3章	量子力学和固体物理选讲
第4章	半导体物理
第5章	输运现象
第6章	非平衡态特性选讲
第7章、第8章	pn 结和 pn 结二极管
第9章	肖特基二极管简介
第12章	双极晶体管
第10章、第11章	MOS 晶体管，其他选讲内容

第四版新内容

排列顺序：关于 MOSFET 的两章移到了双极晶体管一章的前面。这一改变强调了 MOS 晶体管的重要性。

半导体微波器件：第15章中添加了一小节关于三种专用半导体微波器件的内容。

新附录：添加了关于有效质量概念的附录 F。教材的许多计算中使用了两个有效质量。该附录给出了每种有效质量的理论知识，并讨论了何时在特定计算中使用哪一种有效质量。

预习小节：每章以简介开始，然后以项目列表的形式给出预习内容。每个预习项均给出了该章的一个特殊目标。

练习题：添加了超过100道练习题，每道例题后面均提供一道练习题。练习题类似于例题，以便读者即时测试对刚讲内容的理解程度。每道练习题均提供有答案。

测试理解：每章主要小节末尾添加了约40%的新测试理解题。通常，这些练习题比每个例题后的练习题更全面。这些习题将有助于读者在学习新内容前理解所学内容。

章末习题：添加了330多道章末习题，即这一版中有约48%的章末习题是全新的。

第四版特色

■ 数学知识更为严密：保留了清晰理解半导体材料和器件物理的基本数学知识。

■ 例题：书中列举了大量的例子来强化涉及的理论概念，这种做法贯穿全书。这些例子覆盖了所有分析和设计的细节，因此读者不必自行补充其忽略的步骤。

- **小结**：每一章的末尾都提供了小结，它总结了该章得出的结论并复习所描述的基本概念。
- **重要术语解释**：每章的小结之后列出了重要术语解释，这部分定义并总结了该章所讨论的重要术语。
- **知识点**：指出了学习该章应该达到的目的及读者应该获得的能力。在转到后续章节前，这些知识可以用来帮助评估学习的进展。
- **复习题**：每章末有一系列复习题，可用做自我测试，以让读者了解自己对该章概念的掌握程度。
- **章末习题**：按照每章中专题出现的顺序，给出了大量的习题。
- **小结和复习题**：小结里的习题和复习题是开放式的设计习题，在多数章的末尾给出。
- **参考文献**：每章后都附有参考文献，其中那些难度高于本书的参考书用星号标明。
- **部分习题答案**：最后的附录给出了部分习题的答案。了解答案会有助于解题。

致谢

几年来，我的许多学生帮助我改进了本书的第四版，当然也包括前几版。在此，对他们的工作表示衷心的感谢，感谢他们的热情与建设性的意见。

感谢 McGraw-Hill 公司的许多员工，感谢他们的大力支持。特别要感谢策划编辑 Peter Massar 和责任编辑 Lora Neyens，感谢他们的鼓励、支持和对细节的关注。还要感谢项目经理们在本书出版的最后阶段提供的指导。

感谢那些审读过本书前三版手稿并提出过建设性意见的所有人员，还要感谢那些仔细校对新习题解答的人员。最后，感谢本书新版本出版前审阅过本书的人员，他们的贡献和建议对于提升本书水平很有价值。

第四版的审阅人员

特别感谢如下审阅人员对本书第四版提出的建设性意见与建议：
Sandra Selmic，路易斯安那工学院
Terence Brown，密歇根州立大学
Jiun Liou，中佛罗里达大学
Timothy Wilson，俄克拉何马州立大学
Lili He，圣何塞州立大学
Michael Stroscio，伊利诺伊-芝加哥大学
Andrei Sazonov，滑铁卢大学

目　　录

第一部分　半导体材料属性

第二部分　半导体器件基础

第三部分 专用半导体器件

绪论　半导体和集成电路

人们经常听说我们生活在信息时代。譬如，可以通过互联网或卫星通信系统从千里之外获得大量信息，而正是基于数字与模拟电子系统的信息技术和晶体管与集成电路(IC)的发展使之成为可能。IC产品已渗透到我们日常生活的每一个方面，包括CD播放器、传真机、零售商店的激光扫描仪和移动电话在内的电子设备，均要使用IC。IC技术最明显的例子之一是数字计算机，与几十年前将人送上月球的设备相比，今天一台较小的便携式计算机有更强的计算能力。半导体电子领域依旧是一个快速变化的领域，每年有数千篇技术论文发表。

历史

虽然IC技术的大爆炸发生在最近的二三十年，但半导体器件已经有相当长的历史。这个介绍只是为了对半导体器件和集成电路的历史进行简要的回顾。数以千计的工程师和科学家在半导体电子学的发展过程中做出了不可磨灭的贡献，这里所涉及的事件和人名只是半导体发展史中的一部分。金属半导体接触可追溯到1874年的Braun，他发现了金属(如铜、铁、硫化铅)半导体接触时的电流传导非对称性。这些器件被用做收音机早期试验的检波器。1906年，Pickard给出了用硅制作的点接触检波器。1907年，Pierce在向各种半导体上溅射金属时，发现了二极管的整流特性。

到1935年，硒整流器和硅点接触二极管已经可用做收音机的检波器。随着雷达的发展，整流二极管和混频器的需求量上升。这时，获得高纯度硅、锗的方法得到了发展。随着半导体物理的发展，人们对金属半导体接触的理解得到了显著提高。也许该阶段最重要的就是1942年Bethe提出的热离子发射理论，根据该理论，电流是由电子向金属发射的过程决定的，而不是由漂移或扩散过程决定的。

另一个科学技术的重大进展发生在1947年12月，当时贝尔实验室的William Shockley、John Bardeen和Walter Brattain制作了第一个晶体管并进行了测试。这个晶体管是点接触器件，用多晶锗制成。很快在硅上也显示出了同样的晶体管效应。1949年又发生了显著进步，单晶材料而非多晶材料得到了使用。单晶生长的一致性改善了整个半导体材料的特性。

晶体管发展的下一个重要阶段是使用扩散工艺制作所需要的结。这种工艺可以更好地控制晶体管特性，并由此产生了高频器件。锗、硅台面扩散晶体管分别在1957年和1958年进入商业化生产。扩散工艺还允许在单个硅片上制作多个晶体管，从而降低了器件的成本。

集成电路(IC)

晶体管由于较小且比之前使用的真空管更为可靠而导致了电子学革命。当时，电路是分立的，即必须通过导线将每个元件单独连接起来形成电路。集成电路导致了电子学的革新，而分立电路不可能做到这一点。集成意味着由几百万个器件组成的复杂电路可制造在单片半导体材料上。

1959 年 1 月，德州仪器公司的 Jack Kilby 首先在锗材料上实现了第一块集成电路。1959 年 7 月，仙童半导体公司的 Robert Noyce 用平面技术在硅上实现了集成电路。最初的电路是用双极晶体管制作的。实际可行的 MOS 晶体管大约在 20 世纪 60 年代中期和 70 年代开发出来。MOS 技术特别是 CMOS 技术现已成为 IC 设计和开发的焦点。硅是主要的半导体材料。GaAs 和其他化合物半导体则用于高频器件和光器件等特殊场合中。

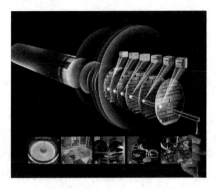

由 Texas Instruments 提供

自从第一块 IC 问世以来，电路设计日益成熟，集成电路也渐趋复杂。一块芯片的容量达到几百万个晶体管每平方厘米。有些 IC 有几百个引脚，而单个晶体管却只有三个。在一块芯片上的 IC 可以有算术、逻辑、存储等功能，如微处理器。集成意味着电路可应用于对尺寸、质量和功率有严格要求的卫星与便携式计算机上。

IC 的重要优点是制造的器件彼此非常靠近。器件间的信号延迟时间很小，因此使用 IC 可得到高频和高速电路，而使用分立电路是不可能的。例如，在高速计算机中，逻辑和存储电路放置得非常靠近，以使延迟时间最小化。此外，器件间的杂散电容和电感的降低也大大提升了系统的速度。

对硅工艺的集中研究，以及设计制造自动化水平的提高，导致了 IC 制造的低成本和高产率。

制造

集成电路是在单个芯片上制作晶体管和互连线的加工技术发展的直接结果。这些制作 IC 的加工技术综合起来称为工艺。下面的几个段落将对部分工艺进行介绍，以帮助读者了解一些工艺中的基本术语。

热氧化：硅 IC 成功的一个主要原因是，能在硅表面获得性能优良的天然 SiO_2 层。该氧化层在 MOSFET 中被用做栅绝缘层，也可作为器件之间隔离的场氧化层。连接不同器件用的金属互连线可以放置在场氧化层顶部。大多数其他的半导体表面不能形成质量满足器件制造要求的氧化层。

硅在空气中会氧化形成大约厚 25 Å[①] 的天然氧化层。但是，通常的氧化反应都在高温下进行，因为基本工艺需要氧气穿过已经形成的氧化层到达硅表面，然后发生反应。图 0.1 给出了氧化过程的示意图。氧气通过扩散过程穿过直接与氧化层表面相邻的凝滞气体层，然后穿过已有的氧化层到达硅表面，最后在这里与硅反应形成 SiO_2。由于该反应，表面的硅被消耗了一部分。被消耗的硅占最后形成的氧化层厚度的 44%。

掩模版和光刻：每个芯片上的实际电路结构是用掩模版和光刻技术制作形成的。掩模版是器件或部分器件的物理表示。掩模版上的不透明部分是用紫外线吸收材料制作的。光敏层即光刻胶被预先喷到半导体表面。光刻胶是一种在紫外线照射下发生化学反应的有机聚合物。如图 0.2 所示，紫外线通过掩模版照射到光刻胶上。然后用显影液去除光刻胶的多余部分，在硅上产生需要的图形结构。掩模和光刻工艺是很关键的，因为它们决定着器件的极限尺寸。除了紫外线，电子束和 X 射线也能用来对光刻胶进行曝光。

---

① 1 埃(Å) = 0.1 nm——编者注。

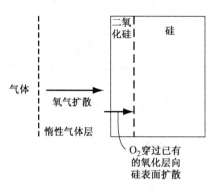

图 0.1 氧化过程示意图

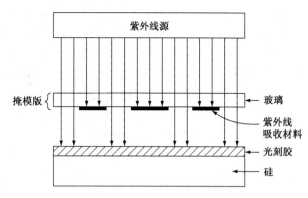

图 0.2 光刻胶使用示意图

刻蚀：在光刻胶上形成图形之后，留下的光刻胶可作为掩蔽层，因此未被光刻胶覆盖的部分就能被刻蚀掉。等离子刻蚀现在已是 IC 制造的标准工艺。通常，需要向低压舱中注入刻蚀气体，比如氯氟烃。通过在阴、阳极之间施加射频电压可以得到等离子体。在阴极处放上硅片，等离子体中的阳离子向阴极加速并轰击到硅片表面上。表面处发生的实际化学物理反应很复杂，但最终效果就是硅片表面被选中的区域通过各向异性而刻蚀掉。如果光刻胶被涂到 SiO_2 层表面，则 SiO_2 可以用类似的方式刻蚀掉。

扩散：IC 制造中广泛应用的热工艺是扩散。扩散就是将特定的"杂质"原子掺入硅材料中的过程。这种掺杂工艺改变了硅的导电类型，从而形成 pn 结（pn 结是半导体器件的核心单元）。硅氧化形成二氧化硅薄层，通过光刻及刻蚀工艺在被选中的区域上开出窗口。

将硅片放到高温扩散炉中（约 1100℃）并掺入硼或磷等杂质原子。掺杂原子由于浓度梯度的作用逐渐地扩散或移动而进入硅中。由于扩散工艺需要原子的浓度梯度，所以最后的杂质原子扩散浓度是非线性的，如图 0.3 所示。当硅片从炉中取出并降至室温后，杂质原子的扩散系数基本上降为零，从而使杂质原子固定在硅材料中。

离子注入：可以替代高温扩散的工艺是离子注入。杂质离子束加速到具有高能量后射向半导体表面。当离子进入硅后，它们与硅原子发生碰撞并损失能量，最后停留在晶体中的某个深度上。由于碰撞是随机的，掺杂原子的透射深度具有一定的分布。图 0.4 是在特定能量下硼离子注入硅中的例子。

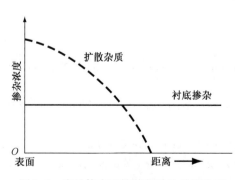

图 0.3 半导体表面扩散杂质的最终浓度

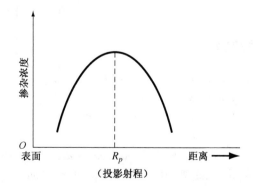

图 0.4 硅中硼离子注入的最终浓度

与扩散相比，离子注入有两个优点：(1) 离子注入工艺是低温工艺；(2) 可以获得良好的掺杂层。由于光刻胶或氧化层都可以阻挡掺杂原子的渗透，因此离子注入就可以仅在被选中的硅区域上发生。

离子注入的一个缺点是，入射杂质原子和原位硅原子的碰撞会使硅晶格受到损伤。然而，大部分损伤可以通过硅高温退火消除，而热退火温度一般远低于扩散工艺温度。

金属化、键合和封装：半导体器件通过上述讨论的工艺加工过之后，它们要通过互连以形成电路。一般通过气相沉（淀）积得到金属薄膜，用光刻和刻蚀技术获得实际的互连线。通常，在整个硅片上会沉积氮化硅，以作为保护层。

硅片通过划片分成独立的集成电路芯片，然后将芯片固定在封装基座上，最后用导线键合机在芯片和封装引脚间连上金线或铝线。

小结　pn 结的简单制作过程：图 0.5 给出了制作 pn 结的基本步骤，这些步骤中包含了前面段落所讲的一些工艺。

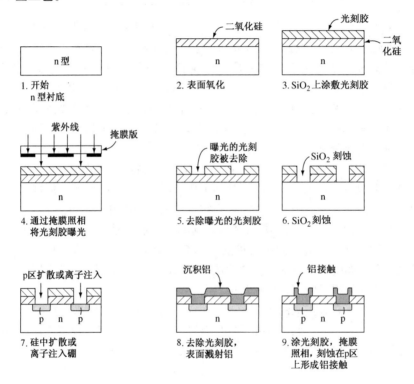

图 0.5　制作 pn 结的基本步骤

参考文献

1. Campbell, S. A. *The Science and Engineering of Microelectronic Fabrication.* 2nd ed. New York：Oxford University Press, 2001.

2. Ghandhi, S. K. *VLSI Fabrication Principles：Silicon and Gallium Arsenide.* New York：John Wiley and Sons, 1983.

3. Rhoderick, E. H. *Metal-Semiconductor Contacts.* Oxford：Clarendon Press, 1978.

4. Runyan, W. R., and K. E. Bean. *Semiconductor Integrated Circuit Processing Technology.* Reading, MA：Addison-Wesley, 1990.

5. Torrey, H. C., and C. A. Whitmer. *Crystal Rectifiers.* New York：McGraw-Hill, 1948.

6. Wolf, S., and R. N. Tauber. *Silicon Processing for the VLSI Era*, 2nd ed. Sunset Beach, CA：Lattice Press, 2000.

第一部分

半导体材料属性

第1章　固体晶格结构

本章主要阐述半导体材料与器件的属性和电学特性。首先考虑固体的电学特性。通常的半导体材料都是单晶材料。单晶材料的电学特性不仅与其化学组成有关，也与固体中的原子排列有关。因此，我们有必要了解一下固体的晶格结构。单晶材料的形成或者说生长是半导体技术的重要部分。本章简要讨论了几种半导体生长技术，以便使读者了解一些描述半导体器件结构的术语。

1.0　概述

本章包含以下内容：

- 描述固体的三种分类——无定形、多晶和单晶。
- 讨论晶胞的概念。
- 描述三种单晶结构并求每种结构中原子的体密度和面密度。
- 描述金刚石晶体结构。
- 简要探讨形成单晶半导体材料的几种方法。

1.1　半导体材料

半导体是导电性能介于金属和绝缘体之间的一种材料。半导体基本上可分为两类：位于元素周期表Ⅳ族的元素半导体材料和化合物半导体材料。大部分化合物半导体材料是Ⅲ族和Ⅴ族元素化合形成的。表 1.1 是元素周期表的一部分，包含了最常见的半导体元素。表 1.2 给出了一些半导体材料(半导体也可以通过Ⅱ族和Ⅵ族元素化合得到，但本文基本上不涉及)。

由一种元素组成的半导体称为元素半导体，如 Si 和 Ge。硅是目前集成电路中最常用的半导体材料，而且应用将越来越广泛。

表 1.1　部分元素周期表

Ⅲ	Ⅳ	Ⅴ
5 **B** 硼	6 **C** 碳	
13 **Al** 铝	14 **Si** 硅	15 **P** 磷
31 **Ga** 镓	32 **Ge** 锗	33 **As** 砷
49 **In** 铟		51 **Sb** 锑

表 1.2　半导体材料

元素半导体	
Si	硅
Ge	锗
化合物半导体	
AlP	磷化铝
AlAs	砷化铝
GaP	磷化镓
GaAs	砷化镓
InP	磷化铟

双元素化合物半导体，比如 GaAs 或 GaP，是由Ⅲ族和Ⅴ族元素化合而成的。GaAs 是其中应用最广泛的一种化合物半导体。它良好的光学性能使其在光学器件中广泛应用，同时也应用在需要高速器件的特殊场合。

我们也可以制造三元素化合物半导体，例如 $Al_xGa_{1-x}As$，其中的下标 x 是低原子序数元素的组分。甚至还可形成更复杂的半导体，这为选择材料属性提供了灵活性。

1.2　固体类型

无定形、多晶和单晶是固体的三种基本类型。每种类型的特征是用材料中有序化区域的大小加以判定的。有序化区域是指原子或者分子有规则或周期性几何排列的空间范畴。无定形材料只在几个原子或分子的尺度内有序。多晶材料则在许多个原子或分子的尺度上有序，这些有序化区域称为单晶区域，彼此有不同的大小和方向。单晶区域称为晶粒，它们由晶界将彼此分离。单晶材料则在整体范围内都有很高的几何周期性。单晶材料的优点在于其电学特性通常比非单晶材料的好，这是因为晶界会导致电学特性的衰退。图 1.1 是无定形、多晶和单晶材料的二维示意图。

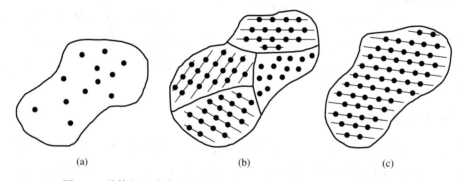

图 1.1　晶体的三种类型的示意图。(a)无定形；(b)多晶；(c)单晶

1.3　空间晶格

我们主要关注的是原子排列具有几何周期性的单晶材料。一个典型单元或原子团在三维的每一个方向上按某种间隔规则重复排列就形成了单晶。晶体中这种原子的周期性排列称为晶格。

1.3.1　原胞和晶胞

我们用称为格点的点来描述某种特殊的原子排列。图 1.2 给出了一种无限二维格点阵列。重复原子阵列的最简单方法是平移。图 1.2 中的每个格点在某个方向上平移 a_1，在另一个不在同一直线方向上平移 b_1，就产生了二维晶格。若在第三个不在同一直线方向上平移，就可以得到三维晶格。平移方向不必一定垂直。

由于三维晶格是一组原子的周期性重复排列，我们不需要考虑整个晶格，只需考虑被重复的基本单元。晶胞就是可以复制出整个晶体的一小部分晶体。晶胞并非只有一种结构。图 1.3 显示了二维晶格中的几种可能的晶胞。

晶胞 A 可以在 a_2 和 b_2 方向平移，晶胞 B 可以在 a_3 和 b_3 方向平移，其中任何一种晶胞平移都可以构建整个二维晶格。图 1.3 中的晶胞 C 和 D 通过合适的平移也可以得到整个晶格。关于二维晶胞的讨论可以很容易地推广到三维来描述实际的单晶材料。

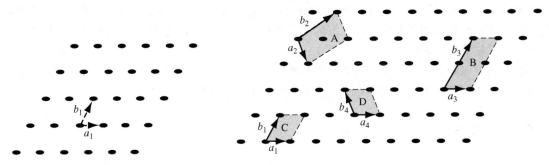

图1.2 单晶晶格二维表示   图1.3 显示各种不同晶胞的单晶晶格二维表示

原胞是可以通过重复形成晶格的最小晶胞。很多时候，用晶胞比用原胞更方便。晶胞可以选择正交的边，而原胞的边则可能是非正交的。

图1.4 显示了一个广义的三维晶胞。晶胞和晶格的关系用矢量 $\bar{a}$, $\bar{b}$ 和 $\bar{c}$[①]表示，它们不必互相垂直，长度可能相等也可能不相等。三维晶体中的每一个等效格点都可用矢量

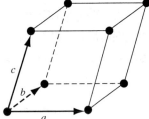

$$\bar{r} = p\bar{a} + q\bar{b} + s\bar{c} \qquad (1.1)$$

得到，其中 p, q, s 是整数。由于原点的位置是任意的，为简单起见，我们可使 p, q, s 都是正整数。矢量 $\bar{a}$, $\bar{b}$ 和 $\bar{c}$ 的大小为晶胞的晶格常数。

图1.4 广义原胞

1.3.2 基本的晶体结构

在讨论半导体晶体之前，先来考虑三种晶体结构并了解这些晶体的基本特征。图1.5 显示了简立方、体心立方、面心立方结构。对于这些简单的结构，我们选择矢量 $\bar{a}$, $\bar{b}$, $\bar{c}$ 彼此垂直且长度相等的晶胞。图1.5 中各晶胞的晶格常数假设为"a"。简立方(sc)结构的每个顶角有一个原子；体心立方(bcc)结构除顶角外在立方体中心还有一个原子；面心立方(fcc)结构在每个面都有一个额外的原子。

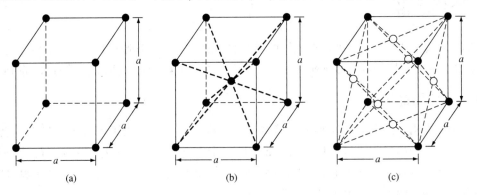

图1.5 三种晶格类型。(a)简立方；(b)体心立方；(c)面心立方

通过了解某种材料的晶体结构和晶格尺寸，就能确定该晶体的不同特征。比如，我们能确定它的原子体密度。

---

① 原英文版中变量、矢量及下标的正斜体较混乱，不符合我国出版物的有关规范，但我社在引进本书翻译版的同时也引进了英文影印版，为了与英文影印版保持一致，在此未做调整——编者注。

例 1.1　求晶体中的原子体密度。

考虑一种体心立方单晶材料，如图 1.5(b)所示，其晶格常数为 $a = 5$ Å $= 5 \times 10^{-8}$ cm。顶角原子被 8 个聚在一起的晶胞共有，因此每个顶角原子为每个晶胞贡献 1/8 个原子。则 8 个顶角原子共为每个晶胞提供一个等效原子。如果把体心原子也加上，那么每个晶胞共有两个等效原子。

■ **解**

每个晶胞所含原子个数为 $\frac{1}{8} \times 8 + 1 = 2$

原子体密度的计算如下：

$$体密度 = \frac{每晶胞的原子数}{每晶胞的体积}$$

因此：

$$体密度 = \frac{2}{a^3} = \frac{2}{(5 \times 10^{-8})^3} = 1.6 \times 10^{22} \text{ 个原子} / \text{cm}^3$$

■ **自测题**

E1.1　面心立方结构的晶格常数是 4.25 Å，确定(a)每个晶胞的有效原子数；(b)确定其原子体密度。

答案：(a)4；(b)5.21×10^{22} cm^{-3}。

1.3.3　晶面和米勒指数

由于实际晶体并非无限大，因此它们最终会终止于某一表面。半导体器件制作在表面上或近表面处，因此表面属性可能影响器件特性。我们可以用晶格来描述这些表面。表面，或通过晶体的平面，首先可以用描述晶格的 $\bar{a}, \bar{b}, \bar{c}$ 轴的平面截距来表达。

例 1.2　描述图 1.6 所示的平面(图 1.6 中只标出了 $\bar{a}, \bar{b}, \bar{c}$ 轴上的格点)。

■ **解**

由式(1.1)，平面截距分别为 $p = 3, q = 2, s = 1$。现在写出它们的倒数，即

$$\left(\frac{1}{3}, \frac{1}{2}, \frac{1}{1}\right)$$

乘以最小公分母，这里是 6，得到(2,3,6)。图 1.6 所示平面可以用(236)平面标记。这些整数称为米勒指数。我们可以称某个平面为(hkl)平面。

■ **说明**

凡是与图 1.6 所示平面平行的平面都有相同的米勒指数。任何平行平面都是彼此等效的。

■ **自测题**

E1.2　描述图 1.7 所示的平面。

答案：(211)平面。

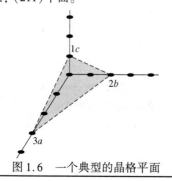

图 1.6　一个典型的晶格平面

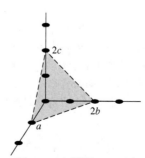

图 1.7　自测题 E1.2 图

　　图1.8给出了立方晶体经常考虑的三个平面。图1.8(a)所示的面与 $\bar{b}$, $\bar{c}$ 轴平行，因此截距为 $p=1$, $q=\infty$, $s=\infty$。给出倒数，我们得到米勒指数 $(1, 0, 0)$，因此图1.8(a)中的平面称为 (100) 平面。类似地，与图1.8(a)相互平行且相差几个整数倍的晶格常数的平面都是等效的，它们都称为 (100) 平面。用倒数获得米勒指数的好处在于避免了平行于坐标轴平面无穷大的使用。为了描述穿过坐标系原点的平面，对截距求倒数后，就会得到一个或两个无穷米勒指数。然而，我们的系统原点是任意给定的，通过将原点平移到其他等效格点，就可以避免米勒指数中的无穷大。

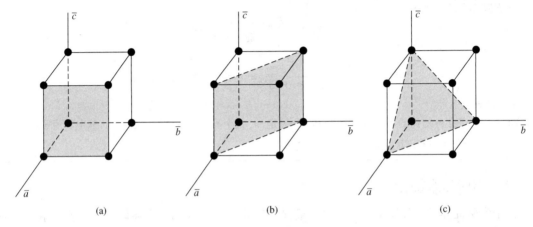

(a) 　　　　　　　　　　(b) 　　　　　　　　　　(c)

图1.8　(a) (100) 平面；(b) (110) 平面；(c) (111) 平面

　　对于简立方、体心立方和面心立方，对称度是很高的。三维中每条轴都可以旋转90°，每个格点仍可以用式(1.1)描述，即

$$\bar{r} = p\bar{a} + q\bar{b} + s\bar{c} \tag{1.1}$$

图1.8(a)中的每一个立方体平面都是完全等效的。我们可将这些面分入同一组并用 $\{100\}$ 平面集表示。

　　我们也可以考虑如图1.8(b)和图1.8(c)所示的平面。图1.8(b)所示的平面截距分别是 $p=1$, $q=1$, $s=\infty$。通过求倒数得到米勒指数，结果这个平面便是 (110) 平面。以此类推，图1.8(c)所示的平面就是 (111) 平面。

　　晶体的一个可测特征是最近邻的平行等效平面的最近间距。另一个特征是原子表面浓度（$\#/cm^2$），即每平方厘米个数，这些表面原子是被一个特殊平面分割的。同时，一个单晶半导体不会无限大，一定会终止于某些表面。原子的面密度可能是很重要的，如在决定其他材料（诸如绝缘体）如何能与半导体材料表面相结合时。

例1.3　计算一个晶体中特定平面的原子面密度。

　　考虑如图1.9(a)所示的体心立方结构和 (110) 平面。假定原子是刚球并与最近的相邻原子相切。假定晶格常数为 $a_1=5$ Å。图1.9(b)给出了原子被 (110) 平面所截的情况。

　　每个顶角上的原子被4个等效的晶格平面共占，如图所示，每个顶角原子实际对此晶面贡献1/4的面积。4个顶角原子为这个晶面贡献一个等效原子。中心的那个原子被完全包围，由于没有其他等效平面分割，因此它被这个晶面完全占有。因此图1.9(b)所示的晶面共包含两个原子。

　　■ 解

　　每个晶面的原子个数为 $\dfrac{1}{4} \times 4 + 1 = 2$

　　原子面密度：

$$面密度 = \frac{每晶面的原子数}{每晶面的面积}$$

即

$$面密度 = \frac{2个原子}{(a_1)(a_1\sqrt{2})} = \frac{2}{(5 \times 10^{-8})^2\sqrt{2}} = 5.66 \times 10^{14} 个原子$$

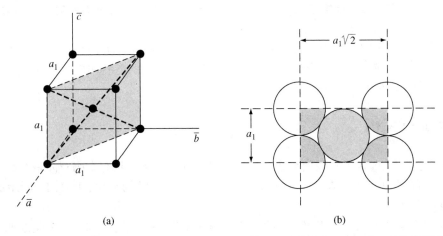

(a)   (b)

图 1.9 （a）体心立方结构中的(110)平面；（b）体心立方结构中(110)平面所截的原子

■ **说明**

原子面密度是晶格中特定晶面的函数，一般而言，不同的晶面其密度是不同的。

■ **自测题**

E1.3 某一面心立方结构的晶格常数是 4.25 Å。计算（a）(100)平面和（b）(110)平面的原子面密度。

      答案：（a）1.11×10^{15} cm^{-2}；（b）7.83×10^{14} cm^{-2}。

1.3.4 晶向

除了描述晶格平面，我们还想描述特定的晶向。晶向可以用三个整数表示，它们是该方向某个矢量的分量。例如，简立方晶格的对角线的矢量分量为 1,1,1。体对角线描述为[111]方向。方括号用来描述方向，以便与描述晶面的圆括号相区别。简立方的三个基本方向和相关晶面如图 1.10 所示。注意，在简立方中，$[hkl]$ 晶向和 (hkl) 晶面垂直。这在非简立方晶格中不一定成立。

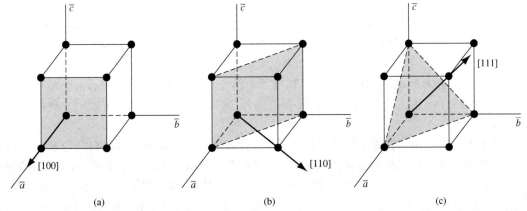

(a)   (b)   (c)

图 1.10 三种晶向和晶面。（a）(100)平面和[100]方向；（b）(110)平面和[110]方向；（c）(111)平面和[111]方向

练习题

T1.1 一简立方晶格的原子体密度为 4×10^{22} cm^{-3}。假设所有原子都是刚球并与其相邻最近的原子相切。确定其晶格常数与原子半径。

答案：$a = 2.92$ Å，$r = 1.46$ Å。

T1.2 一简立方结构的晶格常数 $a = 4.65$ Å，确定以下平面的原子面密度：（a）（100）平面；（b）（110）平面；（c）（111）平面。

答案：（a）4.62×10^{14} cm^{-2}；（b）3.27×10^{14} cm^{-2}；（c）2.67×10^{14} cm^{-2}。

T1.3 一个简立方晶格的晶格常数 $a = 4.83$ Å，计算最近平行平面间距（a）（100）平面；（b）（110）平面。

答案：（a）4.83 Å；（b）3.42 Å。

1.4 金刚石结构

之前已经指出，硅是最常用的半导体材料。硅是Ⅳ族元素，具有金刚石晶格结构。锗也是Ⅳ族元素，它同样为金刚石结构。与目前已考虑过的简立方结构相比，图 1.11 所示的金刚石结构晶胞要复杂得多。

下面通过考虑图 1.12 中的四面体结构来认识金刚石晶格。这种结构基本上是缺四个顶角原子的体心立方结构。四面体中的每个原子都有四个与它最邻近的原子。这种结构是金刚石晶格的最基本构造单元。

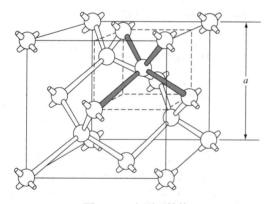

图 1.11　金刚石结构

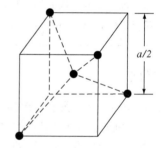

图 1.12　处于金刚石晶格中的最近邻原子形成的四面体结构

有很多方法可以形象地来描述金刚石结构。一种加深理解金刚石结构的方法如图 1.13 所示。图 1.13（a）给出了对角互连的两个体心立方，或四面体。空心圆表示图中结构向左或向右平移一个晶格常数 a 时晶格中的原子。图 1.13（b）表示金刚石结构的上半部分。这个上半部分也由两个对角互连的四面体组成，但它与下半部分对角线成 90°。金刚石晶格最重要的特征是结构中的每一个原子都有四个与它最邻近的原子。在以后讨论原子价键时，我们会再次提到这个特征。

金刚石结构是指由同种原子形成的特定晶格，比如硅和锗。铅锌矿（闪锌矿）结构与金刚石结构的不同仅在于它们的晶格中有两类原子。化合物半导体比如 GaAs 有如图 1.14 所示的铅锌矿结构。金刚石结构和铅锌矿的重要特征是原子互连构成四面体。图 1.15 显示了 GaAs 的基本四面体结构，其中每个镓原子有四个最近邻的砷原子，每个砷原子有四个近邻镓原子。该图也表明了两种子晶格的相互交织，它们用来产生金刚石或铅锌矿晶格。

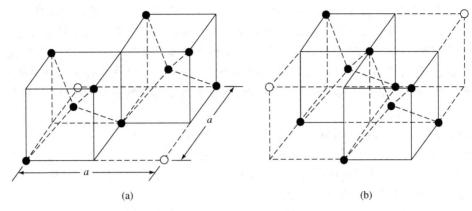

图 1.13　金刚石晶格。(a)下半部分；(b)上半部分

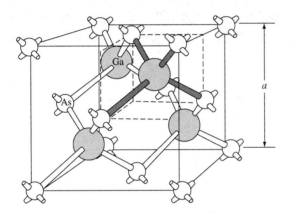

图 1.14　砷化镓的铅锌矿(闪锌矿)晶格

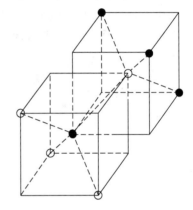

图 1.15　处于铅锌矿晶格中的最近邻原子形成的四面体结构

练习题

T1.4　确定图 1.11 中所示金刚石结构。(a)原子的数目；(b)面心原子的数目；(c)晶格内部的全部原子数目。

　　　　答案：(a)8；(b)6；(c)4。

T1.5　硅的晶格常数是 5.43 Å，计算硅原子体密度。

　　　　答案：$5 \times 10^{22} \text{ cm}^{-3}$。

1.5　原子价键

　　我们已经考虑了许多不同的单晶结构。人们也许会产生疑问，为什么特定的原子集合倾向于特定的晶格结构呢？自然界中的一个基本定律是热平衡系统的总能量趋于达到某个最小值。原子形成固体时的相互作用以及达到最低能量依赖于参与的原子类型或原子团。原子间价键或相互作用的类型取决于晶体中特定的原子或原子团。如果原子间没有强键，它们就不能"在一起"构成固体。

　　原子间的相互作用可以用量子力学描述。虽然下一章会介绍量子力学，但原子间相互作用的量子力学描述仍然不属于本书的讨论范围。然而我们通过考察一个原子的价电子，即最外层的电子，仍可以定性地理解不同的原子是怎样相互作用的。

元素周期表最两端的原子(除惰性元素外)倾向于失去或得到电子,从而形成离子。这些离子首先具有完整的外层能量壳层。周期表中 I 族元素倾向于失去一个电子而带正电荷,而 VII 族元素倾向于得到一个电子而带负电荷。这两种电荷相反的离子通过库仑吸引形成离子键。如果离子过于接近,斥力就会起主导作用,所以最终这两类离子有一个平衡的距离。在晶体中,负离子通常被正离子包围,正离子通常被负离子包围,于是形成了周期性的原子阵列并构成晶格。粒子间的经典例子是 NaCl。

原子间的相互作用倾向于形成满价壳层,比如我们看到的离子键。另一种形成满价壳层的键是共价键,氢分子是其中一例。一个氢原子有一个电子,需要另一个电子来完成最低能量壳层。图 1.16 给出了两个无相互作用的氢原子和有共价键的氢分子。共价键导致电子被不同原子共享,因此每个原子的价电子层都是满的。

周期表中的 IV 族元素如 Si, Ge, 也倾向于形成共价键。每种元素都有 4 个价电子,需要另外 4 个电子来填满价电子层。如果一个硅原子有 4 个紧邻原子,每个原子提供一个共享电子,那么每个原子效果上就有 8 个外层电子。图 1.17(a)显示的是 5 个无相互作用的硅原子,围绕每个硅原子有 4 个价电子。图 1.17(b)是硅原子共价键的二维表示。中间的那个原子就有 8 个被共享的电子。

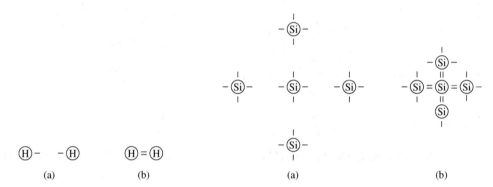

图 1.16　(a)氢原子;(b)氢分子的共价键　　图 1.17　(a)硅原子的价电子;(b)硅晶中的共价键

氢原子和硅原子共价键的显著区别是,当氢分子形成后,氢原子没有额外的电子形成共价键,但是外围的硅原子通常有用于形成更多的共价键的价电子。因此硅阵列就可以形成无限的硅晶体,每个硅原子有 4 个紧邻原子和 8 个共享电子。硅的这 4 个紧邻原子按照四面体和金刚石晶格形成共价键,分别如图 1.12 和图 1.11 所示。原子键和晶体结构显然是直接相关的。

第三类原子键是金属键。I 族元素有一个价电子。比如,如果两个钠原子($Z=11$)放得很近,价电子们就会像共价键那样相互影响。若第三个钠原子也靠近这两个原子,则价电子也会相互作用形成键。固态钠是体心立方结构,因此每个原子有 8 个紧邻原子,每个原子有许多个共享电子。我们可以认为正的金属离子被负电子的海洋包围,固体通过静电力结合到一起,这就是金属键的定性描述。

第四类原子键称为范德华键,它是最弱的化学键。比如,HF 分子是通过离子键构成的。分子的正电荷有效中心不同于负电荷有效中心。这种电荷分布的不对称性结果会形成电偶极子,它能和其他 HF 分子的电偶极子相互作用。通过这些弱相互作用,基于范德华力形成的固体的熔点相对较低。实际上,多数这种材料在室温下都呈气态。

*1.6　固体中的缺陷和杂质[①]

至此，我们已经讨论了理想晶体结构。在实际晶体中，晶格不是完美的，它有不足或称缺陷；也就是说，完整的几何周期性被一些形式破坏。缺陷改变了材料的电学特性，有时候，电学参数甚至由这些缺陷或杂质决定。

1.6.1　固体中的缺陷

所有晶体都有的一类缺陷是原子的热振动。理想单晶包含的原子位于晶格的特定位置，这些原子通过一定的距离与其他原子彼此分开，我们假定此距离是常数。然而晶体中的原子有一定的热能，它是温度的函数。这个热能引起原子在晶格平衡点处随机振动。随机热运动又引起原子间距离的随机波动，轻微破坏了原子的完美几何排列。在随后讨论半导体材料特性时，我们可以看到这种称为晶格振动的缺陷影响了一些电学参数。

晶体中的另一种缺陷称为点缺陷。对于这种缺陷，我们有几点要考虑。以上说过，在理想的单晶晶格中，原子是按完美的周期性排列的。但是，对于实际的晶体，某特定晶格格点的原子可能缺失。这种缺陷称为空位，如图 1.18(a)所示。在其他位置，原子可能嵌于格点之间，这种缺陷称为填隙，如图 1.18(b)所示。存在空位和填隙缺陷时，不仅原子的完整几何排列被破坏，而且理想的原子间化学键也被打乱，它们都将改变材料的电学特性。靠得足够近的空位和填隙原子会在两个点缺陷间发生相互作用，这种空位-填隙缺陷称为弗仑克尔缺陷，它产生的影响与简单的空位或填隙缺陷不同。

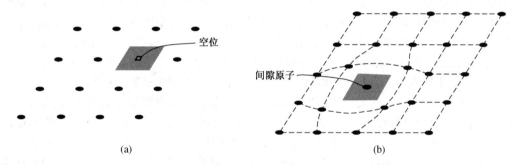

(a)	(b)

图 1.18　单晶晶格的二维表示。(a)空位缺陷；(b)填隙缺陷

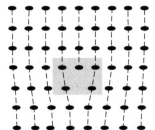

图 1.19　线位错的二维表示

点缺陷包含单个原子或单个原子位置。在单晶材料的形成中，还会出现更复杂的缺陷。比如，当一整列的原子从正常晶格位置缺失时，就会出现线缺陷。这种缺陷称为线位错，如图 1.19 所示。和点缺陷一样，线位错破坏了正常的晶格几何周期性和晶体中理想的原子键。线位错也会改变材料的电学特性，而且比点缺陷更加难以预测。

晶格中还会出现其他的复杂位错。但是，本文只是介绍性的讨论，只想给出一些缺陷的基本类型，并说明实际的晶体不一定有完整的晶格结构。在后续的章节中，我们将讨论这些缺陷对半导体电学特性的影响。

[①]　*号表示跳过此节不会影响阅读的连续性。

1.6.2　固体中的杂质

晶格中可能出现外来原子或杂质原子。杂质原子可以占据正常的晶格格点，这种情况称为替位杂质。杂质原子也可能位于正常格点之间，它们称为填隙杂质。所有这些杂质都属晶格缺陷并用图 1.20 说明。有些杂质，比如硅中的氧，主要表现为惰性；但是其他的杂质，比如硅中的金或磷，能极大地改变材料的电学特性。

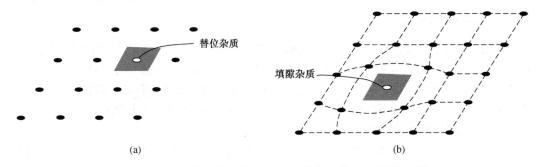

图 1.20　单晶晶格的二维表示。(a)替位杂质；(b)填隙杂质

在第 4 章中我们将会了解到，通过加入适量的某种杂质原子，半导体材料的电学特性的变化可以被我们利用。为了改变导电性而向半导体材料中加入杂质的技术称为掺杂。通常有两种掺杂方法：杂质扩散和离子注入。

实际的扩散工艺在某种程度上依赖于材料的特性，但通常只有当半导体晶体放置到含有欲掺杂原子的高温(约为 1000℃)气体氛围中杂质扩散才会发生。在这样的高温下，许多晶体原子随机进入或移出属于它们的晶格格点。这种随机运动可以产生空位，这样杂质原子就可以通过从一个空位跳到另一个空位而在晶格中移动。对于扩散这种工艺，杂质微粒从近表面的高浓度区域运动到晶体内部的低浓度区域。当温度降下来之后，杂质原子就被永久地冻结在替位晶格格点处。通过将不同杂质扩散到一块半导体选定区域中，就可以在一块半导体晶体上制作复杂的电路。

通常情况下，离子注入的温度要比扩散的温度低。杂质离子束被加速到 50 keV 范围或更高的动能后，被导入半导体表面。该高能杂质离子束进入晶体并停留在离表面某个平均深度的位置上。离子注入的优点之一是可控制适量杂质离子注入晶体的指定区域。它的一个缺点是入射杂质原子与晶体原子发生碰撞，会引起晶格位移损伤。但是，大部分的晶格损伤可以通过热退火消除，退火时，晶体温度升高并持续短暂的时间。离子注入后的热退火是必需的步骤。

*1.7　半导体材料的生长

超大规模集成电路(VLSI)制造的成功，很大程度上依赖于纯单晶半导体材料的形成或生长技术的不断进步。半导体是最纯的材料之一。比如，硅的大多数杂质的浓度小于百亿分之一。对高纯度的要求意味着在生长和制造过程中的每一步处理都要格外小心。晶体生长的机械和动力学原理极其复杂，虽然本书仅用最普通的术语加以描述，但了解一下生长技术和术语方面的知识是有益的。

1.7.1　在熔融体中生长

Czochralski 方法是单晶生长的通用技术之一。在这种技术中，一小块称为籽晶的单晶材料接触到液相的同种材料的表面上，然后从熔融体中缓慢提拉。当缓慢提拉籽晶时，在固液分界面上发生凝固。通常当晶体被提拉时还会缓慢旋转来搅动熔融体，以获得更均匀的温度。适量的杂质原子，比如硼或磷，加到熔融体中，这样生长后的半导体晶体就人为地掺入了杂质原子。图 1.21（a）显示了 Czochralski 生长方法的示意图和该工艺获得的硅锭或称刚玉。

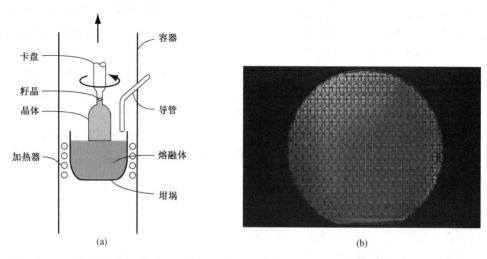

图 1.21　（a）拉晶机模型；（b）有集成电路阵列的硅片照片。电路在晶圆上测试后划片并封装

　　有些不需要的杂质也可能会出现在硅锭中。区域提纯法是纯化材料的常用技术。即一个高温线圈，或 r-f 感应线圈，缓慢地沿着硅锭的轴向移过。由于线圈感应获得的温度足够形成液态薄层，在固液界面处，杂质在两相间呈现某种分布。描述这种分布的参数称为分凝系数，即固体中的杂质浓度和液体中的杂质浓度之比。比如我们设分凝系数为 0.1，那么液体中的杂质浓度将是固体中的 10 倍。当液态区域流过材料时，杂质随着液体被带走。r-f 感应线圈移动几次之后，大多数杂质集中于硅棒的两端，它们可以切除掉。移动区熔或称区域提纯技术可以获得需要的纯度。

　　半导体生长之后，硅锭被机械地切削出合适的直径并做出沿轴向的一个平底面来表征晶向。此平面与［110］方向垂直，它是（110）平面［参考图 1.21（b）］。允许每个芯片沿着给定的晶面制作，以使划片更容易些。接下来将硅棒切成硅片。硅片要足够厚，以便能支撑自身。机械双面打磨工艺能够获得一致厚度的平整硅片。由于这种工艺留下了表面损伤和机械操作沾污，表面还要用化学腐蚀去除。最后一步是抛光，得到光滑表面，在上面可以制作器件或进行后续的生长工艺。这个最终的硅片称为衬底材料。

1.7.2　外延生长

　　外延生长是在器件和集成电路制造中广泛应用的多用途普通生长技术。外延生长是在单晶衬底的表面上生长一层薄单晶的工艺。在外延工艺中，虽然其温度远低于熔点温度，单晶衬底还是起籽晶的作用。当外延层生长在同种材料的衬底上时，它称为同质外延。在硅衬底上长硅是同质外延的一个例子。目前，许多工作却是用异质外延实现的。在异质外延中，衬底材料和外延层不同，但是为了生长单晶并避免在界面处产生许多缺陷，两种材料的晶格结构应该很相似。在 GaAs 衬底上外延 AlGaAs 三元合金层就是异质外延的一个例子。

　　化学气相沉积（CVD）是一种广泛使用的外延技术。例如，硅外延层是通过含硅的气体往表面沉积适量的硅原子而在硅衬底上生长起来的。一种方法是在热硅衬底上让 $SiCl_4$ 和 H_2 发生反应。反应中硅析出并沉积到衬底上，此时，HCl 等其他化学反应物呈气态而从反应器中清除出去。CVD 工艺可以获得衬底和外延层之间杂质的明显界限。这种技术给半导体器件制作带来了很大的灵活性。

另一种外延技术是液相外延。半导体和其他元素的化合物的熔点可能比半导体本身的熔点低。半导体衬底放置到液态化合物中，由于化合物熔点比衬底的低，所以衬底不会熔化。随着熔液逐渐冷却，籽晶上就会生长一层半导体单晶。这种技术的工作温度比 Czochralski 方法的低，多用在Ⅲ-Ⅴ族化合物半导体的生长中。

另一种多用途的外延技术是分子束外延（MBE）工艺。衬底被固定在真空中，温度基本在 400℃～800℃范围内，这比许多半导体工艺温度相对要低一些。半导体和掺杂原子被蒸发到衬底表面。对于这种技术，掺杂可以精确控制，从而可以得到很复杂的掺杂分布。AlGaAs 等复杂的三元化合物能在 GaAs 等衬底上生长，通常要求获得突变的晶格组分。通过 MBE 技术，可以在衬底上生长许多不同成分的外延层。这些结构对于光器件极其有用，比如激光二极管。

1.8　小结

- 列出了一些最常用的半导体材料。硅是最普遍的半导体材料。
- 半导体和其他材料的属性很大程度上由其单晶的晶格结构决定。晶胞是晶体中的一小块体积，用它可以重构出整个晶体。三种基本的晶胞是简立方、体心立方和面心立方。
- 硅具有金刚石晶体结构。原子都被由 4 个紧邻原子构成的四面体包在中间。二元半导体具有闪锌矿结构，它与金刚石晶格基本相同。
- 引用米勒指数来描述晶面。这些晶面可以用于描述半导体材料的表面。米勒指数也可以用来描述晶向。
- 半导体材料中存在缺陷，如空位、替位杂质和填隙杂质。我们将在以后的章节中学到，少量可控的替位杂质有益于改变半导体的特性。
- 给出了一些半导体生长技术的简单描述。体生长，如 Czochralski 方法，生成了基础半导体材料，即衬底。外延生长可以用来控制半导体的表面特性。大多数半导体器件是在外延层上制作的。

重要术语解释

- binary semiconductor（二元半导体）：二元素化合物半导体，如 GaAs。
- covalent bonding（共价键）：共享价电子的原子间键合。
- diamond lattice（金刚石晶格）：硅的原子晶体结构，亦即每个原子有 4 个紧邻的原子，形成一个四面体组态。
- doping（掺杂）：为了有效地改变电学特性，往半导体中加入特定类型原子的工艺。
- elemental semiconductor（元素半导体）：单一元素构成的半导体，比如硅、锗。
- epitaxial layer（外延层）：在衬底表面形成的一薄层单晶材料。
- ion implantation（离子注入）：一种半导体掺杂工艺。
- lattice（晶格）：晶体中原子的周期性排列。
- Miller indices（米勒指数）：用以描述晶面的一组整数。
- primitive cell（原胞）：可复制以得到整个晶格的最小单元。
- substrate（衬底）：用于更多半导体工艺，比如外延或扩散的基础材料，半导体硅片或其他原材料。

- ternary semiconductor(三元半导体):三元素化合物半导体,如 AlGaAs。
- unit cell(晶胞):可以重构出整个晶体的一小部分晶体。
- zincblende lattice(闪锌矿晶格):与金刚石晶格相同的一种晶格,但它有两种而非一种类型的原子。

知识点

学完本章后,读者应具备如下能力:

- 列出最常见的基本半导体材料。
- 描述晶胞的概念。
- 确定不同晶格结构的体密度。
- 确定某晶面的米勒指数。
- 根据米勒指数画出晶面。
- 确定给定晶面的原子面密度。
- 描述硅原子的四面体构型。
- 理解并描述单晶中的各种缺陷。

复习题

1. 列举两种元素半导体材料和两种化合物半导体材料。
2. 画出三种晶格结构:(a)简立方;(b)体心立方;(c)面心立方。
3. 描述求晶体中原子的体密度的方法。
4. 描述如何得到晶面的米勒指数。
5. 描述求一特定晶面的面密度的方法。
6. 描述非原胞的晶胞比原胞的晶胞好的原因。
7. 描述硅中的共价键。
8. 晶体中替位杂质和填隙杂质分别是什么意思?

习题

1.3 空间晶格

1.1 确定晶胞中的原子数:(a)面心立方;(b)体心立方;(c)金刚石晶格。

1.2 假设每个原子都是刚球且与离它最近的原子相切。确定原子占据整个晶胞的百分数:(a)简立方;(b)面心立方;(c)体心立方;(d)金刚石晶格。

1.3 假设硅的晶格常数是 5.43 Å,计算:(a)两个最邻近原子中心的距离;(b)硅原子的体密度($\#/cm^3$);(c)硅的密度(g/cm^3)。

1.4 (a)GaAs 的晶格常数是 5.65 Å。分别确定每立方厘米内 Ga 和 As 的原子数。(b)确定半导体 Ge 的原子体密度。Ge 的晶格常数为 5.65 Å。

1.5 GaAs 的晶格常数是 5.65 Å。计算:(a)相邻最近的 Ga 和 As 原子中心的距离。(b)相邻最近的 As 原子中心的距离。

1.6 计算四面体结构中各对共价键的夹角度数。

1.7 假设一个原子是刚球,其半径 $r = 1.95$ Å,该原子置于(a)简立方;(b)面心立方;(c)体心立方；（d）金刚石晶格中。假设与离它最近的原子相切，求各种结构中的晶格常数。

1.8 某晶体由两种元素组成，即 A 和 B。基本晶格结构是面心立方，A 在角上，B 在面心。A 的有效半径 $r_A = 1.035$ Å。假设均是刚球且 A 球与其最邻近的 A 球相切。计算：（a）能满足这种结构的 B 元素的最大半径；（b）晶格常数；（c）A 原子和 B 原子的体密度（#/cm^3）。

1.9 （a）一简立方结构的晶体是由有效半径 $r = 2.25$ Å 且原子量为 12.5 的原子构成的。假定原子为刚球且与离它最近的原子相切，确定其质量密度；（b）将（a）中的结构替换为体心结构重新计算。

1.10 某材料是面心立方晶格，其体积为 1 cm^3，晶格常数为 2.5 mm。材料中的"原子"实际上是咖啡豆，假设咖啡豆是刚球且与离它最近的咖啡豆相切。确定咖啡豆磨碎后咖啡的体积（假定咖啡粉是 100% 紧密的）。

1.11 NaCl 晶格是简立方，Na 和 Cl 原子交替出现。每一个 Na 原子被六个 Cl 原子包围；反过来，每一个 Cl 原子被六个 Na 原子包围。（a）画出（100）平面的原子；（b）假定每个原子都是刚球且与离它最近的原子相切。Na 的有效半径是 1.0 Å，Cl 的有效半径是 1.8 Å。确定晶格常数；（c）计算 Na 和 Cl 原子的体密度；（d）计算 NaCl 的质量密度。

1.12 （a）某材料由两种元素组成。A 原子的有效半径是 2.2 Å，B 原子的有效半径是 1.8 Å。晶格是体心立方，A 在角上，B 在中心。确定晶格常数以及 A 原子和 B 原子的体密度；（b）互换 A 原子和 B 原子的位置后，重新计算（a）；（c）对于（a）和（b），两种材料能做哪些比较？

1.13 （a）考虑习题 1.12（a）和习题 1.12（b）中的两种材料。计算每种材料（100）平面的 A 原子和 B 原子的面密度。两种材料能做哪些比较？（b）换成（110）平面重新考虑（a）中的问题。

1.14 （a）某种材料的晶格结构是立方体，其中心有一个原子。晶格常数是 a_0，原子直径是 a_0。计算原子体密度和（110）平面的面密度。（b）对图 1.5（a）所示的具有相同晶格常数的简立方进行与（a）类似的计算，并与（a）比较。

1.15 考虑晶格常数为 a_0 的简立方晶格。（a）画出如下平面：（i）（110），（ii）（111），（iii）（220），（iv）（321）。（b）画出如下晶向：（i）[110]，（ii）[111]，（iii）[220]，（iv）[321]。

1.16 对于简立方晶格，确定图 P1.16 所示平面的米勒指数。

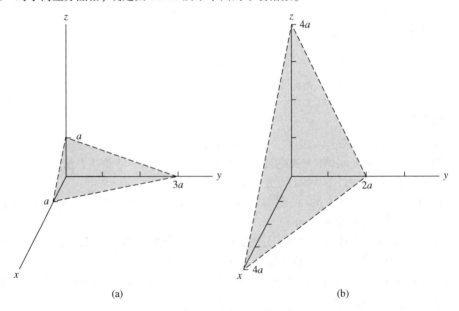

(a)   (b)

图 P1.16　习题 1.16 的示意图

1.17 某体心立方晶格的晶格常数为 4.83 Å，被一平面所截，截距在直接坐标系中的坐标为 9.66 Å，19.32 Å，14.49 Å。该平面的米勒指数是多少？

1.18 一个简立方的晶格常数是 5.28 Å。计算最近平行平面间距：(a)(100)；(b)(110)；(c)(111)。

1.19 某单晶的晶格常数是 4.73 Å。分别对于如下晶格结构：(a)简立方，(b)体心立方，(c)面心立方，计算如下平面的原子面密度：(i)(110)，(ii)(110)，(iii)(111)。

1.20 计算如下平面硅原子的面密度：(a)(100)，(b)(110)，(c)(111)。

1.21 考虑一个面心立方晶格。假定每个原子都是刚球且与离它最近的原子相切。假定原子的有效半径是 2.37 Å。(a)计算原子体密度。(b)计算(110)平面的原子面密度。(c)计算最近(110)平面间的距离。(d)换成(111)平面，重复(b)，(c)中的问题。

1.5　原子价键

1.22 计算硅中的价电子密度。

1.23 GaAs 是铅锌矿晶格结构。晶格常数是 5.65 Å。计算 GaAs 中的价电子密度。

1.6　固体中的缺陷和杂质

1.24 (a)假设硅中加入浓度为 $5 \times 10^{17}/cm^3$ 的替位磷杂质原子，计算单晶硅中硅原子替位的百分比。(b)换成浓度为 $2 \times 10^{15}/cm^3$ 的替位硼杂质原子，重复(a)中的问题。

1.25 (a)假设浓度为 $2 \times 10^{16}/cm^3$ 的硼原子均匀的掺入单晶硅中。质量上，磷占的比例为多大？(b)假设换成浓度为 $10^{18}/cm^3$ 的磷原子，掺入(a)中的材料，确定磷在质量上的比例。

1.26 假设浓度为 $2 \times 10^{16}/cm^3$ 的硼原子作为替位杂质加入硅中且在整个半导体中均匀分布，确定用硅晶格常数表示的硼原子之间的距离(假定硼原子按照长方体或立方体阵列分布)。

1.27 将习题 1.26 中的替位杂质换做浓度为 $4 \times 10^{15}/cm^3$ 的磷原子重新计算。

参考文献

1. Azaroff, L. V., and J. J. Brophy. *Electronic Processes in Materials*. New York：McGraw-Hill, 1963.

2. Campbell, S. A. *The Science and Engineering of Microelectronic Fabrication*. New York：Oxford University Press, 1996.

3. Dimitrijev, S. *Principles of Semiconductor Devices*. New York：Oxford University Press, 2006.

4. Kittel, C. *Introduction to Solid State Physics*, 7th ed. Berlin：Springer-Verlag, 1993.

*5. Li, S. S. *Semiconductor Physical Electronics*. New York：Plenum Press, 1993.

6. McKelvey, J. P. *Solid State Physics for Engineering and Materials Science*. Malabar, FL：Krieger, 1993.

7. Pierret, R. F. *Semiconductor Device Fundamentals*. Reading, MA：Addison-Wesley, 1996.

8. Runyan, W. R., and K. E. Bean. *Semiconductor Integrated Circuit Processing and Technology*. Reading, MA：Addison-Wesley, 1990.

9. Singh, J. *Semiconductor Devices：Basic Principles*. New York：John Wiley and Sons, 2001.

10. Streetman, B. G., and S. K. Banerjee. *Solid State Electronic Devices*, 6 th ed. Upper Saddle River, NJ：Pearson Prentice Hall, 2006.

11. Sze, S. M. *VLSI Technology*. New York：McGraw-Hill, 1983.

*12. Wolfe, C. M., N. Holonyak, Jr., and G. E. Stillman. *Physical Properties of Semiconductors*. Englewood Cliffs, NJ：Prentice Hall, 1989.

第 2 章　量子力学初步

本书的主要目的是帮助读者理解半导体器件的工作原理和特征。正常情况下，我们应该立刻开始讨论半导体器件，但为了更深入地理解器件的电流-电压特性，有必要首先了解在不同势函数条件下，晶体中电子状态的一些相关知识。

基于牛顿运动定律的经典物理学理论可以极为精确地测算出如行星和人造卫星等大型物体的运动，但却与电子和高频电磁波的许多实验结果相矛盾。而利用量子力学规则可以准确地计算这些实验结果。可以说量子力学的波理论是半导体物理学理论的基础。我们最终感兴趣的是电学特性与晶格中电子状态直接相关的半导体材料。利用量子力学规则对电子的状态和特性进行系统的描述称为波动力学。本章将利用薛定谔波动方程来阐述波动力学中的一些主要内容。

本章的目的是对量子力学进行简要的介绍，以使读者了解并逐步适应量子力学的分析方法。这些介绍性的内容是半导体物理学的基础。

2.0　概述

本章包含以下内容：

- 讨论应用于半导体器件物理的量子力学的基本原理。
- 陈述薛定谔波动方程并讨论该波函数的物理意义。
- 考虑薛定谔波动方程在各种势函数中的应用，以确定晶体中电子行为的基本性质。
- 对一个电子的原子应用薛定谔波动方程。该分析结果产生 4 个基本的量子数、离散能带的概念和周期表的初始建立。

2.1　量子力学的基本原理

在深入研究量子力学的数学计算之前，我们必须了解量子力学的三个基本原理，它们分别是能量量子化原理、波粒二象性原理和不确定原理。

2.1.1　能量量子化原理

光电效应实验证明了光经典理论与实验结果之间是存在矛盾的。假如一束单色光照射在某种材料的光洁表面上，那么在一定条件下就会有电子(光电子)从表面发射出去。根据经典物理学理论，只要光的强度足够大，电子就可以克服材料的功函数从表面发射出去，而该过程与照射光的频率无关。可是实验中这个结论却没有出现，实验结果是：在恒定光强的照射下，光电子的最大动能随着光频率呈线性变化，其极限频率为 $\nu = \nu_0$，低于此频率将不会产生光电子，如图 2.1 所示。如果入射光的频率恒定而改变光强，则光电子的发射效率就会改变，但最大动能将保持不变。

1900 年，普朗克提出了从加热物体表面发出的热辐射是不连续的假设，即所谓的量子。这些量子的能量为 $E = h\nu$，其中 ν 为辐射的频率，h 后来称为普朗克常数($h = 6.625 \times 10^{-34}$ J·s)。

1905 年，爱因斯坦提出了光波也是由分立的粒子组成的假设，从而解释了光电效应。这种粒子化的能量称为光子，能量也为 $E = h\nu$。具有足够能量的光子，它可以从材料表面激发出电子。电子逸出表面吸收的最小能量称为此种材料的功函数，而光子具有的超出功函数所需的能量将转变为光电子的动能。这样就证实了图 2.1 所示的实验结果。光电效应体现了光子不连续的本质，同时表现出了光子的粒子性。

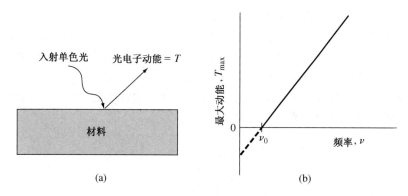

图 2.1　（a）光电效应；（b）光电子最大动能随入射频率变化的函数

光电子的最大动能可以表示为

$$T = \frac{1}{2}mv^2 = h\nu - \Phi = h\nu - h\nu_0 \qquad (\nu \geq \nu_0)$$
$$\Phi = h\nu_0$$

(2.1)

式中，$h\nu$ 为入射光子能量，$h\nu_0$ 为电子逸出表面所需的最小能量，即功函数。

例 2.1　计算对应某一粒子波长的光子能量。考虑一种 X 射线，其波长为 $\lambda = 0.708 \times 10^{-8}$ cm。
- **解**

能量为

$$E = h\nu = \frac{hc}{\lambda} = \frac{(6.625 \times 10^{-34})(3 \times 10^{10})}{0.708 \times 10^{-8}} = 2.81 \times 10^{-15} \text{ J}$$

还可将其换算为更为常见的电子伏特形式（参见附录 D）：

$$E = \frac{2.81 \times 10^{-15}}{1.6 \times 10^{-19}} = 1.75 \times 10^4 \text{ eV}$$

- **说明**

光子的能量与波长呈倒数关系：波长越短，能量越高。
- **自测题**

E2.1　计算对应下列波长的光子能量（单位 eV）：（a）$\lambda = 100$ Å；（b）$\lambda = 4500$ Å。
　　答案：（a）124 eV；（b）2.76 eV。

2.1.2　波粒二象性原理

在前一节中我们看到，在光电效应中光波表现出粒子的特性。这种粒子性也有助于解释电磁波的康普顿效应实验。在实验中，X 射线照射在固体的表面，其中一部分射线发生偏转，并且这些偏转的频率较入射波发生了变化。实验对频率变化以及偏转角的观测结果显示，X 射线量子或光子与电子之间的相互作用精确符合"撞球"式的碰撞规律，而且总能量和动量保持守恒。

1924 年，德布罗意提出了存在物质波的假设。他认为既然波具有粒子性，那么粒子也应具有

波动性。德布罗意的假设就是波粒二象性原理。光子的动量可写为

$$p = \frac{h}{\lambda} \tag{2.2}$$

式中 λ 为光波波长。于是，德布罗意假设将粒子的波长表示为

$$\lambda = \frac{h}{p} \tag{2.3}$$

式中 p 为粒子动量，而 λ 即为物质波的德布罗意波长。

　　电子的波动性已经通过许多方法得到了验证。1927 年，Davisson 和 Germer 设计了一个实验，他们利用加热的灯丝发射电子束，经过加速后射向镍晶体，同时使用检流计分别在不同的角度探测散射出的电子。图 2.2 显示了实验仪器的设置，图 2.3 显示了实验结果。由于镍晶面中原子具有周期性，使散射波产生相长干涉，从而导致电子散射密度出现了最大值。而且散射电子的角度分布与光栅衍射所生成的干涉图形非常类似。

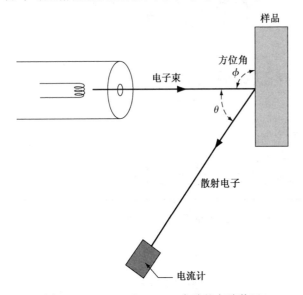

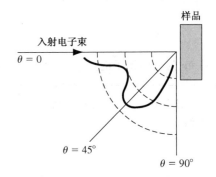

图 2.2　Davisson 和 Germer 实验的实验装置　　　图 2.3　Davisson 和 Germer 实验中电子散射密度随角度变化的函数

　　为了深入了解波粒二象性原理中频率和波长的知识，图 2.4 显示了电磁波的频谱。可以看出下例中波长 72.7 Å 属于紫外线。通常我们需要考虑的波都属于紫外线和可见光范围，该范围内的波长远小于常见的无线电频谱[①]。

例 2.2　计算一个粒子的德布罗意波长，电子的运动速度为 10^7 cm/s $= 10^5$ m/s。

　■ 解

　电子动量为

$$p = mv = (9.11 \times 10^{-31})(10^5) = 9.11 \times 10^{-26} \text{ kg·m/s}$$

德布罗意波长为

$$\lambda = \frac{h}{p} = \frac{6.625 \times 10^{-34}}{9.11 \times 10^{-26}} = 7.27 \times 10^{-9} \text{ m}$$

---

①　电子显微镜是一台用于放大样本的显微镜。电子显微镜的放大水平大约是光学显微镜的 1000 倍，这是因为电子的波长比光波要小 100 000 倍。

或

$$\lambda = 72.7 \text{ Å}$$

■ **说明**

该计算表明了一个"典型"电子的德布罗意波长的数量级。

■ **自测题**

E2.2 (a)试求动能为 12 meV 的电子的德布罗意波长；(b)计算质量为 2.2×10^{-31} kg、德布罗意波长为 112 Å 的粒子的动量和能量。

答案：(a)$\lambda = 112$ Å；(b)$p = 5.915 \times 10^{-26}$ kg·m/s，$E = 4.97 \times 10^{-2}$ eV。

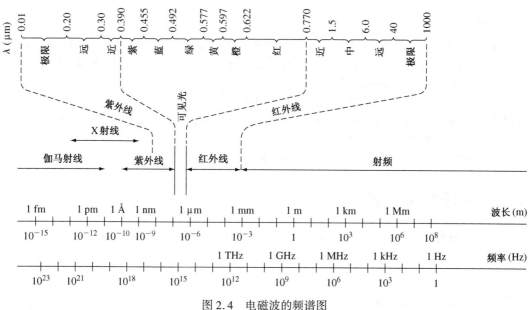

图 2.4　电磁波的频谱图

在某些时候，电磁波的行为表现为粒子性(光子)，而有时粒子却表现出波动性。量子力学的波粒二象性原理最初只应用于电子等较小的粒子，但现在也已经应用于质子和中子。对于那些很大的粒子，这些相关的公式就可以归纳为经典力学公式。波粒二象性原理将成为我们利用波理论描述晶体中电子的运动和状态的基础。

2.1.3　不确定原理

于 1927 年出现的海森伯不确定原理，最初也是为描述较小粒子而提出的，它用于描述那些不能精确确定状态的亚原子粒子。不确定原理可以描述共轭变量之间的基本关系，包括粒子的坐标与动量以及能量与时间。

不确定原理的首要观点是对于同一粒子不可能同时确定其坐标和动量。如果动量的不确定程度为 Δp，而坐标的不确定程度为 Δx，则不确定关系式为①

$$\Delta p \, \Delta x \geq \hbar \tag{2.4}$$

式中 $\hbar$ 定义为 $\hbar = h/2\pi = 1.054 \times 10^{-34}$ J·s 并称为修正普朗克常数。该关系式同时也适用于角坐标与角动量。

---

① 在某些文章中，不确定原理写为 $\Delta p \Delta x \geq \hbar/2$。在此我们主要关注的是数量级，而对细微的差别不做考虑。

不确定原理的第二个观点是，对于同一粒子不可能同时确定其能量和具有此能量的时间点。如果给定能量的不确定程度为 ΔE，而具有此能量的时间的不确定量为 Δt，那么不确定关系式可写为

$$\Delta E \, \Delta t \geqslant \hbar \tag{2.5}$$

不确定原理可以理解为，当同时测量坐标与动量或者同时测量能量与时间时，就会出现一定程度的偏差。然而修正普朗克常数 $\hbar$ 是一个很小的值，因此不确定原理只是对于亚原子粒子具有重要作用。我们必须记住的是，不确定原理是一个基础性的原理，而并不只是用于测量。

既然不确定原理的一个结论是无法确定一个电子的准确坐标，那么就将其替换为确定某个坐标位置可能发现电子的概率。在稍后的章节中，将给出一个概率密度函数，根据它就可以确定具有某种能量值的电子所出现的概率。因此，要描述电子的状态，就需要了解概率函数。

练习题

T2.1 某个电子坐标的不确定程度为 8 Å。(a)确定能量的最小不确定程度；(b)假设能量的标量 $p = 1.2 \times 10^{-23}$ kg·m/s，求其对应的动量的不确定程度[动量的不确定程度可以通过 $\Delta E = (\mathrm{d}E/\mathrm{d}p)\Delta p = (p\Delta p/m)$ 计算]。

答案：(a)$\Delta p = 1.318 \times 10^{-25}$ kg·m/s；(b)$\Delta E = 10.85$ eV。

T2.2 (a)某质子的能量在不确定程度下为 0.8 eV，计算测量此能量的最短不确定时间；(b)将(a)中的质子换为电子重新计算。

答案：(a)$\Delta t = 8.23 \times 10^{-16}$ s；(b)与(a)相同。

2.2　薛定谔波动方程

由于越来越多的有关电磁波和粒子的实验结果无法用经典力学法则来解释，因此需要一种修正的力学理论。1926 年，薛定谔提出了一种称为波动力学的理论，它结合了普朗克的量子化原理和德布罗意的波粒二象性原理。以波粒二象性原理为基础，我们就可以用这种波理论来描述电子的运动。这种波理论是通过薛定谔波动方程来描述的。

2.2.1　波动方程

一维非相对论的薛定谔波动方程表示为

$$\frac{-\hbar^2}{2m} \cdot \frac{\partial^2 \Psi(x, t)}{\partial x^2} + V(x)\Psi(x, t) = j\hbar \frac{\partial \Psi(x, t)}{\partial t} \tag{2.6}$$

其中，$\Psi(x, t)$ 为波函数，$V(x)$ 为与时间无关的势函数，m 是粒子的质量，j 是虚常数 $\sqrt{-1}$。虽然现在还存在有关薛定谔波动方程形式的争论，但它已经成为量子力学的基本原理。波函数 $\Psi(x, t)$ 描述的是系统的状态，以数学形式来说，它可能是一个复数。

我们可以利用分离变量的方法计算波函数中与时间有关的部分以及与坐标有关(与时间无关)的部分。如将波函数写为如下形式：

$$\Psi(x, t) = \psi(x)\phi(t) \tag{2.7}$$

其中，$\psi(x)$ 是坐标 x 的函数，$\phi(t)$ 是时间 t 的函数。将这种形式代入薛定谔波动方程，可得

$$\frac{-\hbar^2}{2m} \phi(t) \frac{\partial^2 \psi(x)}{\partial x^2} + V(x)\psi(x)\phi(t) = j\hbar\psi(x)\frac{\partial \phi(t)}{\partial t} \tag{2.8}$$

如果用式(2.8)除以总的波函数，则可得

$$\frac{-\hbar^2}{2m} \frac{1}{\psi(x)} \frac{\partial^2 \psi(x)}{\partial x^2} + V(x) = j\hbar \cdot \frac{1}{\phi(t)} \cdot \frac{\partial \phi(t)}{\partial t} \tag{2.9}$$

因为式(2.9)的左边只是坐标 x 的函数,右边只是时间 t 的函数,所以式子两边一定都等于同一个常数,我们用 η 表示这个分离变量常数。

式(2.9)中与时间有关的项表示为

$$\eta = j\hbar \cdot \frac{1}{\phi(t)} \cdot \frac{\partial \phi(t)}{\partial t} \qquad (2.10)$$

其中,参数 η 称为分离常量。式(2.10)的解为

$$\phi(t) = e^{-j(\eta/\hbar)t} \qquad (2.11a)$$

该解是正弦波的经典指数形式,其中 $E = h\nu$ 或 $E = h\omega/2\pi$。那么 $\omega = \eta/\hbar = E/\hbar$ 就可以认为分离常量是粒子的总能量 E。

我们可以继续写出

$$\phi(t) = e^{-j(E/\hbar)t} = e^{-j\omega t} \qquad (2.11b)$$

我们可以看出 $\omega = E/\hbar$,其是正弦波的弧度或角频率。

于是根据式(2.9),薛定谔波动方程中与时间无关的项表示为

$$\frac{-\hbar^2}{2m} \cdot \frac{1}{\psi(x)} \cdot \frac{\partial^2 \psi(x)}{\partial x^2} + V(x) = E \qquad (2.12)$$

其中,分离常量是粒子的总能量 E。式(2.12)可表示为

$$\boxed{\frac{\partial^2 \psi(x)}{\partial x^2} + \frac{2m}{\hbar^2}(E - V(x))\psi(x) = 0} \qquad (2.13)$$

其中,m 为粒子的质量,$V(x)$ 为粒子所在的势场,E 为粒子的总能量。如附录 E 中所示,薛定谔波动方程中与时间无关的部分也可以用经典波动方程来证明。附录中使用的虚拟推导方法是一个简单的近似,但足以说明与时间无关方程的合理性。

2.2.2　波函数的物理意义

$\Psi(x, t)$ 最终用来描述晶体中的电子状态。$\Psi(x, t)$ 是波的函数,所以有必要弄清电子与函数之间的关系。整个波函数是与坐标有关(与时间无关)的函数和与时间有关的函数的乘积。根据式(2.7)可得

$$\Psi(x, t) = \psi(x)\phi(t) = \psi(x)e^{-j(E/\hbar)t} = \psi(x)e^{-j\omega t} \qquad (2.14)$$

由于整个波函数 $\Psi(x, t)$ 是一个复函数,因此它本身并不能代表一个实际的物理量。

1926 年,马克斯·波恩假设函数 $|\Psi(x, t)|^2 dx$ 是某一时刻在 x 与 $x + dx$ 之间发现粒子的概率,或称 $|\Psi(x, t)|^2$ 为概率密度函数。于是有

$$|\Psi(x, t)|^2 = \Psi(x, t) \cdot \Psi^*(x, t) \qquad (2.15)$$

其中,$\Psi^*(x, t)$ 为复合共轭函数。因此

$$\Psi^*(x, t) = \psi^*(x) \cdot e^{+j(E/\hbar)t}$$

于是波函数与其复合共轭函数的乘积为

$$\Psi(x, t)\Psi^*(x, t) = \left[\psi(x)e^{-j(E/\hbar)t}\right]\left[\psi^*(x)e^{+j(E/\hbar)t}\right] = \psi(x)\psi^*(x) \qquad (2.16)$$

于是,可得

$$|\Psi(x, t)|^2 = \psi(x)\psi^*(x) = |\psi(\chi)|^2 \qquad (2.17)$$

这是与时间无关的概率密度函数。经典力学与量子力学的一个最主要的区别是:经典力学中粒

子或物体的坐标可以被精确确定，而与之相反，在量子力学中只能确定粒子在某个坐标位置的概率。因此在很多实例中只计算概率密度函数，而且由于它与时间无关，我们只需要考虑与时间无关的波函数。

2.2.3　边界条件

由于 $|\psi(x)|^2$ 代表概率密度函数，因此对单个粒子来说，必须满足

$$\int_{-\infty}^{\infty} |\psi(x)|^2 \, \mathrm{d}x = 1 \tag{2.18}$$

在某处能够发现粒子的概率是确定的。式（2.18）对波函数进行了归一化，并且它作为一个边界条件，可以用来决定波函数的各项系数。

加在波函数及其导数上的额外边界条件是重要的前提条件。我们会说明并论证这些边界条件的必要性。如果粒子的能量 E 和势函数 $V(x)$ 在任何位置均为有限值，则要求波函数及其导数符合以下条件：

条件 1.　$\psi(x)$ 必须有限、单值和连续。
条件 2.　$\partial\psi(x)/\partial x$ 必须有限、单值和连续。

因为 $|\psi(x)|^2$ 是概率密度，那么 $\psi(x)$ 必须有限、单值。如果概率密度在空间某一点为无限值，那么在该点发现粒子的概率就确定了，这就与不确定原理产生了矛盾。如果粒子总能量 E 和势函数 $V(x)$ 在任何位置均为有限值，那么根据式（2.13），波函数的二阶导数必须有限，也就意味着其一阶导数必须连续。一阶导数与粒子动量有关，也必须有限、单值。最终，有限的一阶导数意味着函数本身也必须要连续。在有些特殊例子中，在空间中的某些特定区域内，势函数会是无限的。在这种情况下，一阶导数可以不连续，但其他边界条件仍然要满足。

图 2.5 给出了两种可能的势函数及其对应的波形解。在图 2.5(a) 中，势函数在任何位置都是有限值。波函数及其一阶导数是连续的。在图 2.5(b) 中，势函数在 $x<0$ 和 $x>a$ 的时候不是有限值。波函数在边界是连续的，但是其一阶导数却是不连续的。我们将在接下来的部分以及本章习题中确定波函数。

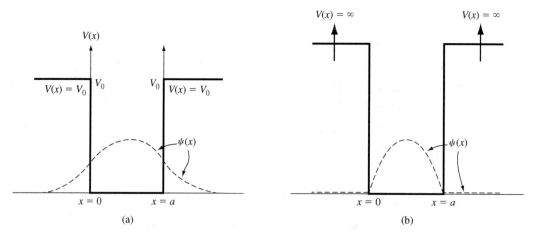

图 2.5　势函数及其对应的波函数解。(a)势函数在任何位置均为有限值；(b)势函数在某些位置不是有限值

2.3 薛定谔波动方程的应用

我们将针对不同势函数的情况应用薛定谔波动方程。对于不同的势函数，将使用薛定谔微分方程求解，而最终用计算结果确定电子的状态。在后面有关半导体特性的讨论中，可以直接使用这些结果。

2.3.1 自由空间中的电子

首先使用薛定谔波动方程讨论自由空间中电子的运动。如果没有任何外力作用于粒子，则势函数 $V(x)$ 为常量，且有 $E > V(x)$。简单来说，不妨假设对于所有 x，势函数 $V(x) = 0$，那么根据式(2.13)，与时间无关的波动方程可写为

$$\frac{\partial^2 \psi(x)}{\partial x^2} + \frac{2mE}{\hbar^2}\psi(x) = 0 \tag{2.19}$$

该微分方程的结果为

$$\psi(x) = A\exp\left[\frac{jx\sqrt{2mE}}{\hbar}\right] + B\exp\left[\frac{-jx\sqrt{2mE}}{\hbar}\right] \tag{2.20a}$$

或者

$$\psi(x) = A\exp(jkx) + B\exp(-jkx) \tag{2.20b}$$

其中

$$k = \sqrt{\frac{2mE}{\hbar^2}} \tag{2.21}$$

称为波数。

而与时间有关函数的结果是

$$\phi(t) = e^{-j(E/\hbar)t} = e^{-j\omega t} \tag{2.22}$$

那么整个波动方程的结果是

$$\Psi(x, t) = A\exp[j(kx - \omega t)] + B\exp[-j(kx + \omega t)] \tag{2.23}$$

该结果是一个行波，就是说自由空间中的粒子运动表现为行波。其中系数为 A 的第一项是方向为 $+x$ 的波，而系数为 B 的第二项是方向为 $-x$ 的波。系数的值可由边界条件确定。这种行波结果我们会在讨论晶体或半导体中运动的电子时再次遇到。

假设某一时刻，有一个沿 $+x$ 方向运动的粒子，可以描述为 $+x$ 方向的行波，而系数 $B = 0$。该行波的表达式可写为

$$\Psi(x, t) = A\exp[j(kx - \omega t)] \tag{2.24}$$

其中 k 为波数，为

$$k = \sqrt{\frac{2mE}{\hbar^2}} = \sqrt{\frac{p^2}{\hbar^2}} = \frac{p}{\hbar} \tag{2.25a}$$

或

$$p = \hbar k \tag{2.25b}$$

根据德布罗意的波粒二象性原理，波长还可写为

$$\lambda = \frac{h}{p} = \frac{2\pi\hbar}{p} \tag{2.26}$$

合并式(2.25a)和式(2.26)可得波长用波数表示为

$$\lambda = \frac{2\pi}{k} \qquad (2.27a)$$

或

$$k = \frac{2\pi}{\lambda} \qquad (2.27b)$$

可以说，自由粒子的能量、动量和波长都有明确的定义。

概率密度函数 $\Psi(x, t)\Psi^*(x, t) = AA^*$ 是一个与坐标无关的常量。具有明确动量定义的自由粒子在空间任意位置出现的概率相等，这个结论与海森伯的不确定原理是一致的，即准确的动量对应不确定的位置。

在一定区域中的自由粒子可以用一个波包表示，波包由若干不同动量或不同 k 值的波函数叠加而成。在此我们不对波包进行深入研究。

2.3.2　无限深势阱

无限深势阱中的粒子问题是束缚态粒子的典型例子。如图 2.6 所示的势函数 $V(x)$ 是位置的函数。假设粒子存在于区域Ⅱ中，则粒子被局限在有限的区域内。与时间无关的薛定谔波动方程为

$$\frac{\partial^2\psi(x)}{\partial x^2} + \frac{2m}{\hbar^2}(E - V(x))\psi(x) = 0 \qquad (2.13)$$

其中，E 为粒子的总能量。如果 E 有限，则在区域Ⅰ和区域Ⅲ中波函数必须为零或 $\psi(x) = 0$。因为粒子不可能穿越无限深势垒，所以在区域Ⅰ和区域Ⅲ中发现粒子的概率为零。

在区域Ⅱ中，$V = 0$，与时间无关的薛定谔波动方程为

$$\frac{\partial^2\psi(x)}{\partial x^2} + \frac{2mE}{\hbar^2}\psi(x) = 0 \qquad (2.28)$$

方程的解可以写出

$$\psi(x) = A_1\cos kx + A_2\sin kx \qquad (2.29)$$

其中

$$k = \sqrt{\frac{2mE}{\hbar^2}} \qquad (2.30)$$

边界条件为波函数 $\psi(x)$ 必须连续，因此

$$\psi(x = 0) = \psi(x = a) = 0 \qquad (2.31)$$

在 $x = 0$ 处应用边界条件，有 $A_1 = 0$。在 $x = a$ 处有

$$\psi(x = a) = 0 = A_2\sin ka \qquad (2.32)$$

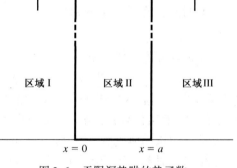

图 2.6　无限深势阱的势函数

该方程式当 $ka = n\pi$ 时成立，其中参数 n 为正整数，即 $n = 1, 2, 3, \cdots$，参数 n 称为量子数。可以写出

$$k = \frac{n\pi}{a} \qquad (2.33)$$

n 的负值只是将负号引入波函数，而生成的概率密度函数为多余解。我们无法从物理意义上区分 $+n$ 解和 $-n$ 解，因此冗余的 n 的负值不做考虑。

根据式(2.18)的归一化边界条件 $\int_{-\infty}^{\infty}\psi(x)\psi^*(x)\mathrm{d}x = 1$ 可以计算系数 A_2。假设波 $\psi(x)$ 函数是实函数，那么 $\psi(x) = \psi^*(x)$。化简式(2.18)可得

$$\int_0^a A_2^2\sin^2 kx\,\mathrm{d}x = 1 \qquad (2.34)$$

求解积分可得[1]

$$A_2 = \sqrt{\frac{2}{a}} \tag{2.35}$$

最终，与时间无关的波的表达式为

$$\psi(x) = \sqrt{\frac{2}{a}} \sin\left(\frac{n\pi x}{a}\right), \qquad n = 1, 2, 3, \cdots \tag{2.36}$$

此表达式为驻波表达式，代表电子处于无限深势阱中。可以说，行波代表自由粒子，而驻波代表束缚态粒子。

表达式中的参数 k 可以通过式（2.30）和式（2.33）确定。联立两个表达式，可得

$$k^2 \rightarrow k_n^2 = \frac{2mE_n}{\hbar^2} = \frac{n^2\pi^2}{a^2} \tag{2.37}$$

于是总能量写为

$$\boxed{E = E_n = \frac{\hbar^2 n^2 \pi^2}{2ma^2}}, \qquad n = 1, 2, 3, \cdots \tag{2.38}$$

综上所述，无限深势阱中粒子的波函数为

$$\psi(x) = \sqrt{\frac{2}{a}} \sin k_n x \tag{2.39}$$

其中，从式（2.37）得到的常量 k_n 必须是分立值，相应的粒子的总能量也只能是分立值。这个结论意味着粒子能量的量子化，也就是说，粒子的能量只能是特定的分立值。能量的量子化与经典力学中允许连续的能量值的结论相矛盾。于是，能量的量子化也就引出了稍后将会详细讨论的量子论。束缚态粒子能量的量子化是一个极其重要的结论。

在本章末关于离子与电子形成原子的部分我们还会再次看到电子能量的量子化。

例 2.3 计算无限深势阱中电子的前三级能量，势阱的宽度为 5 Å。

■ **解**

由式（2.38）可得[2]

$$E_n = \frac{\hbar^2 n^2 \pi^2}{2ma^2} = \frac{n^2(1.054 \times 10^{-34})^2\pi^2}{2(9.11 \times 10^{-31})(5 \times 10^{-10})^2} = n^2(2.41 \times 10^{-19}) \, \text{J}$$

或

$$E_n = \frac{n^2(2.41 \times 10^{-19})}{1.6 \times 10^{-19}} = n^2(1.51) \, \text{eV}$$

则

$$E_1 = 1.51 \, \text{eV}, \quad E_2 = 6.04 \, \text{eV}, \quad E_3 = 13.59 \, \text{eV}$$

■ **说明**

从计算中可以看到束缚态电子能量的数量级。

■ **自测题**

E2.3 （a）一无限深势阱的宽度为 12 Å，计算电子的前三级能量（用 eV 表示）；（b）将（a）中的电子换为原子，再次计算。

答案：（a）0.261 eV，1.045 eV，2.351 eV；（b）1.425×10^{-4} eV，5.70×10^{-4} eV，1.28×10^{-3} eV。

---

[1] 准确地说应该是 $|A_2|^2 = 2/a$，因此系数 A_2 的解包括 $+\sqrt{2/a}$，$-\sqrt{2/a}$，$+j\sqrt{2/a}$，$-j\sqrt{2/a}$，以及任一大小为 $\sqrt{2/a}$ 的复数。因为波函数本身没有物理意义，所以系数的具体选择并不重要，它们都生成相同的概率密度函数。

[2] 换算用 eV 做单位表示可参阅附录 D。

图 2.7(a)所示为无限深势阱中粒子的前四级能量，图 2.7(b)和图 2.7(c)分别为对应的波函数和概率函数。注意，随着能量的增加，在任意给定坐标值处发现粒子的概率会渐趋一致。

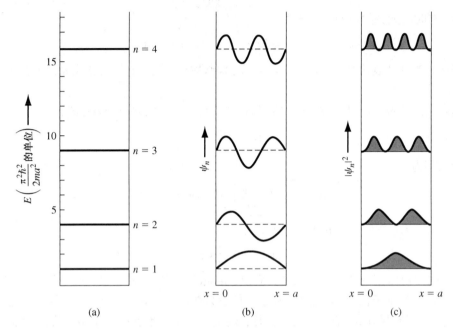

图 2.7　无限深势阱中的粒子。(a)前四级能量；(b)对应的波函数；(c)对应的概率函数

2.3.3　阶跃势函数

阶跃势函数如图 2.8 所示。上一节中讨论了束缚在两个势垒之间的粒子。在本节的例子中，假设有粒子流入射到阶跃势垒上，粒子流的运动方向为 $+x$，起始点在 $x = -\infty$ 处。如果粒子的总能量小于势垒的高度($E < V_0$)，就会产生一个值得关注的有趣结果。

我们需要在两个区域中分别讨论与时间无关的波动方程。根据式(2.13)给出的通用方程 $\partial^2 \psi(x)/\partial x^2 + 2m/\hbar^2 (E - V(x))\psi(x) = 0$，在区域 I，$V = 0$，有

$$\frac{\partial^2 \psi_1(x)}{\partial x^2} + \frac{2mE}{\hbar^2} \psi_1(x) = 0 \qquad (2.40)$$

方程的通解为

$$\psi_1(x) = A_1 e^{jk_1 x} + B_1 e^{-jk_1 x} \quad (x \leqslant 0) \qquad (2.41)$$

其中常量 k_1 为

$$k_1 = \sqrt{\frac{2mE}{\hbar^2}} \qquad (2.42)$$

式(2.41)的第一项是方向为 $+x$ 的行波，代表入射波；第二项是方向为 $-x$ 的行波，代表反射波。对于自由粒子，入射和反射粒子都可用行波代替。

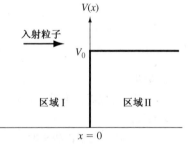

图 2.8　阶跃势函数

对于入射波，$A_1 \cdot A_1^*$ 为入射粒子的概率密度函数。如果将概率密度函数与入射速率相乘，则 $v_i \cdot A_1 \cdot A_1^*$ 为入射粒子流的流量，单位为#/cm² · s。类似地，$v_r \cdot B_1 \cdot B_1^*$ 为反射粒子流的流量，其中 v_r 为反射波速率(此处的参数 v_i 和 v_r 只具有速率的数量级)。

在区域 II 中，势函数 $V = V_0$。假设 $E < V_0$，则描述区域 II 中波函数的微分方程为

$$\frac{\partial^2 \psi_2(x)}{\partial x^2} - \frac{2m}{\hbar^2}(V_0 - E)\psi_2(x) = 0 \tag{2.43}$$

方程的通解为

$$\psi_2(x) = A_2 \mathrm{e}^{-k_2 x} + B_2 \mathrm{e}^{+k_2 x} \quad (x \geqslant 0) \tag{2.44}$$

其中

$$k_2 = \sqrt{\frac{2m(V_0 - E)}{\hbar^2}} \tag{2.45}$$

边界条件为波函数 $\psi_2(x)$ 必须保持有限, 即系数 $B_2 = 0$。则波函数为

$$\psi_2(x) = A_2 \mathrm{e}^{-k_2 x} \quad (x \geqslant 0) \tag{2.46}$$

波函数在 $x = 0$ 处必须连续, 所以

$$\psi_1(0) = \psi_2(0) \tag{2.47}$$

由式 (2.41)、式 (2.46) 和式 (2.47) 可得

$$A_1 + B_1 = A_2 \tag{2.48}$$

由于任意坐标的势函数必须有限, 因此波函数的一阶导数也必须连续, 故有

$$\left.\frac{\partial \psi_1}{\partial x}\right|_{x=0} = \left.\frac{\partial \psi_2}{\partial x}\right|_{x=0} \tag{2.49}$$

利用式 (2.41)、式 (2.46) 和式 (2.47), 有

$$\mathrm{j}k_1 A_1 - \mathrm{j}k_1 B_1 = -k_2 A_2 \tag{2.50}$$

我们可以利用系数 A_1 求解式 (2.48) 和式 (2.50), 得出系数 B_1 和 A_2。结果为

$$B_1 = \frac{-(k_2^2 + 2\mathrm{j}k_1 k_2 - k_1^2)}{k_2^2 + k_1^2} \cdot A_1 \tag{2.51a}$$

$$A_2 = \frac{2k_1(k_1 - \mathrm{j}k_2)}{k_2^2 + k_1^2} \cdot A_1 \tag{2.51b}$$

反射的概率密度函数为

$$B_1 \cdot B_1^* = \frac{(k_2^2 - k_1^2 + 2\mathrm{j}k_1 k_2)(k_2^2 - k_1^2 - 2\mathrm{j}k_1 k_2)}{(k_2^2 + k_1^2)^2} \cdot A_1 \cdot A_1^* \tag{2.52}$$

定义一个反射系数 R, 作为反射流相对于入射流的比率:

$$R = \frac{v_r \cdot B_1 \cdot B_1^*}{v_i \cdot A_1 \cdot A_1^*} \tag{2.53}$$

其中, v_i 和 v_r 分别为入射粒子流和反射粒子流的速度。在区域 $V = 0$, 所以 $E = T$, T 为粒子的动能, 表示为

$$T = \frac{1}{2}mv^2 \tag{2.54}$$

因此式 (2.42) 中的常量 k_1 可写为

$$k_1 = \sqrt{\frac{2m}{\hbar^2}\left(\frac{1}{2}mv^2\right)} = \sqrt{m^2 \frac{v^2}{\hbar^2}} = \frac{mv}{\hbar} \tag{2.55}$$

入射粒子流的速度可写为

$$v_i = \frac{\hbar}{m} \cdot k_1 \tag{2.56}$$

在区域 I 中也存在反射粒子流, 其速度 (数值) 为

$$v_r = \frac{\hbar}{m} \cdot k_1 \qquad (2.57)$$

可以看到，入射和反射速度（数值）相等，则反射系数为

$$R = \frac{v_r \cdot B_1 \cdot B_1^*}{v_i \cdot A_1 \cdot A_1^*} = \frac{B_1 \cdot B_1^*}{A_1 \cdot A_1^*} \qquad (2.58)$$

将式（2.52）代入式（2.58）可得

$$R = \frac{B_1 \cdot B_1^*}{A_1 \cdot A_1^*} = \frac{k_2^2 - k_1^2 + 4k_1^2 k_2^2}{k_2^2 + k_1^2} = 1.0 \qquad (2.59)$$

$R = 1$ 的结果表明，所有 $E < V_0$ 的粒子流入射到势垒上将全部被反射回来，粒子不会被吸收或穿过势垒。这个结果与经典物理学完全一致。那为什么还要用量子力学来研究这个问题呢？有趣的结果发生在区域 Ⅱ 中。

式（2.46）为区域 Ⅱ 中的波函数 $\psi_2(x) = A_2 e^{-k_2 x}$。根据边界条件，系数 A_2 由式（2.48）给出，即 $A_2 = A_1 + B_1$。在 $E < V_0$ 的情况下，系数 A_2 不为零，因此在区域中发现粒子的概率密度函数 $\psi_2(x) \cdot \psi_2^*(x)$ 也不等于零。这个结果表示入射粒子有一定的概率会穿过势垒到达区域 Ⅱ 中。对于粒子穿过势垒的概率，经典力学和量子力学存在着分歧：经典力学中认为不存在量子穿越。虽然会存在有限概率的粒子穿越势垒，但由于区域 Ⅰ 中的反射系数为 1，因此区域 Ⅱ 中的粒子必定会完全返回到区域 Ⅰ 中。

例2.4　计算撞击到势垒上的粒子的穿透深度。假设区域 Ⅰ 中入射电子的移动速度为 1×10^5 m/s。

■ **解**

由于 $V(x) = 0$，总能量与动能相等，所以有

$$E = T = \frac{1}{2}mv^2 = 4.56 \times 10^{-21} \text{ J} = 2.85 \times 10^{-2} \text{ eV}$$

不妨假设 $x = 0$ 处的势垒高度是粒子总能量的两倍，即 $V_0 = 2E$，区域 Ⅱ 中的波函数为 $\psi_2(x) = A_2 e^{-k_2}$，其中常量 $k_2 = \sqrt{2m(V_0 - E) / \hbar^2}$。

假设在深度 $x = d$ 处波函数衰减到 $x = 0$ 处的 e^{-1}，则有 $k_2 d = 1$，或

$$1 = d\sqrt{\frac{2m(2E - E)}{\hbar^2}} = d\sqrt{\frac{2mE}{\hbar^2}}$$

因此，深度为

$$d = \sqrt{\frac{\hbar^2}{2mE}} = \frac{1.054 \times 10^{-34}}{\sqrt{2(9.11 \times 10^{-31})(4.56 \times 10^{-21})}} = 11.6 \times 10^{-10} \text{ m}$$

即

$$d = 11.6 \text{ Å}$$

■ **说明**

穿透距离大约为两个硅晶格。这个数值只是我们设定波函数衰减到起始值 e^{-1} 时的一个偶然值。当然，也可随意设定为 e^{-2}，但我们可通过该例了解穿透距离的数量级。

■ **自测题**

E2.4　电子以 10^5 m/s 的速度入射到高度为 3 倍动能的势垒上，且区域 Ⅱ 中在 $x = d$ 处找到电子的概率为 $x = 0$ 处的 $\exp(-2k_2 d)$ 倍。试计算 d 为（a）10 Å 和（b）100 Å 时发现电子的概率。

答案：（a）$P = 8.680\%$；（b）$P = 2.43 \times 10^{-9}\%$。

入射粒子的总能量高于势垒（$E > V_0$）的情况将作为本章结束后的一个练习。

2.3.4　矩形势垒

下面研究如图 2.9 所示的矩形势垒函数，我们主要关注的问题仍然是入射粒子总能量 $E < V_0$ 时的情况。仍然假设入射粒子流产生于 x 轴的负半轴，方向为 $+x$。与前面一样，我们分别在三个区域中求解与时间无关的薛定谔波动方程。三个区域中的薛定谔方程各自的解如下：

$$\psi_1(x) = A_1 e^{jk_1 x} + B_1 e^{-jk_1 x} \tag{2.60a}$$

$$\psi_2(x) = A_2 e^{k_2 x} + B_2 e^{-k_2 x} \tag{2.60b}$$

$$\psi_3(x) = A_3 e^{jk_1 x} + B_3 e^{-jk_1 x} \tag{2.60c}$$

其中

$$k_1 = \sqrt{\frac{2mE}{\hbar^2}} \tag{2.61a}$$

$$k_2 = \sqrt{\frac{2m}{\hbar^2}(V_0 - E)} \tag{2.61b}$$

式 (2.60c) 中的系数 B_3 代表区域Ⅲ中的负行波。然而，一旦粒子进入区域Ⅲ中，就没有势场可以使粒子流发生反射，因此 B_3 必定为零。因为势垒的宽度是有限的，所以应该保留式 (2.60b) 中所有的指数项，就是说每一项都应是有界的。由于波函数及其一阶导数连续，因此相对应地在 $x = 0$ 和 $x = a$ 处有四个边界关系。于是可以 A_1 作为已知条件，分别解出四个系数 B_1，A_2，B_2 和 A_3。三个区域中波的解如图 2.10 所示。

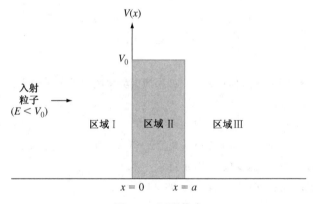

图 2.9　矩形势垒

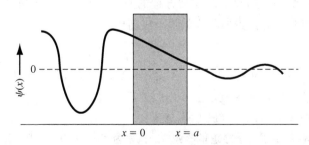

图 2.10　穿过势垒的波函数

透射系数是一个重要的参数，此处定义为区域Ⅲ中的透射粒子流占区域Ⅰ中入射粒子流的比率。透射系数 T 表示为

$$T = \frac{v_t \cdot A_3 \cdot A_3^*}{v_i \cdot A_1 \cdot A_1^*} = \frac{A_3 \cdot A_3^*}{A_1 \cdot A_1^*} \tag{2.62}$$

其中，v_t 和 v_i 分别为透射和入射粒子流的速度。$V = 0$，所以入射和透射速度是相等的。通过求解边界条件方程即可得到透射系数。以 $E \ll V_0$ 这种特殊情况为例，可得

$$T \approx 16\left(\frac{E}{V_0}\right)\left(1 - \frac{E}{V_0}\right)\exp\left(-2k_2 a\right) \tag{2.63}$$

式（2.63）表示当粒子撞击到势垒时，存在有限的概率穿过势垒到达区域Ⅲ。这种现象称为隧道效应，它也与经典力学相矛盾。后面会看到这种量子力学的隧道效应会应用到半导体器件，例如隧穿二极管。

例2.5 计算电子穿过势垒的概率。考虑一个具有 2 eV 能量的电子撞击势垒的情况，高度为 $V_0 = 20$ eV，宽度为 3 Å。

■ **解**

式（2.63）为隧穿概率。因子 k_2 为

$$k_2 = \sqrt{\frac{2m(V_0 - E)}{\hbar^2}} = \sqrt{\frac{2(9.11 \times 10^{-31})(20 - 2)(1.6 \times 10^{-19})}{(1.054 \times 10^{-34})^2}}$$

则有

$$k_2 = 2.17 \times 10^{10} \text{ m}^{-1}$$

$$T = 16(0.1)(1 - 0.1)\exp\left[-2(2.17 \times 10^{10})(3 \times 10^{-10})\right]$$

$$T = 3.17 \times 10^{-6}$$

■ **说明**

隧穿概率可能是一个很小的值，但不为零。如果撞击势垒的粒子数量很多，那么穿透势垒的数量就很可观了。

■ **自测题**

E2.5 (a) 矩形势垒的高度为 $V_0 = 1.2$ eV，宽度 $a = 5$ Å。计算能量为 0.12 eV 的电子隧穿该势垒的概率；(b) 将 (a) 中的宽度换为 25 Å 重新计算。

答案：(a) $T = 7.02 \times 10^{-3}$；(b) $T = 3.97 \times 10^{-12}$。

另外一些具有一维势函数的薛定谔波动方程的应用，将在本章末尾的习题中出现。现代半导体器件中经常会用到这些势函数所代表的量子阱结构。

练习题

T2.3 (a) 矩形势垒的高度为 $V_0 = 0.8$ eV，宽度 $a = 12$ Å。计算能量为 0.10 eV 的电子隧穿该势垒的概率。(b) 将 (a) 中的势垒高度换为 1.5 eV 重新计算。

答案：(a) $T = 5.97 \times 10^{-5}$；(b) $T = 4.79 \times 10^{-7}$。

T2.4 某些半导体材料要求电子穿越矩形势垒的概率为 $T = 5 \times 10^{-6}$，势垒高度为 $V_0 = 0.8$ eV，电子能量为 0.08 eV。计算允许的最大势垒宽度。

答案：$a = 14.46$ Å。

2.4　原子波动理论的延伸[①]

截止到本节，我们已经研究了几个一维势能函数，而且求解了与时间无关的薛定谔波动方程，从而得到粒子的概率函数。现在要考虑的是单电子原子或者氢原子的势函数。对于数学运算和波函数的解法，在此只做简要说明，我们主要关注的是最终结果。

2.4.1　单电子原子

在经典玻尔理论中，较重的带正电的质子核被一个较轻的带负电的电子所包围。由质子和电子之间库仑力形成的势函数为

$$V(r) = \frac{-e^2}{4\pi\epsilon_0 r} \tag{2.64}$$

其中，e 为电子电量，ϵ_0 为真空介电常数。由于势函数为球对称，因此演变为三维的球坐标问题。

我们可以将三维的与时间无关的薛定谔波动方程统一为

$$\nabla^2\psi(r, \theta, \phi) + \frac{2m_0}{\hbar^2}(E - V(r))\psi(r, \theta, \phi) = 0 \tag{2.65}$$

其中，∇^2 为拉普拉斯算符，在球坐标中要用到。参数 m_0 为电子的静止质量[②]。在球坐标系中，波动方程还可写为

$$\begin{aligned}
&\frac{1}{r^2} \cdot \frac{\partial}{\partial r}\left(r^2 \frac{\partial\psi}{\partial r}\right) + \frac{1}{r^2\sin^2\theta} \cdot \frac{\partial^2\psi}{\partial\phi^2} + \frac{1}{r^2\sin\theta} \cdot \frac{\partial}{\partial\theta}\left(\sin\theta \cdot \frac{\partial\psi}{\partial\theta}\right) \\
&+ \frac{2m_0}{\hbar^2}(E - V(r))\psi = 0
\end{aligned} \tag{2.66}$$

式(2.66)可以利用分离变量法求解。假设与时间无关的波动方程的解可写为

$$\psi(r, \theta, \phi) = R(r) \cdot \Theta(\theta) \cdot \Phi(\phi) \tag{2.67}$$

其中，R，Θ 和 Φ 分别为 r，θ 和 ϕ 的函数。将上式代入式(2.66)，可得

$$\begin{aligned}
&\frac{\sin^2\theta}{R} \cdot \frac{\partial}{\partial r}\left(r^2 \frac{\partial R}{\partial r}\right) + \frac{1}{\Phi} \cdot \frac{\partial^2\phi}{\partial\phi^2} + \frac{\sin\theta}{\Theta} \cdot \frac{\partial}{\partial\theta}\left(\sin\theta \cdot \frac{\partial\Theta}{\partial\theta}\right) \\
&+ r^2\sin^2\theta \cdot \frac{2m_0}{\hbar^2}(E - V) = 0
\end{aligned} \tag{2.68}$$

注意，式(2.68)的第二项只是 ϕ 的函数，而其他项为 r 或 ϕ 的函数。我们可以令

$$\frac{1}{\Phi} \cdot \frac{\partial^2\Phi}{\partial\phi^2} = -m^2 \tag{2.69}$$

其中，m 为分离变量常数[③]。式(2.69)的解为

$$\phi = e^{jm\phi} \tag{2.70}$$

因为波函数必须是单值的，所以限定 m 为整数，即

$$m = 0, \pm1, \pm2, \pm3, \cdots \tag{2.71}$$

合并分离变量常数，可以进一步分解变量 θ 和 r，得到另外两个分离变量常数 l 和 n。分离变量常数 n，l 和 m 称为量子数，并具有以下关系：

[①]　详细的数学分析过程超出了本书的范围，但是本章节的相关结论对半导体物理以后的学习非常重要。

[②]　这个质量应为双粒子系统的静止质量，但由于质子质量远大于电子的质量，因此等效质量变为电子的静止质量。

[③]　分离变量常数 m 是历史上定义的，在这里可能会与电子的质量产生混淆。一般来说，使用的质量参数通常带有下标。

$$n = 1, 2, 3, \cdots$$
$$l = n - 1, n - 2, n - 3, \cdots, 0 \tag{2.72}$$
$$|m| = l, l - 1, \cdots, 0$$

每一组量子数对应一个量子态的电子。

电子的能量可写为

$$E_n = \frac{-m_0 e^4}{(4\pi\epsilon_0)^2 2\hbar^2 n^2} \tag{2.73}$$

其中，n 为主量子数。等式中能量为负表示电子被束缚在核的周围，而且再一次出现了能量的量子化。如果能量变为正，那么电子就不再是束缚态粒子，总能量也就不再量子化了。由于式(2.73)中的参数 n 是整数，所以总能量只能取分立值。量子化的能量仍是粒子被束缚在有限空间的结果。

例2.6 计算单电子原子中电子的前三级能量。

■ **解**

根据上述讨论，我们有

$$E_n = \frac{-m_0 e^4}{(4\pi\epsilon_0)^2 2\hbar^2 n^2} = \frac{-(9.11 \times 10^{-31})(1.6 \times 10^{-19})^4}{[4\pi(8.85 \times 10^{-12})]^2 2(1.054 \times 10^{-34})^2 n^2}$$

$$= \frac{-21.726 \times 10^{-19}}{n^2} \text{ J} \quad \text{或} \quad = \frac{-13.58}{n^2} \text{ eV}$$

将 $n = 1, 2, 3$ 代入得

$$n = 1; \quad E_1 = -13.58 \text{ eV}$$
$$n = 2; \quad E_2 = -3.39 \text{ eV}$$
$$n = 3; \quad E_3 = -1.51 \text{ eV}$$

■ **说明**

随着能级的增加，能量的负值也随之变大，这意味着电子受原子束缚的能力也随之下降。

■ **自测题**

E2.6 在例2.6中，假设介电常数为 ϵ_0 的自由空间被一种介电常数为 $\epsilon = \epsilon_r\epsilon_0$ 的材料代替。当 $\epsilon_r = 11.7$（硅）时，重新计算例2.6。

　　答案: $E_1 = -99.2$ meV, $E_2 = -24.8$ meV, $E_3 = -11.0$ meV。

波动方程的解可以用 ψ_{nlm} 的形式表示，其中 n，l 和 m 仍为量子数。对于最小的能量状态，有 $n = 1$，$l = 0$ 和 $m = 0$，波函数表示为

$$\psi_{100} = \frac{1}{\sqrt{\pi}} \cdot \left(\frac{1}{a_0}\right)^{3/2} e^{-r/a_0} \tag{2.74}$$

作为球对称函数，a_0 为

$$a_0 = \frac{4\pi\epsilon_0 \hbar^2}{m_0 e^2} = 0.529 \text{ Å} \tag{2.75}$$

与玻尔半径相等。

径向概率密度函数，是指电子出现在离核某个距离的概率。该函数与 $\psi_{100} \cdot \psi_{100}^*$ 以及核外球型能量壳层的微分成比例。对应最低能量状态的径向概率密度函数描绘在图 2.11(a) 中。与玻尔理论相同，最大概率出现在半径 $r = a_0$ 处。研究了球对称概率函数，我们就可以构造核外电子云或能量壳层的概念，从而代替分立的粒子轨道。

球对称波函数对应 $n = 2$，$l = 0$ 和 $m = 0$ 的第二能量态径向概率密度函数如图 2.11(b) 所示。该图表现的是电子第二能量壳层的概念。第二能量壳层的半径大于第一能量壳层的半径，然而

如图所示，电子存在于该壳层中的概率仍然很小。对于 $n=2$，$l=1$ 的情况，就有三种可能态分别对应量子数 m 的三个可能值。这时的波函数就不再是球对称函数。

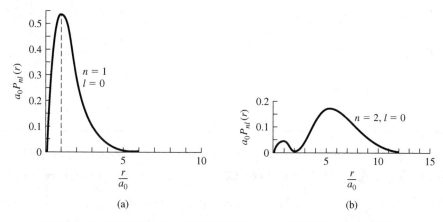

图 2.11 单电子原子的径向概率密度函数。(a)最低能级；(b)次低能级

虽然我们不深入研究单电子原子的数学运算细节，但下面的三个结论对于半导体材料的分析是非常重要的。第一个结论是对应简单势函数的薛定谔波动方程解引出的电子概率函数。在稍后对于半导体材料物理的讨论中，我们将再次研究电子概率函数。第二个结论是束缚态电子能级的量子化。第三个结论是由分离变量法引出的量子数和量子态概念。我们会在下面讨论半导体材料物理的章节中研究这个概念。

2.4.2 周期表

电子周期表的初始部分是根据单电子原子的结果和另外两个概念得出的。第一个概念是电子自旋。电子具有量子化的本征角动量(自旋)，它的值为两个可能值中的一个。电子自旋是由量子数 s 确定的，它的值为 $s=+\frac{1}{2}$ 或 $s=-\frac{1}{2}$。现在，我们就有了四个量子数，即 n，l，m 和 s。

第二个概念是泡利不相容原理。泡利不相容原理指出，在任意给定系统(原子、分子或晶体)中，不可能有两个电子处于同一量子态。对于原子，泡利不相容原理意味着不可能有两个电子具有相同的量子数组。泡利不相容原理也是确定电子在晶体中有效能量状态分布的重要因素。

表 2.1 列出了一些元素的周期表。对于第一个元素氢，对应 $n=1$ 有一个最低能级的电子。根据式(2.72)，量子数 l 和 m 必须为零。然而电子可以处于 $+\frac{1}{2}$ 和 $-\frac{1}{2}$ 两个自旋状态之一。对于氦，有两个电子处于最低能量态，在 $l=m=0$ 状态，所有的电子自旋状态和最低能量壳层都被填满了。元素的化学特性主要由价电子(最外层电子)决定。由于氦的价电子壳层被填满，因此氦一般不与其他元素发生反应，因而是一种惰性元素。

表 2.1 周期表的初始部分

元　　素	元素表示法	n	l	m	s
氢	$1s^1$	1	0	0	$+\frac{1}{2}$ 或 $-\frac{1}{2}$
氦	$1s^2$	1	0	0	$+\frac{1}{2}$ 和 $-\frac{1}{2}$
锂	$1s^2 2s^1$	2	0	0	$+\frac{1}{2}$ 或 $-\frac{1}{2}$

（续表）

元　素	元素表示性	n	l	m	s
铍	$1s^2 2s^2$	2	0	0	$+\dfrac{1}{2}$ 和 $-\dfrac{1}{2}$
硼	$1s^2 2s^2 2p^1$	2	1		
碳	$1s^2 2s^2 2p^2$	2	1		$m = 0, -1, +1$
氮	$1s^2 2s^2 2p^3$	2	1		
氧	$1s^2 2s^2 2p^4$	2	1		$s = +\dfrac{1}{2}, -\dfrac{1}{2}$
氟	$1s^2 2s^2 2p^5$	2	1		
氖	$1s^2 2s^2 2p^6$	2	1		

第三种元素锂，有三个电子，其中第三个电子必须进入 $n=2$ 的第二个能量壳层。当 $n=2$ 时，量子数 l 可能是 0 或 1，而当 $l=1$ 时量子数 m 可能是 $-1,0$ 或 $+1$。无论哪种情况，电子的自旋因子都可能为 $+\dfrac{1}{2}$ 或 $-\dfrac{1}{2}$。因此对应 $n=2$ 就有 8 种可能的量子态。氖有 10 个电子，两个在 $n=1$ 能量壳层，另外 8 个在 $n=2$ 能量壳层，因此第二壳层也是满的，就是说氖也是惰性元素。

根据单电子原子的薛定谔波动方程的解，以及电子自旋和泡利不相容原理，就可以建立元素的周期表。随着原子中电子数的增加，电子间会产生互相影响，所以周期表的结果会逐渐偏离使用简单方法得出的结论。

2.5　小结

- 我们讨论了一些量子力学的概念，这些概念可以用于描述不同势场中的电子状态。了解电子的运动状态对于研究半导体物理是非常重要的。
- 波粒二象性原理是量子力学的重要部分。粒子可以有波动态，波也可以具有粒子态。
- 薛定谔波动方程是描述和判断电子状态的依据。
- 马克斯·玻恩提出了概率密度函数。
- 对束缚态粒子应用薛定谔方程得出的结论是，束缚态粒子的能量是量子化的。
- 对势垒中的电子应用薛定谔方程得出的结论是，势垒中的电子是具有一定隧穿概率的。
- 对单电子原子应用薛定谔方程得出了量子数的概念。
- 利用单电子原子的薛定谔方程推导出周期表的基本结构。

重要术语解释

- de Btoglie wavelength（德布罗意波长）：普朗克常数与粒子动量的比值所得的波长。
- Hesienberg uncertainty principle（海森伯不确定原理）：该原理指出我们无法精确确定成组的共轭变量值，从而描述粒子的状态，如动量和坐标。
- Pauli exclusion principle（泡利不相容原理）：该原理指出任意两个电子都不会处在同一量子态。
- Photon（光子）：电磁能量的粒子形态。
- quanta（量子）：热辐射的粒子形态。
- quantized energies（量子化能量）：束缚态粒子所处的分立能量级。
- quantum numbers（量子数）：描述粒子状态的一组数，例如原子中的电子。

- quantum state(**量子态**)：可以通过量子数描述的粒子状态。
- tunneling(**隧道效应**)：粒子穿透薄层势垒的量子力学现象。
- wave-particle duality(**波粒二象性**)：电磁波有时表现为粒子状态，而粒子有时表现为波动状态的特性。

知识点

学完本章后，读者应具备如下能力：

- 论述能量量子化原理、波粒二象性原理和不确定原理。
- 应用薛定谔方程和边界条件分析各种势函数。
- 计算束缚态粒子的量子能级。
- 计算入射粒子穿透势垒的概率。
- 陈述泡利不相容原理。
- 讨论单个电子原子分析的结果，包括量子数和它们的关系及周期表的初始形成。

复习题

1. 论述波粒二象性原理，论述动量与波长的关系。
2. 薛定谔波动方程的物理意义是什么？
3. 什么是概率密度函数？
4. 列出薛定谔方程解的边界条件。
5. 什么是量子化能级？
6. 描述隧穿效应的概念。
7. 列出单电子原子的量子数，并讨论它们的由来。
8. 论述量子数与单电子原子之间的关系及其导致的结果，例如惰性元素的形成。

习题

2.1 双向输运导线的经典波动方程为 $\partial^2 V(x, t)/\partial x^2 = LC \cdot \partial^2 V(x, t)/\partial t^2$。一个可能解为 $V(x, t) = (\sin Kx) \cdot (\sin \omega t)$，其中 $K = n\pi/a$，$\omega = K/\sqrt{LC}$。令 $0 \le x \le a$，$n = 1$，请在同一坐标中绘出 x 的函数 $V(x, t)$ 在不同情况下的图形。(1)$\omega t = 0$；(2)$\omega t = \pi/2$；(3)$\omega t = \pi$；(4)$\omega t = 3\pi/2$；(5)$\omega t = 2\pi$。

2.2 函数 $V(x, t) = \cos(2\pi x/\lambda - \omega t)$ 也是经典波动方程的解。令 $0 \le x \le 3\lambda$，请在同一坐标中绘出 x 的函数 $V(x, t)$ 在不同情况下的图形。(1)$\omega t = 0$；(2)$\omega t = 0.25\pi$；(3)$\omega t = 0.5\pi$；(4)$\omega t = 0.75\pi$；(5)$\omega t = \pi$。

2.3 对于函数 $V(x, t) = \cos(2\pi x/\lambda + \omega t)$，重做习题 2.2。

2.4 计算习题 2.2 和习题 2.3 中行波的相速度。

2.1　**量子力学的基本原理**

2.5 材料的功函数是指电子逸出此材料所需的最小能量。假设金的功函数是 4.9 eV，铯的功函数是 1.90 eV。计算这两种材料逸出的电子的最大波长。

2.6 (a)绿光的波长 $\lambda = 550$ nm。假设一个电子具有相同的波长，计算它的能量；(b)用波长 $\lambda = 440$ nm 的红光代替(a)中的条件重新计算；(c)对于(a)和(b)，光子和电子的能量相等吗？

2.7 计算以下几种情况的德布罗意波长：(a)电子的动能分别为 1.2 eV，12 eV，120 eV；(b)动能为 1.2 eV 的氢原子。

2.8 根据经典力学，热平衡电子气中电子的平均能量为 $3kT/2$。计算 $T = 300$ K 时，电子的平均能量(用 eV 表示)、平均动量和德布罗意波长。

2.9 假设电子和光子具有相同的能量，请问该能量为多大时光子的波长为电子的 10 倍？

2.10 (a)当电子的德布罗意波长为 85 Å 时，试求电子的能量(用 eV 表示)、动量和速度；(b)当电子的速率为 8×10^5 cm/s 时，试求电子的能量(用 eV 表示)、动量和德布罗意波长。

2.11 现在需要波长为 1 Å 的 X 射线。(a)要使用多大的真空电势差对电子进行加速，才能使电子撞击目标产生所需的光子(假设电子的所有能量都转移给光子)？(b)在(a)中，电子撞击目标前的德布罗意波长为多少？

2.12 根据不确定原理不可能精确确定某一波长光子的空间位置。试求波长 $\lambda = 1\,\mu\mathrm{m}$ 的光子能量的不确定程度。

2.13 (a)质量为 9×10^{-31} kg 的粒子的坐标不确定程度为 12 Å，粒子的标称能量为 16 eV。试求粒子(1)动量和(2)动能的最小不确定程度；(b)粒子的质量为 5×10^{-28} kg，重做(a)。

2.14 某汽车的质量为 1500 kg，假如其质心位置的不确定程度小于 1 cm，请问其速度(km/h)的不确定程度为多少？

2.15 (a)测量电子能量的不确定程度不超过 0.8 eV，试求测量时间的最小不确定程度。(b)电子坐标的不确定程度小于 1.5 Å，试求动量的最小不确定程度。

2.2 薛定谔波动方程

2.16 假设与时间有关的一维薛定谔波动方程的解为 $\Psi_1(x, t)$ 和 $\Psi_2(x, t)$。(a)证明 $\Psi_1 + \Psi_2$ 也是方程的解；(b)请问 $\Psi_1 \cdot \Psi_2$ 是否是方程的解？为什么？

2.17 假设 $-1 \leqslant x \leqslant +3$ 处的波函数为 $\Psi(x, t) = A\left(\cos\left(\dfrac{\pi x}{2}\right)\right)\mathrm{e}^{-j\omega t}$。求满足 $\displaystyle\int_{-1}^{+3} |\Psi(x,t)|^2 \mathrm{d}x = 1$ 的 A 值。

2.18 假设 $-1/2 \leqslant x \leqslant +1/2$ 处的波函数为 $\Psi(x, t) = A(\cos n\pi x)\mathrm{e}^{-j\omega t}$，$n$ 为整数。求满足 $\displaystyle\int_{-1/2}^{+1/2} |\Psi(x,t)|^2 \mathrm{d}x = 1$ 的 A 值。

2.19 某薛定谔波动方程的解为 $\psi(x) = \sqrt{2/a_0} \cdot \mathrm{e}^{-x/a_0}$。试求如下范围内粒子出现的概率：(a)$0 \leqslant x \leqslant a_0/4$；(b)$a_0/4 \leqslant x \leqslant a_0/2$；(c)$0 \leqslant x \leqslant a_0$。

2.20 某电子在 $-a/2 < x < +a/2$ 范围内可用波函数 $\psi(x) = \sqrt{\dfrac{2}{a}}\cos\left(\dfrac{\pi x}{a}\right)$ 描述，在此范围之外的任何位置波函数的值均为零。试求如下范围内电子出现的概率：(a) $0 < x < a/4$；(b) $a/4 < x < a/2$；(c) $-a/2 < x < a/2$。

2.21 将习题 2.20 中的波函数换为 $\psi(x) = \sqrt{\dfrac{2}{a}}\sin\left(\dfrac{2\pi x}{a}\right)$，重做习题 2.20。

2.3 薛定谔波动方程的应用

2.22 (a)自由空间电子的平面波描述为 $\Psi(x, t) = A\mathrm{e}^{j(kx - \omega t)}$，其中 $k = 8 \times 10^8$ m^{-1}，$\omega = 8 \times 10^{12}$ rad/s，计算(1)平面波的相速度、波长，(2)电子的动量和动能(用 eV 表示)；(b)当 $k = -1.5 \times 10^9$ m^{-1}，$\omega = 1.5 \times 10^{13}$ rad/s 时，重新计算(a)。

2.23 动能为 0.025 eV 的电子沿 x 方向运动，(a)试写出描述该粒子的平面波方程；(b)描述该电子的平面波方程的波数、波长和角频率分别是什么？

2.24 确定描述在自由空间运动的速度为(a)$v = 5 \times 10^6$ cm/s；(b)$v = 10^8$ cm/s 的电子的平面波方程的波数、波长、角频率和周期。

2.25 电子被束缚在宽度为 75 Å 的一维无限深势阱中，试求对应 $n = 1, 2, 3$ 的电子能级(用 eV 表示)。

2.26 宽度为 10 Å 的无限深势阱中束缚了一个电子。(a)计算电子的三个最低能级;(b)如果电子由第三能级移动到第二能级,那么发射出的光子的波长为多大?

2.27 考虑处于宽度为 1.2 cm 的一维无限深势阱中的质量为 15 mg 的粒子。(a)假设粒子能量为 15 mJ,计算该状态的 n 值;(b)$(n+1)$ 态的动能为多少?(c)该粒子是否能观察到量子化状态?

2.28 假设原子处于宽度为 10^{-14}m 的一维无限深势阱中。计算核中的中子的最低能级,并将其与处于相同势阱中的电子做比较。

2.29 处于一维无限深势阱中的粒子如图 P2.29 所示。推导并描绘出对应四个最低能级的波函数(不要进行归一化)。

*2.30 对于三维无限深势阱,势函数在 $0 < x < a, 0 < y < a, 0 < z < a$ 范围内为 $V(x) = 0$,其他位置为 $V(x) = \infty$。建立薛定谔波动方程,并使用分离变量法证明量子化能量为

$$E_{n_x,n_y,n_z} = \frac{\hbar^2\pi^2}{2ma^2}(n_x^2 + n_y^2 + n_z^2)$$

其中,$n_x = 1, 2, 3, \cdots$,$n_y = 1, 2, 3, \cdots$,$n_z = 1, 2, 3, \cdots$。

2.31 自由粒子被束缚在二维无限深势阱中,势函数在 $0 < x < 40$ Å,$0 < y < 20$ Å 范围内 $V = 0$,其他位置为 $V = \infty$。(a)试求电子能量的表达式;(b)说明其与一维无限深势阱中的结果的异同点。

2.32 一维无限深势阱中的质子如图 2.6 所示。(a)推导质子能量状态的表达式;(b)在 $a = 4$ Å 和 $a = 0.5$ cm 的情况下,计算最低能级与次低能级之间的能量差(用 eV 表示)。

2.33 阶跃势函数如图 P2.33 所示,假设能量 $E > V_0$ 的粒子从 $+x$ 方向向 $-x$ 方向运动。(a)写出每个区域的波的表达式。(b)推导穿透系数和反射系数的表达式。

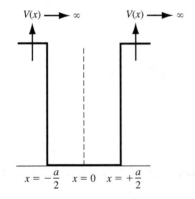

图 P2.29 习题 2.29 的势函数

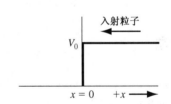

图 P2.33 习题 2.33 的势函数

2.34 高度为 3.5 eV 的阶跃势垒被能量为 2.8 eV 的电子穿透。试求在以下位置发现电子的相对概率:(a)势垒后 5 Å,(b)势垒后 15 Å,(c)比较在势垒后 40 Å 与势垒边缘发现电子的概率。

2.35 (a)势垒的高度为 1.0 eV,宽度为 4 Å。计算能量为 0.1 eV 的电子撞击该势垒的穿透系数;(b)将(a)中的宽度换为 12 Å 重新计算;(c)利用(a)中的结果,确定当隧穿电流密度为 1.2 mA/cm² 时的撞击电子每秒的密度。

2.36 (a)试求有效质量为 $0.067m_0$ 的粒子(砷化镓中的电子)的隧道效应概率,其中 m_0 为电子的质量,矩形势垒的高度为 $V_0 = 0.8$ eV,宽度为 15 Å,粒子的动能为 0.20 eV。(b)假设粒子的有效质量为 $1.08m_0$(硅中的电子),重复上述计算。

2.37 (a)一个能量为 1 MeV 的质子试图穿越高度为 12 MeV、宽度为 10^{-14}m 的势垒。它的隧道效应概率是多少。(b)若将(a)中势垒宽度减小至使隧道效应概率提高 10 倍,那么势垒宽度为多少?

*2.38 能量为 E 的电子撞击矩形势垒,如图 2.9 所示。势垒宽度为 a,高度 $V_0 \gg E$。(a)分别写出三个区域的波动方程;(b)根据图示确定哪些参数为零;(c)推导电子的隧穿系数(隧道效应概率);(d)绘制每个区域的波函数。

*2.39 势函数如图 P2.39 所示。入射粒子产生于 $-\infty$ 处，$E > V_2$。常数 k 定义为

$$k_1 = \sqrt{\frac{2mE}{\hbar^2}} \qquad k_2 = \sqrt{\frac{2m}{\hbar^2}(E - V_1)} \qquad k_3 = \sqrt{\frac{2m}{\hbar^2}(E - V_2)}$$

假设 $k_2 a = 2n\pi$，$n = 1, 2, 3, \cdots$。根据 k_1，k_2 和 k_3，推导穿透系数的表达式。该穿透系数定义为区域 III 与区域 I 中粒子流的比率。

*2.40 一维势阱如图 P2.40 所示。假设电子的总能量 $E < V_0$。（a）写出各区域中的波方程。（b）写出边界条件的方程组。（c）证明电子能量是否量子化，并详细阐述原因。

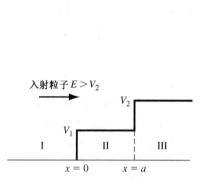

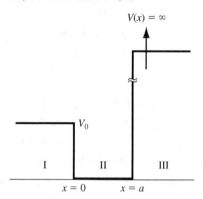

图 P2.39 习题 2.39 的势函数　　　　图 P2.40 习题 2.40 的势函数

2.4 原子波动理论的延伸

2.41 计算氢原子前四个电子能级的能量（用 eV 表示）。

2.42 证明氢原子中 $1s$ 电子的最可能半径 r 等于玻尔半径 a_0。

2.43 证明式（2.74）中的波函数 ψ_{100} 是微分方程式（2.65）的一个解。

2.44 元素 H，Li，Na，K 有哪些相同的特点？

参考文献

*1. Datta, S. *Quantum Phenomena*. Vol. 8 of *Modular Series on Solid State Devices*. Reading, MA：Addison-Wesley, 1989.

*2. deCogan, D. *Solid State Devices：A Quantum Physics Approach*. New York：Springer-Verlag, 1987.

3. Dimitrijev, S. *Principles of Semiconductor Devices*. New York：Oxford University, 2006.

4. Eisberg, R. M. *Fundamentals of Modern Physics*. New York：Wiley, 1961.

5. Eisberg, R., and R. Resnick. *Quantum Physics of Atoms, Molecules, Solids, Nuclei, and Particles*. New York：Wiley, 1974.

6. Kano, K. *Semiconductor Devices*. Upper Saddle River, NJ：Prentice Hall, 1998.

7. Kittel, C. *Introduction to Solid State Physics*, 7th ed. Berlin：Springer-Verlag, 1993.

8. McKelvey, J. P. *Solid State Physics for Engineering and Materials Science*. Malabar, FL：Krieger Publishing, 1993.

9. Pauling, L., and E. B. Wilson. *Introduction to Quantum Mechanics*. New York：McGraw-Hill, 1935.

10. Pierret, R. F. *Semiconductor Device Fundamentals*. Reading, MA：Addison-Wesley Publishing Co., 1996.

11. Pohl, H. A. *Quantum Mechanics for Science and Engineering*. Englewood Cliffs, NJ：Prentice Hall, 1967.

12. Schiff, L. I. *Quantum Mechanics*. New York：McGraw-Hill, 1955.

13. Shur, M. *Introduction to Electronic Devices*. New York：John Wiley and Sons, 1996.

第3章　固体量子理论初步

在上一章中，我们利用量子力学原理和薛定谔波动方程讨论了电子在不同势函数下的状态。我们也了解到被束缚在原子周围或有限空间中的电子的一个重要特性，就是电子的能量只能是分立值，即能量的量子化。我们还讨论了泡利不相容原理，该原理指出任意给定量子态只能被一个电子占据。在本章中，我们将归纳晶格中电子的一些基本概念。

讨论半导体材料的电学特性的一个目的是，进一步利用它研究半导体器件的电流–电压特性。在本章中我们有两个任务：确定晶格中的电子特性和确定晶体中大量电子的统计学特性。

3.0　概述

本章包含以下内容：

- 给出单晶材料中允带和禁带的概念，说明半导体材料中的电导和价能带。
- 探讨半导体材料中电子和空穴这两种不同的载流子。
- 给出单晶材料中电子能量与动量的关系曲线，进而给出直接和间接带隙半导体材料的概念。
- 讨论电子和空穴的有效质量概念。
- 推导允带中量子态的密度。
- 推导费米–狄拉克分布函数，即描述允带级别间电子的统计分布的函数，定义费米能级。

3.1　允带与禁带

在上一章中，我们研究的对象是单电子、原子或氢原子。研究的结果显示束缚态电子的能量是量子化的，即只允许电子能量是离散值。电子的径向概率密度函数也是确定的。该函数给出了距原子核某个特定距离发现电子的概率，同时也说明电子并不固定于某个特定半径。将这种独立原子的结论推广到晶体中，即可定性地提出允带与禁带的概念。我们可以利用量子力学原理和薛定谔波动方程来处理单晶中的电子问题，而且发现电子所占据的允带被禁带隔离开了。

3.1.1　能带的形成

图 3.1(a)显示的是独立的、无相互作用的氢原子的电子最低能量状态的径向概率密度函数，而图 3.1(b)显示的是两个距离较近的原子的电子最低能量状态的径向概率密度函数曲线。这种双原子的电子的势函数相互交叠，意味着两个原子互相影响。这种相互作用或微扰的结果使离散的量子化能级分裂成两个分立的能级，如图 3.1(c)所示。这种一个离散态分裂成两个态是符合泡利不相容原理的。

下面举一个简单的例子来模拟这种相互作用粒子的能级分裂。假设赛车道上有两辆距离很远的相同赛车同向行驶。它们之间没有相互的影响，因此要想都达到某种速度就必须为赛车提供相同的动力。然而，如果其中一辆车紧紧地跟随在另一辆车的后面，就会产生一种称为空气拖曳的作用，两辆车之间会表现出一定程度的牵引力。由于受到落后车的牵引，领先车必须加大动力才能保持原来的速度；而由于受到领先车的牵引，落后车必须降低动力才能保持速度。这就产生了两辆互相影响赛车的动力（能量）分裂（不用记该例，而要理解这个概念）。

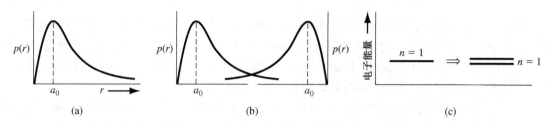

图 3.1 （a）独立氢原子的概率密度函数；（b）两个近距离氢原子交叠的概率密度函数；（c）$n = 1$ 状态的分裂

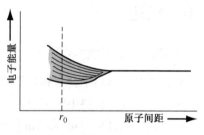

图 3.2　能级分裂为能带

现在，如果以某种方法将最初相距很远的氢原子按一定的规律和周期排列起来，一旦这些原子聚在一起，那么最初的量子化能级就会分裂为分立的能带。这种效果如图 3.2 所示，其中参数 r_0 代表晶体中平衡原子间的距离。在平衡状态原子间距处，存在能量的允带，而允带中能量仍是离散的。泡利不相容原理指出，原子聚集所形成的系统（晶体）无论大小如何变化，都不会改变量子总数。由于任意两个电子都不会具有相同的量子数，因此一个离散能级就必须分裂为一个能带，以保证每个电子占据独立不同的量子态。

我们知道，一个能级所能容纳的量子态是相对较少的。为了安置晶体中所有的原子，就要求允带中存在很多能级。举个例子，假设一个系统中有 10^{19} 个单电子原子，同时在平衡状态原子间距处的允带宽度为 1 eV。为简单起见，我们认为系统中的每个电子占据一个独立的能级，如果分立能量状态之间是等距的，那么每个能级的间距为 10^{-19} eV。这种能量差距是很小的，因此对于实际应用来说，通常认为允带处于准连续能量分布。从下面的例子中就可以看到 10^{-19} eV 确实是一个很小的能量差距。

例 3.1　计算一个电子当速度增加一个很小值时的动能的改变量。

假设电子以 10^7 的速度运动，速度增加了 1 cm/s。动能的增加为

$$\Delta E = \frac{1}{2}mv_2^2 - \frac{1}{2}mv_1^2 = \frac{1}{2}m(v_2^2 - v_1^2)$$

令 $v_2 = v_1 + \Delta v$，则有

$$v_2^2 = (v_1 + \Delta v)^2 = v_1^2 + 2v_1\Delta v + (\Delta v)^2$$

而 $\Delta v \ll v_1$，所以有

$$\Delta E \approx \frac{1}{2}m(2v_1\Delta v) = mv_1\Delta v$$

■ **解**

将具体值代入该式，可得

$$\Delta E = (9.11 \times 10^{-31})(10^5)(0.01) = 9.11 \times 10^{-28} \text{ J}$$

转化为电子伏特形式，有

$$\Delta E = \frac{9.11 \times 10^{-28}}{1.6 \times 10^{-19}} = 5.7 \times 10^{-9} \text{ eV}$$

■ **说明**

运动速度为 10^7 cm/s 的电子改变了 1 cm/s，就导致动能变化了 5.7×10^{-9} eV，其数量级远远大于允带中能量级的差别 10^{-19} eV。该例说明相邻能量级之间的差别 10^{-19} eV 是很小的，所以允带中的分立能级可以看成准连续的。

■ **自测题**

E3.1　电子的初始速度是 10^7 cm/s，假设电子的动能增加 $\Delta E = 10^{-12}$ eV，试求速度的增加量。

　　答案：$\Delta v = 1.76 \times 10^{-4}$ cm/s。

对于有规律的、周期性排列的原子，每个原子都包含不止一个电子。不妨假设这个假想晶体中的电子处于原子的 $n = 3$ 能级上。若最初原子的相互距离很远，则相邻原子的电子没有互相影响，从而各自占据分立能级。当把这些原子聚集在一起时，在 $n = 3$ 最外壳层上的电子就会开始相互作用，以使能级分裂成带。如果原子继续靠近，在 $n = 2$ 壳层上的电子就开始相互作用并分裂成能带。最终，若原子间的距离足够小，则在 $n = 1$ 最里层的电子也开始相互作用，从而导致分裂出能带。这些能级的分裂被定性地表示在图 3.3 中。如果平衡状态原子间距是 r_0，那么在此处电子占据的能量的允带就被禁带隔离开了。分裂能带和允带及禁带的概念就是单晶材料的能带理论。

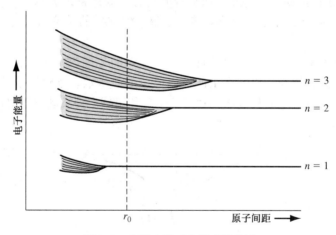

图 3.3　允带中的三个能态的分裂

实际晶体中的能带分裂会比图 3.3 显示的复杂很多。图 3.4(a) 显示的是一个独立的硅原子。硅原子的 14 个电子中的 10 个都处于靠近核的深层能级。其余 4 个价电子相对来说受原子的束缚较弱，通常由它们参与化学反应。图 3.4(b) 显示了硅的能带分裂。因为两个较深的电子壳层是满的，而且受到核的紧密束缚，所以只需考虑 $n = 3$ 能级上的价电子，其中 $3s$ 态对应 $n = 3$ 和 $l = 0$，并且每个原子包含两种量子态。在 $T = 0$ K 时，该状态对应两个电子。而 $3p$ 态对应 $n = 3$ 和 $l = 1$，每个原子包含 6 种量子态。在独立的硅原子中，该状态包含剩余的两个电子。

随着原子间距的减小，$3s$ 和 $3p$ 态互相作用并产生交叠。在平衡状态原子间距位置产生能带分裂，但每个原子的其中 4 个量子态处于较低能带，另外 4 个量子态则处于较高能带。当处于热力学温标零度时，电子都处于最低能量状态，从而导致较低能带（价带）的所有状态都是满的，而较高能带（导带）的所有状态都是空的。价带顶和导带底之间的带隙能量 E_g 即为禁带宽度。

我们已经讨论了晶体中允带和禁带的形成及其原因。在后面的讨论中可以看到，这些能带的形成与晶体中电子的特性有直接的关系。

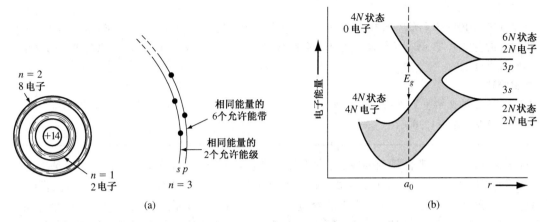

图 3.4 （a）独立硅原子的示意图；（b）3s 和 3p 态分裂为允带和禁带

*3.1.2　克勒尼希-彭尼模型

在上一节中，我们定性地讨论了原子聚集形成晶体从而导致电子能级的分裂。下面利用量子力学原理和薛定谔波动方程将允带和禁带的概念更为严密地表示出来。在下面的推导过程中，我们做了一些省略，可能会使读者感到迷惑，但推导的结论将成为半导体能带理论的基础。

图 3.5（a）显示了单电子原子的独立且无相互影响的势函数，也显示了电子的离散能级。图 3.5（b）显示了紧密排列在一维阵列中的很多原子的势函数。近距原子的势函数相互重叠，最终形成了如图 3.5（c）所示的势函数。我们正是要利用薛定谔波动方程对此种势函数建立一个一维单晶材料模型。

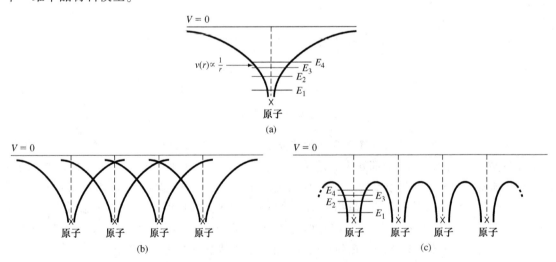

图 3.5 （a）独立的单原子势函数；（b）近距原子交叠的势函数；（c）一维单晶的势函数

在这里，我们利用一个简单的势函数，这样，一维单晶晶格的薛定谔波动方程的解就会变得更容易处理。图 3.6 显示了周期性势函数的一维克勒尼希-彭尼（Kronig-Penney）模型，用它来代表一维单晶的晶格。需要在每个区域中对薛定谔波动方程求解。按照前面的量子力学中的问题，需要着重关注的是 $E < V_0$ 的情况，此时粒子被束缚在晶体中。电子处于势阱中，而且有可能在势

阱之间产生隧穿效应。克勒尼希-彭尼模型是一维单晶的一个理想化模型，但结果可以说明周期性晶格中电子的量子状态的很多重要特点。

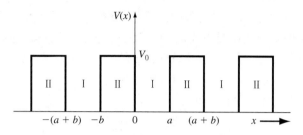

图 3.6　克勒尼希-彭尼模型的一维周期性势函数

为了得到薛定谔波动方程的解，需要利用布洛赫数学定理。该定理指出所有周期性变化的势能函数的单电子波函数必须写为

$$\psi(x) = u(x)\mathrm{e}^{jkx} \tag{3.1}$$

其中参数 k 称为运动常量，随着理论的深入，我们会了解该参数的更多细节。而 $u(x)$ 为以 $(a+b)$ 为周期的函数。

第 2 章中曾指出，波动方程的全解是由与时间无关和与时间有关的两部分解组成的，即

$$\Psi(x, t) = \psi(x)\phi(t) = u(x)\mathrm{e}^{jkx} \cdot \mathrm{e}^{-j(E/\hbar)t} \tag{3.2}$$

也可写为

$$\Psi(x, t) = u(x)\mathrm{e}^{j(kx-(E/\hbar)t)} \tag{3.3}$$

这种行波解代表电子在单晶材料中的运动。行波的振幅是一个周期函数，参数 k 代表波数。

现在确定参数 k、总能量 E 和势函数 V_0 之间的关系。如果我们假设图 3.6($0 < x < a$) 中区域 I 内的 $V(x) = 0$，对式(3.1)进行二阶求导，并将结果代入式(2.13)给出的与时间无关的薛定谔波动方程，则可得关系式

$$\frac{\mathrm{d}^2 u_1(x)}{\mathrm{d}x^2} + 2jk\frac{\mathrm{d}u_1(x)}{\mathrm{d}x} - (k^2 - \alpha^2)u_1(x) = 0 \tag{3.4}$$

函数 $u_1(x)$ 为区域 I 中的势函数的振幅，而参数 α 定义为

$$\alpha^2 = \frac{2mE}{\hbar^2} \tag{3.5}$$

在 $-b < x < 0$ 给出的区域 II 中，$V(x) = V_0$，应用薛定谔波动方程可得

$$\frac{\mathrm{d}^2 u_2(x)}{\mathrm{d}x^2} + 2jk\frac{\mathrm{d}u_2(x)}{\mathrm{d}x} - \left(k^2 - \alpha^2 + \frac{2mV_0}{\hbar^2}\right)u_2(x) = 0 \tag{3.6}$$

其中 $u_2(x)$ 为区域 II 中的势函数的振幅。不妨定义

$$\frac{2m}{\hbar^2}(E - V_0) = \alpha^2 - \frac{2mV_0}{\hbar^2} = \beta^2 \tag{3.7}$$

那么式(3.6)就可以写为

$$\frac{\mathrm{d}^2 u_2(x)}{\mathrm{d}x^2} + 2jk\frac{\mathrm{d}u_2(x)}{\mathrm{d}x} - (k^2 - \beta^2)u_2(x) = 0 \tag{3.8}$$

注意，在式(3.7)中，如果 $E > V_0$，则参数 β 为实数；而如果 $E < V_0$，则 β 为虚数。

区域 I 中式(3.4)的解可以写为

$$u_1(x) = A\mathrm{e}^{j(\alpha-k)x} + B\mathrm{e}^{-j(\alpha+k)x}, \quad 0 < x < a \tag{3.9}$$

区域 II 中式(3.8)的解可以写为

$$u_2(x) = Ce^{j(\beta-k)x} + De^{-j(\beta+k)x}, \qquad -b < x < 0 \tag{3.10}$$

由于势函数 $V(x)$ 在任意位置都是有限的，因此波函数 $\psi(x)$ 和它的一阶导数 $\partial\psi(x)/\partial x$ 必须连续。这种连续条件同时要求波振幅函数 $u(x)$ 及其一阶导数 $\partial u(x)/\partial x$ 也必须连续。

如果在边界 $x=0$ 处对波振幅应用连续条件，则有

$$u_1(0) = u_2(0) \tag{3.11}$$

将式(3.9)和式(3.10)代入式(3.11)，可得

$$A + B - C - D = 0 \tag{3.12}$$

现在应用条件

$$\left.\frac{\mathrm{d}u_1}{\mathrm{d}x}\right|_{x=0} = \left.\frac{\mathrm{d}u_2}{\mathrm{d}x}\right|_{x=0} \tag{3.13}$$

可得

$$(\alpha - k)A - (\alpha + k)B - (\beta - k)C + (\beta + k)D = 0 \tag{3.14}$$

我们讨论了 $0 < x < a$ 给出的区域 I 和 $-b < x < 0$ 给出的区域 II。而周期性和连续性的条件意味着函数 u_1 在 $x \to a$ 时与函数 u_2 在 $x \to -b$ 时相等。该条件可写为

$$u_1(a) = u_2(-b) \tag{3.15}$$

在式(3.15)中，对 $u_1(x)$ 和 $u_2(x)$ 的解应用边界条件，有

$$Ae^{j(\alpha-k)a} + Be^{-j(\alpha+k)a} - Ce^{-j(\beta-k)b} - De^{j(\beta+k)b} = 0 \tag{3.16}$$

最终边界条件是

$$\left.\frac{\mathrm{d}u_1}{\mathrm{d}x}\right|_{x=a} = \left.\frac{\mathrm{d}u_2}{\mathrm{d}x}\right|_{x=-b} \tag{3.17}$$

从而有

$$(\alpha - k)Ae^{j(\alpha-k)a} - (\alpha + k)Be^{-j(\alpha+k)a} - (\beta - k)Ce^{-j(\beta-k)b} + (\beta + k)De^{j(\beta+k)b} = 0 \tag{3.18}$$

现在有 4 个齐次的方程式，分别是式(3.12)、式(3.14)、式(3.16)和式(3.18)，而且有根据边界条件得出的 4 个未知量。对于一个联立的、线性的、齐次的方程组，当且仅当其系数行列式为零时方程组有非零解。在本问题中，行列式的系数就是参数 A，B，C 和 D 的系数。

行列式的计算是非常复杂的，在此我们不考虑其细节问题。结果是

$$\frac{-(\alpha^2 + \beta^2)}{2\alpha\beta}(\sin \alpha a)(\sin \beta b) + (\cos \alpha a)(\cos \beta b) = \cos k(a + b) \tag{3.19}$$

式(3.19)将参数 k 与总能量 E（通过参数 α）和势函数 V_0（通过参数 β）联系起来。

正如前面所说的，当电子被束缚在晶体中时，我们需要关注的主要是 $E < V_0$ 的情况。根据式(3.7)，参数 β 是一个虚数量。不妨定义为

$$\beta = \mathrm{j}\gamma \tag{3.20}$$

其中，γ 是一个实数量。使用 γ 的形式可将式(3.19)写为

$$\frac{\gamma^2 - \alpha^2}{2\alpha\gamma}(\sin \alpha a)(\sinh \gamma b) + (\cos \alpha a)(\cosh \gamma b) = \cos k(a + b) \tag{3.21}$$

式(3.21)本身并不能解析求解，而必须利用数值法或图形法得到 k，E 和 V_0 之间的关系。对于一个单独的束缚态粒子，薛定谔波动方程解的结果是分立的能量。而式(3.21)的解的结果是允带的能量分布。

为了使方程式更加适合于图形法求解并以此说明所得结果的本质，令势垒宽度 $b \to 0$，而势垒

高度 $V_0 \to \infty$，这样乘积 bV_0 仍然有限。则式 (3.21) 演化为

$$\left(\frac{mV_0ba}{\hbar^2}\right)\frac{\sin\alpha a}{\alpha a} + \cos\alpha a = \cos ka \tag{3.22}$$

定义参数 P' 为

$$P' = \frac{mV_0ba}{\hbar^2} \tag{3.23}$$

最后，可得关系式

$$P'\frac{\sin\alpha a}{\alpha a} + \cos\alpha a = \cos ka \tag{3.24}$$

式 (3.24) 再一次给出了参数 k、总能量 E（通过参数 α）和势垒 bV_0 之间的关系。值得注意的是，式 (3.24) 并不是薛定谔波动方程的解，但却给出了薛定谔波动方程有一个解的条件。若假设晶体无限大，则式 (3.24) 中的 k 就可以假设为连续值，并且是实值。

3.1.3　k 空间能带图

为了理解薛定谔波动方程的解的本质，首先要考虑 $V_0 = 0$ 的特殊情况。此时 $P' = 0$，对应的是没有势垒的自由粒子。根据式 (3.24)，有

$$\cos\alpha a = \cos ka \tag{3.25}$$

或

$$\alpha = k \tag{3.26}$$

由于势场为零，总能量 E 就等于动能，因此根据式 (3.5)，式 (3.26) 可写为

$$\alpha = \sqrt{\frac{2mE}{\hbar^2}} = \sqrt{\frac{2m\left(\frac{1}{2}mv^2\right)}{\hbar^2}} = \frac{p}{\hbar} = k \tag{3.27}$$

其中，p 是粒子动量。对于自由粒子来说，运动常量参数 k 与粒子动量有关。参数 k 也代表波数。

将能量与动量联系起来有

$$E = \frac{p^2}{2m} = \frac{k^2\hbar^2}{2m} \tag{3.28}$$

图 3.7 显示了式 (3.28) 中自由粒子的能量 E 与动量 p 之间的抛物线关系。由于动量与波数之间是线性相关的，因此图 3.7 也是自由粒子的 E-k 关系曲线。

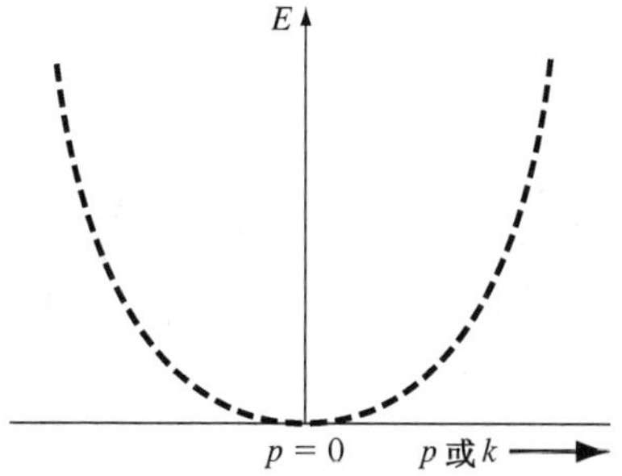

现在要根据式 (3.24) 考虑单晶晶格中粒子的 E-k 关系。随着参数 P' 的增大，粒子受到势阱或原子的束缚更加强烈。不妨定义式 (3.24) 中等号的左边为函数 $f(\alpha a)$，使

$$f(\alpha a) = P'\frac{\sin\alpha a}{\alpha a} + \cos\alpha a \tag{3.29}$$

图 3.8(a) 显示了式 (3.29) 中第一项相对于 αa 的图形，

图 3.7　自由粒子的 E-k 关系抛物线曲线

图 3.8(b) 显示了 $\cos\alpha a$ 的图形，而图 3.8(c) 则显示了两项之和 $f(\alpha a)$ 的图形。

现在根据式 (3.24)，还有

$$f(\alpha a) = \cos ka \tag{3.30}$$

为了使式 (3.30) 有效，函数 $f(\alpha a)$ 的值必须限制在 +1 和 -1 之间。图 3.8(c) 以阴影表示出了 $f(\alpha a)$ 和 αa 的有效值。另外，对应 $f(\alpha a)$ 有效值的式 (3.30) 的右侧项 ka 的值也表示在图中。

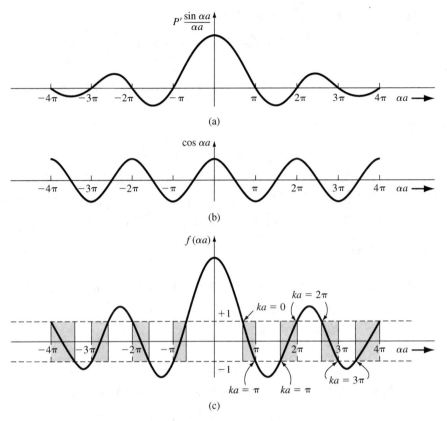

图 3.8　式(3.29)的图形。(a)式(3.29)的第一项；(b) 式(3.29)的第二项；
(c) 整个 $f(\alpha a)$ 函数。阴影部分表示对应实数值 k 的 (αa) 的有效值

由式(3.5)即 $\alpha^2 = 2mE/\hbar^2$ 可知，参数 α 与粒子的总能量 E 有关。于是可以根据图 3.8(c)得到粒子能量 E 对应波数 k 的函数的图形。图 3.9 显示的正是该图形，同时显示了粒子在晶格中传播的能量允带的概念。由于能量 E 是不连续的，也就有了晶体中粒子的禁带概念。

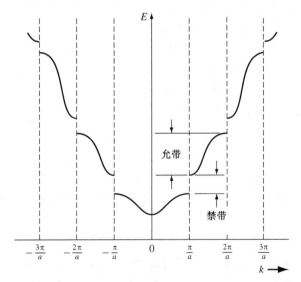

图 3.9　由图 3.8 生成的 E-k 关系图。图中显示了允带和禁带能隙

例 3.2　计算禁带宽度(单位 eV)。

　　计算禁带带隙宽度,即当 $ka = \pi$ 时(如图 3.9 所示)。假设参数 $P' = 8$,势场宽度 $a = 4.5$ Å。

　　■ **解**

　　参考式(3.29)和式(3.30),可得

$$\cos ka = P' \frac{\sin \alpha a}{\alpha a} + \cos \alpha a$$

当 $ka = \pi$ 且 $P' = 8$ 时

$$-1 = 8 \frac{\sin \alpha a}{\alpha a} + \cos \alpha a$$

需要找到满足这个方程 αa 的最小值,通过能量 E 求得带隙能量。由图 3.8 可知 $ka = \pi$,$\alpha a = \pi \equiv \alpha_1 a$ 便有

$$\alpha_1 a = \sqrt{\frac{2mE_1}{\hbar^2}} \cdot a = \pi$$

或

$$E_1 = \frac{\pi^2 \hbar^2}{2ma^2} = \frac{\pi^2 (1.054 \times 10^{-34})^2}{2(9.11 \times 10^{-31})(4.5 \times 10^{-10})^2} = 2.972 \times 10^{-19} \text{ J}$$

从图 3.8 可知 $ka = \pi$,αa 的取值范围为 $\pi < \alpha a < 2\pi$,经检验 $\alpha a = 5.141 \equiv \alpha_2 a$。进而

$$\alpha_2 a = \sqrt{\frac{2mE_2}{\hbar^2}} \cdot a = 5.141$$

或

$$E_2 = \frac{(5.141)^2 \hbar^2}{2ma^2} = \frac{(5.141)^2 (1.054 \times 10^{-34})^2}{2(9.11 \times 10^{-31})(4.5 \times 10^{-10})^2} = 7.958 \times 10^{-19} \text{ J}$$

带隙能量为

$$E_g = E_2 - E_1 = 7.958 \times 10^{-19} - 2.972 \times 10^{-19} = 4.986 \times 10^{-19} \text{ J}$$

或

$$E_g = \frac{4.986 \times 10^{-19}}{1.6 \times 10^{-19}} = 3.12 \text{ eV}$$

　　■ **说明**

这个例子告诉我们禁带宽度的能量级。

　　■ **自测题**

E3.2　利用例 3.2 所提供的参数,确定范围为 $\pi < ka < 2\pi$ 时允带的宽度。

　　　　答案:$\Delta E = 2.46$ eV。

　　由于式(3.24)的右侧 $\cos ka$ 是周期函数,因此有

$$\cos ka = \cos(ka + 2n\pi) = \cos(ka - 2n\pi) \tag{3.31}$$

其中 n 为正整数。对于图 3.9,可以将曲线以 2π 为周期进行平移。在数学上,式(3.24)仍然成立。图 3.10 显示了将曲线的不同部分以 2π 为周期进行平移。图 3.11 显示了在 $-\pi/a < k < \pi/a$ 区域内的 E-k 关系图。该图形代表简约 k 空间曲线,或称简约布里渊区。

　　值得注意的是,对于一个自由电子,式(3.27)中粒子的动量和波数 k 的关系是 $p = \hbar k$。如图 3.9 所示,自由电子的解与单晶中的结果具有类似的地方。单晶中的参数 $\hbar k$ 代表所谓的晶体动量,这个参数并不是晶体中电子的真实动量,而是一个包含晶体内部相互作用的运动常量。

　　前面讨论了克勒尼希-彭尼模型,它是通过一维周期性势函数建立的单晶晶格模型。到目前为止,分析得到的原理性结论指出晶体中的电子处于一系列允带中,而且这些允带被禁带分割。

对于实际的三维单晶材料，同样存在类似的能带理论。下一节将利用克勒尼希-彭尼模型得出更多的电子特性。

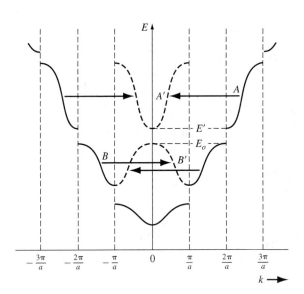

图 3.10　E-k 关系图中不同允带区以 2π 为周期进行平移

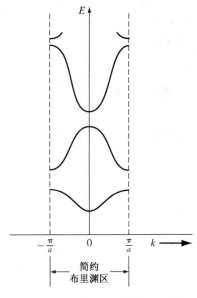

图 3.11　E-k 关系图的简约布里渊区

练习题

T3.1　条件同例 3.2，试确定在 $ka = 2\pi$ 处的第二禁带宽度（用 eV 表示）。参考图 3.8(c)。

答案：$E_g = 4.23$ eV。

T3.2　条件同例 3.2，试确定允带在 $0 < ka < \pi$ 范围内的禁带宽度（用 eV 表示）。参考图 3.8(c)。

答案：$E = 0.654$ eV。

3.2　固体中电的传导

再次强调，我们最终感兴趣的是半导体器件的电流-电压特性。现在我们需要研究固体中电的传导，因为这与刚刚讨论过的能带理论有关。下面开始讨论电子在不同允带中的运动。

3.2.1　能带和键模型

第 1 章讨论了硅的共价键。图 3.12 所示为单晶硅晶格共价键的二维示意图。图中显示了 $T = 0$ K 时，每个硅原子周围有 8 个价电子，而这些价电子都处于最低能态并以共价键相结合。图 3.4(b) 显示了硅晶体的形成使分立的能态分裂成能带。在 $T = 0$ K 时，处于最低能带的 $4N$ 态（价带）完全被价电子填满。如图 3.12 所示，所有价电子都组成了共价键。而此时较高的能带（导带）$T = 0$ K 则完全为空。

随着温度从 0 K 上升，一些价带上的电子可能得到足够的热能，从而打破共价键并跃入导带。图 3.13(a) 用二维示意图表示出了这种裂键效应，而图 3.13(b) 用能带模型的简单线形示意图表示了相同的效应。

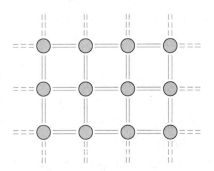

图 3.12　$T = 0$ K 时，单晶硅晶格
的共价键的二维示意图

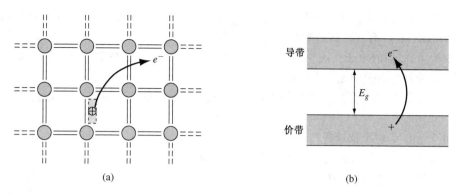

图 3.13　(a)共价键断裂的二维图示；(b)共价键断裂所对应的能带线形图以及正负电荷的产生

半导体是处于电中性的，这就意味着一旦带负电的电子脱离了原有的共价键位置，就会在价带中的同一位置产生一个带正电的"空状态"。随着温度的不断升高，更多的共价键被打破，越来越多的电子跃入导带，价带中也就相应产生了更多的带正电的"空状态"。

也可以将这种键的断裂与 $E\text{-}k$ 能带关系联系起来。图 3.14(a)所示为 $T=0$ K 时导带和价带的 $E\text{-}k$ 关系图。价带中的能态被完全填满，而导带中的能态为空。图 3.14(b)所示为 $T>0$ K 时，一些电子得到足够的能量跃入了导带，同时在价带中留下了一些空状态。假设此时没有外力的作用，因此电子和"空状态"在 k 空间中的分布是均匀的。

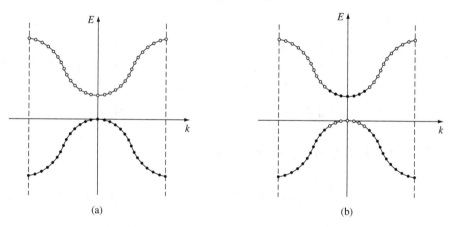

图 3.14　半导体导带和价带的 $E\text{-}k$ 关系图。(a)$T=0$ K；(b)$T>0$ K

3.2.2　漂移电流

电流是由电荷的定向运动产生的。假设有一正电荷集，体密度为 $N(\text{cm}^{-3})$，平均漂移速度为 $v_d(\text{cm/s})$，则漂移电流密度为

$$J = qNv_d \quad \text{A/cm}^2 \tag{3.32}$$

如果将平均漂移速度替换为单个粒子的速度，那么漂移电流密度为

$$J = q\sum_{i=1}^{N} v_i \tag{3.33}$$

其中 v_i 为第 i 个粒子的速度。式(3.33)中用求和代替了单位体积，以使电流密度 J 的单位仍保持为 A/cm^2。

由于电子为带电粒子，因此导带中电子的定向漂移就会产生电流。电子在导带中的分布如图3.14(b)所示，在没有外力作用的情况下是 k 空间的偶函数。对于自由粒子，k 值与动量有关，因此有多少个 $+|k|$ 值的电子，就有多少个 $-|k|$ 值的电子，于是这些电子的净漂移电流密度为零。这个结果恰好与设想的无外力作用结果相同。

假如有外力作用在粒子上而使粒子运动，粒子就得到了能量。这种效果可以写为

$$dE = F\,dx = Fv\,dt \tag{3.34}$$

式中 F 为外力，dx 为粒子移动距离的微分量，v 是速度，dE 是能量的变化量。如果外力作用在导带中的电子上，电子就可以移动到其他一些空的状态中。于是，由于外力就使电子得到了能量和净动量。由图3.15中导带的电子分布可以看出电子获得了净动量。

由电子的运动可以写出漂移电流密度为

$$J = -e \sum_{i=1}^{n} v_i \tag{3.35}$$

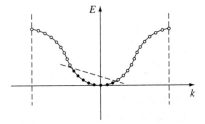

图3.15 外力作用下 $E\text{-}k$ 关系图中电子的不对称分布

其中 e 为电子的电量，n 为导带中单位体积的电子数量。再次强调用求和代替了单位体积，以使电流密度的单位仍保持为 A/cm^2。我们可以看到式(3.35)中电流与电子的速度有直接的关系，就是说电流是与晶体中电子的运动有关的。

3.2.3 电子的有效质量

一般来说，电子在晶格中的运动与在自由空间中不同。除了外部应力，晶体中带正电荷的离子(比如质子)和带负电的电子所产生的内力，都会对电子在晶格中的运动产生影响。可以写出

$$F_{total} = F_{ext} + F_{int} = ma \tag{3.36}$$

其中 F_{total}，F_{ext} 和 F_{int} 分别是晶体中粒子所受的合力、外力和内力。参数 a 为加速度，m 为粒子的静止质量。

因为很难一一考虑粒子所受的内力，所以将等式写为

$$F_{ext} = m*a \tag{3.37}$$

其中加速度 a 直接与外力有关。参数 m^* 称为有效质量，它概括了粒子的质量以及内力的作用效果。

下面举一个类似的例子，以便理解有效质量的概念。考虑一下玻璃球在充满水的容器中和充满油的容器中运动的不同。一般来说，玻璃球在水中的下落速度要比在油中快。在该例中，外力就是重力，而内力与液体的黏滞度有关。正是由于在此两种情况中玻璃球的运动不同，直观上表现为在两种液体中球的质量不同(不用记该例，而要理解这个概念)。

也可以将晶体中电子的有效质量与 $E\text{-}k$ 曲线联系起来，如图3.11所示。在半导体材料中，可以设想允带中几乎没有电子，而其他能带中却充满了电子。

在讨论之前，先考虑如图3.7所示的自由粒子的 $E\text{-}k$ 曲线。回顾式(3.28)，能量和动量的关系为 $E = p^2/2m = \hbar^2 k^2/2m$，其中 m 为电子质量。动量和波数 k 的关系为 $p = \hbar k$。如果式(3.28)对 k 求导，则可得

$$\frac{dE}{dk} = \frac{\hbar^2 k}{m} = \frac{\hbar p}{m} \tag{3.38}$$

将动量与速度联系起来，式(3.38)可写为

$$\frac{1}{\hbar}\frac{\mathrm{d}E}{\mathrm{d}k} = \frac{p}{m} = v \tag{3.39}$$

其中 v 为粒子速度。可以看到 E 对 k 的一阶导数与粒子速度有关。

如果 E 对 k 求二阶导数,则有

$$\frac{\mathrm{d}^2E}{\mathrm{d}k^2} = \frac{\hbar^2}{m} \tag{3.40}$$

可以将式(3.40)写为

$$\boxed{\frac{1}{\hbar^2}\frac{\mathrm{d}^2E}{\mathrm{d}k^2} = \frac{1}{m}} \tag{3.41}$$

E 对 k 的二阶导数与粒子的质量成反比。对自由粒子来说,质量是常数(非相对论效应),因此二阶导数也是常量。从图 3.7 中还可观察到 $\mathrm{d}^2E/\mathrm{d}k^2$ 是一个正值,这就意味着电子的质量也是一个正值。

如果将自由粒子放在一个电场中,运用牛顿第二定律,则可得

$$F = ma = -e\mathrm{E} \tag{3.42}$$

其中 a 为加速度,E[①] 为外加电场,e 为电子电量。解出加速度为

$$a = \frac{-e\mathrm{E}}{m} \tag{3.43}$$

因为电荷为负,所以电子的运动方向与外加电场的方向相反。

下面可能要用到一些存在于允带底的电子的结论。考虑如图 3.16(a)所示的允带,接近能带底部的能量近似于一条抛物线,和自由粒子有些类似,可以写为

$$E - E_c = C_1(k)^2 \tag{3.44}$$

式中 E_c 表示能带底部的能量。由于 $E > E_c$,因此参数 C_1 是个正值。

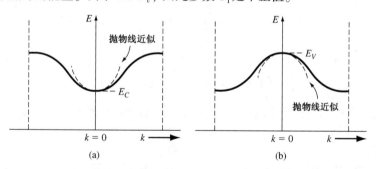

图 3.16 (a)简约 k 空间导带及其抛物线近似;(b)简约 k 空间价带及其抛物线近似

式(3.44)对 k 求二阶导数 E,可得

$$\frac{\mathrm{d}^2E}{\mathrm{d}k^2} = 2C_1 \tag{3.45}$$

也可将式(3.45)写为

$$\frac{1}{\hbar^2}\frac{\mathrm{d}^2E}{\mathrm{d}k^2} = \frac{2C_1}{\hbar^2} \tag{3.46}$$

比较式(3.46)和式(3.41),可以看到 $\hbar^2/2C_1$ 与粒子的质量等价。然而从整体上说,图 3.16(a)所示曲线的曲率与自由粒子不同。可以写出

$$\frac{1}{\hbar^2}\frac{\mathrm{d}^2E}{\mathrm{d}k^2} = \frac{2C_1}{\hbar^2} = \frac{1}{m^*} \tag{3.47}$$

其中 m^* 称为有效质量。由于 $C_1 > 0$,因此 $m^* > 0$。

---

① 在本书中,为与英文版保持一致,斜体 E 表示能量,正体 E 表示电场——编者注。

有效质量是一个将量子力学结论与经典力学方程结合起来的参数。对于大多数情况，导带底的电子可以看成运动符合牛顿力学规范的经典粒子，而将内力和量子力学特性都归纳为有效质量。如果对允带底的电子外加上一个电场，就可以将加速度写为

$$a = \frac{-e\mathrm{E}}{m_n^*} \tag{3.48}$$

其中 m_n^* 为电子的有效质量。接近导带底的电子的有效质量 m_n^* 为一个常量。

3.2.4　空穴的概念

考虑图 3.13(a) 所示的共价键二维示意图。当一个价电子跃入导带后，就会留下一个带正电的"空状态"。当 $T > 0$ K 时，所有价电子都可能获得热能，如果一个价电子得到了一些热能，它就可能跃入那些空状态。价电子在空状态中的移动完全可以等价为那些带正电的空状态自身的移动。图 3.17 所示的是晶体中价电子填补一个空状态，同时产生一个新的空状态的交替运动。整个过程完全可以看成一个正电荷在价带中运动。现在晶体中就有了第二种同样重要的可以形成电流的电荷载流子。这种电荷载流子称为空穴，它也可以看成一种运动符合牛顿力学规范的经典粒子。

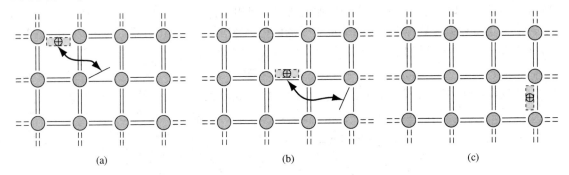

(a)　　　　　　　　　　(b)　　　　　　　　　　(c)

图 3.17　半导体中空穴运动的图示

漂移电流密度对应的是价带中的电子，如图 3.14(b) 所示。漂移电流密度可写为

$$J = -e \sum_{i\,(\text{filled})} v_i \tag{3.49}$$

其中求和的范围扩展到了所有被填满的状态。由于求和的范围覆盖了几乎整个价带，需要考虑的状态的数量是极其庞大的，因此这样的求和计算实际是非常困难的。于是我们将式(3.49)写为如下形式：

$$J = -e \sum_{i\,(\text{total})} v_i + e \sum_{i\,(\text{empty})} v_i \tag{3.50}$$

假设一个能带完全被填满，那么能带中的所有有效状态就都被电子占据了。由式(3.39)可得到每个独立电子的运动速度为

$$v(E) = \left(\frac{1}{\hbar}\right)\left(\frac{\mathrm{d}E}{\mathrm{d}k}\right)$$

由于能带在 k 空间中是对称的，而且每个状态上都有电子占据，因此对一个速度为 $|v|$ 的任意电子，都有一个速度为 $-|v|$ 的电子与之对应。而且因为能带是满带，所以相对 k 空间的电子的分布不会因为外力的作用而改变。对于一个完全满带来说，其净漂移电流密度为零，即

$$-e \sum_{i\,(\text{total})} v_i \equiv 0 \tag{3.51}$$

于是根据式(3.50)，可以将满带的漂移电流密度写为

$$J = +e \sum_{i \,(\text{empty})} v_i \tag{3.52}$$

其中 v_i 与空状态有关，为

$$v(E) = \left(\frac{1}{\hbar}\right)\left(\frac{dE}{dk}\right)$$

式(3.52)完全等价于在空状态位置处放置一个带正电的粒子，同时假定能带中的其他状态为空或为中性状态。该概念如图 3.18 所示。图 3.18(a)所示的是通常意义上的电子填充和空状态的价带，而图 3.18(b)所示为正电荷占据原始空状态的新概念。这个概念与前面讨论的图 3.17 所示价带中的带正电空状态是一致的。

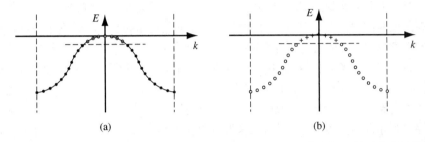

图 3.18　(a)通常意义上的电子填充和空状态的价带；(b)正电荷占据原始空状态的新概念

式(3.52)中的 v_i 实际上代表了半导体中正电荷的运动状态。接下来考虑图 3.16(b)所示的允带顶部的电子。允带顶部的能量接近于抛物线，可以写为

$$(E - E_v) = -C_2(k)^2 \tag{3.53}$$

能量 E_v 是带顶的能量。因为能带中电子的 $E < E_v$，所以参数 C_2 是正值。

在式(3.53)中对 k 求二阶导数，可得

$$\frac{d^2E}{dk^2} = -2C_2 \tag{3.54}$$

重新整理一下上式，有

$$\frac{1}{\hbar^2}\frac{d^2E}{dk^2} = \frac{-2C_2}{\hbar^2} \tag{3.55}$$

比较式(3.55)和式(3.41)，可得

$$\frac{1}{\hbar^2}\frac{d^2E}{dk^2} = \frac{-2C_2}{\hbar^2} = \frac{1}{m^*} \tag{3.56}$$

其中 m^* 为有效质量。前面得出 C_2 是正值，意味着 m^* 为负值。也就是说，在允带顶部运动的电子可以认为具有负质量。

必须明确的是，有效质量是一个将量子力学和经典力学联系起来的参数。也正是这种将两种理论联系在一起的方法导致了这个奇特的负有效质量结果。但我们知道，薛定谔波动方程的解与经典力学相矛盾，而负有效质量也是一个这样的例子。

在上一节中讨论有效质量概念时，我们举了一个玻璃球在两种液体中运动的例子。现在来考虑盛满水的容器中的冰块，冰块将沿着与重力方向相反的方向运动到水的表面。由于冰块的加速度与外力方向相反，于是就表现出了负有效质量。而这个负有效质量参数概括了所有作用在物体上的内在力。

再次考虑允带顶的电子。如果外加一个电场并使用牛顿力学方程，则有

$$F = m^*a = -eE \tag{3.57}$$

然而，m^* 现在是负值，所以有

$$a = \frac{-eE}{-|m^*|} = \frac{+eE}{|m^*|} \qquad (3.58)$$

允带顶部附近电子的运动方向，与所受外加电场的方向相同。

如果将正电荷和式(3.56)中的负有效质量 m^* 都与每一个状态联系起来，那么一个接近被填满的能带中的电子的实际运动就完全可以用很少的空状态表示出来。于是产生了一个新的能带模型，其中的粒子具有正电荷和正的有效质量。在价带中这些粒子的密度与电子的空状态相同。这种新粒子就是空穴。空穴具有正的有效质量 m_p^* 和正电荷，所以其运动方向与外加电场方向相同。

3.2.5　金属、绝缘体和半导体

每种晶体都具有其固有的能带结构，比如硅的能带分裂成复杂的价带和导带。这种复杂的能带分裂也出现在其他晶体中，从而导致了不同的固体有不同的能带结构，同时不同的材料也就表现出一系列特有的电学特性。下面定性地讨论一些简化的能带结构所引起的电学特性的基本差别。

有几种能带情况需要考虑。图 3.19(a)所示的允带完全没有电子。如果外加电场，不会有粒子运动，也就不会有电流。图 3.19(b)所示的能带完全被电子所填满。上一节中曾经讨论过，这样的满带也不会产生电流。这种能带全满或全空的材料就是绝缘体材料。绝缘体的电阻率非常大，而与之对应的电导率则非常小。其本质是没有用来形成漂移电流的粒子。图 3.19(c)所示为简化的绝缘体能带示意图。绝缘体的带隙能量 E_g，通常为 $3.5 \sim 6$ eV，甚至更高，因此在室温情况下，实际上导带中没有电子而价带中充满了电子。绝缘体中很难用加热的方法产生电子和空穴。

图 3.20(a)所示的能带仅在底部有很少的电子。如果此时外加一个电场，电子就会得到能量跃入到较高的能态，从而在晶体中运动。电荷的净流动形成电流。图 3.20(b)所示的能带几乎被电子填满，这时就要考虑空穴了。如果此时外加一个电场，就会导致空穴的移动从而形成电流。图 3.20(c)显示了这种情况的简化能带示意图，其中带隙能量大约为 1 eV。这种能带图代表的是 $T > 0$ K时的半导体。在下一章中可以看到，半导体的电阻率是可调的，它可以变化几个数量级。

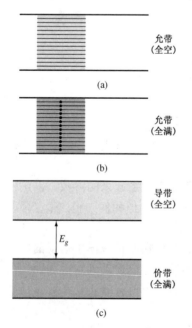

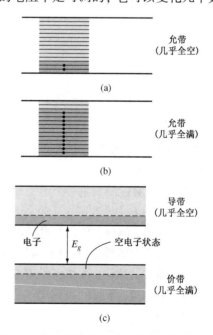

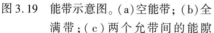

图 3.19　能带示意图。(a)空能带；(b)全满带；(c)两个允带间的能隙

图 3.20　能带示意图。(a)近似空带；(b)近似满带；(c)两个允带间的能隙

金属的特性就是有非常低的电阻率。一种金属的能带图可以是以下两种形式之一。一种如图 3.21(a)所示,部分填满带中有很多有助于导电的电子,从而使材料表现出很大的电导率。图 3.21(b)所示的是另外一种可能的金属能带图。能带分裂的允带和禁带出现复杂现象,在图3.21(b)中,导带和价带在平衡状态原子间距处相互交叠。这种情况也与图 3.21(a)类似,能带中出现很多电子和可供电子占据的空状态,于是材料就表现出很高的电导率。

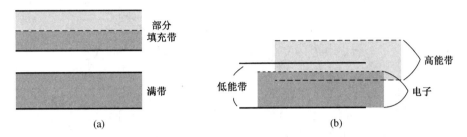

图 3.21　金属的能带可能出现的两种结构。(a)半满带;(b)允带交叠

练习题

T3.3　图 3.22 中给出一个简化的电子在导带的 E-k 能量图, a 的值是 10 Å。求 m^*/m_0。

　　答案: $m^*/m_0 = 1.175$。

T3.4　图 3.23 中给出一个简化的空穴在价带的 E-k 能量图, a 的值是 12 Å。求 $|m^*/m_0|$。

　　答案: $|m^*/m_0| = 0.2985$。

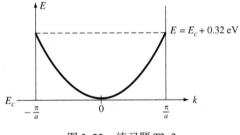

图 3.22　练习题 T3.3

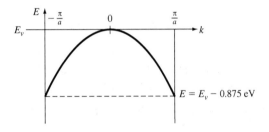

图 3.23　练习题 T3.4

3.3　三维扩展

在上一节中,我们讨论了允带和禁带的基本理论以及有效质量的基本概念。在本节中,将把这些概念扩展到三维空间和真实晶体中。我们将定性地讨论三维晶体中的粒子特性,包括 E-k 关系曲线、禁带宽度以及有效质量。必须要强调的是,现在只是简要地了解基础的三维概念,而对细节问题不做深入探讨。

首先遇到的问题是三维晶体的势函数的扩展:在晶体中的不同方向上原子的间距都不同。图 3.24 表示的是面心立方的[100]方向和[110]方向。电子在不同方向上运动就会遇到不同的势场,从而产生不同的 k 空间边界。晶体中的 E-k 关系基本上就是 k 空间方向的函数。

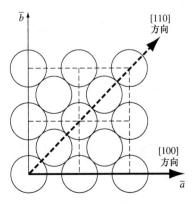

图 3.24　面心立方晶体(100)平面的[100]和[110]方向

3.3.1　硅和砷化镓的 k 空间能带图

图 3.25 所示为砷化镓和硅的 E-k 关系曲线图。这种简化示意图可以描绘出本文所要讨论的一些基本特性，而并没有涉及相关专业课程的更多细节。

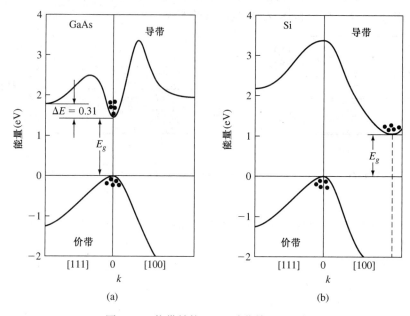

图 3.25　能带结构。(a)砷化镓；(b)硅

可以看到，在图中的 k 轴正负方向，设定了两个不同的晶向。对一维模型来说，E-k 关系曲线在 k 坐标上是对称的，因此负半轴的信息完全可以由正半轴得出。于是就可以将[100]方向的图形绘制在通常意义的 $+k$ 轴上，而将[111]方向的图形绘制在指向左边的 $+k$ 轴上。对于金刚石或闪锌矿类型的晶格来说，价带的最大能量和导带的最小能量会出现在 $k=0$ 处或沿这两个晶向之一的方向上。

图 3.25(a)显示 GaAs 的 E-k 关系曲线，其中价带的最大值和导带的最小值都出现在 $k=0$ 处：导带中的电子倾向于停留在能量最小的 $k=0$ 处。同样，价带中的空穴也倾向于聚集在最大能量处。对于 GaAs，它的导带最小能量与价带最大能量具有相同的 k 坐标。具有这种特性的半导体通常称为直接带隙半导体，这种半导体中两个允带之间电子的跃迁不会对动量产生影响。直接带隙会对材料的光学特性产生重要的影响：GaAs 以及其他直接带隙材料从理论上说都适用于制造半导体激光器和其他光学器件。

硅的 E-k 关系曲线如图 3.25(b)所示。与前者一样，硅的价带的最大能量也出现在 $k=0$ 处，但导带的最小能量就不在 $k=0$ 处了，而是在[100]方向上。最小的导带能量与最大的价带能量之间的差别仍然定义为禁带宽度 E_g。价带能量最大值和导带能量最小值的 k 坐标不同的半导体，通常称为间接带隙半导体。当电子在价带和导带中跃迁时，就必须使用动量守恒定律。间接带隙材料中的跃迁必然包含与晶体的相互作用，以使晶体的动量保持恒定。

锗也是一种间接带隙半导体，它的价带能量最大值在 $k=0$ 处，而导带能量最小值在[111]方向上。GaAs 虽然是直接带隙半导体，但另外一些化合物半导体，比如 GaP 和 AlAs，却是间接带隙半导体。

3.3.2　有效质量的补充概念

E-k 关系曲线图中导带最小值附近的曲率与电子的有效质量有关。由图 3.25 可以看到，GaAs 的导带最小值处的曲率要大于硅的曲率，因此 GaAs 导带中电子的有效质量比硅的小。

对于一维 E-k 关系曲线，有效质量根据式(3.41)定义为 $1/m^* = 1/\hbar^2 \cdot \mathrm{d}^2 E/\mathrm{d}k^2$。而对于真实的晶体，有效质量的概念更加复杂。三维晶体有三个 k 矢量，而导带最小值的 E-k 曲线的曲率仍然可能不在三个 k 方向上。在这里不用考虑不同有效质量参数的细节。在稍后的章节中，对于大多数器件的计算，使用有效质量的统计学平均值就已足够①。

3.4　状态密度函数

就像前面所说的，我们最终想要得到的是对半导体器件电流-电压特性的描述。因为电流是由电荷的定向运动产生的，所以确定半导体中用于导电的电子和空穴的数量就成为很重要的部分。根据泡利不相容原理，一个状态只能被一个电子所占据，于是对导电过程起作用的载流子的数量就变成了有效能量或量子状态数量的函数。在我们讨论能级分裂为允带和禁带时，就曾指出能量的允带实际上是由分立的能级组成的。我们需要用一个能量函数来确定这些能量状态的密度，从而计算电子和空穴的浓度。

3.4.1　数学推导

为了用一个能量函数来确定有效量子状态的密度，我们需要一个近似的数学模型。电子可以相对自由地在半导体导带中运动，但它仍然被限定在晶体中。首先讨论一个被束缚在三维无限深势阱中的电子，而这个势阱就代表晶体。无限深势阱定义为

$$V(x, y, z) = 0 \qquad \begin{array}{l} 0 < x < a \\ 0 < y < a \\ 0 < z < a \end{array} \tag{3.59}$$

$$V(x, y, z) = \infty, \text{ 其他}$$

在此假定晶体为边长是 a 的立方体。三维薛定谔波动方程可以利用分离变量法求解。根据一维无限深势阱的结果进行外推(参见习题 3.23)，可以得到

$$\frac{2mE}{\hbar^2} = k^2 = k_x^2 + k_y^2 + k_z^2 = \left(n_x^2 + n_y^2 + n_z^2\right)\left(\frac{\pi^2}{a^2}\right) \tag{3.60}$$

其中 n_x，n_y 和 n_z 为正整数（n_x，n_y 和 n_z 的负值与对应的正值产生的波函数只有符号上的区别，而得到的概率函数和能量都是相同的，所以符号并不能代表不同的量子状态）。

我们可以画出 k 空间的有效量子状态。图 3.26(a)所示为二维的 k_x 和 k_y 的函数图形，其中每一个点代表不同的正整数 n_x 和 n_y 对应的有效量子态。k_x，k_y 或 k_z 的正负值具有相同的能量，代表相同的能量状态。因为 k_x，k_y 或 k_z 的负值都不代表独立的量子态，所以仅用 k 空间的正坐标的1/8个球体就可以确定量子态的密度，如图 3.26(b)所示。

例如，在 k_x 方向，两个量子态之间的距离是

$$k_{x+1} - k_x = (n_x + 1)\left(\frac{\pi}{a}\right) - n_x\left(\frac{\pi}{a}\right) = \frac{\pi}{a} \tag{3.61}$$

---

① 参见附录 F 有关有效质量的概念。

将这个结果推广到三维情形，一个量子态所占的空间 V_k 为

$$V_k = \left(\frac{\pi}{a}\right)^3 \tag{3.62}$$

现在就可以确定 k 空间的量子态密度了。k 空间中的体积微元为 $4\pi k^2 \mathrm{d}k$，如图 3.26（b）所示。因此 k 空间的量子态密度的微分为

$$g_T(k)\,\mathrm{d}k = 2\left(\frac{1}{8}\right)\frac{4\pi k^2\,\mathrm{d}k}{\left(\frac{\pi}{a}\right)^3} \tag{3.63}$$

其中第一个因子"2"代表每个量子态的两种自旋状态。第二个因子"1/8"代表的只是 k_x，k_y 和 k_z 的正值。前面提到的因子 $4\pi k^2 \mathrm{d}k$ 代表体积微元，因子 $(\pi/a)^3$ 代表一个量子态的体积。式（3.63）可以化简为

$$g_T(k)\,\mathrm{d}k = \frac{\pi k^2\,\mathrm{d}k}{\pi^3}\cdot a^3 \tag{3.64}$$

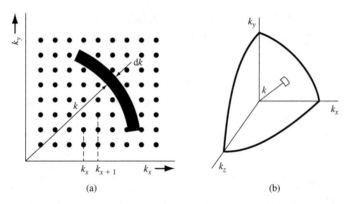

图 3.26　k 空间的有效量子态的二维阵列；k 空间的正坐标的 1/8 个球体

式（3.64）给出了量子态密度函数，这实际是有关动量的函数，其中动量用参数 k 代替。还可以将量子态密度函数用能量 E 的函数表示。对于自由粒子来说，参数 E 和 k 的关系为

$$k^2 = \frac{2mE}{\hbar^2} \tag{3.65a}$$

或

$$k = \frac{1}{\hbar}\sqrt{2mE} \tag{3.65b}$$

从而微分 $\mathrm{d}k$ 为

$$\mathrm{d}k = \frac{1}{\hbar}\sqrt{\frac{m}{2E}}\,\mathrm{d}E \tag{3.66}$$

将 k^2 和 $\mathrm{d}k$ 的表达式代入式（3.64），就可以得出 E 和 $E+\mathrm{d}E$ 之间的能量状态数：

$$g_T(E)\,\mathrm{d}E = \frac{\pi a^3}{\pi^3}\left(\frac{2mE}{\hbar^2}\right)\cdot\frac{1}{\hbar}\sqrt{\frac{m}{2E}}\,\mathrm{d}E \tag{3.67}$$

因为 $\hbar = h/2\pi$，式（3.67）变为

$$g_T(E)\,\mathrm{d}E = \frac{4\pi a^3}{h^3}\cdot(2m)^{3/2}\cdot\sqrt{E}\,\mathrm{d}E \tag{3.68}$$

式（3.68）给出了体积为 a^3 的晶体中能量 E 和 $E+\mathrm{d}E$ 之间的量子状态总数。如果将结果除以 a^3，就得到了单位体积的量子态密度。式（3.68）变成

$$g(E) = \frac{4\pi(2m)^{3/2}}{h^3}\sqrt{E} \tag{3.69}$$

量子态密度是能量 E 的函数。随着自由粒子能量的减弱，有效量子态的数量也逐渐减少。而且这个密度函数实际是双重密度，也就是说，密度是在单位能量和单位体积中求得的。

例3.3 在特定的能量范围内，计算单位体积的状态密度。

根据式(3.69)，计算能量处于 0 和 1 eV 之间的单位体积的状态密度。

■ 解

根据式(3.69)，量子态体密度为

$$N = \int_0^{1\,eV} g(E)\,dE = \frac{4\pi(2m)^{3/2}}{h^3} \cdot \int_0^{1\,eV} \sqrt{E}\,dE$$

或

$$N = \frac{4\pi(2m)^{3/2}}{h^3} \cdot \frac{2}{3} \cdot E^{3/2}$$

于是状态密度为

$$N = \frac{4\pi[2(9.11 \times 10^{-31})]^{3/2}}{(6.625 \times 10^{-34})^3} \cdot \frac{2}{3} \cdot (1.6 \times 10^{-19})^{3/2} = 4.5 \times 10^{27} \text{ m}^{-3}$$

或

$$N = 4.5 \times 10^{21} \text{ 个状态/cm}^3$$

■ 说明

量子态密度通常是一个很大的值。在下面的章节中可以看到，量子态实际密度也是一个很大的值，但它通常小于半导体晶体中的原子密度。

■ 自测题

E3.3 在以下范围内，计算一个自由电子的量子态密度：(a)$0 \leqslant E \leqslant 2.0$ eV；(b)$1 \leqslant E \leqslant 2$ eV。

答案：(a)$N = 1.28 \times 10^{22}$ cm^{-3}；(b)$N = 8.29 \times 10^{21}$ cm^{-3}。

3.4.2 扩展到半导体

前面我们利用被束缚在三维无限深势阱中质量为 m 的电子的模型，推导出了有效量子态密度的一般表达式。下面将这种一般模型扩展到整个半导体，从而确定出导带和价带中的量子态密度。由于电子和空穴都被半导体晶体束缚，因此要再次利用基本的无限深势阱模型。

式(3.28)，即 $E = p^2/2m = \hbar^2 k^2/2m$，给出了自由电子的能量与动量之间的抛物线关系。图 3.16(a)所示的是简约 k 空间的导带。因为 E-k 关系曲线 $k = 0$ 附近的图形近似于抛物线，所以有

$$E = E_c + \frac{\hbar^2 k^2}{2m_n^*} \tag{3.70}$$

其中，E_c 是导带底的能量，m_n^* 是电子的有效质量[①]。式(3.70)还可写为

$$E - E_c = \frac{\hbar^2 k^2}{2m_n^*} \tag{3.71}$$

导带底电子的 E-k 关系的一般形式与自由电子类似，只是电子的质量变成了有效质量。这样，不妨将导带的电子看成具有特殊质量的"自由"电子。式(3.71)的右边与式(3.28)的右边具有相同的形式，而且都用于状态密度函数的推导。正是因为这种相似性，才产生了"自由"导电电子模型。以式(3.69)为基础，我们可以总结出导带中的有效电子能态密度为

$$\boxed{g_c(E) = \frac{4\pi(2m_n^*)^{3/2}}{h^3}\sqrt{E - E_c}} \tag{3.72}$$

该式在 $E \geqslant E_c$ 的条件下有效。随着导带中电子能量的减弱，有效的量子态数量也在减少。

---

① 参见附录 F 有关有效质量的概念。

因为空穴也被束缚在半导体晶体中，且可以看成一个"自由"粒子，所以价带中的量子态密度也可以利用相同的无限深势阱模型得到。空穴的有效质量是 m_p^*。图 3.16(b) 所示的是简约 k 空间的价带。对于"自由"空穴，由于 E-k 关系曲线 $k = 0$ 附近的图形近似为抛物线，于是有

$$E = E_v - \frac{\hbar^2 k^2}{2 m_p^*} \qquad (3.73)$$

式(3.73)还可写为

$$E_v - E = \frac{\hbar^2 k^2}{2 m_p^*} \qquad (3.74)$$

同样，式(3.74)的右边也具有与状态密度函数的一般推导的相同形式。以式(3.69)为基础，也可以总结出价带中的有效状态密度为

$$\boxed{g_v(E) = \frac{4\pi (2 m_p^*)^{3/2}}{h^3} \sqrt{E_v - E}} \qquad (3.75)$$

该式在 $E \leq E_v$ 的条件下有效。

前面曾经提到，禁带中不存在量子态，因此对于 $E_v < E < E_c$，$g(E) = 0$。图 3.27 用能量函数的形式表示出了量子态密度。如果电子和空穴的有效质量相等，那么函数 $g_c(E)$ 和 $g_v(E)$ 将以 E_c 和 E_v 的中心(或带隙能量 E_{midgap})相互对称。

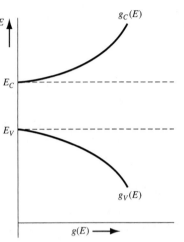

图 3.27　对应能量函数的导带和价带的能态密度

例 3.4　当 $T = 300\ \text{K}$ 时，确定硅中 E_c 和 $E_c + kT$ 之间的能态总数。

　■ 解

利用式(3.72)，可以写出

$$
\begin{aligned}
N &= \int_{E_c}^{E_c + kT} \frac{4\pi (2 m_n^*)^{3/2}}{h^3} \sqrt{E - E_c} \cdot dE \\
&= \frac{4\pi (2 m_n^*)^{3/2}}{h^3} \cdot \frac{2}{3} \cdot (E - E_c)^{3/2} \Big|_{E_c}^{E_c + kT} \\
&= \frac{4\pi [2(1.08)(9.11 \times 10^{-31})]^{3/2}}{(6.625 \times 10^{-34})^3} \cdot \frac{2}{3} \cdot [(0.0259)(1.6 \times 10^{-19})]^{3/2} \\
&= 2.12 \times 10^{25}\ \text{m}^{-3}
\end{aligned}
$$

或

$$N = 2.12 \times 10^{19}\ \text{cm}^{-3}$$

　■ 说明

本例说明了半导体中的量子态密度的数量级大小。

　■ 自测题

E3.4　当 $T = 300\ \text{K}$ 时，确定硅中 E_v 和 $E_v - kT$ 之间的能态总数。

　　　答案：$N = 7.92 \times 10^{18}\ \text{cm}^{-3}$。

3.5　统计力学

在涉及大量粒子时，我们感兴趣的只是这些粒子作为一个整体的统计学状态，而不是其中某一个粒子的状态。举例来说，处于容器中的气体会对容器壁产生一定的压力。这种压力实际上

是由各个气体分子撞击容器壁产生的,但我们并不会注意这些微小的粒子。同理,晶体的电学特性也是由大量电子的统计学状态决定的。

3.5.1　统计规律

要确定粒子的统计特征,就要了解粒子应该遵循的规律。通常有三种分布法则用来确定粒子在有效能态中的分布。

第一种分布定律是麦克斯韦-玻尔兹曼分布函数。这种分布认为粒子是可以被一一区别开的,而且对每个能态所能容纳的粒子数没有限制。容器中的气体处于相对低压时的状态可看成这种分布。

第二种分布定律是玻色-爱因斯坦分布函数。这种分布中的粒子是不可区分的,但每个能态所能容纳的粒子数仍然没有限制。光子的状态或黑体辐射就是这种分布的例子。

第三种分布定律是费米-狄拉克分布函数。这种分布中的粒子也是不可分辨的,而且每个量子态只允许一个粒子。晶体中的电子符合这种分布。在这三种情况中,都假设粒子之间不存在相互影响。

3.5.2　费米-狄拉克分布函数

图 3.28 显示了具有 g_i 个量子态的第 i 个能级。根据泡利不相容原理,每个量子态都存在一个粒子数量的最大值。有 g_i 种选择方式用于决定第一个粒子的位置,有 (g_i-1) 种选择方式用于决定第二个粒子的位置,有 (g_i-2) 种选择方式用于决定第三个粒子的位置,以此类推。将 N_i 个粒子排列到第 i 个能级(其中 $N_i \leqslant g_i$)中的方式总数为

$$(g_i)(g_i-1)\cdots(g_i-(N_i-1)) = \frac{g_i!}{(g_i-N_i)!} \tag{3.76}$$

该表达式包含了所有 N_i 个粒子的可能排列。

但由于粒子不可分辨,粒子本身之间的 $N_i!$ 个排列变换是不应计算在内的。举例来说,两个电子之间的互换不会产生新的排列。因此 N_i 个粒子在第 i 个能级中分布的实际可能性为

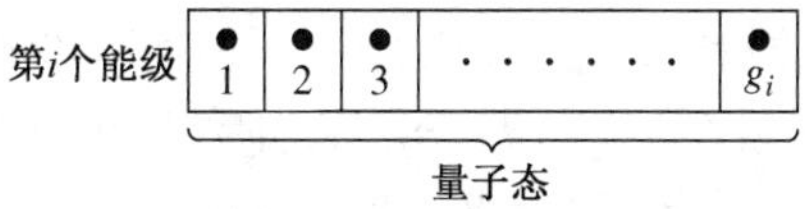

$$W_i = \frac{g_i!}{N_i!(g_i-N_i)!} \tag{3.77}$$

图 3.28　具有 g_i 个量子态的第 i 个能级

例 3.5　根据以下情况,试求粒子有多少种可能的分布方式。(a)$g_i = N_i = 10$;(b)$g_i = 10$, $N_i = 9$。

■ **解**

(a)根据 $g_i = N_i = 10$ 可知 $(g_i-N_i)! = 0! = 1$,根据式(3.77)有

$$\frac{g_i!}{N_i!(g_i-N_i)!} = \frac{10!}{10!} = 1$$

(b)根据 $g_i = 10$, $N_i = 9$ 可知 $(g_i-N_i)! = 1! = 1$,根据式(3.77)有

$$\frac{g_i!}{N_i!(g_i-N_i)!} = \frac{10!}{(9!)(1)} = \frac{(10)(9!)}{(9!)} = 10$$

■ **说明**

(a)中,如果要将 10 个粒子排列在 10 个量子态中,那么只有一种可能,就是每个量子态包含一个粒子。

(b)中,有 10 个量子态和 9 个粒子,肯定有一个空量子态。因此就肯定有 10 种排列方式,或者说存在 10 个可能是空量子态的位置。

■ **自测题**

E3.5 令 $g_i = 10$，$N_i = 8$，试求粒子有多少种可能的分布方式。

答案：45。

式（3.77）给出了 N_i 个粒子在第 i 个能级中分布方式的数量。那么在 n 个能级中所有粒子（N_1，N_2，N_3，…，N_n）的排列方式的总数为所有函数的乘积，即

$$W = \prod_{i=1}^{n} \frac{g_i!}{N_i!(g_i - N_i)!} \tag{3.78}$$

其中参数 W 为 N 个电子在该系统中的排列方式的总数，而 $N = \sum_{i=1}^{n} N_i$ 是系统中的总电子数。如果想得到最大的概率分布，就要求出 W 的最大值。我们要在保持粒子总数和总能量不变的前提下，改变 E_i 能级中的 N_i 来改变粒子的分布，从而求出 W 的最大值。

我们将概率密度函数写为

$$\frac{N(E)}{g(E)} = f_F(E) = \frac{1}{1 + \exp\left(\dfrac{E - E_F}{kT}\right)} \tag{3.79}$$

其中 E_F 称为费米能级。密度数 $N(E)$ 代表单位体积单位能量的粒子数，函数 $g(E)$ 代表单位体积单位能量的量子状态。函数 $f_F(E)$ 称为费米-狄拉克分布（概率）函数，它代表了能量为 E 的量子态被电子占据的可能性。该分布函数的另一种意义是被电子填充的量子态占总量子态的比率。

3.5.3 分布函数和费米能级

为了便于理解分布函数和费米能级的意义，下面绘出了分布函数和能量的关系图。开始时 $T = 0$ K，考虑 $E < E_F$ 时的情况。式（3.79）中的指数项变成 $\exp[(E - E_F)/kT] \rightarrow \exp(-\infty) = 0$，从而导致 $f_F(E < E_F) = 1$；而让 $T = 0$ K，$E > E_F$ 时，式（3.79）中的指数项变成 $\exp[(E - E_F)/kT] \rightarrow \exp(+\infty) \rightarrow +\infty$，从而导致费米-狄拉克分布函数 $f_F(E > E_F) = 0$。

费米-狄拉克分布函数在 $T = 0$ K 时的图形如图 3.29 所示。这个结果说明，对于 $T = 0$ K，电子都处在最低能量状态上。$E < E_F$ 的量子态完全被占据，而 $E > E_F$ 的量子态被占据的可能性是零。此时所有电子的能量都低于费米能级。

图 3.30 所示为一个特定系统的分立能级以及各能级的有效量子态数目。假设该系统中包含 13 个电子，图中显示了 $T = 0$ K 时这些电子在不同量子状态中的分布。电子都处于最低的能量状态，所以能级 E_1 到 E_4 中量子态被占据的概率为1，能级 E_5 中量子态被占据的概率为0。该例中的费米能级肯定高于 E_4 而低于 E_5。费米能级可以确定电子的统计学分布，但并不一定对应一个允带能级。

现在考虑图 3.31 所示的情况，其中量子态密度 $g(E)$ 是一个能量的连续函数。假设在该系统中有 N_0 个电子，那么 $T = 0$ K 时这些电子在量子态中的分布就以图中的虚线表示。电子处于最低能量状态，从而使低于 E_F 的状态都被填满，高于 E_F 的状态都为空。若该系统中的 $g(E)$ 和 N_0 都已知，就可以确定费米能级 E_F。

当温度从 $T = 0$ K 逐渐升高时，电子就会得到一定的热能，于是一部分电子就会跃入更高的能级中，也就意味着有效能量状态中的电子分布发生了改变。图 3.32 所示的分立能级与量子态都与图 3.30 所示的相同，但电子在量子态中的分布则较 $T = 0$ K 时发生了变化。E_4 能级中的两个

电子获得了足够的能量，从而跃入了 E_5 能级，E_3 能级中的一个电子跃入了 E_4 能级。随着温度的变化，电子的分布也随着能量而改变。

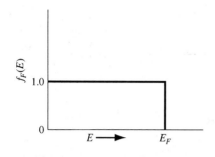

图 3.29　$T = 0$ K 时费米概率函数与能量的关系图

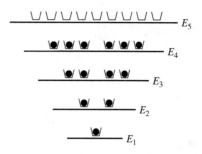

图 3.30　$T = 0$ K 时一个特定系统的分立能级和量子态

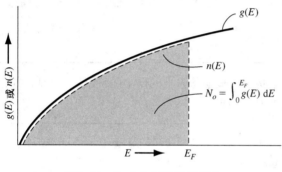

图 3.31　$T = 0$ K 时连续系统中的量子态和电子密度

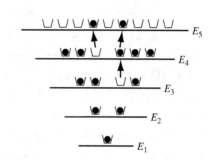

图 3.32　所示系统在 $T > 0$ K 时的分立能级和量子态

由 $T > 0$ K 时的费米-狄拉克分布函数，可以清楚地看出电子在能级中分布的变化。如果令 $E = E_F$，$T > 0$ K，则式（3.79）变为

$$f_F(E = E_F) = \frac{1}{1 + \exp(0)} = \frac{1}{1 + 1} = \frac{1}{2}$$

能量为 $E = E_F$ 的量子态被占据的可能性为 1/2。图 3.33 显示了几个温度下的费米-狄拉克分布函数，这里假定费米能级与温度无关。

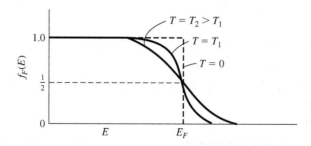

图 3.33　不同温度下的费米概率函数与能量的关系

可以看到在高于热力学温标零度的条件下，高于 E_F 的能量状态将被电子占据从而使概率不再为零，而低于 E_F 的一些能量状态为空。这个结果同样说明了随着热能的增加，一些电子跃入了更高的能级。

例3.6　令 $T = 300 \, \text{K}$，试计算比费米能级高 $3kT$ 的能级被电子占据的概率。

■ 解

根据式(3.79)，有

$$f_F(E) = \frac{1}{1 + \exp\left(\dfrac{E - E_F}{kT}\right)} = \frac{1}{1 + \exp\left(\dfrac{3kT}{kT}\right)}$$

即

$$f_F(E) = \frac{1}{1 + 20.09} = 0.0474 = 4.74\%$$

■ 说明

比 E_F 高的能量中，量子态被电子占据的概率远小于1，或者说电子与有效量子态的比值很小。

■ 自测题

E3.6　假设 $T = 300 \, \text{K}$，费米能级比导带低 $0.30 \, \text{eV}$。(a)试求 $E_c + kT/4$ 处量子态被电子占据的概率；(b)求 $E_c + kT$ 处量子态被电子占据的概率。

答案：(a) 7.26×10^{-6}；(b) 3.43×10^{-6}。

我们可以看到，图3.33中，高于 E_F 的能量状态将被电子占据的概率随着温度的升高而增大，而低于 E_F 的能量状态为空的概率也随着温度的升高而增大。

例3.7　假设某种材料的费米能级为 $6.25 \, \text{eV}$，并且这种材料中的电子符合费米–狄拉克分布函数。试计算在低于费米能级 $0.30 \, \text{eV}$ 处，温度为何值时能态为空的概率是 1%。

■ 解

状态为空的概率为

$$1 - f_F(E) = 1 - \frac{1}{1 + \exp\left(\dfrac{E - E_F}{kT}\right)}$$

则

$$0.01 = 1 - \frac{1}{1 + \exp\left(\dfrac{5.95 - 6.25}{kT}\right)}$$

其中 $kT = 0.065\,29 \, \text{eV}$，于是温度 $T = 756 \, \text{K}$。

■ 说明

费米分布函数是与温度密切相关的函数。

■ 自测题

E3.7　假设在低于费米能级 $0.3 \, \text{eV}$ 处，试求电子占据 $E = (E_c + 0.025) \, \text{eV}$ 能带的概率为 8×10^{-6} 时的温度是多少。

答案：$T = 321 \, \text{K}$。

我们可以看出，E_F 以上 dE 距离处被占据状态的概率与 E_F 以下 dE 距离处空状态的概率相等。函数 $f_F(E)$ 与函数 $1 - f_F(E)$ 关于费米能级 E_F 对称。这种对称现象如图3.34所示，下一章中将会用到它。

考虑 $E - E_F \gg kT$ 的情况，此时式(3.79)中分母的指数项远远大于1，于是可以忽略分母中的1，从而将费米–狄拉克分布函数写成如下形式：

$$f_F(E) \approx \exp\left[\frac{-(E - E_F)}{kT}\right] \qquad (3.80)$$

式(3.80)称为费米–狄拉克分布函数的麦克斯韦–玻尔兹曼近似,或称为简约玻尔兹曼近似。
图 3.35 所示即为费米–狄拉克分布函数和玻尔兹曼近似。图中还给出了近似适用的能量范围。

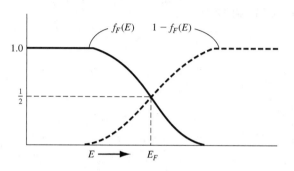

图 3.34　被占据状态的概率 $f_F(E)$
与空状态的概率 $1 - f_F(E)$

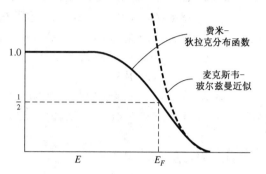

图 3.35　费米–狄拉克分布函数和
麦克斯韦–玻尔兹曼近似

例 3.8　确定玻尔兹曼近似有效时的能量。

根据 kT 和 E_F,计算能量为多少时费米–狄拉克分布函数和麦克斯韦–玻尔兹曼近似之间的差别为费米函数的 5%。

■ **解**

依题意有

$$\frac{\exp\left[\frac{-(E - E_F)}{kT}\right] - \dfrac{1}{1 + \exp\left(\dfrac{E - E_F}{kT}\right)}}{\dfrac{1}{1 + \exp\left(\dfrac{E - E_F}{kT}\right)}} = 0.05$$

将分子分母同时乘以函数 $1 + \exp(\ )$,可得

$$\exp\left[\frac{-(E - E_F)}{kT}\right] \cdot \left\{1 + \exp\left[\frac{E - E_F}{kT}\right]\right\} - 1 = 0.05$$

化简得

$$\exp\left[\frac{-(E - E_F)}{kT}\right] = 0.05$$

或

$$(E - E_F) = kT \ln\left(\frac{1}{0.05}\right) \approx 3kT$$

■ **说明**

正如我们在本例和图 3.35 中看到的,$E - E_F \gg kT$ 这种表达方式可能会产生误导。当 $E - E_F \approx 3kT$ 时,费米–狄拉克分布函数和麦克斯韦–玻尔兹曼近似之间会产生 5% 的差异。

■ **自测题**

E3.8　当玻尔兹曼近似和费米–狄拉克函数之间的差别为费米函数的 2% 时,重做例 3.8。

　　答案: $E - E_F = 3.9kT$。

实际上,玻尔兹曼近似在 $\exp[(E - E_F)/kT] \gg 1$ 的情况下有效。然而在实际中使用玻尔兹

曼近似时，通常还是使用 $E - E_F \gg kT$ 这种表达方式。在下一章有关半导体的讨论中就会用到玻尔兹曼近似。

练习题

T3.5 假设 $T = 300$ K，费米能级比价带高 0.35 eV。(a)试求 $E = E_v - kT/2$ 处量子态不被电子占据的概率；(b)求 $E = E_v - 3kT/2$ 处量子态不被电子占据的概率。

答案：(a) 8.20×10^{-7}；(b) 3.02×10^{-7}。

T3.6 令 $T = 400$ K，重做 E3.6 的计算。

答案：(a) 1.31×10^{-4}；(b) 6.21×10^{-5}。

T3.7 令 $T = 400$ K，重做 T3.5 的计算。

答案：(a) 2.41×10^{-5}；(b) 8.85×10^{-6}。

3.6　小结

■ 当原子聚集在一起形成晶体时，电子的分立能级也就随之分裂为能带。

■ 对表征单晶材料势函数的克勒尼希-彭尼模型进行严格的量子力学分析和薛定谔波动方程推导，从而得出了允带和禁带的概念。

■ 得出了有效质量的概念。有效质量的概念将粒子在晶体中的运动与外加作用力联系起来，而且涉及晶格对粒子运动的作用。

■ 半导体中存在两种带电粒子。其中电子是具有正有效质量的负电荷粒子，一般存在于允带的底部；空穴是具有正有效质量的正电荷粒子，一般存在于允带的顶部。

■ 给出了硅和砷化镓的 $E\text{-}k$ 关系曲线，并讨论了直接带隙半导体和间接带隙半导体的概念。

■ 允带中的能量实际上是由许多的分立能级组成的，而每个能级都包含有限数量的量子态。单位能量的量子态密度可以根据三维无限深势阱模型确定。

■ 在涉及大量的电子和空穴时，就需要研究这些粒子的统计特征。本章讨论了费米-狄拉克分布函数，它代表的是能量为 E 的量子态被电子占据的几率。本章还定义了费米能级。

重要术语解释

■ allowed energy band(**允带**)：在量子力学理论中，晶体中可以容纳电子的一系列能级。

■ density of states function(**状态密度函数**)：有效量子态的密度。它是能量的函数，表示为单位体积单位能量中的量子态数量。

■ electron effective mass(**电子的有效质量**)：该参数将晶体导带中电子的加速度与外加的作用力联系起来，它包含了晶体中的内力。

■ Fermi-Dirac probability function(**费米-狄拉克分布函数**)：该函数描述了电子在有效能级中的分布，代表了一个允许能量状态被电子占据的概率。

■ fermi energy(**费米能级**)：用最简单的话说，该能量在 $T = 0$ K 时高于所有被电子填充的状态的能量，而低于所有空状态能量。

■ forbidden energy band(**禁带**)：在量子力学理论中，晶体中不可以容纳电子的一系列能级。

■ hole(**空穴**)：与价带顶部的空状态相关的带正电"粒子"。

■ hole effective mass(**空穴的有效质量**)：该参数同样将晶体价带中空穴的加速度与外加的作用力联系起来，而且包含了晶体中的内力。

- *k*-space diagram(*k* 空间能带图) : 以 k 为坐标的晶体能量曲线, 其中 k 为与运动常量有关的动量, 该运动常量结合了晶体内部的相互作用。
- Kronig-Penney model(克勒尼希–彭尼模型) : 由一系列周期性阶跃函数组成, 是代表一维单晶晶格周期性势函数的数学模型。
- Maxwell-Boltzmann approximation(麦克斯韦–玻尔兹曼近似) : 为了用简单的指数函数近似费米–狄拉克函数, 从而规定满足费米能级上下若干 kT 的约束条件。

知识点

学完本章后, 读者应具备以下能力:

- 对单晶中的允带和禁带的概念进行定性讨论, 并利用克勒尼希–彭尼模型对结果进行严格推导。
- 讨论硅中能带的分裂。
- 根据 *E-k* 关系曲线论述有效质量的定义, 并讨论它对于晶体中粒子运动的意义。
- 讨论空穴的概念。
- 讨论直接带隙和间接带隙半导体的特性。
- 定性地讨论金属、绝缘体和半导体在能带方面的差异。
- 讨论有效状态密度函数。
- 理解费米–狄拉克分布函数和费米能级的意义。

复习题

1. 什么是克勒尼希–彭尼模型?
2. 叙述克勒尼希–彭尼模型的薛定谔波动方程的两个结果。
3. 什么是有效质量?
4. 什么是直接带隙半导体? 什么是间接带隙半导体?
5. 状态密度函数的意义是什么?
6. 推导状态密度函数的数学模型是什么?
7. 一般来说, 状态密度与能量之间有什么联系?
8. 费米–狄拉克分布函数的意义是什么?
9. 什么是费米能级?

习题

3.1　允带与禁带

3.1 考虑图 3.4(b)中硅能级的分裂。假设平衡状态晶格空间产生了微小的变化, 试讨论硅的电学特性会发生何种改变。材料的状态更趋近于绝缘体还是金属?

3.2 利用式(3.3)所给出的解的形式, 证明式(3.4)和式(3.6)来源于薛定谔波动方程。

3.3 分别证明式(3.9)和式(3.10)是微分方程式(3.4)和式(3.8)的解。

3.4 证明式(3.12)、式(3.14)、式(3.16)和式(3.18)是对克勒尼希–彭尼模型应用边界条件的结果。

3.5 (a)绘制函数 $f(\alpha a) = 12\sin \alpha a/\alpha a + \cos \alpha a (0 \leqslant \alpha a \leqslant 4\pi)$ 的图形, 并且表示出满足条件 $f(\alpha a) = \cos ka$ 的 αa 的有效值; (b)(i) $ka = \pi$, (ii) $ka = 2\pi$, 确定 αa 的值。

3.6 令 $f(\alpha a) = 5\sin \alpha a/\alpha a + \cos \alpha a = \cos ka$, 重做习题 3.5。

3.7 利用式(3.24)证明在 $k=n\pi/a$ 时，$\mathrm{d}E/\mathrm{d}k=0$，其中 $n=0,1,2,\cdots$。

3.8 利用习题 3.5 的参数，并令 $a=4.2\mathrm{A}$，试求以下情况下的禁带宽度(用 eV 表示)：(a) $ka=\pi$；(b) $ka=2\pi[$参考图 3.8(c)$]$。

3.9 利用习题 3.5 的参数，并令 $a=4.2\mathrm{A}$，试求以下情况下的禁带宽度(用 eV 表示)：(a) $0<ka<\pi$；(b) $0<ka<2\pi$。

3.10 利用习题 3.6 的参数重做习题 3.8。

3.11 利用习题 3.6 的参数重做习题 3.9。

3.12 半导体的禁带宽度通常是温度的函数，在某些时候可以描述为

$$E_g=E_g(0)-\frac{\alpha T^2}{(\beta+T)}$$

其中 $E_g(0)$ 是 $T=0$ K 时的禁带宽度。对硅来说，$E_g(0)=1.170$ eV，$\alpha=4.73\times10^{-4}$ eV/K，$\beta=636$ K。绘制出 $0\leqslant T\leqslant600$ K 范围内 E_g 和 T 的关系曲线，并且标出 $T=300$ K 时的值。

3.2 固体中电的传导

3.13 图 P3.13 所示 $E\text{-}k$ 关系曲线表示出了两种可能的导带。说明其中哪一种对应的电子有效质量较大。为什么？

3.14 图 P3.14 所示 $E\text{-}k$ 关系曲线表示出了两种可能的价带。说明其中哪一种对应的空穴有效质量较大。为什么？

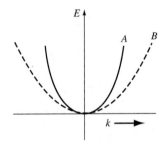
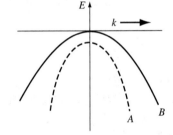

图 P3.13　习题 3.13 的导带　　　　　　图 P3.14　习题 3.14 的价带

3.15 粒子的 $E\text{-}k$ 能带图如图 P3.15 所示，试确定(a)有效质量的正负和(b)粒子在图中四个位置的速度方向。

3.16 图 P3.16 所示为两种不同半导体材料导带中电子的 $E\text{-}k$ 关系抛物线，试确定两种电子的有效质量(以自由电子质量为单位)。

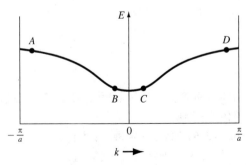
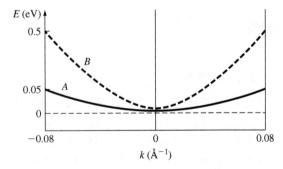

图 P3.15　习题 3.15 的示意图　　　　　图 P3.16　习题 3.16 的示意图

3.17 图 P3.17 所示为两种不同半导体材料价带中空穴的 $E\text{-}k$ 关系抛物线，试确定两种空穴的有效质量(以自由电子质量为单位)。

3.18 (a)GaAs 的禁带宽度为 1.42 eV。(i)试求可以将价带中的电子激发到导带中的光子的最小频率；(ii)对应的波长为多少？(b) 以禁带宽度为 1.12 eV 重做(a)。

3.19 图 P3.19 所示为自由电子(曲线 A)和半导体中电子(曲线 B)的 E-k 关系曲线。分别画出两条曲线对应的(a)dE/dk-k 曲线和(b)d^2E/dk^2-k 曲线。(c)对比两种情况中的有效质量可以得出什么结论？

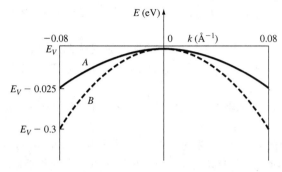

图 P3.17　习题 3.18 的示意图　　　　图 P3.19　习题 3.19 的示意图

3.3 三维扩展

3.20 硅的能带图如图 3.25(b)所示。导带的最小能量出现在[100]方向上。最小值附近一维方向上的能量可以近似为

$$E = E_0 - E_1\cos\alpha(k - k_0)$$

其中 k_0 是最小能量的 k 值。试确定 $k = k_0$ 时粒子的有效质量。

3.21 锗的导带中的电子的动能曲线由 4 个类似于椭球组成(参见附录 F)，纵向和横向有效质量为 $m_l = 1.64m_0$，$m_t = 0.082m_0$，分别确定(a)态密度有效质量和(b)电导率有效质量。

3.22 砷化镓中轻、重空穴有效质量分别为 $m_{hh} = 0.45m_0$，$m_{lh} = 0.082m_0$。确定(a)态密度有效质量和(b)电导率有效质量。

3.4 状态密度函数

3.23 利用式(3.59)给出的二维无限深势阱函数以及分离变量法，推导式(3.60)。

3.24 证明利用式(3.64)可以推导出式(3.69)。

3.25 推导 GaAs 中的一维电子状态的密度函数($m_n^* = 0.067m_0$)。请注意，动能可以写为 $E = (\pm p)^2/2m_n^*$，这意味着每个能级有两个动量状态。

3.26 (a)确定(i)$T = 300$ K 时和(ii)$T = 400$ K 时硅中 E_c 和 $E_c + 2kT$ 之间的总量子态数量。(b)将硅换为 GaAs，重新计算(a)。

3.27 (a)确定(i)$T = 300$ K 时和(ii)$T = 400$ K 时硅中 E_v 和 $E_v - 3kT$ 之间的总量子态数量。(b)将硅换为 GaAs，重新计算(a)。

3.28 (a)绘制出 $E_c < E < E_c + 0.4$ eV 范围内硅导带的状态密度。(b)绘制出 $E_v - 0.4$ eV$< E < E_v$ 范围内硅价带的状态密度。

3.29 (a)计算硅中 $E = E_c + kT$ 导带有效状态密度与 $E = E_v - kT$ 处价带有效状态密度的比值。(b)换为砷化镓，重做(a)。

3.5 统计力学

3.30 根据式(3.79)，绘制出 $-0.2 \leqslant (E - E_F) \leqslant 0.2$ eV 范围内不同温度条件下的费米–狄拉克分布函数(a)$T = 200$ K；(b)$T = 300$ K；(c)$T = 400$ K。

3.31 (a)当 $g_i = 10$, $N_i = 7$ 时，重新计算例 3.5。(b)(i)当 $g_i = 12$, $N_i = 10$ 时，(ii)当 $g_i = 12$, $N_i = 8$ 时重新计算(a)。

3.32 试确定比费米能级高(a)$1kT$；(b)$5kT$；(c)$10kT$ 的能带被电子占据的概率。

3.33 试确定比费米能级低(a)$1kT$；(b)$5kT$；(c)$10kT$ 的能带未被电子占据的概率。

3.34 (a)假设 $T = 300$ K，硅中的费米能级比导带能量 E_c 低 0.30 eV 绘出 $E_c \leqslant E \leqslant E_c + 2kT$ 范围内量子态被电子占据的概率。(b)硅中的费米能级比导带能量 E_v 高 0.25 eV 绘出 $E_v - 2kT \leqslant E \leqslant E_v$ 范围内量子态被电子占据的概率。

3.35 在 $E_c + kT$ 处被电子占据的概率相当于 $E_v - kT$ 处为空的概率。试用 E_c 和 E_v 表示费米能级。

3.36 6 个电子处于宽度为 $a = 12$ Å 的一维无限深势阱中，假设质量为自由电子质量，求 $T = 0$ K 时的费米能级。

3.37 (a)5 个电子处于 3 个宽度都为 $a = 12$ Å 的三维无限深势阱中，假设质量为自由电子质量，求 $T = 0$ K 时的费米能级。(b)对于 13 个电子，(a)结果如何？

3.38 证明高于费米能级 ΔE 的量子态被占据的概率与低于费米能级 ΔE 的量子态为空的概率相等。

3.39 (a)确定能量高于 E_F 多少(以 kT 为单位)时，费米-狄拉克分布函数具有 1% 的玻尔兹曼近似。(b)求出此能量的概率值。

3.40 某种材料 $T = 300$ K 时的费米能级为 5.50 eV。该材料中的电子符合费米-狄拉克分布函数。(a)求 5.80 eV 处能级被电子占据的概率。(b)假设温度上升为 $T = 700$ K，重复前面的计算(假设 E_F 不变)。(c)假设比费米能级低 0.25 eV 处能级为空的概率是 2%，此时温度为多少？

3.41 铜在 $T = 300$ K 时的费米能级为 7.0 eV。铜中的电子符合费米-狄拉克分布函数。(a)求 7.15 eV 处能级被电子占据的概率。(b)假设温度上升为 $T = 1000$ K，重复前面的计算(假设 E_F 不变)。(c)当 $E = 6.85$ eV，$T = 300$ K 时，重复前面的计算。(d)求 $T = 300$ K 和 $T = 1000$ K 时 $E = E_F$ 的概率。

3.42 考虑图 P3.42 所示的能级。令 $T = 300$ K。(a)$E_1 - E_F = 0.30$ eV 时，确定 $E = E_1$ 被电子占据的概率以及 $E = E_2$ 为空的概率。(b)$E_F - E_2 = 0.40$ eV 时，重复前面的计算。

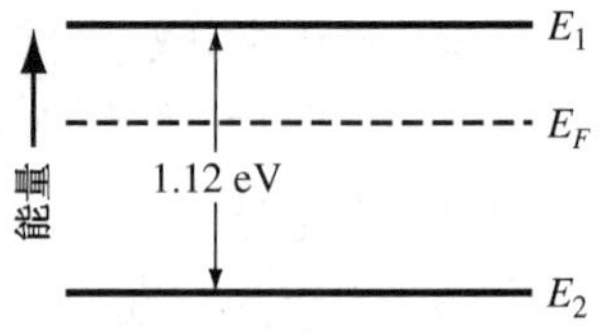

3.43 $E_1 - E_2 = 1.42$ eV 时，重做习题 3.42 的计算。

3.44 分别绘出(a)$T = 0$ K，(b)$T = 300$ K 和(c)$T = 500$ K 时，费米-狄拉克分布函数对能量的导数。

图 P3.42　习题 3.42 的示意图

3.45 假设 $T = 300$ K 时费米能级恰好处于禁带的中央。(a)分别计算 Si, Ge 和 GaAs 中导带底被占据的概率。(b)分别计算 Si, Ge 和 GaAs 中价带顶为空的概率。

3.46 (a)计算低于费米能级 0.60 eV 的能级被电子占据的概率为 10^{-8} 时的温度。(b)假设概率为 10^{-6}，重做(a)。

3.47 $E_F = 5.0$ eV 时，分别计算(a)$T = 200$ K 和(b)$T = 400$ K 时，$f_F = 0.95$ 和 $f_F = 0.05$ 之间的能量范围。

参考文献

1. Dimitrijev, S. *Principles of Semiconductor Devices*. New York：Oxford University, 2006.

2. Kano, K. *Semiconductor Devices*. Upper Saddle River, NJ：Prentice Hall, 1998.

3. Kittel, C. *Introduction to Solid State Physics*, 7th ed. Berlin：Springer-Verlag, 1993.

4. McKelvey, J. P. *Solid State Physics for Engineering and Materials Science*. Malabar, FL：Krieger, 1993.

5. Pierret, R. F. *Semiconductor Device Fundamentals*. Reading, MA：Addison-Wesley, 1996.

*6. Shockley, W. *Electrons and Holes in Semiconductors*. New York：D. Van Nostrand, 1950.

7. Shur, M. *Introduction to Electronic Devices.* New York: John Wiley and Sons, 1996.

*8. Shur, M. *Physics of Semiconductor Devices.* Englewood Cliffs, NJ: Prentice Hall, 1990.

9. Singh, J. *Semiconductor Devices: An Introduction.* New York: McGraw-Hill, 1994.

10. Singh, J. *Semiconductor Devices: Basic Principles.* New York: John Wiley and Sons, 2001.

11. Streetman, B. G., and S. K. Banerjee. *Solid State Electronic Devices*, 6th ed. Upper Saddle River, NJ: Pearson Prentice Hall, 2006.

12. Sze, S. M. *Semiconductor Devices: Physics and Technology*, 2nd ed. New York: John Wiley and Sons, 2001.

*13. Wang, S. *Fundamentals of Semiconductor Theory and Device Physics.* Englewood Cliffs, NJ: Prentice Hall, 1988.

14. Wolfe, C. M., N. Holonyak, Jr., and G. E. Stillman. *Physical Properties of Semiconductors.* Englewood Cliffs, NJ: Prentice Hall, 1989.

第 4 章　平衡半导体

至此，我们已经讨论了一般晶体，并运用量子力学的概念对其进行了研究，确定了单晶晶格中电子的一些特性。在这一章中，将运用这些概念来专门研究半导体材料。特别地，我们将利用导带和价带中的量子状态密度及费米-狄拉克分布函数确定导带和价带中电子和空穴的浓度。此外，我们还将把费米能级的概念引入半导体材料。

本章中所涉及的半导体均处于平衡状态。平衡状态或热平衡状态，是指没有外界影响(如电压、电场、磁场或者温度梯度等)作用于半导体上的状态。在这种状态下，材料的所有特性均与时间无关。

4.0　概述

本章包含以下内容：

- 推导半导体中热平衡电子浓度和空穴浓度关于费米能级的表达式。
- 探讨通过在半导体中添加特定杂质原子来改变半导体材料性质的过程。
- 推导半导体材料中热平衡电子浓度和空穴浓度关于添加到半导体中的掺杂原子浓度的表达式。
- 求出费米能级的位置，它是添加到半导体中的掺杂原子浓度的函数。

4.1　半导体中的载流子

电流实际上表征了电荷流动的速度。在半导体中有两种类型的载流子电荷：电子和空穴，它们均对电流有贡献。因为半导体中的电流很大程度上取决于导带电子和价带空穴的数目，所以这些载流子的浓度是半导体的一个重要参数。电子和空穴的浓度与状态密度函数及费米分布函数有关。在定性讨论这些关系之后，我们将给出电子和空穴热平衡浓度的严格数学推导。

4.1.1　电子和空穴的平衡分布

导带电子(关于能量)的分布为导带中允许量子态的密度与某个量子态被电子占据的概率的乘积。其公式为

$$n(E) = g_c(E)f_F(E) \tag{4.1}$$

其中 $f_F(E)$ 是费米-狄拉克分布函数，$g_c(E)$ 是导带中的量子态密度。在整个导带能量范围对式(4.1)积分，便可得到导带中单位体积的总电子浓度。

同理，价带中空穴(与能量有关)的分布为价带允许量子态的密度与某个量子态不被电子占据的概率的乘积。我们可将其写为

$$p(E) = g_v(E)[1 - f_F(E)] \tag{4.2}$$

在整个价带能量范围对式(4.2)积分，便可得到价带中单位体积的总空穴浓度。

为了求出热平衡电子和空穴浓度，我们需要确定费米能级 E_F 相对于导带底 E_c 和价带顶 E_v 的

位置。我们首先考虑本征半导体情况。理想的本征半导体是晶体中不含杂质和晶格缺陷的纯净半导体，如纯净的硅晶体。上一章已经证明，在热力学温标零度 $T = 0$ K 时，本征半导体中价带的所有量子态都被电子填满，并且导带的所有量子态都未被电子占据。因此，费米能级一定处于禁带中 E_c 和 E_v 之间的某处(费米能级不必对应于一个允许的能量状态)。

当温度从 0 K 开始升高时，价带中的电子将获得热能。其中少数电子可能获得足够的能量跃迁到导带。当一个电子从价带跃迁到导带的同时，价带中就产生了一个空量子态，称为空穴。因此，在本征半导体中，热能会使电子和空穴成对地产生，导带中的电子数量与价带中的空穴数量相等。

图 4.1(a) 分别示出了导带状态密度函数 $g_c(E)$ 的曲线、价带状态密度函数 $g_v(E)$ 的曲线，以及 $T > 0$ K 时 E_F 近似位于 E_c 和 E_v 之间二分之一处的费米-狄拉克分布函数。此时，如果假设电子和空穴的有效质量相等，则 $g_c(E)$ 和 $g_v(E)$ 关于禁带能量(E_c 和 E_v 之间二分之一处的能量)对称。我们此前已经知道，$E > E_F$ 时的 $f_F(E)$ 函数与 $E < E_F$ 时的 $1 - f_F(E)$ 函数关于能量 $E = E_F$ 对称。这也就意味着 $E = E_F + dE$ 时的 $f_F(E)$ 函数和 $E = E_F - dE$ 时的 $1 - f_F(E)$ 函数相等。

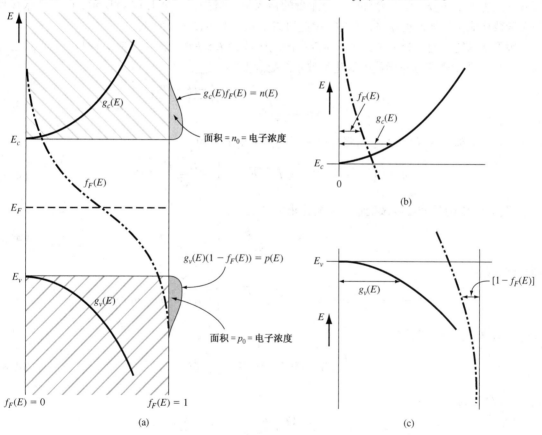

图 4.1 　(a) 状态密度函数，费米-狄拉克分布函数，以及 E_F 位于禁带中央附近时表示
电子和空穴浓度的面积；(b) 导带边缘的放大图；(c) 价带边缘的放大图

图 4.1(b) 为图 4.1(a) 中导带能量 E_c 上方的 $f_F(E)$ 和 $g_c(E)$ 的放大图。由式(4.1)可知，导带电子分布 $n(E)$ 等于 $f_F(E)$ 和 $g_c(E)$ 的乘积。图 4.1(a) 显示出了这一乘积。图 4.1(c) 为图 4.1(a) 中价带能量 E_v 下方的 $[1 - f_F(E)]$ 和 $g_v(E)$ 的放大图。由式(4.2)可知，价带空穴分布 $p(E)$ 等于 $g_v(E)$ 和 $[1 - f_F(E)]$ 的乘积。图 4.1(a) 也显示了这一乘积。曲线下包围的面积分别代

表导带电子总浓度和价带空穴总浓度。由此可以看出，如果 $g_c(E)$ 和 $g_v(E)$ 对称，那么为了获得相等的电子和空穴浓度，费米能级将必然位于禁带能量中。如果电子和空穴的有效质量并不精确相等，那么有效状态密度函数 $g_c(E)$ 和 $g_v(E)$ 将不会关于禁带中央精确对称。本征半导体的费米能级将从禁带中央轻微移动，以保持电子和空穴浓度相等。

4.1.2 n_0 方程和 p_0 方程

上面已经证明了本征半导体的费米能级位于禁带中央能量附近。在推导热平衡电子浓度 n_0 和空穴浓度 p_0 的方程时，将做适当的简化。以后将会看到，在某些具体情况下，费米能级会偏离禁带中央。但我们仍首先假设费米能级始终位于禁带中。

热平衡电子浓度：对式(4.1)在导带能量范围积分，可得热平衡时的电子浓度为

$$n_0 = \int g_c(E) f_F(E) \, \mathrm{d}E \tag{4.3}$$

积分下限为 E_c，积分上限为允许的导带能量的最大值。但是，如图 4.1(a) 所示，由于费米概率分布函数随能量增加而迅速趋近于零，因此可以把积分上限设为无穷大。

假设费米能级处于禁带中，已知导带中的电子能量 $E > E_c$。若 $(E_c - E_F) \gg kT$，则 $(E - E_F) \gg kT$，所以费米概率分布函数就简化为玻尔兹曼近似[①]：

$$f_F(E) = \frac{1}{1 + \exp \dfrac{(E - E_F)}{kT}} \approx \exp \left[\frac{-(E - E_F)}{kT} \right] \tag{4.4}$$

将玻尔兹曼近似代入式(4.3)，可得导带电子的热平衡浓度为

$$n_0 = \int_{E_c}^{\infty} \frac{4\pi (2m_n^*)^{3/2}}{h^3} \sqrt{E - E_c} \exp \left[\frac{-(E - E_F)}{kT} \right] \mathrm{d}E \tag{4.5}$$

式(4.5)中的积分可以做变量代换简化求解。设

$$\eta = \frac{E - E_c}{kT} \tag{4.6}$$

则式(4.5)变为

$$n_0 = \frac{4\pi (2m_n^* kT)^{3/2}}{h^3} \exp \left[\frac{-(E_c - E_F)}{kT} \right] \int_0^{\infty} \eta^{1/2} \exp(-\eta) \, \mathrm{d}\eta \tag{4.7}$$

积分项为伽马函数，其值为

$$\int_0^{\infty} \eta^{1/2} \exp(-\eta) \, \mathrm{d}\eta = \frac{1}{2} \sqrt{\pi} \tag{4.8}$$

则式(4.7)变为

$$n_0 = 2 \left(\frac{2\pi m_n^* kT}{h^2} \right)^{3/2} \exp \left[\frac{-(E_c - E_F)}{kT} \right] \tag{4.9}$$

定义参数 N_c 为

$$N_c = 2 \left(\frac{2\pi m_n^* kT}{h^2} \right)^{3/2} \tag{4.10}$$

---

① 当 $E - E_F \approx 3kT$ 时（参见图3.35），麦克斯韦–玻尔兹曼和费米–狄拉克分布函数彼此相差不超过5%，这里的 $\gg$ 符号有点使人误解玻尔兹曼近似是有效的，虽然我们经常用它。

其中 m_n^* 是电子的有效质量。所以，导带电子的热平衡浓度可以表示为

$$n_0 = N_c \exp\left[\frac{-(E_c - E_F)}{kT}\right] \tag{4.11}$$

参数 N_c 称为导带有效状态密度。若假设 $m_n^* = m_0$，则 $T = 300$ K 时有效状态密度函数值为 $N_c = 2.5 \times 10^{19}$ cm^{-3}，这是大多数半导体中 N_c 的数量级。如果电子的有效质量大于或小于 m_0，则有效状态密度函数值 N_c 也会相应地变化，但其数量级不变。

例 4.1 求导带中 $E = E_c + kT/2$ 时被电子占据的概率，并计算 $T = 300$ K 时硅中的热平衡电子浓度。设费米能级位于导带下方 0.25 eV 处。$T = 300$ K 时硅中的 $N_c = 2.8 \times 10^{19}$ cm^{-3}（见附录 B）。

■ **解**

$E = E_c + kT/2$ 的量子态被电子占据的概率为

$$f_F(E) = \frac{1}{1 + \exp\left(\dfrac{E - E_F}{kT}\right)} \approx \exp\left[\frac{-(E - E_F)}{kT}\right] = \exp\left[\frac{-(E_c + (kT/2) - E_F)}{kT}\right]$$

或

$$f_F(E) = \exp\left[\frac{-(0.25 + (0.0259/2))}{0.0259}\right] = 3.90 \times 10^{-5}$$

得到电子浓度为

$$n_0 = N_c \exp\left[\frac{-(E_c - E_F)}{kT}\right] = (2.8 \times 10^{19}) \exp\left[\frac{-0.25}{0.0259}\right]$$

或

$$n_0 = 1.80 \times 10^{15} \text{ cm}^{-3}$$

■ **说明**

某个能级被占据的概率非常小，但是因为有大量的能级存在，电子的浓度值是合理的。

■ **自测题**

E4.1 试确定能级 $E = E_c + kT$ 被电子占据的概率，以及在 $T = 300$ K 的条件下，GaAs 费米能级在 E_c 以下 0.25 eV 的电子浓度。

答案：$f_F(E) = 2.36 \times 10^{-5}$，$n_0 = 3.02 \times 10^{13}$ cm^{-3}。

热平衡空穴浓度：在价带能量范围对式(4.2)积分，可得价带中空穴的热平衡浓度为

$$p_0 = \int g_v(E)[1 - f_F(E)]\,dE \tag{4.12}$$

注意到

$$1 - f_F(E) = \frac{1}{1 + \exp\left(\dfrac{E_F - E}{kT}\right)} \tag{4.13a}$$

对于价带中的能量状态，$E < E_v$。若 $(E_F - E_v) \gg kT$（仍假设费米能级位于禁带中），那么对玻尔兹曼近似稍做一点改动，就可以将式(4.13a)写为

$$1 - f_F(E) = \frac{1}{1 + \exp\left(\dfrac{E_F - E}{kT}\right)} \approx \exp\left[\frac{-(E_F - E)}{kT}\right] \tag{4.13b}$$

将玻尔兹曼近似式(4.13b)代入式(4.12)，可得价带空穴的热平衡浓度为

$$p_0 = \int_{-\infty}^{E_v} \frac{4\pi (2m_p^*)^{3/2}}{h^3} \sqrt{E_v - E} \exp\left[\frac{-(E_F - E)}{kT}\right] dE \tag{4.14}$$

因为指数项会衰减得很快，所以其中的积分下限可以用负无穷代替价带底。对式(4.14)再次做变量代换简化求解，设

$$\eta' = \frac{E_v - E}{kT} \tag{4.15}$$

则式(4.14)变为

$$p_0 = \frac{-4\pi (2m_p^* kT)^{3/2}}{h^3} \exp\left[\frac{-(E_F - E_v)}{kT}\right] \int_{+\infty}^{0} (\eta')^{1/2} \exp(-\eta') d\eta' \tag{4.16}$$

其中的负号来源于微分 $dE = -kTd\eta'$。注意，当 $E = -\infty$ 时，η' 的下限为 $+\infty$。如果改变积分次序，则会引入另一个负号。由式(4.8)，式(4.16)变为

$$p_0 = 2\left(\frac{2\pi m_p^* kT}{h^2}\right)^{3/2} \exp\left[\frac{-(E_F - E_v)}{kT}\right] \tag{4.17}$$

定义参数 N_v 为

$$N_v = 2\left(\frac{2\pi m_p^* kT}{h^2}\right)^{3/2} \tag{4.18}$$

其中 N_v 称为价带有效状态密度，m_p^* 是空穴的有效质量。所以价带空穴的热平衡浓度可以表示为

$$\boxed{p_0 = N_v \exp\left[\frac{-(E_F - E_v)}{kT}\right]} \tag{4.19}$$

$T = 300$ K 时，对于大多数半导体，N_v 的数量级也为 10^{19} cm^{-3}。

例4.2 求 $T = 400$ K 时硅的热平衡空穴浓度。

设费米能级处于价带能级上方 0.27 eV 处。$T = 300$ K 时，硅中的 $N_v = 1.04 \times 10^{19}$ cm^{-3}（请参阅附录B）。

■ **解**

$T = 400$ K 时，参数值如下：

$$N_v = (1.04 \times 10^{19})\left(\frac{400}{300}\right)^{3/2} = 1.60 \times 10^{19} \text{ cm}^{-3}$$

和

$$kT = (0.0259)\left(\frac{400}{300}\right) = 0.034\ 53 \text{ eV}$$

得到空穴浓度为

$$p_0 = N_v \exp\left[\frac{-(E_F - E_v)}{kT}\right] = (1.60 \times 10^{19}) \exp\left(\frac{-0.27}{0.034\ 53}\right)$$

或

$$p_0 = 6.43 \times 10^{15} \text{ cm}^{-3}$$

■ **说明**

任意温度下的该参数值，都能利用 $T = 300$ K 时 N_v 的取值及其对于温度的依赖关系求出。

■ **自测题**

E4.2 (a)$T = 250$ K，重做例 4.2；(b)计算 $T = 250$ K 和 $T = 400$ K 下的 p_0 之比。

答案：(a)$p_0 = 2.92 \times 10^{13}$ cm^{-3}；(b) 4.54×10^{-3}。

恒定温度的给定半导体材料，其有效状态密度值 N_c 和 N_v 是常数。表 4.1 列出了硅、砷化镓和锗的有效状态密度及有效质量。注意砷化镓的 N_c 小于典型值 10^{19} cm^{-3}，这是因为砷化镓电子的有效质量小。

导带电子和价带空穴的热平衡浓度都直接与有效状态密度和费米能级相关。

表 4.1 有效状态密度和有效质量

	N_c(cm^{-3})	N_v(cm^{-3})	m_n^*/m_0	m_p^*/m_0
Si	2.8×10^{19}	1.04×10^{19}	1.08	0.56
GaAs	4.7×10^{17}	7.0×10^{18}	0.067	0.48
Ge	1.04×10^{19}	6.0×10^{18}	0.55	0.37

练习题

T4.1 计算 $T = 300$ K 时硅中的费米能级位于导带能级 E_c 下方 0.22 eV 处时的热平衡电子和空穴浓度。E_g 的值参见附录 B.4。

答案：$n_0 = 5.73 \times 10^{15}$ cm^{-3}，$p_0 = 8.43 \times 10^3$ cm^{-3}。

T4.2 $T = 300$ K 时，计算砷化镓中的费米能级位于价带能级 E_v 上方 0.30 eV 处的热平衡电子和空穴浓度。E_g 的值参见附录 B.4。

答案：$n_0 = 0.0779$ cm^{-3}，$p_0 = 6.53 \times 10^{13}$ cm^{-3}。

4.1.3 本征载流子浓度

本征半导体中，导带中的电子浓度值等于价带中的空穴浓度值。本征半导体中的电子浓度和空穴浓度分别表示为 n_i，p_i。通常称它们是本征电子浓度和本征空穴浓度。因为 $n_i = p_i$，所以通常简单地用 n_i 表示本征载流子浓度，它是指本征电子浓度或本征空穴浓度。

本征半导体的费米能级称为本征费米能级，或 $E_F = E_{Fi}$。若将式(4.11)和式(4.19)应用到本征半导体，就可以写出

$$n_0 = n_i = N_c \exp\left[\frac{-(E_c - E_{Fi})}{kT}\right] \tag{4.20}$$

和

$$p_0 = p_i = n_i = N_v \exp\left[\frac{-(E_{Fi} - E_v)}{kT}\right] \tag{4.21}$$

若将式(4.20)和式(4.21)相乘，则有

$$n_i^2 = N_c N_v \exp\left[\frac{-(E_c - E_{Fi})}{kT}\right] \cdot \exp\left[\frac{-(E_{Fi} - E_v)}{kT}\right] \tag{4.22}$$

或

$$\boxed{n_i^2 = N_c N_v \exp\left[\frac{-(E_c - E_v)}{kT}\right] = N_c N_v \exp\left[\frac{-E_g}{kT}\right]} \tag{4.23}$$

其中 E_g 为禁带宽度。对于给定的半导体材料，当温度恒定时，n_i 为定值，与费米能级无关。

$T = 300$ K 时，硅的本征载流子浓度可由表 4.1 中列出的有效状态密度求出。$E_g = 1.12$ eV 时，由式(4.23)计算出的 n_i 值为 $n_i = 6.95 \times 10^9$ cm^{-3}。而 $T = 300$ K 时，硅的 n_i 公认值约为 1.5×10^{10} cm^{-3}[①]。这一差异可能来自以下这些原因：首先，有效质量值是由低温下进行的回旋共

---

① 不同参考书列出的室温下硅的本征载流子浓度值可能有微小差别，通常在 1×10^{10} cm^{-3} 和 1.5×10^{10} cm^{-3} 之间。在很多情况下，这一差别并不重要。

振实验测定的。既然有效质量为实验测定值，而且它是粒子在晶体中运动情况的度量，那么这个参数就可能与温度有关。其次，半导体的状态密度函数是由三维无限深势阱中的电子模型推广出来的。这个理论函数也可能与实验结果不太吻合。n_i的理论值和实验值约为两倍的关系，在很多情况下，这一差别并不显著。表4.2列出了$T=300$ K 时硅、砷化镓和锗的n_i公认值。

本征载流子浓度强烈依赖于温度变化。

表4.2　$T=300$ K 时n_i的公认值

Si	$n_i = 1.5 \times 10^{10}\,\mathrm{cm}^{-3}$
GaAs	$n_i = 1.8 \times 10^{6}\,\mathrm{cm}^{-3}$
Ge	$n_i = 2.4 \times 10^{13}\,\mathrm{cm}^{-3}$

例4.3　分别计算$T=250$ K 和$T=400$ K 时硅中的本征载流子浓度。

$T=300$ K 时，硅中的$N_c = 2.8 \times 10^{19}$ cm^{-3}，$N_v = 1.04 \times 10^{19}$ cm^{-3}，它们均与$T^{3/2}$成正比。设硅的禁带宽度为 1.12 eV，皆在此温度范围内不随温度变化。

■ **解**

由式(4.23)，$T=250$ K 时，有

$$n_i^2 = (2.8 \times 10^{19})(1.04 \times 10^{19})\left(\frac{250}{300}\right)^3 \exp\left[\frac{-1.12}{(0.0259)(250/300)}\right]$$

$$= 4.90 \times 10^{15}$$

因此

$$n_i = 7.0 \times 10^7 \, \mathrm{cm}^{-3}$$

$T=400$ K 时，有

$$n_i^2 = (2.8 \times 10^{19})(1.04 \times 10^{19})\left(\frac{400}{300}\right)^3 \exp\left[\frac{-1.12}{(0.0259)(400/300)}\right]$$

$$= 5.67 \times 10^{24}$$

因此

$$n_i = 2.38 \times 10^{12} \, \mathrm{cm}^{-3}$$

■ **说明**

由此例可知，当温度上升150℃时，本征载流子浓度增大四个数量级以上。

■ **自测题**

E4.3　(a)假设$E_g = 1.42$ eV，分别计算$T=250$ K 和$T=400$ K 时砷化镓中的本征载流子浓度；(b)$T=250$ K 和$T=400$ K 下砷化镓中的本征载流子浓度之比。

答案：(a)$n_i(400) = 3.29 \times 10^9$ cm^{-3}，$n_i(250) = 7.13 \times 10^3$ cm^{-3}；(b)4.61$\times 10^5$。

图4.2 显示了利用式(4.23)得到的硅、砷化镓和锗中n_i关于温度的函数曲线图。如图所示，对于这些半导体材料，随着温度在适度范围内变化，n_i的值可以很容易地改变几个数量级。

练习题

T4.3　在(a)$T=200$ K 和(b)$T=450$ K 时分别计算硅中的本征载流子浓度；(c)计算硅中的本征载流子浓度在$T=400$ K 和$T=250$ K 下的比值。

答案：(a) $n_i = 7.63 \times 10^4$ cm^{-3}；(b) $n_i = 1.72 \times 10^{13}$ cm^{-3}；(c)2.26$\times 10^8$。

T4.4　对砷化镓重复上述计算。

答案：(a) $n_i = 1.37$ cm^{-3}；(b) $n_i = 3.85 \times 10^{10}$ cm^{-3}；(c)2.81$\times 10^{10}$。

T4.5 对锗重复上述计算。

　　答案：（a）$n_i = 2.15 \times 10^{10}$ cm^{-3}；（b）$n_i = 2.97 \times 10^{15}$ cm^{-3}；（c）1.38×10^5。

4.1.4 本征费米能级位置

　　我们已经定性地证明了本征半导体的费米能级位于禁带中央附近。下面将明确计算出本征费米能级的具体位置。由于电子浓度和空穴浓度相等，令式（4.20）和式（4.21）相等，则有

$$N_c \exp\left[\frac{-(E_c - E_{Fi})}{kT}\right] = N_v \exp\left[\frac{-(E_{Fi} - E_v)}{kT}\right] \quad (4.24)$$

对上式两边同时取自然对数并求解 E_{Fi}，有

$$E_{Fi} = \frac{1}{2}(E_c + E_v) + \frac{1}{2}kT \ln\left(\frac{N_v}{N_c}\right) \quad (4.25)$$

将式（4.10）和式（4.18）代入上式，得

$$E_{Fi} = \frac{1}{2}(E_c + E_v) + \frac{3}{4}kT \ln\left(\frac{m_p^*}{m_n^*}\right) \quad (4.26a)$$

第一项 $\frac{1}{2}(E_c + E_v)$ 是 E_c 和 E_v 之间的精确中间能量值，即禁带中央。定义

$$\frac{1}{2}(E_c + E_v) = E_{\text{midgap}}$$

则有

$$\boxed{E_{Fi} - E_{\text{midgap}} = \frac{3}{4}kT \ln\left(\frac{m_p^*}{m_n^*}\right)} \quad (4.26b)$$

如果电子和空穴有效质量相等，即 $m_p^* = m_n^*$，则本征费米能级精确位于禁带中央。若 $m_p^* > m_n^*$，本征费米能级位置就会稍高于禁带中央；若 $m_p^* < m_n^*$，本征费米能级位置就会稍低于禁带中央。因为状态密度函数与载流子有效质量直接相关，有效质量越大意味着状态密度也越大。因此本征费米能级位置也必定将随状态密度的增大而发生移动，以保持电子和空穴数量相等。

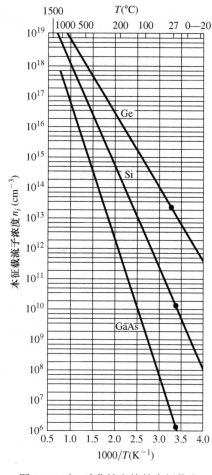

图 4.2　硅、砷化镓和锗的本征载流子浓度与温度的函数关系

例 4.4　$T = 300$ K 时，计算硅中的本征费米能级相对于禁带中央的位置。

　　已知硅中载流子有效质量分别为 $m_n^* = 1.08m_0$，$m_p^* = 0.56m_0$。

　　■ **解**

　　本征费米能级相对于禁带中央的位置为

$$E_{Fi} - E_{\text{midgap}} = \frac{3}{4}kT \ln\left(\frac{m_p^*}{m_n^*}\right) = \frac{3}{4}(0.0259) \ln\left(\frac{0.56}{1.08}\right)$$

或

$$E_{Fi} - E_{\text{midgap}} = -0.0128 \text{ eV} = -12.8 \text{ meV}$$

　　■ **说明**

　　硅的本征费米能级位于禁带中央以下 12.8 meV。12.8 meV 与硅的禁带宽度的一半（560 meV）相比可以忽略，所以在很多情况下我们可以简单地近似认为本征费米能级位于禁带中央。

■ **自测题**

E4.4 在 $T=300$ K 时，确定（a）砷化镓和（b）锗的本征费米能级的位置。

答案：（a）+38.25 meV；（b）-7.70 meV。

练习题

T4.6 （a）$T=200$ K 和（b）$T=400$ K 时，计算硅中的本征费米能级相对于禁带中央的位置。

答案：（a）-8.505 meV；（b）-17.01 meV。

4.2 掺杂原子与能级

本征半导体是一种有趣的材料，但只有在掺入少量、定量的特定掺杂原子后才会显示出半导体的真正能力。掺杂工艺在第 1 章中已有所介绍，它能明显地改变半导体的电学特性。掺杂半导体称为非本征半导体，它是我们能够制造各种半导体器件的基础，在后面的章节中将对它进行讨论。

4.2.1 定性描述

在第 3 章中，我们已经论述了硅的共价键结合，研究了图 4.3 所示的本征晶格的简单二维表示方法。现在假定掺入一个 V 族元素，例如磷，作为替位杂质。V 族元素有 5 个价电子，其中 4 个与硅原子结合形成共价键，剩下的第 5 个则松散地束缚于磷原子上。图 4.4 为这一现象的示意图。第 5 个价电子称为施主电子。

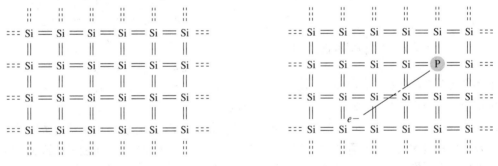

图 4.3　本征晶格的二维表示　　　图 4.4　掺有一个磷原子的硅晶格的二维表示

磷原子失去施主电子后带正电。在温度极低时，施主电子束缚在磷原子上。但很显然，激发价电子进入导带所需的能量，与激发那些被共价键束缚的电子所需要的能量相比，会小得多。图 4.5 画出了我们所设想的能带图。能级 E_d 是施主电子的能量状态。

如果施主电子获得了少量能量，如热能，就能激发到导带，留下一个带正电的磷原子。导带中的这个电子此时能在整个晶体中运动形成电流，而带正电的磷离子固定不动。因为这种类型的杂质原子向导带提供了电子，所以我们称之为施主杂质原子。由于施主杂质原子增加导带电子，但并不产生价带空穴，所以此时的半导体称为 n 型半导体（n 表示带负电的电子）。

现在假定掺入Ⅲ族元素作为硅的替位杂质，如硼。Ⅲ族元素有 3 个价电子，并且与硅结合形成了共价键。如图 4.6（a）所示，有一个共价键位置是空的。若有一个电子想要填充这个"空"位，因为此时硼原子带负电，它的能量就必须比价电子的能量高。但是，占据这个"空"位的电子并不具有足够的能量进入导带，它的能量远小于导带底能量。图 4.6（b）画出了价电子是如何获得少量热能并在晶体中运动的。当硼原子引入的空位被填满时,其他价电子位置将变空。可以把这些空下来的电子位置想象为半导体材料中的空穴。

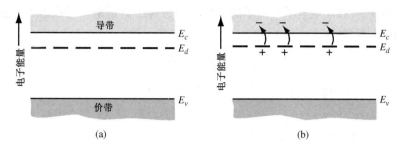

图 4.5　(a)带有分立的施主能级的能带图;(b)施主能级电离能带图

图 4.7 示出了设想的"空"位能级位置并说明了价带中空穴的产生过程。空穴可以在整个晶体中运动形成电流,但带负电的硼原子固定不动。Ⅲ族元素原子从价带中获得电子,因此我们称之为受主杂质原子。受主杂质原子能在价带中产生空穴,但不在导带中产生电子。我们称这种类型的半导体材料为 p 型材料(p 表示带正电的空穴)。

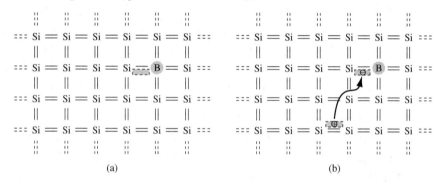

图 4.6　(a)掺有一个硼原子的硅晶格的二维表示;(b)硼原子电离生成空穴

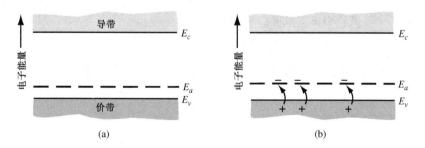

图 4.7　(a)带有分立的受主能级的能带图;(b)受主能级电离能带图

纯净的单晶半导体称为本征半导体。掺入定量杂质原子(施主原子或受主原子)后,就变为非本征半导体。非本征半导体具有数量占优势的电子(n 型)或者数量占优势的空穴(p 型)。

4.2.2　电离能

我们可以近似求出施主电子与施主杂质离子之间的距离和激发施主电子进入导带所需的能量,这个能量称为电离能。在计算中采用玻尔的原子模型。选择此模型的原因是,由量子力学确定的氢原子中电子与原子核的最可能的距离等于玻尔半径。由量子力学确定的氢原子的能级也等于利用玻尔理论求出的能级。

对于施主杂质原子，可以想象，施主电子绕嵌入半导体材料中的施主离子转动。在计算中，需要使用半导体的介电常数，而不是氢原子模型中的真空介电常数。还需要使用电子的有效质量。

在分析时，我们首先规定电子和离子间的库仑引力等于轨道电子的向心力。此条件下产生稳定的轨道。我们得到

$$\frac{e^2}{4\pi\epsilon r_n^2} = \frac{m^*v^2}{r_n} \tag{4.27}$$

其中 v 代表速度，r_n 代表轨道半径。假设角动量也是量子化的，则有

$$m^* r_n v = n\hbar \tag{4.28}$$

其中 n 为正整数。由式(4.28)解出 v 后将其代入式(4.27)，可得半径 r_n 为

$$r_n = \frac{n^2\hbar^2 4\pi\epsilon}{m^* e^2} \tag{4.29}$$

角动量是量子化的假设，导致了半径也是量子化的。

玻尔半径定义为

$$a_0 = \frac{4\pi\epsilon_0\hbar^2}{m_0 e^2} = 0.53 \text{ Å} \tag{4.30}$$

利用玻尔半径，将施主轨道半径归一化后有

$$\frac{r_n}{a_0} = n^2\epsilon_r \left(\frac{m_0}{m^*}\right) \tag{4.31}$$

其中 ϵ_r 为半导体材料的相对介电常数，m_0 为电子静质量，m^* 为半导体中的电子有效质量[①]。

考虑 $n=1$ 时的最低能量状态，硅的相对介电常数 $\epsilon_r = 11.7$，$m^*/m_0 = 0.26$，我们得到

$$\frac{r_1}{a_0} = 45 \tag{4.32}$$

或 $r_1 = 23.9$ Å。这一半径近似等于硅晶格常数的 4 倍。硅的每个晶包中含有 8 个原子，所以施主电子的轨道半径包含了许多硅原子。施主电子并未紧密束缚于施主原子。

轨道电子的总能量为

$$E = T + V \tag{4.33}$$

其中 T 表示电子动能，V 表示电子势能。动能为

$$T = \frac{1}{2}m^*v^2 \tag{4.34}$$

将用式(4.28)得到的 v 和用式(4.29)得到的半径 r_n 代入上式，动能变为

$$T = \frac{m^*e^4}{2(n\hbar)^2(4\pi\epsilon)^2} \tag{4.35}$$

势能为

$$V = \frac{-e^2}{4\pi\epsilon r_n} = \frac{-m^*e^4}{(n\hbar)^2(4\pi\epsilon)^2} \tag{4.36}$$

总能量为动能与势能之和，所以有

$$E = T + V = \frac{-m^*e^4}{2(n\hbar)^2(4\pi\epsilon)^2} \tag{4.37}$$

对于氢原子，$m^* = m_0$，$\epsilon = \epsilon_0$。处于最低能态的氢原子的电离能为 $E = -13.6$ eV。在硅中，电离能为 $E = -25.8$ meV，它比硅的禁带宽度小很多。这一能量值近似等于施主原子的电离能，或者说激发施主电子进入导带所需的能量。

---

① 当电子和空穴运动时，可使用有效质量来表示。有关有效质量概念的详细描述可参阅附录 F。

对于普通施主杂质，如硅和锗中的磷或砷，氢模型十分有效并指出了电离能的数量级。表 4.3 列出了硅、锗中的一些杂质电离能的实际实验值。因为硅和锗具有不同的相对介电常数与有效质量，所以电离能也应不同。

表 4.3　硅和锗中的杂质电离能

杂　　质	电离能（eV）	
	Si	Ge
施主		
磷	0.045	0.012
砷	0.05	0.0127
受主		
硼	0.045	0.0104
铝	0.06	0.0102

4.2.3　Ⅲ-Ⅴ族半导体

在前面几节中，我们以硅为例论述了Ⅳ族半导体中的施主杂质和受主杂质。砷化镓等化合物半导体的情况则更加复杂：Ⅱ族元素如铍、锌和镉，能够作为替位杂质进入晶格中，代替Ⅲ族元素镓成为受主杂质。同样，Ⅵ族元素如硒和碲也能替位式地进入晶格中，代替Ⅴ族元素砷成为施主杂质。而这些杂质相应的电离能小于硅中杂质的电离能。而且由于电子的有效质量小于空穴的有效质量，因此砷化镓中施主的电离能也比受主的电离能小。

Ⅳ族元素如硅和锗，也可以成为砷化镓中的杂质原子。如果一个硅原子替代了一个镓原子，则硅杂质将起施主作用；如果一个硅原子代替了一个砷原子，那么硅杂质将起受主作用。锗原子作为杂质也是同样的道理，这种杂质称为双性杂质。在砷化镓的实验中发现，锗主要表现为受主杂质，而硅主要表现为施主杂质。表 4.4 列出了不同杂质原子在砷化镓中的电离能。

表 4.4　砷化镓中的杂质电离能

杂　　质	电离能（eV）	杂　　质	电离能（eV）
施主		受主	
硒	0.0059	铍	0.028
碲	0.0058	锌	0.0307
硅	0.0058	镉	0.0347
锗	0.0061	硅	0.0345
		锗	0.0404

练习题

T4.7　(a)计算砷化镓中施主电子的最低能态的半径(归一化为玻尔半径)以及电离能；(b)将砷化镓换为锗，重复上述计算。

　　答案：(a) -5.30 meV，$r_1/a_0 = 195.5$；(b) -6.37 meV，$r_1/a_0 = 133.3$。

4.3　非本征半导体

我们把晶体中不含有杂质原子的材料定义为本征半导体；而将掺入了定量的特定杂质原子，从而将热平衡状态电子和空穴浓度不同于本征载流子浓度的材料定义为非本征半导体。在非本征半导体中，电子和空穴两者中的一种载流子将占据主导作用。

4.3.1　电子和空穴的平衡状态分布

在半导体中加入施主或受主杂质原子将会改变材料中电子和空穴的分布状态。由于费米能级是与分布函数有关的，因此它也会随着掺入杂质原子而改变。如果费米能级偏离了禁带中央，那么导带中电子的浓度和价带中空穴的浓度就都将会变化。这种结果如图 4.8 和图 4.9 所示。

图 4.8 显示了 $E_F > E_{Fi}$ 的情况，图 4.9 显示了 $E_F < E_{Fi}$ 的情况。当 $E_F > E_{Fi}$ 时，电子浓度高于空穴浓度；而 $E_F < E_{Fi}$ 时，空穴浓度高于电子浓度。当电子浓度高于空穴浓度时，半导体为 n 型，掺入的是施主杂质原子；当空穴浓度高于电子浓度时，半导体为 p 型，掺入的是受主杂质原子。半导体中的费米能级随着电子浓度和空穴浓度的变化而改变，也就是随着施主和受主的掺入而改变。费米能级随杂质的变化函数将在 4.6 节中讨论。

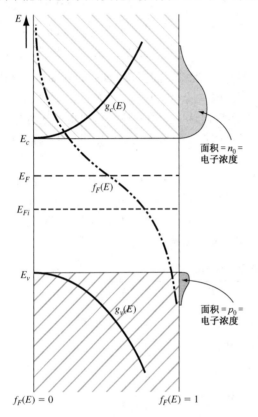 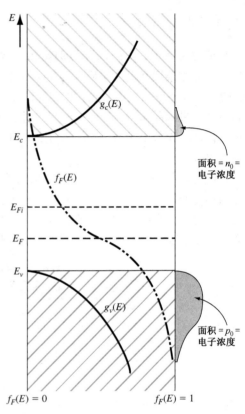

图 4.8　E_F 高于本征费米能级时的状态函数密度、费米–狄拉克分布函数以及代表电子浓度和空穴浓度的面积

图 4.9　E_F 低于本征费米能级时的状态函数密度、费米–狄拉克分布函数以及代表电子浓度和空穴浓度的面积

　　前面推导出的式(4.11)和式(4.19)是热平衡状态电子和空穴的浓度表达式，它们是有关费米能级的 n_0 和 p_0 的一般表达式。这些表达式为

$$n_0 = N_c \exp\left[\frac{-(E_c - E_F)}{kT}\right]$$

和

$$p_0 = N_v \exp\left[\frac{-(E_F - E_v)}{kT}\right]$$

就像上面刚刚讨论过的，费米能级将在禁带宽度中变化，从而导致 n_0 和 p_0 值的改变。

例 4.5　计算给定费米能级的热平衡电子浓度和空穴浓度。

　　假设 $T = 300$ K 时，硅的参数为 $N_c = 2.8 \times 10^{19}$ cm^{-3}，$N_v = 1.04 \times 10^{19}$ cm^{-3}。设费米能级比导带低 0.25 eV。若硅的禁带宽度为 1.12 eV，则费米能级比价带高 0.87 eV。

■ **解**

根据式(4.11)有

$$n_0 = (2.8 \times 10^{19}) \exp\left(\frac{-0.25}{0.0259}\right) = 1.8 \times 10^{15}\ \text{cm}^{-3}$$

而根据式(4.19)有

$$p_0 = (1.04 \times 10^{19}) \exp\left(\frac{-0.87}{0.0259}\right) = 2.7 \times 10^{4}\ \text{cm}^{-3}$$

■ **说明**

费米能级的变化实际上是半导体中掺入的施主或受主杂质浓度的函数。而且该例说明费米能级虽然只改变了十分之几个电子伏特,但电子和空穴的浓度与本征载流子的浓度相比,却变化了若干个数量级。

■ **自测题**

E4.5　$T = 300$ K 时,硅的费米能级比 E_v 高 0.215 eV,求电子和空穴的热平衡浓度。

　　答案：$p_0 = 2.58 \times 10^{15}\ \text{cm}^{-3}$, $n_0 = 1.87 \times 10^{4}\ \text{cm}^{-3}$。

上例中 $n_0 > p_0$,半导体是 n 型的。在 n 型的半导体中,电子是多数载流子,而空穴是少数载流子;比较上例中 n_0 和 p_0 的值,就可以明白这种命名从何而来。$p_0 > n_0$,空穴是多数载流子,而电子是少数载流子。

我们也可以推导出热平衡状态下电子浓度和空穴浓度表达式的另一种形式。如果在式(4.11)的指数项上加上本征费米能级,再减去本征费米能级,则有

$$n_0 = N_c \exp\left[\frac{-(E_c - E_{Fi}) + (E_F - E_{Fi})}{kT}\right] \tag{4.38a}$$

或

$$n_0 = N_c \exp\left[\frac{-(E_c - E_{Fi})}{kT}\right] \exp\left[\frac{(E_F - E_{Fi})}{kT}\right] \tag{4.38b}$$

本征载流子浓度由式(4.20)给出,具体为

$$n_i = N_c \exp\left[\frac{-(E_c - E_{Fi})}{kT}\right]$$

于是热平衡电子浓度可以写为

$$\boxed{n_0 = n_i \exp\left[\frac{E_F - E_{Fi}}{kT}\right]} \tag{4.39}$$

同样,如果在式(4.19)的指数项上加上本征费米能级,再减去本征费米能级,则可得到

$$\boxed{p_0 = n_i \exp\left[\frac{-(E_F - E_{Fi})}{kT}\right]} \tag{4.40}$$

正如所看到的,当加入施主或受主杂质时,费米能级发生了变化,而式(4.39)和式(4.40)表示随着费米能级偏离本征费米能级,n_0 和 p_0 也偏离了 n_i;如果 $E_F > E_{Fi}$,就有 $n_0 > n_i$ 和 $p_0 < n_i$。$E_F > E_{Fi}$,所以 $n_0 > p_0$。同样,在 $E_F < E_{Fi}$,因此 $p_0 > n_i$,$n_0 < n_i$,于是 $p_0 > n_0$。

由图 4.8 和图 4.9 可以看出 n_0 和 p_0 是关于 E_F 的函数。随着 E_F 变得高于或低于 E_{Fi},导带和价带中的概率函数和状态密度函数的交叠也在不断地变化。当 E_F 高于 E_{Fi} 时,导带中的概率函数增加,同时价带中空状态(空穴)的概率 $1 - f_F(E)$ 降低。而当 E_F 低于 E_{Fi} 时,情况恰好相反。

4.3.2　n_0 和 p_0 的乘积

根据式（4.11）和式（4.19）分别给出的一般表达式，可以得出 n_0 和 p_0 的乘积，具体为

$$n_0 p_0 = N_c N_v \exp\left[\frac{-(E_c - E_F)}{kT}\right] \exp\left[\frac{-(E_F - E_v)}{kT}\right] \qquad (4.41)$$

该式也可写为

$$n_0 p_0 = N_c N_v \exp\left[\frac{-E_g}{kT}\right] \qquad (4.42)$$

式（4.42）是由费米能级的一般值推导出来的，n_0 的值和 p_0 的值不必相等。然而式（4.42）却与在本征半导体情况下推导出的式（4.23）严格等价。对于热平衡状态下的半导体，我们有

$$\boxed{n_0 p_0 = n_i^2} \qquad (4.43)$$

式（4.43）说明对于某一温度下的给定半导体材料，其 n_0 和 p_0 的乘积总是一个常数。虽然这个等式看上去很简单，但它却是热平衡状态半导体的一个基本公式。这个关系的重要性在下一章会体现得更加明显。这里重点在于要记住式（4.43）是在玻尔兹曼近似基础上推导出来的。如果玻尔兹曼近似不成立，那么式（4.43）也就不成立。

严格说来，热平衡状态下的非本征半导体并不存在本征载流子浓度，虽然它包含了一定的热生载流子。本征电子浓度和空穴载流子浓度因施主和受主的掺杂而改变。然而，我们仍可以将式（4.43）中的本征浓度 n_i 简单看成半导体材料的一个参数。

*4.3.3　费米-狄拉克积分

在有关热平衡状态下电子浓度和空穴浓度的表达式（4.11）和表达式（4.19）的推导过程中，我们假定玻尔兹曼近似是成立的。如果玻尔兹曼近似失效，那么根据式（4.3），热平衡电子浓度应该写为

$$n_0 = \frac{4\pi}{h^3}(2m_n^*)^{3/2} \int_{E_c}^{\infty} \frac{(E - E_c)^{1/2}\,dE}{1 + \exp\left(\frac{E - E_F}{kT}\right)} \qquad (4.44)$$

如果再做变量代换，并令

$$\eta = \frac{E - E_c}{kT} \qquad (4.45a)$$

而且定义

$$\eta_F = \frac{E_F - E_c}{kT} \qquad (4.45b)$$

那么式（4.44）就变为

$$n_0 = 4\pi \left(\frac{2m_n^* kT}{h^2}\right)^{3/2} \int_0^{\infty} \frac{\eta^{1/2}\,d\eta}{1 + \exp(\eta - \eta_F)} \qquad (4.46)$$

其中将积分定义为

$$F_{1/2}(\eta_F) = \int_0^{\infty} \frac{\eta^{1/2}\,d\eta}{1 + \exp(\eta - \eta_F)} \qquad (4.47)$$

这个函数就称为费米-狄拉克积分，它是变量 η_F 的制表函数。图 4.10 显示了费米-狄拉克积分曲线。可以看到，如果 $\eta_F > 0$，那么 $E_F > E_c$；因此费米能级实际上位于导带中。

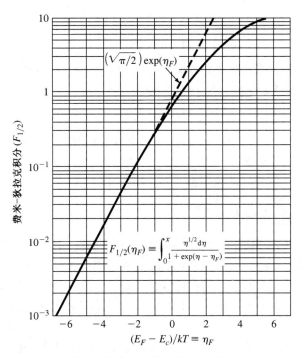

图 4.10   作为费米能级函数的费米–狄拉克积分 $F_{1/2}$

例 4.6   利用费米–狄拉克积分计算电子浓度。令 $\eta_F = 2$，这样在 $T = 300$ K 时，费米能级约比导带高 52 meV。

■ **解**

式（4.46）可写为

$$n_0 = \frac{2}{\sqrt{\pi}} N_c F_{1/2}(\eta_F)$$

$T = 300$ K 时，硅的参数为 $N_c = 2.8 \times 10^{19}$ cm^{-3}，而利用图 4.10 可得费米–狄拉克积分为 $F_{1/2}(2) = 2.7$。则有

$$n_0 = \frac{2}{\sqrt{\pi}} (2.8 \times 10^{19})(2.7) = 8.53 \times 10^{19} \text{ cm}^{-3}$$

■ **说明**

可以看到，若利用式（4.11），则热平衡状态的 n_0 值应为 $n_0 = 2.08 \times 10^{20}$ cm^{-3}，但对于本例中玻尔兹曼近似不成立的情况下，这个值就不适用了。

■ **自测题**

E4.6 $T = 300$ K 时，硅的 $n_0 = 1.5 \times 10^{20}$ cm^{-3}，求 $E_F - E_c$。

　　　　答案：0.08288 eV。

可以用同样的方法计算热平衡状态的空穴浓度，从而得到

$$p_0 = 4\pi \left(\frac{2m_p^* kT}{h^2} \right)^{3/2} \int_0^\infty \frac{(\eta')^{1/2} \, d\eta'}{1 + \exp(\eta' - \eta_F')} \tag{4.48}$$

其中

$$\eta' = \frac{E_v - E}{kT} \tag{4.49a}$$

和

$$\eta'_F = \frac{E_v - E_F}{kT} \qquad (4.49b)$$

式（4.48）中的积分与式（4.47）中定义的费米-狄拉克积分相同，只是其中的变量有微小差别。可以看到，如果 $\eta'_F > 0$，那么费米能级位于价带中。

练习题

T4.8 （a）当 $T = 300$ K，$E_F = E_c$ 时，计算硅中的热平衡电子浓度；（b）当 $T = 300$ K，$E_F = E_v$ 时，计算硅中的热平衡空穴浓度。

答案：（a）$n_0 = 2.05 \times 10^{19}$ cm^{-3}；（b）$p_0 = 7.63 \times 10^{18}$ cm^{-3}。

4.3.4　简并与非简并半导体

在讨论向半导体中加入杂质原子时，其实暗含有如下假设：掺入杂质原子的浓度与晶体或半导体原子的浓度相比是很小的。这些少量的杂质原子的扩散速度足够快，因此施主电子间不存在相互作用（这里以 n 型材料为例）。前面已经假设杂质会在 n 型半导体中引入分立的、无相互作用的施主能级，而在 p 型半导体中引入分立的、无相互作用的受主能级。此类半导体就称为非简并半导体。

若杂质浓度增加，则杂质原子之间的距离逐渐缩小，将达到施主电子开始相互作用的临界点。在这种情况下，单一的、分立的施主能级就将分裂为一个能带。随着施主浓度的进一步增加，施主能带逐渐变宽，并可能与导带底相交叠。这种交叠现象出现在当施主浓度与有效状态密度可以相比拟时。当导带中的电子浓度超过了状态密度 N_c 时，费米能级就位于导带内部。这种类型的半导体称为 n 型简并半导体。

同理，随着 p 型半导体中受主掺杂浓度的增加，分立的受主能级将会分裂成能带，并可能与价带顶相交叠。当空穴浓度超过了状态密度 N_v 时，这种类型的半导体称为 p 型简并半导体。

n 型简并半导体和 p 型简并半导体能带图的示意模型如图 4.11 所示。低于 E_F 的能量状态被电子大量填充，高于 E_F 的能量状态为空。在 n 型简并半导体中，E_F 和 E_c 之间的能态大部分被电子填满，因此导带中电子的浓度非常大。同样，E_v 和 E_F 之间的能态大部分为空，因此价带中空穴的浓度也非常大。

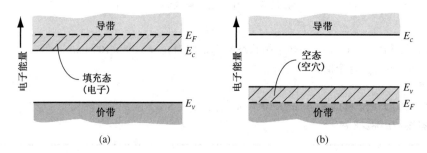

图 4.11　简并掺杂的简化能带图。（a）n 型；（b）p 型

4.4　施主和受主的统计学分布

在上一章中，我们讨论了费米-狄拉克分布函数，它给出了某一特定能态被电子占据的概率。这里再次考虑这个函数，并运用概率统计方法讨论施主和受主的能量状态。

4.4.1 概率分布函数

推导费米-狄拉克分布函数的基本前提是泡利不相容原理, 它规定每个量子态只允许容纳一个粒子。泡利不相容原理也适用于施主和受主状态。

假设有 N_i 个电子和 g_i 个量子态, 其中下标 i 表示第 i 个能级。于是有 g_i 种选择如何放置第一个粒子。对于施主电子来说, 每个施主能级都有两种可能的自旋方向, 这样每个施主能级就有两个量子态。当把一个电子放入其中一个量子态时, 也就排除了将其他电子放入第二个量子态的可能性。通过放入一个电子, 就满足了原子空位的需要, 也就不可能在施主能级再放入第二个电子。因此, 施主能级中施主电子的分布函数就与费米-狄拉克分布函数有了一点差别。

电子占据施主能级的分布函数为

$$n_d = \frac{N_d}{1 + \frac{1}{2} \exp\left(\frac{E_d - E_F}{kT}\right)} \tag{4.50}$$

其中 n_d 是电子占据施主能级的密度, E_d 是施主能级的能量。等式中的因子 $\frac{1}{2}$ 是前面提到的自旋因素的直接结果。因子 $\frac{1}{2}$ 有时写为 $1/g$, 其中 g 称为简并因子。

式(4.50)也可写为

$$n_d = N_d - N_d^+ \tag{4.51}$$

其中 N_d^+ 是电离施主杂质浓度。在很多应用中, 我们对电离施主杂质浓度更感兴趣, 而不是保持在施主能级上的电子浓度。

如果对受主原子进行类似的分析, 就可以得到表达式

$$p_a = \frac{N_a}{1 + \frac{1}{g} \exp\left(\frac{E_F - E_a}{kT}\right)} = N_a - N_a^- \tag{4.52}$$

其中 N_a 是受主原子的浓度, E_a 为受主能级, p_a 是受主能级中的空穴浓度, 而 N_a^- 是电离受主浓度。正如在 4.2.1 节中讨论的, 一个受主能级中的空穴等效于一个存在空位的中性受主原子。参数 g 同样是简并因子。根据其具体的能带结构, 硅和砷化镓中受主能级的基态简并因子 g 通常取值为 4。

4.4.2 完全电离和束缚态

式(4.50)给出了电子占据施主能级的概率分布函数。若假设 $(E_d - E_F) \gg kT$, 则有

$$n_d \approx \frac{N_d}{\frac{1}{2} \exp\left(\frac{E_d - E_F}{kT}\right)} = 2N_d \exp\left[\frac{-(E_d - E_F)}{kT}\right] \tag{4.53}$$

如果 $(E_d - E_F) \gg kT$, 那么对于导带中的电子, 玻尔兹曼近似也成立。于是根据式(4.11)有

$$n_0 = N_c \exp\left[\frac{-(E_c - E_F)}{kT}\right]$$

与电子总数相比较, 就可以确定出施主能级中电子的相对数量。我们考虑施主能级中的电子数量与导带和施主能级的电子总数之和的比值。利用式(4.53)和式(4.11)的表达式, 可以写出

$$\frac{n_d}{n_d + n_0} = \frac{2N_d \exp\left[\dfrac{-(E_d - E_F)}{kT}\right]}{2N_d \exp\left[\dfrac{-(E_d - E_F)}{kT}\right] + N_c \exp\left[\dfrac{-(E_c - E_F)}{kT}\right]} \tag{4.54}$$

表达式中的费米能级相互抵消。约去分子，可得

$$\frac{n_d}{n_d + n_0} = \frac{1}{1 + \dfrac{N_c}{2N_d} \exp\left[\dfrac{-(E_c - E_d)}{kT}\right]} \tag{4.55}$$

因子$(E_c - E_d)$就是施主电子的电离能。

例 4.7　试计算 $T = 300$ K 时施主能级中的电子数占据电子总数的比例。硅中磷的掺杂浓度为 $N_d = 10^{16}$ cm^{-3}。

■ **解**

利用式(4.55)，得

$$\frac{n_d}{n_0 + n_d} = \frac{1}{1 + \dfrac{2.8 \times 10^{19}}{2(10^{16})} \exp\left(\dfrac{-0.045}{0.0259}\right)} = 0.0041 = 0.41\%$$

■ **说明**

这个例题说明，与导带相比，施主能级中只有非常少的电子。施主能级中的电子基本上都进入了导带，仅有约 0.4% 的施主能级包含电子，因此施主状态称为完全电离。

■ **自测题**

E4.7　(a) $T = 250$ K 和 (b) $T = 200$ K 重做例 4.7；(c) 温度升高对这个比例有什么影响。

　　　　答案：(a) 7.50×10^{-3}；(b) 1.75×10^{-2}；(c) 减小。

在室温状态下，施主能级基本上处于完全电离状态。对典型的 10^{16} cm^{-3} 掺杂来说，强电离区内几乎所有的施主杂质原子都向导带贡献了一个电子。

在室温状态下，受主原子基本上完全电离。这意味着每个受主原子都从价带获得了一个电子，从而导致 p_a 为零。在典型的受主掺杂浓度条件下，每个受主原子都会在价带中产生一个空穴。这种电离效应以及导带和价带中电子和空穴的分别产生如图 4.12 所示。

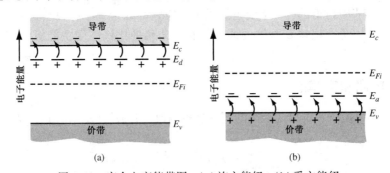

图 4.12　完全电离能带图。(a) 施主能级；(b) 受主能级

$T = 0$ K 时的情况与完全电离相反。热力学温标零度时，所有的电子都处于最低的可能能量状态。这就是说，对于 n 型半导体，每个施主能级都必须包含一个电子，因此 $n_d = N_d$ 或 $N_d^+ = 0$。由式(4.50)，必定有 $\exp[(E_d - E_F)/kT] = 0$，而 $T = 0$ K 时，只有表达式 $\exp(-\infty) = 0$ 才能成立，这就意味着 $E_F > E_d$。因此，在热力学温标零度时，费米能级必定高于施主能级。对于 $T = 0$ K 时 p 型半导体情况，杂质原子不包含任何电子，费米能级必定低于受主能级。电子在不同能量状态中的分布以及费米能级都是温度的函数。

通过具体的分析(本书省略)可以得出，在 $T=0$ K 时，n 型材料的费米能级处于 E_c 和 E_d 中间，p 型材料的费米能级处于 E_a 和 E_v 中间。图 4.13 显示了这一结论。没有电子从施主能态热激发到导带中，这种现象称为束缚态。同样，当没有电子从价带跃迁到受主能态时，这种现象也称为束缚态。

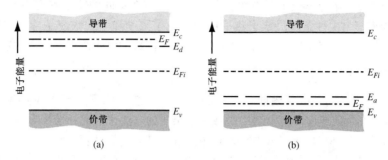

图 4.13　$T=0$ K 时的半导体能带图。(a)n 型；(b)p 型

在 $T=0$ K 时的束缚态与 $T=300$ K 时的完全电离态之间，施主和受主原子存在部分电离。

例 4.8　试计算 90% 的受主原子电离时的温度。假设 p 型硅中硼的掺杂浓度为 $N_a = 10^{16}$ cm^{-3}。

■ **解**

计算受主状态的空穴数占空穴总数(价带与受主状态包含的空穴之和)的比值。考虑玻尔兹曼近似并假设简并因子 $g=4$，有

$$\frac{p_a}{p_0 + p_a} = \frac{1}{1 + \dfrac{N_v}{4N_a} \cdot \exp\left[\dfrac{-(E_a - E_v)}{kT}\right]}$$

对于 90% 电离，有

$$\frac{p_a}{p_0 + p_a} = 0.10 = \frac{1}{1 + \dfrac{(1.04 \times 10^{19})\left(\dfrac{T}{300}\right)^{3/2}}{4(10^{16})} \cdot \exp\left[\dfrac{-0.045}{0.0259\left(\dfrac{T}{300}\right)}\right]}$$

经过反复计算最终得到 $T = 193$ K。

■ **说明**

这个例题说明，在比室温低将近 100℃ 的条件下，仍然有 90% 的受主原子电离。换句话说，有 90% 的受主原子向价带贡献了一个空穴。

■ **自测题**

E4.8　设硅中硼的掺杂浓度为 $N_a = 10^{16}$ cm^{-3}，计算以下情况时受主能态中的空穴数占空穴总数的比例：(a)$T = 250$ K；(b)$T = 200$ K。

　　答案：(a) 3.91×10^{-2}；(b) 8.736×10^{-2}。

练习题

T4.9　$T = 300$ K 时，计算硅在硼掺杂浓度为 $N_a = 10^{17}$ cm^{-3} 的条件下，受主能态中的空穴数占空穴总数的比例。

　　答案：0.179。

T4.10　硅中磷的掺杂浓度为 $N_d = 10^{15}$ cm^{-3}，求出(a) $T = 100$ K；(b) $T = 200$ K；(c) $T = 300$ K；(d) $T = 400$ K 的电离杂质原子百分比。

　　答案：(a)93.62%；(b)99.82%；(c)99.96%；(d)99.98%。

4.5　电中性状态

在热平衡条件下，半导体处于电中性状态。电子分布在不同的能量状态中，产生正负电荷，但净电荷密度为零。电中性条件决定了热平衡状态电子浓度和空穴浓度是掺杂浓度的函数。下面将定义补偿半导体，并确定以施主浓度和受主浓度为函数的电子浓度和空穴浓度。

4.5.1　补偿半导体

补偿半导体是指在同一区域内同时含有施主和受主杂质原子的半导体。我们可以通过向 n 型材料中扩散受主杂质或向 p 型材料中扩散施主杂质的方法来形成补偿半导体。当 $N_d > N_a$ 时，就形成了 n 型补偿半导体；当 $N_a > N_d$ 时，就形成了 p 型补偿半导体；而当 $N_a = N_d$ 时，就得到了完全补偿半导体，它具有本征半导体的特性。后面我们会看到，在器件生产过程中补偿半导体的出现是必然的。

4.5.2　平衡电子和空穴浓度

图 4.14 显示了在某一区域内同时掺入施主和受主杂质原子形成的补偿半导体的能带图。图中表示了电子和空穴在不同能态中是如何分布的。

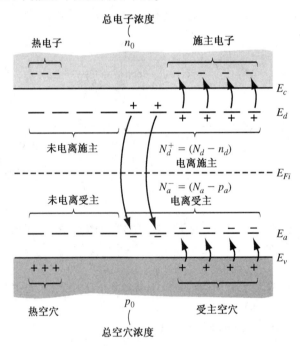

图 4.14　电离和非电离的施主和受主补偿半导体能带图

令正负电荷密度相等表示电中性条件，则有

$$n_0 + N_a^- = p_0 + N_d^+ \tag{4.56}$$

或

$$n_0 + (N_a - p_a) = p_0 + (N_d - n_d) \tag{4.57}$$

其中 n_0 和 p_0 分别是热平衡状态下导带和价带中电子的浓度和空穴的浓度。参数 n_d 是施主能量状态中的电子密度，于是 $N_d^+ = N_d - n_d$ 是带正电的施主能态的浓度。同样，p_a 是受主能态中的空穴密度，于是 $N_a^- = N_a - p_a$ 是带负电的受主能态的浓度。我们得到了与费米能级和温度有关的 n_0，p_0，n_d 和 p_a 的表达式。

热平衡电子浓度： 如果假设为完全电离条件，则 n_d 和 p_a 均为零，而式(4.57)变为

$$n_0 + N_a = p_0 + N_d \tag{4.58}$$

如果用 n_i^2/n_0 表示 p_0，那么式(4.58)可写为

$$n_0 + N_a = \frac{n_i^2}{n_0} + N_d \tag{4.59a}$$

其可改写为

$$n_0^2 - (N_d - N_a)n_0 - n_i^2 = 0 \tag{4.59b}$$

电子的浓度 n_0 就可以由二次方程确定，即

$$\boxed{n_0 = \frac{(N_d - N_a)}{2} + \sqrt{\left(\frac{N_d - N_a}{2}\right)^2 + n_i^2}} \tag{4.60}$$

因为二次方程必定取正号，所以，本征半导体条件下 $N_a = N_d = 0$ 时，电子浓度也必须是正值，即 $n_0 = n_i$。

式(4.60)用来计算 $N_d > N_a$ 时的半导体的电子浓度。虽然式(4.60)是根据补偿半导体推导的，但它也适用于 $N_a = 0$ 的情况。

例4.9 试计算给定掺杂浓度条件下，热平衡电子的浓度和空穴的浓度。假设 $T = 300$ K，(a)n型硅掺杂浓度为 $N_d = 10^{16}$ cm^{-3} 和 $N_a = 0$；(b)$N_d = 5 \times 10^{15}$ cm^{-3} 和 $N_a = 2 \times 10^{15}$ cm^{-3}。

本征载流子浓度假定为 $n_i = 1.5 \times 10^{10}$ cm^{-3}。

■ **解**

(a)根据式(4.60)，多数载流子电子浓度为

$$n_0 = \frac{10^{16}}{2} + \sqrt{\left(\frac{10^{16}}{2}\right)^2 + (1.5 \times 10^{10})^2} \approx 10^{16} \text{ cm}^{-3}$$

少数载流子空穴浓度为

$$p_0 = \frac{n_i^2}{n_0} = \frac{(1.5 \times 10^{10})^2}{10^{16}} = 2.25 \times 10^4 \text{ cm}^{-3}$$

(b)根据式(4.60)，多数载流子电子浓度为

$$n_0 = \frac{5 \times 10^{15} - 2 \times 10^{15}}{2} + \sqrt{\left(\frac{5 \times 10^{15} - 2 \times 10^{15}}{2}\right)^2 + (1.5 \times 10^{10})^2} \approx 3 \times 10^{15} \text{ cm}^{-3}$$

少数载流子空穴浓度为

$$p_0 = \frac{n_i^2}{n_0} = \frac{(1.5 \times 10^{10})^2}{3 \times 10^{15}} = 7.5 \times 10^4 \text{ cm}^{-3}$$

■ **说明**

在该例中，$N_d - N_a \gg n_i$，因此热平衡多数载流子电子浓度基本上等于施主浓度与受主浓度之差。在该例题的两种情况下，热平衡多数载流子电子浓度比少数载流子空穴浓度大许多个数量级。

■ **自测题**

E4.9 试计算给定掺杂浓度条件下，热平衡电子的浓度和空穴的浓度。假设(a)$T = 250$ K；(b)$T = 400$ K，n型硅掺杂浓度为 $N_d = 7 \times 10^{15}$ cm^{-3} 和 $N_a = 3 \times 10^{15}$ cm^{-3}。

答案： (a)$n_0 = 4 \times 10^{15}$ cm^{-3}，$p_0 = 1.225$ cm^{-3}；(b)$n_0 = 4 \times 10^{15}$ cm^{-3}，$p_0 = 1.416 \times 10^9$ cm^{-3}。

　　通过对例4.9的研究注意到，随着施主杂质原子的增加，导带中电子的浓度增加并超过了本征载流子浓度，同时少数载流子空穴的浓度减少并低于本征载流子浓度。我们应牢记，随着施主杂质原子的加入，相应地电子就在有效能量状态中重新分布。图4.15即为这种物理重新分布的示意图。一些施主电子将落入价带中的空状态，抵消了一部分本征空穴。正如在例4.9中看到的，少数载流子空穴的浓度因此降低了。同时，由于重新分布，导带的净电子浓度也并不简单地等于施主浓度加上本征电子浓度。

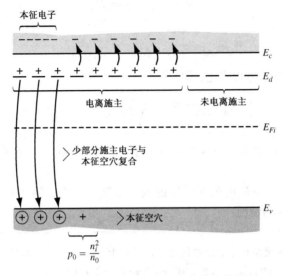

图4.15　掺入施主后电子重新分布的能带图

例4.10　试计算给定掺杂浓度条件下，锗样品中热平衡电子的浓度和空穴的浓度。

　　假设 $T = 300 \text{ K}$，锗样品的掺杂浓度为 $N_d = 2 \times 10^{14} \text{ cm}^{-3}$，$N_a = 0$。本征载流子浓度假定为 $n_i = 2.4 \times 10^{13} \text{ cm}^{-3}$。

■ **解**

根据式(4.60)，多数载流子电子浓度为

$$n_0 = \frac{2 \times 10^{14}}{2} + \sqrt{\left(\frac{2 \times 10^{14}}{2}\right)^2 + (2.4 \times 10^{13})^2} \approx 2.028 \times 10^{14} \text{ cm}^{-3}$$

少数载流子空穴浓度为

$$p_0 = \frac{n_i^2}{n_0} = \frac{(2.4 \times 10^{13})^2}{2.028 \times 10^{14}} = 2.84 \times 10^{12} \text{ cm}^{-3}$$

■ **说明**

　　如果施主杂质浓度与本征载流子浓度的数量级相差不太多，那么热平衡多数载流子电子的浓度就会受到本征浓度的影响。

■ **自测题**

E4.10　假设(a) $T = 250 \text{ K}$，(b) $T = 350 \text{ K}$，重做例4.10；(c)随着温度的升高，一个掺杂浓度非常低的材料有什么变化。

　　答案：(a) $n_0 \approx 2 \times 10^{14} \text{ cm}^{-3}$，$p_0 = 9.47 \times 10^9 \text{ cm}^{-3}$；(b) $n_0 = 3.059 \times 10^{14} \text{ cm}^{-3}$，$p_0 = 1.059 \times 10^{14} \text{ cm}^{-3}$；(c)材料接近本征半导体。

　　本征载流子浓度 n_i 是温度的强函数。随着温度的增加，热生出了额外的电子空穴对，导致

式(4.60)中的 n_i^2 项开始占据主导地位。半导体最终将失去它的非本征特性。图 4.16 显示了掺杂施主浓度为 5×10^{14} cm^{-3} 的硅中的电子浓度与温度的关系。随着温度的增加，可以看到本征浓度从哪里开始占据主导地位。图中也显示了部分电离以及低温束缚态。

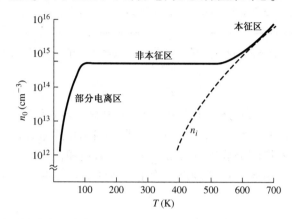

图 4.16　电子浓度与温度的关系，显示了三个区域：部分电离、非本征和本征

热平衡空穴浓度： 如果再考虑式(4.58)并利用 n_i^2/p_0 表示 n_0，即可得到

$$\frac{n_i^2}{p_0} + N_a = p_0 + N_d \tag{4.61a}$$

它可以表示为

$$p_0^2 - (N_a - N_d)p_0 - n_i^2 = 0 \tag{4.61b}$$

由二次方程，可得出空穴浓度为

$$\boxed{p_0 = \frac{N_a - N_d}{2} + \sqrt{\left(\frac{N_a - N_d}{2}\right)^2 + n_i^2}} \tag{4.62}$$

其中二次方程必须取正号。式(4.62)用来计算 $N_a > N_d$ 时的半导体热平衡多数载流子空穴的浓度，它也适用于 $N_d = 0$ 的情况。

例 4.11　计算 p 型补偿半导体热平衡状态电子的浓度和空穴的浓度。

假设 $T = 300$ K，硅的掺杂浓度为 $N_d = 3 \times 10^{15}$ cm^{-3}，$N_a = 10^{16}$ cm^{-3}。本征载流子浓度假定为 $n_i = 1.5 \times 10^{10}$ cm^{-3}。

■ **解**

由于 $N_a > N_d$，补偿半导体为热平衡多数载流子空穴浓度由式(4.62)给出为

$$p_0 = \frac{10^{16} - 3 \times 10^{15}}{2} + \sqrt{\left(\frac{10^{16} - 3 \times 10^{15}}{2}\right)^2 + (1.5 \times 10^{10})^2}$$

因此

$$p_0 \approx 7 \times 10^{15} \text{ cm}^{-3}$$

少数载流子电子浓度为

$$n_0 = \frac{n_i^2}{p_0} = \frac{(1.5 \times 10^{10})^2}{7 \times 10^{15}} = 3.21 \times 10^4 \text{ cm}^{-3}$$

■ **说明**

由本例可知，在假设杂质完全电离且 $(N_a - N_d) \gg n_i$ 的条件下，多数载流子空穴的浓度近似为受主杂质浓度和施主杂质浓度的差值。

■ **自测题**

E4.11 计算补偿半导体热平衡状态电子的浓度和空穴的浓度。假设 $T = 300$ K，硅的掺杂浓度为
(a) $N_d = 8 \times 10^{15}$ cm^{-3}，$N_a = 4 \times 10^{16}$ cm^{-3}；(b) $N_a = N_d = 3 \times 10^{15}$ cm^{-3}。
答案：(a) $p_0 = 3.2 \times 10^{16}$ cm^{-3}，$n_0 = 7.03 \times 10^3$ cm^{-3}；(b) $p_0 = n_0 = 1.5 \times 10^{10}$ cm^{-3}。

此外，应当注意，对于杂质补偿 p 型半导体，少数载流子电子的浓度由下式确定：

$$n_0 = \frac{n_i^2}{p_0} = \frac{n_i^2}{(N_a - N_d)}$$

式(4.60)和式(4.62)被用来分别计算 n 型半导体材料中多数载流子电子的浓度和 p 型半导体材料中多数载流子空穴的浓度。理论上，n 型半导体材料中少数载流子空穴的浓度也可以由式(4.62)计算。但是，若将两个数量级为 10^{16} cm^{-3} 的数值相减得到 10^4 cm^{-3} 数量级的数值，则是不太可能的。在多数载流子的浓度已经确定的条件下，可用式 $n_0 p_0 = n_i^2$ 来计算少数载流子的浓度。

练习题

T4.11 考虑 $T = 300$ K 时的砷化镓杂质补偿半导体材料，掺杂浓度为 $N_d = 5 \times 10^{15}$ cm^{-3}，$N_a = 2 \times 10^{16}$ cm^{-3}。计算热平衡状态下电子与空穴的浓度。
答案：$p_0 = 1.5 \times 10^{16}$ cm^{-3}，$n_0 = 2.16 \times 10^{-4}$ cm^{-3}。

T4.12 考虑掺杂浓度为 $N_d = 10^{15}$ cm^{-3}，$N_a = 0$ 的硅材料。(a)画出电子浓度随温度变化的曲线，温度范围取 $300 \sim 600$ K；(b)计算当电子浓度为 1.1×10^{15} cm^{-3} 时的环境温度。
答案：$T \approx 552$ K。

T4.13 在 $T = 550$ K 时，考虑 n 型硅器件。要求本征载流子电子的浓度不超过总电子浓度的 5%。计算满足要求的最小施主杂质浓度。
答案：$N_d = 1.40 \times 10^{15}$ cm^{-3}。

4.6　费米能级的位置

在4.3.1节中，我们定性地讨论了电子与空穴的浓度随费米能级位置在禁带中的变化而改变的情况。然后，在4.5节中，我们计算了以施主和受主掺杂浓度为函数的电子与空穴浓度。现在，将给出费米能级关于掺杂浓度和温度的函数关系式。在给出数学推导后，会进一步讨论费米能级的有关问题。

4.6.1　数学推导

利用已经推导出的热平衡状态下电子与空穴浓度的表达式，我们可以确定费米能级在禁带内的位置。假设玻尔兹曼近似有效，那么由式(4.11)可知 $n_0 = N_c \exp\left[-(E_c - E_F)/kT\right]$，求解 $E_c - E_F$ 可得

$$\boxed{E_c - E_F = kT \ln\left(\frac{N_c}{n_0}\right)} \tag{4.63}$$

其中 n_0 由式(4.60)确定。考虑一块 n 型半导体，$N_d \gg n_i$，则 $n_0 \approx N_d$，于是有

$$E_c - E_F = kT \ln\left(\frac{N_c}{N_d}\right) \tag{4.64}$$

由上式可知，导带底与费米能级之间的距离是施主杂质浓度的对数函数。随着施主杂质浓度的增加，费米能级向导带移动。反之，当费米能级向导带靠近时，导带中的电子浓度会增加。注意，半导体为杂质补偿半导体时，式(4.64)中的 N_d 要由净有效施主浓度 $N_d - N_a$ 代替。

例 4.12　计算给定费米能级位置下所需的施主杂质浓度。

考虑 $T = 300$ K 时的硅材料，其掺杂浓度为 $N_a = 10^{16}$ cm^{-3}。求使半导体变为 n 型且费米能级位于导带底下 0.2 eV 处的施主杂质浓度。

■ **解**

由式(4.64)有

$$E_c - E_F = kT \ln \left(\frac{N_c}{N_d - N_a} \right)$$

上式又可写成

$$N_d - N_a = N_c \exp \left[\frac{-(E_c - E_F)}{kT} \right]$$

于是有

$$N_d - N_a = 2.8 \times 10^{19} \exp \left[\frac{-0.20}{0.0259} \right] = 1.24 \times 10^{16} \text{ cm}^{-3}$$

或

$$N_d = 1.24 \times 10^{16} + N_a = 2.24 \times 10^{16} \text{ cm}^{-3}$$

■ **说明**

生产上可以制造补偿半导体以获得特殊的费米能级。

■ **自测题**

E4.12　考虑 $T = 300$ K 时的硅材料，其掺杂浓度为 $N_a = 5 \times 10^{15}$ cm^{-3}，$N_d = 8 \times 10^{15}$ cm^{-3}，求 $E_c - E_F$。

　　　　答案：0.2368 eV。

我们可以推导出一种稍微不同的关于费米能级位置的表达式。由式(4.39)可知，$n_0 = n_i \exp[(E_F - E_{Fi})/kT]$。求解 $E_F - E_{Fi}$ 可得

$$\boxed{E_F - E_{Fi} = kT \ln \left(\frac{n_0}{n_i} \right)} \tag{4.65}$$

式(4.65)适用于 n 型半导体，其中 n_0 由式(4.60)给出。应用式(4.65)可以确定费米能级和本征费米能级之差与施主浓度的函数关系。注意，若净有效施主浓度为零，即 $N_d - N_a = 0$，则有 $n_0 = n_i$ 且 $E_F = E_{Fi}$。完全补偿的杂质半导体就载流子浓度和费米能级位置而言具有本征半导体的特征。

对于 p 型半导体，可以推导出类似的表达式。由式(4.19)可得 $p_0 = N_v \exp[-(E_F - E_v)/kT]$，因此有

$$\boxed{E_F - E_v = kT \ln \left(\frac{N_v}{p_0} \right)} \tag{4.66}$$

假定 $N_a \gg n_i$，则式(4.66)可以写成

$$E_F - E_v = kT \ln \left(\frac{N_v}{N_a} \right) \tag{4.67}$$

　　p 型半导体费米能级与价带顶之间的距离是受主浓度的对数函数；随着受主浓度的增加，费米能级将向价带靠近，式(4.67)同样假设玻尔兹曼近似有效。若考虑一块 p 型杂质补偿半导体，则式(4.67)中的 N_a 就要由净有效受主浓度 $N_a - N_d$ 代替。

　　同样根据空穴浓度，我们也可以推导出费米能级与本征费米能级之差的表达式。由式(4.40)可得 $p_0 = n_i \exp[-(E_F - E_{Fi})/kT]$，从而有

$$E_{Fi} - E_F = kT \ln\left(\frac{p_0}{n_i}\right) \tag{4.68}$$

式(4.68)可以用于根据空穴浓度确定费米能级和本征费米能级之差。式(4.68)中的空穴浓度 p_0 由式(4.62)给出。

　　由式(4.65)可以看出，对于 n 型半导体而言，$n_0 > n_i$ 且 $E_F > E_{Fi}$。n 型半导体的费米能级位于本征费米能级 E_{Fi} 之上。而对于 p 型半导体而言，$p_0 > n_i$，由式(4.68)可以看出，$E_{Fi} > E_F$。p 型半导体的费米能级位于本征费米能级 E_{Fi} 之下。上述的费米能级位置如图 4.17 所示。

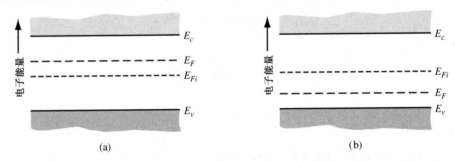

图 4.17　两种类型半导体的费米能级位置。(a) n 型 ($N_d > N_a$)；(b) p 型 ($N_a > N_d$)

4.6.2　E_F 随掺杂浓度和温度的变化

　　我们可以绘出费米能级位置随掺杂浓度变化的曲线。图 4.18 为 $T = 300$ K 时，半导体硅的费米能级关于施主杂质浓度(n 型)与受主杂质浓度(p 型)的函数曲线。随着掺杂水平的提高，n 型半导体的费米能级逐渐向导带靠近，而 p 型半导体的费米能级则逐渐向价带靠近。一定要记住，前面推出的关于费米能级的公式都是在假设玻尔兹曼近似成立的条件下得到的。

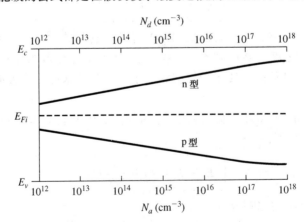

图 4.18　p 型与 n 型半导体的费米能级关于掺杂浓度的函数曲线图

例 4.13　计算能使玻尔兹曼近似成立的最大掺杂浓度和费米能级的位置。

考虑 $T = 300\ \mathrm{K}$ 时进行了硼掺杂的 p 型硅。假设玻尔兹曼近似成立的临界条件为 $E_F - E_a = 3kT$（参见 4.1.2 节）。

■ 解

由表 4.3 可知，硼在硅中的电离能为 $E_a - E_v = 0.045\ \mathrm{eV}$。若假设 $E_{Fi} \approx E_{\mathrm{midgap}}$，那么由式（4.68）可知最大掺杂条件下费米能级的位置是

$$E_{Fi} - E_F = \frac{E_g}{2} - (E_a - E_v) - (E_F - E_a) = kT \ln\left(\frac{N_a}{n_i}\right)$$

即

$$0.56 - 0.045 - 3(0.0259) = 0.437 = (0.0259)\ln\left(\frac{N_a}{n_i}\right)$$

由上式解出 N_a 得

$$N_a = n_i \exp\left(\frac{0.437}{0.0259}\right) = 3.2 \times 10^{17}\ \mathrm{cm}^{-3}$$

■ 说明

当硅中的受主（施主）浓度大于约 $3 \times 10^{17}\ \mathrm{cm}^{-3}$ 时，分布函数的玻尔兹曼近似就不再适用，前述的关于费米能级的公式也就不再那么准确了。

■ 自测题

E4.13　考虑 $T = 300\ \mathrm{K}$ 时进行了砷掺杂的 n 型硅。求玻尔兹曼近似成立的最大掺杂浓度，临界条件为 $E_d - E_F = 3kT$。

答案：$n_0 = 2.02 \times 10^{17}\ \mathrm{cm}^{-3}$。

式（4.65）与式（4.68）中的本征载流子浓度 n_i 受温度的影响很大，因此 E_F 也是温度的函数。图 4.19 显示了硅在几种施主和受主掺杂浓度下费米能级位置随温度的变化。随着温度的升高，n_i 增加，E_F 趋近于本征费米能级。在高温下，半导体材料的非本征特性会开始消失，逐渐表现得像本征半导体。在极低的温度下，出现束缚态，此时玻尔兹曼假设不再有效，前面推出的关于费米能级位置的公式也不再适用。在束缚态出现的低温下，对于 n 型半导体，费米能级位于 E_d 之上；对于 p 型半导体，费米能级位于 E_a 之下。在热力学温标零度时，E_F 以下的所有能级均被电子填满，而 E_F 以上的所有能级均为空。

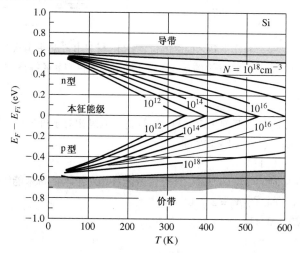

图 4.19　各种掺杂浓度下费米能级的位置随温度变化的函数图

4.6.3 费米能级的应用

此前我们一直在计算费米能级位置关于温度和掺杂浓度的函数关系。前述的分析有时看起来很主观而且太理想化。但是，在后面关于 pn 结和其他半导体器件的讨论中，这些关系将显得非常重要。最重要的一点是，在热平衡状态下，系统的费米能级是一个常数。我们不去证明上述的结论，但是可以通过下面的例子来直观感觉其正确性。

假设有一块特定半导体材料 A，其电子在允带中的能量状态分布的情况如图 4.20(a) 所示。E_{FA} 以下的大部分能级均被电子填满，而 E_{FA} 以上的大部分能级均为空。考虑另一块半导体材料 B，电子在允带中的能量状态分布如图 4.20(b) 所示，E_{FB} 以下的大部分能级均被电子填满，而 E_{FB} 以上的大部分能级均为空。如果把这两块半导体材料紧密接触，那么整个系统内的电子就趋向于填充最低的能级。材料 A 中的电子就会流入材料 B 中的低能级，如图 4.20(c) 所示，直到达到热平衡状态。当达到热平衡状态时，两块半导体材料中的电子关于能量的分布函数达到一致，也就是说，系统达到热平衡状态时，两块材料的费米能级相同，如图 4.20(d) 所示。此外，作为半导体物理中一个很重要的量，费米能级还可以用来很好地图形化表示半导体材料与器件的特征。

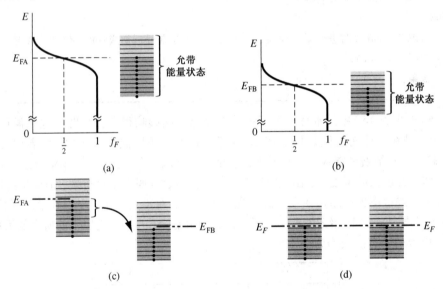

图 4.20　(a)材料 A 在热平衡状态下费米能级的位置；(b)材料 B 在热平衡状态下费米能级的位置；
(c)材料 A 与材料 B 接触瞬间的情况；(d)材料 A 与材料 B 接触达到热平衡状态的情况

练习题

T4.14　考虑 $T = 300$ K 时的 p 型砷化镓材料，计算费米能级相对于价带顶的位置。已知掺杂浓度为 $N_a = 5 \times 10^{16}$ cm^{-3}，$N_d = 4 \times 10^{15}$ cm^{-3}。
答案：$E_F - E_v = 0.130$ eV。

T4.15　考虑 $T = 300$ K 时的 n 型硅材料，计算费米能级相对于本征费米能级的位置。已知掺杂浓度为 $N_a = 3 \times 10^{16}$ cm^{-3}，$N_d = 2 \times 10^{17}$ cm^{-3}。
答案：$E_F - E_{Fi} = 0.421$ eV。

4.7　小结

- 导带电子浓度是在整个导带能量范围上，对导带状态密度与费米-狄拉克分布函数的乘积进行积分得到的。
- 价带空穴浓度是在整个价带能量范围上，对价带状态密度与某状态为空的概率 $[1-f_F(E)]$ 的乘积进行积分得到的。
- 采用麦克斯韦-玻尔兹曼近似，导带热平衡电子浓度的表达式为

$$n_0 = N_c \exp\left[\frac{-(E_c - E_F)}{kT}\right]$$

　其中 N_c 是导带有效状态密度。

- 采用麦克斯韦-玻尔兹曼近似，价带热平衡空穴浓度的表达式为

$$p_0 = N_v \exp\left[\frac{-(E_F - E_v)}{kT}\right]$$

　其中 N_v 是价带有效状态密度。

- 本征载流子的浓度由下式确定：

$$n_i^2 = N_c N_v \exp\left[\frac{-E_g}{kT}\right]$$

- 本章讨论了对半导体掺入施主杂质（V 族元素）和受主杂质（Ⅲ族元素）形成 n 型和 p 型非本征半导体的概念。
- 推导出了基本关系式 $n_i^2 = n_0 p_0$。
- 引入了杂质完全电离与电中性的概念，推导出了电子与空穴浓度关于掺杂浓度的函数表达式。
- 推导出了费米能级位置关于掺杂浓度的表达式。
- 讨论了费米能级的应用。在热平衡状态下，半导体内的费米能级处处相等。

重要术语解释

- acceptor atoms（受主原子）：为了形成 p 型材料而加入半导体内的杂质原子。
- charge carrier（载流子电荷）：在半导体内运动并形成电流的电子和（或）空穴。
- compensated semiconductor（杂质补偿半导体）：同一半导体区域内既含有施主杂质又含有受主杂质的半导体。
- complete ionization（完全电离）：所有施主杂质原子因失去电子而带正电，所有受主杂质原子因获得电子而带负电的情况。
- degenerate semiconductor（简并半导体）：电子或空穴的浓度大于有效状态密度，费米能级位于导带中（n 型）或价带中（p 型）的半导体。
- donor atoms（施主原子）：为了形成 n 型材料而加入半导体内的杂质原子。
- effective density of states（有效状态密度）：在导带能量范围内对量子态密度函数 $g_c(E)$ 与费米函数 $f_F(E)$ 的乘积进行积分得到的参数 N_c；在价带能量范围内对量子态密度函数 $g_v(E)$ 与 $[1-f_F(E)]$ 的乘积进行积分得到的参数 N_v。
- extrinsic semiconductor（非本征半导体）：进行了定量施主或受主掺杂，从而使电子浓度或空穴浓度偏离本征载流子浓度产生多数载流子电子（n 型）或多数载流子空穴（p 型）的半导体。

■ freeze-out(束缚态)：低温下半导体内的施主与受主呈现中性的状态。此时，半导体内的电子浓度与空穴浓度非常小。

知识点

学完本章后，读者应具备如下能力：

■ 推导出热平衡时电子浓度和空穴浓度与费米能级的关系表达式。
■ 推导出本征载流子浓度的表达式。
■ 讨论对于电子和空穴有效密度的意义。
■ 简述掺入施主和受主杂质后对半导体的影响。
■ 理解完全电离的概念。
■ 推导 $n_0 p_0 = n_i^2$ 的基本关系。
■ 描述简并和非简并半导体材料的概念。
■ 讨论电中性的概念。
■ 推导出 n_0 与 p_0 关于掺杂浓度的表达式。
■ 推导出费米能级与掺杂浓度的表达式。简述费米能级随温度和掺杂浓度的变化情况。

复习题

1. 导带中电子浓度的变化和能量 E 的关系，$E > E_c$ 吗？
2. 在根据费米能级推导 n_0 的表达式时，积分的上限应为导带顶的能量，说明可以用正无穷代替它的原因。
3. 假设玻尔兹曼近似适用，写出 n_0 与 p_0 关于费米能级的表达式。
4. 本征半导体中电子和空穴的源是什么？
5. 在什么情况下本征费米能级处于禁带中央？
6. 什么是施主杂质？什么是受主杂质？
7. 完全电离是什么意思？束缚态又是什么意思？
8. n_0 与 p_0 的乘积等于什么？
9. 写出完全电离条件下的电中性方程。
10. 绘制出 n 型材料的 n_0 随温度变化的曲线。
11. 分别绘制出费米能级随温度和掺杂浓度变化的曲线。
12. 费米能级与什么相关？

习题

4.1 半导体中的载流子

4.1 在 $T = 200$ K，400 K 和 600 K 时，计算(a)硅，(b)锗，(c)砷化镓的本征载流子浓度 n_i。

4.2 画出(a)硅，(b)锗，(c)砷化镓在温度范围 200 K $\leqslant T \leqslant$ 600 K 内的本征载流子浓度曲线(采用对数坐标)。

4.3 (a)假设 $E_g = 1.12$ eV，硅的本征载流子浓度不大于 5×10^{11} cm^{-3}，求硅中允许的最高温度。(b)假设硅的本征载流子浓度不大于 5×10^{12} cm^{-3}，重做(a)。

4.4　在一块特定半导体材料中，有效状态密度为 $N_c = N_{c0}(T/300)^{3/2}$，$N_v = N_{v0}(T/300)^{3/2}$，其中 N_{c0} 和 N_{v0} 是与温度无关的常数。$T = 200$ K 时，本征载流子浓度为 $n_i = 1.40 \times 10^2$ cm^{-3}。$T = 400$ K 时，本征载流子浓度为 $n_i = 7.70 \times 10^{10}$ cm^{-3}。求 N_{c0} 与 N_{v0} 的乘积以及禁带宽度 E_g 的值（假设 E_g 与温度无关）。

4.5　两块半导体材料 A 与 B 除了禁带宽度不同，其他参数完全相同。A 的禁带宽度为 0.90 eV，B 的禁带宽度为 1.10 eV。求(a) $T = 200$ K，(b) $T = 300$ K 和(c) $T = 400$ K 时两种材料的 n_i 的比值。

4.6　(a)如图 4.1 所示，导带内 $g_c(E)$ 与 $f_F(E)$ 的乘积的大小是能量的函数。假设玻尔兹曼近似成立。计算最大值处的能量相对 E_c 的位置。(b)将能量换成价带中的 $g_v(E)[1 - f_F(E)]$，重做(a)。

4.7　假设玻尔兹曼近似成立。求 $n(E) = g_C(E)f_F(E)$ 在 $E = E_c + 4kT$ 时与在 $E = E_c + kT/2$ 时的比值。

4.8　假设硅中 $E_c - E_F = 0.20$ eV。在(a) $T = 200$ K，(b) $T = 400$ K 时，绘出 $n(E) = g_c(E)f_F(E)$ 在 $E_c \leqslant E \leqslant E_c + 0.10$ eV 范围内的曲线。

4.9　(a)考虑 $T = 300$ K 时的硅。绘出热平衡状态下能量范围 $0.2 \leqslant E_c - E_F \leqslant 0.4$ eV 内的电子浓度 n_0（采用对数坐标）；(b)将电子浓度换为空穴浓度，在能量范围 $0.2 \leqslant E_F - E_v \leqslant 0.4$ eV 内，重做(a)。

4.10　考虑 $T = 300$ K 时的硅、锗和砷化镓。已知它们的电子与空穴有效质量，确定它们的本征费米能级相对于禁带中央的位置。

4.11　计算硅在 $T = 200$ K，400 K 和 600 K 时，E_{Fi} 相对于禁带中央的位置。

4.12　(a)已知某半导体材料的有效质量为 $m_n^* = 1.21m_0$，$m_p^* = 0.70m_0$，确定 $T = 300$ K 本征费米能级相对于禁带中央的位置。(b)假设 $m_n^* = 0.080m_0$，$m_p^* = 0.75m_0$，重做(a)。

4.13　假设某种半导体材料的导带状态密度为一常量 K，且假设费米-狄拉克分布和玻尔兹曼近似有效。试推导出热平衡状态下导带内电子浓度的表达式。

4.14　假设状态密度函数为 $g_c(E) = C_1(E - E_c)$，$E \geqslant E_c$，C_1 为常数，重做习题 4.13。

4.2　杂质原子与能级

4.15　应用玻尔理论计算锗的电离能与施主电子的半径（采用状态密度有效质量作为一级近似）。

4.16　对砷化镓，重做习题 4.15。

4.3　非本征半导体

4.17　掺有砷原子的硅在 $T = 300$ K 时的电子浓度为 $n_0 = 7 \times 10^{15}$ cm^{-3}。求(a) $E_c - E_F$；(b) $E_F - E_v$；(c) p_0；(d)哪种载流子是少数载流子？(e) $E_F - E_{Fi}$。

4.18　已知 $T = 300$ K 时硅的 $p_0 = 2 \times 10^{16}$ cm^{-3}。求(a) $E_F - E_v$；(b) $E_c - E_F$；(c) n_0；(d) $E_{Fi} - E_F$。

4.19　已知 $T = 300$ K 时硅的电子浓度为 $n_0 = 2 \times 10^5$ cm^{-3}。(a)判定费米能级相对于价带的位置；(b)确定 p_0；(c)判断它是 n 型还是 p 型半导体？

4.20　(a)假设 $T = 375$ K 时砷化镓的 $E_c - E_F = 0.28$ eV，求砷化镓的 n_0 值与 p_0 值。(b)假设(a)中的 n_0 值不变，求 $T = 300$ K 时 $E_c - E_F$ 的值与 p_0 的值。

4.21　材料换为硅，重做习题 4.20。

4.22　在 $T = 300$ K 时，硅的费米能级在禁带中央以上靠近导带。(a)这种材料是 n 型还是 p 型。(b)求 n_0 值与 p_0 值。

4.23　(a)在 $T = 300$ K 时，硅的费米能级在禁带中央以上 0.22 eV。求 n_0 值与 p_0 值。(b)材料换为砷化镓，重做(a)。

4.24　在 $T = 300$ K 时，掺杂有硼原子的硅的空穴浓度为 $p_0 = 5 \times 10^{15}$ cm^{-3}。(a)求 $E_F - E_v$ 的值。(b)求 $E_c - E_F$ 的值。(c)求 n_0。(d)什么是多数载流子。(e)求 $E_{Fi} - E_F$ 的值。

4.25 假设 $T = 400$ K，重做习题 4.24。

4.26 (a) 考虑 $T = 300$ K 时的砷化镓。假设 $E_F - E_v = 0.25$ eV，求 n_0，p_0。(b) 假设 (a) 中的 p_0 保持不变，求 $T = 400$ K 时的 $E_F - E_v$ 以及 n_0。

4.27 以硅为例，重做习题 4.26。

4.28 (a) 假设 $T = 300$ K 时，硅的 $E_F = E_c + kT/2$。求 n_0。(b) 以砷化镓为例，重做 (a)。

4.29 假设 $T = 300$ K 时，硅的 $p_0 = 5 \times 10^{19}$ cm^{-3}。求 $E_v - E_F$ 的值。

4.30 (a) 假设 $T = 300$ K 时，硅的 $E_F - E_c = 4kT$，求硅的电子浓度。(b) 以砷化镓为例，重做 (a)。

4.4 施主和受主的统计学分布

*4.31 如图 4.8 所示，电子浓度和空穴浓度是关于导带和价带能量的函数，在某特定能量下达到最大值。设材料为硅，且 $E_c - E_F = 0.20$ eV。计算浓度达到最大值时对应的能量值相对于能带边缘的位置。

*4.32 为了保证玻尔兹曼近似有效，半导体内的费米能级在 n 型半导体中必须低于施主能级 $3kT$，在 p 型半导体中，必须高于受主能级 $3kT$。假设 $T = 300$ K，求使得 (a) 硅和 (b) 砷化镓半导体内玻尔兹曼近似有效的最大电子浓度（n 型）和最大空穴浓度（p 型）。

4.33 在 50 K$\leq T \leq 200$ K 温度范围内，画出未电离施主原子与总电子浓度的比值随温度变化的曲线。

4.5 电中性状态

4.34 求下列条件下硅的热平衡电子浓度与空穴浓度：

(a) $T = 300$ K，$N_d = 10^{15}$ cm^{-3}，$N_a = 4 \times 10^{15}$ cm^{-3}。

(b) $T = 300$ K，$N_d = 3 \times 10^{16}$ cm^{-3}，$N_a = 0$。

(c) $T = 300$ K，$N_d = N_a = 2 \times 10^{15}$ cm^{-3}。

(d) $T = 375$ K，$N_d = 0$，$N_a = 4 \times 10^{15}$ cm^{-3}。

(e) $T = 450$ K，$N_d = 10^{14}$ cm^{-3}，$N_a = 0$。

4.35 材料换成砷化镓，重做习题 4.34。

4.36 (a) 在 $T = 300$ K 时，计算下列条件下锗半导体的热平衡浓度 n_0 和 p_0 的值：(i) $N_d = 2 \times 10^{15}$ cm^{-3}，$N_a = 0$；(ii) $N_a = 10^{16}$ cm^{-3}，$N_d = 7 \times 10^{15}$ cm^{-3}。(b) 材料换为砷化镓，重做 (a)。(c) 在 (b) 的条件下，少数载流子密度在 10^{-3} 数量级上，这一结果有何物理意义。

*4.37 在 $T = 300$ K 时，n 型硅的费米能级位于导带以下 245 meV 处，或施主能级以下 200 meV 处。求在 (a) 施主能级和 (b) 能量高于导带底 $1kT$ 能级处出现电子的概率。

4.38 $T = 300$ K 时，硅、锗和砷化锌的掺杂浓度均为 $N_d = 1 \times 10^{13}$ cm^{-3}，$N_a = 2.5 \times 10^{13}$ cm^{-3}。(a) 上列各材料是 n 型半导体还是 p 型半导体？(b) 求各材料的 n_0，p_0。

4.39 已知 $T = 300$ K 时的一块硅样品，掺杂了浓度为 2×10^{13} cm^{-3} 的硼和浓度为 1.2×10^{15} cm^{-3} 的砷。(a) 该材料是 n 型半导体还是 p 型半导体？(b) 计算电子的浓度 n_0 与空穴的浓度 p_0。(c) 如果掺杂硼原子使得空穴浓度为 4×10^{15} cm^{-3}，那么需要掺杂多少硼原子？计算此时的 n_9。

4.40 已知 $T = 300$ K 时硅的热平衡空穴浓度为 $p_0 = 2 \times 10^5$ cm^{-3}。求热平衡电子浓度。该材料是 n 型半导体还是 p 型半导体？

4.41 $T = 250$ K 时，一块锗样品的实验测定值为 $p_0 = 4n_0$，$N_d = 0$。求该样品的 n_0，p_0，N_a。

4.42 已知一块硅样品的掺杂情况为 $N_d = 0$，$N_a = 10^{14}$ cm^{-3}，请画出多数载流子浓度在温度范围 200 K$\leq T \leq 500$ K 内的变化曲线。

4.43 $T = 300$ K 时，硅样品的 $N_a = 0$。请画出少数载流子浓度随 N_d（10^{15} cm$^{-3} \leq N_d \leq 10^{18}$ cm^{-3}）变化的曲线（采用对数坐标）。

4.44 材料换成砷化镓，重做习题 4.43。

4.45 已知一块半导体材料的掺杂浓度为 $N_d = 2 \times 10^{14}$ cm^{-3}，$N_a = 1.2 \times 10^{14}$ cm^{-3}，它的本征载流子浓度为 $n_0 = 1.1 \times 10^{14}$ cm^{-3}。假设完全电离。求热平衡状态下的多数载流子浓度和少数载流子浓度。

4.46 （a）$T = 300$ K 时，硅均匀掺杂了砷原子和硼原子，浓度分别为 3×10^{16} cm^{-3} 和 1.5×10^{16} cm^{-3}。试计算热平衡状态下的多数载流子浓度和少数载流子浓度。（b）假如多数载流子浓度为 $p_0 = 5 \times 10^{16}$ cm^{-3}。需要掺入何种杂质原子，以及掺入多少。并求出 n_0。

4.47 $T = 300$ K 时，硅的实验测定值为 $p_0 = 2 \times 10^4$ cm^{-3}，$N_a = 7 \times 10^{15}$ cm^{-3}。（a）该材料是 n 型半导体还是 p 型半导体？（b）求出其多数载流子浓度和少数载流子浓度。（c）判断该材料中存在什么类型的杂质，浓度是多少？

4.6　费米能级的位置

4.48 已知锗的掺杂浓度为 $N_a = 10^{15}$ cm^{-3}，$N_d = 0$。分别计算在 $T = 200$ K，$T = 400$ K 以及 $T = 600$ K 时，费米能级相对于本征费米能级的位置。

4.49 已知 $T = 300$ K 时，硅材料的 $N_a = 0$。分别计算在 $N_d = 10^{14}$ cm^{-3}，10^{15} cm^{-3}，10^{16} cm^{-3} 以及 10^{17} cm^{-3} 时，（a）计算在这些施主掺杂浓度下的费米能级相对于导带的位置；（b）计算在（a）条件下给出的施主掺杂浓度下费米能级相对于本征费米能级的位置。

4.50 已知硅器件的掺入施主杂质，掺杂浓度为 10^{15} cm^{-3}。为了保证该器件能够正常工作，要求本征载流子浓度占总电子浓度的比例不超过 5%。（a）求满足该条件的最大工作温度；（b）在（a）的基础下，当温度从 300 K 上升到最大温度，$E_C - E_F$ 有什么变化？（c）在高温情况下，费米能级靠近还是远离本征值。

4.51 已知硅的掺杂浓度为 $N_a = 3 \times 10^{15}$ cm^{-3}，$N_d = 0$。画出费米能级相对于本征费米能级的位置随温度变化（200 K $\leq T \leq$ 600 K）的曲线。

4.52 已知 $T = 300$ K 时，砷化镓的掺杂浓度为 $N_d = 0$。（a）画出费米能级相对于本征费米能级位置随 N_a 的变化（10^{14} cm^{-3} $\leq N_a \leq 10^{17}$ cm^{-3}）曲线。（b）用（a）中给定相同受主杂质浓度的价带的能量绘制费米能级的位置。

4.53 已知一块半导体材料在 $T = 300$ K 时，$E_g = 1.50$ eV，$m_p^* = 10 m_n^*$，$n_i = 1 \times 10^5$ cm^{-3}。（a）确定本征费米能级相对于禁带中央的位置。（b）为了使费米能级位于禁带中央以下 0.45 eV 处，试问：（i）需要加入的杂质原子是施主原子还是受主原子？（ii）加入的杂质原子的浓度是多少？

4.54 已知 $T = 300$ K 时，硅中受主杂质的浓度为 $N_a = 5 \times 10^{15}$ cm^{-3}。为形成 n 型杂质补偿半导体加入了施主杂质，费米能级位于导带底以下 0.215 eV 处。问应加入多大浓度的施主原子？

4.55 （a）已知 $T = 300$ K 时，硅中受主杂质的浓度为 $N_d = 6 \times 10^{15}$ cm^{-3}。（i）求 $E_c - E_F$ 的值；（ii）若使费米能级向导带边缘靠近 $1kT$ 距离，则应再加入多少施主原子？（b）将材料换为砷化镓，$N_d = 1 \times 10^{15}$ cm^{-3}，重做（a）。

4.56 （a）$T = 300$ K 时，硅中掺杂了浓度为 2×10^{16} cm^{-3} 的硼原子，确定硅的费米能级相对于本征费米能级的位置；（b）假如加入的杂质换为浓度为 2×10^{16} cm^{-3} 的磷原子，重新计算（a）；（c）分别计算（a）与（b）中的电子和空穴浓度 n_0 和 p_0。

4.57 $T = 300$ K 时，砷化镓中含有浓度为 7×10^{15} cm^{-3} 的施主杂质原子。为了使费米能级处于本征能级以上 0.55 eV 的位置，需要加入额外的杂质原子。试判断加入的杂质类型并计算其浓度。

4.58 计算习题 4.34 中各情况下费米能级相对于本征费米能级的位置。

4.59 计算习题 4.35 中各情况下费米能级相对于价带顶的位置。

4.60 计算习题 4.47 中各情况下费米能级相对于本征费米能级的位置。

综合题

4.61 "设计"一种特殊的半导体材料。要求半导体为 p 型，受主掺杂浓度为 5×10^{15} cm^{-3}，假设完全电离且 $N_d = 0$。在 $T = 300$ K 时，有效状态密度为 $N_c = 1.2 \times 10^{19}$ cm^{-3}，$N_v = 1.8 \times 10^{19}$ cm^{-3} 且与温度平方成正比。用该种材料制作的器件的空穴浓度在 $T = 350$ K 时，要求不大于 5.08×10^{15} cm^{-3}。问禁带宽度的最小值是多少？

4.62 向砷化镓中加入浓度为 7×10^{15} cm^{-3} 的硅原子。假设硅完全电离，且有 5% 的硅替代了镓原子，95% 的硅替代了砷原子，环境温度为 $T = 300$ K。（a）求施主浓度与受主浓度；（b）该材料是 n 型材料还是 p 型材料？（c）计算电子浓度和空穴浓度；（d）确定费米能级相对于本征费米能级 E_{Fi} 的位置。

4.63 半导体材料中的缺陷会在禁带中引入允许的能量状态。假设某一种缺陷在硅中引入了两个分立的能级；一个位于价带顶之上 0.25 eV 的施主能级，一个位于价带顶之上 0.65 eV 的受主能级。每一种缺陷的电荷密度都是费米能级位置的函数。（a）画出当费米能级由 E_v 变化到 E_c 时每种缺陷的电荷密度。（i）在重掺杂 n 型材料中，哪种缺陷能级起主要作用？（ii）在重掺杂 p 型材料中，哪种缺陷能级起主要作用？（b）计算下列掺杂条件下费米能级的位置及电子浓度与空穴浓度：（i）n 型半导体材料，$N_d = 10^{17}$ cm^{-3}；（ii）p 型半导体材料，$N_a = 10^{17}$ cm^{-3}；（c）确定在没有掺入杂质原子的情况下费米能级的位置。该材料是 n 型材料、p 型材料还是本征材料？

参考文献

*1. Hess, K. *Advanced Theory of Semiconductor Devices*. Englewood Cliffs, NJ：Prentice Hall, 1988.

2. Hu, C. C. *Modern Semiconductor Devices for Integrated Circuits*. Upper Saddle River, NJ：Pearson Prentice Hall, 2010.

3. Kano, K. *Semiconductor Devices*. Upper Saddle River, NJ：Prentice Hall, 1998.

*4. Li, S. S. *Semiconductor Physical Electronics*. New York：Plenum Press, 1993.

5. McKelvey, J. P. *Solid State Physics for Engineering and Materials Science*. Malabar, FL.：Krieger Publishing, 1993.

6. Navon, D. H. *Semiconductor Microdevices and Materials*. New York：Holt, Rinehart & Winston, 1986.

7. Pierret, R. F. *Semiconductor Device Fundamentals*. Reading, MA：Addison-Wesley, 1996.

8. Shur, M. *Introduction to Electronic Devices*. New York：John Wiley and Sons, 1996.

*9. Shur, M. *Physics of Semiconductor Devices*. Englewood Cliffs, NJ：Prentice Hall, 1990.

10. Singh, J. *Semiconductor Devices：An Introduction*. New York：McGraw-Hill, 1994.

11. Singh, J. *Semiconductor Devices：Basic Principles*. New York：John Wiley and Sons, 2001.

*12. *Smith*, R. A. *Semiconductors*. 2nd ed. New York；Cambridge University Press, 1978.

13. Streetman, B. G., and S. Banerjee. *Solid State Electronic Devices*, 6th ed. Upper Saddle River, NJ：Pearson Prentice Hall, 2006.

14. Sze, S. M., and K. K. Ng. *Physics of Semiconductor Devices*. 3rd ed. Hoboken, NJ：John Wiley and Sons, 2007.

*15. Wang, S. *Fundamentals of Semiconductor Theory and Device Physics*. Englewood Cliffs, NJ：Prentice Hall, 1989.

*16. Wolfe, C. M., N. Holonyak, Jr., and G. E. Stillman. *Physical Properties of Semiconductors*. Englewood Cliffs, NJ：Prentice Hall, 1989.

17. Yang, E. S. *Microelectronic Devices*. New York：McGraw-Hill, 1988.

第 5 章　载流子输运现象

在前几章中，我们已经研究了平衡半导体，并分别得到了导带和价带中电子和空穴的浓度。这些关于载流子浓度的知识对于理解半导体的电学特性是十分重要的。在半导体中，电子和空穴的净流动将产生电流。我们把载流子的这种运动过程称为输运。本章将介绍半导体晶体中的两种基本输运机制：漂移运动，即由电场引起的载流子流动；扩散运动，即由浓度梯度引起的载流子流动。

载流子的输运现象是最终确定半导体器件电流-电压特性的基础。本章我们做如下假设：虽然输运过程中有电子和空穴净流动，但是热平衡状态不会受到干扰。非平衡过程将在下一章中加以介绍。

5.0　概述

本章包含以下内容：

- 描述电场引起载流子漂移和感应漂移电流的机制。
- 定义并描述载流子迁移特性。
- 描述载流子浓度梯度引起载流子扩散和感应扩散电流的机制。
- 定义载流子扩散系数。
- 描述半导体材料中非均匀杂质掺杂浓度的影响。
- 讨论和分析半导体材料中的霍尔效应。

5.1　载流子的漂移运动

如果导带和价带中存在空的能量状态，那么半导体中的电子和空穴在外加电场力的作用下将产生净加速度和净位移。这种电场力作用下的载流子运动称为漂移运动。载流子电荷的净漂移形成漂移电流。

5.1.1　漂移电流密度

如果密度为 ρ 的正体积电荷以平均漂移速度 v_d 运动，则它形成的漂移电流密度为

$$J_{\text{drf}} = \rho v_d \tag{5.1a}$$

根据单位换算，有

$$J_{\text{drf}} = \left(\frac{\text{Coul}}{\text{cm}^3}\right) \cdot \left(\frac{\text{cm}}{s}\right) = \frac{\text{Coul}}{\text{cm}^2 - s} = \frac{A}{\text{cm}^2} \tag{5.1b}$$

若体电荷是带正电的空穴，那么

$$J_{p|\text{drf}} = (ep)v_{\text{dp}} \tag{5.2}$$

其中 $J_{p|\text{drf}}$ 表示空穴形成的漂移电流密度，v_{dp} 表示空穴的平均漂移速度。

在电场作用下，空穴的运动方程为

$$F = m_{cp}^* a = eE \tag{5.3}$$

其中，e 表示电子电荷电量，a 代表加速度，E 表示电场，m_{cp}^* 为空穴的电导率有效质量。如果电场恒定，那么漂移速度应随着时间线性增加。但是，半导体中的载流子会与电离杂质原子和晶格热振动原子发生碰撞。这些碰撞或散射，改变了粒子的速度特性。

在电场的作用下，晶体中的空穴获得加速度，速度增加。当载流子同晶体中的原子相碰撞后，载流子粒子损失了大部分或全部能量。然后粒子将重新开始加速并且获得能量，直到下一次受到散射。这一过程不断重复。因此，在整个过程中粒子将具有一个平均漂移速度。在弱电场情况下，平均漂移速度与电场强度成正比。我们可以写出

$$v_{dp} = \mu_p E \tag{5.4}$$

其中 μ_p 为比例系数，称为空穴迁移率。迁移率是半导体的一个重要参数，它描述了粒子在电场作用下的运动情况。迁移率的单位通常为 $cm^2/V \cdot s$。

联立式(5.2)和式(5.4)，可得出空穴漂移电流密度为

$$J_{p|drf} = (ep)v_{dp} = e\mu_p p E \tag{5.5}$$

空穴漂移电流方向与外加电场方向相同。

同理可知电子的漂移电流密度为

$$J_{n|drf} = \rho v_{dn} = (-en)v_{dn} \tag{5.6}$$

其中 $J_{n|drf}$ 表示电子的漂移电流密度，v_{dn} 表示电子的平均漂移速度。负号表明电子带负电荷。

弱电场情况下，电子的平均漂移速度也与电场强度成正比。但是由于电子带负电，电子的运动与电场方向相反，所以

$$v_{dn} = -\mu_n E \tag{5.7}$$

其中 μ_n 表示电子的迁移率，为正值。现在式(5.6)可以改写为

$$J_{n|drf} = (-en)(-\mu_n E) = e\mu_n n E \tag{5.8}$$

虽然电子运动的方向与电场方向相反，但是电子漂移电流的方向与外加电场方向相同。

电子和空穴的迁移率是温度与掺杂浓度的函数。表5.1 给出了 $T = 300 \text{ K}$ 时，低掺杂浓度下的典型迁移率值。

表5.1　$T=300 \text{ K}$ 时，低掺杂浓度下的典型迁移率值

	$\mu_n(cm^2/V \cdot s)$	$\mu_p(cm^2/V \cdot s)$
Si	1350	480
GaAs	8500	400
Ge	3900	1900

电子和空穴对漂移电流都有贡献，所以总漂移电流密度是电子漂移电流密度与空穴漂移电流密度之和，即

$$J_{drf} = e(\mu_n n + \mu_p p)E \tag{5.9}$$

例 5.1　计算在已知电场强度下半导体的漂移电流密度。

$T = 300 \text{ K}$ 时，砷化镓的掺杂浓度为 $N_a = 0$，$N_d = 10^{16} \text{cm}^{-3}$。设杂质全部电离，电子和空穴的迁移率参见表5.1。假设外加电场强度为 E $= 10 \text{ V/cm}$，求漂移电流密度。

■ 解

因为 $N_d > N_a$，所以半导体为 n 型半导体。由第4章可知，多数载流子电子的浓度为

$$n = \frac{N_d - N_a}{2} + \sqrt{\left(\frac{N_d - N_a}{2}\right)^2 + n_i^2} \approx 10^{16}\ \text{cm}^{-3}$$

少数载流子空穴的浓度为

$$p = \frac{n_i^2}{n} = \frac{(1.8 \times 10^6)^2}{10^{16}} = 3.24 \times 10^{-4}\ \text{cm}^{-3}$$

n 型非本征半导体的漂移电流密度为

$$J_{\text{drf}} = e(\mu_n n + \mu_p p)\text{E} \approx e\mu_n N_d \text{E}$$

所以

$$J_{\text{drf}} = (1.6 \times 10^{-19})(8500)(10^{16})(10) = 136\ \text{A/cm}^2$$

■ **说明**

在半导体上加较小的电场就能获得很大的漂移电流密度。从此例可知，在非本征半导体中，漂移电流密度基本上取决于多数载流子。

■ **自测题**

E5.1 某 p 型硅半导体器件的外加电场强度为 E = 120 V/cm，求漂移电流密度为 J_{drf} = 75 A/cm² 时的掺杂浓度。电子和空穴的迁移率参见表 5.1。

　　答案：N_a = 8.14 × 10^{15} cm^{-3}。

5.1.2　迁移率

上一节给出了迁移率的定义，它反映了载流子的平均漂移速度与电场之间的关系。由式(5.9)可知，电子和空穴的迁移率是半导体的重要参数，反映了载流子漂移特性。

式(5.3)说明了空穴的加速度与外力如电场力之间的关系。我们可以将其写为

$$F = m_{\text{cp}}^* \frac{\text{d}v}{\text{d}t} = e\text{E} \tag{5.10}$$

其中 v 表示在电场作用下的粒子速度，不包括随机热运动速度。如果电场和电导率有效质量是常数，那么假设初始漂移速度为零，对式(5.10)积分得

$$v = \frac{e\text{E}t}{m_{\text{cp}}^*} \tag{5.11}$$

图 5.1(a)是无外加电场的情况下，半导体中空穴的随机热运动示意模型。碰撞之间的平均时间可以表示为 τ_{cp}。如图 5.1(b)所示，若外加一个小电场(电场 E)，则空穴将在电场 E 的方向上发生净漂移，但是它的漂移速度仅是随机热运动速度的微小扰动，平均碰撞时间不会显著变化。如果把式(5.11)中的时间 t 替换为平均碰撞时间 τ_{cp}，则碰撞或散射前粒子的平均最大速度为

$$v_{d|\text{peak}} = \left(\frac{e\tau_{\text{cp}}}{m_{\text{cp}}^*}\right)\text{E} \tag{5.12a}$$

可见平均漂移速度为最大速度的一半，所以有

$$\langle v_d \rangle = \frac{1}{2}\left(\frac{e\tau_{\text{cp}}}{m_{\text{cp}}^*}\right)\text{E} \tag{5.12b}$$

实际的碰撞过程并不像上述模型那样简单，但是该模型已经具有统计学性质。在考虑了统计分布影响的精确模型中，式(5.12b)中将没有因子 1/2。空穴迁移率可以表示为

$$\mu_p = \frac{v_{\text{dp}}}{\text{E}} = \frac{e\tau_{\text{cp}}}{m_{\text{cp}}^*} \tag{5.13}$$

对电子进行类似的分析，可得电子迁移率为

$$\mu_n = \frac{e\tau_{cn}}{m_{cn}^*} \tag{5.14}$$

其中 τ_{cn} 为电子受到碰撞的平均时间间隔。

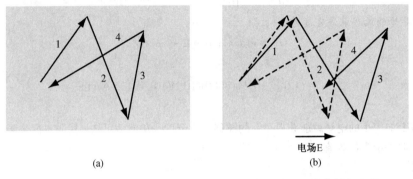

（a）　　　　　　　　　　　　　　（b）

图 5.1　半导体中空穴的随机运动。（a）无外加电场；（b）有外加电场

在半导体中主要有两种散射机制影响载流子的迁移率：晶格散射（声子散射）和电离杂质散射。

当温度高于热力学温标零度时，半导体晶体中的原子具有一定的热能，在其晶格位置上做无规则热振动。晶格振动破坏了理想周期性势场。固体的理想周期性势场允许电子在整个晶体中自由运动，而不会受到散射。但是热振动破坏了势函数，导致载流子电子、空穴与振动的晶格原子发生相互作用。这种晶格散射也称为声子散射。

因为晶格散射与原子的热运动有关，所以出现散射的概率是温度的函数。如果定义 μ_L 表示只有晶格散射存在时的迁移率，则根据散射理论，在一阶近似下有

$$\mu_L \propto T^{-3/2} \tag{5.15}$$

当温度下降时，在晶格散射影响下迁移率将增大。可以直观想象，温度下降晶格振动也减弱，这意味着受到散射的概率降低了，因此迁移率增加了。

图 5.2 显示了硅中电子和空穴的迁移率对温度的依赖关系。在轻掺杂半导体中，晶格散射是主要散射机构，载流子迁移率随温度升高而减小，迁移率与 T^{-n} 成正比。图 5.2 中的插图表明了参数 n 并不等于一阶散射理论预期的 $\frac{3}{2}$，但是迁移率的确是随着温度下降而增加的。

另一种影响载流子迁移率的散射机制称为电离杂质散射。掺入半导体的杂质原子可以控制或改变半导体的性质。室温下杂质已经电离，在电子或空穴与电离杂质之间存在库仑作用。库仑作用引起的碰撞或散射也会改变载流子的速度特性。如果定义 μ_I 表示只有电离杂质散射存在时的迁移率，则在一阶近似下有

$$\mu_I \propto \frac{T^{+3/2}}{N_I} \tag{5.16}$$

其中 $N_I = N_d^+ + N_a^-$ 表示半导体电离杂质总浓度。当温度升高时，载流子随机热运动速度增加，减少了位于电离杂质散射中心附近的时间。库仑作用时间越短，受到散射的影响就越小，μ_I 值就越大。如果电离杂质散射中心数量增加，那么载流子与电离杂质散射中心碰撞的概率相应增加，μ_I 值减小。

图 5.3 给出了 $T = 300$ K 时，锗、硅和砷化镓中载流子迁移率与杂质浓度的关系。更准确地说，是迁移率与电离杂质浓度 N_I 的关系曲线。当杂质浓度增加时，杂质散射中心数量也增加，迁移率变小。

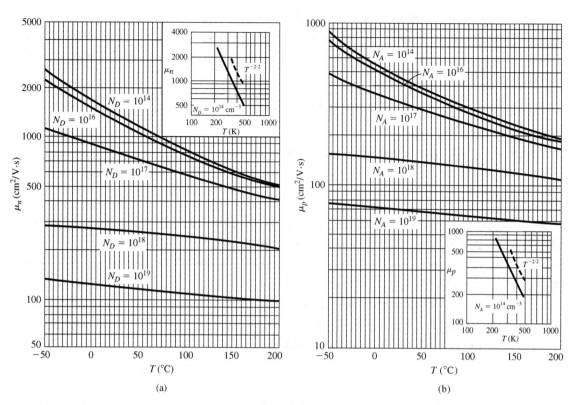

图 5.2　不同掺杂浓度下，硅中 (a) 电子和 (b) 空穴的迁移率–温度曲线。其中的插图为"近似"本征硅的情况

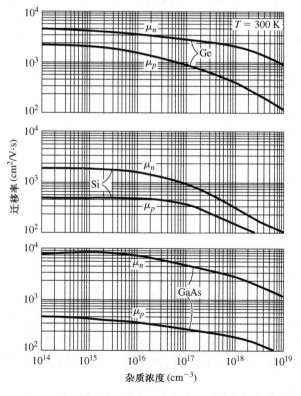

图 5.3　$T = 300$ K 时，锗、硅和砷化镓中载流子迁移率与杂质浓度的关系

如果 τ_L 表示晶格散射造成的碰撞之间的平均时间间隔，那么 $\mathrm{d}t/\tau_L$ 就表示在微分时间 $\mathrm{d}t$ 内受到晶格散射的概率。同理，如果 τ_I 表示电离杂质散射造成的碰撞之间的平均时间间隔，那么 $\mathrm{d}t/\tau_I$ 就表示在微分时间 $\mathrm{d}t$ 内受到电离杂质散射的概率。若两种散射过程相互独立，则在微分时间 $\mathrm{d}t$ 内受到散射的总概率为两者之和，即

$$\frac{\mathrm{d}t}{\tau} = \frac{\mathrm{d}t}{\tau_I} + \frac{\mathrm{d}t}{\tau_L} \tag{5.17}$$

其中 τ 为任意两次散射之间的平均时间间隔。

根据迁移率的定义式(5.13)或式(5.14)，式(5.17)可以表示为

$$\boxed{\frac{1}{\mu} = \frac{1}{\mu_I} + \frac{1}{\mu_L}} \tag{5.18}$$

其中，μ_I 为仅有电离杂质散射存在时的迁移率，μ_L 为仅有晶格散射存在时的迁移率，μ 为总迁移率。当有两种或更多的独立散射机构存在时，迁移率的倒数增加，总迁移率减小。

例5.2 确定硅中不同掺杂浓度和温度下的电子迁移率。

利用图5.2分别求出以下两种情况下的电子迁移率。

(a) $T = 25℃$ 时，(i) $N_d = 10^{16}$ cm^{-3}；(ii) $N_d = 10^{17}$ cm^{-3}。

(b) $N_d = 10^{16}$ cm^{-3} 时，(i) $T = 0℃$；(ii) $T = 100℃$。

■ **解**

由图5.2可知：

(a) $T = 25℃$；(i) $N_d = 10^{16}$ cm^{-3} $\Rightarrow \mu_n \approx 1200$ cm^2/V·s；(ii) $N_d = 10^{17}$ cm^{-3} $\Rightarrow \mu_n \approx 800$ cm^2/V·s；

(b) $N_d = 10^{16}$ cm^{-3}；(i) $T = 0℃$ $\Rightarrow \mu_n \approx 1400$ cm^2/V·s；(ii) $T = 100℃$ $\Rightarrow \mu_n \approx 780$ cm^2/V·s。

■ **说明**

由此例可以看出，迁移率受掺杂浓度和温度的影响显著。在半导体器件的设计过程中必须考虑到这些因素。

■ **自测题**

E5.2 利用图5.2分别求出以下两种情况下的空穴迁移率。

(a) $T = 25℃$ 时，(i) $N_a = 10^{16}$ cm^{-3}；(ii) $N_a = 10^{18}$ cm^{-3}。

(b) $N_a = 10^{14}$ cm^{-3} 时，(i) $T = 0℃$；(ii) $T = 100℃$。

答案：(a) (i) $\mu_p \approx 410$ cm^2/V·s，(ii) $\mu_p \approx 130$ cm^2/V·s。

(b)(i) $\mu_p \approx 550$ cm^2/V·s，(ii) $\mu_p \approx 300$ cm^2/V·s。

5.1.3 电导率

由式(5.9)，漂移电流密度可写为

$$J_{\mathrm{drf}} = e(\mu_n n + \mu_p p)\mathrm{E} = \sigma\mathrm{E} \tag{5.19}$$

其中 σ 表示半导体材料的电导率，单位是 $(\Omega \cdot \mathrm{cm})^{-1}$。电导率是载流子浓度和迁移率的函数。因为迁移率又与杂质浓度有关，所以电导率是关于杂质浓度的复杂函数。

电阻率是电导率的倒数，用 ρ 表示，单位为 $(\Omega \cdot \mathrm{cm})$。电阻率公式为[①]

---

① 符号 ρ 也用来表示体电荷密度。在不同情况下运用符号 ρ 时，需明确其代表的是电荷密度还是电阻率。

$$\rho = \frac{1}{\sigma} = \frac{1}{e(\mu_n n + \mu_p p)} \qquad (5.20)$$

图 5.4 给出了 Si, Ge, GaAs 和 GaP 在 $T = 300$ K 时电阻率与杂质浓度的函数关系。显然，由于迁移率的影响，曲线并不是关于 N_d 或 N_a 的线性函数。

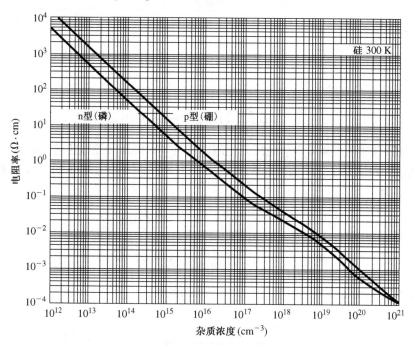

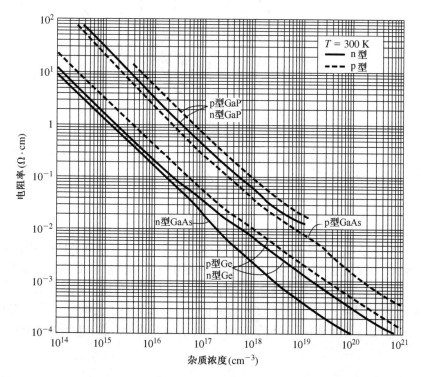

图 5.4 (a)硅和(b)锗、砷化镓、磷化镓在 $T = 300$ K 时，电阻率和杂质浓度的关系

如图 5.5 所示，在一个条形半导体材料两端加上电压就会有电流 I 产生，则我们有

$$J = \frac{I}{A} \tag{5.21a}$$

和

$$E = \frac{V}{L} \tag{5.21b}$$

将式(5.19)重写为

$$\frac{I}{A} = \sigma \left(\frac{V}{L} \right) \tag{5.22a}$$

或

$$V = \left(\frac{L}{\sigma A} \right) I = \left(\frac{\rho L}{A} \right) I = IR \tag{5.22b}$$

式(5.22b)是半导体中的欧姆定律。电阻是电阻率或电导率以及半导体几何形状的函数。

例如，假设一个 p 型半导体的掺杂浓度为 $N_a(N_d = 0)$，$N_a \gg n_i$，电子和空穴迁移率的数量级相同，则电导率为

$$\sigma = e(\mu_n n + \mu_p p) \approx e\mu_p p \tag{5.23}$$

如果仍假设杂质全部电离，则式(5.23)可改写为

$$\sigma \approx e\mu_p N_a \approx \frac{1}{\rho} \tag{5.24}$$

因此非本征半导体的电导率或电阻率是多数载流子的函数。

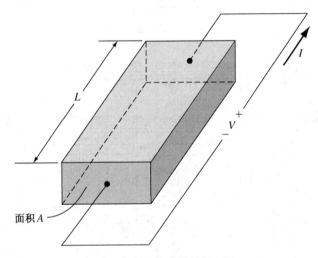

图 5.5　条形半导体材料电阻

对某个特定掺杂浓度，可以分别画出半导体载流子浓度和电导率同温度的关系曲线。图 5.6 显示了在掺杂浓度为 $N_d = 10^{15} \text{cm}^{-3}$ 时，硅的电子浓度和电导率同温度倒数的函数关系。在中温区，即非本征区，如图所示，杂质已经全部电离，电子浓度保持恒定。但是因为迁移率是温度的函数，所以在此温度范围内电导率随温度发生变化。在更高的温度范围内，本征载流子浓度增加并开始主导电子浓度以及电导率。在较低温范围内，束缚态开始出现，电子浓度和电导率随着温度降低而下降。

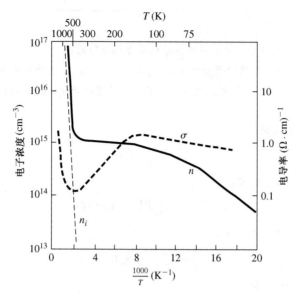

图 5.6 硅中电子浓度-温度倒数的关系曲线和电导率-温度倒数的关系曲线

例 5.3 已知杂质补偿半导体的导电类型和电导率，计算掺杂浓度和多数载流子的迁移率。

已知 $T = 300$ K 时杂质补偿 n 型 Si 的电导率为 $\sigma = 16\,(\Omega \cdot \text{cm})^{-1}$，受主杂质浓度为 $N_a = 10^{17}\,\text{cm}^{-3}$。求施主杂质浓度和电子迁移率。

■ 解

对于 $T = 300$ K 时的 n 型 Si，假设杂质全部电离，$N_d - N_a \gg n_i$，电导率为

$$\sigma \approx e\mu_n n = e\mu_n(N_d - N_a)$$

将已知条件代入后得

$$16 = (1.6 \times 10^{-19})\mu_n(N_d - 10^{17})$$

由于迁移率与电离杂质浓度有关，则可利用图 5.3 通过反复计算得到 N_d 和 μ_n。例如，取 $N_d = 2 \times 10^{17}\,\text{cm}^{-3}$，则 $N_I = N_d^+ + N_a^- = 3 \times 10^{17}$，所以 $\mu_n \approx 510\,\text{cm}^2/\text{V} \cdot \text{s}$，对应的电导率 $\sigma = 8.16\,(\Omega \cdot \text{cm})^{-1}$；若取 $N_d = 5 \times 10^{17}\,\text{cm}^{-3}$，则 $N_I = 6 \times 10^{17}$，所以 $\mu_n \approx 325\,\text{cm}^2/\text{V} \cdot \text{s}$，对应的电导率 $\sigma = 20.8\,(\Omega \cdot \text{cm})^{-1}$。

掺杂浓度就介于这两个值之间。反复计算得到

$$N_d \approx 3.5 \times 10^{17}\,\text{cm}^{-3}$$

和

$$\mu_n \approx 400\,\text{cm}^2/\text{V} \cdot \text{s}$$

对应的电导率为

$$\sigma \approx 16\,(\Omega \cdot \text{cm})^{-1}$$

■ 说明

由此例可以看出，高电导率半导体材料的迁移率是载流子浓度的强函数。

■ 自测题

E5.3 $T = 300$ K 时，补偿 p 型 Si 的掺杂浓度为 $N_a = 2.8 \times 10^{17}\,\text{cm}^{-3}$ 和 $N_d = 8 \times 10^{16}\,\text{cm}^{-3}$，求（a）空穴迁移率；（b）电导率；（c）电阻率。

答案：（a）$\mu_p \approx 200\,\text{cm}^2/\text{V} \cdot \text{s}$；（b）$\sigma = 6.4\,(\Omega \cdot \text{cm})^{-1}$；（c）$\rho = 0.156\,(\Omega \cdot \text{cm})$。

设计实例

例5.4 设计一个满足给定电阻率和电流密度要求的半导体电阻器。

$T = 300$ K 时半导体 Si 施主杂质的掺杂浓度为 $N_d = 5 \times 10^{15}$ cm^{-3}，现掺入受主杂质以形成 p 型补偿材料。要求电阻器的电阻为 $R = 10$ kΩ，外加电压为 5 V 时电流密度为 $J = 50$ A/cm^2。

■ **解**

10 kΩ 电阻上加 5 V 电压时的总电流为

$$I = \frac{V}{R} = \frac{5}{10} = 0.5 \text{ mA}$$

如果电流密度为 $J = 50$ A/cm^2，则横截面积为

$$A = \frac{I}{J} = \frac{0.5 \times 10^{-3}}{50} = 10^{-5} \text{ cm}^2$$

不妨设 E $= 100$ V/cm，则得到电阻的长度为

$$L = \frac{V}{E} = \frac{5}{100} = 5 \times 10^{-2} \text{ cm}$$

由式(5.22b)可知半导体的电导率为

$$\sigma = \frac{L}{RA} = \frac{5 \times 10^{-2}}{(10^4)(10^{-5})} = 0.50 \text{ (Ω·cm)}^{-1}$$

p 型补偿半导体的电导率为

$$\sigma \approx e\mu_p p = e\mu_p (N_a - N_d)$$

其中的迁移率是电离杂质总浓度 $N_a + N_d$ 的函数。

反复计算得知，若 $N_a = 1.25 \times 10^{16}$ cm^{-3}，则 $N_d + N_a = 1.75 \times 10^{16}$ cm^{-3}，由图5.3，空穴迁移率大约为 $\mu_p = 410$ cm^2/V·s。所以电导率为

$$\sigma = e\mu_p(N_a - N_d) = (1.6 \times 10^{-19})(410)(1.25 \times 10^{16} - 5 \times 10^{15}) = 0.492$$

该结果与所求值非常接近。

■ **说明**

由于迁移率与电离杂质总浓度有关，所以不能根据所求的电导率直接计算出掺杂浓度。

■ **自测题**

E5.4 考虑如图5.5所示的条形 p 型硅，其横截面积为 $A = 10^{-6}$ cm^2，长度为 $L = 1.2 \times 10^{-3}$ cm，外加 5 V 电压时电流为 2 mA。求(a) 电阻；(b)电阻率；(c)掺杂浓度；(d)空穴迁移率是多少？

答案： (a) 2.5 kΩ；(b)2.083 (Ω·cm)；(c) $N_a \approx 7.3 \times 10^{15}$ cm^{-3}；(d) $\mu_p \approx 410$ cm^2/V·s。

对于本征半导体，电导率为

$$\sigma_i = e(\mu_n + \mu_p) n_i \tag{5.25}$$

因为本征半导体的电子浓度和空穴浓度相等，所以本征半导体电导率公式中包括 μ_n 和 μ_p 两个参数。一般来说，电子迁移率 μ_n 和空穴迁移率 μ_p 并不相等，所以本征电导率并不是某给定温度下可能的最小值。

5.1.4 饱和速度

在前面对漂移速度的讨论中，我们均假设迁移率不受电场强度的影响。因此，漂移速度随外加电场强度线性增加。载流子的总速度是随机热运动速度与漂移速度之和。$T = 300$ K 时，随机热运动的平均能量为

$$\frac{1}{2}mv_{\text{th}}^2 = \frac{3}{2}kT = \frac{3}{2}(0.0259) = 0.038\ 85\ \text{eV} \tag{5.26}$$

该能量相当于硅中平均热运动速度大约为 10^{17} cm/s 的电子。设低掺杂硅中的电子迁移率为 $\mu_n = 1350\ \text{cm}^2/\text{V} \cdot \text{s}$，外加电场强度大约为 75 V/cm，则漂移速度为 10^5 cm/s，其值为热运动速度的 1%。可见外加电场不会显著改变电子的能量。

　　图 5.7 显示了 Si，GaAs，Ge 中电子和空穴的平均漂移速度与外加电场的关系曲线图。在弱电场区，漂移速度随电场强度线性改变，漂移速度–电场强度曲线的斜率即为迁移率。在强电场区，载流子的漂移速度特性严重偏离了弱电场区的线性关系。例如，硅中的电子漂移速度在外加电场强度约为 30 kV/cm 时达到饱和，饱和速度约为 10^7 cm/s。如果载流子的漂移速度达到饱和，那么漂移电流密度也达到饱和，不再随外加电场变化。

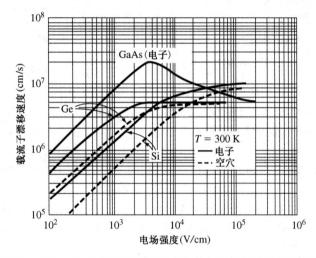

图 5.7　高纯 Si，GaAs，Ge 中载流子漂移速度与外加电场的关系（见参考文献[14]）

对于电子，硅中实验载流子漂移速度与电场的关系可以近似为[2]

$$v_n = \frac{v_s}{\left[1 + \left(\frac{E_{\text{on}}}{E}\right)^2\right]^{1/2}} \tag{5.27a}$$

对于空穴，有

$$v_p = \frac{v_s}{\left[1 + \left(\frac{E_{\text{op}}}{E}\right)\right]} \tag{5.27b}$$

$T = 300$ K 时，有 $v_s = 10^7$ cm/s，$E_{\text{on}} = 7 \times 10^3$ V/cm，$E_{\text{op}} = 2 \times 10^4$ V/cm。

　　显然，在弱电场下，漂移速度会减少到

$$v_n \approx \left(\frac{E}{E_{\text{on}}}\right) \cdot v_s \tag{5.28a}$$

和

$$v_p \approx \left(\frac{E}{E_{\text{op}}}\right) \cdot v_s \tag{5.28b}$$

之前已经讨论了在弱电场区漂移速度是电场的线性函数。然而在强电场区，漂移速度接近饱和值。

　　与 Si 和 Ge 相比，GaAs 的漂移速度–电场强度特性更加复杂。在弱电场区，漂移速度–电场强度曲线的斜率是常数，此斜率值就是弱电场电子迁移率。GaAs 的弱电场电子迁移率约为

8500 cm²/V·s，比 Si 的要大得多。随着电场强度的增加，GaAs 的电子漂移速度达到一个峰值，然后开始下降。在漂移速度–电场强度特性曲线上某个特定点处的斜率 v_d，即为该点的微分迁移率。当曲线斜率为负时，微分迁移率也为负，负微分迁移率产生负微分电阻。振荡器的设计就利用了这一特性。

　　下面通过讨论如图 5.8 所示的 GaAs 能带结构来理解负微分迁移率的含义：低能谷中的电子有效质量为 $m_n^* = 0.067m_0$。有效质量越小，迁移率就越大。随着电场强度的增加，低能谷电子能量也相应增加，并可能被散射到高能谷中，有效质量变为 $0.55m_0$。在高能谷中，有效质量变大，迁移率变小。这种多能谷间的散射机构导致电子的平均漂移速度随电场增加而减小，从而出现负微分迁移率特性。

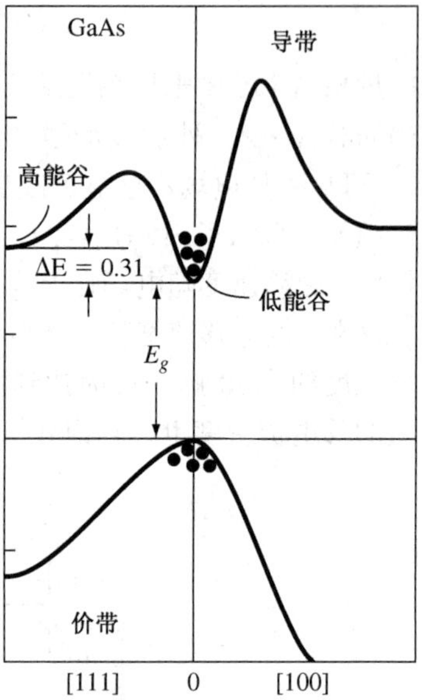

练习题

T5.1　设 $T = 300$ K 时硅中的掺杂浓度为 $N_d = 10^{15}$ cm⁻³ 和 $N_a = 10^{14}$ cm⁻³，电子和空穴的迁移率参见表 5.1。求外加电场为 E = 35 V/cm 时的漂移电流密度。
　　　　答案：6.80 A/cm²。

T5.2　设 $T = 300$ K 时硅中的掺杂浓度为 $N_d = 5 \times 10^{16}$ cm⁻³ 和 $N_a = 2 \times 10^{16}$ cm⁻³。求（a）电子和空穴迁移率分别是多少？（b）确定材料的电导率和电阻率。
　　　　答案：（a）$\mu_n = 1000$ cm²/V·s，$\mu_p = 350$ cm²/V·s；（b）$\sigma = 4.8\,(\Omega \cdot \text{cm})^{-1}$，$\rho = 0.208\,(\Omega \cdot \text{cm})$。

T5.3　$T = 300$ K 时的特定半导体 Si 器件为电阻率等于 0.10 $(\Omega \cdot \text{cm})$ 的 n 型材料。求（a）掺杂浓度；（b）电子迁移率。
　　　　答案：（a）由图 5.4 知，$N_d \approx 9 \times 10^{16}$ cm⁻³；（b）$\mu_n \approx 695$ cm²/V·s。

图 5.8　GaAs 能带结构中的
导带高能谷和低能谷

5.2　载流子扩散

　　除了漂移运动，还有另一种输运机构能在半导体中产生电流。如图 5.9 所示的经典物理模型，一个容器被薄膜分隔为两部分：左侧有某温度的气体分子，右侧为真空。气体分子不断做无规则热振动，当薄膜破裂后，气体分子就会流入右侧容器。这种粒子从高浓度区流向低浓度区的运动过程称为扩散运动。如果气体分子带电，那么电荷的净流动将形成扩散电流。

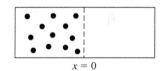

图 5.9　被薄膜分隔开的容器，
一侧充满了气体分子

5.2.1　扩散电流密度

　　我们首先简单地分析半导体中的扩散过程。假设电子浓度是一维变化的，如图 5.10 所示。设温度处处相等，则电子的平均热运动速度与 x 无关。为了求出电流，先计算每单位时间内通过 $x = 0$ 处的单位横截面积的净电子流。在图 5.10 中，若电子的平均自由程即电子在两次碰撞之间走过的平均距离为 $l\,(l < v_{\text{th}}\tau_{\text{cn}})$，那么 $x = -l$ 处向右运动的电子和 $x = +l$ 处向左运动的电子都将通过 $x = 0$ 处的截面。在任意时刻，$x = -l$ 处有一半的电子向右流动，$x = +l$ 处有一半的电子向左流动。$x = 0$ 处，沿 x 正方向的电子流速 F_n 为

$$F_n = \frac{1}{2} n(-l) v_{\text{th}} - \frac{1}{2} n(+l) v_{\text{th}} = \frac{1}{2} v_{\text{th}} [n(-l) - n(+l)] \tag{5.29}$$

如果将电子浓度按照泰勒级数在 $x = 0$ 处展开, 并保留前两项, 则式(5.29)改写为

$$F_n = \frac{1}{2} v_{\text{th}} \left\{ \left[n(0) - l \frac{\mathrm{d}n}{\mathrm{d}x} \right] - \left[n(0) + l \frac{\mathrm{d}n}{\mathrm{d}x} \right] \right\} \tag{5.30}$$

整理得

$$F_n = -v_{\text{th}} l \frac{\mathrm{d}n}{\mathrm{d}x} \tag{5.31}$$

若单位电子电荷电量为($-e$), 则电流密度为

$$J = -eF_n = +e v_{\text{th}} l \frac{\mathrm{d}n}{\mathrm{d}x} \tag{5.32}$$

式(5.32)所描述的是电子的扩散电流, 它与电子浓度的空间导数, 即浓度梯度成正比。

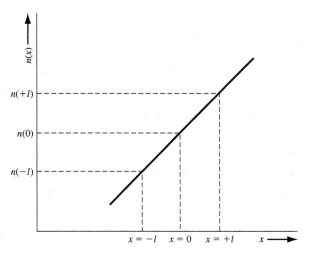

图 5.10　电子浓度与距离的关系

在此例中, 电子从高浓度区向低浓度区的扩散沿负 x 方向进行。因为电子带负电荷, 所以电流方向沿正 x 方向, 如图 5.11(a)所示。对此一维情况, 可以将电子扩散电流密度表示为

$$\boxed{J_{nx|\text{dif}} = eD_n \frac{\mathrm{d}n}{\mathrm{d}x}} \tag{5.33}$$

其中 D_n 为电子扩散系数, 其值为正, 单位为cm^2/s。若电子浓度梯度为负, 则电子扩散电流密度将沿负 x 方向。

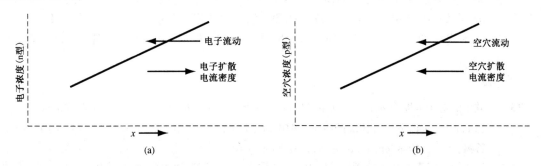

图 5.11　(a)浓度梯度产生的电子扩散; (b)浓度梯度产生的空穴扩散

图 5.11(b)所示为半导体中空穴浓度与距离的函数关系。空穴从高浓度区向低浓度区的扩

散运动沿负 x 方向进行。因为空穴带正电荷，所以扩散电流密度也沿负 x 方向。空穴扩散电流密度同空穴浓度梯度和带电量成正比，则对于一维情况有

$$J_{px|dif} = -eD_p \frac{dp}{dx} \tag{5.34}$$

参数 D_p 为空穴扩散系数，单位为 cm^2/s，其值为正。如果空穴浓度梯度为负，则空穴扩散电流密度将沿正 x 方向。

例 5.5 已知浓度梯度，求扩散电流密度。

在一块 n 型 GaAs 半导体中，$T = 300$ K 时，电子浓度在 0.10 cm 距离内从 1×10^{18} cm^{-3} 到 7×10^{17} cm^{-3} 线性变化。假设电子扩散系数为 $D_n = 225$ cm$^2/s$，求扩散电流密度。

■ **解**

扩散电流密度为

$$J_{n|dif} = eD_n \frac{dn}{dx} \approx eD_n \frac{\Delta n}{\Delta x}$$

$$= (1.6 \times 10^{-19})(225)\left(\frac{1 \times 10^{18} - 7 \times 10^{17}}{0.10}\right) = 108 \text{ A/cm}^2$$

■ **说明**

式中的浓度梯度能在半导体材料中产生显著的扩散电流密度。

■ **自测题**

E5.5 硅中的空穴密度为 $p(x) = 10^{16} e^{-(x/L_p)}$（$x \geq 0$），其中 $L_p = 2 \times 10^{-4}$ cm。空穴扩散系数为 $D_p = 8$ cm$^2/s$。求以下三种情况的空穴扩散电流密度：(a) $x = 0$；(b) $x = 2 \times 10^{-4}$ cm；(c) $x = 10^{-3}$ cm。
答案：(a) $J_p = 64$ A/cm^2；(b) $J_p = 23.54$ A/cm^2；(c) $J_p = 0.431$ A/cm^2。

5.2.2 总电流密度

到目前为止，我们已了解到半导体中会产生 4 种相互独立的电流，它们分别是电子漂移电流和扩散电流，空穴漂移电流和扩散电流。总电流密度是 4 者之和。对于一维情况，我们有

$$J = en\mu_n E_x + ep\mu_p E_x + eD_n \frac{dn}{dx} - eD_p \frac{dp}{dx} \tag{5.35}$$

推广到三维情况，我们有

$$J = en\mu_n E + ep\mu_p E + eD_n \nabla n - eD_p \nabla p \tag{5.36}$$

电子的迁移率描述了半导体中电子在电场力作用下的运动情况。电子的扩散系数描述了半导体中电子在浓度梯度作用下的运动情况。电子的迁移率和扩散系数是相关的。同样，空穴的迁移率和扩散系数也不是相互独立的。迁移率和扩散系数的相互关系将在下一节中涉及。

半导体中总电流的表达式包括 4 项。多数情况下，在半导体的某些特定条件下，每次只需要考虑其中一项。

练习题

T5.4 硅中的电子浓度为 $n(x) = 10^{15} e^{-(x/L_n)}$ cm^{-3}（$x \geq 0$），其中 $L_n = 10^{-4}$ cm。电子扩散系数为 $D_n = 25$ cm$^2/s$。求以下三种情况的电子扩散电流密度：(a) $x = 0$；(b) $x = 10^{-4}$ cm；(c) $x \to \infty$。
答案：(a) -40 A/cm^2；(b) -14.7 A/cm^2；(c) 0。

T5.5 硅中的空穴浓度从 $x = 0$ 到 $x = 0.01$ cm 线性变化，空穴扩散系数为 $D_p = 10$ cm$^2/s$，空穴扩散电流密度为 20 A/cm^2，$x = 0$ 处的空穴浓度 $p = 4 \times 10^{17}$ cm^{-3}。求 $x = 0.01$ cm 处的空穴浓度。
答案：2.75×10^{17} cm^{-3}。

5.3　杂质梯度分布

到目前为止，多数情况下都假设半导体均匀掺杂。但是，在一些半导体器件中可能存在非均匀掺杂区。下面将通过分析非均匀半导体达到热平衡状态的过程来推导出爱因斯坦关系式，即迁移率和扩散系数的关系。

5.3.1　感生电场

考虑一块非均匀掺入施主杂质原子的 n 型半导体。如果半导体处于热平衡状态，那么整个晶体中的费米能级是恒定的，能带图如图 5.12 所示。掺杂浓度随 x 增加而减小，多数载流子电子从高浓度区向低浓度区沿 $+x$ 方向扩散。带负电的电子流走后剩下带正电的施主杂质离子。分离的正、负电荷产生一个沿 $+x$ 方向的电场，以抵抗扩散过程。当达到平衡状态时，扩散载流子的浓度并不等于固定杂质的浓度，感生电场阻止了正负电荷进一步分离。大多数情况下，扩散过程感生出的空间电荷数量只占杂质浓度的很小部分，扩散载流子浓度同掺杂浓度相比差别不大。

电势 ϕ 等于电子势能除以电子电量($-e$)，即

$$\phi = +\frac{1}{e}(E_F - E_{Fi}) \tag{5.37}$$

一维情况下感生电场定义为

$$E_x = -\frac{\mathrm{d}\phi}{\mathrm{d}x} = \frac{1}{e}\frac{\mathrm{d}E_{Fi}}{\mathrm{d}x} \tag{5.38}$$

如果处于热平衡状态的半导体中本征费米能级随着距离变化，那么半导体内将存在一个电场。

若假设满足准中性条件，即电子浓度与施主杂质浓度基本相等，则有

$$n_0 = n_i \exp\left[\frac{E_F - E_{Fi}}{kT}\right] \approx N_d(x) \tag{5.39}$$

求解 $E_F - E_{Fi}$ 得

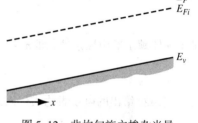

图 5.12　非均匀施主掺杂半导体的热平衡能带图

$$E_F - E_{Fi} = kT \ln\left(\frac{N_d(x)}{n_i}\right) \tag{5.40}$$

热平衡时费米能级 E_F 恒定，所以对 x 求导可得

$$-\frac{\mathrm{d}E_{Fi}}{\mathrm{d}x} = \frac{kT}{N_d(x)}\frac{\mathrm{d}N_d(x)}{\mathrm{d}x} \tag{5.41}$$

联立式(5.41)和式(5.38)，解得电场为

$$E_x = -\left(\frac{kT}{e}\right)\frac{1}{N_d(x)}\frac{\mathrm{d}N_d(x)}{\mathrm{d}x} \tag{5.42}$$

由于存在电场，非均匀掺杂将使半导体中的电势发生变化。

例 5.6　已知掺杂浓度线性变化，求热平衡半导体中的感生电场。

假设 $T = 300\ \mathrm{K}$ 时 n 型半导体的施主杂质浓度为

$$N_d(x) = 10^{16} - 10^{19}x \quad (\mathrm{cm}^{-3})$$

其中 x 的单位为 cm，且 $0 \leqslant x \leqslant 1\ \mu\mathrm{m}$。

■ **解**

对施主杂质浓度取微分，得到

$$\frac{\mathrm{d}N_d(x)}{\mathrm{d}x} = -10^{19} \quad (\mathrm{cm}^{-4})$$

由式(5.42)可知电场为

$$\mathrm{E}_x = \frac{-(0.0259)(-10^{19})}{(10^{16} - 10^{19}x)}$$

例如，在 $x = 0$ 处，我们有

$$\mathrm{E}_x = 25.9 \ \mathrm{V/cm}$$

■ **说明**

由此前对漂移电流的讨论可知，很小的电场就能产生相当大的漂移电流，所以非均匀掺杂感生出的电场能够显著影响半导体器件的特性。

■ **自测题**

E5.6　$T = 300$ K 时 n 型半导体的施主浓度为 $N_d(x) = 10^{16}\mathrm{e}^{-x/L}$，其中 $L = 2 \times 10^{-2}$ cm。分别求以下两种情况中半导体的感生电场：(a) $x = 0$；(b) $x = 10^{-4}$ cm。

　　答案：(a) $E = 1.295$ V/cm；(b) $E = 1.295$ V/cm。

5.3.2　爱因斯坦关系

考虑能带结构如图 5.12 所示的非均匀掺杂半导体。假设没有外加电场，半导体处于热平衡状态，则电子电流和空穴电流分别等于零。可写为

$$J_n = 0 = en\mu_n\mathrm{E}_x + eD_n\frac{\mathrm{d}n}{\mathrm{d}x} \tag{5.43}$$

设半导体满足准中性条件，即 $n \approx N_d(x)$，则式(5.43)可改写为

$$J_n = 0 = e\mu_n N_d(x)\mathrm{E}_x + eD_n\frac{\mathrm{d}N_d(x)}{\mathrm{d}x} \tag{5.44}$$

将式(5.42)给出的电场表达式代入式(5.44)，可得

$$0 = -e\mu_n N_d(x)\left(\frac{kT}{e}\right)\frac{1}{N_d(x)}\frac{\mathrm{d}N_d(x)}{\mathrm{d}x} + eD_n\frac{\mathrm{d}N_d(x)}{\mathrm{d}x} \tag{5.45}$$

式(5.45)适用于条件

$$\frac{D_n}{\mu_n} = \frac{kT}{e} \tag{5.46a}$$

同理，半导体中空穴电流也一定为零。由此条件得到

$$\frac{D_p}{\mu_p} = \frac{kT}{e} \tag{5.46b}$$

联立式(5.46a)和式(5.46b)，可得

$$\boxed{\frac{D_n}{\mu_n} = \frac{D_p}{\mu_p} = \frac{kT}{e}} \tag{5.47}$$

扩散系数和迁移率不是彼此独立的参数。式(5.47)给出的扩散系数和迁移率之间的关系称为爱因斯坦关系。

例 5.7　已知载流子迁移率，求扩散系数。设 $T = 300$ K 时某载流子的迁移率为 $1000 \ \mathrm{cm}^2/\mathrm{V} \cdot \mathrm{s}$。

■ **解**

由爱因斯坦关系式，可得

$$D = \left(\frac{kT}{e}\right)\mu = (0.0259)(1000) = 25.9 \ \mathrm{cm}^2/\mathrm{s}$$

■ **说明**

尽管该例十分简单，但对扩散系数和迁移率数量级的相对关系的记忆很重要。在室温下，扩散系数约为迁移率的 1/40。

■ **自测题**

E5.7　设 $T = 300$ K 时半导体中电子扩散系数为 $D_n = 215$ cm^2/s。求电子迁移率。

　　　答案：$\mu_n = 8301$ cm^2/V·s。

与表 5.1 列出的迁移率相对应，表 5.2 列出了 $T = 300$ K 时 Si, Ge 和 GaAs 的扩散系数。

表 5.2　$T = 300$ K 时 ($\mu = $ cm^2/V·s, $D = $ cm^2/s) 的典型迁移率和扩散系数

	μ_n	D_n	μ_p	D_p
Si	1350	35	480	12.4
GaAs	8500	220	400	10.4
Ge	3900	101	1900	49.2

式(5.47)给出的迁移率与扩散系数的关系式中包含有温度项。要始终牢记，温度对此关系的主要影响是 5.1.2 节中讨论的晶格散射和电离杂质散射过程的结果。由于晶格散射作用的影响，迁移率是温度的强函数，因此扩散系数也是温度的强函数。式(5.47)给出的特殊温度依赖特性只是真实温度特性的很小部分。

*5.4　霍尔效应

电场和磁场对运动电荷施加力的作用产生的效应称为霍尔效应。霍尔效应可用于判断半导体的导电类型[①]以及计算多数载流子的浓度和迁移率[②]。本节讨论的霍尔器件可用于实验测量半导体参数，同时也广泛应用于工程领域，如磁性探针以及其他电路应用。

在磁场中运动的粒子的电量为 q，粒子受力为

$$F = qv \times B \tag{5.48}$$

其中速度和磁场取叉乘，因此力矢量与速度和磁场都垂直。

图 5.13 为霍尔效应示意图。通有电流 I_x 的半导体放置在与电流方向垂直的磁场中。此例中，磁场沿 z 方向。如图所示，半导体中运动的电子和空穴将受到力的作用，受力方向均为 $-y$ 方向。p 型半导体($p_0 > n_0$)中，在 $y = 0$ 的表面会有正电荷积累；n 型半导体($p_0 < n_0$)中，在 $y = 0$ 的表面会有负电荷积累。净电荷在 y 方向产生感应电场，如图所示。达到稳定状态时，磁场力与感生电场力恰好平衡，即

$$F = q[\mathrm{E} + v \times B] = 0 \tag{5.49a}$$

得到

$$q\mathrm{E}_y = qv_x B_z \tag{5.49b}$$

y 方向的感生电场称为霍尔电场。霍尔电场在半导体内产生的电压称为霍尔电压。我们有

$$V_H = +\mathrm{E}_H W \tag{5.50}$$

其中 E_H 沿 $+y$ 方向，V_H 方向如图所示。

---

① 假设非本征半导体材料中，多数载流子浓度远大于少数载流子浓度。

② 假设为非本征半导体材料，其多数载流子浓度远大于少数载流子浓度。

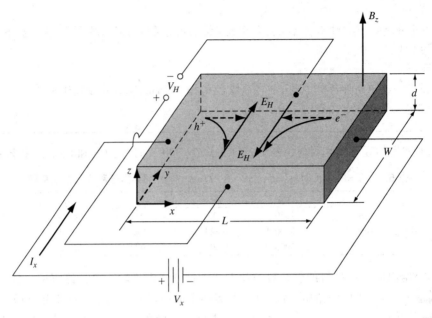

图 5.13　霍尔效应测量原理图

　　如图 5.13 所示，在 p 型半导体内，空穴为多数载流子，霍尔电压为正；在 n 型半导体中，电子为多数载流子，霍尔电压为负。可以从霍尔电压的正负来判断非本征半导体的导电类型是 n 型还是 p 型。

　　将式(5.50)代入式(5.49)，可得

$$V_H = v_x W B_z \tag{5.51}$$

p 型半导体中的空穴漂移速度为

$$v_{dx} = \frac{J_x}{ep} = \frac{I_x}{(ep)(Wd)} \tag{5.52}$$

其中 e 为电子电量。联立式(5.52)和式(5.50)，可得

$$V_H = \frac{I_x B_z}{epd} \tag{5.53}$$

求解空穴浓度可得

$$p = \frac{I_x B_z}{edV_H} \tag{5.54}$$

由电流强度、磁场强度和霍尔电压可计算出多数载流子空穴的浓度。

　　n 型半导体的霍尔效应为

$$V_H = -\frac{I_x B_z}{ned} \tag{5.55}$$

所以电子浓度为

$$n = -\frac{I_x B_z}{edV_H} \tag{5.56}$$

注意，n 型半导体的霍尔电压为负。因此，由式(5.56)求出的电子浓度为正。

　　一旦多数载流子浓度已经确定，就可以计算出弱电场下多数载流子的迁移率。对于 p 型半导体，我们可以写出

$$J_x = ep\mu_p \mathrm{E}_x \tag{5.57}$$

将电流密度和电场强度换算为电流和电压, 则式(5.57)变为

$$\frac{I_x}{Wd} = \frac{ep\mu_p V_x}{L} \tag{5.58}$$

得到空穴迁移率为

$$\mu_p = \frac{I_x L}{ep V_x Wd} \tag{5.59}$$

同理, 对于 n 型半导体, 弱电场下电子的迁移率为

$$\mu_n = \frac{I_x L}{en V_x Wd} \tag{5.60}$$

例5.8　已知霍尔效应参数, 求多数载流子的浓度和迁移率。

如图 5.13 所示, 令 $L = 10^{-1}$ cm, $W = 10^{-2}$ cm, $d = 10^{-3}$ cm。设 $I_x = 1.0$ mA, $V_x = 12.5$ V, $V_H = -6.25$ mV, $B_z = 5 \times 10^{-2}$ T。

■ **解**

由于霍尔电压为负, 所以半导体为 n 型。使用式(5.56), 可计算出电子浓度为

$$n = \frac{-(10^{-3})(5 \times 10^{-2})}{(1.6 \times 10^{-19})(10^{-5})(-6.25 \times 10^{-3})} = 5 \times 10^{21}\ \text{m}^{-3} = 5 \times 10^{15}\ \text{cm}^{-3}$$

使用式(5.60), 可计算出电子迁移率为

$$\mu_n = \frac{(10^{-3})(10^{-3})}{(1.6 \times 10^{-19})(5 \times 10^{21})(12.5)(10^{-4})(10^{-5})} = 0.10\ \text{m}^2/\text{V·s}$$

或

$$\mu_n = 1000\ \text{cm}^2/\text{V·s}$$

■ **说明**

注意, 霍尔效应公式中必须使用统一的米·千克·秒(MKS)单位制才能得到正确的结果。

■ **自测题**

E5.8　如图 5.13 所示的 p 型 Si 材料, 有 $L = 0.2$ cm, $W = 10^{-2}$ cm, $d = 8 \times 10^{-4}$ cm, 半导体中 $p = 10^{16}$ cm^{-3}, $\mu_p = 320$ cm^2/V·s。对于 $V_x = 10$ V, $B_z = 5 \times 10^{-2}$ T, 求 I_x 和 V_H。

答案: $I_x = 0.2048$ mA, $V_H = 0.80$ mV。

5.5　小结

- 半导体中的两种基本输运机制: 电场作用下的漂移运动和浓度梯度作用下的扩散运动。
- 存在外加电场时, 在散射作用下载流子达到平均漂移速度。半导体内存在两种散射过程, 即晶格散射和电离杂质散射。
- 在弱电场下, 平均漂移速度是电场强度的线性函数; 而在强电场下, 漂移速度达到饱和, 其数量级为 10^7。
- 载流子迁移率为平均漂移速度与外加电场之比。电子和空穴迁移率是温度以及电离杂质浓度的函数。
- 漂移电流密度为电导率和电场强度的乘积(欧姆定律的一种表示)。电导率是载流子浓度和迁移率的函数。电阻率等于电导率的倒数。
- 扩散电流密度与载流子扩散系数和载流子浓度梯度成正比。

- 扩散系数和迁移率的关系称为爱因斯坦关系。
- 霍尔效应是载流子电荷在相互垂直的电场和磁场中运动产生的。载流子发生偏转，感生出霍尔电压。霍尔电压的正负反映了半导体的导电类型。还可以由霍尔电压确定多数载流子浓度和迁移率。

重要术语解释

- conductivity（电导率）：关于载流子漂移的材料参数；可量化为漂移电流密度和电场强度之比。
- diffusion（扩散）：粒子从高浓度区向低浓度区运动的过程。
- diffusion coefficient（扩散系数）：关于粒子流动与粒子浓度梯度之间的参数。
- diffusion current（扩散电流）：载流子扩散形成的电流。
- drift（漂移）：在电场作用下，载流子的运动过程。
- drift current（漂移电流）：载流子漂移形成的电流。
- drift velocity（漂移速度）：电场中载流子的平均漂移速度。
- Einstein relation（爱因斯坦关系）：扩散系数和迁移率的关系。
- Hall voltage（霍尔电压）：在霍尔效应测量中，半导体上产生的横向压降。
- ionized impurity scattering（电离杂质散射）：载流子和电离杂质中心之间的相互作用。
- lattice scattering（晶格散射）：载流子和热振动晶格原子之间的相互作用。
- mobility（迁移率）：关于载流子漂移和电场强度的参数。
- resistivity（电阻率）：电导率的倒数；计算电阻的材料参数。
- velocity saturation（饱和速度）：电场强度增加时，载流子漂移速度的饱和值。

知识点

学完本章后，读者应具备如下能力：

- 论述载流子漂移电流密度。
- 解释在外加电场作用下载流子达到平均漂移速度的原因。
- 论述晶格散射和杂质散射机制。
- 定义迁移率，并论述迁移率对温度和电离杂质浓度的依赖关系。
- 定义电导率和电阻率。
- 论述饱和速度。
- 论述载流子扩散电流密度。
- 叙述爱因斯坦关系。
- 描述霍尔效应。

复习题

1. 写出总漂移电流密度方程。漂移电流密度和电场的关系总是线性的吗？陈述其原因。
2. 定义电子和空穴的迁移率。其单位是什么？
3. 解释迁移率与温度的关系。为什么载流子迁移率是电离杂质浓度的函数？
4. 定义电导率、电阻率。它们各自的单位是什么？
5. 分别画出硅、砷化镓中电子漂移速度与电场强度的关系曲线。
6. 写出电子和空穴的扩散电流密度方程。

7. 爱因斯坦关系是什么？

8. 半导体中因施主杂质浓度梯度和受主杂质浓度梯度而产生的感生电场的方向分别是什么？

9. 描述霍尔效应。

10. 解释为什么霍尔电压的正负反映了半导体的导电类型(n 型或 p 型)。

习题

注意：若无特殊说明，则半导体的参数值由附录 B 给出。

5.1　载流子的漂移运动

5.1 硅中施主杂质原子的浓度为 $N_d = 10^{15}$ cm^{-3}。设电子迁移率为 $\mu_n = 1300$ cm^2/V·s，空穴迁移率为 $\mu_p = 450$ cm^2/V·s。(a)求材料的电阻率；(b)求材料的电导率。

5.2 p 型硅材料的电导率为 $\sigma = 1.80$ $(\Omega \cdot cm)^{-1}$。如果迁移率值为 $\mu_n = 1250$ cm^2/V·s 和 $\mu_p = 380$ cm^2/V·s，那么材料的受主杂质浓度是多少？

5.3 (a)$T = 300$ K 时某 n 型硅材料的电导率为 $\sigma = 10$ $(\Omega \cdot cm)^{-1}$，求施主杂质浓度以及该杂质浓度下的电子迁移率；(b)某 p 型硅材料的电阻率为 $\rho = 0.20(\Omega \cdot cm)$，求受主杂质浓度以及该杂质浓度下的空穴迁移率。

5.4 (a)$T = 300$ K 时某 p 型砷化镓材料的电阻率为 $\rho = 0.35(\Omega \cdot cm)$，求受主杂质浓度以及该杂质浓度下的空穴迁移率；(b)某 n 型砷化镓材料的电导率为 $\sigma = 120$ $(\Omega \cdot cm)^{-1}$，求施主杂质浓度以及该杂质浓度下的电子迁移率。

5.5 某 n 型硅材料样品长为 2.5 cm，横截面积为 0.1 cm^2。施主杂质浓度为 $N_d = 2 \times 10^{15}$ cm^{-3}。测得该样品电阻为 70 Ω。求电子迁移率。

5.6 $T = 300$ K 时，均匀掺杂的 GaAs 半导体的参数为 $N_d = 10^{16}$ cm^{-3}，$N_a = 0$。(a)计算热平衡时的电子和空穴浓度；(b)外加电场为 E = 10 V/cm，计算漂移电流密度；(c)当 $N_d = 0$，$N_a = 10^{16}$ cm^{-3} 时，重做(a)和(b)的计算。

5.7 晶体硅材料的横截面积为 0.001 cm^{-2}，长为 10^{-3} cm，两端加 10 V 电压。$T = 300$ K 时，假设要在硅中得到 100 mA 的电流。计算：(a)所需的半导体电阻 R；(b)所需的电导率；(c)达到此电导率所需的施主杂质浓度；(d)假设初始施主杂质浓度为 $N_d = 10^{15}$ cm^{-3}，要形成电导率为(b)的 p 型补偿半导体，试确定受主杂质浓度。

5.8 (a)某硅半导体电阻器是一个长为 0.075 cm，横截面积为 8.5×10^{-4} cm^{-2} 的长方体，硼原子的掺杂浓度为 2×10^{16} cm^{-3}。令 $T = 300$ K，假设在长度方向施加一个 2 V 的电压，计算电阻器的电流；(b)假设长度变为原来的 3 倍，重做(a)；(c)分别计算(a)和(b)中的空穴平均漂移速度。

5.9 (a)某砷化镓半导体电阻器施主掺杂浓度为 $N_d = 2 \times 10^{15}$ cm^{-3}，横截面积为 5×10^{-5} cm^2。施加一个 5 V 的偏压产生电流 $I = 25$ mA，确定电阻器的长度；(b)利用(a)中的结果，计算电子的漂移速度；(c)已知电子的饱和速度为 5×10^6 cm/s，假设施加的偏压增加到 20 V，确定此时产生的电流。

5.10 (a)在 1 cm 长的条形半导体上施加 3 V 的电压，电子平均漂移速度为 10^4 cm/s，求电子迁移率；(b)假设(a)中的电子迁移率为 800 cm^2/V·s，求电子平均漂移速度。

5.11 利用图 5.7 中硅、砷化镓的速度-电场关系曲线，求出两种材料中电子在以下电场强度时通过 1 μm 距离所用的时间：(a)1 kV/cm；(b)50 kV/cm。

5.12 一块杂质补偿半导体中，受主杂质和施主杂质的浓度恰好相等。设杂质全部电离，求 $T = 300$ K 时硅的电导率，杂质浓度分别为(a) $N_a = N_d = 10^{14}$ cm^{-3}；(b) $N_a = N_d = 10^{16}$ cm^{-3}；(c) $N_a = N_d = 10^{18}$ cm^{-3}。

5.13 (a)p 型砷化镓半导体在 $T = 300$ K 时的电导率为 $\sigma = 5 \, (\Omega \cdot cm)^{-1}$，求热平衡时的电子和空穴浓度；(b)对电阻率为 $\rho = 8 \, (\Omega \cdot cm)$ 的 n 型硅，重新计算(a)。

5.14 在一块某半导体材料中，$\mu_n = 1000 \ cm^2/V \cdot s$，$\mu_p = 600 \ cm^2/V \cdot s$，$N_V = N_C = 10^{19} \ cm^{-3}$，且这些参数不随温度变化。测得 $T = 300$ K 时本征电导率为 $\sigma = 10^{-6} \, (\Omega \cdot cm)^{-1}$。求 $T = 500$ K 时的电导率。

5.15 (a)求 $T = 300$ K 时的电阻率，材料为本征(i)Si；(ii)Ge；(iii)GaAs；(b)假设矩形长条半导体分别由(a)中的三种材料制成，横截面积为 $85 \ \mu m^2$，长为 $200 \ \mu m$，分别求它们的电阻。

5.16 n 型硅样品在 $T = 300$ K 时的电阻率为 $0.25 \, (\Omega \cdot cm)^{-1}$。(a)求施主杂质浓度和相应的电子迁移率；(b)求在(i) $T = 250$ K 和(ii) $T = 400$ K 时的电阻率。

5.17 某半导体层电导率随深度变化函数为 $\sigma(x) = \sigma_o \exp(-x/d)$，其中 $\sigma_o = 20 \, (\Omega \cdot cm)^{-1}$，$d = 0.3 \ \mu m$。假设半导体层的厚度为 $t = 1.5 \ \mu m$，求该半导体层的平均电导率。

5.18 某 n 型硅电阻器长 $L = 150 \ \mu m$，宽 $W = 7.5 \ \mu m$，厚 $T = 1 \ \mu m$。在电阻器的长度方向加一个 2 V 的电压，施主杂质浓度随电阻器的厚度呈线性变化，上表面为 $N_d = 2 \times 10^{16} \ cm^{-3}$，下表面为 $N_d = 2 \times 10^{15} \ cm^{-3}$。假设平均载流子迁移率为 $\mu_n = 750 \ cm^2/V \cdot s$。(a)求电阻器中的电场强度；(b)求硅的平均电导率；(c)求电阻器的电流；(d)分别求出接近顶部表面和接近底部表面的电流密度。

5.19 硅中的掺杂浓度为 $N_d = 2 \times 10^{16} \ cm^{-3}$，$N_a = 0$。电子漂移速度与电场强度关系的经验公式为

$$v_d = \frac{\mu_{n0} E}{\sqrt{1 + \left(\frac{\mu_{n0} E}{v_{sat}}\right)^2}}$$

其中 $\mu_{n0} = 1350 \ cm^2/V \cdot s$，$v_{sat} = 1.8 \times 10^7 \ cm/s$，电场强度的单位为 V/cm。试用对数坐标画出 $0 \leq E \leq 10^6$ V/cm 范围内电子漂移电流密度–电场强度(log-log 坐标)的关系曲线。

5.20 $T = 300$ K 时，硅中的电子迁移率为 $\mu_n = 1350 \ cm^2/V \cdot s$，导带中电子的动能为 $(1/2) m_n^* v_d^2$，其中 m_n^* 为有效质量，v_d 为漂移速度。求外加电场为(a)10 V/cm 和(b)1 kV/cm 时导带中电子的动能。

5.21 考虑一个均匀掺杂的半导体，其参数为 $N_d = 10^{14} \ cm^{-3}$，$N_a = 0$。外加电场 E = 100 V/cm。设 $\mu_n = 1000 \ cm^2/V \cdot s$，$\mu_p = 0$。假设有以下参数：

$$N_c = 2 \times 10^{19} \, (T/300)^{3/2} \ cm^{-3}$$
$$N_v = 1 \times 10^{19} \, (T/300)^{3/2} \ cm^{-3}$$
$$E_g = 1.10 \ eV$$

(a)求 $T = 300$ K 时的电子电流密度；(b)在温度为多少时，电流将增加 5%(设迁移率与温度无关)？

5.22 半导体材料的电子和空穴迁移率分别为 μ_n 和 μ_p，电导率 p_0 是空穴浓度的函数。(a)证明电导率的最小值为

$$\sigma_{min} = \frac{2\sigma_i (\mu_n \mu_p)^{1/2}}{(\mu_n + \mu_p)}$$

其中 σ_i 为本征半导体；(b)证明其对应的空穴浓度为 $p_0 = n_i \, (\mu_n/\mu_p)^{1/2}$。

5.23 考虑 $T = 300$ K 时的三个硅样本。n 型样本中砷原子的掺杂浓度为 $N_d = 5 \times 10^{16} \ cm^{-3}$。p 型样本中硼原子的掺杂浓度为 $N_a = 2 \times 10^{16} \ cm^{-3}$。补偿半导体样本掺杂了上述两种样本的施主和受主杂质。(a)求每个样本中的平衡电子和空穴浓度；(b)求每个样本中的多数载流子迁移率；(c)求每个样本中的电导率；(d)假设需产生 $J = 120$ A/cm^2 的漂移电流密度，求每个样品中所需的电场。

5.24 特定半导体内存在三种散射机制。只存在第一种散射机制时的迁移率为 $\mu_1 = 2000 \ cm^2/V \cdot s$，

只存在第二种散射机制时的迁移率为 $\mu_2 = 1500$ cm^2/V·s，只存在第三种散射机制时的迁移率为 $\mu_3 = 500$ cm^2/V·s。求总迁移率。

5.25 $T = 300$ K 时，硅中的电子迁移率为 $\mu_n = 1300$ cm^2/V·s。设迁移率由晶格散射决定，且 μ_n 随 $T^{-3/2}$ 变化。求（a）$T = 200$ K 和（b）$T = 400$ K 时的电子迁移率。

5.26 某半导体内存在两种散射机制。只存在第一种散射机制时的迁移率为 250 cm^2/V·s，只存在第二种散射机制时的迁移率为 500 cm^2/V·s。求两种散射机制同时存在时的总迁移率。

5.27 硅中有效状态密度为

$$N_c = 2.8 \times 10^{19} \left(\frac{T}{300}\right)^{3/2} \qquad N_v = 1.04 \times 10^{19} \left(\frac{T}{300}\right)^{3/2}$$

设迁移率为

$$\mu_n = 1350 \left(\frac{T}{300}\right)^{-3/2} \qquad \mu_p = 480 \left(\frac{T}{300}\right)^{-3/2}$$

设禁带宽度为 $E_g = 1.12$ eV，且不随温度变化。画出 200 K $\leq T \leq$ 600 K 范围内，本征半导体随绝对温度 T 变化的关系曲线。

5.28 （a）设 n 型半导体的电子迁移率为

$$\mu_n = \frac{1350}{\left(1 + \frac{N_d}{5 \times 10^{16}}\right)^{1/2}} \text{ cm}^2/\text{V·s}$$

其中施主浓度 N_d 的单位为 cm^{-3}。设杂质全部电离，画出 10^{15} cm$^{-3} \leq N_d \leq 10^{18}$ cm^{-3} 范围内的电导率与 N_d 的关系曲线；（b）当迁移率为 $\mu_n = 1350$ cm^2/V·s 的常数时，与（a）的结果比较；（c）当外加电场为 E = 10 V/cm 时，画出（a）和（b）两种情况的电子漂移电流密度。

5.2 载流子扩散

5.29 $T = 300$ K 时，硅样品的电子浓度随距离线性变化，如图 P5.29 所示。扩散电流密度 $J_n = 0.19$ A/cm^2。设电子扩散系数 $D_n = 25$ cm^2/s，求 $x = 0$ 处的电子浓度。

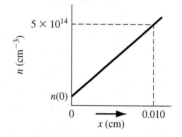

图 P5.29 习题 5.29 的示意图

5.30 硅中电子的稳态分布是近似于 x 的线性函数。最大电子浓度为 $x = 0$ 处的 $n(0) = 2 \times 10^{16}$ cm^{-3}。在 $x = 0.012$ cm 处的电子浓度为 5×10^{15} cm^{-3}。假设电子扩散系数为 $D_n = 27$ cm^2/s，求电子扩散电流密度。

5.31 某硅材料的电子扩散电流密度为 $J_n = -2$ A/cm^2 的常数。$x = 0$ 处的电子浓度为 $n(0) = 10^{15}$ cm^{-3}。（a）假设硅材料有 $D_n = 30$ cm^2/s，求 $x = 20$ μm 处的电子浓度；（b）假设此材料为 GaAs 且 $D_n = 230$ cm^2/s，求 $x = 20$ μm 处的电子浓度。

5.32 p 型 GaAs 材料中的空穴浓度为 $p(x) = 10^{16}(1 + x/L)^2$ cm^{-3}，$-L \leq x \leq 0$，其中 $L = 12$ μm。空穴扩散系数为 $D_p = 10$ cm^2/s，求以下情况的空穴扩散电流密度：（a）$x = 0$；（b）$x = -6$ μm；（c）$x = -12$ μm。

5.33 某硅材料，电子浓度为 $n(x) = 10^{15} e^{-x/L_n}$ cm^{-3}，$x \geq 0$；空穴浓度为 $p(x) = 5 \times 10^{15} e^{+x/L_p}$ cm^{-3}，$x \leq 0$。其中参数值为 $L_n = 2 \times 10^{-3}$ cm，$L_p = 5 \times 10^{-4}$ cm。电子和空穴扩散系数分别为 $D_n = 25$ cm^2/s，$D_p = 10$ cm^2/s。定义总电流密度为 $x = 0$ 处的电子和空穴扩散电流密度的总和。求总电流密度。

5.34 某硅材料中空穴浓度为 $p(x) = 5 \times 10^{15} e^{-x/L_p}$ cm^{-3}，$x \geq 0$。求以下情况在（a）$x = 0$ 和（b）$x = L_p$ 处的空穴扩散电流密度：（i）假设为硅材料且 $D_p = 10$ cm^2/s，$L_p = 50$ μm；（ii）假设为锗材料且 $D_p = 48$ cm^2/s，$L_p = 22.5$ μm。

5.35 $T = 300$ K 时，硅中的电子浓度为

$$n(x) = 10^{16} \exp\left(\frac{-x}{18}\right) \text{cm}^{-3}$$

其中 $0 \leqslant x \leqslant 25$ μm。电子扩散系数 $D_n = 25$ cm²/s，电子迁移率 $\mu_n = 960$ cm²/V·s。半导体内部总电子电流密度恒定，且等于 $J_n = -40$ A/cm²。电子电流包括扩散电流和漂移电流两部分。求半导体中电场随 x 的分布。

*5.36 某硅材料中的总电流 $J = -10$ A/cm² 为常数。总电流包括空穴漂移电流和电子扩散电流。设空穴浓度为 10^{16} cm⁻³ 的常数，电子浓度为 $n(x) = 2 \times 10^{15} e^{-x/L}$ cm⁻³，其中 $L = 15$ μm。电子扩散系数为 $D_n = 27$ cm²/s，空穴迁移率为 $\mu_p = 420$ cm²/V·s。求(a) $x > 0$ 处的电子扩散电流密度；(b) $x > 0$ 处的空穴漂移电流密度；(c) $x > 0$ 处所需的电场。

*5.37 n 型砷化镓半导体的恒定电场强度为 E $= 12$ V/cm，其方向沿 x 的正方向，$0 \leqslant x \leqslant 50$ μm。总电流密度恒定，$J = 100$ A/cm²。$x = 0$ 处，漂移电流和扩散电流相等。令 $T = 300$ K，$\mu_n = 8000$ cm²/V·s。(a)求电子浓度 $n(x)$ 的表达式；(b)计算 $x = 0$ 处和 $x = 50$ μm 处的电子浓度；(c)求 $x = 50$ μm 处的漂移和扩散电流密度。

*5.38 n 型硅的费米能级在小距离内随距离线性变化。$x = 0$ 处，$E_F - E_{Fi} = 0.4$ eV，$x = 10^{-3}$ cm 处，$E_F - E_{Fi} = 0.15$ eV。(a)写出电子浓度的表达式；(b)假设电子扩散系数为 $D_n = 25$ cm²/s，计算(i) $x = 0$，(ii) $x = 5 \times 10^{-4}$ cm 处的电子扩散电流密度。

*5.39 (a)半导体中的电子浓度为 $n = 10^{16}(1 - x/L)$ cm⁻³，$0 \leqslant x \leqslant L$，其中 $L = 10$ μm。电子迁移率和扩散系数分别为 $\mu_n = 1000$ cm²/V·s，$D_n = 25.9$ cm²/s。电场作用下，总电子电流密度 $J_n = -80$ A/cm² 在给定 x 范围内恒定，求所需电场随距离的分布；(b)假设 $J_n = -20$ A/cm²，重做(a)。

5.3　杂质梯度分布

5.40 考虑 $T = 300$ K 时热平衡状态下的某 n 型半导体（无电流），设施主杂质浓度 $N_d(x) = N_{d0} e^{-x/L}$，$0 \leqslant x \leqslant L$，其中 $N_{d0} = 10^{16}$ cm⁻³，$L = 10$ μm。(a)求 $0 \leqslant x \leqslant L$ 范围内的电场分布；(b)求 $x = 0$ 处和 $x = L$ 处之间的电势差（$x = 0$ 处的电势高于 $x = L$ 处的电势）。

5.41 数据同例5.6，求 $x = 0$ 处和 $x = 1$ μm 处之间的电势差。

5.42 $T = 300$ K 时，某硅材料在 0.1 cm 长度范围内，感应电场为 500 V/cm。试确定掺杂情况。

*5.43 GaAs 中，施主杂质浓度为 $N_{d0} \exp(-x/L)$，$0 \leqslant x \leqslant L$，其中 $L = 0.1$ μm，$N_{d0} = 5 \times 10^{16}$ cm⁻³。设 $\mu_n = 6000$ cm²/V·s，$T = 300$ K。(a)试推导电子扩散电流密度在给定 x 范围内的表达式；(b)假设此感生电场产生的漂移电流密度恰好补偿扩散电流密度，求感生电场。

5.44 (a) $N_d = 10^{17}$ cm⁻³ 时，硅中的电子迁移率如图 5.2(a)所示。计算并画出电子扩散系数与温度的关系曲线（-50℃ $\leqslant T \leqslant 200$℃）。(b)假设所有温度下电子扩散系数为 $D_n = (0.0259)\mu_n$，重做(a)。可以得到扩散系数与温度之间存在何种依赖关系？

5.45 已知 $T = 300$ K 时的某种硅材料。(a)(i)假设电子迁移率为 $\mu_n = 1150$ cm²/V·s，求电子扩散系数；(ii)假设电子迁移率为 $\mu_n = 6200$ cm²/V·s，求电子扩散系数；(b)(i)假设空穴扩散系数为 $D_p = 8$ cm²/s，求空穴迁移率；(ii)假设空穴扩散系数为 $D_p = 35$ cm²/s，求空穴迁移率。

5.4　霍尔效应

注意：霍尔效应的原理图请参见图 5.13。

5.46 $T = 300$ K 时某硅中均匀掺杂磷原子浓度为 2×10^{16} cm⁻³。某霍尔器件的几何尺寸同例5.8。电流为 $I_x = 1.2$ mA，磁通量密度为 $B_Z = 5 \times 10^{-2}$ T。求(a)霍尔电压；(b)霍尔电场。

5.47　$T = 300\ \text{K}$ 时，Ge 中掺入施主杂质电子浓度为 $5 \times 10^{15}\ \text{cm}^{-3}$。霍尔器件的几何尺寸为 $d = 5 \times 10^{-3}\ \text{cm}$，$W = 2 \times 10^{-2}\ \text{cm}$，$L = 10^{-1}\ \text{cm}$。电流为 $I_x = 250\ \mu\text{A}$，外加电场为 $V_x = 100\ \text{mV}$，磁通量密度 $B_z = 5 \times 10^{-2}\ \text{T}$。计算(a)霍尔电压；(b)霍尔电场；(c)载流子迁移率。

5.48　$T = 300\ \text{K}$ 时，硅霍尔器件的几何尺寸为 $d = 10^{-3}\ \text{cm}$，$W = 10^{-2}\ \text{cm}$，$L = 10^{-1}\ \text{cm}$。测得 $I_x = 0.50\ \text{mA}$，$V_X = 15\ \text{V}$，$V_H = -5.2\ \text{mV}$，$B_Z = 0.10\ \text{T}$。求(a)导电类型；(b)多数载流子浓度；(c)多数载流子迁移率。

5.49　$T = 300\ \text{K}$ 时，硅霍尔器件的几何尺寸为 $d = 5 \times 10^{-3}\ \text{cm}$，$W = 5 \times 10^{-2}\ \text{cm}$，$L = 0.50\ \text{cm}$。测得 $I_x = 0.50\ \text{mA}$，$V_X = 1.25\ \text{V}$，$B_z = 6.5 \times 10^{-2}\ \text{T}$，霍尔电场为 $E_H = -16.5\ \text{mV/cm}$。求(a)霍尔电压；(b)导电类型；(c)多数载流子浓度；(d)多数载流子迁移率。

5.50　$T = 300\ \text{K}$ 时，GaAs 霍尔器件的几何尺寸为 $d = 0.01\ \text{cm}$，$W = 0.05\ \text{cm}$，$L = 0.5\ \text{cm}$。测得 $I_x = 2.5\ \text{mA}$，$V_x = 2.2\ \text{V}$，$B_z = 2.5 \times 10^{-2}\ \text{T}$，霍尔电压为 $V_H = -4.5\ \text{mV}$。求(a)导电类型；(b)多数载流子浓度；(c)迁移率；(d)电阻率。

综合题

5.51　n 型硅半导体电阻器外加 5 V 电压时得到电流 5 mA。(a)假设 $N_d = 3 \times 10^{14}\ \text{cm}^{-3}$，$N_a = 0$，设计一个满足上述要求的电阻器；(b)假设 $N_d = 3 \times 10^{16}\ \text{cm}^{-3}$，$N_a = 2.5 \times 10^{16}\ \text{cm}^{-3}$，重新设计该电阻器；(c)讨论两种设计的相对长度与掺杂浓度的关系是否为线性关系？

5.52　在制造霍尔器件时，测到霍尔电压的两点之间的连线不一定恰好与电流 I_x 垂直（参见图 5.13），讨论这种失准对霍尔电压的影响。说明有效霍尔电压可以有两种方法获得：一种是磁场沿 $+z$ 方向，另一种是磁场沿 $-z$ 方向。

5.53　另一种判断半导体导电类型的方法是热探针法。它由两个探针和一块显示电流方向的安培表组成。一个探针加热，另一个探针保持室温。没有外加电场的情况下，当探针接触半导体时，将产生电流。解释热探针法的原理，画出 n 型和 p 型半导体样品中的电流方向。

参考文献

*1. Bube, R. H. *Electrons in Solids*：*An Introductory Survey*, 3rd ed. San Diego, CA：Academic Press, 1992.

2. Caughey, D. M., and R. E. Thomas. "Carrier Mobilities in Silicon Empirically, Related to Doping and Field." *Proc. IEEE* 55 (1967), p. 2192.

3. Dimitrijev, S. *Principles of Semiconductor Devices*. New York：Oxford University, 2006.

4. Kano, K. *Semiconductor Devices*. Upper Saddle River, NJ：Prentice Hall, 1998.

*5. Lundstrom, M. *Fundamentals of Carrier Transport*. Vol. X of *Modular Series on Solid State Devices*. Reading, MA：Addison-Wesley, 1990.

6. Muller, R. S., and T. I. Kamins. *Device Electronics for Integrated Circuits*, 2nd ed. New York：Wiley, 1986.

7. Navon, D. H. *Semiconductor Microdevices and Materials*. New York：Holt, Rinehart & Winston, 1986.

8. Pierret, R. F. *Semiconductor Device Fundamentals*. Reading, MA：Addison-Wesley, 1996.

9. Shur, M. *Introduction to Electronic Devices*. New York：John Wiley and Sons, 1996.

*10. Shur, M. *Physics of Semiconductor Devices*. Englewood Cliffs, NJ：Prentice Hall, 1990.

11. Singh, J. *Semiconductor Devices*：*An Introduction*. New York：McGraw-Hill, 1994.

12. Singh, J. *Semiconductor Devices*：*Basic Principles*. New York：John Wiley and Sons, 2001.

13. Streetman, B. G., and S. K. Banerjee. *Solid State Electronic Devices*, 6th ed. Upper Saddle River, NJ: Pearson Prentice Hall, 2006.

14. Sze, S. M. and K. K. Ng. *Physics of Semiconductor Devices*, 3rd ed. Hoboken, NJ: John Wiley and Sons, 2007.

15. Sze, S. M. *Semiconductor Devices: Physics and Technology*, 2nd ed. New York: John Wiley and Sons, 2001.

*16. van der Ziel, A. *Solid State Physical Electronics*, 2nd ed. Englewood Cliffs, NJ: Prentice Hall, 1968.

17. Wang, S. *Fundamentals of Semiconductor Theory and Device Physics*. Englewood Cliffs, NJ: Prentice Hall, 1989.

18. Yang, E. S. *Microelectronic Devices*. New York: McGraw-Hill, 1988.

第6章 半导体中的非平衡过剩载流子

在第4章中，我们讨论了热平衡状态下的半导体物理，而当半导体器件外加一定的电压或存在一定的电流时，半导体的工作就处于非平衡状态。在第5章关于电流传输的讨论中，我们也没有考虑非平衡状态，而是假设为平衡状态没有受到较大扰动的情况。如果半导体受到外部的激励，那么在热平衡浓度之外，导带和价带中会分别产生过剩的电子和空穴。在本章中，我们将讨论非平衡状态电子和空穴浓度状态相对时间和空间坐标的函数。

过剩电子和空穴并不是相互独立运动的。它们的扩散、漂移和复合都具有相同的有效扩散系数、漂移迁移率和寿命，这种现象称为双极输运。下面我们就用双极输运方程来描述过剩电子和空穴的状态。过剩载流子是半导体器件工作的基础。我们可以通过研究产生过剩载流子的不同实例来了解双极输运现象的特性。过剩载流子支配着半导体材料的电气属性，而过剩载流子的行为是半导体材料工作的基础。

6.0 概述

本章包含以下内容：

- 说明半导体中过剩载流子产生和复合的过程。
- 定义过剩载流子的复合率和产生率，定义过剩载流子寿命。
- 讨论过剩电子和过剩空穴不相互独立运动的原因。过剩载流子的移动称为双极输运，推导双极输运方程。
- 将双极输运方程应用于各种情形，以求出过剩载流子的时间行为与空间行为。
- 定义准费米能级。
- 分析半导体缺陷对过剩载流子寿命的影响。
- 分析半导体表面缺陷对过剩载流子浓度的影响。

6.1 载流子的产生与复合

在本章中，我们将讨论载流子的产生与复合，其定义如下：产生是电子和空穴的生成过程；复合是电子和空穴消失的过程。

半导体中热平衡状态的任何偏离都可能导致电子和空穴浓度的变化。比如温度的突然增加，会使热产生电子和空穴的速率增加，从而导致它们的浓度随时间变化，直到达到一个新的平衡值。一个外加的激励，比如光（光子流），也会产生电子和空穴，从而出现非平衡状态。为了理解产生和复合的过程，首先要考虑能带间电子和空穴的直接的产生与复合，然后讨论带隙间出现允许电子能量状态的现象，即所谓的陷阱或复合中心。

6.1.1 平衡状态半导体

前面已经分别确定了导带和价带中电子和空穴的热平衡浓度，而且在热平衡理论中，这些浓度是与时间无关的。然而，由于热学过程具有随机的性质，因此电子会不断地受到热激发而从价带跃入导带。同时，导带中的电子会在晶体中随机移动，当其靠近空穴时就有可能落入价带中的空状态。这种复合过程同时消灭了电子和空穴。因为热平衡状态下的净载流子浓度与时间无关，所以电子和空穴的产生率一定与它们的复合率相等，产生和复合的过程如图 6.1 所示。

分别令 G_{n0} 和 G_{p0} 为热平衡状态下电子和空穴的产生率，单位是 #/cm³·s。对于直接带间产生来说，电子和空穴是成对出现的，因此一定有

$$G_{n0} = G_{p0} \qquad (6.1)$$

分别令 R_{n0} 和 R_{p0} 为热平衡状态下电子和空穴的复合率，单位仍是 #/cm³·s。对于直接带间产生来说，电子和空穴是成对消失的，因此一定有

$$R_{n0} = R_{p0} \qquad (6.2)$$

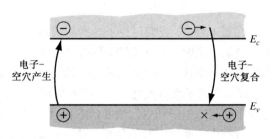

图 6.1　电子和空穴的产生与复合

对于热平衡状态来说，电子和空穴的浓度与时间无关，因此产生和复合的概率相等，于是有

$$G_{n0} = G_{p0} = R_{n0} = R_{p0} \qquad (6.3)$$

6.1.2　过剩载流子的产生与复合

本章中需要用到一些相关的表达符号。表 6.1 列出了其中的一些主要符号。其他的符号会随着内容的深入而逐个定义。

表 6.1　本章中用到的一些相关符号

符　号	定　义
n_0，p_0	热平衡电子和空穴的浓度（与时间无关，通常也与位置无关）
n，p	总电子和空穴的浓度（可能是时间或位置的函数）
$\delta n = n - n_0$	过剩电子和空穴的浓度（可能是时间或位置的函数）
$\delta p = p - p_0$	
g_n'，g_p'	过剩电子和空穴的产生率
R_n'，R_p'	过剩电子和空穴的复合率
τ_{n0}，τ_{p0}	过剩少数载流子电子和空穴的寿命

假设高能光子射入半导体，从而导致价带中的电子被激发跃入导带。此时不只是在导带中产生了一个电子，价带中也会同时产生一个空穴，这样就生成了电子–空穴对。而这种额外的电子和空穴就称为过剩电子和过剩空穴。

外部的作用会以特定比率产生过剩电子和空穴。令 g_n' 为过剩电子的产生率，g_p' 为过剩空穴的产生率，单位还是 #/cm³·s。对于直接带间产生来说，过剩电子和空穴是成对出现的，因此一定有

$$g_n' = g_p' \qquad (6.4)$$

当过剩电子和空穴产生后，导带中的电子浓度和价带中的空穴浓度就会高于它们在热平衡时的值。可以写为

$$n = n_0 + \delta n \qquad (6.5a)$$

和

$$p = p_0 + \delta p \qquad (6.5b)$$

其中 n_0 和 p_0 为热平衡浓度，δn 和 δp 为过剩电子和空穴浓度。图 6.2 所示为过剩电子–空穴的产

生以及引起的载流子的浓度变化的过程。当平衡状态受到外力的扰动时,半导体不再处于热平衡状态。通过式(6.5a)和式(6.5b)可以发现,在非平衡状态下 $np \neq n_0 p_0 = n_i^2$。

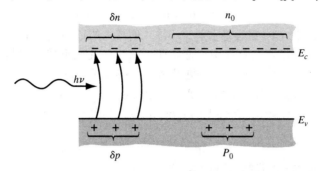

图 6.2　光生过剩电子和空穴的浓度

　　过剩电子和空穴的稳态产生并不会使载流子的浓度持续升高。在热平衡状态下,导带中的电子可能会"落入"价带中,从而引起过剩电子-空穴的复合过程。图 6.3 显示了这一过程。过剩电子的复合率用 R_n' 表示,过剩空穴的复合率用 R_p' 表示,单位为 #/$cm^3 \cdot$ s。过剩电子和空穴是成对复合的,因此复合率一定相同,可以写为

$$R_n' = R_p' \tag{6.6}$$

　　由于直接的带间复合是一种自发行为,因此电子和空穴的复合概率相对时间是一个常数。而且复合率必须同时与电子和空穴的浓度成比例。如果没有电子或没有空穴,也就不可能产生复合。

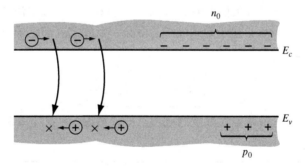

图 6.3　过剩载流子复合后重建热平衡

电子浓度变化的比率为

$$\frac{\mathrm{d}n(t)}{\mathrm{d}t} = \alpha_r \left[n_i^2 - n(t)p(t) \right] \tag{6.7}$$

其中

$$n(t) = n_0 + \delta n(t) \tag{6.8a}$$

和

$$p(t) = p_0 + \delta p(t) \tag{6.8b}$$

式(6.7)中的第一项 $\alpha_r n_i^2$ 是热平衡状态的生成率。由于过剩电子和空穴是成对产生和复合的,因此有 $\delta n(t) = \delta p(t)$(由于非平衡电子和空穴的浓度相等,所以后面将使用过剩载流子来代替二者)。热平衡状态的参数 n_0 和 p_0 与时间无关,于是式(6.7)变为

$$\frac{\mathrm{d}(\delta n(t))}{\mathrm{d}t} = \alpha_r[n_i^2 - (n_0 + \delta n(t))(p_0 + \delta p(t))]$$

$$= -\alpha_r \delta n(t)[(n_0 + p_0) + \delta n(t)] \tag{6.9}$$

在小注入条件下，式(6.9)很容易求解。小注入所掺入的过剩载流子浓度的数量级与热平衡状态相比十分有限。在 n 型掺杂材料中，通常有 $n_0 \gg p_0$；在 p 型掺杂材料中，通常有 $p_0 \gg n_0$。小注入意味着过剩载流子的浓度远远小于热平衡多数载流子的浓度。相应地，当过剩载流子的浓度接近或者超过热平衡多数载流子的浓度时，发生的就是大注入。

现在考虑小注入($\delta n(t) \ll p_0$)条件下的 p 型($p_0 \gg n_0$)材料。式(6.9)变为

$$\frac{\mathrm{d}(\delta n(t))}{\mathrm{d}t} = -\alpha_r p_0 \delta n(t) \tag{6.10}$$

上式的解是最初非平衡浓度的指数衰减函数，即

$$\delta n(t) = \delta n(0)\mathrm{e}^{-\alpha_r p_0 t} = \delta n(0)\mathrm{e}^{-t/\tau_{n0}} \tag{6.11}$$

其中 $\tau_{n0} = (\alpha_r p_0)^{-1}$ 是小注入时的一个常量。式(6.11)描述了过剩少数载流子电子的衰减，且 τ_{n0} 通常代表过剩少数载流子的寿命[1]。

过剩少数载流子电子的复合率定义为一个正数。根据式(6.10)有

$$R_n' = \frac{-\mathrm{d}(\delta n(t))}{\mathrm{d}t} = +\alpha_r p_0 \delta n(t) = \frac{\delta n(t)}{\tau_{n0}} \tag{6.12}$$

对于直接带间复合，过剩多数载流子空穴具有相同的复合率，所以对于 p 型材料有

$$\boxed{R_n' = R_p' = \frac{\delta n(t)}{\tau_{n0}}} \tag{6.13}$$

而对于小注入($\delta n(t) \ll n_0$)条件下的 n 型($n_0 \gg p_0$)材料，少数载流子空穴的衰减时间常量为 $\tau_{p0} = (\alpha_r n_0)^{-1}$，$\tau_{p0}$ 通常代表过剩少数载流子的寿命。多数载流子电子与少数载流子空穴具有相同的复合率，因此有

$$\boxed{R_n' = R_p' = \frac{\delta n(t)}{\tau_{p0}}} \tag{6.14}$$

过剩载流子的产生率不是电子或空穴浓度的函数。一般情况下，产生率和复合率是空间坐标和时间的函数。

例6.1 求过剩载流子的工作状态是一个与时间有关的方程。

假设半导体中过剩电子的产生速率不变且为 $\delta n(0) = 10^{15}\,\mathrm{cm}^{-3}$，过剩载流子的寿命为 $\tau_{n0} = 10^{-6}\,\mathrm{s}$。在 $t = 0$ 时，产生过剩载流子的外部作用停止，因此 $t > 0$ 时半导体恢复到平衡状态。

■ **解**

由式(6.11)知

$$\delta n(t) = \delta n(0)\mathrm{e}^{-t/\tau_{n0}} = 10^{15}\,\mathrm{e}^{-t/10^{-6}}\,\mathrm{cm}^{-3}$$

例如在 $t = 0$，$\delta n = 10^{15}\,\mathrm{cm}^{-3}$

$$t = 0, \qquad \delta n = 10^{15}\,\mathrm{cm}^{-3}$$
$$t = 1\,\mu s, \qquad \delta n = 10^{15}\,\mathrm{e}^{-1/1} = 3.68 \times 10^{14}\,\mathrm{cm}^{-3}$$
$$t = 4\,\mu s, \qquad \delta n = 10^{15}\,\mathrm{e}^{-4/1} = 1.83 \times 10^{13}\,\mathrm{cm}^{-3}$$
$$t = 10\,\mu s, \qquad \delta n = 10^{15}\,\mathrm{e}^{-10/1} = 4.54 \times 10^{10}\,\mathrm{cm}^{-3}$$

---

[1] 在第 5 章中我们定义 τ 为碰撞的平均时间。此处 τ 为复合发生前的平均时间。这两个参数没有联系。

■ **说明**

这个例子简单证明了移除外部激励后，过剩载流子的浓度随时间成指数衰减。

■ **自测题**

E6.1 利用上例中的参数，计算以下时刻过剩电子的复合率：（a）$t=0$；（b）$t=1$ μs；（c）$t=4$ μs；
（d）$t=10$ μs。

答案：（a）$10^{21}\,\mathrm{cm^{-3}\,s^{-1}}$；（b）$3.68\times10^{20}\,\mathrm{cm^{-3}\,s^{-1}}$；（c）$1.83\times10^{19}\,\mathrm{cm^{-3}\,s^{-1}}$；（d）$4.54\times10^{16}\,\mathrm{cm^{-3}\,s^{-1}}$。

6.2　过剩载流子的性质

过剩载流子的产生率与复合率是两个很重要的参数，而过剩载流子在有电场和浓度梯度存在的状态下，如何随时间和空间变化也是同样重要的。就像本章最开始提到的，过剩电子和空穴的运动并不是相互独立的，它们的扩散和漂移都具有相同的有效扩散系数和相同的有效迁移率，这种现象称为双极输运。于是我们首先必须回答的问题就是什么是决定过剩载流子行为特性的有效扩散系数和有效迁移率。因此，就必须推导出载流子的连续性方程和双极输运方程。

最终的结果显示，对于小注入的掺杂半导体（该概念会在后面的分析中定义），有效扩散系数和迁移率都是对应少数载流子的。这个结论后面将有严密的推导，而且在后面的章节中可以看到，过剩载流子的行为对半导体器件的特性有着深远的影响。

6.2.1　连续性方程

下面讨论电子和空穴的连续性方程。图 6.4 所示为一个微分体积元，一束一维空穴粒子流在 x 处进入该微分元，从 $x+\mathrm{d}x$ 处穿出。参数 F_p^+ 为空穴粒子的流量，单位为个/$\mathrm{cm^2\cdot s}$。对于所示 x 方向的粒子流密度，有

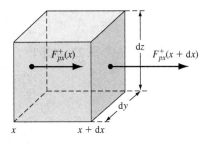

$$F_{px}^+(x+\mathrm{d}x)=F_{px}^+(x)+\frac{\partial F_{px}^+}{\partial x}\cdot\mathrm{d}x \qquad (6.15)$$

图 6.4　微分体积元中 x 方向的空穴粒子流

该式是 $F_{px}^+(x+\mathrm{d}x)$ 的泰勒展开式，其中微分长度 $\mathrm{d}x$ 很小，所以只需要展开式的前两项。微分体积元中，单位时间内由 x 方向的粒子流产生的空穴的净增加量为

$$\frac{\partial p}{\partial t}\,\mathrm{d}x\,\mathrm{d}y\,\mathrm{d}z=[F_{px}^+(x)-F_{px}^+(x+\mathrm{d}x)]\,\mathrm{d}y\,\mathrm{d}z=-\frac{\partial F_{px}^+}{\partial x}\,\mathrm{d}x\,\mathrm{d}y\,\mathrm{d}z \qquad (6.16)$$

举例来说，如果 $F_{px}^+(x)>F_{px}^+(x+\mathrm{d}x)$，那么微分体积元中的空穴数量会随时间而增加。如果推广到三维空穴流量，则式（6.16）中的右半部分将被写为 $-\nabla\cdot F_p^+\,\mathrm{d}x\,\mathrm{d}y\,\mathrm{d}z$，其中 $\nabla\cdot F_p^+$ 为流量矢量的散度。我们后面的分析只限于一维空间。

空穴的产生率和复合率也会影响微分体积中的空穴浓度。于是微分体积单元中单位时间空穴的总增加量为

$$\frac{\partial p}{\partial t}\,\mathrm{d}x\,\mathrm{d}y\,\mathrm{d}z=-\frac{\partial F_p^+}{\partial x}\,\mathrm{d}x\,\mathrm{d}y\,\mathrm{d}z+g_p\,\mathrm{d}x\,\mathrm{d}y\,\mathrm{d}z-\frac{p}{\tau_{pt}}\,\mathrm{d}x\,\mathrm{d}y\,\mathrm{d}z \qquad (6.17)$$

其中 p 为空穴密度。式（6.17）右边的第一项是单位时间内空穴流引起的空穴增加量，第二项是单位时间内由于产生效应生成的空穴增加量，最后一项是单位时间内复合效应导致的空穴减少量。空穴复合率由 p/τ_{pt} 给出，其中 τ_{pt} 包括热平衡载流子寿命以及过剩载流子寿命。

如果将式(6.17)两边同时除以微分体积 $dx\,dy\,dz$，则单位时间的空穴浓度净增加量为

$$\frac{\partial p}{\partial t} = -\frac{\partial F_p^+}{\partial x} + g_p - \frac{p}{\tau_{pt}} \tag{6.18}$$

式(6.18)就是空穴的连续性方程。

同理，电子的一维连续性方程为

$$\frac{\partial n}{\partial t} = -\frac{\partial F_n^-}{\partial x} + g_n - \frac{n}{\tau_{nt}} \tag{6.19}$$

其中 F_n^- 为电子的流量，单位也是个/cm^2 · s。

6.2.2 与时间有关的扩散方程

在第5章中，我们讨论了一维空穴和电子的流密度，如下所示：

$$J_p = e\mu_p p\mathrm{E} - eD_p\frac{\partial p}{\partial x} \tag{6.20}$$

和

$$J_n = e\mu_n n\mathrm{E} + eD_n\frac{\partial n}{\partial x} \tag{6.21}$$

如果将空穴流密度除以($+e$)，将电子电流密度除以($-e$)，就可得各自的粒子流流量。上述方程就变为

$$\frac{J_p}{(+e)} = F_p^+ = \mu_p p\mathrm{E} - D_p\frac{\partial p}{\partial x} \tag{6.22}$$

和

$$\frac{J_n}{(-e)} = F_n^- = -\mu_n n\mathrm{E} - D_n\frac{\partial n}{\partial x} \tag{6.23}$$

求出式(6.22)和式(6.23)的散度，并将结果代入连续性方程式(6.18)和式(6.19)，可得

$$\frac{\partial p}{\partial t} = -\mu_p\frac{\partial(p\mathrm{E})}{\partial x} + D_p\frac{\partial^2 p}{\partial x^2} + g_p - \frac{p}{\tau_{pt}} \tag{6.24}$$

和

$$\frac{\partial n}{\partial t} = +\mu_n\frac{\partial(n\mathrm{E})}{\partial x} + D_n\frac{\partial^2 n}{\partial x^2} + g_n - \frac{n}{\tau_{nt}} \tag{6.25}$$

需要强调的是，这里只限于一维空间的分析。我们可以将乘积的导数展开为

$$\frac{\partial(p\mathrm{E})}{\partial x} = \mathrm{E}\frac{\partial p}{\partial x} + p\frac{\partial \mathrm{E}}{\partial x} \tag{6.26}$$

在更通用的三维分析中，式(6.26)将会被一个矢量恒等式所替代。式(6.24)和式(6.25)可以写为如下形式：

$$D_p\frac{\partial^2 p}{\partial x^2} - \mu_p\left(\mathrm{E}\frac{\partial p}{\partial x} + p\frac{\partial \mathrm{E}}{\partial x}\right) + g_p - \frac{p}{\tau_{pt}} = \frac{\partial p}{\partial t} \tag{6.27}$$

和

$$D_n\frac{\partial^2 n}{\partial x^2} + \mu_n\left(\mathrm{E}\frac{\partial n}{\partial x} + n\frac{\partial \mathrm{E}}{\partial x}\right) + g_n - \frac{n}{\tau_{nt}} = \frac{\partial n}{\partial t} \tag{6.28}$$

式(6.27)和式(6.28)分别是与时间有关的空穴和电子的扩散方程。由于空穴的浓度 p 和电子的浓度 n 都包含过剩载流子浓度，因此式(6.27)和式(6.28)描述的是过剩载流子的空间和时间的状态。

空穴和电子的浓度是式(6.5a)和式(6.5b)所给出的热平衡浓度和过剩载流子浓度的函数。

热平衡浓度 n_0 和 p_0 不是时间的函数。在均匀半导体的特殊情况中，n_0 和 p_0 也与空间坐标无关。式(6.27)和式(6.28)可以写为如下形式：

$$D_p \frac{\partial^2(\delta p)}{\partial x^2} - \mu_p \left(E \frac{\partial(\delta p)}{\partial x} + p \frac{\partial E}{\partial x} \right) + g_p - \frac{p}{\tau_{pt}} = \frac{\partial(\delta p)}{\partial t} \tag{6.29}$$

和

$$D_n \frac{\partial^2(\delta n)}{\partial x^2} + \mu_n \left(E \frac{\partial(\delta n)}{\partial x} + n \frac{\partial E}{\partial x} \right) + g_n - \frac{n}{\tau_{nt}} = \frac{\partial(\delta n)}{\partial t} \tag{6.30}$$

我们可以看到，式(6.29)和式(6.30)中的某些项只包含总浓度 n 和 p，而另外一些项只包含非平衡浓度 δn 和 δp。

6.3 双极输运

最开始，我们假设电流方程式(6.20)和式(6.21)中的电场为外加电场。这种电场也出现在式(6.29)和式(6.30)给出的与时间有关的扩散方程中。如果在具有外加电场的半导体中的某个特殊位置产生了过剩电子和空穴的脉冲，那么过剩电子和空穴就会分别向相反的方向漂移。然而，由于电子和空穴都是带电粒子，任何间距都会使两组粒子之间感应出内建电场。这个内建电场会对电子和空穴分别产生与其运动方向相反的吸引力。效果如图 6.5 所示。式(6.29)和式(6.30)中的电场就是由外加电场和内建电场共同组成的，可以表示为

$$E = E_{app} + E_{int} \tag{6.31}$$

其中 E_{app} 是外加电场，E_{int} 是感应内建电场。

由于内建电场产生了对电子和空穴的引力，因此该电场就将过剩电子和空穴保持在各自的位

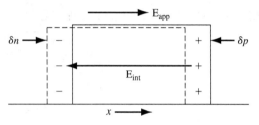

图 6.5 随着过剩电子和空穴的分离而导致内建电场的产生

置。带负电的电子和带正电的空穴以单一迁移率或扩散系数一起漂移或扩散，这种现象称为双极扩散或双极输运。

6.3.1 双极输运方程的推导

与时间有关的扩散方程式(6.29)和式(6.30)描述了过剩载流子的状态。但我们还需要第三个方程，以便将过剩电子和空穴的浓度与内建电场联系起来。这个方程就是泊松方程，写为

$$\nabla \cdot E_{int} = \frac{e(\delta p - \delta n)}{\epsilon_s} = \frac{\partial E_{int}}{\partial x} \tag{6.32}$$

其中 ϵ_s 为半导体材料的介电常数。

为了使式(6.29)、式(6.30)和式(6.32)的解更容易处理，我们需要做一些近似。可以看到，实际只需要相对很小的内建电场就可以保持过剩电子和空穴一起漂移和扩散。因此，不妨假设

$$|E_{int}| \ll |E_{app}| \tag{6.33}$$

然而，$\nabla \cdot E_{int}$ 项可能还是不能忽略，我们需要限制电荷中性的条件：假设任意空间和时间的过剩电子浓度都被相等的空穴浓度平衡掉了。如果该假设成立的话，就不会有内建电场来保持两组粒子共同运动。然而，很小的过剩电子和空穴的浓度差就足以产生内建电场，使得过剩载流子漂移和扩散。举例来说，δn 和 δp 中 1% 的差别就会导致式(6.29)和式(6.30)中的 $\nabla \cdot E = \nabla \cdot E_{int}$ 项不可忽略。

联立式(6.29)和式(6.30)，可消去 $\nabla \cdot E$ 项。参考式(6.1)和式(6.4)，可以定义

$$g_n = g_p \equiv g \tag{6.34}$$

参考式(6.2)和式(6.6)，还可定义

$$R_n = \frac{n}{\tau_{nt}} = R_p = \frac{p}{\tau_{pt}} \equiv R \tag{6.35}$$

式(6.35)中的寿命包括热平衡载流子的寿命和过剩载流子的寿命。如果加上电荷中性条件，则有 $\delta n \approx \delta p$。用 δn 替代式(6.29)和式(6.30)中的过剩电子和过剩空穴浓度，有

$$D_p \frac{\partial^2 (\delta n)}{\partial x^2} - \mu_p \left(E \frac{\partial (\delta n)}{\partial x} + p \frac{\partial E}{\partial x} \right) + g - R = \frac{\partial (\delta n)}{\partial t} \tag{6.36}$$

和

$$D_n \frac{\partial^2 (\delta n)}{\partial x^2} + \mu_n \left(E \frac{\partial (\delta n)}{\partial x} + n \frac{\partial E}{\partial x} \right) + g - R = \frac{\partial (\delta n)}{\partial t} \tag{6.37}$$

如果将式(6.36)乘以 $\mu_n n$，式(6.37)乘以 $\mu_p p$，并把两式相加，就可以消去 $\nabla \cdot E = \partial E / \partial x$ 项。相加的结果为

$$(\mu_n n D_p + \mu_p p D_n) \frac{\partial^2 (\delta n)}{\partial x^2} + (\mu_n \mu_p)(p - n) E \frac{\partial (\delta n)}{\partial x} + (\mu_n n + \mu_p p)(g - R) = (\mu_n n + \mu_p p) \frac{\partial (\delta n)}{\partial t} \tag{6.38}$$

用式(6.38)除以 $(\mu_n n + \mu_p p)$，方程变为

$$\boxed{D' \frac{\partial^2 (\delta n)}{\partial x^2} + \mu' E \frac{\partial (\delta n)}{\partial x} + g - R = \frac{\partial (\delta n)}{\partial t}} \tag{6.39}$$

其中

$$D' = \frac{\mu_n n D_p + \mu_p p D_n}{\mu_n n + \mu_p p} \tag{6.40}$$

而

$$\boxed{\mu' = \frac{\mu_n \mu_p (p - n)}{\mu_n n + \mu_p p}} \tag{6.41}$$

式(6.39)称为双极输运方程，它用来描述过剩电子和空穴在空间和时间中的状态。参数 D' 称为双极扩散系数，μ' 称为双极迁移率。

爱因斯坦关系式将迁移率和扩散系数联系起来，有

$$\frac{\mu_n}{D_n} = \frac{\mu_p}{D_p} = \frac{e}{kT} \tag{6.42}$$

利用该关系式，可以将双极扩散系数表示为

$$\boxed{D' = \frac{D_n D_p (n + p)}{D_n n + D_p p}} \tag{6.43}$$

双极扩散系数 D' 和双极迁移率 μ' 分别是电子浓度 n 和空穴浓度 p 的函数。因为 n 和 p 都包含过剩载流子浓度 δn，所以双极输运方程中的系数不是常数。双极输运方程式(6.39)是一个非线性微分方程。

6.3.2　掺杂及小注入的约束条件

利用半导体掺杂和小注入可以对双极输运方程进行简化和线性化。式(6.43)给出的双极扩散系数可以写为

$$D' = \frac{D_n D_p [(n_0 + \delta n) + (p_0 + \delta n)]}{D_n (n_0 + \delta n) + D_p (p_0 + \delta n)} \tag{6.44}$$

其中 n_0 和 p_0 分别为热平衡电子浓度和空穴浓度,δn 是过剩载流子浓度。对于 p 型半导体,可以假设 $p_0 \gg n_0$。当其处于小注入条件下时,就意味着过剩载流子浓度远小于热平衡多数载流子浓度,即 $\delta n \ll p_0$。假设 $n_0 \ll p_0$ 和 $\delta n \ll p_0$ 成立,而且 D_n 和 D_p 具有相同的数量级,那么式(6.44)中的双极扩散系数可简化为

$$D' = D_n \tag{6.45}$$

若对双极迁移率应用 p 型半导体的掺杂条件和小注入条件,则式(6.41)可以简化为

$$\mu' = \mu_n \tag{6.46}$$

对于小注入的 p 型掺杂半导体,很重要的一点是,我们可以将双极扩散系数和双极迁移率简化为少数载流子电子的恒定参数。于是可以将双极输运方程归纳为具有恒定系数的线性微分方程。

下面考虑小注入条件下的 n 型掺杂半导体,此时可以假设 $p_0 \ll n_0$ 和 $\delta n \ll n_0$。式(6.43)给出的双极扩散系数简化为

$$D' = D_p \tag{6.47}$$

式(6.41)给出的双极迁移率可以简化为

$$\mu' = -\mu_p \tag{6.48}$$

也就是说,这些双极参数也能简化为少数载流子的恒定参数。注意对于 n 型半导体,双极迁移率是负值。双极迁移率项与载流子漂移有关,因此漂移项的符号是由粒子的带电性决定的。比较式(6.30)和式(6.39)可以看出,等效的双极粒子是带负电的。如果双极迁移率属于带正电的空穴,就必须要引入如式(6.48)所示的负号。

双极输运方程中其他需要讨论的项只剩下产生率和复合率。由于电子和空穴的复合率相等,则根据式(6.35)有 $R_n = R_p = n/\tau_{nt} = p/\tau_{pt} = R$,其中 τ_{nt} 和 τ_{pt} 分别是电子和空穴的平均寿命。若考虑寿命的倒数,则 $1/\tau_{nt}$ 为单位时间内电子遇到空穴发生复合的概率。同样,$1/\tau_{pt}$ 为单位时间内空穴遇到电子发生复合的概率。若再考虑小注入状态下的 p 型掺杂半导体,那么即使存在过剩载流子,多数载流子空穴的浓度实际上仍是常数。那么,单位时间内少数电子遇到多数空穴的概率也是常数,因此 $\tau_{nt} \equiv \tau_n$,即小注入状态下的 p 型掺杂半导体的少数载流子电子的寿命为常数。

同样,小注入状态下的 n 型掺杂半导体的少数载流子空穴的寿命也为常数,即 $\tau_{pt} \equiv \tau_p$。在小注入条件下,少数载流子空穴的浓度可能增加几个数量级,于是单位时间内多数载流子电子遇到空穴的概率发生巨大的变化。当出现过剩载流子时,多数载流子的寿命会发生重大的变化。

再次考虑双极输运方程中的产生率和复合率,对于电子可以写为

$$g - R = g_n - R_n = (G_{n0} + g_n') - (R_{n0} + R_n') \tag{6.49}$$

其中 G_{n0} 和 g_n' 分别为热平衡电子产生率和过剩电子产生率。R_{n0} 和 R_n' 分别是热平衡电子复合率和过剩电子复合率。对于热平衡状态有

$$G_{n0} = R_{n0} \tag{6.50}$$

于是将式(6.49)化为

$$g - R = g_n' - R_n' = g_n' - \frac{\delta n}{\tau_n} \tag{6.51}$$

其中 τ_n 为过剩少数载流子(以下有时简称为少子)电子的寿命。

对于空穴的情况,也有

$$g - R = g_p - R_p = (G_{p0} + g_p') - (R_{p0} + R_p') \tag{6.52}$$

其中 G_{p0} 和 g'_p 分别为热平衡空穴产生率和过剩空穴产生率。R_{p0} 和 R'_p 分别为热平衡空穴复合率和过剩空穴复合率。对于热平衡状态有

$$G_{p0} = R_{p0} \qquad (6.53)$$

于是将式(6.52)化为

$$g - R = g'_p - R'_p = g'_p - \frac{\delta p}{\tau_p} \qquad (6.54)$$

其中 τ_p 为过剩少子空穴的寿命。

过剩电子的产生率必须等于过剩空穴的产生率。如果将过剩载流子的产生率定义为 g'，就有 $g'_n = g'_p \equiv g'$。同样也能确定小注入状态下少子的寿命是一个常量。这样，双极输运方程中的 $g-R$ 项就可以写为少子参数项的形式。

于是根据式(6.39)，小注入 p 型半导体的双极输运方程可以写为

$$\boxed{D_n \frac{\partial^2(\delta n)}{\partial x^2} + \mu_n \mathrm{E} \frac{\partial(\delta n)}{\partial x} + g' - \frac{\delta n}{\tau_{n0}} = \frac{\partial(\delta n)}{\partial t}} \qquad (6.55)$$

其中参数 δn 为过剩少子电子的浓度，参数 τ_{n0} 为小注入少子的寿命，其他参数都是少子电子的参数。

同样，小注入 n 型半导体的双极输运方程可以写为

$$\boxed{D_p \frac{\partial^2(\delta p)}{\partial x^2} - \mu_p \mathrm{E} \frac{\partial(\delta p)}{\partial x} + g' - \frac{\delta p}{\tau_{p0}} = \frac{\partial(\delta p)}{\partial t}} \qquad (6.56)$$

其中参数 δp 为过剩少子空穴的浓度，参数 τ_{p0} 为小注入少子空穴的寿命，其他参数都是少子空穴的参数。

需要特别注意的是，式(6.55)和式(6.56)中的输运和复合参数都变成了少子参数。式(6.55)和式(6.56)将过剩少子的漂移、扩散和复合都用空间和时间的函数描述出来了。回想前面的电中性条件：过剩少子的浓度等于过剩多数载流子（以下有时简称为多子）的浓度。过剩多子的漂移和扩散与过剩少子同时进行，这样过剩多子的状态就由少子的参数来决定。这种双极现象在半导体物理中非常重要，它是描述半导体器件特性和状态的基础。

6.3.3 双极输运方程的应用

下面我们将利用双极输运方程来解决具体的问题。这些例子有助于描述半导体材料中过剩载流子的行为，而得到的结果将会在稍后有关 pn 结和其他半导体器件的讨论中用到。

下面的例子中，在求解双极输运方程时用到了一些常见的简化形式，表 6.2 对这些简化形式和结果进行了总结。

表6.2　常见双极输运方程的简化形式

状　态	结　果
稳定状态	$\dfrac{\partial(\delta n)}{\partial t} = 0, \dfrac{\partial(\delta p)}{\partial t} = 0$
过剩载流子均匀分布（产生率相同）	$D_n \dfrac{\partial^2(\delta n)}{\partial x^2} = 0, D_p \dfrac{\partial^2(\delta n)}{\partial x^2} = 0$
零电场	$\mathrm{E} \dfrac{\partial(\delta n)}{\partial x} = 0, \mathrm{E} \dfrac{\partial(\delta p)}{\partial x} = 0$
无过剩载流子产生	$g' = 0$
无过剩载流子复合（寿命无限）	$\dfrac{\delta n}{\tau_{n0}} = 0, \dfrac{\delta p}{\tau_{p0}} = 0$

$$\delta n(x) = \delta n(0)e^{+x/L_n} \qquad x \le 0 \tag{6.65b}$$

其中 $\delta n(0)$ 为 $x=0$ 处的过剩电子浓度值。稳态过剩电子浓度从 $x=0$ 的源处向两侧呈指数衰减。

■ 说明

我们可以看到,稳态浓度在 $x=L_n$ 处衰减为原值的 $1/e$。

■ 自测题

E6.4 设例6.4中在 $T=300$ K 时,p 型 Si 半导体的掺杂浓度为 $N_a = 5 \times 10^{16} cm^{-3}$,$\tau_{n0} = 5 \times 10^{-7}$ s,$D_n = 25$ cm^2/s,$\delta n(0) = 10^{15} cm^{-3}$。(a)求扩散长度 L_n;(b)求下列情况的 δn:(i)$x=0$;(ii)$x = +30$ μm;(iii)$x = -50$ μm;(iv)$x = +85$ μm;(v)$x = -120$ μm。

答案:(a) $L_n = 35.36$ μm;(b)(i) 10^{15} cm^{-3};(ii) 4.28×10^{14} cm^{-3};(iii) 2.43×10^{14} cm^{-3};(iv) $9.04 \times 10^{13} cm^{-3}$;(v) $3.36 \times 10^{13} cm^{-3}$。

和前面一样,在这里考虑电中性条件,这样稳态过剩多子空穴的浓度同样呈指数衰减,并且与少子电子具有相同的扩散长度 L_n。图 6.7 绘出了总电子浓度和空穴浓度与距离的函数。假设是小注入状态,在 p 型半导体中有 $\delta n(0) \ll p_0$。多子空穴的总浓度几乎没有改变,但仍然有 $\delta n(0) \gg n_0$,同样满足小注入条件。少子的浓度将会有几个数量级的变化。

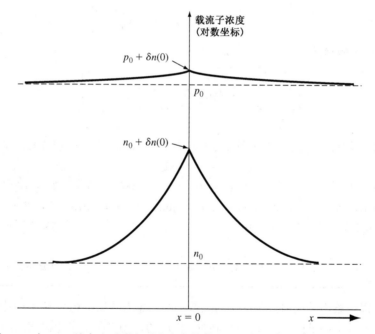

图 6.7 在 $x=0$ 处产生过剩电子和空穴的情况下,电子和空穴的稳态分布浓度

练习题

T6.3 硅棒的末端($x=0$)产生过剩电子和空穴。硅中掺杂磷原子的浓度为 $N_d = 10^{17} cm^{-3}$。少子的寿命为 1 μs,电子的扩散系数为 $D_n = 25$ cm^2/s,空穴的扩散系数为 $D_p = 10$ cm^2/s。假设 $\delta n(0) = \delta p(0) = 10^{15} cm^{-3}$,试确定稳态时 $x>0$ 处电子的浓度和空穴的浓度。

答案:$\delta n(x) = \delta p(x) = 10^{15} e^{-x/3.16 \times 10^{-3}} cm^{-3}$,其中 x 的单位为 cm。

T6.4 利用练习题 T6.3 中的参数,计算 $x = 10$ μm 处电子和空穴的扩散电流密度。

答案:$J_p = +0.369$ A/cm^2,$J_n = -0.369$ A/cm^2。

上述三个应用双极输运方程的例题中，都假设为均匀或是稳定的状态，只需要考虑时间变量或坐标变量。下面的例子中，问题与时间和坐标都有关系。

例 6.5　确定过剩载流子浓度的时间和空间相关性。

假设 n 型半导体在 $x=0$ 处且 $t=0$ 时瞬间产生了有限数量的电子-空穴对，而 $t>0$ 时 $g'=0$。半导体外加一个 $+x$ 方向的恒定电场 E_0。计算过剩载流子浓度随 x 和 t 变化的函数。

■ **解**

根据式（6.56），少子空穴的一维双极输运方程可以写为

$$D_p \frac{\partial^2 (\delta p)}{\partial x^2} - \mu_p E_0 \frac{\partial (\delta p)}{\partial x} - \frac{\delta p}{\tau_{p0}} = \frac{\partial (\delta p)}{\partial t} \tag{6.66}$$

该偏微分方程的解为

$$\delta p(x, t) = p'(x, t) \exp(-t/\tau_{p0}) \tag{6.67}$$

将式（6.67）代入式（6.66），可得偏微分方程

$$D_p \frac{\partial^2 p'(x, t)}{\partial x^2} - \mu_p E_0 \frac{\partial p'(x, t)}{\partial x} = \frac{\partial p'(x, t)}{\partial t} \tag{6.68}$$

对式（6.68）的解进行拉普拉斯变换，略去中间的步骤，最终可得

$$p'(x, t) = \frac{1}{(4\pi D_p t)^{1/2}} \exp\left[\frac{-(x - \mu_p E_0 t)^2}{4 D_p t} \right] \tag{6.69}$$

综合式（6.67）和式（6.69）的解，可得过剩少子空穴的浓度为

$$\boxed{\delta p(x, t) = \frac{e^{-t/\tau_{p0}}}{(4\pi D_p t)^{1/2}} \exp\left[\frac{-(x - \mu_p E_0 t)^2}{4 D_p t} \right]} \tag{6.70}$$

■ **说明**

我们可以看到，式（6.70）是直接代回偏微分方程式（6.66）的解，而且式（6.70）并非标准式。

■ **自测题**

E6.5　设例 6.5 中的 $D_p = 10 \text{ cm}^2/\text{s}$，$\tau_{p0} = 10^{-7}\text{ s}$，$\mu_p = 400 \text{ cm}^2/\text{V·s}$，$E_0 = 100 \text{ V/cm}$。（a）求 $t = 10^{-7}$ s 时的 δp：（i）$x = 20 \ \mu\text{m}$；（ii）$x = 40 \ \mu\text{m}$；（iii）$x = 60 \ \mu\text{m}$。（b）求 $x = 40 \ \mu\text{m}$ 时的 δp：（i）$t = 5 \times 10^{-8}$ s；（ii）$t = 10^{-7}$ s；（iii）$t = 2 \times 10^{-7}$ s。求得的结果与图 6.9 中的曲线进行对比。

　　答案：（a）(i) 38.18；(ii) 103.8；(iii) 38.18。（b）(i) 32.75；(ii) 103.8；(iii) 3.65。

式（6.70）可以描绘出不同时刻下的 x 的函数。图 6.8 为外加电场为零时的图形。当 $t>0$ 时，过剩少子空穴向 $+x$ 和 $-x$ 两个方向扩散。同时，生成的过剩多子电子也以相同的速率进行扩散。随着时间的变化，过剩的空穴逐渐与过剩电子复合，从而使 $t = \infty$ 时过剩空穴的浓度为零。在这个例子中，扩散和复合的过程是同时进行的。

图 6.9 为外加电场不为零时的式（6.70）的图形。在这种情况下，过剩少子空穴按照外加电场的方向向 $+x$ 方向漂移。此时仍然有扩散和复合过程。这时的关键在于保持电中性，即在任一时刻任一位置都有 $\delta n = \delta p$，过剩电子的浓度等于过剩空穴的浓度。正因为如此，虽然电子带负电，但过剩电子仍能沿着外加电场的方向运动。在双极输运过程中，可以用少子的参数描述过剩载流子。在这个例子中，过剩载流子的状态依赖于少子空穴的参数，包括 D_p，μ_p 和 τ_{p0}。过剩多子电子的状态也要以少子空穴为依据。

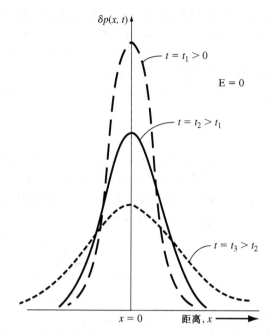

图6.8　在零电场中，不同时刻过剩空穴浓度的距离函数

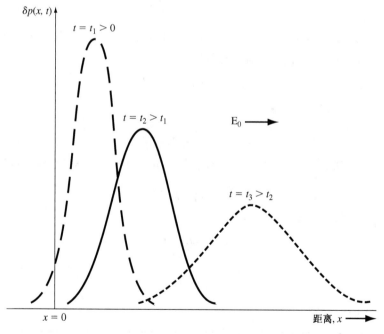

图6.9　在某恒定电场中，不同时刻过剩空穴浓度的距离函数

练习题

T6.5 根据式(6.70)，过剩载流子浓度的最大值一般近似出现在 $x = \mu_p E_0 t$ 处。假设有以下参数：$\tau_{p0} = 5\ \mu s$，$D_p = 10\ cm^2/s$，$\mu_p = 386\ cm^2/V \cdot s$，$E_0 = 10\ V/cm$。计算以下时刻的最大值以及最大值对应的位置：(a) $t = 1\ \mu s$；(b) $t = 5\ \mu s$；(c) $t = 15\ \mu s$；(d) $t = 25\ \mu s$。

答案：(a) 73.0，$x = 38.6\ \mu m$；(b) 14.7，$x = 193\ \mu m$；(c) 1.15，$x = 579\ \mu m$；(d) 0.120，$x = 965\ \mu m$。

T6.6　根据式(6.70)，对应浓度的最大值可以求出不同扩散距离处的过剩载流子浓度。用练习题T6.5中的参数计算以下情况时的 δp 值：(a) $t = 1$ μs，在(i)$x = 1.093 \times 10^{-2}$ cm 处和(ii)$x = -3.21 \times 10^{-3}$ cm 处；(b)$t = 5$ μs，在(i)$x = 2.64 \times 10^{-2}$ cm 处和(ii)$x = 1.22 \times 10^{-2}$ cm 处；(c)$t = 15$ μs，在(i)$x = 6.50 \times 10^{-2}$ cm 处和(ii)$x = 5.08 \times 10^{-2}$ cm 处。

答案：(a)(i)20.9，(ii)20.9；(b)(i)11.4，(ii)11.4；(c)(i)1.05，(ii)1.05。

6.3.4　介电弛豫时间常数

在前面的讨论中，我们假设存在准电中性条件，即过剩空穴浓度与过剩电子浓度相互平衡。现在设想有如图 6.10 所示的情况。具有统一浓度 δp 的空穴在某一瞬间注入半导体一侧的表面。于是在某一时刻就产生了过剩电子浓度不能平衡的过剩空穴浓度以及正电荷密度。那么这种情况如何保持电中性，恢复到电中性又需要多长时间呢？

这里需要三个方程。泊松方程

$$\nabla \cdot E = \frac{\rho}{\epsilon} \tag{6.71}$$

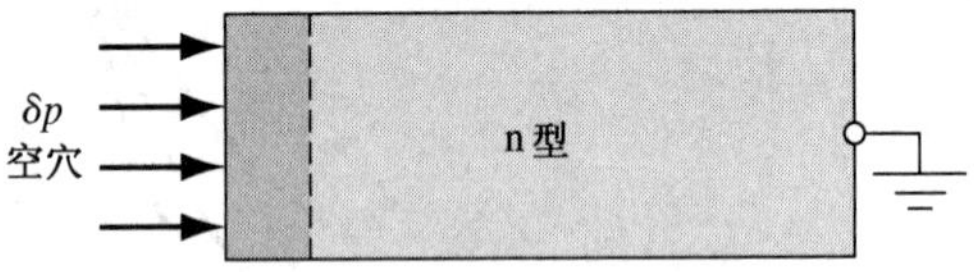

电流方程，即欧姆定律

$$J = \sigma E \tag{6.72}$$

图 6.10　空穴注入 n 型半导体的表面小区域中

连续性方程，忽略产生和复合的作用，有

$$\nabla \cdot J = -\frac{\partial \rho}{\partial t} \tag{6.73}$$

参数 ρ 为净电荷密度，初始值为 $e(\delta p)$。假设表面附近具有统一的 δp。参数 ϵ 是半导体的介电常数。

利用欧姆定律的散度以及泊松方程，我们有

$$\nabla \cdot J = \sigma \nabla \cdot E = \frac{\sigma \rho}{\epsilon} \tag{6.74}$$

将式(6.74)代入连续性方程，可得

$$\frac{\sigma \rho}{\epsilon} = -\frac{\partial \rho}{\partial t} = -\frac{d\rho}{dt} \tag{6.75}$$

因为式(6.75)只是时间的函数，于是可以将方程写为整体的导数，(6.75)可以重新写为

$$\frac{d\rho}{dt} + \left(\frac{\sigma}{\epsilon}\right)\rho = 0 \tag{6.76}$$

式(6.76)为一阶微分方程，解为

$$\rho(t) = \rho(0)e^{-(t/\tau_d)} \tag{6.77}$$

其中

$$\tau_d = \frac{\epsilon}{\sigma} \tag{6.78}$$

通常称为介电弛豫时间常数。

例6.6　假设 n 型半导体的施主掺杂浓度为 $N_d = 10^{16} \text{cm}^{-3}$，计算该半导体的介电弛豫时间常数。

■ **解**

电导率为

$$\sigma \approx e\mu_n N_d = (1.6 \times 10^{-19})(1200)(10^{16}) = 1.92\ (\Omega \cdot \text{cm})^{-1}$$

其中迁移率可以由图 5.3 查出近似值。硅的介电常数为

$$\epsilon = \epsilon_r \epsilon_0 = (11.7)(8.85 \times 10^{-14})\ \text{F/cm}$$

介电弛豫时间常数为

$$\tau_d = \frac{\epsilon}{\sigma} = \frac{(11.7)(8.85 \times 10^{-14})}{1.92} = 5.39 \times 10^{-13} \text{ s}$$

或

$$\tau_d = 0.539 \text{ ps}$$

■ 说明

由式(6.77)可知,在近似4倍时间常数的时刻,也就是大约2 ps时,净电荷密度为零,即达到准电中性条件。因为式(6.73)给出的连续性方程不包含任何的产生和复合项,所以最初的正电荷会被 n 型半导体所产生的过剩电子中和。与普通过剩载流子大约0.1 μs 的寿命相比,该过程是非常迅速的。这样就证明了准电中性条件。

■ 自测题

E6.6　(a)设 n 型 GaAs 的掺杂浓度为 $N_d = 5 \times 10^{15} \text{cm}^{-3}$。求介电弛豫时间常数。(b)设 p 型 Si 的掺杂浓度为 $N_a = 2 \times 10^{16} \text{cm}^{-3}$。求介电弛豫时间常数。

　　　　答案: (a)$\tau_d = 0.193$ ps; (b) $\tau_d = 0.809$ ps。

---

*6.3.5　海恩斯-肖克利实验

前面已经用数学推导描述了半导体中过剩载流子的状态。而海恩斯-肖克利实验是最早真正测定过剩载流子状态的实验之一。

图 6.11 所示为基本的实验装置。电压源 V_1 为 n 型半导体样品提供了如前述 $+x$ 方向的电场 E_0。触点 A 向半导体注入过剩载流子。触点 B 被加上一个反偏电压 V_2,是一个整流触点。触点 B 用于收集漂移过半导体的过剩载流子,收集到的载流子就形成了输出电压 V_0。

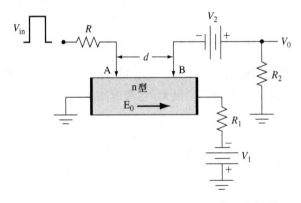

图 6.11　海恩斯-肖克利实验的基本实验装置

该实验与前面的例 6.5 相对应。图 6.12 显示了两种情况下触点 A 处和触点 B 处的过剩载流子浓度。图 6.12(a)所示为 $t = 0$ 时触点 A 的理想载流子分布。图 6.12(b)中存在外加电场 E_{01},过剩载流子会沿着半导体进行漂移,从而形成一个与时间有关的输出电压函数。在 t_0 时,载流子的最大值会到达触点 B。如果外加电场变为 E_{02},而 $E_{02} < E_{01}$,触点 B 处的输出电压就会类似于图 6.12(c)所示。对于较小的电场,过剩载流子的漂移速度比较小,因此就要较长的时间到达触点 B。在这段较长的时间中,会有更远的漂移和更多的复合。由图 6.12(b)和图 6.12(c),我们可以看出不同电场条件下过剩载流子分布形状的区别。

少子的迁移率、寿命和扩散系数都可以通过这个简单的实验来确定。作为良好的一级近似,当式(6.70)的包含时间和距离的指数项为零时,或

$$x - \mu_p E_0 t = 0 \tag{6.79a}$$

时，过剩载流子的最大值到达触点 B。在 $x = d$, $t = t_0$ 的情况下，其中 d 是触点 A 和触点 B 之间的距离，而 t_0 是最大值到达触点 B 的时刻。此时迁移率为

$$\mu_p = \frac{d}{E_0 t_0} \tag{6.79b}$$

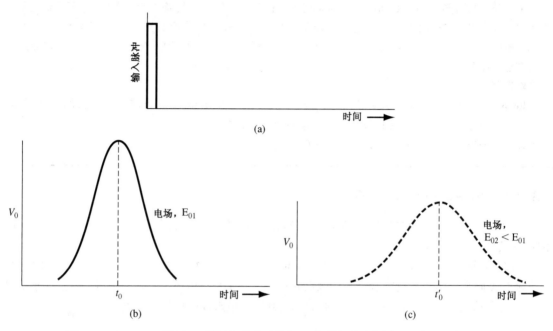

图 6.12　(a) $t = 0$ 时触点 A 的理想载流子分布；(b) 外加有电场时，触点 B 的载流子
分布与时间的关系；(c) 外加较小电场时,触点B的载流子分布与时间的关系

图 6.13 再次绘出了对应时间的输出函数。在时间 t_1 和时间 t_2 处，过剩载流子的浓度为最大值的 e^{-1}。如果 t_1 和 t_2 之间的时间间隔不是很大，这段时间中 $e^{-t/\tau_{p0}}$ 和 $(4\pi D_p t)^{1/2}$ 的变化不是很明显，那么在 $t = t_1$ 时和 $t = t_2$ 时有

$$(d - \mu_p E_0 t)^2 = 4 D_p t \tag{6.80}$$

将 $t = t_1$ 和 $t = t_2$ 分别代入式(6.80)，并将两式相加，即可得到扩散系数

$$D_p = \frac{(\mu_p E_0)^2 (\Delta t)^2}{16 t_0} \tag{6.81}$$

其中

$$\Delta t = t_2 - t_1 \tag{6.82}$$

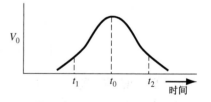

图 6.13　用于确定扩散系数的载流
子分布与时间的关系曲线

图 6.13 中曲线下方的面积 S 与过剩空穴中没有和多子电子复合的部分成比例，可以写为

$$S = K \exp\left(\frac{-t_0}{\tau_{p0}}\right) = K \exp\left(\frac{-d}{\mu_p E_0 \tau_{p0}}\right) \tag{6.83}$$

其中 K 是一个常数。对于不同的电场，曲线包围的面积不同。$\ln(S)$ 相对于 $(d/\mu_p E_0)$ 的函数是一条斜率为 $(1/\tau_{p0})$ 的直线，因此少子寿命也可以根据该实验确定。

如果想在一个实验中同时观察漂移、扩散和复合三个过程，那么海恩斯–肖克利实验是非常

有用的。在这个实验中，迁移率的确定是十分简单而且准确的，而扩散系数和寿命的计算却比较复杂，并且不够精确。

6.4　准费米能级

热平衡电子的浓度和空穴的浓度是费米能级的函数，可以写为

$$n_0 = n_i \exp\left(\frac{E_F - E_{Fi}}{kT}\right) \tag{6.84a}$$

和

$$p_0 = n_i \exp\left(\frac{E_{Fi} - E_F}{kT}\right) \tag{6.84b}$$

其中 E_F 和 E_{Fi} 为费米能级和本征费米能级，n_i 为本征载流子浓度。图 6.14(a) 所示为 $E_F > E_{Fi}$ 时的 n 型半导体的能带图。在这种情况下，根据式(6.84a)和式(6.84b)可以看到我们所期望的 $n_0 > n_i$ 和 $p_0 < n_i$。同样，图 6.14(b) 所示为 $E_F < E_{Fi}$ 时的 p 型半导体的能带图。在这种情况下，根据式(6.84a)和式(6.84b)可以看到我们所期望的 $n_0 < n_i$ 和 $p_0 > n_i$。这些结果对应于热平衡状态。

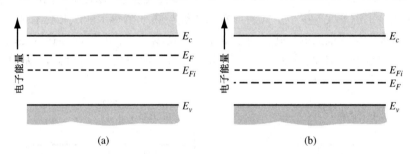

图 6.14　热平衡能带图。(a)n 型半导体；(b)p 型半导体

若半导体中产生了过剩载流子，则半导体就不再处于热平衡状态，而且费米能级也会改变。但是，对于非平衡状态，可以定义电子的准费米能级和空穴的准费米能级。若 δn 和 δp 分别为过剩电子的浓度和空穴的浓度，则有

$$\boxed{n_0 + \delta n = n_i \exp\left(\frac{E_{Fn} - E_{Fi}}{kT}\right)} \tag{6.85a}$$

和

$$\boxed{p_0 + \delta p = n_i \exp\left(\frac{E_{Fi} - E_{Fp}}{kT}\right)} \tag{6.85b}$$

其中 E_{Fn} 和 E_{Fp} 分别是电子的准费米能级和空穴的准费米能级。总电子浓度和总空穴浓度是准费米能级的函数。

例 6.7　$T = 300$ K 时，n 型半导体的载流子浓度为 $n_0 = 10^{15}\,\text{cm}^{-3}$，$n_i = 10^{10}\,\text{cm}^{-3}$，$p_0 = 10^5\,\text{cm}^{-3}$，在非平衡状态下，假设过剩载流子的浓度为 $\delta n = \delta p = 10^{13}\,\text{cm}^{-3}$，试计算准费米能级。

　　■ 解

热平衡状态下的费米能级由式(6.84a)确定。我们有

$$E_F - E_{Fi} = kT \ln\left(\frac{n_0}{n_i}\right) = 0.2982\ \text{eV}$$

对于非平衡状态下电子的准费米能级，可以利用式(6.85a)来求解。我们有

$$E_{Fn} - E_{Fi} = kT \ln\left(\frac{n_0 + \delta n}{n_i}\right) = 0.2984 \text{ eV}$$

非平衡状态下空穴的准费米能级，可以利用式(6.85b)来求解。因此有

$$E_{Fi} - E_{Fp} = kT \ln\left(\frac{p_0 + \delta p}{n_i}\right) = 0.179 \text{ eV}$$

■ 说明

可以看到，电子的准费米能级高于 E_{Fi}，而空穴的准费米能级低于 E_{Fi}。

■ 自测题

E6.7 $T = 300$ K 时，硅的掺杂浓度为 $N_d = 3 \times 10^{15} \text{cm}^{-3}$，$N_a = 10^{16} \text{cm}^{-3}$。过剩载流子的稳态产生值为 $\delta n = \delta p = 4 \times 10^{14} \text{cm}^{-3}$。(a)计算热平衡状态下相对于 E_{Fi} 的费米能级；(b)确定相对于 E_{Fi} 的 E_{Fn} 和 E_{Fp}。

　　答案：(a)$E_{Fi} - E_F = 0.33808$ eV；(b) $E_{Fi} - E_{Fp} = 0.33952$ eV，$E_{Fn} - E_{Fi} = 0.26395$ eV。

　　图 6.15(a)所示为热平衡状态下的费米能级能带图，而图 6.15(b)所示为非热平衡状态下的能带图。由于在小注入状态下，多子电子的浓度没有很大的变化，因此电子的准费米能级与热平衡费米能级相比差别也不大。少子空穴的准费米能级与热平衡费米能级相比有明显的差别，这说明了空穴的浓度发生了很大的变化。由于电子的浓度增加了，电子的准费米能级就稍微靠近导带。空穴的浓度显著地增加，因此空穴的准费米能级更加明显地靠近价带。后面在讨论正偏 pn 结时会再次研究准费米能级。

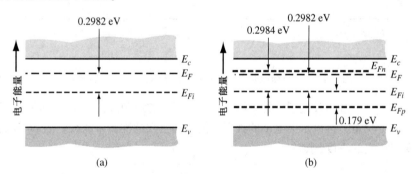

图 6.15　(a)热平衡状态下的能带图，$N_d = 10^{15} \text{ cm}^{-3}$，$n_i = 10^{10} \text{ cm}^{-3}$；
(b)过剩载流子浓度为 10^{13} cm^{-3} 的准费米能级

*6.5　过剩载流子的寿命

　　过剩电子和空穴的复合率是半导体的重要参数，在后面的章节中可以看到它们会影响到器件的许多特性。在本节开始前，我们将简略地考虑复合的过程，并讨论复合率与平均载流子寿命之间的倒数关系。这样，我们可以看出平均载流子寿命也是半导体材料的一个参数。

　　前面讨论的是理想半导体，电子的能态不存在于禁带中。这种理想的效果就需要一个具有理想周期性势函数的完美单晶材料。在实际的半导体材料中，晶体存在缺陷而破坏了完整的周期性势函数。如果缺陷的密度不是太大，就会在禁带中产生分立的电子能态。这些能态会对平均载流子寿命产生严重的影响。下面将利用肖克利–里德–霍尔复合理论确定平均载流子寿命。

6.5.1　肖克利-里德-霍尔复合理论

禁带中一个允许的能量状态(也称为陷阱)充当复合中心的任务,它俘获电子和空穴的概率相同。这种相同的俘获概率意味着其对电子和空穴的俘获截面相等。肖克利-里德-霍尔复合理论假设在带隙中的能量 E_t 处存在一个独立的复合中心(或陷阱),这个单一的陷阱存在着 4 个基本过程,如图 6.16 所示。这里假设这种陷阱是受主类型的陷阱;也就是说,若它包含电子,就带有负电,若不包含电子,就呈中性。

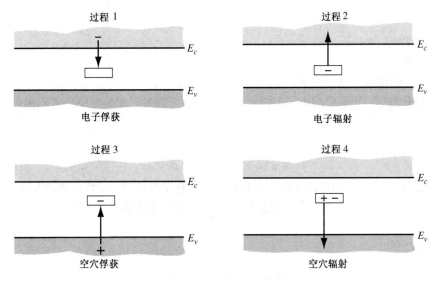

图 6.16　受主类型陷阱的 4 个基本俘获与发射过程

4 个基本过程如下:

过程 1:电子的俘获,导带中的电子被一个最初的中性空陷阱俘获。

过程 2:电子的发射,过程 1 的逆过程——最初占有陷阱能级中的电子被发射回导带。

过程 3:空穴的俘获,价带中的空穴被包含电子的陷阱俘获(或者可看成陷阱中的电子被发射到价带的过程)。

过程 4:空穴的发射,过程 3 的逆过程——中性陷阱将空穴发射到价带中(或者可看成陷阱从价带中俘获电子的过程)。

在过程 1 中,导带中的电子被陷阱俘获的概率与导带中的电子密度和空陷阱的密度分别成比例。我们可以将电子俘获率写为

$$R_{cn} = C_n N_t [1 - f_F(E_t)] n \tag{6.86}$$

其中:

R_{cn}——俘获率 $(\# / \text{cm}^3 \cdot \text{s})$

C_n——电子俘获截面的比例常数

N_t——陷阱中心的总浓度

n——导带中的电子浓度

$f_F(E_t)$——陷阱能级的费米函数

陷阱能级的费米函数为

$$f_F(E_t) = \frac{1}{1 + \exp\left(\dfrac{E_t - E_F}{kT}\right)} \tag{6.87}$$

它代表一个陷阱包含一个电子的概率。则函数$[1 - f_F(E_t)]$是陷阱为空的概率。假设式（6.87）中的简并因子为1，在分析中通常都会使用这种近似。然而如果包含简并因子，则在后面的分析中往往最终将被其他常量吸收。

对于过程2，电子被陷阱发射回导带中的概率与包含电子的陷阱数量成比例。于是有

$$R_{en} = E_n N_t f_F(E_t) \tag{6.88}$$

其中：

R_{en}——发射率（#/ $cm^3 \cdot s$）

E_n——常数

$f_F(E_t)$——陷阱被占据的概率

在热平衡状态下，导带中的电子被俘获的概率与电子被发射回导带中的概率相等，即

$$R_{en} = R_{cn} \tag{6.89}$$

因此有

$$E_n N_t f_{F0}(E_t) = C_n N_t [1 - f_{F0}(E_t)] n_0 \tag{6.90}$$

其中f_{F0}代表热平衡状态下的费米函数。可以看到，在热平衡状态下，俘获率项中的电子浓度值为平衡值n_0。对费米函数使用玻尔兹曼近似，可得E_n和C_n的关系：

$$E_n = n' C_n \tag{6.91}$$

其中n'定义为

$$n' = N_c \exp\left[\frac{-(E_c - E_t)}{kT}\right] \tag{6.92}$$

如果陷阱的能量E_t与费米能级E_F相等，那么参数n'就与导带中的电子浓度等价。

由于在非平衡状态中存在过剩载流子，因此导带中的电子被俘获的净概率为

$$R_n = R_{cn} - R_{en} \tag{6.93}$$

即俘获率与发射率的差值。联立式（6.86）、式（6.88）和式（6.93），可得

$$R_n = [C_n N_t (1 - f_F(E_t)) n] - [E_n N_t f_F(E_t)] \tag{6.94}$$

在这个方程中，电子的浓度n为包括过剩电子浓度在内的总浓度，费米函数中的费米能级被电子的准费米能级代替，而式（6.94）中的其他项都与以前定义的相同。常数E_n和C_n符合式（6.91），所以净复合率可以写为

$$R_n = C_n N_t [n(1 - f_F(E_t)) - n' f_F(E_t)] \tag{6.95}$$

如果考虑复合理论中的过程3和过程4，则价带中的空穴被俘获的概率是

$$R_p = C_p N_t [p f_F(E_t) - p'(1 - f_F(E_t))] \tag{6.96}$$

其中C_p为空穴俘获率的比例常数，p'为

$$p' = N_v \exp\left[\frac{-(E_t - E_v)}{kT}\right] \tag{6.97}$$

如果半导体中的陷阱密度不是很大，那么过剩电子和空穴的浓度就相等，电子和空穴的复合率也相同。如果令式（6.95）等于式（6.96），则求解费米函数可得

$$f_F(E_t) = \frac{C_n n + C_p p'}{C_n(n + n') + C_p(p + p')} \tag{6.98}$$

其中$n'p' = n_i^2$。将式（6.98）代入式（6.95）或式（6.96），有

$$R_n = R_p = \frac{C_n C_p N_t (np - n_i^2)}{C_n(n + n') + C_p(p + p')} \equiv R \tag{6.99}$$

式 (6.99) 是复合中心在 $E = E_t$ 处时, 电子和空穴的复合率。热平衡状态下有 $np = n_0 p_0 = n_i^2$, 所以有 $R_n = R_p = 0$。这时, 式 (6.99) 为过剩电子和空穴的复合率。

由于式 (6.99) 中的 R 是过剩载流子的复合率, 因此可以写为

$$R = \frac{\delta n}{\tau} \tag{6.100}$$

其中 δn 和 τ 分别为过剩载流子的浓度和寿命。

6.5.2　非本征掺杂和小注入的约束条件

前面利用非本征掺杂和小注入的约束条件, 将式 (6.39) 给出的非线性微分双极输运方程化简为线性微分方程。下面使用同样的方法处理复合率方程。

对小注入下的 n 型半导体, 有

$$n_0 \gg p_0, \quad n_0 \gg \delta p, \quad n_0 \gg n', \quad n_0 \gg p'$$

其中 δp 为过剩少子空穴的浓度。$n_0 \gg n'$ 和 $n_0 \gg p'$ 的设定使陷阱接近禁带的中央, 以使 n' 和 p' 都接近本征载流子浓度。根据上述假设, 可以将式 (6.99) 化简为

$$R = C_p N_t \delta p \tag{6.101}$$

n 型半导体的过剩载流子复合率是参数 C_p 的函数, 而 C_p 与少子空穴的俘获截面有关。与双极输运参数归纳为少子参数一样, 复合率是少子参数的函数。

复合率与少子的平均寿命有关。比较式 (6.100) 和式 (6.101), 有

$$R = \frac{\delta n}{\tau} = C_p N_t \delta p \equiv \frac{\delta p}{\tau_{p0}} \tag{6.102}$$

其中

$$\tau_{p0} = \frac{1}{C_p N_t} \tag{6.103}$$

τ_{p0} 为过剩少子空穴的寿命。若陷阱浓度增加, 则过剩载流子的复合概率也会增加, 从而使过剩少子的寿命降低。

同样, 对小注入下的强 p 型半导体, 假设

$$p_0 \gg n_0, \quad p_0 \gg \delta n, \quad p_0 \gg n', \quad p_0 \gg p'$$

寿命也变成了过剩少子电子的寿命, 或

$$\tau_{n0} = \frac{1}{C_n N_t} \tag{6.104}$$

对于 n 型半导体, 寿命是 C_p 的函数, 而 C_p 与少子空穴的俘获率有关; 对于 p 型半导体, 寿命是 C_n 函数, 而 C_n 与少子电子的俘获率有关。因此, 非本征材料的小注入过剩载流子寿命可以归纳为少子的寿命。

例 6.8　求本征半导体中过剩载流子的寿命。

如果将式 (6.103) 和式 (6.104) 中的过剩载流子寿命代入式 (6.99), 那么复合率就可以写为

$$R = \frac{(np - n_i^2)}{\tau_{p0}(n + n') + \tau_{n0}(p + p')} \tag{6.105}$$

对于包含过剩载流子的本征半导体, 我们有 $n = n_i + \delta n$, $p = n_i + \delta n$。假设 $n' = p' = n_i$, 试求过剩载流子的寿命。

■ **解**

式(6.105)变为

$$R = \frac{2n_i\delta n + (\delta n)^2}{(2n_i + \delta n)(\tau_{p0} + \tau_{n0})}$$

假设极小注入，$\delta n \ll 2n_i$，于是有

$$R = \frac{\delta n}{\tau_{p0} + \tau_{n0}} = \frac{\delta n}{\tau}$$

其中 τ 为过剩载流子寿命。可以看出在本征材料中，$\tau = \tau_{p0} + \tau_{n0}$。

■ **说明**

随着材料从非本征变为本征，过剩载流子的寿命会增加。

■ **自测题**

E6.8 $T = 300$ K 时，硅的掺杂浓度为 $N_d = 10^{15}$ cm^{-3}，$N_a = 0$。假设在复合率方程中 $n' = p' = n_i$，参数 $\tau_{n0} = \tau_{p0} = 5 \times 10^{-7}$ s，$\delta n = \delta p = 10^{14}$ cm^{-3} 时，试计算过剩载流子的复合率。

答案：1.83×10^{20} cm^{-3} s^{-1}。

直观上可以看到，随着材料从非本征变为本征，与过剩少子进行复合的有效多子数量减少了。本征材料中参与复合的有效载流子较少，因此过剩载流子的平均寿命增加了。

*6.6　表面效应

在前面的所有讨论中，我们几乎都假设了半导体在一定程度上是无限的，这样就不用考虑半导体表面的任何边界条件了。在半导体的实际应用中，材料并不是无限大的，因此存在半导体与邻近媒质之间的接触面。

6.6.1　表面态

当一块半导体被突然中止时，半导体表面的理想单晶晶格的完整周期性就会被突然破坏。周期性势函数被破坏将导致禁带中出现电子能级。在前面的章节中，我们由讨论得到半导体中的单一缺陷会在禁带中产生分立能态。而表面处周期性势函数的突然中止，将会导致如图 6.17 所示的情形，即在整个半导体禁带中会出现允带能级分布。

肖克利-里德-霍尔复合理论指出，过剩少子的寿命与缺陷状态的密度成反比。可以证明表面处缺陷的密度大于内部缺陷的密度，因此表面处的过剩少子寿命要比相应材料内部的寿命短。举例来说，对于非本征 n 型半导体，内部过剩载流子的复合率根据式(6.102)有

$$R = \frac{\delta p}{\tau_{p0}} = \frac{\delta p_B}{\tau_{p0}} \tag{6.106}$$

其中 δp_B 为材料内部过剩少子空穴的浓度。对于表面处有相似的表达式

$$R_s = \frac{\delta p_s}{\tau_{p0s}} \tag{6.107}$$

其中 δp_s 为材料表面过剩少子空穴的浓度，τ_{p0s} 为材料表面过剩少子空穴的寿命。

假设在整个半导体材料中过剩载流子具有相同的产生率。对于均匀无限的半导体，在稳态时的产生率等于复合率。利用这个结论可得，表面和内部的复合率必须相等。因为 $\tau_{p0s} < \tau_{p0}$，所以表面处的过剩少子浓度小于内部的过剩少子浓度，即 $\delta p_s < \delta p_B$。图 6.18 显示了过剩载流子浓度与表面距离的函数关系。

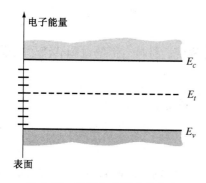

图 6.17　禁带中表面态的分布

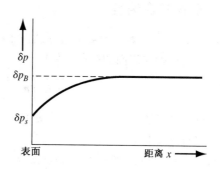

图 6.18　稳态过剩载流子浓度与
表面距离的函数关系

例 6.9　求平衡状态下过剩载流子的浓度是到半导体表面的距离的函数。

如图 6.18 所示，表面位于 $x = 0$ 处。假设在 n 型半导体内部有 $\delta p_B = 10^{14}\,\mathrm{cm}^{-3}$，$\tau_{p0} = 10^{-6}\,\mathrm{s}$；在表面有 $\tau_{p0s} = 10^{-7}\,\mathrm{s}$。无外加电场，$D_p = 10\,\mathrm{cm}^2/\mathrm{s}$。确定稳态过剩载流子浓度与半导体表面距离的函数关系。

■ **解**

根据式(6.106)和式(6.107)有

$$\frac{\delta p_B}{\tau_{p0}} = \frac{\delta p_s}{\tau_{p0s}}$$

因此

$$\delta p_s = \delta p_B\left(\frac{\tau_{p0s}}{\tau_{p0}}\right) = (10^{14})\left(\frac{10^{-7}}{10^{-6}}\right) = 10^{13}\,\mathrm{cm}^{-3}$$

根据式(6.56)有

$$D_p\frac{\mathrm{d}^2(\delta p)}{\mathrm{d}x^2} + g' - \frac{\delta p}{\tau_{p0}} = 0 \tag{6.108}$$

半导体内部的稳态产生率为

$$g' = \frac{\delta p_B}{\tau_{p0}} = \frac{10^{14}}{10^{-6}} = 10^{20}\,\mathrm{cm}^{-3}\cdot\mathrm{s}^{-1}$$

式(6.107)的解有如下形式：

$$\delta p(x) = g'\tau_{p0} + Ae^{x/L_p} + Be^{-x/L_p} \tag{6.109}$$

当 $x \to +\infty$ 时，$\delta p(x) = \delta p_B = g'\tau_{p0} = 10^{14}\,\mathrm{cm}^{-3}$，这意味着 $A = 0$。在 $x = 0$ 处，我们有

$$\delta p(0) = \delta p_s = 10^{14} + B = 10^{13}\,\mathrm{cm}^{-3}$$

所以 $B = -9 \times 10^{13}$。少子空穴浓度的完整函数是到半导体表面的距离的方程，即

$$\delta p(x) = 10^{14}(1 - 0.9e^{-x/L_p})$$

其中

$$L_p = \sqrt{D_p\tau_{p0}} = \sqrt{(10)(10^{-6})} = 31.6\,\mu\mathrm{m}$$

■ **说明**

半导体表面的过剩载流子浓度小于内部的过剩载流子浓度。

■ **自测题**

E6.9　(a)假设 $\tau_{p0s} = 0$，试重做例6.9；(b)在 $x = 0$ 处的过剩空穴浓度是多少？(c)求半导体表面过剩载流子的复合率。

答案：(a) $\delta p(x) = g'\tau_{p0}(1 - e^{-x/L_p})$；(b) $\delta p(0) = 0$；(c) $R' = \infty$。

6.6.2　表面复合速度

如图 6.18 所示，表面附近的过剩载流子存在浓度梯度。材料内部的过剩载流子向表面进行扩散并复合。这种向表面的扩散可用以下方程来描述：

$$-D_p \left[\boldsymbol{n} \cdot \frac{\mathrm{d}(\delta p)}{\mathrm{d}x} \right] \Big|_{\text{surf}} = s \delta p |_{\text{surf}} \tag{6.110}$$

其中方程的两边在表面处等价。参数 $\boldsymbol{n}$ 是垂直于表面的单位矢量。利用图 6.18 所示的几何坐标，$\mathrm{d}(\delta p)/\mathrm{d}x$ 为正值，$\boldsymbol{n}$ 为负值，所以参数 s 为正值。

对式(6.110)进行量纲分析可得，参数 s 的单位是速度的单位 cm/s。参数 s 称为表面复合速度。若表面的非平衡浓度和内部的非平衡浓度相等，则梯度项就为零，表面复合速度也为零。随着表面的非平衡浓度逐渐变小，梯度项变大，于是表面复合速度增加。表面复合速度体现出表面不同于内部的特点。

式(6.110)可以作为例 6.8 中式(6.109)的通解的边界条件。根据图 6.18，我们有 $\boldsymbol{n} = -1$，则式(6.110)变为

$$D_p \frac{\mathrm{d}(\delta p)}{\mathrm{d}x} \Big|_{\text{surf}} = s \delta p |_{\text{surf}} \tag{6.111}$$

可以证明式(6.109)的系数 A 为零。则式(6.109)可写为

$$\delta p_{\text{surf}} = \delta p(0) = g' \tau_{p0} + B \tag{6.112a}$$

和

$$\frac{\mathrm{d}(\delta p)}{\mathrm{d}x} \Big|_{\text{surf}} = \frac{\mathrm{d}(\delta p)}{\mathrm{d}x} \Big|_{x=0} = -\frac{B}{L_p} \tag{6.112b}$$

将式(6.112a)和式(6.112b)代入式(6.111)，求解系数 B 得

$$B = \frac{-s g' \tau_{p0}}{(D_p/L_p) + s} \tag{6.113}$$

过剩少子空穴的浓度可写为

$$\boxed{\delta p(x) = g' \tau_{p0} \left(1 - \frac{s L_p \mathrm{e}^{-x/L_p}}{D_p + s L_p} \right)} \tag{6.114}$$

例 6.10　根据例 6.9，我们有 $g' \tau_{p0} = 10^{14} \text{ cm}^{-3}$，$D_p = 10 \text{ cm}^2/\text{s}$，$L_p = 31.6 \text{ μm}$ 和 $\delta p(0) = 10^{13} \text{ cm}^{-3}$。试确定表面复合速度。

■ **解**

根据式(6.114)，我们有

$$\delta p(0) = g' \tau_{p0} \left[1 - \frac{s}{(D_p/L_p) + s} \right]$$

求解表面复合速度，我们有

$$s = \frac{D_p}{L_p} \left(\frac{g' \tau_{p0}}{\delta p(0)} - 1 \right)$$

即

$$s = \frac{10}{31.6 \times 10^{-4}} \left[\frac{10^{14}}{10^{13}} - 1 \right] = 2.85 \times 10^4 \text{ cm/s}$$

■ **说明**

这个例子说明表面复合速度接近 $s = 3 \times 10^4$ cm/s 时，就会严重影响半导体器件的性能。比如太阳能电池这类与表面有关的器件。

■ **自测题**

E6.10　(a)利用式(6.114)，求以下两种情况下的 $\delta p(x)$：(i) $s = \infty$；(ii) $s = 0$。(b)(i)无限的表面复合速度($s = \infty$)时有何结论？(ii)表面复合速度为零($s = 0$)时有何结论？

答案：(a)(i) $\delta p(x) = g' \tau_{p0}(1 - e^{-x/L_p})$，(ii) $\delta p(x) = g' \tau_{p0}$；(b)(i) $\delta p(0) = 0$，(ii) $\delta p(0) = g' \tau_{p0}$ 且 $\delta p(x)$ 为常数。

上面的例子体现出表面效应会对过剩载流子产生影响，即使与表面的距离为 $L_p = 31.6$ μm，非平衡浓度也只有内部的三分之二。在后面的章节中我们也可以看到，器件的性能很大程度上取决于过剩载流子的特性。

6.7　小结

- 讨论了过剩电子和空穴产生与复合的过程，定义了过剩载流子的产生率和复合率。
- 过剩电子和空穴是一起运动的，而不是互相独立的。这种现象称为双极输运。
- 推导了双极输运方程，并讨论了其中系数的小注入和非本征掺杂约束条件。在这些条件下，过剩电子和空穴的共同漂移和扩散运动取决于少子的特性，这个结果就是半导体器件状态的基本原理。
- 讨论了过剩载流子寿命的概念。
- 分别分析了过剩载流子状态作为时间的函数、作为空间的函数和同时作为时间与空间的函数的情况。
- 定义了电子和空穴的准费米能级。这些参数用于描述非平衡状态下，电子和空穴的总浓度。
- 了解了肖克利-里德-霍尔复合理论。推导出了过剩少子寿命的表达式。半导体中的陷阱导致增强了过剩载流子的产生和复合。
- 半导体表面效应对过剩电子和空穴的状态产生影响。定义了表面复合速度。

重要术语解释

- ambipolar diffusion coefficient(**双极扩散系数**)：过剩载流子的有效扩散系数。
- ambipolar mobility(**双极迁移率**)：过剩载流子的有效迁移率。
- ambipolar transport(**双极输运**)：具有相同扩散系数、迁移率和寿命的过剩电子和空穴的扩散、迁移与复合过程。
- ambipolar transport equation(**双极输运方程**)：用时间和空间变量描述过剩载流子状态函数的方程。
- carrier generation(**载流子的产生**)：电子从价带跃入导带，形成电子-空穴对的过程。
- carrier recombination(**载流子的复合**)：电子落入价带中的空能态(空穴)导致电子-空穴对消灭的过程。
- excess carriers(**过剩载流子**)：过剩电子和空穴的总称。
- excess electrons(**过剩电子**)：导带中超出热平衡状态浓度的电子浓度。
- excess holes(**过剩空穴**)：价带中超出热平衡状态浓度的空穴浓度。
- excess minority carrier lifetime(**过剩少子寿命**)：过剩少子在复合前存在的平均时间。

- generation rage(**产生率**)：电子–空穴对产生的速率(#/cm³·s)。
- low-level injection(**小注入**)：过剩载流子浓度远小于热平衡多子浓度的情况。
- minority carrier diffusion length(**少子扩散长度**)：少子在复合前的平均扩散距离：数学表示为$\sqrt{D\tau}$，其中D和τ分别为少子扩散系数和寿命。
- quasi-Fermi level(**准费米能级**)：电子和空穴的准费米能级分别将电子和空穴的非平衡状态浓度与本征载流子浓度及本征费米能级联系起来。
- recombination rate(**复合率**)：电子–空穴复合的速率(#/cm³·s)。
- surface states(**表面态**)：半导体表面禁带中存在的电子能态。

知识点

学完本章后，读者应具备如下能力：

- 论述非平衡产生和复合的概念。
- 论述过剩载流子寿命的概念。
- 论述电子和空穴与时间相关的扩散方程的推导过程。
- 论述双极输运方程的推导过程。
- 理解在小注入状态和非本征半导体中，双极输运方程系数可以归纳为少子系数的结论。
- 运用双极输运方程解决不同问题。
- 理解介电弛豫时间常数的概念。
- 计算电子和空穴的准费米能级。
- 计算给定浓度的过剩载流子的复合率。
- 理解过剩载流子浓度的表面效应。

复习题

1. 为什么热平衡状态电子的产生率与复合率相等？
2. 基于过剩载流子浓度和寿命定义过剩载流子的复合率。
3. 举例说明粒子流的变化如何影响空穴的浓度。
4. 为什么一般的双极输运方程为非线性方程？
5. 定性解释为什么在外加电场下，过剩电子和空穴会向同一方向移动。
6. 定性解释为什么在小注入条件下，过剩载流子寿命可以归纳为少子的寿命。
7. 当产生率为零时，与过剩载流子密度有关的时间是什么？
8. 外加作用力之后，为什么过剩载流子密度不能随时间持续增加？
9. 当半导体中瞬间产生了一种类型的过剩载流子时，用什么原理解释静电荷密度会迅速变为零。
10. 分别论述电子和空穴的准费米能级的定义。
11. 解释为什么半导体中陷阱的出现会增大过剩载流子的复合率。
12. 一般情况下，为什么半导体表面的过剩载流子浓度要低于内部的过剩载流子浓度？

习题

　　注意：若无特别声明，则半导体的参数使用附录 B 所给出的参数。假设 $T = 300$ K。

6.1　载流子的产生与复合

6.1　$T = 300$ K 时某硅材料中施主杂质浓度为 $N_d = 5 \times 10^{15}$ cm⁻³，过剩载流子的寿命为 2×10^{-7} s。

(a)求热平衡空穴复合率;(b)若过剩载流子浓度为 $\delta n = \delta p = 10^{14} \text{cm}^{-3}$,则这种情况下的空穴复合率是多少?

6.2 $T = 300$ K 时 GaAs 材料中均匀掺杂受主杂质浓度为 $N_a = 2 \times 10^{16} \text{cm}^{-3}$,设过剩载流子的寿命为 5×10^{-7} s。(a)假设过剩电子浓度为 $\delta n = 5 \times 10^{14} \text{cm}^{-3}$,求电子-空穴复合率;(b)利用(a)中的结果,求空穴的寿命。

6.3 n 型半导体样品的施主浓度为 $N_d = 10^{16} \text{cm}^{-3}$。少子空穴的寿命为 $\tau_{p0} = 20 \text{ μs}$。(a)多子电子的寿命是多少?(b)确定材料中电子和空穴的热平衡产生率;(c)确定材料中电子和空穴的热平衡复合率。

6.4 (a)半导体样品的横截面积为 1 cm^2,厚度为 0.1 cm。当样品均匀吸收了波长为 6300 Å 的 1 W 光以后,单位体积单位时间内产生的电子-空穴对的数量是多少?假设每一个光子对应一个电子-空穴对;(b)如果过剩少子的寿命为 10 μs,那么稳态过剩载流子的浓度是多少?

6.2　过剩载流子的性质

6.5 根据式(6.18)和式(6.20)推导式(6.27)。

6.6 一维空穴流如图 6.4 所示。如果微分元中空穴的产生率为 $g_p = 10^{20} \text{cm}^{-3} \cdot \text{s}^{-1}$,复合率为 $2 \times 10^{19} \text{cm}^{-3} \cdot \text{s}^{-1}$,要想保持稳态的空穴浓度,那么粒子流密度的梯度为多少?

6.7 假设产生率变为零,重复上题的计算。

6.3　双极输运

6.8 根据式(6.29)和式(6.30)给出的连续性方程,推导双极输运方程式(6.39)。

6.9 $T = 300$ K 时某硅材料均匀掺杂受主杂质浓度为 $7 \times 10^{15} \text{cm}^{-3}$,过剩载流子的寿命为 $\tau_{n0} = 10^{-7}$ s。(a)求双极迁移率;(b)求双极扩散系数;(c)电子和空穴的寿命分别为多少?

6.10 $T = 300$ K 时 Ge 材料均匀掺杂施主杂质浓度为 $4 \times 10^{13} \text{cm}^{-3}$,过剩载流子的寿命为 $\tau_{p0} = 2 \times 10^{-6}$ s。(a)(i)求双极扩散系数;(ii)求双极迁移率;(b)求电子和空穴的寿命。

6.11 假设 n 型半导体均匀地暴露于射线中,并具有均匀的非平衡产生率 g'。证明稳态半导体电导率的变化为

$$\Delta \sigma = e(\mu_n + \mu_p)\tau_{p0}g'$$

6.12 $T = 300$ K 时某硅材料均匀掺杂受主杂质浓度为 $N_a = 10^{16} \text{cm}^{-3}$,$t = 0$ 时刻,打开光源使整个半导体均匀产生过剩载流子,产生率为 $g' = 8 \times 10^{20} \text{cm}^{-3} \cdot \text{s}^{-1}$。设少数载流子寿命为 $\tau_{n0} = 5 \times 10^{-7}$ s,迁移率分别为 $\mu_n = 900 \text{ cm}^2/\text{V} \cdot \text{s}, \mu_p = 380 \text{ cm}^2/\text{V} \cdot \text{s}$。(a)求硅中电导率在 $t \geqslant 0$ 范围内随时间的分布;(b)求以下时刻的电导率:(i)$t = 0$;(ii)$t = \infty$。

6.13 $T = 300$ K 时某 n 型 GaAs 半导体中均匀掺杂杂质浓度为 $N_d = 5 \times 10^{15} \text{cm}^{-3}$,少数载流子寿命为 $\tau_{p0} = 5 \times 10^{-8}$ s。设迁移率分别为 $\mu_n = 7500 \text{ cm}^2/\text{V} \cdot \text{s}, \mu_p = 310 \text{ cm}^2/\text{V} \cdot \text{s}$。$t = 0$ 时刻打开光源使整个半导体均匀产生过剩载流子,产生率为 $g' = 4 \times 10^{21} \text{cm}^{-3} \cdot \text{s}^{-1}$,$t = 10^{-6}$ s 时刻关闭光源。(a)求过剩载流子浓度在 $0 \leqslant t \leqslant \infty$ 范围内随时间变化的函数;(b)计算半导体中电导率在 $0 \leqslant t \leqslant \infty$ 范围内随时间变化的函数。

6.14 $T = 300$ K 时某硅棒长 $L = 0.05$ cm,横截面积 $A = 10^{-5} \text{cm}^2$。其中均匀掺杂浓度为 $N_d = 8 \times 10^{15} \text{cm}^{-3}$,$N_a = 2 \times 10^{15} \text{cm}^{-3}$。现在长度方向施加 10 V 电压。$t < 0$ 时刻半导体受均匀光照产生过剩载流子,产生率为 $g' = 8 \times 10^{20} \text{cm}^{-3} \cdot \text{s}^{-1}$。少数载流子寿命为 $\tau_{p0} = 5 \times 10^{-7}$ s,$t = 0$ 时刻光照关闭。求半导体中电流在 $t \geqslant 0$ 范围内随时间变化的函数。

6.15 $T = 300$ K 时,某硅半导体中均匀掺杂杂质原子浓度为 $N_a = 2 \times 10^{16} \text{cm}^{-3}$,$N_d = 6 \times 10^{15} \text{cm}^{-3}$。且在 $t < 0$ 时刻处于热平衡状态。$t = 0$ 时刻半导体受均匀光照产生过剩载流子,产生率为 $g' = 2 \times 10^{21} \text{cm}^{-3} \cdot \text{s}^{-1}$。无外加电场。(a)假设最大稳态过剩载流子浓度为 $\delta n = \delta p = 5 \times 10^{14} \text{cm}^{-3}$,

求过剩少子的寿命；(b)推导过剩载流子浓度和复合率随时间变化的函数；(c)分别确定什么时刻过剩载流子浓度处于以下状态：(i)稳态值的四分之一；(ii)稳态值的一半；(iii)稳态值的四分之三；(iv)稳态值的95%。

6.16 $T = 300$ K 时，某 GaAs 材料中掺杂浓度为 $N_a = 2 \times 10^{15}$ cm^{-3}，$N_d = 8 \times 10^{15}$ cm^{-3}。热平衡状态下复合率为 $R_o = 4 \times 10^4$ cm$^{-3} \cdot$ s^{-1}。(a)求少子寿命；(b)假设过剩载流子的均匀产生导致复合率为 $R' = 2 \times 10^{21}$ cm$^{-3} \cdot$ s^{-1}，求稳态过剩载流子浓度；(c)求过剩载流子的寿命。

6.17 (a)$T = 300$ K 时某硅材料中掺杂浓度为 10^{16} cm^{-3} 且 $\tau_{p0} = 5 \times 10^{-7}$ s。$t = 0$ 时刻打开光源均匀产生过剩载流子，产生率为 $g' = 5 \times 10^{20}$ cm$^{-3} \cdot$ s^{-1}，$t = 5 \times 10^{-7}$ s 时刻关闭光源。(i)推导过剩载流子浓度在 $0 \leqslant t \leqslant \infty$ 范围内随时间变化的函数。(ii)求光源关闭时载流子浓度的值；(b)假设关闭光源时刻为 $t = 2 \times 10^{-6}$ s，重做(a)；(c)简述(a)和(b)中相对于时间的过剩少子浓度。

6.18 某半导体材料均匀掺杂受主杂质浓度为 10^{17} cm^{-3}，并且具有以下性质：$D_n = 27$ cm$^2 \cdot$ s^{-1}，$D_p = 12$ cm$^2 \cdot$ s^{-1}，$\tau_{n0} = 5 \times 10^{-7}$ s，$\tau_{p0} = 10^{-7}$ s。$t < 0$ 时刻外加激励产生均匀过剩载流子浓度，产生率为 $g' = 10^{21}$ cm$^{-3} \cdot$ s^{-1}，$t = 0$ 时刻停止激励，$t = 2 \times 10^{-6}$ 时再次打开。(a)推导过剩载流子浓度在 $0 \leqslant t \leqslant \infty$ 范围内随时间变化的函数；(b)求以下时间点处过剩载流子浓度的值：(i)$t = 0$；(ii)$t = 2 \times 10^{-6}$ s；(iii)$t = \infty$；(c)画出过剩载流子浓度随时间变化的函数图像。

6.19 $T = 300$ K 时某 p 型硅棒均匀掺杂杂质浓度为 $N_a = 2 \times 10^{16}$ cm^{-3}，无外加电场。如图 P6.19 所示，光源照射在半导体材料的起点处。$x = 0$ 处的稳态过剩载流子浓度为 $\delta p(0) = \delta n(0) = 2 \times 10^{14}$ cm^{-3}。假设以下参数：$\mu_n = 1200$ cm^2/V $\cdot$ s，$\mu_p = 400$ cm^2/V $\cdot$ s，$\tau_{n0} = 10^{-6}$ s，$\tau_{p0} = 5 \times 10^{-7}$ s。

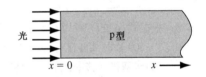

图P6.19 习题6.19和习题6.21的示意图

忽略半导体表面效应，(a)求稳态过剩电子和空穴浓度随距离 x 的变化函数；(b)计算稳态电子和空穴扩散电流密度随距离 x 的变化函数。

6.20 $T = 300$ K 时掺杂浓度为 $N_a = 1 \times 10^{14}$ cm^{-3} 的半无限($x \geqslant 0$)硅棒，在 $x = 0$ 的端点连接着一个"少子吸收器"，使得 $x = 0$ 处的 $n_p = 0$（n_p 是 p 型半导体中少子电子的浓度）。无外加电场。(a)确定热平衡状态下 n_{p0} 和 p_{p0} 的值；(b)$x = 0$ 处过剩少子的浓度是多少？(c)推导稳态过剩少子的浓度随 x 变化的函数。

6.21 如图 P6.19 所示，p 型半导体棒一端 $x = 0$ 处产生过剩载流子。掺杂浓度为 $N_a = 7 \times 10^{16}$ cm^{-3}，$N_d = 2 \times 10^{16}$ cm^{-3}。$x = 0$ 处的稳态过剩载流子浓度为 $\delta p(0) = \delta n(0) = 5 \times 10^{14}$ cm^{-3}（忽略表面效应）。无外加电场。设 $\tau_{n0} = \tau_{p0} = 10^{-6}$ s，$D_n = 25$ cm$^2 \cdot$ s^{-1}，$D_p = 10$ cm$^2 \cdot$ s^{-1}。(a)计算 $x = 0$ 处的 δn 以及电子和空穴的扩散电流密度；(b)计算 $x = 5 \times 10^{-3}$ cm 处的 δn 以及电子和空穴的扩散电流密度；(c)计算 $x = 15 \times 10^{-3}$ cm 处的 δn 以及电子和空穴的扩散电流密度。

6.22 如图 6.6 所示的 n 型半导体样品，它在 $x = 0$ 处产生过剩载流子。在 $+x$ 方向存在一个恒定的外加电场 E_0。试证明稳态过剩载流子浓度为

$$\delta p(x) = A \exp(s_- x), \quad x > 0 \qquad 和 \qquad \delta p(x) = A \exp(s_+ x), \quad x < 0$$

其中

$$s_{\mp} = \frac{1}{L_p} \left[\beta \mp \sqrt{1 + \beta^2} \right]$$

和

$$\beta = \frac{\mu_p L_p E_0}{2 D_n}$$

6.23 绘制习题 6.22 中的过剩载流子浓度 $\delta p(x)$ 随 x 变化的函数：(a) $E_0 = 0$；(b) $E_0 = 10$ V·cm^{-1}。

*6.24 假设对习题 6.19 中的半导体加上一个 $+x$ 方向的外加电场 E_0。(a)推导稳态过剩载流子浓度的表达式(假设解为 $e^{-\alpha x}$ 的形式)；(b)绘出 δn 随 x 变化的函数：(i) $E_0 = 0$；(ii) $E_0 = 12$ V·cm^{-1}；(c)解释(b)中两条曲线各自的特点。

6.25 假设 p 型半导体在 $t < 0$ 时处于热平衡状态，并且少子的寿命无限。如果半导体受到光照，则会产生均匀的产生率 $g'(t)$，其具体形式如下：

$$g'(t) = G'_0, \qquad 0 < t < T$$
$$g'(t) = 0, \qquad t < 0 \text{ 和 } t > T$$

其中 G'_0 为常量。试求过剩载流子浓度随时间变化的函数。

*6.26 考虑如图 P6.26 所示的 n 型半导体。在 $-L < x < +L$ 范围内，光照产生了恒定的过剩载流子，产生率为 G'_0。假设少子的寿命无限，而且在 $x = -3L$ 和 $x = +3L$ 处，过剩少子空穴的浓度为零。试求在小注入和无外加电场的情况下，稳态过剩少子浓度随 x 变化的函数。

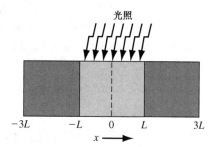

图 P6.26 习题 6.26 的示意图

6.27 海恩斯-肖克利实验中，n 型锗样品的长度为 0.4 cm，外加电压为 $V_1 = 8$ V。A 和 B 两个触点相距 0.25 cm。载流子从触点 A 注入 32 μs 后，脉冲最大值到达触点 B。脉冲宽度为 $\Delta t = 9.35$ μs。确定空穴迁移率和扩散系数，并与爱因斯坦关系式相比较。

6.28 考虑函数 $f(x,t) = (4\pi Dt)^{-1/2}\exp(-x^2/4Dt)$。(a)证明此函数是微分方程 $D(\partial^2 f/\partial x^2) = \partial f/\partial t$ 的解；(b)证明函数 $f(x,t)$ 在 $-\infty$ 到 $+\infty$ 范围对 x 的积分值在任何时刻都相同；(c)证明随着时间 t 趋近于零，该函数也趋近于 δ 函数。

6.29 式(6.70)是海恩斯-肖克利实验的基本方程。(a)在 $E_0 = 0$ 和 $E_0 \neq 0$ 的情况下，分别绘出不同时刻 $\delta p(x,t)$ 随 x 变化的曲线；(b)在 $E_0 = 0$ 和 $E_0 \neq 0$ 的情况下，分别绘出不同时刻 $\delta p(x,t)$ 随时间 t 变化的曲线。

6.4 准费米能级

6.30 掺杂浓度为 $N_d = 4 \times 10^{16}$ cm^{-3} 的 n 型硅样品，在稳定光照下的产生率为 $g' = 2 \times 10^{21}$ cm^{-3}·s^{-1}。假设 $\tau_{n0} = 10^{-6}$ s，$\tau_{p0} = 5 \times 10^{-7}$ s。(a)求热平衡下 $E_F - E_{Fi}$ 的值；(b)计算电子和空穴相对于 E_{Fi} 的准费米能级；(c) E_{Fn} 和 E_F 之间的差别是多少(eV)？

6.31 $T = 300$ K 时，p 型硅半导体的掺杂浓度为 $N_a = 5 \times 10^{15}$ cm^{-3}。(a)确定费米能级相对于本征能级的位置；(b)假设过剩载流子的浓度为热平衡多子浓度的 10%，确定准费米能级相对于本征费米能级的位置；(c)绘出费米能级和准费米能级相对于本征能级的位置。

6.32 某 n 型硅材料的掺杂浓度为 $N_d = 5 \times 10^{15}$ cm^{-3}。假设 $E_{Fn} - E_F = 1.02 \times 10^{-3}$ eV，(a)求过剩载流子浓度；(b)求 $E_{Fn} - E_{Fi}$；(c)计算 $E_{Fi} - E_{Fp}$。

6.33 某 p 型硅样品的掺杂浓度为 $N_a = 6 \times 10^{15}$ cm^{-3}，设 $E_{Fn} - E_{Fi} = 0.270$ eV，(a)求过剩载流子浓度；(b)求 $E_{Fi} - E_{Fp}$；(c)(i)推导 $E_F - E_{Fp}$ 的表达式；(ii)求 $E_F - E_{Fp}$。

6.34 某 n 型 GaAs 材料的掺杂浓度为 $N_d = 10^{16}$ cm^{-3}。(a)假设过剩载流子浓度为 $\delta p = (0.02)N_d$，求(i) $E_{Fn} - E_{Fi}$；(ii) $E_{Fi} - E_{Fp}$；(b)假设过剩载流子浓度为 $\delta p = (0.1)N_d$，求(i) $E_{Fn} - E_{Fi}$；(ii) $E_{Fi} - E_{Fp}$。

6.35 $T = 300$ K 时，p 型 GaAs 半导体的掺杂浓度为 $N_a = 10^{16}$ cm^{-3}。在 50 μm 距离范围内，过剩载流子浓度在 10^{14} cm^{-3} 和 0 之间线性变化。绘出准费米能级相对于本征费米能级的位置的距离函数。

6.36 $T = 300$ K 时，p 型硅材料的掺杂浓度为 $N_a = 5 \times 10^{14} \text{cm}^{-3}$，假设存在过剩载流子且 $E_F - E_{Fp} = (0.01)kT$。(a)这时是否为小注入，为什么？(b)求 $E_{Fn} - E_{Fi}$。

6.37 某 n 型硅样品的掺杂浓度为 $N_d = 10^{16} \text{cm}^{-3}$，产生的过剩载流子浓度为 $\delta p(x) = 10^{14} \exp(-x/10^{-4}) \text{cm}^{-3}$。绘出 $E_{Fi} - E_{Fp}$ 在 $0 \le x \le 4 \times 10^{-4}$ 范围内随 x 变化的函数。

6.38 某 n 型硅半导体的掺杂浓度为 $N_d = 2 \times 10^{16} \text{cm}^{-3}$。(a)绘出 $E_{Fi} - E_{Fp}$ 在 $10^{11} \text{cm}^{-3} \le \delta p \le 10^{15} \text{cm}^{-3}$ 范围内随 δp 变化的函数（δp 使用对数坐标）；(b)绘出 $E_{Fn} - E_{Fi}$ 在 $10^{11} \text{cm}^{-3} \le \delta p \le 10^{15} \text{cm}^{-3}$ 范围内随 δp 变化的函数（δp 使用对数坐标）。

6.5 过剩载流子的寿命

6.39 考虑式(6.99)，定义 τ_{n0} 和 τ_{p0} 的式(6.103)以及式(6.104)。令 $n' = p' = n_i$。假设在半导体的某个区域中 $n = p = 0$。(a)确定复合率 R；(b)解释该现象的物理意义。

6.40 考虑式(6.99)，定义 τ_{n0} 和 τ_{p0} 的式(6.103)以及式(6.104)。令 $\tau_{p0} = 10^{-7}$ s，$\tau_{n0} = 5 \times 10^{-7}$ s，$n' = p' = n_i = 10^{10} \text{cm}^{-3}$。在极小注入条件下 $\delta n \ll n_i$，计算以下半导体类型的 $R/\delta n$：(a)n 型 $(n_0 \gg p_0)$；(b)本征 $(n_0 = p_0 = n_i)$；(c)p 型 $(p_0 \gg n_0)$。

6.6 表面效应

*6.41 考虑如图 P6.41 所示的 n 型半导体，其掺杂浓度为 $N_d = 10^{16} \text{cm}^{-3}$，过剩载流子的产生率为 $g' = 10^{21} \text{cm}^{-3} \cdot \text{s}^{-1}$。假设 $D_p = 10 \text{cm}^2 \cdot \text{s}^{-1}$ 且 $\tau_{p0} = 10^{-7}$ s，无外加电场。(a)当 $x = 0$ 处的表面复合速度为以下情况时，试计算稳态过剩少子浓度随 x 变化的函数：(i)$s = 0$，(ii)$s = 2000$ cm·s，(iii)$s = \infty$；(b)当 $x = 0$ 处的表面复合速度为以下情况时，试计算稳态过剩少子浓度：(i)$s = 0$，(ii)$s = 2000$ cm·s^{-1}，(iii)$s = \infty$。

*6.42 (a)考虑如图 P6.42 所示的 p 型半导体，其参数为 $N_a = 5 \times 10^{16} \text{cm}^{-3}$，$D_n = 25 \text{cm}^2/\text{s}$，$\tau_{n0} = 5 \times 10^{-7}$ s。两侧的表面复合速度如图所示，无外加电场。半导体在 $x = 0$ 处受到照射，过剩载流子的产生率为 $g' = 2 \times 10^{21} \text{cm}^{-3} \cdot \text{s}^{-1}$。试确定稳态过剩少子浓度随 x 变化的函数；(b)假设 $\tau_{n0} = \infty$，重复(a)中的计算。

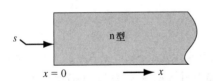

图 P6.41　习题 6.41 的示意图　　　　图 P6.42　习题 6.42 的示意图

*6.43 考虑图 P6.43 所示的 n 型半导体，其参数为 $D_p = 10 \text{cm}^2 \cdot \text{s}^{-1}$，$\tau_{p0} = \infty$，无外加电场。假设在 $x = 0$ 处产生过剩电子和空穴。令载流子流量为 $10^{19} \text{cm}^2 \cdot \text{s}$。假设表面复合速度为以下值，试确定少子空穴流随 x 变化的函数：(a)$s(W) = \infty$；(b)$s(W) = 2000 \text{cm} \cdot \text{s}^{-1}$。

*6.44 某 p 型半导体如图 P6.44 所示，表面复合速度如图。半导体在 $-W < x < 0$ 范围内受到均匀照射，过剩载流子的产生率为 G_0'。假设少子寿命无限且电场为零，试确定稳态过剩载流子浓度随 x 变化的函数。

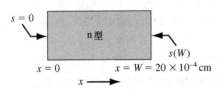

图 P6.43　习题 6.43 的示意图

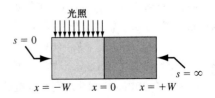

图 P6.44　习题 6.44 的示意图

6.45 根据式(6.113)，画出对应于不同 s 值的 $\delta p(x)$ 随 x 变化的函数。选择适当的参数。

综合题

*6.46 某 n 型半导体如图 P6.41 所示。材料的掺杂浓度为 $N_a = 0$，$N_d = 3 \times 10^{16}\,\text{cm}^{-3}$。假设 $D_p = 12\ \text{cm}^2/\text{s}$ 且 $\tau_{p0} = 2 \times 10^{-7}\,\text{s}$，无外加电场。设计适当的表面复合速度以满足：在过剩载流子产生率为 $g' = 3 \times 10^{21}\,\text{cm}^{-3} \cdot \text{s}^{-1}$ 的情况下，表面的少子扩散电流密度不超过 $J_p = -0.18\ \text{A} \cdot \text{cm}^{-2}$。

6.47 半导体中存在过剩载流子。根据载流子寿命和复合率的定义，在(a)本征半导体和(b)n 型半导体中，试分别确定电子和空穴在导带和价带中停留的平均时间。

*6.48 (a)设计一个厚度为 4 μm 的 GaAs 光电导元件。假设 $\tau_{n0} = 10^{-7}\,\text{s}$，$\tau_{p0} = 5 \times 10^{-8}\,\text{s}$，$N_d = 10^{16}\,\text{cm}^{-3}$。当 $g' = 10^{21}\,\text{cm}^{-3} \cdot \text{s}^{-1}$ 时，外加电压为 2 V 的条件下，产生的光电流不能小于 2 μA；(b)设计一个硅光电导元件，数据同(a)。

参考文献

1. Bube, R. H. *Photoelectronic Properties of Semiconductors*, New York：Cambridge University Press, 1992.

*2. deCogan, D. *Solid State Devices：A Quantum Physics Approach*. New York：Springer-Verlag, 1987.

3. Dimitrijev, S. *Principles of Semiconductor Devices*. New York：Oxford University Press, 2006.

4. Hall, R. H. "Electron-Hole Recombination." *Physical Review* 87, no. 2 (July 15, 1952), p. 387.

5. Haynes, J. R., and W. Shockley. "The Mobility and Life of Injected Holes and Electrons in Germanium." *Physical Review* 81, no. 5 (March 1, 1951), pp. 835-843.

*6. Hess, K. *Advanced Theory of Semiconductor Devices*. Englewood Cliffs, NJ：Prentice Hall, 1988.

7. Kano, K. *Semiconductor Devices*. Upper Saddle River, NJ：Prentice Hall, 1998.

8. Kingston, R. H. *Semiconductor Surface Physics*. Philadelphia, PA：University of Pennsylvania Press, 1957.

9. McKelvey, J. P. *Solid State Physics for Engineering and Materials Science*. Malabar, FL：Krieger Publishing, 1993.

10. Pierret, R. F. *Semiconductor Device Fundamentals*. Reading, MA：Addison-Wesley, 1996.

11. Shockley, W., and W. T. Read, Jr. "Statistics of the Recombinations of Holes and Electrons." *Physical Review* 87, no. 5 (September 1, 1952), pp. 835-842.

12. Singh, J. *Semiconductor Devices：An Introduction*. New York：McGraw-Hill, 1994.

13. Singh, J. *Semiconductor Devices：Basic Principles*. New York：John Wiley and Sons, 2001.

14. Streetman, B. G., and S. K. Banerjee. *Solid State Electronic Devices*, 6th ed. Upper Saddle River, NJ：Pearson Prentice Hall, 2006.

*15. Wang, S. *Fundamentals of Semiconductor Theory and Device Physics*. Englewood Cliffs, NJ：Prentice Hall, 1989.

16. Wolfe, C. M., N. Holonyak, Jr., and G. E. Stillman. *Physical Properties of Semiconductors*. Englewood Cliffs, NJ：Prentice Hall, 1989.

第二部分

半导体器件基础

第7章 pn 结

本书的前几章都在讨论半导体材料的特性。我们计算了热平衡状态下的电子与空穴的浓度，并且确定了费米能级的位置，然后又讨论了半导体存在过剩电子与空穴的非平衡状态。现在，我们则要讨论将 p 型半导体与 n 型半导体紧密接触形成 pn 结的情况。

大多数半导体器件都至少有一个由 p 型半导体区与 n 型半导体区接触形成的 pn 结，半导体器件的特性与工作过程均与此 pn 结有着密切联系。正因为 pn 结的这种特殊重要性，本书将以较大的篇幅来介绍这种基本的结构。

本章主要讨论零偏和反偏 pn 结的静电特性，下一章主要讨论 pn 结二极管的电流-电压特性。

7.0 概述

本章包含以下内容：

- 考虑均匀掺杂 pn 结，即该半导体中的一个区域使用受主原子均匀掺杂，而相邻区域使用施主原子均匀掺杂。
- 求 pn 结在热平衡状态下的能带图。
- 讨论在 p 区和 n 区之间创建一个空间电荷区。
- 应用泊松方程求解空间电荷区的电场，并计算内建电势差。
- 分析施加反偏电压时 pn 结中出现的变化。推导空间电荷区宽度和耗尽电容的表达式。
- 分析 pn 结的耐压特性。
- 探讨非均匀掺杂 pn 结的特性。指定掺杂分布会引起 pn 结的意外属性。

7.1 pn 结的基本结构

图 7.1(a)给出了 pn 结的原理图。图 7.1(a)所示的整个半导体材料是一块单晶材料，它的一部分掺入受主杂质原子形成了 p 区，相邻的另一部分掺入施主杂质原子形成了 n 区。分隔 p 区和 n 区的交界面称为冶金结。

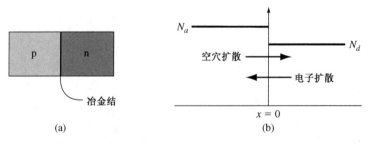

图 7.1 (a)pn 结的简化结构图；(b)理想均匀掺杂 pn 结的掺杂剖面

图 7.1(b)给出了半导体 p 区和 n 区的掺杂浓度曲线。为方便起见，我们首先讨论突变结的情况。突变结的主要特点是：每个掺杂区的杂质浓度是均匀分布的，在交界面处，杂质的浓度有

一个突然的跃变。起初，在冶金结所处的位置，电子与空穴的浓度都有一个很大的浓度梯度。由于两边的载流子浓度不同，n 区的多子电子向 p 区扩散，p 区的多子空穴向 n 区扩散。若半导体没有接外电路，则这种扩散过程就不可能无限地延续下去。随着电子由 n 区向 p 区扩散，带正电的施主离子被留在了 n 区。同样，随着空穴由 p 区向 n 区扩散，p 区由于存在带负电的受主离子而带负电。n 区与 p 区的净正电荷和负电荷在冶金结附近感生出了一个内建电场，方向是由正电荷区指向负电荷区，也就是由 n 区指向 p 区。

图 7.2 给出了半导体内部净正电荷与净负电荷区域。我们把这两个带电区称为空间电荷区。最重要的一点是，在内建电场的作用下，电子与空穴被扫出空间电荷区。正因为空间电荷区内不存在任何可动的电荷，所以该区也称为耗尽区。上述两种称呼可以互换使用。在空间电荷区边缘处仍然存在多子浓度的浓度梯度。可以这样认为，由于浓度梯度的存在，多数载流子便受到了一个"扩散力"。图 7.2 显示了上述作用在空间电荷区边缘电子与空穴上的"扩散力"。空间电荷区内的电场作用在电子与空穴上，这样便产生了一个与上述"扩散力"相反方向的力。在热平衡条件下，每一种粒子（电子与空穴）所受的"扩散力"与"电场力"是相互平衡的。

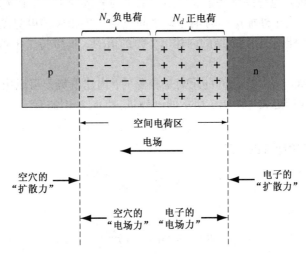

图 7.2　空间电荷区、电场以及施加在载流子上的两种力

7.2　零偏

上节已经简要地介绍了 pn 结的基本结构以及空间电荷区的形成过程。本节主要讨论在无外加激励和无电流存在的热平衡状态下突变结的各种特性。我们将推导出空间电荷区宽度、电场强度及耗尽区电势的表达式。

本节的分析基于上节的两个假设。第一个假设为玻尔兹曼分布，即每一个半导体区域都为非简并半导体。第二个假设为完全电离，即温度对 pn 结的影响可以忽略。

7.2.1　内建电势差

假设 pn 结两端没有外加电压偏置，那么 pn 结便处于热平衡状态，整个半导体系统的费米能级处处相等，且是一个恒定的值。图 7.3 给出了热平衡状态下 pn 结的能带图。因为 p 区与 n 区之间的导带与价带的相对位置随着费米能级位置的变化而变化，所以空间电荷区所在位置的导带与价带要发生弯曲。

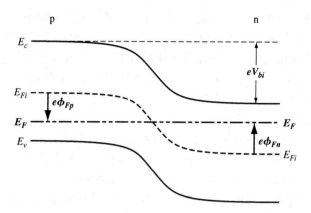

图 7.3　热平衡状态下 pn 结的能带图

　　n 区导带内的电子在试图进入 p 区导带时遇到了一个势垒。这个电子所遇到的势垒称为内建电势差，记为 V_{bi}。该内建电势差维持了 n 区多子电子与 p 区少子电子以及 p 区多子空穴与 n 区少子空穴之间的平衡。由于外加探针与半导体之间也会产生相应的电势差，这个电势差会抵消 V_{bi}，因此用伏特表是不能够测出 pn 结的内建电势差的值的。V_{bi} 维持了平衡状态，因此它在半导体内不产生电流。

　　pn 结本征费米能级与导带底之间的距离是相等的，内建电势差可以由 p 区与 n 区本征费米能级的差值来确定。我们定义了图 7.3 所示的电势 ϕ_{Fn} 和 ϕ_{Fp}，因此有

$$V_{bi} = |\phi_{Fn}| + |\phi_{Fp}| \tag{7.1}$$

　　n 区内的导带电子浓度可以表示为

$$n_0 = N_c \exp\left[\frac{-(E_c - E_F)}{kT}\right] \tag{7.2}$$

也可以表示为

$$n_0 = n_i \exp\left[\frac{E_F - E_{Fi}}{kT}\right] \tag{7.3}$$

其中 n_i 与 E_{Fi} 分别为本征载流子浓度与本征费米能级。我们可以定义 n 区内的电势 ϕ_{Fn} 为

$$e\phi_{Fn} = E_{Fi} - E_F \tag{7.4}$$

那么式(7.3)可以表示为

$$n_0 = n_i \exp\left[\frac{-(e\phi_{Fn})}{kT}\right] \tag{7.5}$$

式(7.5)的两边取自然对数，使 $n_0 = N_d$，求解电势 ϕ_{Fn} 可得

$$\phi_{Fn} = \frac{-kT}{e} \ln\left(\frac{N_d}{n_i}\right) \tag{7.6}$$

　　类似地，在 p 区，空穴的浓度可以表示为

$$p_0 = N_a = n_i \exp\left[\frac{E_{Fi} - E_F}{kT}\right] \tag{7.7}$$

其中 N_a 为受主浓度。定义 p 区的电势 ϕ_{Fp} 为

$$e\phi_{Fp} = E_{Fi} - E_F \tag{7.8}$$

结合式(7.7)与式(7.8)，可得

$$\phi_{Fp} = +\frac{kT}{e} \ln\left(\frac{N_a}{n_i}\right) \tag{7.9}$$

最后，把式(7.6)与式(7.9)代入式(7.1)，可得突变结的内建电势差的表达式，即

$$V_{bi} = \frac{kT}{e} \ln\left(\frac{N_a N_d}{n_i^2}\right) = V_t \ln\left(\frac{N_a N_d}{n_i^2}\right) \tag{7.10}$$

其中 $V_t = kT/e$ 为热电压。

现在，我们要考虑一个很小但又非常重要的问题。在前面的章节中讨论半导体材料时，N_d 与 N_a 分别定义为相同区域内的施主与受主的浓度，这样就形成了一块杂质补偿半导体。从本章开始，N_d 与 N_a 分别指 n 区与 p 区内的净施主与受主浓度。假如半导体的 p 区是杂质补偿材料，那么 N_a 代表的就是 p 区内实际受主浓度与施主浓度的差值。参数 N_d 的定义方法同 N_a。

例 7.1　计算 pn 结中的内建电势差。

　　硅 pn 结的环境温度为 $T = 300$ K，掺杂浓度分别为 $N_a = 2 \times 10^{17}$ cm^{-3}，$N_d = 10^{15}$ cm^{-3}。

　　■ 解

　　由式(7.10)可知，内建电势差为

$$V_{bi} = V_t \ln\left(\frac{N_a N_d}{n_i^2}\right) = (0.0259) \ln\left[\frac{(2 \times 10^{17})(10^{15})}{(1.5 \times 10^{10})^2}\right] = 0.713 \text{ V}$$

若改变 pn 结中 p 区的掺杂浓度，将 N_a 改为 10^{16} cm^{-3} 和 $N_d = 10^{15}$ cm^{-3}，其他参数不变，那么内建电势差为 $V_{bi} = 0.635$ V。

　　■ 说明

　　由于进行的是对数运算，当掺杂浓度的数量级改变很大时，内建电势差也只是有微小的变化。

　　■ 自测题

E7.1　(a) $T = 300$ K 时，计算如下条件下硅 pn 结的内建电势差：(i) $N_a = 5 \times 10^{15}$ cm^{-3}，$N_d = 10^{17}$ cm^{-3}；(ii) $N_a = 2 \times 10^{16}$ cm^{-3}，$N_d = 2 \times 10^{15}$ cm^{-3}。

　　　　(b) 对于 GaAs 材料的 pn 结，重复(a)(提示：n_i 不同)。

　　　　答案： (a) (i) 0.736 V，(ii) 0.671 V；(b) (i) 1.20 V，(ii) 1.14 V。

7.2.2　电场强度

　　耗尽区电场的产生是由于正、负空间电荷的相互分离。图 7.4 显示了在均匀掺杂及突变结近似的情况下，pn 结的体电荷密度分布。我们假设空间电荷区在 n 区的 $x = +x_n$ 处以及在 $x = -x_p$ 处突然中止(x_p 为正值)。

　　半导体内的电场由一维泊松方程确定：

$$\frac{d^2\phi(x)}{dx^2} = \frac{-\rho(x)}{\epsilon_s} = -\frac{dE(x)}{dx} \tag{7.11}$$

其中 $\phi(x)$ 为电势，$E(x)$ 为电场的大小，$\rho(x)$ 为体电荷密度，ϵ_s 为半导体的介电常数。由图 7.4 可知，电荷密度 $\rho(x)$ 为

$$\rho(x) = -eN_a, \quad -x_p < x < 0 \tag{7.12a}$$

与

$$\rho(x) = eN_d, \quad 0 < x < x_n \tag{7.12b}$$

对式(7.11)进行积分，可得电场的表达式为

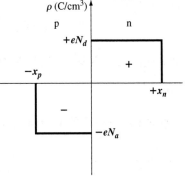

图 7.4　突变结近似均匀掺杂 pn 结的空间电荷密度

$$E = \int \frac{\rho(x)}{\epsilon_s} \, \mathrm{d}x = - \int \frac{eN_a}{\epsilon_s} \, \mathrm{d}x = \frac{-eN_a}{\epsilon_s} x + C_1 \tag{7.13}$$

其中 C_1 为积分常数。由于热平衡状态下没有电流流过半导体，因此我们认为 $x < -x_p$ 的电中性 p 型区内电场为零。由于 pn 结不存在表面电荷密度，因此电场函数是连续的。令 $x = -x_p$ 处的 $E = 0$，就可以求出积分常数 C_1。因此 p 区内的电场表达式为

$$E = \frac{-eN_a}{\epsilon_s}(x + x_p) \qquad -x_p \leqslant x \leqslant 0 \tag{7.14}$$

在 n 型区内，电场的表达式由下式给出：

$$E = \int \frac{(eN_d)}{\epsilon_s} \, \mathrm{d}x = \frac{eN_d}{\epsilon_s} x + C_2 \tag{7.15}$$

其中 C_2 仍然是积分常数。因为 n 区在耗尽区以外的电场强度可以假设为零，且电场强度是连续的，所以令 $x = x_n$ 处的 $E = 0$ 可以求出 C_2。n 区内电场表达式为

$$E = \frac{-eN_d}{\epsilon_s}(x_n - x) \qquad 0 \leqslant x \leqslant x_n \tag{7.16}$$

在 $x = 0$ 处（冶金结所在的位置），电场函数仍然是连续的。将 $x = 0$ 代入式（7.14）与式（7.16），并令它们相等可得

$$N_a x_p = N_d x_n \tag{7.17}$$

式（7.17）说明 p 区内每单位面积的负电荷数与 n 区内每单位面积的正电荷数是相等的。

图 7.5 显示了耗尽区内的电场随位置变化的曲线。对于上述的曲线图，电场方向由 n 区指向 p 区（或者说沿着 x 轴的负方向）。对于均匀掺杂的 pn 结而言，它的 pn 结区域电场是距离的线性函数，冶金结处的电场为该函数的最大值。即使在 p 区与 n 区没有外加电压的情况下，耗尽区内仍然存在着电场。

对式（7.14）进行积分，可得 p 区内电势的表达式为

$$\phi(x) = - \int E(x) \mathrm{d}x = \int \frac{eN_a}{\epsilon_s}(x + x_p) \mathrm{d}x \tag{7.18}$$

即

$$\phi(x) = \frac{eN_a}{\epsilon_s}\left(\frac{x^2}{2} + x_p \cdot x\right) + C_1' \tag{7.19}$$

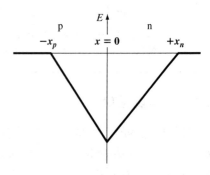

其中 C_1' 为积分常数。pn 结电势差是一个重要的参数，它比电势绝对值重要，因此我们设 $x = -x_p$ 处的电势为零。这样就可以确定积分常数 C_1' 的值为

$$C_1' = \frac{eN_a}{2\epsilon_s} x_p^2 \tag{7.20}$$

图 7.5 均匀掺杂 pn 结空间电荷区的电场

因此 p 区内的电势表达式可以写为

$$\phi(x) = \frac{eN_a}{2\epsilon_s}(x + x_p)^2, \qquad -x_p \leqslant x \leqslant 0 \tag{7.21}$$

同样，对 n 区内的电场表达式积分，可以求出 n 区内的电势表达式为

$$\phi(x) = \int \frac{eN_d}{\epsilon_s}(x_n - x) \mathrm{d}x \tag{7.22}$$

即

$$\phi(x) = \frac{eN_d}{\epsilon_s}\left(x_n \cdot x - \frac{x^2}{2}\right) + C_2' \tag{7.23}$$

其中 C'_2 是积分常数。由于电势函数是连续的，因此将 $x=0$ 分别代入式(7.21)与式(7.23)，并令它们相等，这样便可以求出 C'_2 的表达式，即

$$C'_2 = \frac{eN_a}{2\epsilon_s} x_p^2 \tag{7.24}$$

那么 n 区内电势的表达式可以写为

$$\phi(x) = \frac{eN_d}{\epsilon_s}\left(x_n \cdot x - \frac{x^2}{2}\right) + \frac{eN_a}{2\epsilon_s} x_p^2 \qquad (0 \leqslant x \leqslant x_n) \tag{7.25}$$

图 7.6 显示了 pn 结电势随距离变化的曲线。由图可知，电势表达式为距离的二次函数。$x = x_n$ 处的电势大小与内建电势差的大小相同。那么式(7.25)可以推出

$$V_{bi} = |\phi(x = x_n)| = \frac{e}{2\epsilon_s}\left(N_d x_n^2 + N_a x_p^2\right) \tag{7.26}$$

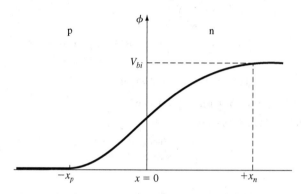

图 7.6　均匀掺杂 pn 结空间电荷区的电势

电子的电势能表达式为 $E = -e\phi$。由该式可知，电子电势能在空间电荷区内也是距离的二次函数。图 7.3 已经表示出了这种距离与电子电势能的二次方关系，尽管当时还不知道该能带图在 pn 结处应该是怎样弯曲的。

7.2.3　空间电荷区宽度

我们可以计算空间电荷区从冶金结处延伸入 p 区与 n 区内的距离。该距离称为空间电荷区宽度。由式(7.17)可知

$$x_p = \frac{N_d x_n}{N_a} \tag{7.27}$$

然后将式(7.27)代入式(7.26)，求解 x_n 得

$$x_n = \left\{\frac{2\epsilon_s V_{bi}}{e}\left[\frac{N_a}{N_d}\right]\left[\frac{1}{N_a + N_d}\right]\right\}^{1/2} \tag{7.28}$$

式(7.28)给出了零偏置电压下，n 型区内空间电荷区的宽度。

同样，若我们由式(7.17)解出 x_n，并将 x_n 的表达式代入式(7.26)，则可得

$$x_p = \left\{\frac{2\epsilon_s V_{bi}}{e}\left[\frac{N_d}{N_a}\right]\left[\frac{1}{N_a + N_d}\right]\right\}^{1/2} \tag{7.29}$$

式(7.29)给出了零偏置电压情况下，p 型区内的空间电荷区宽度 x_p。

总耗尽区的宽度是 x_n 与 x_p 的和，即

$$W = x_n + x_p \tag{7.30}$$

由式(7.28)和式(7.29)可知

$$W = \left\{ \frac{2\epsilon_s V_{bi}}{e} \left[\frac{N_a + N_d}{N_a N_d} \right] \right\}^{1/2} \tag{7.31}$$

内建电势差可由式(7.10)得到，而总空间电荷区宽度可由式(7.31)确定。

例7.2 计算 pn 结中的空间电荷区宽度和 pn 结零偏时的电场。

硅 pn 结所处的环境温度为 $T = 300$ K，掺杂浓度为 $N_a = 10^{16}$ cm^{-3}，$N_d = 10^{15}$ cm^{-3}。

■ **解**

在前述的例7.1 中，我们计算出了内建电势差的值为 $V_{bi} = 0.635$ V。由式(7.31)可知，空间电荷区宽度为

$$W = \left\{ \frac{2\epsilon_s V_{bi}}{e} \left[\frac{N_a + N_d}{N_a N_d} \right] \right\}^{1/2}$$

$$= \left\{ \frac{2(11.7)(8.85 \times 10^{-14})(0.635)}{1.6 \times 10^{-19}} \left[\frac{10^{16} + 10^{15}}{(10^{16})(10^{15})} \right] \right\}^{1/2}$$

$$= 0.951 \times 10^{-4} \text{ cm} = 0.951 \text{ μm}$$

由式(7.28)与式(7.29)可知 $x_n = 0.8644$ μm，$x_p = 0.0864$ μm。

由式(7.16)可知，冶金结的最大电场为

$$E_{max} = -\frac{eN_d x_n}{\epsilon_s} = -\frac{(1.6 \times 10^{-19})(10^{15})(0.8644 \times 10^{-4})}{(11.7)(8.85 \times 10^{-14})} = -1.34 \times 10^4 \text{ V/cm}$$

■ **说明**

pn 结内空间电荷区的最大电场是很大的。但我们必须记住，空间电荷区没有可以移动的电荷，因此该区也没有漂移电流存在。从该例可知，p 区与 n 区的空间电荷区的宽度分别与其所在区域内的掺杂浓度成倒数关系，即耗尽区主要扩展在低掺杂区域。

■ **自测题**

E7.2 $T = 300$ K 时，零偏置硅 pn 结的掺杂浓度分别为 $N_d = 5 \times 10^{16}$ cm^{-3}，$N_a = 5 \times 10^{15}$ cm^{-3}。求 x_n，x_p，W 和 $|E_{max}|$。

答案： $x_n = 4.11 \times 10^{-6}$ cm，$x_p = 4.11 \times 10^{-5}$ cm，$W = 4.52 \times 10^{-5}$ cm，$|E_{max}| = 3.18 \times 10^4$ V/cm。

练习题

T7.1 零偏置硅 pn 结在 $T = 300$ K 时，求 V_{bi}，x_n，x_p，W 和 $|E_{max}|$。其掺杂浓度分别为(a) $N_a = 2 \times 10^{17}$ cm^{-3}，$N_d = 10^{16}$ cm^{-3}。(b) $N_a = 4 \times 10^{15}$ cm^{-3}，$N_d = 3 \times 10^{16}$ cm^{-3}。

答案： (a) $V_{bi} = 0.772$ V，$x_n = 0.3085$ μm，$x_p = 0.0154$ μm，$W = 0.3240$ μm，$|E_{max}| = 4.77 \times 10^4$ V/cm。(b) $V_{bi} = 0.699$ V，$x_n = 0.0596$ μm，$x_p = 0.4469$ μm，$W = 0.5064$ μm，$|E_{max}| = 2.76 \times 10^4$ V/cm。

T7.2 将硅 pn 结改为 GaAs pn 结，重做自测题 E7.2。

答案： $V_{bi} = 1.186$ V，$x_n = 0.05590$ μm，$x_p = 0.5590$ μm，$W = 0.6149$ μm，$|E_{max}| = 3.86 \times 10^4$ V/cm。

7.3 反偏

若我们在 p 区与 n 区之间加一个电势，则 pn 结就不能再处于热平衡状态，也就是说，费米能级在整个系统不再是常数。图 7.7 显示了 n 区相对于 p 区加了一个正电压时的 pn 结的能带图。

当外加反偏电压时，n 区费米能级的位置要低于 p 区费米能级的位置。二者费米能级的差值刚好等于外加电压的值乘上电子电量 e。

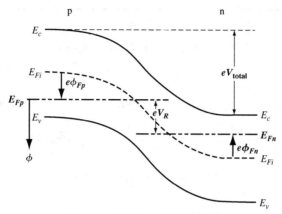

图 7.7　反偏下 pn 结的能带图

总电势差 V_{total} 增加了。外加的电压为反偏电压，那么总电势差可以表示为

$$V_{total} = |\phi_{Fn}| + |\phi_{Fp}| + V_R \tag{7.32}$$

其中 V_R 是反偏电压的大小。式(7.32)还可以写为

$$V_{total} = V_{bi} + V_R \tag{7.33}$$

其中 V_{bi} 是热平衡状态下的内建电势差。

7.3.1　空间电荷区宽度与电场

图 7.8 给出了外加反偏电压 V_R 时的 pn 结结构图，该图还显示了内建电场、外加电场 E_{app} 以及空间电荷区。电中性的 p 区与 n 区内的电场强度为零，即使不是零，也应该为一个可以忽略的很小值。这就意味着空间电荷区内的电场要比外加偏置时的电场强。这个电场始于正电荷区，终于负电荷区；也就是说，随着电场的增强，正、负电荷的数量也要随之增加。在给定的杂质掺杂浓度条件下，耗尽区内的正负电荷的数量要想增加，空间电荷区的宽度 W 就必须增大。因此可以得出一个结论：空间电荷区随着外加反偏电压 V_R 的增加而展宽。应该记住的是，在这里我们假设电中性的 p 区与 n 区内电场为零，在下一章关于电流-电压特性的讨论中，该假设将变得更加明确。

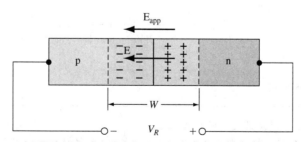

图 7.8　标明了由 V_R 感生的电场和空间电荷区电场方向的反偏 pn 结

前述所有公式中的 V_{bi} 均可以由总电势差 V_{total} 代替。那么由式(7.31)可知总空间电荷区宽度为

$$W = \left\{ \frac{2\epsilon_s(V_{bi} + V_R)}{e} \left[\frac{N_a + N_d}{N_a N_d} \right] \right\}^{1/2} \tag{7.34}$$

上式表明，空间电荷区宽度会随施加的反偏电压的增加而增加。将总电势差 V_{total} 代入式(7.28)与式(7.29)，可发现 p 区与 n 区的空间电荷区的宽度也是外加反偏电压的函数。

例7.3 计算施加反偏电压时，pn 结中的空间电荷区宽度。

$T = 300$ K 时，硅 pn 结的 p 型掺杂浓度为 $N_a = 10^{16}$ cm^{-3}，$N_d = 10^{15}$ cm^{-3}。假定 $n_i = 1.5 \times 10^{10}$ cm^{-3}，$V_R = 5$ V。

■ **解**

例 7.1 已经计算出内建电势差为 $V_{bi} = 0.635$ V。由式(7.34)可知，总空间电荷区宽度为

$$W = \left\{ \frac{2(11.7)(8.85 \times 10^{-14})(0.635 + 5)}{1.6 \times 10^{-19}} \left[\frac{10^{16} + 10^{15}}{(10^{16})(10^{15})} \right] \right\}^{1/2}$$

所以

$$W = 2.83 \times 10^{-4} \text{ cm} = 2.83 \text{ μm}$$

■ **说明**

在 5 V 的反偏电压作用下，空间电荷区宽度由 0.951 μm 变为 2.83 μm。

■ **自测题**

E7.3 (a) $T = 300$ K 时，外加反偏电压 $V_R = 4$ V 的硅 pn 结的掺杂浓度分别为 $N_a = 5 \times 10^{15}$ cm^{-3}，$N_d = 5 \times 10^{16}$ cm^{-3}。求 V_{bi}，x_n，x_p 和 W。(b) 当 $V_R = 8$ V 时，重做(a)。

答案：(a) $V_{bi} = 0.718$ V，$x_n = 0.1054$ μm，$x_p = 1.054$ μm，$W = 1.159$ μm。

(b) $V_{bi} = 0.718$ V，$x_n = 0.1432$ μm，$x_p = 1.432$ μm，$W = 1.576$ μm。

当外加反偏电压时，耗尽区内的电场强度要增加。电场表达式仍然由式(7.14)与式(7.16)给出，而且仍然是距离的线性函数。外加反偏电压后，x_n 与 x_p 均有所增加，电场也会随之增强。冶金结处的电场应仍为电场的最大值。

由式(7.14)与式(7.16)可知，冶金结处的最大电场为

$$E_{\text{max}} = \frac{-eN_d x_n}{\epsilon_s} = \frac{-eN_a x_p}{\epsilon_s} \tag{7.35}$$

使用式(7.28)或式(7.29)，并将 V_{bi} 换成 $V_{bi} + V_R$，则有

$$\boxed{E_{\text{max}} = -\left\{ \frac{2e(V_{bi} + V_R)}{\epsilon_s} \left(\frac{N_a N_d}{N_a + N_d} \right) \right\}^{1/2}} \tag{7.36}$$

pn 结内的最大电场也可以写为

$$\boxed{E_{\text{max}} = \frac{-2(V_{bi} + V_R)}{W}} \tag{7.37}$$

其中 W 为总空间电荷区宽度。

例7.4 设计一个 pn 结，以满足最大电场和电压要求。

$T = 300$ K 时，硅 pn 结的 p 型掺杂浓度为 $N_a = 2 \times 10^{17}$ cm^{-3}，试确定 n 型掺杂的浓度。当最大电场为 $|E_{\text{max}}| = 2.5 \times 10^5$ V/cm 时，反偏电压 $V_R = 25$ V。

■ **解**

由式(7.36)可知最大电场的表达式。因为 V_{bi} 与 V_R 相比很小，所以可以忽略，于是有

$$|E_{\text{max}}| \approx \left\{ \frac{2eV_R}{\epsilon_s} \left(\frac{N_a N_d}{N_a + N_d} \right) \right\}^{1/2}$$

即

$$2.5 \times 10^5 = \left\{ \frac{2(1.6 \times 10^{-19})(25)}{(11.7)(8.85 \times 10^{-14})} \left[\frac{(2 \times 10^{17})N_d}{2 \times 10^{17} + N_d} \right] \right\}^{1/2}$$

可以求出

$$N_d = 8.43 \times 10^{15} \ cm^{-3}$$

■ **结论**

在给定的反偏电压下,较小的 N_d 值会导致较小的 $|E_{max}|$。本例中计算出的 N_d 值即为满足条件的所有 N_d 中的最大值。

■ **自测题**

E7.4 $T = 300$ K 时,GaAs 反偏 pn 结的最大电场为 $|E_{max}| = 7.2 \times 10^4$ V/cm。掺杂浓度为 $N_d = 5 \times 10^{15} \ cm^{-3}$,$N_a = 3 \times 10^{16} \ cm^{-3}$。确定产生这个最大电场的反偏电压的大小。

答案:$V_R = 3.21$ V。

7.3.2 势垒电容(结电容)

因为耗尽区内的正电荷与负电荷在空间上是分离的,所以 pn 结就具有了电容的充放电效应。图 7.9 显示了当外加反偏电压为 V_R 与 $V_R + dV_R$ 时耗尽区内电荷密度的变化。反偏电压增量 dV_R 会在 n 区形成额外的正电荷,同时在 p 区内形成额外的负电荷。势垒电容定义为

$$C' = \frac{dQ'}{dV_R} \tag{7.38}$$

其中

$$dQ' = eN_d \, dx_n = eN_a \, dx_p \tag{7.39}$$

微分电荷 dQ' 的单位是 C/cm^2,所以电容 C' 的单位就是 F/cm^2,或者说是单位面积电容。

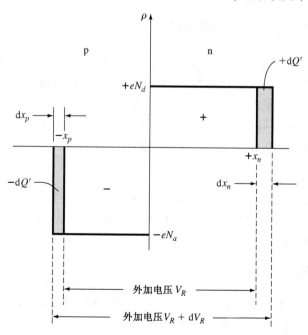

图 7.9 均匀掺杂 pn 结空间电荷区宽度随反偏电压改变的微分变化量

对于总势垒而言，式(7.28)可以写为

$$x_n = \left\{ \frac{2\epsilon_s(V_{bi} + V_R)}{e}\left[\frac{N_a}{N_d}\right]\left[\frac{1}{N_a + N_d}\right]\right\}^{1/2} \tag{7.40}$$

势垒电容的表达式为

$$C' = \frac{dQ'}{dV_R} = eN_d\frac{dx_n}{dV_R} \tag{7.41}$$

所以将式(7.40)微分后再乘以 eN_d 可得

$$\boxed{C' = \left\{\frac{e\epsilon_s N_a N_d}{2(V_{bi} + V_R)(N_a + N_d)}\right\}^{1/2}} \tag{7.42}$$

对 x_p 的表达式进行微分，然后乘以 eN_a，可得与上式相同的 C' 的表达式。势垒电容也称为耗尽层电容。

例7.5　计算 pn 结的势垒电容。

考虑与例 7.3 中相同的 pn 结，外加偏压为 $V_R = 5$ V。

■ **解**

由式(7.42)可知，势垒电容为

$$C' = \left\{\frac{(1.6 \times 10^{-19})(11.7)(8.85 \times 10^{-14})(10^{16})(10^{15})}{2(0.635 + 5)(10^{16} + 10^{15})}\right\}^{1/2}$$

或

$$C' = 3.66 \times 10^{-9} \text{ F/cm}^2$$

假设 pn 结的横截面积为 $A = 10^{-4}$ cm^2，那么总 pn 结势垒电容为

$$C = C' \cdot A = 0.366 \times 10^{-12} \text{ F} = 0.366 \text{ pF}$$

■ **说明**

势垒电容在多数情况下为 pF 或更小的数量级。

■ **自测题**

E7.5　$T = 300$ K 时，GaAs 材料的 pn 结掺杂浓度为 $N_a = 5 \times 10^{15}$ cm^{-3}，$N_d = 2 \times 10^{16}$ cm^{-3}。(a)计算 V_{bi}；(b)确定 $V_R = 4$ V 时的结电容 C'；(c)当 $V_R = 8$ V 时，重做(b)。

答案：(a) $V_{bi} = 1.16$ V；(b) $C' = 8.48 \times 10^{-9}$ F/cm^2；(c) $C' = 6.36 \times 10^{-9}$ F/cm^2。

比较一下描述反偏条件下耗尽区宽度的式(7.34)与势垒电容 C' 的表达式(7.42)，我们发现

$$C' = \frac{\epsilon_s}{W} \tag{7.43}$$

式(7.43)与单位面积平行板电容器的电容表达式是相同的。仔细观察图 7.9，也许可以更早地得出上述结论。千万要记住的是，因为空间电荷区宽度是反偏电压的函数，所以势垒电容也是加在 pn 结上的反偏电压的函数。

7.3.3　单边突变结

考虑一种称为单边突变结的特殊 pn 结。若 $N_a \gg N_d$，则这种结称为 p$^+$n 结。于是总空间电荷区宽度表达式(7.34)就可以化简为

$$W \approx \left\{\frac{2\epsilon_s(V_{bi} + V_R)}{eN_d}\right\}^{1/2} \tag{7.44}$$

考虑到 x_n 与 x_p 的表达式, 对于 p^+n 结, 我们有

$$x_p \ll x_n \tag{7.45}$$

并且

$$W \approx x_n \tag{7.46}$$

几乎所有的空间电荷区均扩展到 pn 结轻掺杂的区域。图 7.10 显示了这种效应。

p^+n 结的势垒电容表达式也可以化简为

$$C' \approx \left\{ \frac{e\epsilon_s N_d}{2(V_{bi} + V_R)} \right\}^{1/2} \tag{7.47}$$

单边突变结的耗尽层电容是低掺杂区掺杂浓度的函数。将式(7.47)进行一下变换, 得到

$$\left(\frac{1}{C'} \right)^2 = \frac{2(V_{bi} + V_R)}{e\epsilon_s N_d} \tag{7.48}$$

式(7.48)说明电容倒数的平方是外加反偏电压的线性函数。

图 7.11 表示了上述的电容倒数的平方与反偏电压的线性关系。将图示的曲线外推, 让它与横轴交于一点$(1/C')^2 = 0$, 则该交点的横坐标的绝对值即为半导体 pn 结的内建电势差 V_{bi}。该曲线的斜率与低掺杂区的掺杂浓度呈反比关系, 因此, 通过实验的方法可以确定掺杂浓度。用于推导上述电容关系式的假设包括: p 区与 n 区均匀掺杂, 突变结近似以及平面结假设。

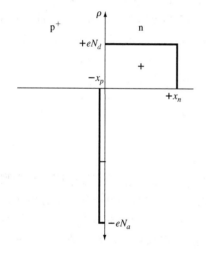

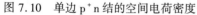

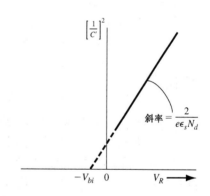

图 7.10   单边 p^+n 结的空间电荷密度   图 7.11   均匀掺杂 pn 结的$(1/C')^2 - V_R$曲线

例 7.6   由图 7.11 给出的参数确定 p^+n 结中的杂质掺杂浓度。

考虑 $T = 300$ K 时的硅 p^+n 结。假设图 7.11 的横截距的绝对值为 $V_{bi} = 0.725$ V, 斜率为 6.15×10^{15} $(F/cm^2)^{-2} \cdot (V)^{-1}$。

■ **解**

图 7.11 中所示曲线的斜率为 $k = 2/e\epsilon_s N_d$, 那么

$$N_d = \frac{2}{e\epsilon_s} \cdot \frac{1}{\text{斜率}} = \frac{2}{(1.6 \times 10^{-19})(11.7)(8.85 \times 10^{-14})(6.15 \times 10^{15})}$$

或

$$N_d = 1.96 \times 10^{15} \, cm^{-3}$$

由 V_{bi} 的表达式可知

$$V_{bi} = V_t \ln \left(\frac{N_a N_d}{n_i^2} \right)$$

那么可以解出 N_a

$$N_a = \frac{n_i^2}{N_d} \exp\left(\frac{V_{bi}}{V_t}\right) = \frac{(1.5 \times 10^{10})^2}{1.963 \times 10^{15}} \exp\left(\frac{0.725}{0.0259}\right)$$

$$N_a = 1.64 \times 10^{17} \text{ cm}^{-3}$$

■ **说明**

该题的结果说明 $N_a \gg N_d$，所以前述的单边突变结假设是正确的。单边突变结假设对于实验上确定掺杂浓度以及内建电势时是非常有用的。

■ **自测题**

E7.6 $T = 300$ K 时，反偏电压 $V_R = 3$ V 条件下的单边硅 n^+p 突变结的实验测定势垒电容为 $C = 0.105$ pF。内建电势差为 $V_{bi} = 0.765$ V，pn 结的横截面积为 $A = 10^{-5}$ cm^2，求掺杂浓度。

答案：$N_a = 5.01 \times 10^{15}$ cm^{-3}，$N_d = 3.02 \times 10^{17}$ cm^{-3}。

单边 pn 结可用于确定掺杂浓度和内建电势。

练习题

T7.3 （a）考虑 $T = 300$ K 时的硅 pn 结，反偏电压 $V_R = 8$ V，其掺杂浓度为 $N_a = 5 \times 10^{16}$ cm^{-3}，$N_d = 5 \times 10^{15}$ cm^{-3}。求 x_n，x_p，W 和 $|E_{max}|$；（b）在反偏电压 $V_R = 12$ V 时，重做（a）。

答案：（a）$x_n = 1.43 \times 10^{-4}$ cm，$x_p = 1.43 \times 10^{-5}$ cm，$W = 1.57 \times 10^{-4}$ cm，$|E_{max}| = 1.11 \times 10^5$ V/cm；（b）$x_n = 1.73 \times 10^{-4}$ cm，$x_p = 1.73 \times 10^{-5}$ cm，$W = 1.90 \times 10^{-4}$ cm，$|E_{max}| = 1.34 \times 10^5$ V/cm。

T7.4 考虑 $T = 300$ K 时的硅 pn 结，其掺杂浓度为 $N_d = 3 \times 10^{16}$ cm^{-3}，$N_a = 8 \times 10^{15}$ cm^{-3}。pn 结的横截面积为 $A = 5 \times 10^{-5}$ cm^2。求（a）$V_R = 2$ V 与（b）$V_R = 5$ V 时的势垒电容。

答案：（a）0.694 pF；（b）0.478 pF。

7.4 结击穿

上一节中，讨论了反偏电压对于 pn 结的影响。然而，加在 pn 结上的反偏电压不会无限制地增长；在特定的反偏电压下，反偏电流会快速增大。发生上述现象时的电压称为击穿电压。

形成反偏 pn 结击穿的物理机制有两种：齐纳效应和雪崩效应。重掺杂的 pn 结由于隧穿机制而发生齐纳击穿。在重掺杂 pn 结内，反偏条件下结两侧的导带与价带离得非常近，以至于电子可以由 p 区的价带直接隧穿到 n 区的导带。图 7.12（a）显示了上述的隧穿过程。

当电子和（或）空穴穿越空间电荷区时，由于电场的作用，它们的能量会增加。当它们的能量大到一定程度并与耗尽区原子内的电子发生碰撞时，便会产生新的电子-空穴对，新的电子与空穴又会撞击其他原子内的电子，于是就发生了雪崩效应。此时的击穿称为雪崩击穿。图 7.12（b）显示了上述过程。在电场的作用下，新产生的电子与空穴会朝着相反的方向运动，于是新的电流成分便形成了。新电流成分叠加在现有的反向电流之上。对于大多数 pn 结而言，占主导地位的击穿机制是雪崩效应。

假定在 $x = 0$ 处，反偏电子电流 I_{n0} 进入了耗尽区，如图 7.13 所示，由于雪崩效应的存在，电子电流 I_n 会随着距离的增大而增大。在 $x = W$ 处，电子电流可以写为

$$I_n(W) = M_n I_{n0} \tag{7.49}$$

其中 M_n 为倍增因子。空穴电流在耗尽区内由 n 区到 p 区的方向逐渐增大，并且在 $x = 0$ 处达到最大值。稳态下，pn 结内各处的电流为定值。

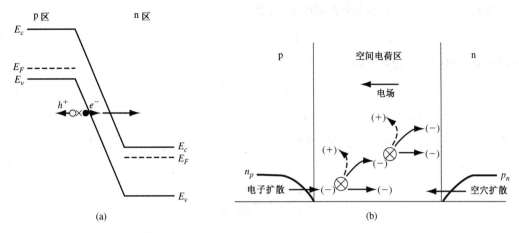

图 7.12 （a）反偏 pn 结的齐纳击穿的物理机制；（b）反偏 pn 结的雪崩击穿过程

某一点 x 处的增量电子电流表达式可写为

$$\mathrm{d}I_n(x) = I_n(x)\alpha_n \,\mathrm{d}x + I_p(x)\alpha_p \,\mathrm{d}x \qquad (7.50)$$

其中 α_n 与 α_p 分别为电子与空穴的电离率。电离率是指单位电子（α_n）或空穴（α_p）在单位长度内通过碰撞产生的电子-空穴对的数量。式（7.50）可以写为

$$\frac{\mathrm{d}I_n(x)}{\mathrm{d}x} = I_n(x)\alpha_n + I_p(x)\alpha_p \qquad (7.51)$$

总电流 I 可以写为

$$I = I_n(x) + I_p(x) \qquad (7.52)$$

它为常数。由式（7.52）可以解出 $I_p(x)$ 的表达式，将它代入式（7.51），可得

$$\frac{\mathrm{d}I_n(x)}{\mathrm{d}x} + (\alpha_p - \alpha_n)I_n(x) = \alpha_p I \qquad (7.53)$$

假设电子与空穴的电离率相同，则有

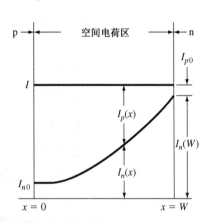

图 7.13 雪崩倍增效应发生时，空间电荷区内的电子电流及空穴电流成分

$$\alpha_n = \alpha_p \equiv \alpha \qquad (7.54)$$

化简式（7.53）并在整个空间电荷区积分后，可得

$$I_n(W) - I_n(0) = I \int_0^W \alpha \,\mathrm{d}x \qquad (7.55)$$

应用式（7.49），式（7.55）可以写为

$$\frac{M_n I_{n0} - I_n(0)}{I} = \int_0^W \alpha \,\mathrm{d}x \qquad (7.56)$$

因为 $M_n I_{n0} \approx I$ 且 $I_n(0) = I_{n0}$，因此式（7.56）可以写为

$$1 - \frac{1}{M_n} = \int_0^W \alpha \,\mathrm{d}x \qquad (7.57)$$

使倍增因子 M_n 达到无穷大的电压，定义为雪崩击穿电压。因此，产生雪崩击穿的条件为

$$\int_0^W \alpha \mathrm{d}x = 1 \qquad (7.58)$$

电离率 α 是电场的函数。由于空间电荷区内的电场不是恒定的，所以式（7.58）计算起来不是很容易。

假如有一个 p^+n 结，其最大电场强度由下式给出：

$$E_{max} = \frac{eN_d x_n}{\epsilon_s} \qquad (7.59)$$

耗尽区宽度 x_n 可由下式近似求得：

$$x_n \approx \left\{ \frac{2\epsilon_s V_R}{e} \cdot \frac{1}{N_d} \right\}^{1/2} \qquad (7.60)$$

其中 V_R 为反偏电压的大小。我们忽略了内建电势差 V_{bi}。

若现在将 V_R 定义为击穿电压 V_B，则最大电场 E_{max} 相应地就应该是临界电场 E_{crit}。结合式（7.59）及式（7.60），有

$$\boxed{V_B = \frac{\epsilon_s E_{crit}^2}{2eN_B}} \qquad (7.61)$$

其中 N_B 为单边结中低掺杂一侧的掺杂浓度。图7.14所示的临界电场是掺杂浓度的函数。

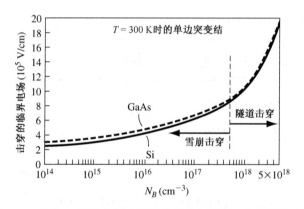

图 7.14　单边 pn 结的临界电场随杂质掺杂浓度变化的函数曲线

前面我们一直讨论的是均匀掺杂的平面结。线性缓变结的击穿电压会下降（参见7.5节）。图7.15显示了单边突变结以及线性缓变结的击穿电压曲线。假如把扩散结表面的曲率同样考虑进来，则击穿电压的值会进一步下降。

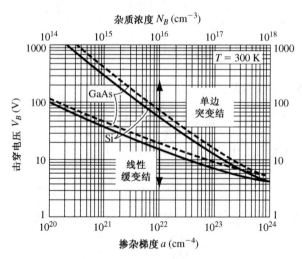

图 7.15　均匀掺杂结及线性缓变结的击穿电压随掺杂浓度变化的曲线

例 7.7　设计一个满足击穿电压要求的理想单边 n^+p 结二极管。

考虑 $T = 300$ K 时的硅 pn 结二极管。$N_d = 3 \times 10^{18}$ cm^{-3}，$V_B = 100$ V。求 N_B。

■ **解**

由图 7.15 可知，单边突变 n^+p 结击穿电压值为 100 V，低掺杂一侧的掺杂浓度约为 4×10^{15} cm^{-3}。

由图 7.14 可知，掺杂浓度 4×10^{15} cm^{-3} 对应的临界电场为 3.7×10^5 V·cm^{-1}。由式（7.61）可知：

$$V_B = \frac{\epsilon_s E_{crit}^2}{2eN_B} = \frac{(11.7)(8.85 \times 10^{-14})(3.7 \times 10^5)^2}{2(1.6 \times 10^{-19})(4 \times 10^{15})} = 110 \text{ V}$$

这与图 7.15 所得的结果相当吻合。

■ **结论**

如图 7.15 所示，随着低掺杂区掺杂浓度的下降，击穿电压的值会增大。

■ **自测题**

E7.7　单边、平面、均匀掺杂的硅 pn 结二极管的击穿电压为 $V_B = 60$ V。满足上述条件的轻掺杂区的最大掺杂浓度是多少？

答案：$N_B \approx 8 \times 10^{15}$ cm^{-3}。

*7.5　非均匀掺杂 pn 结

前面讨论的所有 pn 结，都假设其半导体区域是均匀掺杂的。但在实际的 pn 结中，掺杂往往都不是均匀的。在一些实际的电学应用中，往往要利用特定的非均匀掺杂来实现所要求的 pn 结电容特性。

7.5.1　线性缓变结

以一块均匀掺杂的 n 型半导体为衬底，从其表面向内部扩散受主原子，那么杂质浓度的曲线就会如图 7.16 所示的那样。图中所示的 $x = x'$ 点对应的是冶金结所在的位置。前面我们已经讨论过，耗尽区会从冶金结所在的位置向 p 区与 n 区内延伸。冶金结附近的净 p 型掺杂浓度近似为以冶金结位置为起点的距离的线性函数。同样，净 n 型掺杂浓度也近似为以冶金结所在位置为起点，向 n 区内延伸的距离的线性函数。具有这种有效掺杂浓度曲线的 pn 结成为线性缓变结。

图 7.17 显示了线性缓变结的耗尽区空间电荷密度随位置变化的曲线。为方便起见，冶金结的位置被置于 $x = 0$ 处。空间电荷密度可写为

$$\rho(x) = eax \tag{7.62}$$

其中 a 为净杂质浓度的梯度。

由泊松方程我们可以确定空间电荷区内电场与电势的表达式。可以写出

$$\frac{dE}{dx} = \frac{\rho(x)}{\epsilon_s} = \frac{eax}{\epsilon_s} \tag{7.63}$$

对式（7.63）进行积分得

$$E = \int \frac{eax}{\epsilon_s} dx = \frac{ea}{2\epsilon_s}(x^2 - x_0^2) \tag{7.64}$$

线性缓变结中的电场是距离的二次函数，而均匀掺杂 pn 结中的电场是距离的线性函数。在线性缓变结中，最大电场仍然是冶金结处的电场。由式（7.51）可知，$x = +x_0$ 和 $x = -x_0$ 处的电场均为

零。非均匀掺杂半导体内的场强实际上并不完全是零，但即使不是零，该电场值也是非常小的。所以空间电荷区以外区域的电场为零这个近似假设是非常合理的。

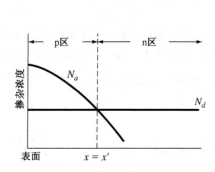

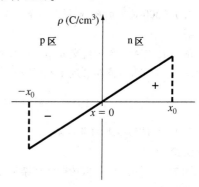

图 7.16　p 区为非均匀掺杂的 pn 结的杂质浓度　　　　图 7.17　线性缓变结的空间电荷密度

对电场的表达式进行积分，可得电势的表达式为

$$\phi(x) = -\int E \, dx \tag{7.65}$$

令 $x = -x_0$ 处的电势 $\phi = 0$，则 pn 结内的电势表达式为

$$\phi(x) = \frac{-ea}{2\epsilon_s}\left(\frac{x^3}{3} - x_0^2 x\right) + \frac{ea}{3\epsilon_s}x_0^3 \tag{7.66}$$

$x = x_0$ 处的电势的大小即是线性缓变结内建电势差的值：

$$\phi(x_0) = \frac{2}{3} \cdot \frac{ea x_0^3}{\epsilon_s} = V_{bi} \tag{7.67}$$

使用均匀掺杂结的表达式，我们可得线性缓变结内建电势差的另一种表达式。可以写出

$$V_{bi} = V_t \ln\left[\frac{N_d(x_0)N_a(-x_0)}{n_i^2}\right] \tag{7.68}$$

其中 $N_d(x_0)$ 与 $N_a(-x_0)$ 是空间电荷区边缘处的掺杂浓度。可以将上述的 $N_d(x_0)$ 与 $N_a(-x_0)$ 用浓度梯度来表示，即

$$N_d(x_0) = a x_0 \tag{7.69a}$$

和

$$N_a(-x_0) = a x_0 \tag{7.69b}$$

那么线性缓变结的内建电势差的表达式为

$$V_{bi} = V_t \ln\left(\frac{a x_0}{n_i}\right)^2 \tag{7.70}$$

也许存在这样一种情况，即 pn 结两边掺杂浓度的梯度不同，那么上述的表达式就不正确了。由于它已超出了本书的讨论范围，这里不再赘述。

若给 pn 结加一个反偏电压，则势垒高度会增加，从而上述表达式中的 V_{bi} 就要由总电势差 $V_{bi} + V_R$ 代替。由式（7.67）解出 x_0，再将总电势差代入可得

$$x_0 = \left\{\frac{3}{2} \cdot \frac{\epsilon_s}{ea}(V_{bi} + V_R)\right\}^{1/3} \tag{7.71}$$

采用与计算均匀掺杂 pn 结势垒电容相同的方法，可以确定非均匀掺杂结的单位面积势垒电容。图 7.18 显示了当外加电压 V_R 增加 dV_R 时，电荷的增加为 dQ'。所以势垒电容为

$$C' = \frac{dQ'}{dV_R} = (ea x_0)\frac{dx_0}{dV_R} \tag{7.72}$$

由式(7.71)可知[①]

$$C' = \left\{ \frac{ea\epsilon_s^2}{12(V_{bi} + V_R)} \right\}^{1/3} \tag{7.73}$$

由上式可以看出,线性缓变结的势垒电容 C' 与 $(V_{bi} + V_R)^{-1/3}$ 成正比,而均匀掺杂结的 C' 与 $(V_{bi} + V_R)^{-1/2}$ 成正比。也就是说,与线性缓变结相比,均匀掺杂结势垒电容的变化更依赖于反偏电压 V_R。

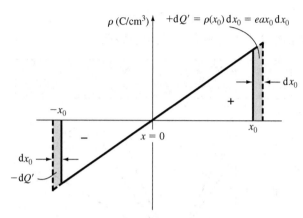

图 7.18　线性缓变结空间电荷区宽度随反偏电压改变的微分变化量

7.5.2　超突变结

均匀掺杂结与线性缓变结并不是仅有的掺杂形式。图 7.19 显示了一种归一化的单边突变 p^+n 结的掺杂曲线,其中 $x > 0$ 处的归一化 n 型掺杂浓度由下式给出:

$$N = Bx^m \tag{7.74}$$

$m = 0$ 对应的是均匀掺杂结的情况,$m = 1$ 对应的是线性缓变结的情况。$m = 2$ 与 $m = 3$ 对应的曲线是在一个非常重掺杂的 n^+ 型衬底上外延生长一相当低掺杂的 n 型外延层的情况。当 m 的值为负时,具有这种掺杂曲线的 pn 结称为超突变结。在这种 pn 结中,冶金结附近处的 n 型掺杂浓度比电中性半导体区内的掺杂浓度要高。式(7.74)用于近似估算 $x = x_0$ 附近很小区域内的掺杂浓度。因此当 m 为负值时,式(7.74)就不适用于 $x = 0$ 处的掺杂浓度的计算。

用前述方法可以推导出势垒电容的表达式为

$$C' = \left\{ \frac{eB\epsilon_s^{(m+1)}}{(m + 2)(V_{bi} + V_R)} \right\}^{1/(m+2)} \tag{7.75}$$

当 m 的值为负时,势垒电容在很大程度上都取决于反偏电压的大小,这正是变容二极管所应该具有的特性。电容可变意味着一个器件的电容可以由偏置电压来控制。

若一个变容二极管与一个电感并联,则这个 LC 电路的共振频率为

$$f_r = \frac{1}{2\pi\sqrt{LC}} \tag{7.76}$$

由式(7.75)可知,二极管的电容可以写为

$$C = C_0(V_{bi} + V_R)^{-1/(m+2)} \tag{7.77}$$

---

① 在更精确的分析中,式(7.73)中的 V_{bi} 由梯度电压代替。但该分析超出了本书的范围。

在电路应用中，一般情况下我们希望共振频率是反偏电压 V_R 的线性函数，所以要求

$$C \alpha V^{-2} \tag{7.78}$$

由式(7.77)可知，m 可由

$$\frac{1}{m+2} = 2 \tag{7.79a}$$

或

$$m = -\frac{3}{2} \tag{7.79b}$$

求出。因此，特定的掺杂曲线可以实现所要求的电容特性。

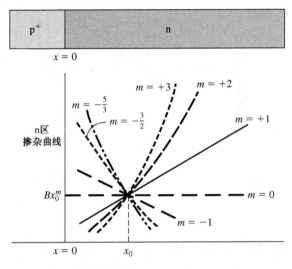

图7.19   单边 p^+n 结的归一化掺杂曲线图

7.6   小结

■ 首先介绍了均匀掺杂的 pn 结。均匀掺杂 pn 结是指：半导体的一个区均匀掺杂了受主杂质，而相邻的区域均匀掺杂了施主杂质。

■ 在冶金结两边的 p 区与 n 区内分别形成了空间电荷区或耗尽区。该区内不存在任何可以移动的电子或空穴，因而得名。由于 n 区内的施主杂质离子的存在，n 区带正电；同样，由于 p 区内受主杂质离子的存在，p 区带负电。

■ 由于耗尽区内存在净空间电荷密度，耗尽区内有一个电场。电场的方向为由 n 区指向 p 区。

■ 空间电荷区内部存在电势差。在零偏压的条件下，该电势差即内建电势差维持热平衡状态，并且在阻止 n 区内多子电子向 p 区扩散的同时，阻止 p 区内多子空穴向 n 区扩散。

■ 反偏电压(n 区相对于 p 区为正)增加了势垒的高度、空间电荷区的宽度以及电场。

■ 随着反偏电压的改变，耗尽区内的电荷数量也改变。这个随电压改变的电荷量可以用来描述 pn 结的势垒电容。

■ 当 pn 结的外加反偏电压足够大时，就会发生雪崩击穿。此时，pn 结体内产生一个较大的反偏电流。击穿电压为 pn 结掺杂浓度的函数。在单边 pn 结中，击穿电压是低掺杂一侧掺杂浓度的函数。

- 线性缓变结是非均匀掺杂结的典型代表。本章我们推导出了有关线性缓变结的电场、内建电势差、势垒电容的表达式。这些函数表达式与均匀掺杂结的情况是不同的。
- 特定的掺杂曲线可以用来实现特定的电容特性。超突变结是一种掺杂浓度从冶金结处开始下降的特殊 pn 结。这种结非常适用于制作谐振电路中的变容二极管。

重要术语解释

- abrupt junction approximation(突变结近似)：认为从中性半导体区到空间电荷区的空间电荷密度有一个突然的不连续。
- avalanche breakdown(雪崩击穿)：由空间电荷区内电子和/或空穴与原子电子碰撞而产生电子-空穴对时，创建较大反偏 pn 结电流的过程。
- built-in potential barrier(内建电势差)：热平衡状态下 pn 结内 p 区与 n 区的静电电势差。
- critical electric field(临界电场)：空间电荷区击穿时的峰值电场。
- depletion layer capacitance(耗尽层电容)：势垒电容的另一种表达。
- depletion region(耗尽区)：空间电荷区的另一种表达。
- hyperabrupt junction(超突变结)：一种为了实现特殊电容-电压特性而进行冶金结处高掺杂的 pn 结，其特点为 pn 结一侧的掺杂浓度从冶金结处开始下降。
- junction capacitance[势垒电容(结电容)]：反偏下 pn 结的电容。
- linearly graded junction(线性缓变结)：冶金结两侧的掺杂浓度可以由线性分布近似的 pn 结。
- metallurgical junction(冶金结)：pn 结内 p 型掺杂与 n 型掺杂的分界面。
- one-sided junction(单边突变结)：冶金结一侧的掺杂浓度远大于另一侧的掺杂浓度的 pn 结。
- reverse bias(反偏)：pn 结的 n 区相对于 p 区加正电压，从而使 p 区与 n 区之间势垒的大小超过热平衡状态时势垒的大小。
- space charge region(空间电荷区)：冶金结两侧由于 n 区内施主电离和 p 区内受主电离而形成的带净正电与负电的区域。
- space charge width(空间电荷区宽度)：空间电荷区延伸到 p 区与 n 区内的距离，它是掺杂浓度与外加电压的函数。
- varactor diode(变容二极管)：电容随着外加电压的改变而改变的二极管。

知识点

学完本章后，读者应具备如下能力：

- 描述空间电荷区是怎样形成的。
- 画出零偏与反偏状态下 pn 结的能带图。
- 推导出 pn 结内建电势差的表达式。
- 推导出 pn 结空间电荷区电场的表达式。
- 描述当 pn 结外加反偏电压时空间电荷区的参数有什么变化。
- 给出势垒电容的定义并做出解释。
- 描述单边突变结的特性与属性。
- 描述线性缓变结是怎样形成的。
- 给出超突变结的定义。

复习题

1. 给出内建电势差的定义并描述它是怎样维持热平衡的。

2. 为什么空间电荷区内会有电场？为什么均匀掺杂 pn 结的电场是距离的线性函数？

3. 空间电荷区内什么位置的电场最大？

4. 为什么 pn 结低掺杂一侧的空间电荷区较宽？

5. 空间电荷区宽度与反偏电压的函数关系是什么？

6. 为什么空间电荷区宽度随着反偏电压的增大而增加？

7. 为什么反偏状态下的 pn 结存在电容？为什么随着反偏电压的增加，势垒电容反而下降？

8. 什么是单边突变结？我们可确定单边突变结的哪些参数？

9. 为什么随着掺杂浓度的增大，击穿电压反而下降？

10. 什么是线性缓变结？

11. 什么是超突变结？这种结的优点或特性是什么？

习题

7.2 零偏

7.1 （a）计算 $T = 300$ K 时硅 pn 结的 V_{bi}，掺杂浓度为 $N_a = 2 \times 10^{15}$ cm^{-3}，$N_d = $ （i）2×10^{15} cm^{-3}，（ii）2×10^{16} cm^{-3}，（iii）2×10^{17} cm^{-3}；（b）当 $N_a = 2 \times 10^{17}$ cm^{-3} 时，重做（a）。

7.2 环境温度为 $T = 300$ K 时，分别计算下列掺杂浓度条件下的 Si，Ge，GaAs pn 结的内建电势差 V_{bi}。

（a）$N_d = 10^{14}$ cm^{-3}，$N_a = 10^{17}$ cm^{-3}

（b）$N_d = 5 \times 10^{16}$ cm^{-3}，$N_a = 5 \times 10^{16}$ cm^{-3}

（c）$N_d = 10^{17}$ cm^{-3}，$N_a = 10^{17}$ cm^{-3}

7.3 （a）画出 $T = 300$ K 时，10^{14} cm$^{-3} \leqslant N_a = N_d \leqslant 10^{17}$ cm^{-3} 区间内对称（$N_a = N_d$）硅 pn 结的内建电势差随掺杂浓度变化的曲线图；（b）其他条件不变，变为 GaAs pn 结，重做（a）；（c）其他条件不变，温度变为 $T = 400$ K，重做（a）和（b）。

7.4 考虑杂质掺杂浓度为 $N_a = 10^{17}$ cm^{-3} 和 $N_d = 5 \times 10^{15}$ cm^{-3} 的硅突变 pn 结，$T = 300$ K。（a）计算相对于本征费米能级，p 区与 n 区内费米能级位置；（b）画出 pn 结的平衡状态能带图，从图中确定 V_{bi}，并标注（a）的计算结果；（c）用式（7.10）计算出 V_{bi}，将其与（b）的结果做比较；（d）求 x_n，x_p 以及该结的峰值电场。

7.5 当掺杂浓度变为 $N_a = N_d = 2 \times 10^{16}$ cm^{-3} 时，重做习题 7.4。

7.6 考虑 $T = 300$ K 时的均匀掺杂 GaAs pn 结，其 n 区的 $E_F - E_{Fi} = 0.365$ eV，p 区的 $E_{Fi} - E_F = 0.330$ eV。（a）画出 pn 结的能带图；（b）求 p 区与 n 区的掺杂浓度 N_a 和 N_d；（c）确定 V_{bi}。

7.7 均匀掺杂的 GaAs pn 结，其掺杂浓度为 $N_a = 2 \times 10^{15}$ cm^{-3}，$N_d = 4 \times 10^{16}$ cm^{-3}。画出 200 K $\leqslant T \leqslant 400$ K 温度区间内，内建电势差随温度变化的曲线。

7.8 （a）考虑 $T = 300$ K 时的均匀掺杂硅 pn 结。在零偏条件下，总空间电荷区的 25% 处在 n 型区内，内建电势差为 $V_{bi} = 0.710$ V。求（i）N_a，（ii）N_d，（iii）x_n，（iv）x_p，（v）$|E_{max}|$；（b）内建电势差为 $V_{bi} = 1.180$ V 的 GaAs pn 结，重做（a）。

7.9 硅 pn 结的掺杂曲线如图 P7.9 所示。在零偏条件下：（a）计算 V_{bi}；（b）计算 x_n 与 x_p；（c）画出平衡状态能带图；（d）画出电场随距离变化的曲线。

7.10 均匀掺杂的硅 pn 结，其掺杂浓度为 $N_a = 2 \times 10^{17}$ cm^{-3}，$N_d = 4 \times 10^{16}$ cm^{-3}。（a）计算 $T = 300$ K 时的 V_{bi}；（b）V_{bi} 下降 2%，计算此时的环境温度（本题应采用试解法）。

7.11 均匀掺杂的硅 pn 结的掺杂浓度为 $N_a = 4 \times 10^{16}$ cm^{-3}，$N_d = 2 \times 10^{15}$ cm^{-3}，内建电势差为 $V_{bi} = 0.550$ V。确定环境温度。

7.12 结两侧具有相同杂质类型的均匀掺杂结称为"同型"突变结。图 P7.12 显示了 n-n 同型结的掺杂曲线。(a)画出同型结的热平衡能带图；(b)由能带图确定内建电势差；(c)讨论结内的电荷分布情况。

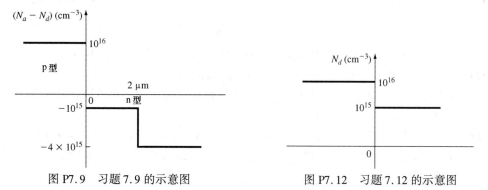

图 P7.9　习题 7.9 的示意图　　　　　图 P7.12　习题 7.12 的示意图

7.13 n 型区与本征区接触形成一种特殊的结。这种结可以用 n 型区和较轻掺杂 p 型区接触形成的 pn 结来近似。假设温度为 $T = 300$ K，$N_d = 10^{16}$ cm^{-3}，$N_a = 10^{12}$ cm^{-3}，零偏置。求：(a)V_{bi}；(b)x_n；(c)x_p；(d)$|\mathrm{E}_{\max}|$。画出电场随距离变化的曲线。

7.14 我们对空间电荷区采用的是突变耗尽近似。也就是说，在耗尽区内没有自由载流子存在，且在耗尽区外，半导体突然变为电中性的。在大多数情况下，这种近似已足够，但突然的过渡并不存在。空间电荷区到电中性区有几德拜长度的过渡，其中 n 型区德拜长度的表达式为

$$L_D = \left[\frac{\epsilon_s kT}{e^2 N_d} \right]^{1/2}$$

在下列条件下计算 L_D 与 L_D/x_n。p 型掺杂浓度为 $N_a = 8 \times 10^{17}$ cm^{-3}，n 型掺杂浓度为(a)$N_d = 8 \times 10^{14}$ cm^{-3}；(b)$N_d = 2.2 \times 10^{16}$ cm^{-3}；(c)$N_d = 8 \times 10^{17}$ cm^{-3}。

7.15 观察 $T = 300$ K 条件下均匀掺杂的硅 pn 结的电场随距离变化的曲线怎样随掺杂浓度的改变而改变。假设均为零偏置，画出电场随距离在空间电荷区的变化曲线并在以下条件下计算 $|\mathrm{E}_{\max}|$：(a)$N_a = 10^{17}$ cm^{-3}，10^{14} cm$^{-3} \leqslant N_d \leqslant 10^{17}$ cm^{-3}；(b)$N_a = 10^{14}$ cm^{-3}，10^{14} cm$^{-3} \leqslant N_d \leqslant 10^{17}$ cm^{-3}；(c)在 $N_d \geqslant 100 N_a$ 或者 $N_a \geqslant 100 N_d$ 时情况如何？

7.3　反偏

7.16 硅突变结在温度为 $T = 300$ K 时的掺杂浓度为 $N_a = 5 \times 10^{16}$ cm^{-3}，$N_d = 10^{15}$ cm^{-3}。计算：(a)V_{bi}；(b)$V_R = 0$ 与 $V_R = 5$ V 时的 W；(c)$V_R = 0$ 与 $V_R = 5$ V 时的最大电场 $|\mathrm{E}_{\max}|$。

7.17 条件参照习题 7.10 在 $T = 300$ K 的情况。结的横截面积 $A = 2 \times 10^{-4}$ cm^2，反偏电压为 $V_R = 2.5$ V。计算：(a)V_{bi}；(b)x_n，x_p，W；(c)$|\mathrm{E}_{\max}|$；(d)势垒电容。

7.18 理想的 p$^+$n 结为 $T = 300$ K 时均匀掺杂的冶金结。其掺杂浓度的关系为 $N_a = 80 N_d$，内建电势差 $V_{bi} = 0.740$ V，反偏电压 $V_R = 10$ V。计算：(a)N_a，N_d；(b)x_p，x_n；(c)$|\mathrm{E}_{\max}|$；(d)C_j'。

7.19 考虑 $V_R = 5$ V 时的硅 n$^+$p 结。(a)当 p 区掺杂浓度变为原来的三倍时，求内建电势差的变化量；(b)当 p 区掺杂浓度由 N_a 变为 $3 N_a$ 时，求势垒电容的变化比率；(c)掺杂浓度增加时，为什么结电容随之增加？

7.20 (a)反偏硅 pn 结的最大电场为 $|\mathrm{E}_{\max}| = 3 \times 10^5$ V/cm。掺杂浓度为 $N_d = 4 \times 10^{15}$ cm^{-3}，$N_a = 4 \times 10^{17}$ cm^{-3}，求 V_R；(b)$N_d = 4 \times 10^{16}$ cm^{-3}，$N_a = 4 \times 10^{17}$ cm^{-3}，重做(a)；(c)$N_d = N_a = 4 \times 10^{17}$ cm^{-3}，重做(a)。

7.21 考虑 $V_R = 5$ V，$T = 300$ K 时的两个硅 p^+n 结。pn 结 A 的掺杂浓度为 $N_a = 10^{18}$ cm^{-3}，$N_d = 10^{15}$ cm^{-3}，pn 结 B 的掺杂浓度为 $N_a = 10^{18}$ cm^{-3}，$N_d = 10^{16}$ cm^{-3}。计算下列条件下结 A 与结 B 参数的比值 $(A:B)$，$(a)W$；$(b)|E_{max}|$；$(c)C'_j$。

7.22 考虑 $T = 300$ K 时的均匀掺杂 GaAs pn 结。零偏时结电容为 $C_j(0)$，反偏电压为 10 V 时的结电容为 $C_j(10)$。电容的比率为

$$\frac{C_j(0)}{C_j(10)} = 3.13$$

p 区内的空间电荷区宽度为总空间电荷区宽度的 20%。求：$(a)V_{bi}$；$(b)N_a$，N_d。

7.23 考虑 $T = 300$ K 时的均匀掺杂 GaAs pn 结。其掺杂浓度为 $N_a = 2 \times 10^{16}$ cm^{-3}，$N_d = 5 \times 10^{15}$ cm^{-3}。在一次特定的应用中，两个不同反偏电压下的势垒电容的比值为 $C'_j(V_{R1})/C'_j(V_{R2}) = 1.5$，其中 $V_{R1} = 0.5$ V。求 V_{R2}。

7.24 (a)考虑 $T = 300$ K 时的硅 pn 结。其掺杂浓度为 $N_a = 2 \times 10^{15}$ cm^{-3}，$N_d = 4 \times 10^{16}$ cm^{-3}。结的横截面积为 5×10^{-4} cm^2。在以下条件下求电容：$(i)V_R = 0$ V，$(ii)V_R = 5$ V；(b)假设为 GaAs 结时，重做(a)。

7.25 考虑 $T = 300$ K 时的硅突变结，其掺杂浓度为 $N_a = 2 \times 10^{17}$ cm^{-3}，$N_d = 5 \times 10^{15}$ cm^{-3}。结的横截面积 $A = 8 \times 10^{-4}$ cm^2。将该 pn 结与一个电感并联。(a)在反偏电压 $V_R = 10$ V，共振频率 $f = 1.25$ MHz 的条件下，求电感值；(b)使用(a)的结果，计算在下列反偏电压下电路的共振频率：$(i)V_R = 1$ V，$(ii)V_R = 5$ V。

7.26 (a)考虑 $T = 300$ K 时的硅 p^+n 结。$V_R = 10$ V 条件下其最大电场被限制为 $|E_{max}| = 2.5 \times 10^5$ V/cm。求 n 区的最大掺杂浓度（对 V_{bi} 使用近似值）；(b)最大电场被限制为 $|E_{max}| = 10^5$ V/cm 时，重做(a)。

7.27 (a)考虑 $T = 300$ K 时的 GaAs 结，结的横截面积为 10^{-4} cm^2 时。$V_R = 2$ V 时，总空间电荷区的 20% 在 p 区内，总势垒电容为 0.6 pF。求 N_a，N_d 和 W；(b)当 $V_R = 5$ V 时，重做(a)。

7.28 $T = 300$ K 时的硅 pn 结具有如图 P7.28 所示的掺杂曲线。计算：$(a)V_{bi}$；(b)零偏压下的 x_n，x_p；$(c)x_n = 30$ μm 时的 V_R。

7.29 $T = 300$ K 时的硅 pn 结的掺杂曲线如图 P7.29 所示。(a)计算使 p 区完全成为空间电荷区所需的反偏电压；(b)在(a)中所给的反偏电压下，求 n^+ 区内的空间电荷区宽度；(c)计算此电压下的峰值电场 $|E_{max}|$。

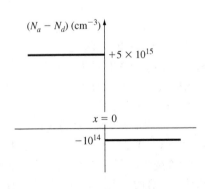

图 P7.28　习题 7.28 的示意图

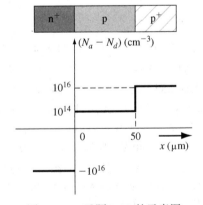

图 P7.29　习题 7.29 的示意图

7.30 硅 p^+n 结的掺杂浓度为 $N_a = 2 \times 10^{17}$ cm^{-3}，$N_d = 2 \times 10^{15}$ cm^{-3}。结的横截面积为 10^{-5} cm^2。计算 $(a)V_{bi}$ 以及 (b)在以下条件下的势垒电容 $(i)V_R = 1$ V，$(ii)V_R = 3$ V，$(iii)V_R = 5$ V；(c)画出 $1/C^2\text{-}V_R$ 曲线。说明该曲线的斜率可以用来求 N_d，并且曲线在电压轴上的截距的绝对值为 V_{bi}。

7.31 $V_R = 1\ \mathrm{V}$，$T = 300\ \mathrm{K}$ 时，GaAs pn 结的总电势电容为 $1.10\ \mathrm{pF}$。其中一侧的掺杂浓度为 $8 \times 10^{16}\ \mathrm{cm}^{-3}$，内建电势差为 $V_{bi} = 1.20\ \mathrm{V}$。计算：(a)另一侧的掺杂浓度；(b)结的横截面积；(c)当结电容变为 $0.80\ \mathrm{pF}$ 时的反偏电压 V_R。

7.32 画出掺杂浓度变化时的 $C'\text{-}V_R$ 与 $(1/C')^2\text{-}V_R$ 曲线。考虑以 N_a 为参数（$N_a \geqslant 100N_d$）与以 N_d 为参数（$N_d \geqslant 100N_a$）的情况。

*7.33 pn 结的掺杂曲线如图 P7.33 所示，假设所有反偏电压下 $x_n > x_0$。(a)pn 结的内建电势差是多少？(b)采用突变结近似，画出 pn 结内电荷的分布；(c)推导出空间电荷区电场的表达式。

*7.34 硅 PIN 结的掺杂曲线如图 P7.34 所示。"I"对应着理想本征区。本征区内没有杂质掺杂。给 PIN 结外加一个反偏电压，以使空间电荷区占据从 $-2\ \mu\mathrm{m}$ 到 $2\ \mu\mathrm{m}$ 的所有区域。(a)采用泊松方程计算出 $x = 0$ 处的电场；(b)画出 PIN 结电场随距离变化的曲线；(c)计算出外加反偏电压的大小。

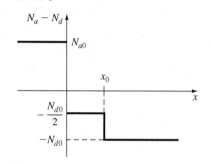 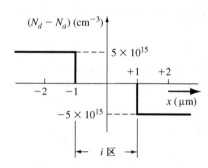

图 P7.33　习题 7.33 的示意图　　　　图 P7.34　习题 7.34 的示意图

7.4　结击穿

7.35 硅的临界电场为 $\mathrm{E}_{crit} = 4 \times 10^5\ \mathrm{V/cm}$。确定击穿电压为(a) $40\ \mathrm{V}$ 和(b) $20\ \mathrm{V}$ 时突变 n^+p 结中 p 区的最大掺杂浓度。

7.36 设计一个突变硅 n^+p 结，要求击穿电压为 $80\ \mathrm{V}$。

7.37 (a)考虑掺杂浓度为 $N_d = 10^{16}\ \mathrm{cm}^{-3}$ 的突变 GaAs p^+n 结。求击穿电压的值；(b)当 $N_d = 10^{15}\ \mathrm{cm}^{-3}$ 时，重做(a)。

7.38 (a)考虑对称掺杂的硅 pn 结，$N_a = N_d = 2 \times 10^{16}\ \mathrm{cm}^{-3}$。临界电场强度 $\mathrm{E}_{crit} = 4 \times 10^5\ \mathrm{V/cm}$。确定击穿电压的值；(b)当 $N_a = N_d = 5 \times 10^{15}\ \mathrm{cm}^{-3}$ 时，重做(a)。

7.39 突变硅 p^+n 结中 n 区的掺杂浓度为 $N_d = 5 \times 10^{15}\ \mathrm{cm}^{-3}$。当雪崩击穿发生时，不让耗尽区到达欧姆接触（穿通）的最小 n 区长度是多少？

7.40 硅 pn 结的掺杂浓度为 $N_a = N_d = 10^{18}\ \mathrm{cm}^{-3}$。发生齐纳击穿时的临界电场为 $10^6\ \mathrm{V/cm}$。求击穿电压的值。

7.41 二极管的掺杂曲线经常如图 P7.29 所示，即所谓的 n^+pp^+ 二极管。反偏时，耗尽区必须处于 p 区内，以防止过早的击穿。p 区的掺杂浓度为 $10^{15}\ \mathrm{cm}^{-3}$。计算使耗尽区处于 p 区内并且不发生击穿的反偏电压，假设 p 区长度为(a) $75\ \mu\mathrm{m}$；(b) $150\ \mu\mathrm{m}$。确定每种情况下，是耗尽区最大宽度先产生还是击穿先产生？

7.42 $T = 300\ \mathrm{K}$ 时的硅 pn 结，在 $2\ \mu\mathrm{m}$ 的距离内，掺杂浓度由 $N_a = 10^{18}\ \mathrm{cm}^{-3}$ 线性变化至 $N_d = 10^{18}\ \mathrm{cm}^{-3}$。估计击穿电压的值。

*7.5　非均匀掺杂 pn 结

7.43 考虑一个线性缓变结。(a)从式(7.62)开始，推导出式(7.64)给出的电场表达式；(b)推导出式(7.66)给出的空间电荷区电势表达式。

7.44 $T = 300$ K 时，硅线性缓变结的内建电势差为 $V_{bi} = 0.70$ V。$V_R = 3.5$ V 时，测定出的势垒电容为 $C' = 7.2 \times 10^{-9}$ F/cm²。求净掺杂浓度的梯度 a。

综合题

7.45 (a) 考虑 $T = 300$ K 时的单边 n⁺p 硅二极管，其掺杂浓度为 $N_d = 3 \times 10^{17}$ cm⁻³。设计出该 pn 结，使得 $V_R = 5$ V 时，$C_j = 0.45$ pF；(b) 计算出 (i) $V_R = 2.5$ V 和 (ii) $V_R = 0$ V 时的势垒电容。

7.46 单边 p⁺n 结的横截面积为 $A = 10^{-5}$ cm²，$V_{bi} = 0.8$ V ($T = 300$ K)。当 $V_R < 1$ V 时，$(1/C_j)^2$-V_R 曲线近似为直线；当 $V_R > 1$ V 时，曲线保持水平。$V_R = 1$ V 时，$C_j = 0.082$ pF。结两侧的掺杂浓度各为多少？

*7.47 考虑 $T = 300$ K 时的硅材料。$x < 0$ 处的掺杂浓度为 $N_{d1} = 10^{15}$ cm⁻³，$x > 0$ 处的掺杂浓度为 $N_{d2} = 5 \times 10^{16}$ cm⁻³，这样就形成了一个 n-n 突变结。(a) 画出能带图；(b) 推导出 V_{bi} 的表达式；(c) 画出电荷密度、电场、电势随距离变化的曲线；(d) 解释电荷密度从何而来，并固定于何处。

*7.48 扩散硅 pn 结的 p 区为线性掺杂，$a = 2 \times 10^{19}$ cm⁻⁴，n 区为均匀掺杂，$N_d = 10^{15}$ cm⁻³。(a) 零偏下 p 区内耗尽区宽度为 0.7 μm，求总耗尽区宽度、内建电势差、最大电场；(b) 画出电势随距离变化的曲线。

参考文献

1. Dimitrijev, S. *Principles of Semiconductor Devices*. New York：Oxford University Press，2006.
2. Kano, K. *Semiconductor Devices*. Upper Saddle River, NJ：Prentice Hall，1998.
*3. Li, S. S. *Semiconductor Physical Electronics*. New York：Plenum Press，1993.
4. Muller, R. S., and T. I. Kamins. *Device Electronics for Integrated Circuits*, 2nd ed. New York：John Wiley and Sons，1986.
5. Navon, D. H. *Semiconductor Microdevices and Materials*. New York：Holt, Rinehart & Winston，1986.
6. Neudeck, G. W. *The PN Junction Diode*. Vol. 2 of the *Modular Series on Solid State Devices*, 2nd ed. Reading, MA：Addison-Wesley，1989.
*7. Ng, K. K. *Complete Guide to Semiconductor Devices*. New York：McGraw-Hill，1995.
8. Pierret, R. F. *Semiconductor Device Fundamentals*. *Reading*, MA：Addison-Wesley，1996.
*9. Roulston, D. J. *An Introduction to the Physics of Semiconductor Devices*. New York：Oxford University Press，1999.
10. Shur, M. *Introduction to Electronic Devices*. New York：John Wiley and Sons，1996.
*11. Shur, M. *Physics of Semiconductor Devices*. Englewood Cliffs, NJ：Prentice Hall，1990.
12. Singh, J. *Semiconductor Devices：Basic Principles*. New York：John Wiley and Sons，2001.
13. Streetman, B. G., and S. K. Banerjee. *Solid State Electronic Devices*, 6th ed. Upper Saddle River, NJ：Pearson Prentice Hall，2006.
14. Sze, S. M., and K. K. Ng. *Physics of Semiconductor Devices*, 3rd ed. Hoboken, NJ：John Wiley and Sons，2007.
15. Sze, S. M. *Semiconductor Devices：Physics and Technology*, 2nd ed. New York：John Wiley and Sons，2001.
*16. Wang, S. *Fundamentals of Semiconductor Theory and Device Physics*. Englewood Cliffs, NJ：Prentice Hall，1989.
17. Yang, E. S. *Microelectronic Devices*. New York：McGraw-Hill，1988.

第8章 pn 结二极管

上一章我们讨论了热平衡状态与反偏状态下 pn 结的静电特性, 确定了热平衡状态的内建电势差, 计算了空间电荷区的电场, 还考虑了 pn 结的势垒电容。

本章主要讨论外加正偏电压的 pn 结, 并确定 pn 结的电流-电压特性。当外加正偏电压时, pn 结的势垒降低, 允许电子与空穴流过空间电荷区。当空穴由 p 区穿过空间电荷区流向 n 区时, 它们就变成了 n 区内的过剩少子, 并且遵守第 6 章中讨论的过剩少子扩散、漂移及复合的过程。同样, 当电子由 n 区穿过空间电荷区进入 p 区而成为 p 区内的过剩少子时, 它们也遵循过剩少子的扩散、漂移及复合的过程。

8.0 概述

本章包含以下内容:

- 探讨施加正偏电压时, pn 结的势垒降低, 进而空穴和电子流过 pn 结产生二极管电流的过程。
- 推导 n 区过剩空穴和 p 区过剩电子的边界条件, 并分析正偏条件下这些过剩载流子的行为。
- 推导正偏 pn 结二极管的理想电流-电压关系。
- 说明并分析 pn 结二极管的非理想效应, 如高级注入、生成电流和复合电流。
- 给出 pn 结二极管的小信号等效电路。该等效电路用于将 pn 结中的小时变(small time-varying)电流和电压关联起来。
- 讨论大信号二极管开关特性。
- 说明隧道二极管这种专用 pn 结。

8.1 pn 结电流

当给 pn 结外加一个正偏电压时, pn 结内就会产生电流。我们先定性地考虑 pn 结内的电荷是如何流动的, 然后给出 pn 结电流-电压关系的数学推导。

8.1.1 pn 结内电荷运动的定性描述

通过 pn 结的能带图, 可以定性地了解 pn 结电流的形成机制。图 8.1(a)所示为平衡状态下 pn 结的能带图。前一章我们已经说过, 电子在扩散过程中"遇到"的势垒阻止了高浓度电子流流向 p 区并使其滞留在 n 区内。同样, 空穴在扩散过程中"遇到"的势垒阻止了高浓度的空穴流流向 n 区并使其滞留在 p 区内。换言之, 势垒维持了热平衡。

图 8.1(b)所示为反偏状态下 pn 结的能带图。此时, n 区相对于 p 区的电势为正, 所以 n 区内的费米能级要低于 p 区内的费米能级。总势垒要高于零偏置下的势垒。上一章中我们曾提出: 增加了的势垒高度继续阻止电子与空穴的流动, 因此 pn 结内基本上没有电荷的流动, 也就基本上没有电流。

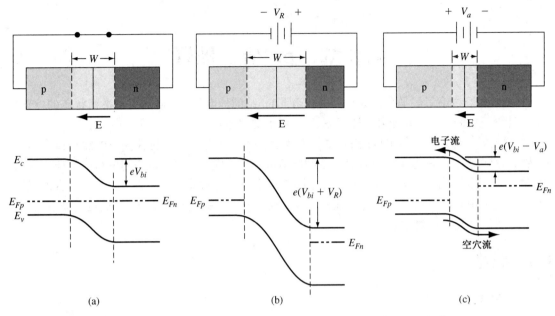

图 8.1　(a)零偏；(b)反偏；(c)正偏条件下的 pn 结及其对应的能带图

　　图 8.1(c)所示为 p 区相对于 n 区加正电压时的 pn 结能带图。此时，p 区的费米能级要低于 n 区的费米能级，总势垒高度现在降低了。降低了的势垒高度意味着耗尽区内的电场也随之减弱。减弱了的电场意味着电子与空穴不能分别滞留在 n 区与 p 区。于是 pn 结内就有了一股由 n 区经空间电荷区向 p 区扩散的电子流。同样，pn 结内就有了一股由 p 区经空间电荷区向 n 区扩散的空穴流。电荷的流动在 pn 结内形成了电流。

　　注入 n 区内的空穴是 n 区的少数载流子；同样，注入 p 区内的电子是 p 区内的少数载流子。这些少数载流子的行为可以用第 6 章中讨论的双极输运方程来描述。在这些区域内存在过剩载流子的扩散与复合。载流子的扩散意味着扩散电流的存在。下一节我们将给出 pn 结电流-电压关系的数学推导。

8.1.2　理想的电流-电压关系

　　理想 pn 结的电流-电压关系的推导，是以下述四个假设为基础的（最后一个假设包括三个部分，但每部分都与电流有关）：

　　1. 耗尽层突变近似。空间电荷区的边界存在突变，并且耗尽区以外的半导体区域是电中性的。
　　2. 载流子的统计分布采用麦克斯韦-玻尔兹曼近似。
　　3. 小注入假设和完全电离。
　　4a. pn 结内的电流值处处相等。
　　4b. pn 结内的电子电流与空穴电流分别为连续函数。
　　4c. 耗尽区内的电子电流与空穴电流分别为恒定值。

　　本章的公式中用到的有关浓度的符号很多。表 8.1 列出了一部分与电子及空穴浓度有关的符号。上一章已经使用过了一部分表 8.1 中所列的符号，为方便起见，在此重复如下。

表 8.1　本章中常用的符号与表达法

名　　称	意　　义
N_a	pn 结内 p 区的受主浓度
N_d	pn 结内 n 区的施主浓度
$n_{n0} = N_d$	热平衡状态下 n 区内的多子电子浓度
$p_{p0} = N_a$	热平衡状态下 p 区内的多子空穴浓度
$n_{p0} = n_i^2 / N_a$	热平衡状态下 p 区内的少子电子浓度
$p_{n0} = n_i^2 / N_d$	热平衡状态下 n 区内的少子空穴浓度
n_p	p 区内总少子电子的浓度
p_n	n 区内总少子空穴的浓度
$n_p(-x_p)$	空间电荷区边缘处 p 区内的少子电子浓度
$p_n(x_n)$	空间电荷区边缘处 n 区内的少子空穴浓度
$\delta n_p = n_p - n_{p0}$	p 区内过剩少数载流子电子的浓度
$\delta p_n = p_n - p_{n0}$	n 区内过剩少数载流子空穴的浓度

8.1.3　边界条件

图 8.2 所示为热平衡状态下 pn 结导带的能量图。导带内 n 区的电子数量远远大于 p 区；内建电势差阻止了 n 区的电子向 p 区流动。换言之，内建电势差维持 pn 结两侧各区域载流子之间的分布平衡。

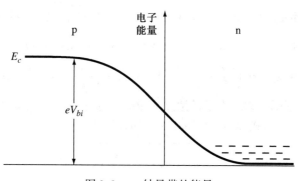

图 8.2　pn 结导带的能量

上一章的式(7.10)给出了内建电势差的表达式，即

$$V_{bi} = V_t \ln \left(\frac{N_a N_d}{n_i^2} \right)$$

将上式的两边除以 $V_t = kT/e$，两边取对数，再取倒数，可得

$$\frac{n_i^2}{N_a N_d} = \exp \left(\frac{-eV_{bi}}{kT} \right) \tag{8.1}$$

假设杂质完全电离，则有

$$n_{n0} \approx N_d \tag{8.2}$$

其中 n_{n0} 为 n 区内多子电子的热平衡浓度。在 p 区，可以写出

$$n_{p0} \approx \frac{n_i^2}{N_a} \tag{8.3}$$

其中 n_{p0} 为 p 区内少子电子的热平衡浓度。将式(8.2)与式(8.3)代入式(8.1)，可得

$$n_{p0} = n_{n0} \exp\left(\frac{-eV_{bi}}{kT}\right) \tag{8.4}$$

上式将热平衡状态下 p 区内少子电子的浓度与 n 区内多子电子的浓度联系在了一起。

当 p 区相对于 n 区加正电压，pn 结内的势垒降低了。图 8.3(a)所示为外加偏压为 V_a 时的 pn 结。电中性的 p 区与 n 区内的电场通常很小。所有的电压降都落在了 pn 结区域。外加电场 E_{app} 的方向与热平衡空间电荷区电场的方向相反，所以空间电荷区的净电场要低于热平衡状态的值。热平衡状态时扩散力与电场力的精确平衡被打乱了。阻止多数载流子穿越空间电荷区的电场被削弱；n 区内的多子电子被注入 p 区，而 p 区内的多子空穴被注入 n 区。只要外加偏压 V_a 存在，穿越空间电荷区的载流子注入就一直持续，pn 结内就形成了一股电流。上述偏置条件称为正偏；正偏 pn 结的能带图如图 8.3(b)所示。

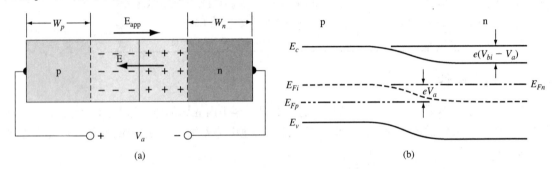

图 8.3　(a)标明了由正向电压感生的电场和空间电荷区电场方向的正偏 pn 结；(b)相应的能带图

正偏时，式(8.4)中的 V_{bi} 可以由 $(V_{bi} - V_a)$ 代替，那么式(8.4)可以写为

$$n_p = n_{n0} \exp\left(\frac{-e(V_{bi} - V_a)}{kT}\right) = n_{n0} \exp\left(\frac{-eV_{bi}}{kT}\right) \exp\left(\frac{+eV_a}{kT}\right) \tag{8.5}$$

由于我们采用了小注入假设，多子电子的浓度 n_{n0} 基本上保持不变。但是少子浓度 n_p 会偏离其热平衡值 n_{p0} 好几个数量级。由式(8.4)及式(8.5)，可以写出

$$\boxed{n_p = n_{p0} \exp\left(\frac{eV_a}{kT}\right)} \tag{8.6}$$

当 pn 结外加正偏电压时，它就不会再处于热平衡状态。式(8.6)的左边为 p 区内少子电子的浓度，它比热平衡时点的值大很多。正偏电压降低了势垒，这样就使得 n 区内的多子可以穿过耗尽区而注入 p 区内，注入的电子增加了 p 区少子电子的浓度。也就是说，p 区内形成了过剩少子电子。

当电子注入 p 区时，这些过剩载流子服从第 6 章中讨论的扩散与复合过程。式(8.6)为 p 区内空间电荷区边缘的少子电子浓度的表达式。

正偏电压下注入到 n 区内的 p 区多子空穴也经历了上述过程。可以写出

$$\boxed{p_n = p_{n0} \exp\left(\frac{eV_a}{kT}\right)} \tag{8.7}$$

其中 p_n 为 n 区内空间电荷区边缘处少子空穴的浓度。图 8.4 显示了上述结论。给 pn 结外加正偏电压，pn 结的 p 区与 n 区内均存在过剩少数载流子。

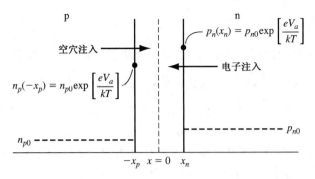

图 8.4　由正偏电压形成的空间电荷区边缘处的过剩少子浓度

例 8.1　施加正偏电压时，求 pn 结空间电荷区边缘处的少子空穴浓度。

考虑 $T = 300$ K 时的硅 pn 结。n 型掺杂浓度为 $N_d = 10^{16}$ cm^{-3}，p 型掺杂浓度为 $N_a = 6 \times 10^{15}$ cm^{-3}，正偏电压为 $V_a = 0.60$ V。

■ **解**

由式 (8.6)，式 (8.7) 和图 8.4 可知

$$n_p(-x_p) = n_{po} \exp\left(\frac{eV_a}{kT}\right) \qquad \text{和} \qquad p_n(x_n) = p_{no} \exp\left(\frac{eV_a}{kT}\right)$$

热平衡状态下少子空穴的浓度为

$$n_{po} = \frac{n_i^2}{N_a} = \frac{(1.5 \times 10^{10})^2}{6 \times 10^{15}} = 3.75 \times 10^4 \, \text{cm}^{-3}$$

和

$$p_{no} = \frac{n_i^2}{N_d} = \frac{(1.5 \times 10^{10})^2}{10^{16}} = 2.25 \times 10^4 \, \text{cm}^{-3}$$

代入上式，则有

$$n_p(-x_p) = 3.75 \times 10^4 \exp\left(\frac{0.60}{0.0259}\right) = 4.31 \times 10^{14} \, \text{cm}^{-3}$$

和

$$p_n(x_n) = 2.25 \times 10^4 \exp\left(\frac{0.60}{0.0259}\right) = 2.59 \times 10^{14} \, \text{cm}^{-3}$$

■ **说明**

pn 结外加小正偏电压时，少子的浓度可以增加好几个数量级。但是小注入假设仍然适用，因为过剩电子浓度在空间电荷区边界比热平衡状态下多子电子的浓度小得多。

■ **自测题**

E8.1　考虑 $T = 300$ K 时的硅 pn 结，其掺杂浓度为 $N_d = 2 \times 10^{16}$ cm^{-3}，$N_a = 5 \times 10^{16}$ cm^{-3}。正偏电压为 $V_a = 0.650$ V。计算空间电荷区边缘处的少子浓度。小注入假设仍然成立吗？

　　答案：$p_n(x_n) = 8.92 \times 10^{14}$ cm^{-3}，$n_p(-x_p) = 3.57 \times 10^{14}$ cm^{-3}，是的。

由式 (8.6) 与式 (8.7) 给出的空间电荷区边缘处少子浓度的表达式，是在正偏电压 ($V_a > 0$) 的条件下推出的。但我们应该注意，V_a 也是可以取负值的 (反偏)。当反偏电压达到零点几伏时，由式 (8.6) 及式 (8.7) 可知，空间电荷区边缘处的少子浓度已经接近于零。反偏条件下的少子浓度低于热平衡值。

8.1.4 少数载流子分布

第6章推导出了 n 区内过剩少子空穴的双极输运方程。在一维情况下，该式可以写为

$$D_p \frac{\partial^2 (\delta p_n)}{\partial x^2} - \mu_p E \frac{\partial (\delta p_n)}{\partial x} + g' - \frac{\delta p_n}{\tau_{p0}} = \frac{\partial (\delta p_n)}{\partial t} \tag{8.8}$$

其中 $\delta p_n = p_n - p_{n0}$ 为过剩少子空穴的浓度，即总少子浓度与热平衡少子浓度的差值。双极输运方程将过剩载流子的行为描述成时间与空间坐标的函数。

第5章计算了半导体内部的漂移电流密度。计算表明，很小的电场就能产生相对较大的电流。作为一级近似，我们假设电中性的 p 区与 n 区内的电场为零。在 n 区内 $x > x_n$ 的区域，$E = 0$ 且 $g' = 0$。还假设 pn 结处于稳态，则 $\partial(\delta p_n)/\partial t = 0$，那么式(8.8)变为

$$\frac{d^2 (\delta p_n)}{dx^2} - \frac{\delta p_n}{L_p^2} = 0 \qquad (x > x_n) \tag{8.9}$$

其中 $L_p^2 = D_p \tau_{p0}$。在相同的假设条件下，p 区内过剩少子电子的浓度满足下式：

$$\frac{d^2 (\delta n_p)}{dx^2} - \frac{\delta n_p}{L_n^2} = 0 \qquad (x < x_p) \tag{8.10}$$

其中，$L_n^2 = D_n \tau_{n0}$。

总少子浓度的边界条件为

$$p_n(x_n) = p_{n0} \exp\left(\frac{eV_a}{kT}\right) \tag{8.11a}$$

$$n_p(-x_p) = n_{p0} \exp\left(\frac{eV_a}{kT}\right) \tag{8.11b}$$

$$p_n(x \rightarrow +\infty) = p_{n0} \tag{8.11c}$$

$$n_p(x \rightarrow -\infty) = n_{p0} \tag{8.11d}$$

当少子经空间电荷区扩散进入中性半导体区时，它们会与多子复合。假设图 8.3(a)所示的长度 W_n 与 W_p 很长，即 $W_n \gg L_p$，$W_p \gg L_n$。在离空间电荷区很远的地方，过剩少数载流子的浓度必须趋近于零。这种 pn 结称为长 pn 结。

式(8.9)的通解为

$$\delta p_n(x) = p_n(x) - p_{n0} = A e^{x/L_p} + B e^{-x/L_p} \qquad (x \geqslant x_n) \tag{8.12}$$

式(8.10)的通解为

$$\delta n_p(x) = n_p(x) - n_{p0} = C e^{x/L_n} + D e^{-x/L_n} \qquad (x \leqslant -x_p) \tag{8.13}$$

由边界条件式(8.11c)与式(8.11d)可知，系数 A 与 D 必须为零。系数 B 与 C 由式(8.11a)与式(8.11b)确定。这样，可以求得 $x \geqslant x_n$ 处的过剩少子浓度为

$$\boxed{\delta p_n(x) = p_n(x) - p_{n0} = p_{n0}\left[\exp\left(\frac{eV_a}{kT}\right) - 1\right] \exp\left(\frac{x_n - x}{L_p}\right)} \tag{8.14}$$

$x \leqslant -x_p$ 处的过剩少子浓度为

$$\boxed{\delta n_p(x) = n_p(x) - n_{p0} = n_{p0}\left[\exp\left(\frac{eV_a}{kT}\right) - 1\right] \exp\left(\frac{x_p + x}{L_n}\right)} \tag{8.15}$$

少子浓度随着从空间电荷区边缘向中性区内延伸的距离的增大而指数衰减，并逐渐趋向其热平衡值。图 8.5 给出了上述过程的形象描述。上述过程仍然采用了 n 区与 p 区的长度远大于少子扩散长度的假设。

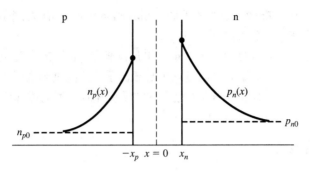

图 8.5　正偏条件下 pn 结内部的稳态少子浓度

在第 6 章，我们讨论了应用于非本征条件下过剩载流子的准费米能级的概念。由于过剩电子和空穴分别存在于电中性的 p 区和 n 区，因此，在此区域中，我们应用准费米能级的概念。根据载流子浓度定义了准费米能级

$$p = p_o + \delta p = n_i \exp\left(\frac{E_{Fi} - E_{Fp}}{kT}\right) \tag{8.16}$$

和

$$n = n_o + \delta n = n_i \exp\left(\frac{E_{Fn} - E_{Fi}}{kT}\right) \tag{8.17}$$

如图 8.6 所示，准费米能级通过 pn 结。由式(8.14)和式(8.15)知，过剩载流子浓度与距离呈指数关系，由式(8.16)和式(8.17)知，过剩载流子浓度与准费米能级呈指数关系。如图 8.6 所示，准费米能级与中性 p 区和 n 区的距离呈线性关系。

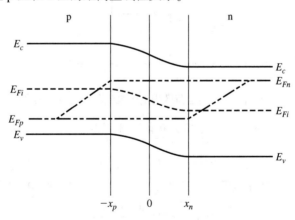

图 8.6　正偏 pn 结下的准费米能级

注意到在 p 区的空间电荷区边缘有 $E_{Fn} - E_{Fi} > 0$，也就是说 $\delta n > n_i$。远离空间电荷区的区域有 $E_{Fn} - E_{Fi} < 0$，也就是说 $\delta n < n_i$，并且过剩电子的浓度接近于零。对于过剩空穴浓度有同样的结果。

在空间电荷区边界 $x = x_n$，对于小注入

$$n_o p_n(x_n) = n_o p_{no} \exp\left(\frac{V_a}{V_t}\right) = n_i^2 \exp\left(\frac{V_a}{V_t}\right) \tag{8.18}$$

联立式(8.16)和式(8.17)，得

$$np = n_i^2 \exp\left(\frac{E_{Fn} - E_{Fp}}{kT}\right) \tag{8.19}$$

比较式(8.18)和式(8.19)，准费米能级的不同与所加偏置电压 V_a 有关，同时也表示出了来自热平衡的误差。在耗尽区 E_{Fn} 和 E_{Fp} 的差几乎不变。

在此，我们将本小节的内容复习一下。正偏电压降低了 pn 结的内建电势差，n 区的电子穿过了空间电荷区注入 p 区，形成了 p 区的过剩少数载流子。这些过剩电子逐渐向电中性 p 区内扩散，然后与多子空穴复合。这样，过剩少子电子的浓度就随着距离的增加而指数衰减。上述过程同样适用于穿过空间电荷区注入 n 区内的空穴。

8.1.5　理想 pn 结电流

在推导 pn 结的电流公式之前，需要用到前述的第 4 个假设：流过 pn 结的电流为电子电流与空穴电流之和。应该注意，假设流过耗尽区的电子电流与空穴电流为定值。由于 pn 结内的电子电流与空穴电流分别为连续函数，则 pn 结的电流即为 $x = x_n$ 处的少子空穴扩散电流与 $x = -x_p$ 处的少子电子扩散电流之和。如图 8.5 所示，少子浓度的梯度产生了扩散电流。由于采用了空间电荷区以外区域的电场为零的假设，因此我们可以忽略任何少子漂移电流的成分。上述求 pn 结电流的方法如图 8.7 所示。

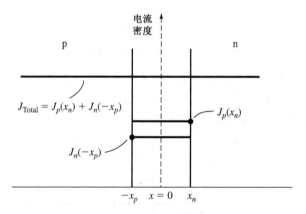

图 8.7　pn 结空间电荷区内电子电流和空穴电流的密度

我们可通过下式确定 $x = x_n$ 处的少子空穴扩散电流密度：

$$J_p(x_n) = -eD_p \left.\frac{\mathrm{d}p_n(x)}{\mathrm{d}x}\right|_{x=x_n} \tag{8.20}$$

由于采用了均匀掺杂假设，热平衡载流子的浓度为常量，所以式(8.20)又可以写为

$$J_p(x_n) = -eD_p \left.\frac{\mathrm{d}(\delta p_n(x))}{\mathrm{d}x}\right|_{x=x_n} \tag{8.21}$$

将式(8.14)代入式(8.21)，得

$$\boxed{J_p(x_n) = \frac{eD_p p_{n0}}{L_p}\left[\exp\left(\frac{eV_a}{kT}\right) - 1\right]} \tag{8.22}$$

正偏条件下的空穴电流密度是沿着 x 轴的正方向的，即由 p 区指向 n 区。

同样，也可计算出 $x = -x_p$ 处的电子扩散电流密度，即

$$J_n(-x_p) = eD_n \left.\frac{\mathrm{d}(\delta n_p(x))}{\mathrm{d}x}\right|_{x=-x_p} \tag{8.23}$$

利用式(8.15)，可得

$$J_n(-x_p) = \frac{eD_n n_{p0}}{L_n}\left[\exp\left(\frac{eV_a}{kT}\right) - 1\right] \tag{8.24}$$

电子电流密度同样是沿着 x 轴的正方向的。

依照前述的假设,电子电流与空穴电流分别为连续函数,且空间电荷区的电子电流与空穴电流为常量。总电流为电子电流与空穴电流的和,且为常量。图 8.7 同样显示了上述电流的大小。

那么,总电流密度为

$$J = J_p(x_n) + J_n(-x_p) = \left[\frac{eD_p p_{n0}}{L_p} + \frac{eD_n n_{p0}}{L_n}\right]\left[\exp\left(\frac{eV_a}{kT}\right) - 1\right] \tag{8.25}$$

式(8.25)即为 pn 结的理想电流-电压关系式。

定义参数 J_s 为

$$J_s = \left[\frac{eD_p p_{n0}}{L_p} + \frac{eD_n n_{p0}}{L_n}\right] \tag{8.26}$$

则式(8.25)可以写为

$$J = J_s\left[\exp\left(\frac{eV_a}{kT}\right) - 1\right] \tag{8.27}$$

式(8.27)称为理想二极管方程。它是很大电流与电压范围下 pn 结电流-电压特性的最佳描述。虽然式(8.27)是在假设偏压为正时($V_a > 0$)推导出来的,但是允许 V_a 取负值(反偏电压)。图 8.8 为 pn 结电流-电压关系的曲线图。假设 V_a 的值为负(反偏电压),比如几个热电压(kT/e V),那么反偏电流的大小就与反偏电压无关了。此时,参数 J_s 称为反向饱和电流密度。很明显,pn 结的电流-电压特性是非对称的。

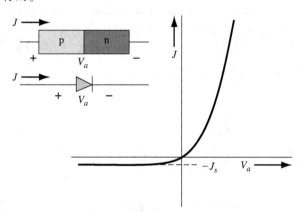

图 8.8　pn 结二极管的理想电流-电压特性

例 8.2　$T = 300$ K 时,确定硅 pn 结中的理想反向饱和电流密度。

硅 pn 结的参数如下:

$$N_a = N_d = 10^{16}\ \text{cm}^{-3} \qquad n_i = 1.5 \times 10^{10}\ \text{cm}^{-3}$$
$$D_n = 25\ \text{cm}^2/\text{s} \qquad \tau_{p0} = \tau_{n0} = 5 \times 10^{-7}\ \text{s}$$
$$D_p = 10\ \text{cm}^2/\text{s} \qquad \epsilon_r = 11.7$$

■ **解**

理想反向电流密度的公式为

$$J_s = \frac{eD_n n_{p0}}{L_n} + \frac{eD_p p_{n0}}{L_p}$$

即

$$J_s = en_i^2 \left(\frac{1}{N_a} \sqrt{\frac{D_n}{\tau_{n0}}} + \frac{1}{N_d} \sqrt{\frac{D_p}{\tau_{p0}}} \right)$$

即

$$J_s = (1.6 \times 10^{-19})(1.5 \times 10^{10})^2 \left(\frac{1}{10^{16}} \sqrt{\frac{25}{5 \times 10^{-7}}} + \frac{1}{10^{16}} \sqrt{\frac{10}{5 \times 10^{-7}}} \right)$$

或者

$$J_s = 4.16 \times 10^{-11} \ \text{A/cm}^2$$

■ **说明**

理想反向饱和电流密度的值是非常小的。假如 pn 结的横截面积为 $A = 10^{-4} \ \text{cm}^2$，则理想反偏二极管电流为 $I_s = 4.15 \times 10^{-15} \ \text{A}$。

■ **自测题**

E8.2 考虑 $T = 300 \ \text{K}$ 时的 GaAs pn 结二极管。其参数为 $N_d = 2 \times 10^{16} \ \text{cm}^{-3}$，$N_a = 8 \times 10^{15} \ \text{cm}^{-3}$，$D_n = 210 \ \text{cm}^2/\text{s}$，$D_p = 8 \ \text{cm}^2/\text{s}$，$\tau_{no} = 10^{-7} \ \text{s}$，$\tau_{po} = 5 \times 10^{-8} \ \text{s}$。计算理想反向饱和电流密度。

答案：$J_s = 3.30 \times 10^{-18} \ \text{A/cm}^2$。

当式(8.27)中的正偏电压值大于几个热电压时(kT/e V)，则可忽略式中的(−1)项。图 8.9 所示为正偏时的电流–电压曲线，其中电流采用了对数坐标。理想情况下，当 V_a 大于几个热电压时，上述曲线近似为一条直线。正偏电流为正偏电压的指数函数。

例 8.3 设计一个 pn 结二极管，以在给定的正偏电压下产生特殊的电子和空穴电流密度。

考虑 $T = 300 \ \text{K}$ 时的硅 pn 结。$V_a = 0.65 \ \text{V}$ 时，$J_n = 20 \ \text{A/cm}^2$，$J_p = 5 \ \text{A/cm}^2$。其余的参数参见例 8.2。

■ **解**

由式(8.24)可知电子扩散电流密度为

$$J_n = \frac{eD_n n_{p0}}{L_n} \left[\exp\left(\frac{eV_a}{kT}\right) - 1 \right] = e\sqrt{\frac{D_n}{\tau_{n0}}} \cdot \frac{n_i^2}{N_a} \left[\exp\left(\frac{eV_a}{kT}\right) - 1 \right]$$

代入数值，得

$$20 = (1.6 \times 10^{-19})\sqrt{\frac{25}{5 \times 10^{-7}}} \cdot \frac{(1.5 \times 10^{10})^2}{N_a} \left[\exp\left(\frac{0.65}{0.0259}\right) - 1 \right]$$

则

$$N_a = 1.01 \times 10^{15} \ \text{cm}^{-3}$$

由式(8.22)可知

$$J_p = \frac{eD_p p_{n0}}{L_p} \left[\exp\left(\frac{eV_a}{kT}\right) - 1 \right] = e\sqrt{\frac{D_p}{\tau_{p0}}} \cdot \frac{n_i^2}{N_d} \left[\exp\left(\frac{eV_a}{kT}\right) - 1 \right]$$

代入数值，得

$$5 = (1.6 \times 10^{-19})\sqrt{\frac{10}{5 \times 10^{-7}}} \cdot \frac{(1.5 \times 10^{10})^2}{N_d} \left[\exp\left(\frac{0.65}{0.0259}\right) - 1 \right]$$

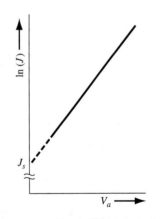

图 8.9　pn 结二极管的理想电流–电压特性，电流采用对数坐标

$$N_d = 2.55 \times 10^{15} \text{ cm}^{-3}$$

■ **说明**

改变器件掺杂浓度的大小可以改变流过二极管的电子电流密度与空穴电流密度的相对大小。

■ **自测题**

E8.3 使用自测题 E8.2 中 GaAs 的参数，计算空间电荷边缘的电子和空穴的电流密度，并计算在外加正偏电压 $V_a = 1.05$ V 时二极管总的电流密度。

答案：$J_n(-x_p) = 1.20$ A/cm^2，$J_p(x_n) = 0.1325$ A/cm^2，$J_T = 1.33$ A/cm^2。

8.1.6 物理学概念小结

我们已经讨论了 pn 结外加正偏电压时的情况。正偏电压降低了势垒的高度，电子与空穴就穿过空间电荷区注入到相应的区域。注入的载流子成为少子，少子从结所在的位置向内扩散并与多子复合。

我们计算了空间电荷区边缘处的少子扩散电流密度。重新考虑一下式(8.14)与式(8.15)，可以确定 p 区和 n 区内的少子扩散电流密度的函数表达式分别为

$$J_p(x) = \frac{eD_p p_{n0}}{L_p}\left[\exp\left(\frac{eV_a}{kT}\right) - 1\right]\exp\left(\frac{x_n - x}{L_p}\right) \qquad (x \geqslant x_n) \tag{8.28}$$

和

$$J_n(x) = \frac{eD_n n_{p0}}{L_n}\left[\exp\left(\frac{eV_a}{kT}\right) - 1\right]\exp\left(\frac{x_p + x}{L_n}\right) \qquad (x \leqslant -x_p) \tag{8.29}$$

p 区与 n 区内的少子扩散电流密度随着距离指数衰减。尽管如此，pn 结的总电流为常量。总电流与少子扩散电流的差值为多子电流。图 8.10 显示了 pn 结内的各种电流成分。远离结区域的 p 区多子空穴漂移电流既提供了穿过空间电荷区向 n 区注入的空穴，又提供了因与过剩少子电子复合而损失的空穴。上述讨论同样适用于 n 区内的电子漂移电流。

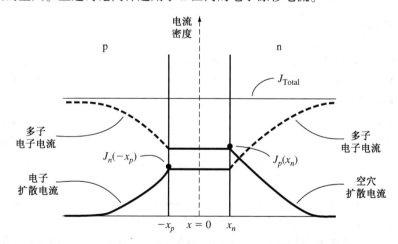

图 8.10 正偏下 pn 结内的理想电子电流与空穴电流成分

加在 pn 结上的正偏电压使 pn 结内产生了过剩载流子。由第 6 章中讨论的双极输运理论可知，过剩载流子的行为可以用小注入条件下少子的各种参数来描述。在确定 pn 结的电压-电流关系式时，主要考虑的是少子的运动。因为我们知道这些粒子的行为特征，因此会觉得很奇怪，为

什么我们讨论的是少子而不是为数众多的多子呢？这正是因为由双极输运理论推导出的结论决定了主要讨论少子的行为。

由于 p 区与 n 区内存在漂移电流，说明了这些区域内的电场不为零，这与前述的假设不符。我们可以通过计算电中性区的电场大小来验证零电场假设的正确性。

例 8.4　计算能产生给定少数载流子漂移电流的电场。

考虑 $T = 300$ K 时的硅 pn 结，其参数与例 8.2 中给出的相同，所加的正偏电压为 $V_a = 0.65$ V。

■ **解**

总电流密度公式为

$$J = J_s \left[\exp\left(\frac{eV}{kT}\right) - 1 \right]$$

例 8.2 中我们已经确定了反向饱和电流的大小，那么

$$J = (4.155 \times 10^{-11}) \left[\exp\left(\frac{0.65}{0.0259}\right) - 1 \right] = 3.295 \text{ A/cm}^2$$

n 区内离结很远处的电流即为多子电子的漂移电流，我们可以写出

$$J = J_n \approx e\mu_n N_d \text{E}$$

掺杂浓度为 $N_d = 10^{16}$ cm^{-3}，$\mu_n = 1350$ cm^2/V · s，则电场为

$$\text{E} = \frac{J_n}{e\mu_n N_d} = \frac{3.295}{(1.6 \times 10^{-19})(1350)(10^{16})} = 1.525 \text{ V/cm}$$

■ **说明**

在推导电流-电压关系时，我们认为中性 p 区与 n 区内的电场为零，虽然这个电场不为零，但是通过上面这个例子表明这个电场的值是非常小的，因此零电场近似假设是非常有效的。

■ **自测题**

E8.4　使用自测题 E8.3 中 GaAs pn 结二极管的参数，计算中性 n 区和 p 区电场。

答案：$E_n = 0.0694$ V/cm，$E_p = 3.25$ V/cm。

8.1.7　温度效应

理想反向饱和电流密度 J_s 的表达式由式（8.26）给出，它是热平衡少子浓度 n_{p0} 与 p_{n0} 的函数。上述的少子浓度均正比于 n_i^2，其中 n_i 是温度的函数。对于硅 pn 结而言，温度每升高 10℃，理想反向饱和电流密度的大小就增大为原来的 4 倍。

正偏时的电流-电压关系由式（8.27）给出。上述关系式既包括 J_s 项，又包括 $\exp(eV_a/kT)$ 项，这样正偏电流-电压关系也是温度的函数。随着温度的升高，用于维持相同二极管电流的电压值变小。假如电压保持不变，则随着温度的升高，二极管电流也会增大。正偏电流随温度的变化不如反向饱和电流的变化明显。

例 8.5　确定 pn 结上为维持相同结电流，其正偏电压随温度的变化。

考虑初始温度为 $T = 300$ K 时的硅 pn 结，$V_a = 0.60$ V。当温度上升至 $T = 310$ K 时，求维持相同结电流情况下的正偏电压值。

■ **解**

正偏电流可以表示为

$$J \propto \exp\left(\frac{-E_g}{kT}\right) \exp\left(\frac{eV_a}{kT}\right)$$

假如温度改变，我们可以取两个温度下二极管电流的比值。即

$$\frac{J_2}{J_1} = \frac{\exp(-E_g/kT_2)\exp(eV_{a2}/kT_2)}{\exp(-E_g/kT_1)\exp(eV_{a1}/kT_1)}$$

电流要维持恒定值，即 $J_1 = J_2$，就必须有

$$\frac{E_g - eV_{a2}}{kT_2} = \frac{E_g - eV_{a1}}{kT_1}$$

取 $T_1 = 300$ K, $T_2 = 310$ K, $E_g = 1.12$ eV, $V_{a1} = 0.60$V，则

$$\frac{1.12 - V_{a2}}{310} = \frac{1.12 - 0.60}{300}$$

即

$$V_{a2} = 0.5827 \text{ V}$$

■ **说明**

温度每上升 10℃ 时，正偏电压的改变量为 −17.3 mV。

■ **自测题**

E8.5 在 $T = 300$ K 时，外加偏置 $V_a = 1.050$ V 的 GaAs pn 结二极管，重做例 8.5。

答案：−12.3 mV。

8.1.8 短二极管

在前述的分析中，我们假设 p 区与 n 区的长度大于少子扩散长度。实际上，许多 pn 结的某个扩散区的长度要小于少子扩散长度。图 8.11 给出了一个例子：W_n 的长度远小于少子空穴的扩散长度 L_p。

n 区内稳态过剩少子空穴的浓度由式(8.9)给出，即

$$\frac{d^2(\delta p_n)}{dx^2} - \frac{\delta p_n}{L_p^2} = 0$$

$x = x_n$ 处的原始边界条件仍然适用，由式(8.11a)给出为

$$p_n(x_n) = p_{n0}\exp\left(\frac{eV_a}{kT}\right)$$

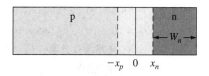

图 8.11 短二极管的结构图

我们还需要另外一个边界条件。在许多情况下，假设 $x = (x_n + W_n)$ 处有一个欧姆接触，这意味着 $x = (x_n + W_n)$ 处具有无限大的表面复合速度，即该处的过剩少子浓度为零。因此，第二个边界条件为

$$p_n(x = x_n + W_n) = p_{n0} \tag{8.30}$$

式(8.9)的通解由式(8.12)给出，即

$$\delta p_n(x) = p_n(x) - p_{n0} = Ae^{x/L_p} + Be^{-x/L_p} \qquad (x \geqslant x_n)$$

在这种情况下，由于 n 区的长度为有限值，上式中两项的系数均要求出。应用式(8.11b)及式(8.30)给出的边界条件，过剩少子浓度的表达式为

$$\delta p_n(x) = p_{n0}\left[\exp\left(\frac{eV_a}{kT}\right) - 1\right]\frac{\sinh\left[(x_n + W_n - x)/L_p\right]}{\sinh[W_n/L_p]} \tag{8.31}$$

式(8.31)为正偏情况下 n 区内过剩少子空穴浓度的通解。假如 $W_n \gg L_p$，则式(8.31)就可以化简为式(8.14)。假如 $W_n \ll L_p$，可以将双曲正弦项近似为

$$\sinh\left(\frac{x_n + W_n - x}{L_p}\right) \approx \left(\frac{x_n + W_n - x}{L_p}\right) \tag{8.32a}$$

和

$$\sinh\left(\frac{W_n}{L_p}\right) \approx \left(\frac{W_n}{L_p}\right) \tag{8.32b}$$

则式（8.31）变为

$$\delta p_n(x) = p_{n0}\left[\exp\left(\frac{eV_a}{kT}\right) - 1\right]\left(\frac{x_n + W_n - x}{W_n}\right) \tag{8.33}$$

少子浓度变成了距离的线性函数。

少子空穴扩散电流密度的表达式为

$$J_p = -eD_p\frac{d[\delta p_n(x)]}{dx}$$

那么，在短 n 区内有

$$J_p(x) = \frac{eD_p p_{n0}}{W_n}\left[\exp\left(\frac{eV_a}{kT}\right) - 1\right] \tag{8.34}$$

现在，少子空穴扩散电流密度的表达式的分母为 W_n，而非前述的 L_p。由于 $W_n \ll L_p$，则短二极管的扩散电流密度要远大于长二极管的扩散电流密度。此外，由于 n 区内少子的浓度近似为距离的线性函数，因此少子扩散电流密度为常量。电流恒定就意味着短区内的少子不存在复合过程。

练习题

T8.1 考虑 $T = 300$ K 时的 GaAs pn 结，其掺杂浓度为 $N_d = 5 \times 10^{15}$ cm^{-3}，$N_a = 5 \times 10^{16}$ cm^{-3}。要求空间电荷区边缘处的少子浓度不大于相应多子浓度的 10%。计算满足上述条件的最大正偏电压值。

答案：$V_a(\max) = 1.067$ V。

T8.2 $T = 300$ K 时，用硅 pn 结的参数如下：$N_a = 5 \times 10^{16}$ cm^{-3}，$N_d = 1 \times 10^{16}$ cm^{-3}，$D_n = 25$ cm^2/s，$D_p = 10$ cm^2/s，$\tau_{n0} = 5 \times 10^{-7}$ s，$\tau_{p0} = 1 \times 10^{-7}$ s。结的横截面积为 $A = 10^{-3}$ cm^2，正偏电压为 $V_a = 0.625$ V。计算：(a)空间电荷区边缘处的少子电子扩散电流；(b)少子空穴扩散电流；(c)总 pn 结电流。

答案：(a)0.154 mA；(b)1.09 mA；(c)1.24 mA。

T8.3 条件同练习题 T8.2，p 区为长区，n 区为短区，且 $W_n = 2$ μm。(a)计算耗尽区内的电子与空穴电流；(b)与练习题 T8.2 相比，为什么空穴电流增加了？

答案：(a)$I_n = 0.154$ mA，$I_p = 5.44$ mA；(b)因为空穴浓度梯度增加了。

8.2 产生-复合电流和大注入

在推导理想的电流-电压关系时，假定小注入并忽略空间电荷区内的一切效应。大注入和空间电荷区内有其他电流成分使电流-电压关系偏离其理想表达式。额外的电流是由第 6 章讨论的复合过程产生的。

8.2.1 产生-复合电流

由肖克利-里德-霍尔复合理论可知，过剩电子与空穴的复合率表达式为

$$R = \frac{C_n C_p N_t(np - n_i^2)}{C_n(n + n') + C_p(p + p')} \tag{8.35}$$

参数 n 和 p 分别为电子浓度与空穴浓度。

反偏产生电流：对于反偏 pn 结，我们认为空间电荷区内不存在可移动的电子和空穴。相应地，在空间电荷区内，$n \approx p \approx 0$。由式(8.35)给出的复合率变为

$$R = \frac{-C_n C_p N_t n_i^2}{C_n n' + C_p p'} \tag{8.36}$$

负号意味着负的复合率；实际上，在反偏电压下，空间电荷区内产生了电子–空穴对。过剩电子与空穴的复合过程就是重新建立热平衡的过程。由于反偏空间电荷区的电子浓度与空穴浓度为零，复合中心能级产生了电子与空穴，这些电子与空穴试图重新建立热平衡。图 8.12 简要地显示了上述的产生过程。电子与空穴一经产生，就被电场扫出空间电荷区。电荷流动方向为反偏电流方向。由空间电荷区电子与空穴的产生所引起的反偏产生电流，便叠加在理想反偏饱和电流之上。

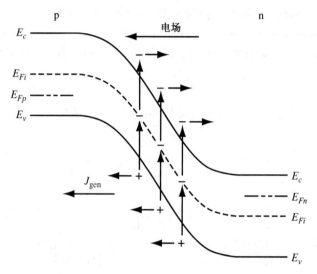

图 8.12　反偏 pn 结的产生过程

根据式(8.36)可以计算出反偏产生电流的密度。将假设简化一下，并认为复合中心能级处于本征费米能级所在的位置，那么由式(6.92)及式(6.97)可知，$n' = n_i$ 且 $p' = n_i$。式(8.36)现在变为

$$R = \frac{-n_i}{\dfrac{1}{N_t C_p} + \dfrac{1}{N_t C_n}} \tag{8.37}$$

应用式(6.103)与式(6.104)关于寿命的定义，可以将式(8.37)写为

$$R = \frac{-n_i}{\tau_{p0} + \tau_{n0}} \tag{8.38}$$

若定义新的寿命参数 τ_0，作为 τ_{p0} 和 τ_{n0} 的平均值，则有

$$\tau_0 = \frac{\tau_{p0} + \tau_{n0}}{2} \tag{8.39}$$

那么复合率可以写为

$$R = \frac{-n_i}{2\tau_0} \equiv -G \tag{8.40}$$

负复合率就是产生率，因此 G 为空间电荷区内电子与空穴的产生率。

由下式可以确定产生电流的密度：

$$J_{gen} = \int_0^W e\, G dx \tag{8.41}$$

上式的积分区间为整个空间电荷区。假设空间电荷区内的载流子产生率为恒定值，则可得

$$J_{gen} = \frac{e n_i W}{2\tau_0} \tag{8.42}$$

总反偏电流密度为理想反向饱和电流密度与反向产生电流密度的和，即

$$J_R = J_s + J_{gen} \tag{8.43}$$

理想反向饱和电流密度 J_s 与反偏电压无关。但是，产生电流 J_{gen} 却是耗尽区宽度 W 的函数，而 W 又是反偏电压的函数。因此，实际的反偏电流密度就不再与反偏电压无关。

例8.6　计算 $T = 300$ K 时，硅 pn 结中的理想反向饱和电流密度和产生电流密度的相对幅度。其参数为 $N_a = N_d = 10^{16}$ cm^{-3}, $D_n = 25$ cm^2/s, $D_p = 10$ cm^2/s, $\tau_n = \tau_{n0} = \tau_{p0} = 5 \times 10^{-7}$ s。外加反偏电压为 $V_R = 5$ V。

■ **解**

例 8.2 已经计算出理想反向饱和电流 J_s 的大小为 4.155×10^{-11} A/cm^2。

内建电势差为

$$V_{bi} = V_t \ln\left(\frac{N_a N_d}{n_i^2}\right) = (0.0259) \ln\left[\frac{(10^{16})(10^{16})}{(1.5 \times 10^{10})^2}\right] = 0.695 \text{ V}$$

耗尽区宽度为

$$
\begin{aligned}
W &= \left\{ \frac{2 \in_s (V_{bi} + V_R)}{e} \left(\frac{N_a + N_d}{N_a N_d}\right) \right\}^{1/2} \\
&= \left\{ \frac{2(11.7)(8.85 \times 10^{-14})(0.695 + 5)}{1.6 \times 10^{-19}} \left[\frac{10^{16} + 10^{16}}{(10^{16})(10^{16})}\right] \right\}^{1/2} \\
&= 1.214 \times 10^{-4} \text{ cm}
\end{aligned}
$$

产生电流密度为

$$J_{gen} = \frac{e n_i W}{2\tau_0} = \frac{(1.6 \times 10^{-19})(1.5 \times 10^{10})(1.214 \times 10^{-4})}{2(5 \times 10^{-7})}$$

或

$$J_{gen} = 2.914 \times 10^{-7} \text{ A/cm}^2$$

两电流的比值为

$$\frac{J_{gen}}{J_s} = \frac{2.914 \times 10^{-7}}{4.155 \times 10^{-11}} \approx 7 \times 10^3$$

■ **说明**

比较上述的计算结果可以看出，室温下硅 pn 结的产生电流密度的大小比理想反向饱和电流密度的大小高大约 4 个数量级。也就是说，硅 pn 结二极管的产生电流在反偏电流中占主导地位。

■ **自测题**

E8.6　$T = 300$ K 时的 GaAs pn 结二极管的。其参数为 $N_d = 8 \times 10^{16}$ cm^{-3}, $N_a = 2 \times 10^{15}$ cm^{-3}, $D_n = 207$ cm^2/s, $D_p = 9.80$ cm^2/s, $\tau_n = \tau_{n0} = \tau_{p0} = 5 \times 10^{-8}$ s。（a）计算理想反向饱和电流密度；（b）计算 $V_R = 5$ V 时的反偏产生电流密度；（c）计算 J_{gen} 与 J_S 的比值。
答案：（a）1.677×10^{-17} A/cm^2；（b）6.166×10^{-10} A/cm^2；（c）3.68×10^7。

正偏复合电流： 反偏 pn 结空间电荷区内的电子空穴都被电场扫出了空间电荷区，因此 $n \approx p \approx 0$。但是，当 pn 结外加正偏电压时，注入的电子与空穴会穿过空间电荷区，空间电荷区存在过剩载流子。因此电子与空穴在穿越空间电荷区时有可能发生复合，并不成为少子分布的一部分。

电子与空穴的复合率公式在式(8.35)已经给出，为

$$R = \frac{C_n C_p N_t (np - n_i^2)}{C_n(n + n') + C_p(p + p')}$$

将上式中的分子与分母同除以 $C_n C_p N_t$，并利用平均寿命的表达式，可以将上式写为

$$R = \frac{np - n_i^2}{\tau_{p0}(n + n') + \tau_{n0}(p + p')} \tag{8.44}$$

图 8.13 所示为正偏条件下 pn 结的能带图。图中还显示了本征费米能级的位置以及电子与空穴的准费米能级位置。由第 6 章的讨论结果可知，电子浓度可以写为

$$n = n_i \exp\left[\frac{E_{Fn} - E_{Fi}}{kT}\right] \tag{8.45}$$

空穴浓度可以写为

$$p = n_i \exp\left[\frac{E_{Fi} - E_{Fp}}{kT}\right] \tag{8.46}$$

其中 E_{Fn} 与 E_{Fp} 为电子与空穴的准费米能级。

由图 8.13 可知

$$(E_{Fn} - E_{Fi}) + (E_{Fi} - E_{Fp}) = eV_a \tag{8.47}$$

其中 V_a 为外加正偏电压的值。假设复合中心的位置为本征费米能级的位置，则有 $n' = p' = n_i$。图 8.14 给出了复合率的相对大小随距离变化的函数曲线图。该图是根据式(8.44)、式(8.45)、式(8.46)和式(8.47)得出的。冶金结处$(x = 0)$存在着一个非常陡峭的尖峰。

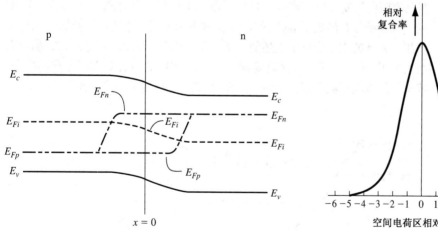

图 8.13　包括准费米能级的正偏 pn 结的能带图　　图 8.14　正偏 pn 结空间电荷区内复合率的相对大小

在空间电荷区的中心，有

$$E_{Fn} - E_{Fi} = E_{Fi} - E_{Fp} = \frac{eV_a}{2} \tag{8.48}$$

此时，式(8.45)与式(8.46)变为

$$n = n_i \exp\left(\frac{eV_a}{2kT}\right) \tag{8.49}$$

与

$$p = n_i \exp\left(\frac{eV_a}{2kT}\right) \tag{8.50}$$

假设 $n' = p' = n_i$，并且 $\tau_{n0} = \tau_{p0} = \tau_0$，则式（8.44）变为

$$R_{\max} = \frac{n_i}{2\tau_0} \frac{[\exp(eV_a/kT) - 1]}{[\exp(eV_a/2kT) + 1]} \tag{8.51}$$

$R_{\max}$ 为正偏 pn 结中心处的电子与空穴的最大复合率。若 $V_a \gg kT/e$，则我们可忽略分子中的（ -1 ）项以及分母中的（ $+1$ ）项。于是式（8.51）变为

$$R_{\max} = \frac{n_i}{2\tau_0} \exp\left(\frac{eV_a}{2kT}\right) \tag{8.52}$$

复合电流密度可由下式求得：

$$J_{\mathrm{rec}} = \int_0^W eR \, \mathrm{d}x \tag{8.53}$$

上式中的积分区间为整个空间电荷区。然而，在这种情况下，空间电荷区内的复合率并不是常数。但由于我们已经计算出空间电荷区中心处的最大复合率，因此可以写出

$$J_{\mathrm{rec}} = ex' \frac{n_i}{2\tau_0} \exp\left(\frac{eV_a}{2kT}\right) \tag{8.54}$$

其中 x' 为最大复合率的有效长度。然而，由于 τ_0 不是一个确定的参数，因此习惯上令 $x' = W$。式（8.54）可以写为

$$\boxed{J_{\mathrm{rec}} = \frac{eWn_i}{2\tau_0} \exp\left(\frac{eV_a}{2kT}\right) = J_{r0} \exp\left(\frac{eV_a}{2kT}\right)} \tag{8.55}$$

其中，W 为空间电荷区宽度。

总正偏电流：总正偏电流密度为复合电流密度与理想扩散电流密度之和。图 8.15 显示了电中性 n 区内的少子空穴浓度。该少子分布形成了 pn 结的理想扩散电流密度，并且它是外加电压与少子空穴扩散长度的函数。注入 n 区的空穴形成了上述的少子分布。现在，假设注入空穴在穿越空间电荷区时由于复合作用而损失了一部分，那么 p 区就要额外地向 n 区注入空穴，以弥补上述的损失。单位时间内额外注入的载流子的流动形成了复合电流。图 8.15 简要地描述了上述过程。

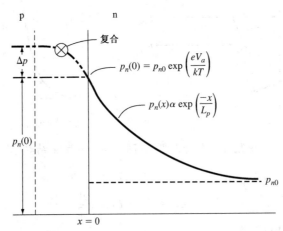

图 8.15 由于复合作用，p 区要向空间电荷区注入额外的空穴，以建立 n 区的少子空穴浓度分布

总正偏电流密度为复合电流密度与扩散电流密度之和，即

$$J = J_{rec} + J_D \tag{8.56}$$

其中，J_{rec} 的表达式由式(8.55)给出。J_D 由下式给出：

$$J_D = J_s \exp\left(\frac{eV_a}{kT}\right) \tag{8.57}$$

我们已忽略式(8.27)中的(-1)项。参数 J_s 为理想反向饱和电流密度。由前述的讨论可知，复合电流 J_{r0} 的值比 J_s 的值要大。

若取式(8.55)与式(8.57)的自然对数，则可得

$$\ln J_{rec} = \ln J_{r0} + \frac{eV_a}{2kT} = \ln J_{r0} + \frac{V_a}{2V_t} \tag{8.58a}$$

和

$$\ln J_D = \ln J_s + \frac{eV_a}{kT} = \ln J_s + \frac{V_a}{V_t} \tag{8.58b}$$

图 8.16 显示了以 V_a/V_t 为变量的对数坐标上的复合电流与扩散电流。由图可知，两条曲线的斜率是不同的。总电流密度如图中的虚线所示。正如前面所述，电流密度较低时，复合电流占主导地位；而当电流密度较高时，扩散电流占主导地位。

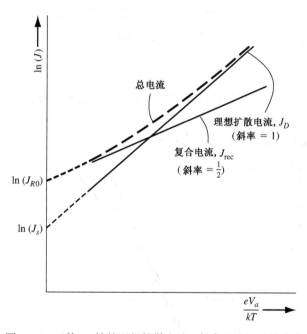

图 8.16 正偏 pn 结的理想扩散电流、复合电流以及总电流

一般来说，二极管的电流-电压关系为

$$\boxed{I = I_s\left[\exp\left(\frac{eV_a}{nkT}\right) - 1\right]} \tag{8.59}$$

其中参数 n 称为理想因子。在较大的正偏电压下，$n \approx 1$。在较小的正偏电压下，$n \approx 2$。而在过渡区域内，$1 < n < 2$。

8.2.2　大注入

在推导理想二极管电流-电压关系时，假设小注入情况是成立的。小注入意味着过剩少子载流子浓度总是远小于多子载流子浓度。

然而，随着正向偏置电压的升高，注入的少子浓度开始升高，甚至变得比多子浓度还要大。由式(8.18)可以写出

$$np = n_i^2 \exp\left(\frac{V_a}{V_t}\right)$$

因为有 $n = n_o + \delta n$ 和 $p = p_o + \delta p$，所以得出

$$(n_o + \delta n)(p_o + \delta p) = n_i^2 \exp\left(\frac{V_a}{V_t}\right) \tag{8.60}$$

在大注入情况下，可以得到 $\delta n > n_o$ 和 $\delta p > p_o$，所以方程(8.60)可以近似写为

$$(\delta n)(\delta p) \approx n_i^2 \exp\left(\frac{V_a}{V_t}\right) \tag{8.61}$$

由于 $\delta n = \delta p$，所以

$$\delta n = \delta p \approx n_i \exp\left(\frac{V_a}{2V_t}\right) \tag{8.62}$$

二极管电流与过剩载流子浓度成正比，所以在大注入情况下，有

$$I \propto \exp\left(\frac{V_a}{2V_t}\right) \tag{8.63}$$

在大注入区域，使一个给定的二极管电流的增加需要增加很大的二极管电压。

在图8.17中绘制出了从低偏压到高偏压情况时的二极管正向偏置电流的曲线。此图显示出了低偏压时的复合效应和高偏压时的大注入效应。

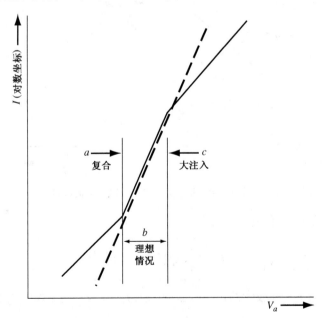

图8.17　正偏电流随低正向偏压到高正向偏压的变化

练习题

T8.4　$T = 300$ K 时的硅 pn 结二极管的。其参数为 $N_a = 2 \times 10^{15}$ cm^{-3}，$N_d = 8 \times 10^{16}$ cm^{-3}，$D_p = 10$ cm^2/s，$D_n = 25$ cm^2/s，$\tau_o = \tau_{n0} = \tau_{p0} = 10^{-7}$ s。二极管正偏电压 $V_a = 0.35$ V。(a) 计算理想二极管电流密度；(b) 计算正偏复合电流密度；(c) 计算复合电流与理想扩散电流的比值。

　　答案：(a) 2.137×10^{-4} A/cm^2；(b) 5.020×10^{-4} A/cm^2；(c) 235。

8.3　pn 结的小信号模型

　　前面我们一直在讨论 pn 结二极管的直流特性。当我们将具有 pn 结结构的半导体器件用于线性放大器电路时，正弦信号就会叠加在直流电流与电压之上。此时，pn 结的小信号特性就会变得非常重要。

8.3.1　扩散电阻

　　式 (8.27) 给出了理想 pn 结二极管的电流–电压关系式，其中 J 与 J_s 均为电流密度。将式 (8.27) 的两边均乘以 pn 结的横截面积，则有

$$I_D = I_s \left[\exp\left(\frac{eV_a}{kT}\right) - 1 \right] \tag{8.64}$$

其中 I_D 为二极管电流，I_s 为二极管反向饱和电流。

　　假设二极管外加直流正偏电压 V_0 时的直流电流为 I_{DQ}。现在，在直流电压上叠加一个小的、低频的正弦电压，如图 8.18 所示。则直流电流之上就产生了叠加小信号正弦电流。正弦电流与电压的比值称为增量电导。当正弦电压与电流无限小时，小信号增量电导就是直流电流–电压曲线的斜率，即

$$g_d = \left.\frac{dI_D}{dV_a}\right|_{V_a = V_0} \tag{8.65}$$

增量电导的倒数即为增量电阻，定义为

$$r_d = \left.\frac{dV_a}{dI_D}\right|_{I_D = I_{DQ}} \tag{8.66}$$

其中 I_{DQ} 为直流静态电流。

　　若我们认为二极管的正偏电压足够大，则电流–电压关系中的 (-1) 项就可以省略，从而增量电导变为

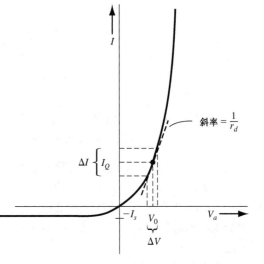

图 8.18　小信号扩散电阻

$$g_d = \left.\frac{dI_D}{dV_a}\right|_{V_a = V_0} = \left(\frac{e}{kT}\right) I_s \exp\left(\frac{eV_0}{kT}\right) \approx \frac{I_{DQ}}{V_t} \tag{8.67}$$

小信号增量电阻的表达式为上式的倒数，为

$$\boxed{r_d = \frac{V_t}{I_{DQ}}} \tag{8.68}$$

增量电阻随着偏置电流的增加而减小，并与图 8.18 所示的电流–电压特性曲线的斜率成反比。增量电阻又称为扩散电阻。

8.3.2　小信号导纳

上一章讨论的 pn 结的电容为反偏电压的函数。当 pn 结外加正偏电压时，另外一个电容开始在二极管的导纳中起重要的作用。正偏电压下 pn 结的小信号导纳，或者说阻抗，是由少子扩散电流关系推导出来的。

定性分析：在做数学推导之前，我们先定性地理解 pn 结扩散电容的形成机理。图 8.19(a) 简要地画出了直流正偏下的 pn 结。直流电压上叠加了一个很小的交流电压，因此总正偏电压可以写为 $V_a = V_{dc} + \hat{v}\sin\omega t$。

随着外加正偏电压的变化，穿过空间电荷区注入 n 区内的空穴的数量也发生变化。图 8.19(b) 显示了空间电荷区边缘处的空穴浓度随时间的变化。在 $t = t_0$ 时刻，交流电压值为零，因此 $x = 0$ 处的空穴浓度为 $p_n(0) = p_{n0}\exp(V_{dc}/V_t)$。

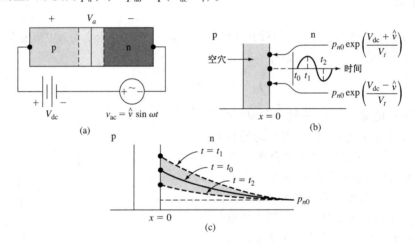

图 8.19　(a)直流正偏电压上叠加了交流电压的 pn 结；(b)空间电荷区边缘处空穴浓度随时间的变化；(c)三个不同时间下 n 区内空穴浓度随距离的变化

现在，随着交流电压在正半周期内增加，$x = 0$ 处的空穴浓度也增加，并在 $t = t_1$ 时刻达到其最大值。$t = t_1$ 时刻也对应着交流电压的最大值。当交流电压进入负半周期时，加在 pn 结上的总压降减少了，$x = 0$ 处的空穴浓度也随之减少。在 $t = t_2$ 时刻，空穴浓度达到了最小值，$t = t_2$ 时刻也对应着交流电压的负最大值。于是，$x = 0$ 处的少子空穴浓度就有了叠加在如图 8.19(b) 所示的直流上的交流分量。

和前面的讨论相同，$x = 0$ 处的空穴扩散到 n 区内，并与 n 区内的多子电子发生复合。假设交流电压的周期大于载流子扩散到 n 区所用的时间。那么，空穴浓度相对于距离的函数就可以看成一个稳态分布。图 8.19(c) 显示了不同时刻下的稳态空穴浓度分布。$t = t_0$ 时刻，交流电压为零，因此 $t = t_0$ 时的曲线对应着直流电压下的空穴浓度分布，$t = t_1$ 时的曲线对应着交流电压达到其正最大值时的空穴分布，$t = t_2$ 时的曲线对应着交流电压达到负最大值时的空穴分布。阴影部分表示的是在交流电压的周期内轮流充、放电的电荷 ΔQ。

p 区内的少子电子浓度也经历了同样的过程。n 区内空穴与 p 区内电子的充、放电过程产生了电容，该电容称为扩散电容。扩散电容的物理形成机制与上一章所讨论的势垒电容有很大的不同。正偏 pn 结的扩散电容要比其势垒电容大得多。

数学分析：本节将推导直流电压上叠加了小信号正弦电压时 pn 结内的少子分布情况，然后确定小信号（交流）扩散电流的表达式。图 8.20 为 pn 结外加正偏电流电压时的少子分布情况。为方便起见，原点 $x = 0$ 设在 n 区的空间电荷区边缘。由式(8.7)可知，$x = 0$ 处的少子空穴浓度为 $p_n(0) = p_{n0} \exp(eV_a/kT)$，其中 V_a 为 pn 结的外加电压。

现在令

$$V_a = V_0 + v_1(t) \tag{8.69}$$

其中 V_0 为直流静态偏置电压，$v_1(t)$ 为叠加在直流电平上的交流信号电压。现在可以写出

$$p_n(x = 0) = p_{n0} \exp\left\{\frac{e[V_0 + v_1(t)]}{kT}\right\} = p_n(0, t) \tag{8.70}$$

式(8.70)也可以写为

$$p_n(0, t) = p_{dc} \exp\left[\frac{ev_1(t)}{kT}\right] \tag{8.71}$$

其中

$$p_{dc} = p_{n0} \exp\left(\frac{eV_0}{kT}\right) \tag{8.72}$$

假如认为 $|v_1(t)| \ll (kT/e) = V_t$，则式(8.71)中的指数项在展开为泰勒级数后，可以只保留线性项，从而 $x = 0$ 处的少子空穴浓度可以表示为

$$p_n(0, t) \approx p_{dc}\left[1 + \frac{v_1(t)}{V_t}\right] \tag{8.73}$$

假设时变电压 $v_1(t)$ 为正弦电压，则可以将式(8.73)写为

$$p_n(0, t) = p_{dc}\left(1 + \frac{\hat{V}_1}{V_t} e^{j\omega t}\right) \tag{8.74}$$

其中 $\hat{V}_1$ 为外加正弦电压的相量。式(8.74)被用做求解 n 区少子空穴时变扩散方程式时的边界条件。

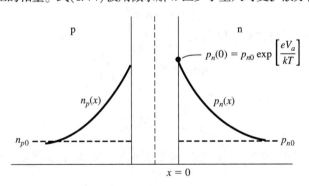

图 8.20　用于计算小信号导纳的正偏 pn 结的直流特性

在电中性的 n 区($x > 0$)，电场为零，因此少子空穴的行为就可以由下式表示：

$$D_p \frac{\partial^2(\delta p_n)}{\partial x^2} - \frac{\delta p_n}{\tau_{p0}} = \frac{\partial(\delta p_n)}{\partial t} \tag{8.75}$$

其中 δp_n 是 n 区内过剩空穴的浓度，假设交流信号 $v_1(t)$ 为正弦电压。我们期望 δp_n 稳态解的形式为直流解上面叠加上一个交流解，即

$$\delta p_n(x, t) = \delta p_0(x) + p_1(x)e^{j\omega t} \tag{8.76}$$

其中 $\delta p_0(x)$ 为直流过剩载流子浓度，$p_1(x)$ 为过剩载流子浓度交流成分的幅值。$\delta p_0(x)$ 的表达式与式(8.14)相同。

将式(8.76)代入微分方程式(8.75)，可得

$$D_p\left\{\frac{\partial^2[\delta p_0(x)]}{\partial x^2} + \frac{\partial^2 p_1(x)}{\partial x^2}\,\mathrm{e}^{\mathrm{j}\omega t}\right\} - \frac{\delta p_0(x) + p_1(x)\mathrm{e}^{\mathrm{j}\omega t}}{\tau_{p0}} = \mathrm{j}\omega p_1(x)\mathrm{e}^{\mathrm{j}\omega t} \tag{8.77}$$

将上式重新整理，把时变项与非时变项分别合并在一起，有

$$\left\{\frac{D_p\,\partial^2[\delta p_0(x)]}{\partial x^2} - \frac{\delta p_0(x)}{\tau_{p0}}\right\} + \left[D_p\frac{\partial^2 p_1(x)}{\partial x^2} - \frac{p_1(x)}{\tau_{p0}} - \mathrm{j}\omega p_1(x)\right]\mathrm{e}^{\mathrm{j}\omega t} = 0 \tag{8.78}$$

假设交流成分 $p_1(x)$ 为零，则第一个中括号项就是微分方程式(8.10)，式(8.10)的右边为零。由第二个中括号项可得

$$D_p\frac{\mathrm{d}^2 p_1(x)}{\mathrm{d}x^2} - \frac{p_1(x)}{\tau_{p0}} - \mathrm{j}\omega p_1(x) = 0 \tag{8.79}$$

因为 $L_p^2 = D_p\tau_{p0}$，则式(8.79)可以写为

$$\frac{\mathrm{d}^2 p_1(x)}{\mathrm{d}x^2} - \frac{(1 + \mathrm{j}\omega\tau_{p0})}{L_p^2}p_1(x) = 0 \tag{8.80}$$

或

$$\frac{\mathrm{d}^2 p_1(x)}{\mathrm{d}x^2} - C_p^2\,p_1(x) = 0 \tag{8.81}$$

其中

$$C_p^2 = \frac{(1 + \mathrm{j}\omega\tau_{p0})}{L_p^2} \tag{8.82}$$

式(8.81)的通解为

$$p_1(x) = K_1\mathrm{e}^{-C_p x} + K_2\mathrm{e}^{+C_p x} \tag{8.83}$$

它的一个边界条件为 $p_1(x\to +\infty) = 0$，这就意味着系数 $K_2 = 0$。则有

$$p_1(x) = K_1\mathrm{e}^{-C_p x} \tag{8.84}$$

应用 $x = 0$ 处的边界条件式(8.74)，可得

$$p_1(0) = K_1 = p_{\mathrm{dc}}\left(\frac{\hat{V}_1}{V_t}\right) \tag{8.85}$$

$x = 0$ 处的空穴扩散电流密度为

$$J_p = -eD_p\frac{\partial p_n}{\partial x}\bigg|_{x=0} \tag{8.86}$$

假设半导体内部的杂质均匀分布，则由总空穴浓度推导出的衍生量就是由过剩空穴浓度推出的衍生量。于是有

$$J_p = -eD_p\frac{\partial(\delta p_n)}{\partial x}\bigg|_{x=0} = -eD_p\frac{\partial[\delta p_0(x)]}{\partial x}\bigg|_{x=0} - eD_p\frac{\partial p_1(x)}{\partial x}\bigg|_{x=0}\mathrm{e}^{\mathrm{j}\omega t} \tag{8.87}$$

可以将上式写为

$$J_p = J_{p0} + j_p(t) \tag{8.88}$$

其中

$$J_{p0} = -eD_p\frac{\partial[\delta p_0(x)]}{\partial x}\bigg|_{x=0} = \frac{eD_p p_{n0}}{L_p}\left[\exp\left(\frac{eV_0}{kT}\right) - 1\right] \tag{8.89}$$

式(8.89)为空穴扩散电流密度的直流成分，与前面推导出的理想电流–电压关系式相同。

扩散电流密度的正弦成分可由下式求得：

$$j_p(t) = \hat{J}_p \mathrm{e}^{\mathrm{j}\omega t} = -eD_p \frac{\partial p_1(x)}{\partial x} \mathrm{e}^{\mathrm{j}\omega t}\bigg|_{x=0} \tag{8.90}$$

其中 $\hat{J}_p$ 是电流密度的相量。联立式(8.90)、式(8.84)和式(8.85)，有

$$\hat{J}_p = -eD_p(-C_p)\left[p_{\mathrm{dc}}\left(\frac{\hat{V}_1}{V_t}\right)\right]\mathrm{e}^{-C_p x}\bigg|_{x=0} \tag{8.91}$$

总交流电流相量为

$$\hat{I}_p = A\hat{J}_p = eAD_p C_p p_{\mathrm{dc}}\left(\frac{\hat{V}_1}{V_t}\right) \tag{8.92}$$

其中 A 是 pn 结的横截面积。将 C_p 的表达式代入，可得

$$\hat{I}_p = \frac{eAD_p p_{\mathrm{dc}}}{L_p}\sqrt{1 + \mathrm{j}\omega\tau_{p0}}\left(\frac{\hat{V}_1}{V_t}\right) \tag{8.93}$$

定义

$$I_{p0} = \frac{eAD_p p_{\mathrm{dc}}}{L_p} = \frac{eAD_p p_{n0}}{L_p}\exp\left(\frac{eV_0}{kT}\right) \tag{8.94}$$

则式(8.93)变为

$$\hat{I}_p = I_{p0}\sqrt{1 + \mathrm{j}\omega\tau_{p0}}\left(\frac{\hat{V}_1}{V_t}\right) \tag{8.95}$$

上述分析同样适用于 p 区内的少子电子。我们有

$$\hat{I}_n = I_{n0}\sqrt{1 + \mathrm{j}\omega\tau_{n0}}\left(\frac{\hat{V}_1}{V_t}\right) \tag{8.96}$$

其中

$$I_{n0} = \frac{eAD_n n_{p0}}{L_n}\exp\left(\frac{eV_0}{kT}\right) \tag{8.97}$$

总交流电流相量是 $\hat{I}_p$ 与 $\hat{I}_n$ 的和。pn 结导纳为总交流电流相量与交流电压相量的比值，即

$$Y = \frac{\hat{I}}{\hat{V}_1} = \frac{\hat{I}_p + \hat{I}_n}{\hat{V}_1} = \left(\frac{1}{V_t}\right)\left[I_{p0}\sqrt{1 + \mathrm{j}\omega\tau_{p0}} + I_{n0}\sqrt{1 + \mathrm{j}\omega\tau_{n0}}\right] \tag{8.98}$$

任何线性的、集总的、有限的、无源的、对称的电路网络都不能描述上述的导纳函数表达式。尽管如此，仍可以采用下列近似。假设

$$\omega\tau_{p0} \ll 1 \tag{8.99a}$$

和

$$\omega\tau_{n0} \ll 1 \tag{8.99b}$$

上述两个假设认为交流信号的频率不是很高。于是可以得出

$$\sqrt{1 + \mathrm{j}\omega\tau_{p0}} \approx 1 + \frac{\mathrm{j}\omega\tau_{p0}}{2} \tag{8.100a}$$

和

$$\sqrt{1 + \mathrm{j}\omega\tau_{n0}} \approx 1 + \frac{\mathrm{j}\omega\tau_{n0}}{2} \tag{8.100b}$$

将式(8.100a)与式(8.100b)代入式(8.98)得

$$Y = \left(\frac{1}{V_t}\right)\left[I_{p0}\left(1 + \frac{\mathrm{j}\omega\tau_{p0}}{2}\right) + I_{n0}\left(1 + \frac{\mathrm{j}\omega\tau_{n0}}{2}\right)\right] \tag{8.101}$$

把上式中的实部与虚部分别合并，则有

$$Y = \left(\frac{1}{V_t}\right)(I_{p0} + I_{n0}) + j\omega\left[\left(\frac{1}{2V_t}\right)(I_{p0}\tau_{p0} + I_{n0}\tau_{n0})\right] \tag{8.102}$$

式(8.102)可以用下面的形式表达，即

$$Y = g_d + j\omega C_d \tag{8.103}$$

参数 g_d 称为扩散电导，可表示为

$$g_d = \left(\frac{1}{V_t}\right)(I_{p0} + I_{n0}) = \frac{I_{DQ}}{V_t} \tag{8.104}$$

其中 I_{DQ} 为直流偏置电流。通过观察可以看出，式(8.104)所表示的电导就是式(8.67)表示的电导。参数 C_d 称为扩散电容，可表示为

$$\boxed{C_d = \left(\frac{1}{2V_t}\right)(I_{p0}\tau_{p0} + I_{n0}\tau_{n0})} \tag{8.105}$$

图 8.21 显示了扩散电容形成的物理原理。该图显示了直流电压下的少子浓度与随交流成分改变的少子浓度。随着外加电压的变化，ΔQ 不断被交替地充电与放电，少子电荷存储量的变化与电压变化量的比值即为扩散电容。$\omega\tau_{p0} \ll 1$ 与 $\omega\tau_{n0} \ll 1$ 假设的结果之一就是少子浓度曲线没有"摆动"。正弦信号的频率足够低，以至于任何时刻的浓度曲线均维持为指数曲线。

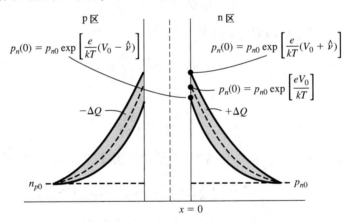

图 8.21　随正偏电压改变而改变的少子浓度

例 8.7　计算 pn 结二极管的小信号导纳。

　　本例的目的在于比较扩散电容与上一章讨论的势垒电容的大小。本例还将计算扩散电阻的阻值。假设 $N_a \gg N_d$，则 $p_{n0} \gg n_{p0}$，那么有 $I_{p0} \gg I_{n0}$。$T = 300$ K，$\tau_{p0} = 10^{-7}$ s，$I_{p0} = I_{DQ} = 1$ mA。

　　■ **解**

　　上述假设条件下，pn 结扩散电容的表达式为

$$C_d \approx \left(\frac{1}{2V_t}\right)(I_{p0}\tau_{p0}) = \frac{1}{(2)(0.0259)}(10^{-3})(10^{-7}) = 1.93 \times 10^{-9} \text{ F}$$

扩散电阻为

$$r_d = \frac{V_t}{I_{DQ}} = \frac{0.0259 \text{ V}}{1 \text{ mA}} = 25.9 \ \Omega$$

　　■ **说明**

　　值为 1.93 nF 的正偏 pn 结扩散电容比反偏 pn 结势垒电容大 3～4 个数量级，其计算过程与例 7.5 相同。

■ 自测题

E8.7 考虑 $T = 300$ K 时的硅 pn 结,其参数如下:$N_d = 8 \times 10^{16}$ cm^{-3},$N_a = 2 \times 10^{15}$ cm^{-3},$D_n = 25$ cm^2/s,$D_p = 10$ cm^2/s,$\tau_{n0} = 5 \times 10^{-7}$ s,$\tau_{p0} = 10^{-7}$ s,结的横截面积为 A $= 10^{-3}$ cm^2。确定下列正偏电压下的扩散电阻与扩散电容:(a)$V_a = 0.550$ V;(b)$V_a = 0.610$ V。

答案:(a)$r_d = 118$ Ω,$C_d = 2.07$ nF;(b)$r_d = 11.6$ Ω,$C_d = 20.9$ nF。

在正偏 pn 结中,扩散电容占主导地位。假设流过二极管的电流非常大,则二极管的小信号扩散电阻值就很小,随着电流的减小,扩散电阻会增大。在讨论双极晶体管时,我们还会讨论正偏 pn 结的阻抗。

8.3.3　等效电路

由式(8.103)可得出正偏 pn 结的小信号等效电路,如图 8.22(a)所示。我们还需要加上势垒电容,它与扩散电阻及扩散电容并联。为了完善上述的等效电路,还要增加一个串联电阻。电中性的 p 区与 n 区包含有限制的电阻。因此,实际的 pn 结包括一个串联电阻,图 8.22(b)所示的是完整的等效电路。

加在 pn 结上的电压是 V_a,加在二极管上的总电压为 V_{app}。pn 结电压 V_a 为理想电流-电压表达式中的电压。我们可以写出

$$V_{\text{app}} = V_a + Ir_s \tag{8.106}$$

图 8.23 显示了包含串联电阻效应的 pn 结的电流-电压特性曲线。当考虑串联电阻时,要维持相同的电流值,就必须增大外加电压。在大多数二极管中,我们可忽略串联电阻;但在一些具有 pn 结结构的半导体器件中,串联电阻会处于反馈回路中,此时电阻值就要乘以增益因子,因此不能忽略串联电阻。

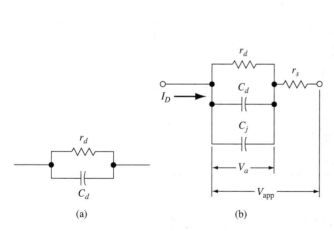

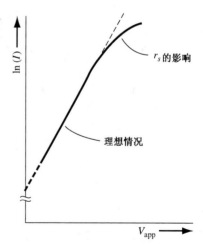

图 8.22　(a)理想正偏 pn 结的小信号等效电路;
　　　　　(b) pn 结的完整小信号等效电路

图 8.23　考虑到串联电阻效应的正偏 pn 结的电流-电压特性

练习题

T8.5 考虑 $T = 300$ K 时的 GaAs pn 结,其参数同自测题 E8.7,只是 $D_n = 207$ cm^2/s,$D_p = 9.8$ cm^2/s。确定下列偏压下的扩散电阻与扩散电容:(a)$V_a = 0.97$ V;(b)$V_a = 1.045$ V。

答案:(a)$r_d = 263$ Ω,$C_d = 0.940$ nF;(b)$r_d = 14.6$ Ω,$C_d = 17.0$ nF。

T8.6 $T = 300$ K 时，硅 pn 结二极管的参数同自测题 E8.7，电中性 p 区与 n 区的长度均为 0.01 cm。估计二极管的串联电阻阻值（忽略欧姆接触）。

答案：$R = 66$ Ω。

*8.4　电荷存储与二极管瞬态

pn 结二极管经常用来制作电开关。在正偏状态，即开态，很小的外加电压就能产生相对较大的电流；在反偏状态，即关态，只有很小的电流存在于 pn 结内。我们最感兴趣的开关电路参数就是电路的开关速度。本节会定性地讨论二极管的开关瞬态以及电荷的存储效应。在不经任何数学推导的情况下，我们会简单地给出描述开关时间的表达式。

8.4.1　关瞬态

假如想让二极管由开态变为关态。图 8.24 给出了实现上述操作的电路，该电路在 $t = 0$ 时，将转换外加偏压。在 $t < 0$ 时，正偏电流为

$$I = I_F = \frac{V_F - V_a}{R_F} \tag{8.107}$$

正偏电压 V_F 下的少子浓度分布如图 8.25(a) 所示。p 区与 n 区内均存在过剩少数载流子。空间电荷区边缘处的过剩少子浓度由正偏 pn 结电压 V_a 维持。当外加电压由正偏变为反偏时，空间电荷区边缘处的少子浓度就不能再维持，于是它们开始衰减，如图 8.25(b) 所示。

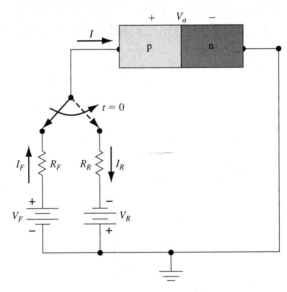

图 8.24　将二极管由正偏变为反偏的简单电路

空间电荷区边缘处少子浓度值的快速衰减形成了很大的浓度梯度，于是电流方向就会变成反偏方向。假设在那时的反偏二极管压降相对于 V_R 很小，于是反偏电流近似为

$$I = -I_R \approx \frac{-V_R}{R_R} \tag{8.108}$$

pn 结的电容不允许结压降立即变化。假设 I_R 的值比上式的（绝对）值大，则 pn 结上就有正向压降，这与前述的反偏电流假设相矛盾。假如 I_R 比上式的（绝对）值小，则 pn 结上就有反向压降，

这就意味着结的压降有了瞬间的变化。由于式(8.108)确定了 I_R 的大小，因此反偏电流密度梯度为常量；于是，就有了如图 8.25(b)所示的空间电荷区边缘少子浓度随时间的变化。

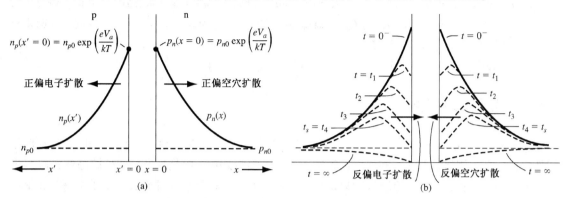

图 8.25　(a)正偏少子浓度的稳态分布；(b)开关过程中少子浓度随时间的变化

在 $0^+ \leq t \leq t_s$ 时，I_R 近似为常量，其中 t_s 称为存储时间，存储时间即空间电荷区边缘少子浓度达到热平衡值时所经历的时间。在 t_s 之后，结上的压降开始发生变化。电流变化如图 8.26 所示，反偏电流 I_R 是由少子电荷的存储效应形成的，即图 8.25(b)所示的 $t = 0^-$ 时与 $t = \infty$ 时浓度的差值。

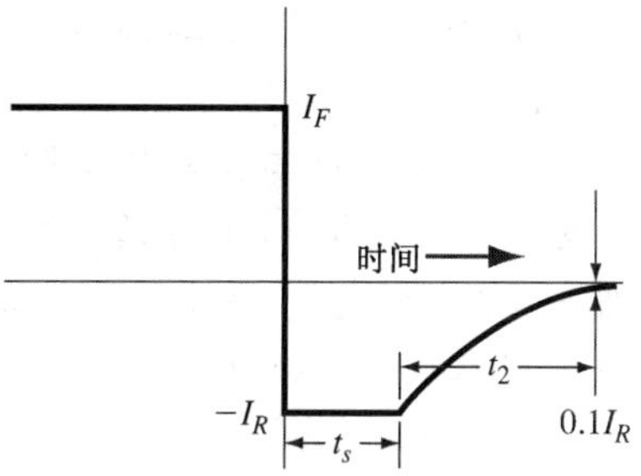

通过求解少子连续性方程可得 t_s。考虑单边 p^+n 结，t_s 由下式确定：

$$\mathrm{erf}\sqrt{\frac{t_s}{\tau_{p0}}} = \frac{I_F}{I_F + I_R} \qquad (8.109)$$

其中 $\mathrm{erf}(x)$ 为误差函数。上式关于 t_s 的近似解为

图 8.26　开关过程中电流随
时间变化的曲线

$$t_s \approx \tau_{p0} \ln\left(1 + \frac{I_F}{I_R}\right) \qquad (8.110)$$

$t > t_s$ 的恢复阶段为 pn 结达到稳定反偏状态所用的时间。余下的过剩载流子被移走，且空间电荷区的宽度达到了反偏电压下的值。衰减时间 t_2 由下式确定：

$$\mathrm{erf}\sqrt{\frac{t_2}{\tau_{p0}}} + \frac{\exp(-t_2/\tau_{p0})}{\sqrt{\pi t_2/\tau_{p0}}} = 1 + 0.1\left(\frac{I_R}{I_F}\right) \qquad (8.111)$$

总关断时间为 t_s 与 t_2 的和。

为了使二极管快速关断，需要有较大的反偏电流 I_R 以及较小的少子寿命。在进行二极管电路设计时，设计者要给瞬态反偏电流脉冲一个泄放路径，以使 pn 结二极管的开关速度较快。在我们讨论晶体管的开关过程时，还将讨论上述效应。

8.4.2　开瞬态

二极管由"关"态转变为正偏"开"态的过程称为开瞬态。给二极管外加一个正向脉冲就可以实现上述过程。开过程的第一阶段进行得非常快，它是用来使空间电荷区宽度从反偏达到 $V_a = 0$ 热平衡宽度所用的时间。在此期间，电离的施主与受主会呈电中性。

开过程的第二阶段即为建立少子分布所用的时间。在此期间，pn 结的压降逐渐增至稳态值。在少子寿命很小且正偏电流很小的情况下，开时间非常短。

练习题

T8.7 考虑一个单边 p^+n 硅二极管，$I_F = 1.75$ mA。当其被转换到反偏状态后，有效的反偏电压为 $V_R = 2$ V，有效串联电阻为 $R_R = 4$ kΩ。少了空穴的寿命为 10^{-7} s。（a）求存储时间 t_s；（b）求衰减时间 t_2；（c）求关断时间。

　　　答案：（a）0.746×10^{-7} s；（b）1.25×10^{-7} s；（c）$\approx 2 \times 10^{-7}$ s。

*8.5　隧道二极管

　　n区与p区都为简并掺杂的pn结称为隧道二极管。讨论这种器件的工作过程时，会发现该器件存在一个负阻区。过去，隧道二极管常用于振荡器电路中，但是现在，高频振荡器一般都采用其他的固态器件；讨论隧道二极管只是出于学术的需要。该器件内部确实发生了本书第2章中讨论的隧穿过程。

　　回忆第4章中讨论的简并掺杂半导体：n型材料的费米能级进入了导带；p型材料的费米能级进入了价带。因此，$T = 0$ K 时，n型材料的导带内存在电子，而p型材料的价带内存在空穴（空的量子态）。

　　图8.27为n区与p区均为简并掺杂的热平衡pn结的能带图。随着掺杂浓度的增加，耗尽区的宽度会减少，约为100 Å 数量级。在这种情况下，结内的电势曲线就可以由直线代替，于是有了如图8.28所示的三角形势垒。该势垒与第2章中为了表明隧穿现象所用的势垒很相似。势垒区宽度很小，所以区内的电场很强；于是电子穿过禁带的概率就很大。

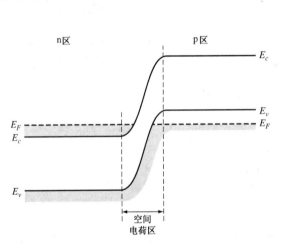

图 8.27　n区与p区均为简并掺杂
的pn结的热平衡能带图

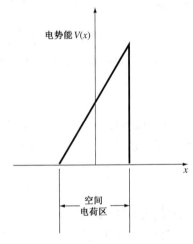

图 8.28　隧道二极管势垒的
三角形势垒近似

　　通过图8.29所示的能带图，我们可以定性地讨论隧道二极管的电流-电压特性。图8.29（a）为零偏时的能带图，对应着电流-电压特性曲线图的原点。为简单起见，假设温度近似为 0 K，此时结两侧 E_F 以下的能级全部被填满。

　　图8.29（b）所示为结外加了很小正偏电压时的能带图。n区导带中的电子与p区价带中的空量子态直接对应。n区内的电子会以一定的概率穿过禁带而进入p区，于是如图所示的正偏电流便形成了。随着正偏电压的少许增加，如图8.29（c）所示，n区内的导带与p区内的价带中，能量相同的量子态达到最多，于是峰值隧穿电流便产生了。

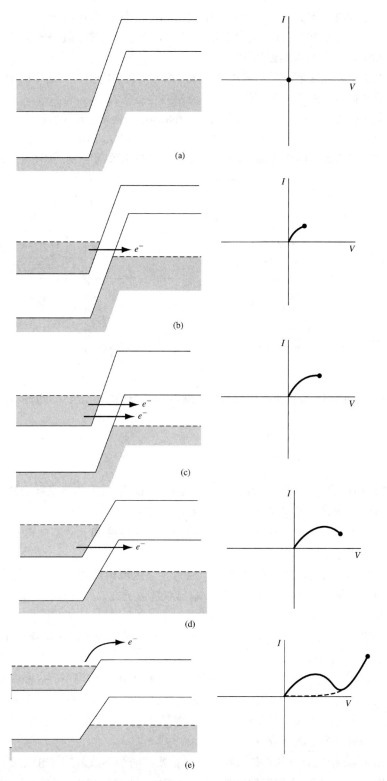

图 8.29　(a)零偏;(b)较小正偏;(c)形成最大隧穿电流的正偏电压条件下,二极管的简化能带图及电流–
电压特性;(d)更高的正偏电压反而产生较小的隧穿电流;(e)扩散电流占主导时的正偏(电压)

　　随着正偏电压的继续增大，p 区与 n 区中能量相同的量子态在减少，于是电流值下降，如图 8.29(d)所示。在图 8.29(e)中，此时能量相同的量子态数为零，隧道电流为零，但是扩散电流仍然存在，如电流-电压特性曲线所示。

　　图中所示的电流随电压增大反而减小的区域，称为负微分电阻区。这个区域很小，因此采用负微分器件制成的振荡器的输出功率很小。

　　外加反偏电压的隧道二极管的简单能带图如图 8.30(a)所示。p 区价带中的电子与 n 区导带中的空量子态直接对应，因此电子可以由 p 区直接隧穿到 n 区，形成了较大的反偏电流。任何反偏电压均会形成隧穿电流。随着 V_R 的增加，反偏电流会快速单调增大，如图 8.30(b)所示。

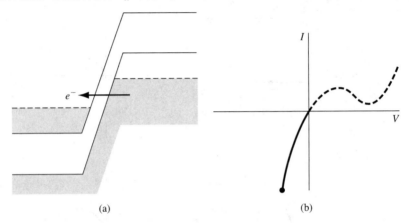

图 8.30　(a)反偏条件下简化的隧道二极管的能带图；(b)反偏隧道二极管的电流-电压特性曲线

8.6　小结

- 当 pn 结外加正偏电压时(p 区相对于 n 区为正)，pn 结内部的势垒就会降低，于是 p 区空穴与 n 区电子就会穿过空间电荷区流向相应的区域。

- 本章推导出了与 n 区空间电荷区边缘处的少子空穴浓度和 p 区空间电荷区边缘处的少子浓度相关的边界条件。

- 注入 n 区内的空穴与注入 p 区内的电子成为相应区域内的过剩少子。过剩少子的行为由第 6 章中推导的双极输运方程来描述。求出双极输运方程的解并将边界条件代入，就可以求出 n 区与 p 区内稳态少数载流子的浓度分布。

- 由于少子浓度梯度的存在，pn 结内存在少子扩散电流。少子扩散电流产生了 pn 结二极管的理想电流-电压关系。

- 反偏 pn 结的空间电荷区内产生了过剩载流子。在电场的作用下，这些载流子被扫出了空间电荷区，形成反偏产生电流。产生电流是二极管反偏电流的一个组成部分。pn 结正偏时，穿过空间电荷区的过剩载流子可能发生复合，产生正偏复合电流。复合电流是 pn 结正偏电流的另一个组成部分。

- 本章得出了 pn 结二极管的小信号模型。最重要的两个参数是扩散电阻与扩散电容。

- 当 pn 结由正偏状态转换到反偏状态时，pn 结内存储的过剩少数载流子会被移走，即电容放电。放电时间称为存储时间，它是二极管开关速度的一个限制因素。

- 隧道二极管的电流-电压特性存在负阻区域。

重要术语解释

- carrier injection(载流子注入)：外加偏压时，pn 结体内载流子穿过空间电荷区进入 p 区或 n 区的过程。
- diffusion capacitance(扩散电容)：正偏 pn 结内由于少子的存储效应而形成的电容。
- diffusion conductance(扩散电导)：正偏 pn 结的低频小信号正弦电流与电压的比值。
- diffusion resistance(扩散电阻)：扩散电导的倒数。
- forward bias(正偏)：p 区相对于 n 区加正电压。此时结两侧的电势差要低于热平衡时的值。
- generation current(产生电流)：pn 结空间电荷区内由于电子-空穴对热产生效应形成的反偏电流。
- high-level injection(高级注入)：过剩载流子浓度变得等于或大于多数载流子浓度的条件。
- long diode(长二极管)：电中性 p 区与 n 区的长度大于少子扩散长度的二极管。
- recombination current(复合电流)：穿越空间电荷区时发生复合的电子与空穴所产生的正偏 pn 结电流。
- reverse saturation current(反向饱和电流)：pn 结体内的理想反向电流。
- short diode(短二极管)：电中性 p 区与 n 区中至少有一个区的长度小于少子扩散长度的 pn 结二极管。
- storage time(存储时间)：当 pn 结二极管由正偏变为反偏时，空间电荷区边缘的过剩少子浓度由稳态值变成零所用的时间。

知识点

学完本章后，读者应具备如下能力：

- 描述外加正偏电压的 pn 结内电荷穿过空间电荷区流动的机制。
- 说出空间电荷区边缘少子浓度的边界条件。
- 推出 pn 结内稳态少子浓度的表达式。
- 推出理想 pn 结的电流-电压关系。
- 描述短二极管的特点。
- 描述 pn 结内的产生与复合电流。
- 给出高级注入的定义并说明其对二极管电流-电压特性的影响。
- 描述什么是扩散电阻与电容。
- 描述 pn 结的关瞬态响应。

复习题

1. 画出零偏、反偏、正偏状态下 pn 结的能带图。
2. 在(a)正偏、(b)反偏状态下，写出过剩少子浓度的边界条件。
3. 画出正偏 pn 结的稳态少子浓度分布图。
4. 解释 pn 结二极管的理想电流-电压关系。
5. 画出正偏 pn 结二极管的电子和空穴电流图。结区附近的电流主要由扩散还是漂移引起的？远离结处的电流呢？
6. 理想反向饱和电流与温度的关系是什么？

7. 什么是短二极管?

8. 解释(a)产生电流与(b)复合电流的形成机制。

9. 画出能反应复合效应和大注入效应的正偏 pn 结二极管的电流-电压特性。

10. (a)解释扩散电容的形成机制；(b)什么是扩散电阻? 解释什么是存储时间。

11. 正偏 pn 结二极管关断，解释存储的少子载流子的变化。二极管关闭后的瞬间电流方向如何?

习题

注意: 对于下面的问题，除非特殊声明，假定 $T = 300$ K，对于硅 pn 结: $D_n = 25$ cm^2/s，$D_p = 10$ cm^2/s，$\tau_{n0} = 5 \times 10^{-7}$ s，$\tau_{p0} = 10^{-7}$ s。对于 GaAs pn 结: $D_n = 205$ cm^2/s，$D_p = 9.8$ cm^2/s，$\tau_{n0} = 5 \times 10^{-8}$ s，$\tau_{p0} = 10^{-8}$ s。

8.1 pn 结电流

8.1 (a)正偏工作的 pn 结二极管，其环境温度为 $T = 300$ K。计算电流变为原来的 10 倍时，电压的改变。(b)计算电流变为原来的 100 倍时，电压的改变。

8.2 硅 pn 结二极管的掺杂浓度为 $N_d = 2 \times 10^{15}$ cm^{-3}，$N_a = 8 \times 10^{15}$ cm^{-3}。计算下列条件下空间电荷区边缘的少子浓度: (a)$V_a = 0.45$ V；(b)$V_a = 0.55$ V；(c)$V_a = -0.55$ V。

8.3 GaAs pn 结二极管的掺杂浓度为 $N_d = 10^{16}$ cm^{-3}，$N_a = 4 \times 10^{16}$ cm^{-3}。计算下列条件下空间电荷区边缘的少子浓度: (a)$V_a = 0.90$ V；(b)$V_a = 1.10$ V；(c)$V_a = -0.95$ V。

8.4 (a)硅 pn 结二极管的掺杂浓度为 $N_d = 5 \times 10^{15}$ cm^{-3}，$N_a = 5 \times 10^{16}$ cm^{-3}。空间电荷区边缘的少子浓度分别不超过对应多子浓度的 10%。(i)求满足条件的最大正偏结电压；(ii)n 区或 p 区的掺杂浓度是否为限制正偏电压的因素? (b)当掺杂浓度为 $N_d = 3 \times 10^{16}$ cm^{-3}，$N_a = 7 \times 10^{15}$ cm^{-3}，重做(a)。

8.5 GaAs pn 结的掺杂浓度为 $N_a = 5 \times 10^{16}$ cm^{-3}，$N_d = 10^{16}$ cm^{-3}，结面积为 $A = 10^{-3}$ cm^2，外加正偏电压 $V_a = 1.10$ V。计算(a)空间电荷区边缘的少子电子扩散电流；(b)空间电荷区边缘的少子空穴扩散电流；(c)pn 结二极管的总电流。

8.6 考虑 $T = 300$ K 时的硅 n$^+$p 二极管，其参数如下: $N_d = 10^{18}$ cm^{-3}，$N_a = 10^{16}$ cm^{-3}，$D_n = 25$ cm^2/s，$D_p = 10$ cm^2/s，$\tau_{p0} = \tau_{n0} = 1$ μs，$A = 10^{-4}$ cm^2。确定下列偏压下的二极管电流: (a)正偏电压 0.5 V；(b)反偏电压为 0.5 V。

8.7 考虑 $T = 300$ K 时的 Ge pn 二极管，其参数如下: $N_a = 4 \times 10^{15}$ cm^{-3}，$N_d = 2 \times 10^{17}$ cm^{-3}，$D_p = 48$ cm^2/s，$D_n = 90$ cm^2/s，$\tau_{p0} = \tau_{n0} = 2 \times 10^{-6}$ s，$A = 10^{-4}$ cm^2。确定下列偏压下的二极管电流: (a)正偏电压为 0.25 V；(b)反偏电压为 0.25 V。

8.8 考虑单边硅 p$^+$n 二极管掺杂浓度为 $N_a = 5 \times 10^{17}$ cm^{-3}，$N_d = 8 \times 10^{15}$ cm^{-3}。少数载流子的寿命为 $\tau_{n0} = 10^{-7}$ s，$\tau_{p0} = 8 \times 10^{-8}$ s。结的横截面积为 $A = 2 \times 10^{-4}$ cm^2。(a)计算反向饱和电流；(b)以下条件下正偏电流: (i)$V_a = 0.45$ V，(ii)$V_a = 0.55$ V，(iii)$V_a = 0.65$ V。

8.9 计算使 pn 结理想反偏电流是反向饱和电流大小 90% 的反偏电压值，$T = 300$ K。

8.10 补全下列表格中的数据。

情况	V_a(V)	I(mA)	I_s(mA)	J_s(mA/cm^2)	A(cm^2)
1	0.65	0.50			2×10^{-4}
2	0.70		2×10^{-12}		1×10^{-3}
3		0.80		1×10^{-7}	1×10^{-4}
4	0.72	1.20		2×10^{-8}	

8.11 考虑理想硅 pn 结二极管。(a)要得得电子电流占总电流的比为 90%，求 N_d/N_a 的值；(b)空间电荷区内的电流的 80% 为空穴电流时，重做(a)。

8.12 $T = 300$ K，$V_D = 0.65$ V 时，硅 pn 结二极管的电流为 $I = 10$ mA。空间电荷区内电子电流与总电流的比值为 0.1，且最大电流密度不大于 20 A/cm²。设计满足上述条件的二极管。使用例 8.2 中的半导体参数。

8.13 $T = 300$ K 时，理想硅 pn 结的少子寿命分别为 $\tau_{n0} = 10^{-6}$ s，$\tau_{p0} = 10^{-7}$ s。n 区的掺杂浓度为 N_d $= 10^{16}$ cm⁻³。绘制出 N_a 的范围是 10^{15} cm⁻³ $\leq N_a \leq 10^{18}$ cm⁻³ 时，空间电荷区内空穴电流占总电流的比例随 N_a 变化的曲线图(采用对数坐标)。

8.14 考虑 $T = 300$ K 时的硅 pn 结。$\tau_{p0} = 0.1\tau_{n0}$ 且 $\mu_n = 2.4\mu_p$。耗尽区内电子电流与总电流的比率称为电子注入效率。确定以下列表达式为变量的注入效率表达式：(a) N_d/N_a；(b) n 型电导率与 p 型电导率的比。

8.15 $T = 300$ K 时，硅 pn 结的横截面积为 $A = 10^{-4}$ cm²，其他参数如下：

n 区	p 区
$N_d = 10^{17}$ cm⁻³	$N_a = 5 \times 10^{15}$ cm⁻³
$\tau_{p0} = 10^{-7}$ s	$\tau_{n0} = 10^{-6}$ s
$\mu_n = 850$ cm²/V·s	$\mu_n = 1250$ cm²/V·s
$\mu_p = 320$ cm²/V·s	$\mu_p = 420$ cm²/V·s

(a)画出热平衡 pn 结的能带图，要包括结两侧 p 区与 n 区内费米能级相对于本征能级的位置；(b)计算反向饱和电流 I_s，并确定正偏电压为 0.5 V 时二极管的正偏电流；(c)确定 $x = x_n$ 处空穴电流与总电流的比例。

8.16 理想硅 pn 结的掺杂浓度为 $N_a = 5 \times 10^{16}$ cm⁻³，$N_d = 1.5 \times 10^{16}$ cm⁻³，结的横截面积为 $A = 5 \times 10^{-4}$ cm²。少数载流子寿命为 $\tau_{n0} = 2 \times 10^{-7}$ s，$\tau_{p0} = 8 \times 10^{-8}$ s，如图 P8.16 所示。计算：(a)空穴形成的理想反向饱和电流；(b)电子形成的理想反向饱和电流；(c) $V_a = 0.8V_{bi}$ 时，x_n 处的空穴浓度；(d) $V_a = 0.8V_{bi}$ 时，x_n 处的电子浓度；(e) $V_a = 0.8V_{bi}$ 时，$x = x_n + \frac{1}{2}L_p$ 处的电子电流。

8.17 理想长硅 pn 结如图 P8.17 所示。$T = 300$ K 时，n 区的施主掺杂浓度为 10^{16} cm⁻³，p 区的受主掺杂浓度为 5×10^{16} cm⁻³。少子寿命分别为 $\tau_{n0} = 0.05$ μs，$\tau_{p0} = 0.01$ μs。少子扩散系数分别为 $D_n = 23$ cm²/s，$D_p = 8$ cm²/s，正偏电压 $V_a = 0.610$ V。计算：(a) $x \geq 0$ 处的少子空穴浓度的表达式；(b) $x = 3 \times 10^{-4}$ cm 处的空穴扩散电流密度；(c) $x = 3 \times 10^{-4}$ cm 处的电子电流密度。

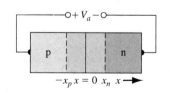
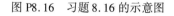

图 P8.16　习题 8.16 的示意图

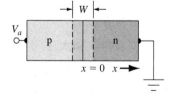

图 P8.17　习题 8.17 的示意图

8.18 小注入的上限通常定义为：在低掺杂区内，当空间电荷区边缘处的少子浓度达到该区多子浓度的 1/10 时对应的注入载流子浓度。分别计算使习题 8.7 与习题 8.8 中的二极管达到小注入上限的正偏电压值。

8.19 硅 pn 结的横截面积 $A = 10^{-3}$ cm²。环境温度为 $T = 300$ K，掺杂浓度分别为：$N_d = 10^{16}$ cm⁻³，$N_a = 8 \times 10^{15}$ cm⁻³。少子寿命分别为 $\tau_{n0} = 10^{-6}$ s 和 $\tau_{p0} = 10^{-7}$ s。计算下列偏压下 p 区内的总过剩电子数与 n 区内的总过剩空穴数：(a) $V_a = 0.3$ V；(b) $V_a = 0.4$ V；(c) $V_a = 0.5$ V。

8.20 $T = 300$ K 时的两个理想 pn 结，除了禁带宽度不同，其他的电学与物理学参数相同。第一个

pn 结的禁带宽度为 $E_g = 0.525$ eV。$V_a = 0.255$ V 时，$I = 10$ mA。计算当第二个 pn 结的禁带宽度为多少时，给它外加 $V_a = 0.32$ V 的正偏电压会产生 10 μA 的电流。

8.21 反向饱和电流是温度的函数。(a) 假设 I_s 仅因为本征载流子浓度的改变而随温度改变，表达式为 $I_s = CT^3 \exp(-E_g/kT)$，其中 C 为常数。随着二极管参数的改变，确定上述表达式的正确性；(b) 确定锗二极管与硅二极管在温度由 $T = 300$ K 上升为 $T = 400$ K 时，电流的改变量分别是多少。

8.22 假设 $\tau_{n0} = 10^{-6}$ s，$\tau_{p0} = 10^{-7}$ s，$N_d = 5 \times 10^{15}$ cm^{-3}，$N_a = 5 \times 10^{16}$ cm^{-3}。画出 (a) 硅，(b) 锗，(c) 砷化镓理想 pn 结的温度在 $T = 200$ K 到 $T = 500$ K 范围内变化时，理想反向饱和电流随温度变化的曲线图（电流密度采用对数坐标）。

8.23 理想硅 pn 结二极管的横截面积为 $A = 5 \times 10^{-4}$ cm^2。掺杂浓度为 $N_a = 4 \times 10^{15}$ cm^{-3}，$N_d = 2 \times 10^{17}$ cm^{-3}。假设下列参数值与温度无关：$E_g = 1.12$ eV，扩散系数和寿命。在正偏和反偏电压均为 0.50 V 的情况下，正向电流与反向电流的比值不小于 2×10^4。而且，反向饱和电流不大于 1.2 μA。求满足上述条件的最高环境温度和哪项规格是制约因素。

8.24 (a) 硅 pn 结二极管形状如图 8.11 所示，n 区长度为 $W_n = 0.7$ μm。掺杂浓度分别为：$N_a = 2 \times 10^{17}$ cm^{-3}，$N_d = 2 \times 10^{15}$ cm^{-3}。结面积为 $A = 10^{-3}$ cm^2。计算 (i) 满足小注入条件的最大正偏电压，(ii) 在此正偏电压的电流；(b) 当掺杂浓度为 $N_a = 2 \times 10^{15}$ cm^{-3}，$N_d = 2 \times 10^{17}$ cm^{-3} 时，重做 (a)。

*8.25 如图 8.11 所示，p^+n 硅二极管的 n 区很窄，即 $W_n < L_p$。边界条件为 $x = x_n + W_n$ 处的少子浓度为 $p_n = p_{n0}$。(a) 推出过剩空穴浓度 $\delta p_n(x)$ 的表达式；(b) 由 (a) 的结果证明二极管电流密度的表达式为

$$J = \frac{eD_p p_{n0}}{L_p} \coth\left(\frac{W_n}{L_p}\right)\left[\exp\left(\frac{eV}{kT}\right) - 1\right]$$

8.26 在恒定正偏电流的条件下，二极管可以用来测定温度。此时，正偏电压就成了温度的函数。$T = 300$ K 时，二极管的电压为 $V_a = 0.60$ V。确定 (a) $T = 310$ K 和 (b) $T = 320$ K 时，二极管的电压。

8.27 正偏硅 pn 结可以用来制作温度传感器。该 pn 结由一个恒流源来进行偏置，因此 V_a 是温度 T 的函数。(a) 假设电子与空穴的 D/L 以及 E_g 均与温度无关，确定此时 $V_a(T)$ 的表达式；(b) 假设偏置恒流源的电流为 $I_D = 0.1$ mA，且 $T = 300$ K 时 $I_s = 10^{-15}$ A。画出 20℃ $< T <$ 200℃ 时，V_a 随温度变化的曲线；(c) $I_D = 1$ mA，重复 (b)；(d) 假设半导体的禁带宽度也随温度变化，重新计算 (a) ~ (c)。假定半导体的迁移率、扩散系数以及少子寿命均是与温度无关的参数（采用 $T = 300$ K 时的值）。

8.2 产生-复合电流和大注入

8.28 考虑反偏的硅 pn 结二极管，其反偏电压为 $V_R = 5$ V。其他参数如下：$N_a = N_d = 4 \times 10^{16}$ cm^{-3}，结的横截面积为 $A = 10^{-4}$ cm^2。假定少子寿命 $\tau_0 = \tau_{n0} = \tau_{p0} = 10^{-7}$ s。计算 (a) 理想反向饱和电流；(b) 反偏产生电流；(c) 产生电流与理想反向饱和电流的比值。

8.29 考虑习题 8.28 中的二极管。假定除了 n_i，所有参数均不随温度改变。(a) 确定 $I_s = I_{gen}$ 时对应的温度的值。求此时的 I_s 与 I_{gen}；(b) 在 $T = 300$ K 时，计算出理想扩散电流与复合电流相等时的正偏电压。

8.30 考虑 GaAs pn 结二极管，结的横截面积为 $A = 2 \times 10^{-4}$ cm^2，$N_a = N_d = 7 \times 10^{16}$ cm^{-3}。少子的迁移率为 $\mu_n = 5500$ cm^2/V·s，$\mu_p = 220$ cm^2/V·s。少子的寿命为 $\tau_0 = \tau_{n0} = \tau_{p0} = 2 \times 10^{-8}$ s。(a) 计算理想二极管施加以下偏置电压的电流：(i) 反偏电压 $V_R = 3$ V，(ii) 正偏电压 $V_a = 0.6$ V，(iii) 正偏电压 $V_a = 0.8$ V，(iv) 正偏电压 $V_a = 1.0$ V；(b) 假定 $V_a = 0$ 时的复合电流为

$I_{ro} = 6 \times 10^{-14}$ A 计算施加以下偏置电压的产生电流：(i) 反偏电压 $V_R = 3$ V，(ii) 正偏电压 $V_a = 0.6$ V，(iii) 正偏电压 $V_a = 0.8$ V，(iv) 正偏电压 $V_a = 1.0$ V。

8.31 条件同习题 8.30，画出电压 V_a 在 0.1 V 至 1.0 V 变化时，二极管的复合电流与理想二极管电流随偏置电压变化的曲线(电流取对数坐标)。

8.32 考虑 $T = 300$ K 时的硅 pn 结二极管。其参数如下：$N_a = N_d = 10^{16}$ cm^{-3}，$\tau_{p0} = \tau_{n0} = \tau_0 = 5 \times 10^{-7}$ s，$D_n = 25$ cm^2/s，$D_p = 10$ cm^2/s，$A = 10^{-4}$ cm^2。画出正偏电压在 $0.1 \text{ V} \leqslant V_a \leqslant 0.6 \text{ V}$ 范围内变化时，二极管复合电流与理想二极管电流随电压变化的曲线(采用对数坐标)。

8.33 考虑 $T = 300$ K 时的 GaAs pn 结二极管 $N_a = N_d = 10^{17}$ cm^{-3}，$A = 5 \times 10^{-3}$ cm^2。少子的迁移率为 $\mu_n = 3500$ cm^2/V·s，$\mu_p = 220$ cm^2/V·s。少子寿命分别为 $\tau_{p0} = \tau_{n0} = \tau_0 = 10^{-8}$ s。画出偏压 V_D 在 0.1 V 至 1.0 V 变化时，二极管的实际电流随电压变化的曲线。将该图与理想二极管的电流–电压特性曲线图比较一下。

*8.34** 从式 (8.44) 开始，采用合理的近似，说明正偏 pn 结空间电荷区内的最大复合率就是式 (8.52)。

8.35 如图 P8.35 所示，均匀掺杂硅 pn 结所处的环境温度为 $T = 300$ K，$N_a = N_d = 5 \times 10^{15}$ cm^{-3}，少子寿命为 $\tau_{n0} = \tau_{p0} = \tau_0 = 10^{-7}$ s。外加反偏电压为 $V_R = 10$ V。光照在空间电荷区上，产生的过剩载流子的产生率为 $g' = 4 \times 10^{19}$ cm^{-3}/s。计算产生电流的密度。

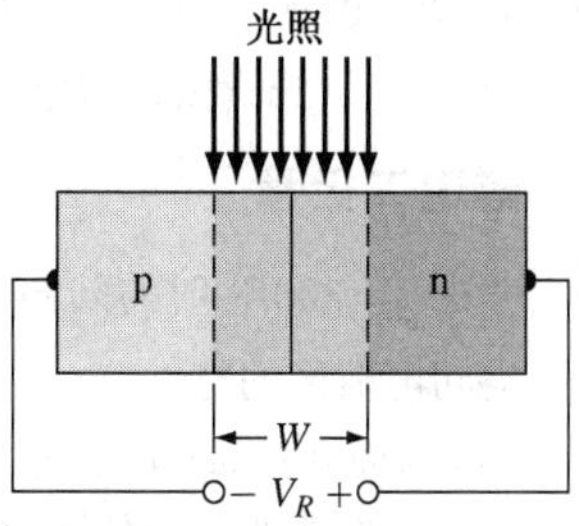

图 P8.35   习题 8.35 和习题 8.36 的示意图

8.36 长硅 pn 结二极管的参数如下：$N_d = 10^{18}$ cm^{-3}，$N_a = 3 \times 10^{16}$ cm^{-3}，$\tau_{n0} = \tau_{p0} = \tau_0 = 10^{-7}$ s，$D_n = 18$ cm^2/s，$D_p = 6$ cm^2/s。光照如图 P8.35 所示，产生电流密度为 $J_G = 25$ mA/cm^2。二极管是开路的。产生电流使二极管正偏，正偏电压产生了一个正偏电流，方向与产生电流相反。当产生电流与正偏电流相等时，二极管达到了稳态。稳态时正偏电流的大小为多少？

8.3 pn 结的小信号模型

8.37 (a) 假设少子寿命均为 0.5 μs。计算 $I_{DQ} = 1.2$ mA 时的小信号扩散电容和扩散电阻；(b) 当 $I_{DQ} = 0.12$ mA 时，重做(a)。

8.38 考虑习题 8.37 中描述的二极管。一个峰值为 50 mV 的正弦信号被叠加在直流正偏信号上。计算交替充放电时 n 区电荷的幅值。

8.39 考虑 $T = 300$ K 时的硅 p^+n 结二极管。正偏电流为 1 mA，n 区空穴的寿命为 10^{-7} s。忽略耗尽层电容，计算频率为 10 kHz, 100 kHz, 1 MHz 以及 10 MHz 时，二极管的阻抗。

8.40 硅 pn 结的各项参数同习题 8.8。(a) 计算并绘制 $-10 \text{ V} \leqslant V_a \leqslant 0.75 \text{ V}$ 时，势垒电容与扩散电容的变化；(b) 计算使势垒电容与扩散电容相等的电压值。

8.41 考虑 $T = 300$ K 时的硅 p^+n 结。其扩散电容-正偏电流曲线的斜率为 2.5×10^{-6} F/A。确定空穴的寿命以及正偏电流为 1 mA 时的扩散电容值。

8.42 单边 p^+n 硅二极管掺杂浓度为 $N_a = 4 \times 10^{17}$ cm^{-3}，$N_d = 8 \times 10^{15}$ cm^{-3}。二极管结面积为 $A = 5 \times 10^{-4}$ cm^2。(a) 扩散电容的最大值为 1 nF。确定：(i) 二极管的最大电流，(ii) 最大正偏电压，(iii) 扩散电容；(b) 当扩散电容的最大值为 0.25 nF 时，重做(a)。

8.43 考虑 $T = 300$ K 时的硅 pn 结二极管，$A = 10^{-2}$ cm^2。p 区的长度为 0.2 cm，n 区的长度为 0.1 cm，掺杂浓度分别为 $N_d = 10^{15}$ cm^{-3}，$N_a = 10^{16}$ cm^{-3}。确定：(a) 二极管的串联电阻；(b) 串联电阻压降为 0.1 V 时的二极管电流。

8.44 本题我们要得出串联电阻对二极管的影响。(a)假设 $T = 300$ K 时二极管的反向饱和电流为 $I_s = 10^{-10}$ A，n 区的电阻率为 $0.2\ \Omega\cdot$cm，p 区的电阻率为 $0.1\ \Omega\cdot$cm。假设电中性 n 区与 p 区长度均为 10^{-2} cm，且 $A = 2\times10^{-5}$ cm^2。电流为(i)1 mA 和(ii)10 mA 时，确定外加电压的值；(b)忽略串联电阻的影响，重做(a)。

8.45 (a)$T = 300$ K 时，正偏硅 pn 结二极管的最大小信号扩散电阻为 $r_d = 32\ \Omega$。反向饱和电流为 $I_s = 5\times10^{-12}$ A。计算满足上述要求的最小正偏电压；(b)最大小信号扩散电阻为 $r_d = 60\ \Omega$ 时，重做(a)。

8.46 (a)考虑 $T = 300$ K 时的理想硅 pn 结二极管，$V_a = +20$ mV，$I_s = 10^{-13}$ A。计算小信号扩散电阻；(b)$V_a = -20$ mV 时，重做(a)。

*8.4　电荷存储与二极管瞬态

8.47 (a)将 pn 结由正偏变为反偏，$I_R/I_F = 0.2$。确定 t_s/τ_{p0} 的值；(b)$I_R/I_F = 1.0$，重做(a)。

8.48 pn 结由正偏变为反偏，我们要求 $\tau_s = 0.3\tau_{p0}$。确定 I_R/I_F 的值，并确定此时 t_2/τ_{p0} 的值。

8.49 pn 结二极管的势垒电容为 18 pF(零偏)，当 $V_R = 10$ V 时，势垒电容变为 4.2 pF。少子寿命为 10^{-7} s，二极管由正偏电流 2 mA 变成反偏电压 10 V，外加电阻为 10 kΩ。估算关断时间。

8.5　隧道二极管

8.50 考虑 $T = 300$ K 时的硅 pn 结，$N_d = N_a = 5\times10^{19}$ cm^{-3}。突变结近似有效。确定 $V_a = 0.40$ V 时，空间电荷区的宽度。

8.51 p 区为简并掺杂，n 区内 $E_C = E_F$。画出该突变 pn 结的零偏能带图。画出正偏与反偏的电流–电压特性曲线。为什么这种二极管有时称为后向二极管？

综合题

8.52 (a)解释为什么在反偏时扩散电容不重要。(b)假如正偏下 Si，Ge，GaAs pn 结的总电流密度相同，讨论电子与空穴电流密度的相对值。

*8.53 设计一个硅 pn 结二极管，使其满足如下条件：击穿电压至少为 60 V，正偏电流 $I_D = 50$ mA 时仍为小注入；少子扩散寿命 $\tau_n = \tau_{n0} = \tau_{p0} = 2\times10^{-7}$ s；结的横截面积最小。

*8.54 突变硅 pn 结两侧的掺杂浓度相等。(a)推导出击穿电压关于临界电场和掺杂浓度的表达式；(b)假如 $V_B = 50$ V，确定允许的掺杂浓度范围。

参考文献

1. Dimitrijev, S. *Principles of Semiconductor Devices*. New York：Oxford University Press, 2006.

2. Kano, K. *Semiconductor Devices*. Upper Saddle River, NJ：Prentice Hall, 1998.

3. Muller, R. S., and T. I. Kamins. *Device Electronics for Integrated Circuits*, 2nd ed. New York：John Wiley and Sons, 1986.

4. Neudeck, G. W. *The PN Junction Diode*. Vol. 2 of the *Modular Series on Solid State Devices*. 2nd ed. Reading, MA：Addison-Wesley, 1989.

*5. Ng, K. K. *Complete Guide to Semiconductor Devices*. New York：McGraw-Hill, 1995.

6. Pierret, R. F. *Semiconductor Device Fundamentals*. Reading, MA：Addison-Wesley Publishing Co., 1996.

7. Roulston, D. J. *An Introduction to the Physics of Semiconductor Devices*. New York：Oxford University Press, 1999.

8. Shur, M. *Introduction to Electronic Devices*. New York: John Wiley and Sons, 1996.

*9. Shur, M. *Physics of Semiconductor Devices*. Englewood Cliffs, NJ: Prentice Hall, 1990.

10. Streetman, B. G., and S. K. Banerjee. *Solid State Electronic Devices*, 6th ed. Upper Saddle River, NJ: Pearson Prentice Hall, 2006.

11. Sze, S. M. and K. K. Ng. Physics of Semiconductor Devices, 3rd ed. Hoboken, NJ: John Wiley and Sons, 2007.

12. Sze, S. M. *Semiconductor Devices: Physics and Technology*, 2nd ed. New York: John Wiley and Sons, 2001.

*13. Wang, S. *Fundamentals of Semiconductor Theory and Device Physics*. Englewood Cliffs, NJ: Prentice Hall, 1989.

14. Yang, E. S. *Microelectronic Devices*. New York: McGraw-Hill, 1988.

第9章　金属半导体和半导体异质结

在前面两章中，我们已经讨论了 pn 结，它们是由同一种半导体材料组成的，通常称为同质结。我们研究了结的静电作用并得到了电流-电压之间的关系。在这一章中，将讨论由不同材料组成的结，即金属-半导体结和半导体异质结，这两种结也能制成二极管。

半导体器件或集成电路必须与外部电路相连接。这种连接是通过金属-半导体结的非整流接触实现的，即欧姆接触。欧姆接触是接触电阻很低的结，且在结两边都能形成电流的接触。我们将讨论产生金属-半导体欧姆接触的条件。

9.0　概述

本章包含以下内容：

- 求金属-半导体结的能带图。
- 研究整流金属-半导体结即肖特基势垒二极管的静电特性。
- 推导肖特基势垒二极管的理想电流-电压关系。
- 探讨肖特基势垒二极管和 pn 结二极管间的电流输运机理的差别，并探讨开电压和切换时间的差别。
- 讨论欧姆接触，即低阻抗非整流金属-半导体结。
- 研究半导体异质结的特性。

9.1　肖特基势垒二极管

最早于 20 世纪初期使用的一种半导体器件是金属-半导体二极管，这种二极管(也称为点接触二极管)是将金属须与裸露的半导体表面轻触而形成的。这些金属-半导体二极管不容易形成，可靠性也不好，于是在 20 世纪 50 年代被 pn 结取代了。随着半导体技术和真空技术的发展，金属-半导体接触得以实现。在这一节中，我们将讨论金属-半导体的整流接触，即肖特基势垒二极管。多数情况下，整流接触发生在 n 型半导体中，我们将主要讨论金属和 n 型半导体形成的整流接触。

9.1.1　性质上的特征

一种特定的金属与 n 型半导体在接触前的理想能带如图 9.1(a) 所示。真空能级作为参考能级，参数 ϕ_m 是金属功函数(单位为伏特)，ϕ_s 是半导体功函数，χ 是电子亲和能。不同金属的功函数值在表 9.1 中给出，几种半导体的电子亲和能在表 9.2 中给出。从图 9.1(a) 中，我们可以看出 $\phi_m > \phi_s$。图 9.1(b) 是这种情况下理想热平衡时的金属-半导体能带图。接触前，半导体的费米能级高于金属的费米能级，热平衡时为了使费米能级连续变化，半导体中的电子流向比它能级低的金属中，带正电荷的施主原子仍留在半导体中，从而形成一个空间电荷区(耗尽层)。

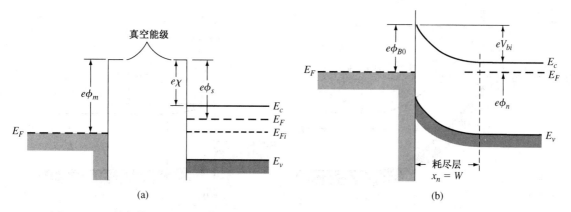

图 9.1 (a)接触前的金属半导体能带图;(b)理想的金属与 n 型半导体结($\phi_m > \phi_s$)的能带图

表 9.1 几种金属元素的功函数	
元 素	功函数,ϕ_m
Ag, 银	4.26
Al, 铝	4.28
Au, 金	5.1
Cr, 铬	4.5
Mo, 钼	4.6
Ni, 镍	5.15
Pd, 钯	5.12
Pt, 铂	5.65
Ti, 钛	4.33
W, 钨	4.55

表 9.2 一些半导体的电子亲和能	
元 素	电子亲和能,χ
Ge, 锗	4.13
Si, 硅	4.01
GaAs, 砷化镓	4.07
AlAs, 砷化铝	3.5

参数 ϕ_{B0} 是半导体接触的理想势垒高度,电子从金属中移动到半导体中,受一个势垒阻挡。该势垒就是肖特基势垒,由下式给出:

$$\phi_{B0} = (\phi_m - \chi) \tag{9.1}$$

在半导体一侧,V_{bi} 是内建电势差。这个势垒类似于结势垒,是由导带中的电子运动到金属中形成的势垒。内建电势差表示为

$$V_{bi} = \phi_{B0} - \phi_n \tag{9.2}$$

它使得 V_{bi} 是半导体掺杂浓度的函数,类似于结中的情况。

如果在半导体与金属间加一个正电压,那么半导体−金属势垒高度增大,而理想情况下 ϕ_{B0} 保持不变。这种情况就是反偏。如果在金属与半导体间加一个正电压,那么半导体金属势垒高度 V_{bi} 会减小,而 ϕ_{B0} 依然保持不变。在这种情况下,由于内建电势差的减小,电子很容易从半导体流向金属。这种情况就是正偏。图 9.2 所示分别为反偏和正偏的能带图。其中 V_R 是反偏电压值,V_a 是正偏电压值。

施加电压后的金属−半导体结的能带图(如图 9.2 所示)与上一章中给出的 pn 结非常类似。基于这种类似,我们希望肖特基势垒二极管的电流−电压方程也类似于 pn 结二极管中电流随电压的指数变化的规律。肖特基势垒二极管中的电流主要取决于多数载流子电子的流动。正偏电流的方向是从金属流向半导体,电流是正偏电压 V_a 的指数函数。

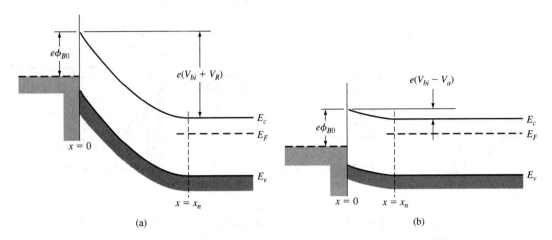

图9.2　有偏压时理想金属半导体结的能带图。(a)反偏；(b)正偏

9.1.2　理想结的特性

我们可以用和处理 pn 结的同样方法来确定异质结的静电特性。空间电荷区的电场可以用泊松方程表示如下：

$$\frac{\mathrm{d}E}{\mathrm{d}x} = \frac{\rho(x)}{\epsilon_s} \tag{9.3}$$

$\rho(x)$ 是空间电荷区的体密度，ϵ_s 是半导体的介电常数。假定半导体是均匀掺杂的，对式(9.3)积分得到下式：

$$E = \int \frac{eN_d}{\epsilon_s}\mathrm{d}x = \frac{eN_d x}{\epsilon_s} + C_1 \tag{9.4}$$

C_1 是积分常数。由于半导体空间电荷区边界的电场强度为零，可求得积分常数为

$$C_1 = -\frac{eN_d x_n}{\epsilon_s} \tag{9.5}$$

场强就可以写为

$$E = -\frac{eN_d}{\epsilon_s}(x_n - x) \tag{9.6}$$

对于均匀掺杂的半导体来说，场强是距离的线性函数，在金属与半导体接触处，场强达到最大值。由于金属中场强为零，所以在金属–半导体结的金属区中一定存在表面负电荷。

我们可以用处理 pn 结的方法来计算空间电荷区宽度 W，其结果与 p^+n 结的结果相同。对于均匀的掺杂半导体，可得

$$\boxed{W = x_n = \left[\frac{2\epsilon_s(V_{bi} + V_R)}{eN_d}\right]^{1/2}} \tag{9.7}$$

V_R 是所加的反偏电压值。在这里我们再一次运用了突变结的近似值。

例9.1　计算势垒高度的理论值、内建电势差以及金属–半导体二极管零偏压时电场强度的最大值。

考虑金属钨与 n 型硅的接触，掺杂浓度为 $N_d = 10^{16}\ \mathrm{cm}^{-3}$，温度为 $T = 300\ \mathrm{K}$。

　■ 解

由表9.1查得金属钨的功函数是 $\phi_m = 4.55\ \mathrm{V}$；由表9.2查得硅的电子亲和能 $\chi = 4.01\ \mathrm{V}$。所以势垒

高度为

$$\phi_{B0} = \phi_m - \chi = 4.55 - 4.01 = 0.54 \text{ V}$$

ϕ_{B0} 是理想肖特基势垒高度，可以计算出 ϕ_n 为

$$\phi_n = \frac{kT}{e} \ln\left(\frac{N_c}{N_d}\right) = 0.0259 \ln\left(\frac{2.8 \times 10^{19}}{10^{16}}\right) = 0.206 \text{ V}$$

那么

$$V_{bi} = \phi_{B0} - \phi_n = 0.54 - 0.206 = 0.334 \text{ V}$$

零偏压时的空间电荷区宽度为

$$x_n = \left[\frac{2\epsilon_s V_{bi}}{eN_d}\right]^{1/2} = \left[\frac{2(11.7)(8.85 \times 10^{-14})(0.334)}{(1.6 \times 10^{-19})(10^{16})}\right]^{1/2}$$

即

$$x_n = 0.208 \times 10^{-4} \text{ cm}$$

最大电场强度为

$$|E_{max}| = \frac{eN_d x_n}{\epsilon_s} = \frac{(1.6 \times 10^{-19})(10^{16})(0.208 \times 10^{-4})}{(11.7)(8.85 \times 10^{-14})}$$

即

$$|E_{max}| = 3.21 \times 10^4 \text{ V/cm}$$

■ 说明

空间电荷区宽度值和电场强度值与 pn 结中求得的值非常相似。

■ 自测题

E9.1 考虑理想情况下由钨与 n 型 GaAs 形成的结。假定 GaAs 的掺杂浓度 $N_d = 5 \times 10^{15} \text{ cm}^{-3}$。求：理想肖特基势垒高度；内建电势差；加零偏压时的电场强度。

答案： $\phi_{B0} = 0.48 \text{ V}$，$V_{bi} = 0.3623 \text{ V}$，$|E_{max}| = 2.24 \times 10^4 \text{ V/cm}$。

结电容可以用与求 pn 结的结电容一样的方法求得：

$$C' = eN_d \frac{dx_n}{dV_R} = \left[\frac{e\epsilon_s N_d}{2(V_{bi} + V_R)}\right]^{1/2} \tag{9.8}$$

C' 是单位面积电容量。上式的倒数求平方得

$$\left(\frac{1}{C'}\right)^2 = \frac{2(V_{bi} + V_R)}{e\epsilon_s N_d} \tag{9.9}$$

利用式(9.9)并取一级近似，可得到内建电势差 V_{bi}。根据式(9.9)的曲线 $\left(\left(\frac{1}{C'}\right)^2 - V_R\right)$ 的斜率，可以得出半导体的掺杂浓度 N_d。我们还可以计算 ϕ_n，并由式(9.2)得出 ϕ_{B0}。

例9.2 利用图9.3中的硅二极管的实验数据，求出在 $T = 300 \text{ K}$ 时的半导体掺杂浓度以及肖特基势垒高度。

■ 解

钨-硅曲线的截距大约在 $V_{bi} = 0.40 \text{ V}$ 处。由式(9.9)得

$$\frac{d(1/C')^2}{dV_R} \approx \frac{\Delta(1/C')^2}{\Delta V_R} = \frac{2}{e\epsilon_s N_d}$$

由图可知

$$\frac{\Delta(1/C')^2}{\Delta V_R} \approx 4.4 \times 10^{13}$$

于是

$$N_d = \frac{2}{(1.6 \times 10^{-19})(11.7)(8.85 \times 10^{-14})(4.4 \times 10^{13})} = 2.7 \times 10^{17} \text{ cm}^{-3}$$

计算得

$$\phi_n = \frac{kT}{e} \ln\left(\frac{N_c}{N_d}\right) = (0.0259) \ln\left(\frac{2.8 \times 10^{19}}{2.7 \times 10^{17}}\right) = 0.12 \text{ V}$$

所以

$$\phi_{Bn} = V_{bi} + \phi_n = 0.40 + 0.12 = 0.52 \text{ V}$$

ϕ_{Bn}是实际的肖特基势垒高度。

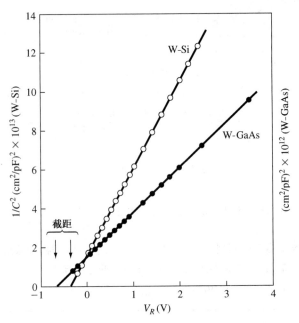

图 9.3   W-Si 与 W-GaAs 的 $1/C^2$-V_R 关系曲线

■ 说明

由实验得出的值 0.52 V 与理论势垒高度值 $\phi_{B0} = 0.54$ V（参见例 9.1）相当符合。而对于其他金属，实验值与理论值的差距很大。

■ 自测题

E9.2   利用图 9.3 中的 GaAs 结电容数据重新计算例 9.2。

答案：$V_{bi} \approx 0.64$ V，$N_d = 4.62 \times 10^{18}$ cm^{-3}。

可见砷化镓肖特基二极管的内建电势差比硅二极管的要大。这个结果适用于各种金属接触。

练习题

T9.1   考虑一理想铬与 n 型硅组成的肖特基二极管。令 $T = 300$ K。假设半导体掺杂浓度 $N_d = 3 \times 10^{15}$ cm^{-3}。试求（a）理想肖特基势垒高度；（b）内建电势差；（c）反向偏置电压 $V_R = 5$ V 时最大电场强度；（d）$V_R = 5$ V 时，单位面积结电容大小。

答案：（a）$\phi_{B0} = 0.49$ V；（b）$V_{bi} = 0.253$ V；（c）$|E_{max}| = 6.98 \times 10^4$ V/cm；（d）$C' = 6.88 \times 10^{-9}$ F/cm^2。

T9.2   对于钯与 n 型 GaAs 组成的肖特基二极管，重做练习题 T9.1，掺杂浓度相同。

答案：（a）$\phi_{B0} = 1.05$ V；（b）$V_{bi} = 0.919$ V；（c）$|E_{max}| = 7 \times 10^4$ V/cm；（d）$C' = 6.86 \times 10^{-9}$ F/cm^2。

9.1.3　影响肖特基势垒高度的非理想因素

有些因素会使实际的肖特基势垒高度偏离其理论值,参见式(9.1)。第一种因素是肖特基效应,即势垒的镜像力降低效应。

在电介质中距离金属 x 处的电子能够形成电场,电场线与金属表面必须垂直,与一个距金属表面同样距离(在金属内部)的假想正电荷($+e$)形成的电场相同,这种假想的影响如图9.4(a)所示。对电子的作用力取决于假想电荷的库仑引力,即

$$F = \frac{-e^2}{4\pi\epsilon_s(2x)^2} = -e\mathrm{E} \tag{9.10}$$

电势的表达式为

$$-\phi(x) = +\int_x^\infty \mathrm{E}\mathrm{d}x' = +\int_x^\infty \frac{e}{4\pi\epsilon_s \cdot 4(x')^2}\,\mathrm{d}x' = \frac{-e}{16\pi\epsilon_s x} \tag{9.11}$$

x' 是积分变量,并且假定在 $x = \infty$ 处电势为零。

电子的电势能为 $-e\phi(x)$;图9.4(b)是假设不存在其他电场时的电势能曲线。电介质中存在电场时,电势表达式修正为

$$-\phi(x) = \frac{-e}{16\pi\epsilon_s x} - \mathrm{E}x \tag{9.12}$$

在恒定电场影响下,电子的电势能曲线如图9.4(c)所示。由图可见势垒的峰值减小了,这种势垒减小的现象就是肖特基效应。

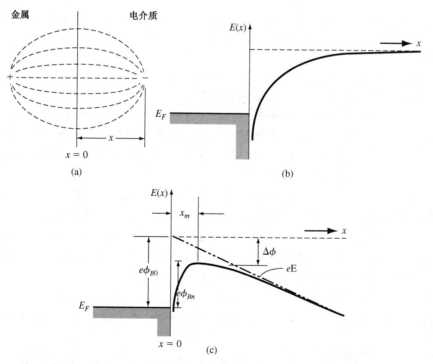

图9.4　(a)金属-电介质表面想象的电场线;(b)零电场时的电势能曲线;(c)恒定电场时的电势能曲线

根据下式的条件:

$$\frac{\mathrm{d}[e\phi(x)]}{\mathrm{d}x} = 0 \tag{9.13}$$

可得肖特基势垒的减小量 $\Delta\phi$ 和最大势垒对应的 x_m：

$$x_m = \sqrt{\frac{e}{16\pi\epsilon_s E}} \qquad (9.14)$$

$$\boxed{\Delta\phi = \sqrt{\frac{eE}{4\pi\epsilon_s}}} \qquad (9.15)$$

例9.3 计算肖特基势垒减小值与最大势垒高度对应的 x_m 值。

以 GaAs 金属–半导体接触为例，假定半导体中的电场强度为 $E = 6.8 \times 10^4$ V/cm。

■ **解**

在给定电场下，由式(9.15)求得肖特基势垒减小值为

$$\Delta\phi = \sqrt{\frac{eE}{4\pi\epsilon_s}} = \sqrt{\frac{(1.6 \times 10^{-19})(6.8 \times 10^4)}{4\pi(13.1)(8.85 \times 10^{-14})}} = 0.0273 \text{ V}$$

最大势垒高度对应的 x_m 值为

$$x_m = \sqrt{\frac{e}{16\pi\epsilon_s E}} = \sqrt{\frac{(1.6 \times 10^{-19})}{16\pi(13.1)(8.85 \times 10^{-14})(6.8 \times 10^4)}}$$

或

$$x_m = 2 \times 10^{-7} \text{ cm} = 20 \text{ Å}$$

■ **说明**

虽然肖特基势垒变化很小，但是势垒高度以及势垒值的减小会使电流–电压关系呈指数关系变化。势垒高度的一个微小变化都会带来肖特基势垒二极管电流的明显变化。

■ **自测题**

E9.3 计算自测题 9.1 中描述的结的肖特基势垒减小值：(a) $V_R = 1$ V；(b) $V_R = 5$ V。

答案：(a)$\Delta\phi = 0.0281$ V；(b)$\Delta\phi = 0.0397$ V。

界面态：GaAs 和 Si 的肖特基二极管的势垒高度与金属功函数的关系如图 9.5 所示。它们之间呈线性变化，但是曲线与式(9.1)给出的关系不相符。金属–半导体结的势垒高度由金属功函数以及半导体表面和接触面的状态共同决定。

在热平衡状态下，金属与 n 型硅接触的能带图如图 9.6 所示。我们假定在金属与半导体之间存在一条窄的绝缘层，这一层能够形成电势差，但是电子在金属与半导体之间可以自由流动。在金属与半导体的接触表面，半导体也呈现出表面态分布。假定在表面势 ϕ_0 以下的状态都是施主态，如果表面出现电子，则将其中和，如果没有电子，则呈现正电荷。又假定 ϕ_0 以上的状态都是受主态，如果没有电子，则将其中和，如果有电子，则呈现负电性。

图 9.6 绘出了在 ϕ_0 以上 E_F 以下的一些受主状态，这些状态能够吸收电子呈现负电性。假定表面态密度是一个常数并且等于 D_{it} 态/cm^2·eV，则表面势、表面态密度以及其他半导体参数的关系如下：

$$(E_g - e\phi_0 - e\phi_{Bn}) = \frac{1}{eD_{it}}\sqrt{2e\epsilon_s N_d(\phi_{Bn} - \phi_n)} - \frac{\epsilon_i}{eD_{it}\delta}[\phi_m - (\chi + \phi_{Bn})] \qquad (9.16)$$

我们讨论下面两种极限情况。

情况 1：使 $D_{it} \to \infty$。在这种情况下，式(9.16)右边趋向于零，于是

$$\phi_{Bn} = \frac{1}{e}(E_g - e\phi_0) \qquad (9.17)$$

势垒高度由禁带宽度和 ϕ_0 决定。势垒高度完全与金属功函数和半导体电子亲和能无关，费米能级固定为表面势 ϕ_0。

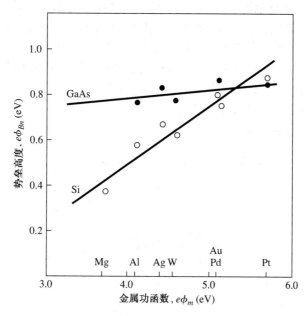

图 9.5　GaAs 和 Si 的肖特基二极管的势垒高度与金属功函数之间的关系（实验值）

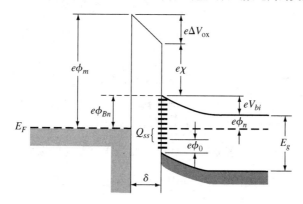

图 9.6　金属-半导体结的能带图及表面态

情况 2：使 $D_{it}\delta \to 0$。式（9.16）变为

$$\phi_{Bn} = (\phi_m - \chi)$$

即原始的理想表达式。

在半导体中，由于势垒降低的影响，肖特基势垒高度是电场强度的函数。同时势垒高度也是表面态的函数。由此，理论势垒高度值得以修正。由于表面态密度无法预知，所以势垒高度是一个实验值。

练习题

T9.3　计算练习题 T9.1 中描述的结的肖特基势垒减小值与最大势垒高度对应的 x_m 值，场强采用该练习题中给出的值。

　　答案：$\Delta\phi = 0.0293$ eV，$x_m = 21$ Å。

9.1.4 电流–电压关系

与 pn 结的少数载流子导电不同，金属–半导体结主要靠多数载流子导电。n 型半导体整流接触的基本过程是电子运动通过势垒，这种现象可以通过热电子发射理论来解释。

热电子发射现象源于势垒高度远大于 kT 这一假定，在这个假定下，可以近似应用麦克斯韦-玻尔兹曼理论，即在这一过程中热平衡不会受影响。图 9.7 显示了加正偏电压 V_a 时的一维空间势垒和两种电子电流密度的成分。电流 $J_{s\to m}$ 是电子从半导体扩散到金属中的电流密度，$J_{m\to s}$ 是电子从金属扩散到半导体中的电流密度。电流密度符号的下标指出了电子流动的方向。常规电流的方向与电子电流的方向刚好相反。

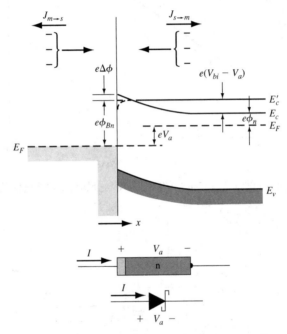

图 9.7 施加正偏电压的金属–半导体结的能带图

电流密度 $J_{s\to m}$ 是电子的浓度的函数，其中电子具有足够克服势垒的 x 方向速度。我们可以将电流密度写为

$$J_{s\to m} = e \int_{E'_c}^{\infty} v_x \mathrm{d}n \tag{9.18}$$

E'_c 是电子能够发射到金属中时所需的最小能量，v_x 是载流子沿输运方向的速度，e 是电子所带的电量。电子浓度的增量表示为

$$\mathrm{d}n = g_c(E) f_F(E) \, \mathrm{d}E \tag{9.19}$$

其中 $g_c(E)$ 是导带的状态密度，$f_F(E)$ 是费米-狄拉克分布函数。应用麦克斯韦-玻尔兹曼假定后，我们有

$$\mathrm{d}n = \frac{4\pi (2m_n^*)^{3/2}}{h^3} \sqrt{E - E_c} \exp\left[\frac{-(E - E_F)}{kT}\right] \mathrm{d}E \tag{9.20}$$

如果大于 E_c 的能量全部为动能，则有

$$\frac{1}{2} m_n^* v^2 = E - E_c \tag{9.21}$$

则金属–半导体结中的净电流密度为

$$J = J_{s \to m} - J_{m \to s} \tag{9.22}$$

规定金属到半导体的方向为正方向,则有

$$J = \left[A^* T^2 \exp\left(\frac{-e\phi_{Bn}}{kT} \right) \right] \left[\exp\left(\frac{eV_a}{kT} \right) - 1 \right] \tag{9.23}$$

其中

$$A^* \equiv \frac{4\pi e m_n^* k^2}{h^3} \tag{9.24}$$

参数 A^* 是热电子发射的有效理查森常数。

式(9.23)写成普通二极管形式为

$$J = J_{sT} \left[\exp\left(\frac{eV_a}{kT} \right) - 1 \right] \tag{9.25}$$

其中 J_{sT} 是反向饱和电流密度,其表达式为

$$J_{sT} = A^* T^2 \exp\left(\frac{-e\phi_{Bn}}{kT} \right) \tag{9.26}$$

我们知道,肖特基势垒高度 ϕ_{Bn} 的变化是由镜像力降低引起的。由 $\phi_{Bn} = \phi_{B0} - \Delta\phi$,式(9.26)可写为

$$J_{sT} = A^* T^2 \exp\left(\frac{-e\phi_{B0}}{kT} \right) \exp\left(\frac{e\Delta\phi}{kT} \right) \tag{9.27}$$

势垒高度的变化 $\Delta\phi$ 随着电场强度以及反偏电压的增大而增大,图9.8所示为肖特基势垒二极管加反偏电压时的典型电流–电压特性曲线,反向电流随着反偏电压的增加而增大是由于势垒降低的影响。这幅图也描述了肖特基势垒二极管击穿时的现象。

例9.4　根据电流–电压特性曲线计算有效理查森常数。

以图9.9所示的钨–硅二极管的电流–电压特性曲线为例,假定势垒高度 $\phi_{Bn} = 0.67$ V, $J_{sT} \approx 6 \times 10^{-5}$ A/cm^2。

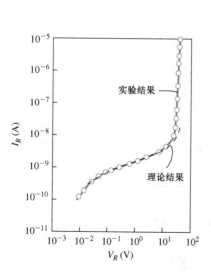

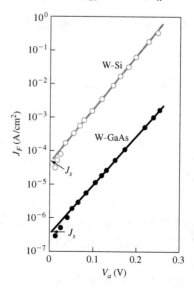

图9.8　PtSi-Si 二极管的反偏电流
的理论值和实验值的曲线

图9.9　W-Si 和 W-GaAs 的正偏
电流密度 J_F 和 V_a 的关系

■ **解**

由公式

$$J_{sT} - A^* T^2 \exp\left(\frac{-e\phi_{Bn}}{kT}\right)$$

我们有

$$A^* = \frac{J_{sT}}{T^2} \exp\left(\frac{+e\phi_{Bn}}{kT}\right)$$

代入数据得

$$A^* = \frac{6 \times 10^{-5}}{(300)^2} \exp\left(\frac{0.67}{0.0259}\right) = 114 \text{ A/K}^2 \cdot \text{cm}^2$$

■ **说明**

由于 ϕ_{Bn} 呈指数规律变化，实验测得值 A^* 是强烈依赖于 ϕ_{Bn} 的函数，ϕ_{Bn} 的微小变化都会使理查森常数发生明显的变化。

■ **自测题**

E9.4 计算自由电子的理想理查森常数。

　　答案：$A^* = 120 \text{ A /K}^2 \cdot \text{cm}^2$。

由图 9.9 我们发现钨-硅二极管和钨-砷化镓二极管的反向饱和电流密度相差两个数量级，这两个数量级的差别将在有效理查森常数中反映出来，假定两个二极管中的势垒高度相同。有效理查森常数的定义参见式(9.24)，它包含有效电子质量，硅和砷化镓的有效电子质量是明显不同的。事实上，在理查森表达式中，有效电子质量是热电子发射理论中应用有效状态密度函数的直接结果。最后的结果是，硅和砷化镓中的 A^* 和 J_{sT} 的值有明显的不同。

9.1.5　肖特基势垒二极管与 pn 结二极管的比较

尽管式(9.25)给出的理想肖特基势垒二极管的电流-电压关系形式上与 pn 结二极管的相同，但是肖特基二极管与 pn 结二极管之间有两点重要的区别：第一个是反向饱和电流密度的数量级，第二个是开关特性。

肖特基势垒二极管的反向饱和电流密度由式(9.26)给出，即

$$J_{sT} = A^* T^2 \exp\left(\frac{-e\phi_{Bn}}{kT}\right)$$

而理想 pn 结的反向饱和电流密度表示如下：

$$J_s = \frac{eD_n n_{po}}{L_n} + \frac{eD_p p_{no}}{L_p} \tag{9.28}$$

两个公式的形式有很大区别，两种器件的电流输运机构是不同的。pn 结中的电流是由少数载流子的扩散运动决定的，而肖特基势垒二极管中的电流是由多数载流子通过热电子发射跃过内建电势差而形成的。

例 9.5　计算肖特基势垒二极管和 pn 结二极管的反向饱和电流密度。

以钨-硅为例，势垒高度 $e\phi_{Bn} = 0.67$ eV，有效理查森常数 $A^* = 114 \text{ A/K}^2 \cdot \text{cm}^2$，令 $T = 300$ K。

■ **解**

如果我们忽略势垒降低的影响，则对肖特基势垒二极管有

$$J_{sT} = A^* T^2 \exp\left(\frac{-e\phi_{Bn}}{kT}\right) = (114)(300)^2 \exp\left(\frac{-0.67}{0.0259}\right) = 5.98 \times 10^{-5} \text{ A/cm}^2$$

考虑在 $T = 300$ K 时的硅 pn 结,参数如下:

$$N_a = 10^{18} \text{ cm}^{-3} \qquad N_d = 10^{16} \text{ cm}^{-3}$$
$$D_p = 10 \text{ cm}^2/\text{s} \qquad D_n = 25 \text{ cm}^2/\text{s}$$
$$\tau_{po} = 10^{-7} \text{ s} \qquad \tau_{no} = 10^{-7} \text{ s}$$

计算得出以下参数值:

$$L_p = 1.0 \times 10^{-3} \text{ cm} \qquad L_n = 1.58 \times 10^{-3} \text{ cm}$$
$$p_{no} = 2.25 \times 10^{4} \text{ cm}^{-3} \qquad n_{po} = 2.25 \times 10^{2} \text{ cm}^{-3}$$

pn 结二极管的理想反向饱和电流密度由式(9.28)计算得

$$J_s = \frac{(1.6 \times 10^{-19})(25)(2.25 \times 10^{2})}{(1.58 \times 10^{-3})} + \frac{(1.6 \times 10^{-19})(10)(2.25 \times 10^{4})}{(1.0 \times 10^{-3})}$$
$$= 5.7 \times 10^{-13} + 3.6 \times 10^{-11} = 3.66 \times 10^{-11} \text{ A/cm}^2$$

- **说明**

肖特基势垒二极管的理想反向饱和电流值比 pn 结的大几个数量级。

- **自测题**

E9.5 利用例 9.5 的结果,计算满足每个结电流都为 10 μA 下的正偏压值。假定横截面积为 10^{-4} cm^2。

　　答案: pn 结 $V_a = 0.5628$ V;肖特基结 $V_a = 0.1922$ V。

我们知道硅 pn 结二极管中的反偏电流由产生电流支配。典型的产生电流密度约为 10^{-7} A/cm^2,比肖特基势垒二极管的反向饱和电流小 2～3 个数量级。产生电流同样存在于反偏肖特基势垒二极管中;总之,产生电流相对于 J_{sT} 值来说可以忽略不计。

由于 $J_{sT} \gg J_s$,两种二极管正偏时的特性也会不同。图 9.10 是典型的肖特基势垒二极管的电流-电流特性曲线。肖特基二极管的有效开启电压低于 pn 结二极管的有效开启电压。

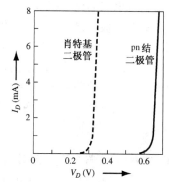

图 9.10　肖特基二极管和 pn 结二极管的正偏电流-电压特性曲线比较

例9.6　分别计算在肖特基势垒二极管和 pn 结二极管中产生一个大小为 10 A/cm^2 的正偏电流密度所需要加的正偏电压。

以例 9.5 中给出的二极管模型为例。假定 pn 结二极管中的正偏电压足够大,以使结中扩散电流起主要作用。$T = 300$ K。

- **解**

对于肖特基势垒二极管有

$$J = J_{sT}\left[\exp\left(\frac{eV_a}{kT}\right) - 1\right]$$

忽略(-1)这一项,可以求得正偏电压为

$$V_a = \left(\frac{kT}{e}\right)\ln\left(\frac{J}{J_{sT}}\right) = V_t \ln\left(\frac{J}{J_{sT}}\right) = (0.0259)\ln\left(\frac{10}{5.98 \times 10^{-5}}\right) = 0.312 \text{ V}$$

或

$$V_a = V_t \ln\left(\frac{J}{J_s}\right) = (0.0259)\ln\left(\frac{10}{3.66 \times 10^{-11}}\right) = 0.682 \text{ V}$$

■ **说明**

通过加正偏电压比较两种二极管，可得出结论：肖特基势垒二极管的开启电压约为 0.37 V，低于 pn 结二极管的开启电压。

■ **自测题**

E9.6 pn 结二极管和肖特基二极管有着相同的横截面积和 0.5 mA 的正偏电流，肖特基二极管的反向饱和电流是 5×10^{-7} A，两个二极管的正偏电压差值为 0.30 V。计算 pn 结的反向饱和电流。

答案：4.66×10^{-12} A。

开启电压不同的主要原因是，金属-半导体接触与 pn 结中的掺杂具有不同的势垒高度函数，但还存在着其他主要的不同。我们考虑其中的一个应用：将在第 12 章中利用开启电压的不同讨论肖特基钳位晶体管。

肖特基势垒二极管和 pn 结二极管的第二个主要不同点在于频率响应，即开关特性。在我们的讨论中，考虑的肖特基二极管中的电流主要取决于多数载流子通过内建电势的发射电流。例如，如图 9.1 所示的能带图表明金属中的电子能够直接进入邻近半导体中的空位，如果电子从半导体价带流入金属，结果相当于空穴被注入半导体中，那么这种空穴的注入会在 n 型区域中产生过多的少数载流子（以下有时简称为少子）空穴。然而，计算和测量的结果表明，大多数情况下少子空穴电流占总电流的比率相当小。

肖特基势垒二极管是一个多子（多数载流子）导电器件，这表明肖特基二极管加正偏电压时不会随之产生扩散电容，不存在扩散电容的肖特基二极管相对于 pn 结二极管来说，是一个高频器件。同样，当肖特基二极管从正偏转向反偏时，也不存在像 pn 结中发生的少数载流子的存储效应。由于不存在少数载流子存储时间，肖特基二极管可以用于快速开关器件。通常肖特基二极管的开关时间在皮秒数量级，而 pn 结的开关时间通常在纳秒数量级。

练习题

T9.4 （a）pn 结和肖特基势垒二极管的反向饱和电流分别是 10^{-14} A 和 10^{-9} A，当产生 100 μA 的电流时，分别计算它们所需的正偏电压；（b）正偏电流为 1 mA 时，重做（a）。

答案：（a）0.596 V，0.298 V；（b）0.656 V，0.358 V。

9.2 金属-半导体的欧姆接触

任何半导体器件或是集成电路都要与外界接触。这种接触通过欧姆接触实现。欧姆接触即金属与半导体接触，这种接触不是整流接触。欧姆接触是接触电阻很低的结，且在金属和半导体两边都能形成电流的接触。理想情况下，通过欧姆接触形成的电流是电压的线性函数，且电压要很低。有两种常见的欧姆接触：第一种是非整流接触，另一种是利用隧道效应的原理在半导体上制造欧姆接触。为了描述欧姆接触的特点，我们定义一种特定的接触电阻。

9.2.1 理想非整流接触势垒

在图 9.1 中，我们考虑了在 $\phi_m > \phi_s$ 情况下金属与 n 型半导体接触的理想情况。图 9.11 是同样的理想接触，但在 $\phi_m < \phi_s$ 的情况下，图 9.11(a) 是接触前的能带图，图 9.11(b) 是热平衡后的势垒图。为了达到热平衡，电子从金属流到能量状态较低的半导体中，这使得半导体表面更加趋近于 n 型化。存在于 n 型半导体表面的过量电子电荷会形成表面电荷密度。如果在金属表面加

正电压，就不存在使电子从半导体流向金属的势垒。如果在半导体表面加正电压，使电子从金属流向半导体的有效势垒高度将近似为 $\phi_{Bn}=\phi_n$，那么这对于重掺杂的半导体来说作用甚微。在这种偏压下，电子很容易从金属流向半导体。

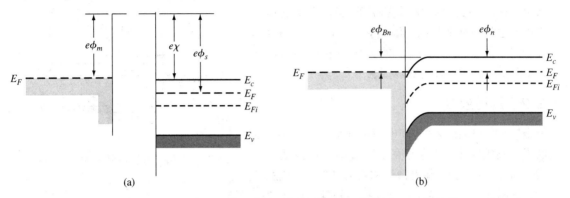

图 9.11　对于 $\phi_m<\phi_s$，金属与 n 型半导体结欧姆接触的理想能带图。(a)接触前；(b)接触后

图 9.12(a)是在金属与半导体间加一正电压时的能带图，电子很容易向低电势方向流动，即从半导体流向金属。图 9.12(b)是在半导体与金属间加一正电压时的能带图，电子很容易穿过势垒从金属流向半导体，这种结就是欧姆接触。

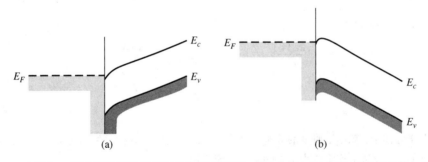

图 9.12　金属与 n 型半导体结欧姆接触的理想能带图。(a)金属加正电压；(b)半导体加正电压

图 9.13 是金属与 p 型半导体非整流接触的理想情况。图 9.13(a)是在 $\phi_m>\phi_s$ 情况下接触前的能级图。接触形成以后，电子从半导体流向金属实现热电子发射，在半导体中留下很多空状态，即空穴。表面过量的空穴堆积使得半导体 p 型程度更深，电子很容易从金属流向半导体中的空状态。这种电荷的转移相应于空穴从半导体流进金属中。我们还可以想象空穴从金属流向半导体的情形，这种结也是欧姆接触。

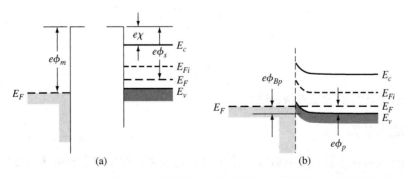

图 9.13　对于 $\phi_m>\phi_s$，金属与 p 型半导体结欧姆接触的理想能带图。(a)接触前；(b)接触后

图 9.11 和图 9.13 中的理想能带图未考虑表面态的影响。假定半导体能带隙的上半部分存在受主表面态，那么所有的受主态都位于 E_F 之下，如图 9.11（b）所示，这些表面态带负电荷，将使能带图发生变化。类似地，假定半导体带隙的下半部分存在施主表面态，则正如图 9.13（b）所示

的情况一样，所有的施主状态都带正电荷；带有正电荷的表面态也将改变能带图。因此，对于 $\phi_m < \phi_s$ 的金属与 n 型半导体接触和 $\phi_m > \phi_s$ 的金属与 p 型半导体接触，我们无法形成良好的欧姆接触。

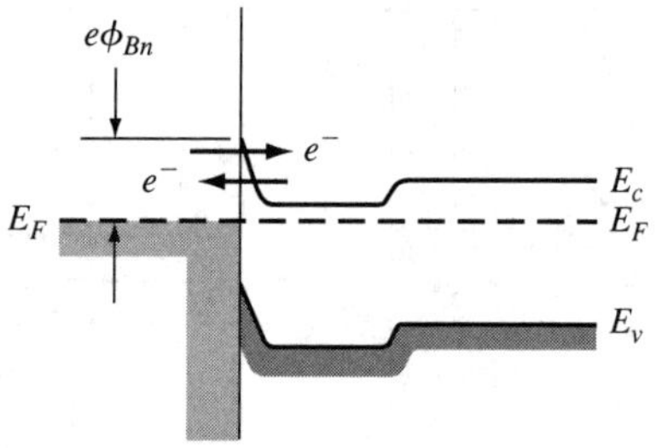

图 9.14　金属与重掺杂半导体结的能带图

9.2.2　隧道效应

金属-半导体接触的空间电荷宽度与半导体掺杂浓度的平方根成反比，耗尽层宽度随着半导体掺杂浓度的增加而减小；因此，随着掺杂浓度的增加，隧道效应会增强。图 9.14 所示为金属与重掺杂外延层接触的一个结。

例 9.7　计算重掺杂半导体上的肖特基势垒的空间电荷宽度。

以 $T = 300$ K、$N_d = 7 \times 10^{18}$ cm^{-3} 的硅为例，假定肖特基势垒 $\phi_{Bn} = 0.67$ V，设 $V_{bi} \approx \phi_{B0}$。忽略势垒降低效应。

■ **解**

由式（9.7），零偏压时有

$$x_n = \left[\frac{2\epsilon_s V_{bi}}{eN_d} \right]^{1/2} = \left[\frac{2(11.7)(8.85 \times 10^{-14})(0.67)}{(1.6 \times 10^{-19})(7 \times 10^{18})} \right]^{1/2}$$

即

$$x_n = 1.1 \times 10^{-6} \text{ cm} = 110 \text{ Å}$$

■ **说明**

在重掺杂半导体中，耗尽层厚度的数量级是埃（Å），因此隧道效应发生的可能性很大。对于这几种类型势垒宽度的结，隧道电流将成为结中的主要电流机构。

■ **自测题**

E9.7　计算一个整流金属- GaAs -半导体结的空间电荷宽度。假定 n 型掺杂浓度 $N_d = 7 \times 10^{18}$ cm^{-3}，内建电势 $V_{bi} = 0.80$ V。

答案：$x_n = 128.7$ Å。

隧道电流有如下形式：

$$J_t \propto \exp\left(\frac{-e\phi_{Bn}}{\text{E}_{oo}} \right) \tag{9.29}$$

其中

$$\text{E}_{oo} = \frac{e\hbar}{2} \sqrt{\frac{N_d}{\epsilon_s m_n^*}} \tag{9.30}$$

隧道电流随着掺杂浓度的增加而指数增大。

9.2.3　比接触电阻

欧姆接触的优势在于接触处电阻 R_c。这个参数的定义是在零偏压时电流密度对电压求导的倒数，即

$$R_c = \left(\frac{\partial J}{\partial V}\right)^{-1}\Bigg|_{V=0} \qquad \Omega\cdot cm^2 \qquad\qquad (9.31)$$

我们希望欧姆接触的电阻 R_c 越小越好。

对于由较低半导体掺杂浓度形成的整流接触来说，电流-电压关系由式(9.23)给出如下：

$$J_n = A^*T^2 \exp\left(\frac{-e\phi_{Bn}}{kT}\right)\left[\exp\left(\frac{eV}{kT}\right) - 1\right]$$

结中的热发射电流起主要作用。这种情况下的单位接触电阻为

$$R_c = \frac{\left(\dfrac{kT}{e}\right)\exp\left(\dfrac{+e\phi_{Bn}}{kT}\right)}{A^*T^2} \qquad\qquad (9.32)$$

单位接触电阻随着势垒高度的下降迅速减小。

对于具有高掺杂浓度的金属–半导体结来说，隧道效应起主要作用。由式(9.29)和式(9.30)可得单位接触电阻为

$$R_c \propto \exp\left(\frac{+2\sqrt{\epsilon_s m_n^*}}{\hbar}\cdot\frac{\phi_{Bn}}{\sqrt{N_d}}\right) \qquad\qquad (9.33)$$

表明单位接触电阻是强烈依赖于半导体掺杂浓度的函数。

图 9.15 是 R_c 随半导体掺杂浓度变化的一系列理论值。当掺杂浓度约大于 10^{19} cm^{-3} 时，隧道效应占主导地位，R_c 随 N_d 呈指数规律变化；当掺杂浓度较低时，R_c 值由势垒高度决定，与掺杂浓度基本无关。图中还绘出了硅化铂–硅结与铝–硅结的实验数值。

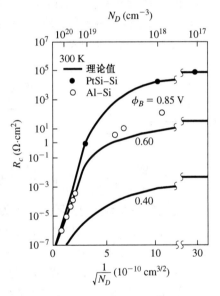

图 9.15　接触电阻与掺杂浓度
的理论值与实验值

式(9.33)是隧道结的接触电阻，它和图 9.14 中的金属与 n$^+$ 型半导体接触的情况相符。同样，由于伴随着 n$^+$n 结存在一个势垒，所以 n$^+$n 结也存在单位接触电阻。对于 n 区适度低掺杂，这个接触电阻将决定结的总阻值的大小。

形成欧姆接触这一理论很简单。形成一个良好的欧姆接触，我们需要生成一个低势垒，并且在半导体表面重掺杂。然而，局限于实际的制造工艺水平，欧姆接触在生产中的实现没有理论上那样容易，在能带较宽的金属上实现良好的欧姆接触将更加困难。通常，在这些金属上低势垒难以形成，所以表面重掺杂的半导体必须利用隧道效应的原理形成欧姆接触。隧道结的形成要通过扩散、离子注入或者生长一层外延层实现。半导体表面的掺杂浓度受限于杂质的固溶度，对于 n 型 GaAs 来说，杂质固溶度约为 5×10^{19} cm^{-3}。表面掺杂浓度的不均匀也会使欧姆单位接触电阻难以达到理论值。在实践中形成良好的欧姆接触之前，仍需大量的实践经验。

9.3　异质结

之前的章节对 pn 结的讨论中，我们假设半导体材料在整个结构中都是均匀的，这种类型的结被称为同质结。当两种不同的半导体材料组成一个结时，这种结称为半导体异质结。

　　这一节的主要目的是介绍异质结的基本概念。对异质结构的具体分析，如其量子学原理和详细的计算则不在本章的讨论范围之内。关于异质结的讨论只局限于对基本概念的介绍。

9.3.1　形成异质结的材料

　　由于组成异质结的两种材料具有不同的禁带宽度，因此在结表面的能带是不连续的。我们将半导体由一个窄禁带宽度材料突变到宽禁带宽度材料形成的结称为突变结。另一方面，例如存在一个 GaAs-Al$_x$Ga$_{1-x}$As 系统，x 值相距几纳米连续变化形成一个缓变结。改变 Al$_x$Ga$_{1-x}$As 系统中的 x 值，可以改变禁带宽度能量。

　　为了形成一个有用的异质结，两种材料的晶格常数必须匹配。由于晶格的不匹配会引起表面断层并最终导致表面态的产生，所以晶格的匹配非常重要。例如，锗与砷化镓的晶格常数的匹配约为 0.13%，所以对锗与砷化镓异质结的研究非常广泛。最近对砷化镓 – 铝镓砷（即 GaAs-AlGaAs）结的研究十分热门，因为 GaAs 与 AlGaAs 系统的晶格常数的差异不足 0.14%。

9.3.2　能带图

　　由窄带隙材料和宽带隙材料构成的异质结中，带隙能量的一致性在决定结的特性中起重要作用。图 9.16 是三种可能的情况。图 9.16(a) 显示了宽带隙材料的禁带与窄带隙材料的能带完全交叠的现象，这种现象称为跨骑，存在于大多数异质结中。这里我们只讨论这种情况。其他情况称为交错和错层，分别表示于图 9.16(b) 和图 9.16(c) 中。

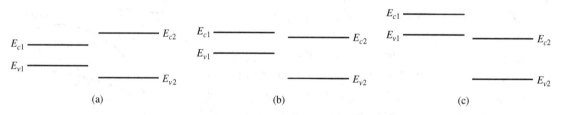

图 9.16　窄带隙和宽带隙能量的关系。(a) 跨骑；(b) 交错；(c) 错层

　　存在四种基本类型的异质结。掺杂类型变化的结构称为反型异质结。我们可以制成 nP 结或 Np 结，其中大写字母表示较宽带隙的材料。具有相同掺杂类型的异质结称为同型异质结，可以制成 nN 和 pP 同型异质结。

　　图 9.17 所示为分离的 n 型和 P 型材料的能带图，以真空能级为参考能级。宽带隙材料的电子亲和能比窄带隙材料的电子亲和能要低，两种材料的导带能量差以 ΔE_c 表示，两种材料的价带能量差以 ΔE_v 表示。由图 9.17 可知

$$\Delta E_c = e(\chi_n - \chi_P) \tag{9.34a}$$

和

$$\Delta E_c + \Delta E_v = E_{gP} - E_{gn} = \Delta E_g \tag{9.34b}$$

在理想突变异质结中用非简并掺杂半导体，真空能带与两个导带能级和价带能级平行。如果真空能级是连续的，那么存在于异质结表面的相同 ΔE_c 和 ΔE_v 是不连续的。理想情况符合电子亲和准则。对于这个准则的适用性，仍存在一些分歧，但是它使异质结的研究工作有了一个好的起点。

　　图 9.18 显示了一个热平衡状态下的典型理想 nP 异质结。为了使两种材料形成统一的费米能级，窄带隙材料中的电子和宽带隙材料中的空穴必须越过结接触势垒。和同质结一样，这种电

荷的穿越会在冶金结的附近形成空间电荷区。空间电荷区在 n 型区一侧的宽度用 x_n 表示，在 p 型区一侧的宽度用 x_P 表示。导带与价带中的不连续性与真空能级上的电荷表示在图中。

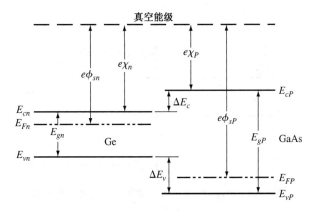

图 9.17　窄带隙材料和宽带隙材料在接触前的能带图

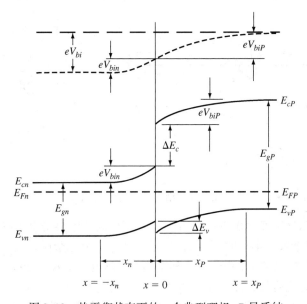

图 9.18　热平衡状态下的一个典型理想 nP 异质结

9.3.3　二维电子气

在研究异质结的静电学特性之前，我们先讨论一下同型结特有的一个特性。图 9.19 显示了热平衡状态下一个 nN GaAs-AlGaAs 异质结的能带图。AlGaAs 可以适度地重掺杂为 n 型，而 GaAs 则应轻掺杂或者处于本征态。正如前面提到的，为了达到热平衡，电子从宽带隙材料 Al-GaAs 流向 GaAs，在临近表面的势阱处形成电子的堆积。我们先前发现的一个基本的量子力学观点是，电子在势阱中的能量是量子化的。二维电子气是指这样一种情况，即电子在一个空间方向上（与界面垂直的方向）有量子化的能级，同时也可以向其他两个空间方向自由移动。

表面附近的势函数可以近似为三角形的势阱。图 9.20(a)显示了导带边缘靠近突变结表面处的能带，图 9.20(b)显示了三角形势阱的近似形状。可得

$$V(x) = eEz, \qquad z > 0 \tag{9.35a}$$

$$V(z) = \infty, \qquad z < 0 \qquad\qquad (9.35b)$$

用这个势函数可以求解薛定谔波动方程。图 9.20(b)中显示了量子化的能级。通常不考虑高能级部分。

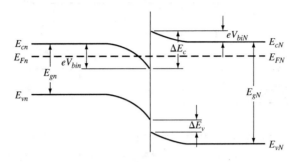

图 9.19　nN 异质结在热平衡状态下的理想能带图

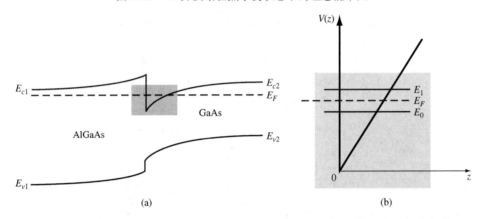

图 9.20　(a) N-AlGaAs，n-GaAs 异质结的导带边缘图；(b) 电子能量的三角形势阱

　　势阱中电子的定态分布表示在图 9.21 中。平行于表面的电流是电子浓度和电子迁移率的函数。由于 GaAs 为轻掺杂或是本征的，则二维电子气处于一个低杂质浓度区，因此杂质散射效应达到最小程度。在同样的区域中，电子的迁移率远大于已电离空穴的迁移率。

　　电子平行于表面的运动受到 AlGaAs 中电离杂质的库仑引力的影响，采用 AlGaAs-GaAs 异质结时这种作用将大大减弱。在 $Al_xGa_{1-x}As$ 这一层中，摩尔分数 x 随距离而变化。在这种情况下，我们可以将逐渐变化的本征 AlGaAs 层夹在 N 型的 AlGaAs 和 GaAs 之间。图 9.22 显示了热平衡状态下 AlGaAs-GaAs 异质结的导带边缘。势阱中的电子远离已电离的杂质，因此电子迁移率较突变的异质结中的迁移率会有很大的提高。

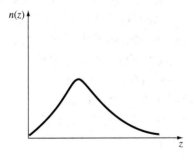

图 9.21　三角形势阱的电子密度

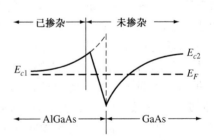

图 9.22　缓变结的导带边缘

*9.3.4 静电平衡态

我们现在来讨论 nP 异质结的静电性能,如图 9.18 所示。正如同质结中的情形一样,在空间电荷区中 n 型区和 P 型区一侧存在电势差,这些电势差相当于结两边的内建电势差。在图 9.18所示的理想情况下,内建电势差被定义为真空能级两端的电势差,内建电势差是所有空间电荷区电势差的总和。异质结内建电势差不等于结两端的导带能量差或价带能量差。

理想情况下,总内建电势差可以表示成功函数的差,即

$$V_{bi} = \phi_{sP} - \phi_{sn} \tag{9.36}$$

由图 9.17,式(9.36)可以写为

$$eV_{bi} = [e\chi_P + E_{gP} - (E_{FP} - E_{vP})] - [e\chi_n + E_{gn} - (E_{Fn} - E_{vn})] \tag{9.37a}$$

即

$$eV_{bi} = e(\chi_P - \chi_n) + (E_{gP} - E_{gn}) + (E_{Fn} - E_{vn}) - (E_{FP} - E_{vP}) \tag{9.37b}$$

它可进一步写为

$$eV_{bi} = -\Delta E_c + \Delta E_g + kT \ln\left(\frac{N_{vn}}{p_{no}}\right) - kT \ln\left(\frac{N_{vP}}{p_{po}}\right) \tag{9.38}$$

最后,式(9.38)可表示为

$$eV_{bi} = \Delta E_v + kT \ln\left(\frac{p_{po}}{p_{no}} \cdot \frac{N_{vn}}{N_{vP}}\right) \tag{9.39}$$

其中 p_{po} 和 p_{no} 分别是 P 型和 N 型材料的空穴浓度,而 N_{vn} 和 N_{vP} 分别是 n 型和 P 型材料的有效状态密度。我们还可得内建电势差转换成导带形式的表达式:

$$eV_{bi} = -\Delta E_c + kT \ln\left(\frac{n_{no}}{n_{po}} \cdot \frac{N_{cP}}{N_{cn}}\right) \tag{9.40}$$

例9.8 用电子亲和规则计算一个 n 型 Ge 与 P 型 GaAs 形成的异质结的 ΔE_c、ΔE_v 和 V_{bi} 的值。

以掺杂浓度为 $N_d = 10^{16} \text{ cm}^{-3}$ 的 n 型 Ge 和掺杂浓度为 $N_a = 10^{16} \text{ cm}^{-3}$ 的 P 型 GaAs 为例。令 $T = 300 \text{ K}$,则 Ge 的 $n_i = 2.4 \times 10^{13} \text{ cm}^{-3}$。

■ **解**

由式(9.34a)可得

$$\Delta E_c = e(\chi_n - \chi_P) = e(4.13 - 4.07) = 0.06 \text{ eV}$$

由式(9.34b)可得

$$\Delta E_v = \Delta E_g - \Delta E_c = (1.43 - 0.67) - 0.06 = 0.70 \text{ eV}$$

用式(9.39)求 V_{bi} 时,需要先计算出 p_{no} 值:

$$p_{no} = \frac{n_i^2}{N_d} = \frac{(2.4 \times 10^{13})^2}{10^{16}} = 5.76 \times 10^{10} \text{ cm}^{-3}$$

则

$$eV_{bi} = 0.70 + (0.0259) \ln\left[\frac{(10^{16})(6 \times 10^{18})}{(5.76 \times 10^{10})(7 \times 10^{18})}\right]$$

最后

$$V_{bi} \approx 1.0 \text{ V}$$

■ **说明**

ΔE_c 和 ΔE_v 的值是不对称的,这会导致电子和空穴的势垒不同。这种不对称性在同质结中不存在。

■ **自测题**

E9.8 假设为一个 n 型 Ge 与 P 型 GaAs 异质结，重做例 9.8。Ge 的掺杂浓度 $N_d = 10^{15}$ cm^{-3}，GaAs 的掺杂浓度 $N_a = 10^{15}$ cm^{-3}。令 $T = 300$ K。

答案：$V_{bi} = 0.889$ V。

如同用泊松方程求同质结中的电场强度以及电势一样，我们也可以用它求出异质结中的电场强度以及电势。对于两边均匀掺杂的异质结，在 n 区有

$$E_n = \frac{eN_{dn}}{\epsilon_n}(x_n + x) \qquad (-x_n \leq x < 0) \tag{9.41a}$$

在 P 区有

$$E_P = \frac{eN_{aP}}{\epsilon_P}(x_P - x) \qquad (0 < x \leq x_P) \tag{9.41b}$$

其中 ϵ_n 和 ϵ_P 分别是 n 区和 P 区的介电常数。由上式可知在 $x = -x_n$ 时 $E_n = 0$，$x = x_P$ 时 $E_P = 0$。结中的电流密度 D 是连续的，所以有

$$\epsilon_n E_n(x = 0) = \epsilon_P E_P(x = 0) \tag{9.42a}$$

从而有

$$N_{dn}x_n = N_{aP}x_P \tag{9.42b}$$

式(9.42b)指出 P 区的净负电荷量等于 n 区的净正电荷量，这与 pn 同质结中的情况一样。我们忽略掉异质结中存在的表面态影响。

对电场强度在空间电荷区积分，可分别得到电势在两个区域的表达式：

$$V_{bin} = \frac{eN_{dn}x_n^2}{2\epsilon_n} \tag{9.43a}$$

和

$$V_{biP} = \frac{eN_{aP}x_P^2}{2\epsilon_P} \tag{9.43b}$$

式(9.42b)可以写成

$$\frac{x_n}{x_P} = \frac{N_{aP}}{N_{dn}} \tag{9.44}$$

则内建电势差值可以由下式决定：

$$\frac{V_{bin}}{V_{biP}} = \frac{\epsilon_P}{\epsilon_n} \cdot \frac{N_{dn}}{N_{aP}} \cdot \frac{x_n^2}{x_P^2} = \frac{\epsilon_P N_{aP}}{\epsilon_n N_{dn}} \tag{9.45}$$

假定 ϵ_n 和 ϵ_P 具有同样的数量级，则势垒较大的穿过低掺杂区。

总内建电势差是

$$V_{bi} = V_{bin} + V_{biP} = \frac{eN_{dn}x_n^2}{2\epsilon_n} + \frac{eN_{aP}x_P^2}{2\epsilon_P} \tag{9.46}$$

例如，计算 x_P。将式(9.42b)代入式(9.46)得

$$x_n = \left[\frac{2\epsilon_n\epsilon_P N_{aP} V_{bi}}{eN_{dn}(\epsilon_n N_{dn} + \epsilon_P N_{aP})}\right]^{1/2} \tag{9.47a}$$

同样有

$$x_P = \left[\frac{2\epsilon_n\epsilon_P N_{dn} V_{bi}}{eN_{aP}(\epsilon_n N_{dn} + \epsilon_P N_{aP})}\right]^{1/2} \tag{9.47b}$$

总耗尽层宽度为

$$W = x_n + x_P = \left[\frac{2\epsilon_n \epsilon_P (N_{dn} + N_{aP})^2 V_{bi}}{e N_{dn} N_{aP}(\epsilon_n N_{dn} + \epsilon_P N_{aP})} \right]^{1/2} \tag{9.48}$$

如果给异质结加反偏电压，将 V_{bi} 用 $V_{bi} + V_R$ 代替，则这些公式仍然适用。类似地，如果加一正偏电压，将 V_{bi} 用 $V_{bi} - V_a$ 代替，则这些公式也仍然适用。和前面定义的一样，V_R 是反偏电压值，V_a 是正偏电压值。

如同在同质结中的情况，耗尽层宽度随着结电压及结电容的变化而变化。对于 nP 结，我们发现

$$C_j' = \left[\frac{e N_{dn} N_{aP} \epsilon_n \epsilon_P}{2(\epsilon_n N_{dn} + \epsilon_P N_{aP})(V_{bi} + V_R)} \right]^{1/2} \qquad (\text{F/cm}^2) \tag{9.49}$$

$(1/C_j')^2$ 随 V_R 变化的曲线是一条直线。在这条线上，当 $(1/C_j')^2 = 0$ 时，可以求出内建电势差值 V_{bi}。

图 9.18 显示了 nP 突变异质结理想情况下的能带图。实验得出的 ΔE_c 和 ΔE_v 的值与用电子亲和规则得出的理想值不同。这种情况的一个可能的解释是：在异质结中存在表面态。如果假定静电势在整个结中是连续的，那么由于表面电荷受限于表面态，则异质结中的电流密度是不连续的。表面态将像改变金属—半导体结的能带图那样改变半导体异质结的能带图。与理想情况不同的另一个可能的解释是：由于是两种材料形成异质结，每一种材料的电子轨道与其他的相互作用，导致在表面处形成一个几埃的过渡区，能带隙通过这个过渡区变成连续的，对于两种材料都不存在差异。于是，对于跨骑类型的异质结，虽然 ΔE_c 和 ΔE_v 的值与考虑电子亲和规则得到的理论值有所不同，仍有如下关系成立：

$$\Delta E_c + \Delta E_v = \Delta E_g \tag{9.50}$$

我们可以考虑其他类型异质结的能带图的一般特性。图 9.23 显示了一个 Np 异质结的能带图，虽然在 nP 结与 Np 结中导带的一般形状不同，但同样存在着 ΔE_c 和 ΔE_v 的不连续现象。两个结的能带图的不同将影响到电流–电压特性曲线。

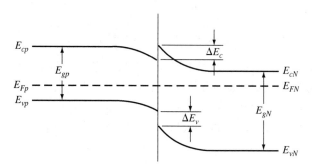

图 9.23　Np 异质结在热平衡时的能带图

另外两种异质结是 nN 和 pP 同型异质结。nN 结的能带图如图 9.19 所示。为了达到热平衡，电子从宽带隙材料流入窄带隙材料。宽带隙材料中有一个正的空间电荷区，在窄带隙材料表面存在电子的堆积层。由于导带中存在大量允许的能量状态，我们希望窄带隙材料中的空间电荷宽度 x_n 和内建电势差 V_{bin} 越小越好。pP 型异质结达到热平衡时的能带图如图 9.24 所示。为了达到热平衡，空穴从宽带隙材料流向窄带隙材料，在窄带隙材料表面形成一个空穴的堆积层。这几种掺杂同型异质结在材料同质结中不存在。

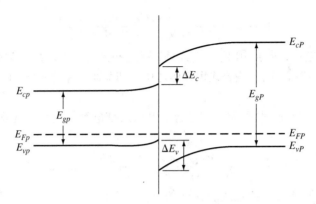

图 9.24　pP 异质结在热平衡时的能带图

*9.3.5　电流-电压特性

在第 8 章中，我们讨论了 pn 同质结的理想电流-电压特性。由于异质结的能带图较同质结复杂得多，所以两种结的电流-电压特性曲线也会不同。

同质结与异质结一个明显的差别就是可以看出电子和空穴势垒高度的不同，同质结中电子和空穴的内建电势差是相同的，电子电流和空穴电流的相对数量级由相对杂质能级决定。在异质结中，电子和空穴的势垒高度不同。图 9.18 和图 9.23 中的能带图表明异质结中的电子和空穴的势垒高度有明显的不同，图 9.18 中电子的势垒高度比空穴的势垒高度要高，因此我们推断由空穴形成的电流比由电子形成的电流要明显。如果电子的势垒高度比空穴的势垒高度高 0.2 eV，则在其他参数相同的情况下，电子电流要比空穴电流小 4 个数量级。图 9.23 中所示的情况与此刚好相反。

图 9.23 中的导带边缘与图 9.18 中的价带边缘的情况，与整流金属-半导体接触有些类似。如同讨论金属-半导体结那样，通常我们以载流子通过势垒形成的热电子发射为基础，得出异质结的电流-电压特性，即

$$J = A^* T^2 \exp\left(\frac{-E_w}{kT}\right) \tag{9.51}$$

其中 E_w 是有效势垒高度。像 pn 同质结和肖特基势垒结一样，在结两端加上电压可以使势垒值增大或减小。考虑掺杂效应和隧道效应的情况下，异质结的电流-电压特性应予以改进。另一个应考虑的因素是当载流子从结的一边到达另一边时，有效质量将发生变化。虽然异质结实际的电流-电压关系非常复杂，但是电流-电压公式的一般形式与肖特基势垒二极管很相近，由一种载流子决定。

9.4　小结

- 轻掺杂半导体上的金属可以与半导体形成整流接触，这种接触称为肖特基势垒二极管。金属与半导体间的理想势垒高度会因金属功函数和半导体电子亲和能的不同而不同。

- 当在 n 型半导体-金属形成的异质结上对 n 型半导体施加正向电压时，金属和半导体之间的势垒高度增加，无电荷流动；相反，对金属施加正压时，势垒高度降低，电子从半导体进入金属，这个过程称为热电子发射。

- 肖特基势垒二极管的理想电流-电压关系与 pn 结二极管相同。但是，由于导电机制不同，肖特基二极管的开关速率比 pn 结二极管更快。此外，肖特基二极管的方向饱和电流比 pn 结二极管更大，要和 pn 结二极管达到相同的电流，肖特基二极管要求的正向电压更小。

- 金属-半导体结也能形成欧姆接触，这种接触的电阻很低，使得结两边导通时结上的压降很小。
- 两种不同能带隙的半导体材料可以形成半导体异质结。异质结一个有用的特性就是能在表面形成势阱。在与表面垂直的方向上，电子的活动会受到势阱的限制，但电子在其他两个方向上可以自由流动。

重要术语解释

- anisotype junction(反型异质结)：掺杂剂在冶金结处变化的异质结。
- electron affinity rule(电子亲和规则)：这个规则是指，在一个理想的异质结中，导带处的不连续性是由于两种半导体材料的电子亲和能不同引起的。
- heterojunction(异质结)：两种不同的半导体材料接触形成的结。
- image force-induced lowering(镜像力降低效应)：由于电场引起的金属-半导体接触处势垒峰值降低的现象。
- isotype junction(同型异质结)：掺杂剂在冶金结处不变的异质结。
- ohmic contact(欧姆接触)：金属半导体接触电阻很低，且在结两边都能形成电流的接触。
- Richardson constant(理查森常数)：肖特基二极管的电流-电压关系中的一个参数 A^*。
- Schottky barrier height(肖特基势垒高度)：金属-半导体结中从金属到半导体的势垒 ϕ_{Bn}。
- Schottky effect(肖特基效应)：镜像力降低效应的另一种形式。
- specific contact resistance(比接触电阻)：金属半导体接触的 J-V 曲线在 $V = 0$ 时的斜率的倒数。
- thermionic emission(热电子发射效应)：载流子具有足够的热能时，电荷流过势垒的过程。
- tunneling barrier(隧道势垒)：一个薄势垒，在薄势垒中，起主要作用的电流是隧道电流。
- two-dimensional electron gas[二维电子气(2-DEG)]：电子堆积在异质结表面的势阱中，但可以沿着其他两个方向自由流动。

知识点

学完本章后，读者应具备如下能力：

- 能大致画出肖特基势垒二极管在零偏、反偏及正偏时的能带图。
- 描述肖特基势垒二极管正偏时的电荷流动情况。
- 解释肖特基势垒降低现象及这种现象对肖特基势垒二极管反向饱和电流的影响。
- 解释表面态对肖特基势垒二极管的影响。
- 说出肖特基势垒二极管反向饱和电流比 pn 结二极管反向饱和电流大的一个应用。
- 解释欧姆接触。
- 绘出 nN 异质结的能带图。
- 解释二维电子气的含义。

复习题

1. 理想的肖特基势垒高度是什么？在能带图上表示。
2. 用能带图表示肖特基势垒降低效应。
3. 正偏的肖特基势垒二极管的电荷流动机制是什么？

4. 比较肖特基势垒二极管和 pn 结二极管的正偏条件下的电流-电压特性。

5. 解释肖特基势垒二极管和 pn 结二极管开关特性不同的原因。

6. 大致绘出金属-半导体结在 $\phi_m < \phi_s$ 时的能带图，并解释为什么这是一个欧姆接触？

7. 画出隧穿结的能带示意图，并解释为什么这是一个欧姆接触？

8. 什么是异质结？

9. 什么是二维电子气？

习题

注意：在下面的习题中，若没有其他规定，则假定肖特基二极管中硅的 $A^* = 120\ \text{A/K}^2 \cdot \text{cm}^2$，砷化镓的 $A^* = 1.12\ \text{A/K}^2 \cdot \text{cm}^2$。

9.1 肖特基势垒二极管

9.1 考虑 Al 和 Si 接触，$N_d = 10^{16}\ \text{cm}^{-3}$，$T = 300\ \text{K}$。(a)画出它们接触之前的能带图；(b)画出它们接触时零偏压下的能带图；(c)估算 ϕ_{B0}，$E_{\max}$ 和 x_d 的值；(d)对图 9.5 重做(b)和(c)。

9.2 一个肖特基势垒二极管的衬底材料为掺杂浓度 $N_d = 5 \times 10^{15}\ \text{cm}^{-3}$ 的 n 型硅，它的势垒高度 $\phi_{B0} = 0.65\ \text{V}$。(a)求内建电势差 V_{bi}；(b) 当 $N_d = 10^{16}\ \text{cm}^{-3}$，求 ϕ_{B0} 和 V_{bi}。这两个值是增大还是减小？(c)当 $N_d = 10^{15}\ \text{cm}^{-3}$ 时，重新计算(b)。

9.3 考虑金与 n 型硅形成理想异质结，掺杂浓度为 $N_d = 10^{16}\ \text{cm}^{-3}$，$T = 300\ \text{K}$，确定 $V_R = 1\ \text{V}$、$5\ \text{V}$ 时的(a)ϕ_{B0}；(b)V_{bi}；(c)x_n 和 $|E_{\max}|$。

9.4 金和 n 型 GaAs 形成肖特基二极管，$N_d = 5 \times 10^{15}\ \text{cm}^{-3}$，$T = 300\ \text{K}$，确定 $V_R = 1\ \text{V}$、$5\ \text{V}$ 时的(a)ϕ_{B0}；(b)ϕ_n；(c)V_{bi}；(d)x_n 和 $|E_{\max}|$。

9.5 当 $\phi_{Bn} = 0.88\ \text{V}$ 时，重做习题 9.4。

9.6 一个铂与掺杂浓度 $N_d = 10^{15}\ \text{cm}^{-3}$ 的硅组成的结，截面积 $A = 10^{-4}\ \text{cm}^2$。令 $T = 300\ \text{K}$。使用图 9.5 中的数据。分别计算 $V_R = 1\ \text{V}$，$5\ \text{V}$ 时的结电容，以及 $N_d = 10^{16}\ \text{cm}^{-3}$ 时的结电容。

9.7 肖特基二极管中 $T = 300\ \text{K}$ 时的 $(1/C')^2$-V_R 曲线如图 P9.7 所示，其中 C' 是电位面积的电容。计算 V_{bi}，N_d，ϕ_n 和 ϕ_{B0} 的值。

9.8 考虑钨与掺杂浓度 $N_d = 5 \times 10^{15}\ \text{cm}^{-3}$ 的 n 型硅形成的肖特基二极管，$T = 300\ \text{K}$，使用图 9.5 中的数据确定势垒高度。试求 (i)$V_R = 1\ \text{V}$ 和 (ii)$V_R = 5\ \text{V}$ 时(a)V_{bi}，x_n 和 $|E_{\max}|$ 的值；(b)利用(a)求得的 $|E_{\max}|$ 计算 $\Delta\phi$ 和 x_m。

9.9 由式(9.12)推导出式(9.14)和式(9.15)。

9.10 金与掺杂浓度为 $N_d = 10^{16}\ \text{cm}^{-3}$ 的 n 型硅接触形成肖特基二极管，$T = 300\ \text{K}$，使用图 9.5 中的数据确定势垒高度。求(a)零偏压下的 V_{bi}，x_n 以及 $|E_{\max}|$；(b)确定 $\Delta\phi$ 为势垒高度 5% 时的反偏电压。

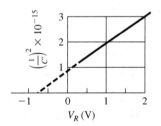

图 P9.7 习题 9.7 的图形

9.11 金与掺杂浓度为 $N_d = 10^{16}\ \text{cm}^{-3}$ 的 n 型硅接触形成肖特基势垒二极管。简要说明肖特基势垒降低现象。(a)绘出肖特基势垒降低值 $\Delta\phi$ 与反偏电压在 $0 \leqslant V_R \leqslant 50\ \text{V}$ 时的图形；(b)绘出 $J_{sT}(V_R)/J_{sT}(V_R = 0)$ 与反偏电压在 $0 \leqslant V_R \leqslant 50\ \text{V}$ 时的图形。

*9.12 肖特基二极管的能带图如图 9.6 所示。参数值如下：

$\phi_m = 5.2\ \text{V}$	$\phi_n = 0.10\ \text{V}$	$\phi_0 = 0.60\ \text{V}$
$E_g = 1.43\ \text{eV}$	$\delta = 25\ \text{Å}$	$\epsilon_i = \epsilon_0$
$\epsilon_s = (13.1)\epsilon_0$	$\chi = 4.07\ \text{V}$	$N_d = 10^{16}\ \text{cm}^{-3}$
		$D_{it} = 10^{13}\ \text{eV}^{-1} \cdot \text{cm}^{-2}$

(a)计算理想势垒高度 ϕ_{B0};(b)计算考虑表面态时的势垒高度;(c)将 ϕ_m 变为 4.5 V 时,重做(a)和(b)。

*9.13　一个肖特基势垒二极管存在表面态和界面层,参数值如下:

$$\phi_m = 4.75 \text{ V} \qquad \phi_n = 0.164 \text{ V} \qquad \phi_0 = 0.230 \text{ V}$$
$$E_g = 1.12 \text{ eV} \qquad \delta = 20 \text{ Å} \qquad \epsilon_i = \epsilon_0$$
$$\epsilon_s = (11.7)\epsilon_0 \qquad \chi = 4.01 \text{ V} \qquad N_d = 5 \times 10^{16} \text{ cm}^{-3}$$
$$\phi_{B0} = 0.60 \text{ V}$$

计算表面态密度 D_{it},结果表示成以 $\text{eV}^{-1} \cdot \text{cm}^{-2}$ 为单位的形式。

9.14　一个肖特基势垒二极管由铂和掺杂浓度 $N_d = 5 \times 10^{15} \text{ cm}^{-3}$ 的 n 型硅形成。$T = 300$ K,$\phi_{Bn} = 0.89$ V,试求 $J_n = 5$ A/cm^2 下,ϕ_n,V_{bi},J_{sT} 和 V_a 的大小(忽略势垒降低效应)。

9.15　(a)考虑钨与 n 型硅形成的肖特基二极管,$T = 300$ K,$N_d = 10^{16} \text{ cm}^{-3}$,横截面积 $A = 10^{-4} \text{ cm}^2$,利用图 9.5 确定势垒高度。计算电流为 10 μA,100 μA,1 mA 时所加的正偏电压值;(b)温度 $T = 350$ K 时,重做(a)(忽略势垒降低效应)。

9.16　考虑金与掺杂浓度为 $N_d = 10^{16} \text{ cm}^{-3}$ 的 n 型 GaAs 形成的肖特基二极管,令 $T = 300$ K。(a)利用图 9.5 计算势垒高度;(b)计算反偏电压下的饱和电流密度 J_{sT};(c)计算正偏电压为多少时,饱和电流密度为 $J_n = 10$ A/cm^2;(d)使电流值变为原来的两倍,正偏电压值应为多少(忽略势垒降低效应)?

9.17　(a)金和 n 型 GaAs 形成的肖特基二极管截面积为 10^{-4} cm^2,画出 $0 \leqslant V_D \leqslant 0.5$ V 上的电流-电压特性曲线;(b)金和 n 型硅形成的肖特基二极管呢?(c)从这样的结果中可以得到什么结论?

9.18　考虑钨与 n 型硅形成的肖特基二极管 $T = 300$ K,$N_d = 10^{16} \text{ cm}^{-3}$,$A = 10^{-4} \text{ cm}^2$,求(a)$V_R = 2$ V;(b)$V_R = 4$ V 时的反向饱和电流值(忽略势垒降低效应)。

*9.19　由电流基本公式(9.18)推导关系式(9.23)。

9.20　pn 结二极管和肖特基二极管的反向饱和电流密度分别为 10^{-11} A/cm^2 和 6×10^{-8} A/cm^2,$T = 300$ K,肖特基二极管的面积 $A = 10^{-4} \text{ cm}^2$,两管的电流都是 0.80 mA。它们的正向电压差为 0.285 V,求 (a)施加在两管上的电压分别是多少?(b)pn 结二极管的截面积。

9.21　pn 结二极管和肖特基二极管的面积 $A = 8 \times 10^{-4} \text{ cm}^2$,$T = 300$ K 时的反向饱和电流分别为 8×10^{-13} A/cm^2 和 6×10^{-9} A/cm^2,求产生以下电流所需的正向电压:(a)150 μA;(b)700 μA;(c)1.2 mA。

9.22　(a)习题 9.21 中的两个管子串联连接,由 0.8 mA 的电流驱动,求每个管子的电流和电压;(b)假设它们并联,重做(a)。

9.23　一个肖特基二极管和一个 pn 结二极管的接触面积 $A = 7 \times 10^{-4} \text{ cm}^2$。$T = 300$ K 时,肖特基二极管和 pn 结二极管的反向饱和电流密度分别为 4×10^{-8} A/cm^2 和 3×10^{-12} A/cm^2。两个二极管都需要产生 0.8 mA 的电流。(a)计算各个二极管需要加的正偏电压值;(b)假设将步骤(a)中得出的电压值加在各个二极管上,计算 $T = 400$ K 时各个二极管产生的电流值(考虑温度对反向饱和电流的影响)。假定 pn 结二极管的 $E_g = 1.12$ eV,肖特基二极管的 $\phi_{B0} = 0.82$ V。

9.24　比较肖特基势垒二极管和电流-电压特性曲线。使用例 9.5 中的结果,并假定二极管的面积为 $A = 5 \times 10^{-4} \text{ cm}^2$。绘出电流值在 $0 \leqslant I_D \leqslant 10$ mA 时的电流-电压特性曲线。

9.2　金属-半导体的欧姆接触

9.25　欧姆接触的接触电阻 $R_c = 10^{-4} \ \Omega \cdot \text{cm}^2$。求下列接触面积下的结电阻阻值(a)$10^{-3} \text{ cm}^2$;(b)$10^{-4} \text{ cm}^2$;(c)$10^{-5} \text{ cm}^2$。

9.26　(a)欧姆接触的接触电阻 $R_c = 5 \times 10^{-5} \ \Omega \cdot \text{cm}^2$,接触面积为 10^{-5} cm^2。求结电流为(i)$I = 1$ mA 和(ii)$I = 100$ μA 时的结电压;(b)接触面积为 10^{-6} cm^2 时,重做(a)。

9.27 理论上讲，金属与硅之间形成低势垒高度的欧姆接触是可以实现的。考虑单位接触电阻，令 $T = 300$ K，(a)产生 $R_c = 5 \times 10^{-5}$ $\Omega \cdot cm^2$ 的欧姆接触需要的 ϕ_{Bn}；(b) $R_c = 5 \times 10^{-6}$ $\Omega \cdot cm^2$ 时，重做(a)。

9.28 功函数 ϕ_m 为 4.2 V 的金属淀积在 n 型硅上，其中 $E_g = 1.12$ eV，$\chi_s = 4.0$ V，令 $T = 300$ K。(a)画出结中没有空间电荷区时的零偏压下的能带图；(b)满足(a)条件的掺杂浓度 N_d 是多少？(c)电子能够从金属转移到半导体中的势垒高度是多少？

9.29 考虑图 P9.29 所示的硅肖特基结零偏时的能带图，令 $\phi_{B0} = 0.7$ V，$T = 300$ K。试求掺杂浓度，使得 $x_d = 50$ Å 处的位于峰值下的电势值为 $\phi_{B0}/2$（忽略势垒降低效应）。

9.30 功函数为 4.3 eV 的金属和亲和能为 4.0 eV 的 p 型硅形成金属-半导体结，硅中的受主浓度为 $N_a = 5 \times 10^{16}$ cm^{-3}，$T = 300$ K。(a)画出热平衡条件下的能带图；(b)试确定势垒高度；(c)画出施加反偏电压 $V_R = 3$ V 时的能带图；(d)画出施加正偏电压 $V_a = 0.25$ V 时的能带图。

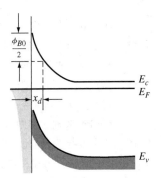

9.31 (a)功函数为 4.65 eV 的金属与电子亲和能为 4.13 eV 的 Ge 形成一个金属-半导体结，Ge 中的掺杂浓度为 $N_d = 6 \times 10^{13}$ cm^{-3}，$N_a = 3 \times 10^{13}$ cm^{-3}，假定 $T = 300$ K。大致绘出

图 P9.29　习题 9.29 的示意图

零偏时的能带图并确定肖特基势垒高度；(b)金属的功函数为 4.35 eV 时，重复步骤(a)。

9.3 异质结

9.32 大致绘出 $Al_{0.3}Ga_{0.7}As$-GaAs 突变异质结在下列情况下的能带图。(a)N^+-AlGaAs 与本征 GaAs；(b)N^+-AlGaAs 与 p-GaAs；(c)P^+-AlGaAs 与 n^+-GaAs。假定 $Al_{0.3}Ga_{0.7}As$ 的 $E_g = 1.85$ eV，设 $\Delta E_c = \dfrac{2}{3} \Delta E_g$。

9.33 遵守理想电子亲和规则时，重做习题 9.32 中的问题，并计算 ΔE_c 和 ΔE_v。

*9.34 由泊松方程推导出突变结的公式(9.48)。

综合题

*9.35 (a)推导肖特基二极管中 dV_a/dT 作为电流密度的函数的表达式，忽略少数载流子电流；(b)比较 GaAs 肖特基二极管和 Si 肖特基二极管的 dV_a/dT；(c)比较 Si 肖特基二极管和 Si pn 结二极管的 dV_a/dT。

9.36 测得两个肖特基二极管在相同区域内的 $(1/C_j)^2$ 随 V_R 变化的数据，其中一个二极管由 1 $\Omega \cdot cm$ 的 Si 制造，另一个二极管由 5 $\Omega \cdot cm$ 的 Si 制造。二极管 A 的曲线与电压轴的交点为 $V_R = -0.5$ V，二极管 B 的曲线与电压轴的交点为 $V_R = -1.0$ V，二极管 A 的曲线斜率为 $1.5 \times 10^{18} (F^2 \cdot V)^{-1}$，二极管 B 的曲线斜率为 $1.5 \times 10^{17} (F^2 \cdot V)^{-1}$。哪个二极管具有较高的金属功函数？哪个二极管具有较低的硅电阻系数？

*9.37 肖特基势垒二极管和欧姆接触都可以通过将一种特定的金属淀积在硅集成电路上实现。金属的功函数是 4.5 V。假设是理想的金属-半导体接触，确定各种类型所允许的最大掺杂浓度。考虑 p 型和 n 型硅区的情况。

9.38 考虑一个 n-GaAs -p-AlGaAs 异质结，禁带宽度的偏移量分别是 $\Delta E_c = 0.3$ eV 和 $\Delta E_v = 0.15$ eV。讨论正偏时结的电子电流和空穴电流的差别。

参考文献

1. Anderson, R. L. "Experiments on Ge-GaAs Heterojunctions." *Solid-State Electronics* 5, no. 5 (September-October 1962), pp. 341-351.

2. Crowley, A. M., and S. M. Sze. "Surface States and Barrier Height of Metal-Semiconductor Systems." *Journal of Applied Physics* 36 (1965), p. 3212.

3. Hu, C. C. *Modern Semiconductor Devices for Integrated Circuits*. Upper Saddle River, NJ: Pearson Prentice Hall, 2010.

4. MacMillan, H. F., H. C. Hamaker, G. F. Virshup, and J. G. Werthen. "Multijunction Ⅲ-Ⅴ Solar Cells: Recent and Projected Results." *Twentieth IEEE Photovoltaic Specialists Conference* (1988), pp. 48-54.

5. Michaelson, H. B. "Relation between an Atomic Electronegativity Scale and the Work Function." *IBM Journal of Research and Development* 22, no. 1 (January 1978), pp. 72-80.

6. Pierret, R. F. *Semiconductor Device Fundamentals*. Reading, MA: Addison-Wesley, 1996.

7. Rideout, V. L. "A Review of the Theory, Technology and Applications of Metal-Semiconductor Rectifiers." *Thin Solid Films* 48, no. 3 (February 1, 1978), pp. 261-291.

8. Roulston, D. J. *Bipolar Semiconductor Devices*. New York: McGraw-Hill, 1990.

*9. Shur, M. *GaAs Devices and Circuits*. New York: Plenum Press, 1987.

10. _____①. *Introduction to Electronic Devices*. New York: John Wiley and Sons, 1996.

*11. _____. *Physics of Semiconductor Devices*. Englewood Cliffs, NJ: Prentice Hall, 1990.

*12. Singh, J. *Physics of Semiconductors and Their Heterostructures*. New York: McGraw-Hill, 1993.

13. _____. *Semiconductor Devices: Basic Principles*. New York: John Wiley and Sons, 2001.

14. Streetman, B. G., and S. K. Banerjee. *Solid State Electronic Devices*. 6th ed. Upper Saddle River, NJ: Pearson Prentice Hall, 2006.

15. Sze, S. M., and K. K. Ng. *Physics of Semiconductor Devices*, 3rd ed. Hoboken, NJ: John Wiley and Sons, 2007.

*16. Wang, S. *Fundamentals of Semiconductor Theory and Device Physics*. Englewood Cliffs, NJ: Prentice Hall, 1989.

*17. Wolfe, C. M., N. Holonyak, Jr., and G. E. Stillman. *Physical Properties of Semiconductors*. Englewood Cliffs, NJ: Prentice Hall, 1989.

18. Yang, E. S. *Microelectronic Devices*. New York: McGraw-Hill, 1988.

*19. Yuan, J. S. *SiGe, GaAs, and InP Heterojunction Bipolar Transistors*. New York: John Wiley and Sons, 1999.

---

① 原书如此, 疑为作者名——编者注。

第10章 金属-氧化物-半导体场效应晶体管基础

我们已介绍过单结半导体器件,包括可用于产生整流电流-电压特性并形成电子开关电流的pn同质结。晶体管和其他电路元件结合起来能够产生电流增益、电压增益和信号功能增益的多结半导体器件。晶体管的基本工作方式是在其两端施加电压时,控制另一端的电流。

金属-氧化物-半导体场效应晶体管(MOSFET)是两种主要类型的晶体管之一。本章将介绍MOSFET 的物理基础。MOSFET 广泛用于数字电路应用中,因为其尺寸小,故可在单个集成电路中制造几百万个器件。

可以制造两种互补 MOS 晶体管,即 n 沟道 MOSFET 和 p 沟道 MOSFET。在同一电路中使用这两种类型的器件时,电路设计就会变得非常多样。这些电路称为互补 MOS(CMOS)电路。

10.0 概述

本章包含以下内容:

- 研究能带关于施加到金属-氧化物-半导体结构(即 MOS 电容)的电压的表达式。
- 讨论 MOS 电容半导体中表面反型的概念。
- 定义并推导阈值电压的表达式,阈值电压是 MOSFET 的一个基本参数。
- 探讨 MOSFET 的各种物理结构,包括增强型和耗尽型器件。
- 推导 MOSFET 的理想电流-电压关系式。
- 给出 MOSFET 的小信号等效电路。该电路用于在模拟电路中将小信号电流和电压关联起来。
- 推导 MOSFET 的频率限制因素。

10.1 双端 MOS 结构

MOSFET 的核心是金属-氧化物-半导体电容,如图 10.1所示。结构中的金属可以是铝或者一些其他的金属,但应用更多的是在氧化物上面淀积的高电导率的多晶硅;然而,金属一词还是被沿用下来。图中的参数 t_{ox} 是氧化层厚度,ϵ_{ox} 是氧化层的介电常数。

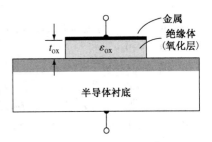

图 10.1 基本 MOS 电容结构

10.1.1 能带图

借助简单的平行板电容器可更加容易解释 MOS 结构的物理性质。图 10.2(a)所示的是一平行板电容器,相对于下极板它的上极板接有负电压。两板之间有一层绝缘材料,加上偏压之后,顶板上出现了负电荷,底板上则出现了正电荷,从而在两板之间产生电场,如图所示。图中单位面积的电容为:

$$C' = \frac{\epsilon}{d} \tag{10.1}$$

其中 ϵ 为绝缘体的介电常数，d 为两板间距。电容极板上的单位面积电荷为

$$Q' = C'V \tag{10.2}$$

式中的撇号表示单位面积的电荷和电容。电场大小为：

$$E = \frac{V}{d} \tag{10.3}$$

图 10.2(b) 所示的为一 p 型衬底的 MOS 电容。相对于半导体衬底，上面的金属栅被施加一负电压。从平行板电容器的例子我们可以看出，负电荷将出现在上面的金属板上，从而在其方向上产生了一个电场，如图所示。如果电场穿入半导体，作为多子的空穴就会被推向氧化物–半导体的表面。图 10.2(c) 所示的是加了一定的电压后 MOS 电容中的电荷平衡分布情况。其中栅氧化层–半导体结处的空穴堆积层和 MOS 电容"下极板"上的正电荷相互对应。

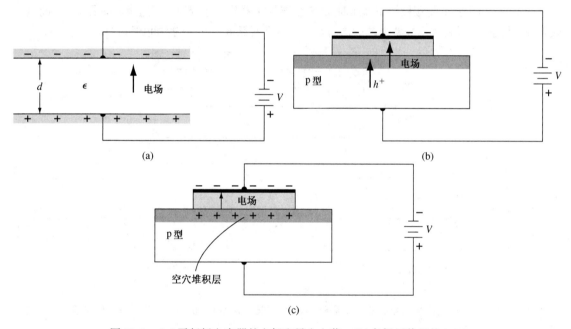

图 10.2　(a)平行板电容器的电场和导电电荷；(b)负栅压偏置的 MOS
电容器的电场和电流；(c)存在空穴堆积层的MOS电容器

图 10.3(a) 所示的是同样的电容器，只是施加的极间电压相反。这时正电荷出现在上面的金属板上，随之产生的电场的方向则与前面讨论的相反。在这种情况下，如果电场穿入半导体，作为多子的空穴就会被推离氧化物–半导体界面。空穴被推离界面，由于固定不动的被离化了的受主原子的存在，一个负的空间电荷区就形成了。在随之出现的耗尽层中的负电荷与 MOS 电容"下极板"上的负电荷是相互对应的。图 10.3(b) 说明了在这种外接电压下 MOS 电容器中电荷的平衡分布情况。

金属板施加不同电压的 p 型衬底 MOS 电容的能带图如图 10.4 所示。图 10.4(a) 所示为零偏压的理想情况下的能带图。半导体的能带是平的，这意味着半导体中没有净电荷存在。这就是所谓的平带，会在后面的章节更详细地讨论。

图 10.4(b) 表示的是在栅极加负偏压时的 MOS 系统的能带图。内部相比，氧化物–半导体界面处价带更靠近费米能级，这表明此界面处有空穴堆积。在半导体中费米能级是不变的，这是由于 MOS 系统处于热平衡状态，氧化物中没有电流通过。

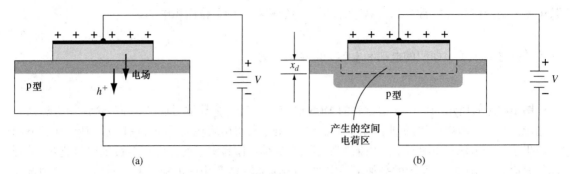

图 10.3　施加小的正偏栅压后的 MOS 电容器。(a)电场和电流；(b)随之产生的空间电荷区

　　图10.4(c)表示的是栅极加正偏压时 MOS 系统的能带图。导带和价带边缘如图所示，空间电荷区和 pn 结类似。导带和本征费米能级均向费米能级有所靠近。产生的空间电荷区的宽度为 x_d。

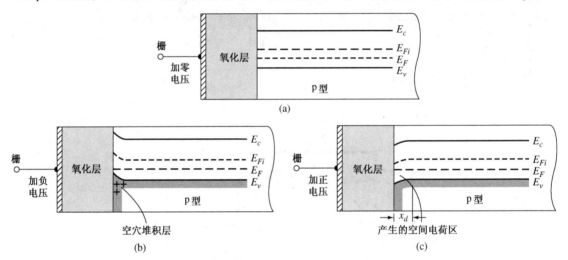

图 10.4　p 型衬底 MOS 电容器的能带图。(a)零栅压的理想情况；(b)加负栅压时的情况；(c)加小正栅压时的情况

　　现在考虑继续对 MOS 电容器的金属板施加更大的正电压的情况。我们希望产生的电场和相应的 MOS 电容器的正负电荷都有所增加。MOS 电容中更多的负电荷表明了更大的空间电荷区以及更弯曲的能带。图 10.5 说明了这种情况。表面处的本征费米能级低于费米能级；从而，导带比价带更接近费米能级。这个结果表明了与氧化物–半导体界面相邻的半导

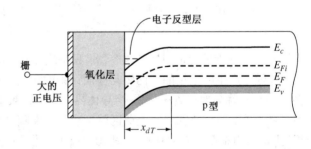

图 10.5　加大的正栅压时的 p 型衬底 MOS 电容器的能带图

体表面是 n 型的。通过施加足够大的正栅压，半导体表面已经从 p 型转化成为 n 型了。从而产生了氧化物–半导体界面处的电子反型层。

　　在我们已经述及的 MOS 电容结构中，假定的是 p 型衬底。对于 n 型衬底的 MOS 电容可以构造出同样的能带图。图 10.6(a)是对栅极材料施加正电压的 MOS 电容结构示意图。从图中可以看到电荷的分布和电场的方向。电子堆积层将出现在 n 型衬底中。在栅极加负电压时的情况如图 10.6(b)所示。这种情况下，在 n 型半导体中将产生一个正的空间电荷区。

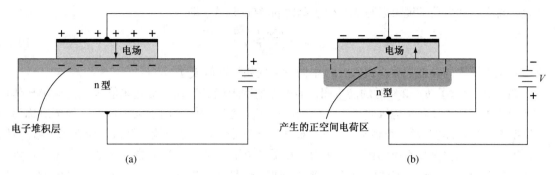

图 10.6　n 型衬底 MOS 电容器。(a) 加正栅压时的情况；(b) 加小的负栅压时的情况

n 型衬底的 MOS 电容的能带图如图 10.7 所示。图 10.7(a) 所示的情况为，栅极加正电压，形成电子堆积层，图 10.7(b) 表示了由于负栅压所产生的正的空间电荷区，图中导带和价带均向上弯曲。图 10.7(c) 表示了当更大的负电压加于栅极时的能带图。导带和价带的弯曲更显著了，本征费米能级已经移到了费米能级的上方，以至于价带比导带更接近费米能级。这个结果表明了与栅氧化层–半导体界面相邻的半导体表面是 p 型的。通过施加足够大的负栅压，半导体表面已经从 n 型转化成为 p 型了。从而产生了栅氧化层–半导体界面处的空穴反型层。

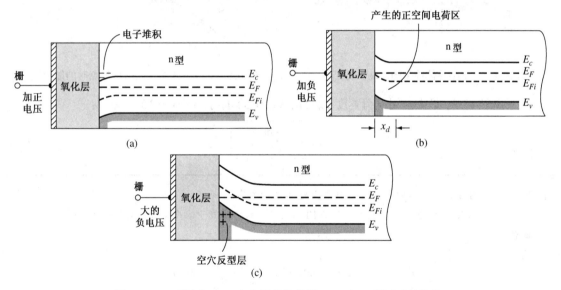

图 10.7　n 型衬底 MOS 电容器的能带图。(a) 加正栅压时的情况；
(b) 加小负栅压时的情况；(c) 加大负栅压时的情况

10.1.2　耗尽层厚度

我们可以通过计算求氧化物–半导体界面处的空间电荷区的宽度。图 10.8 为 p 型衬底半导体的空间电荷区示意图。图中的电势 ϕ_{fp} 是 E_{Fi} 和 E_F 之间的势垒高度，定义为：

$$\phi_{fp} = V_t \ln\left(\frac{N_a}{n_i}\right) \tag{10.4}$$

其中 N_a 是受主杂质浓度，n_i 是本征载流子浓度。

电势 ϕ_s 称为表面势，它是体内 E_{Fi} 与表面 E_{Fi} 之间的势垒高度。表面势是横跨空间电荷层的

势差。现在空间电荷宽度可以写成类似于单边 pn 结的形式，即

$$x_d = \left(\frac{2\epsilon_s \phi_s}{eN_a}\right)^{1/2} \qquad (10.5)$$

其中 ϵ_s 是半导体的介电常数。式(10.5)中假设突变耗尽近似成立。

图 10.9 示意了 $\phi_s = 2\phi_{fp}$ 时的能带图。表面处的费米能级远在本征费米能级之上而半导体内的费米能级则在本征费米能级之下。表面处的电子浓度等于体内的空穴浓度。这种情况称为阈值反型点，所加的电压称为阈值电压。如果栅压大于这个阈值，导带就会轻微地向费米能级弯曲，表面处导带的变化只是栅压的函数。然而，表面电子浓度是表面势的指数函数。表面势每增加数伏特(kT/e)，将使电子浓度以 10 的幂次方增加，但是空间电荷宽度的改变却是微弱的。在这种情况下，空间电荷区已经达到了最大宽度。

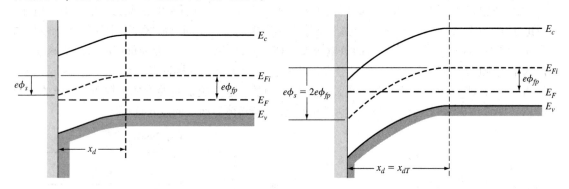

图 10.8   p 型半导体能带图，说明表面势   图 10.9   p 型半导体在阈值反型点时的能带图

在反型转变点，最大空间电荷宽度 x_{dT} 可由式(10.5)求出，设 $\phi_s = 2\phi_{fp}$，那么：

$$\boxed{x_{dT} = \left(\frac{4\epsilon_s \phi_{fp}}{eN_a}\right)^{1/2}} \qquad (10.6)$$

例 10.1   根据给定的半导体掺杂浓度计算最大空间电荷宽度。

考虑 $T = 300$ K 时的硅，掺杂浓度为 $N_a = 10^{16}$ cm^{-3}。本征载流子浓度为 $n_i = 1.5 \times 10^{10}$ cm^{-3}。

■ **解**

由式(10.4)可得：

$$\phi_{fp} = V_t \ln\left(\frac{N_a}{n_i}\right) = (0.0259)\ln\left(\frac{10^{16}}{1.5 \times 10^{10}}\right) = 0.3473 \text{ V}$$

最大空间电荷宽度为

$$x_{dT} = \left[\frac{4\epsilon_s \phi_{fp}}{eN_a}\right]^{1/2} = \left[\frac{4(11.7)(8.85 \times 10^{-14})(0.3473)}{(1.6 \times 10^{-19})(10^{16})}\right]^{1/2}$$

或者为：

$$x_{dT} \approx 0.30 \times 10^{-4} \text{ cm} = 0.30 \text{ μm}$$

■ **说明**

最大空间电荷宽度与 pn 结的空间电荷宽度是同一个数量级的。

■ **自测题**

E10.1   考虑 $T = 300$ K 时，"氧化物－p 型硅"结，硅的掺杂浓度为 $N_a = 2 \times 10^{15}$ cm^{-3}。计算空间电荷区的最大宽度。随着 p 型掺杂浓度的减少，空间电荷区的宽度是增大还是减小？

答案：$x_{dT} = 0.629$ μm，增大。

我们已经讨论了 p 型衬底的情况，同样的最大空间电荷宽度将产生在 n 型衬底的情况中。图 10.10 是 n 型衬底材料位于阈值电压点的能带图。我们可以得到：

$$\phi_{fn} = V_t \ln\left(\frac{N_d}{n_i}\right) \tag{10.7}$$

以及

$$x_{dT} = \left(\frac{4\epsilon_s \phi_{fn}}{eN_d}\right)^{1/2} \tag{10.8}$$

注意我们总是假设参数 ϕ_{fp} 和 ϕ_{fn} 是正数。

图 10.11 是在 $T = 300$ K 时 x_{dT} 和掺杂浓度的函数关系图。对 n 型和 p 型半导体均可进行掺杂。

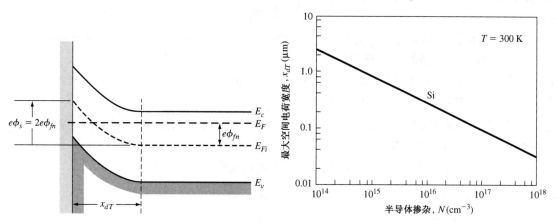

图 10.10　n 型半导体在阈值反型点时的能带图　　图 10.11　最大空间电荷区宽度和半导体掺杂的函数关系

10.1.3　表面电荷浓度

由第 4 章的结论，导带中的电子浓度可以写为

$$n = n_i \exp\left[\frac{E_F - E_{Fi}}{kT}\right] \tag{10.9}$$

对于 p 型半导体衬底，电子反型电荷浓度可以写为（参见图 10.9）

$$n_s = n_i \exp\left[\frac{e(\phi_{fp} + \Delta\phi_s)}{kT}\right] = n_i \exp\left[\frac{\phi_{fp} + \Delta\phi_s}{V_t}\right] \tag{10.10a}$$

或者

$$n_s = n_i \exp\left(\frac{\phi_{fp}}{V_t}\right) \cdot \exp\left(\frac{\Delta\phi_s}{V_t}\right) \tag{10.10b}$$

$\Delta\phi_s$ 是大于 $2\phi_{fp}$ 的表面电势。

我们必须注意

$$n_{st} = n_i \exp\left(\frac{\phi_{fp}}{V_t}\right) \tag{10.11}$$

这里 n_{st} 是反型临界点的表面电荷密度，电子反型电荷密度可以写为

$$n_s = n_{st} \exp\left(\frac{\Delta\phi_s}{V_t}\right) \tag{10.12}$$

图 10.12 表示在反型电荷密度阈值为 $n_{st} = 10^{16}$ cm^{-3} 时，电子反型电荷密度与表面电势的关系。

我们已经注意到表面电势每增大 60 mV 反型电荷密度增加 10 倍，像前面讨论过的一样，电子反型电荷密度随着表面电势的微弱提高而迅速上升，这就意味着空间电荷区宽度基本上处于最大值。

10.1.4　功函数差

到现在为止，我们已经讨论了半导体材料的能带图。图 10.13(a) 所示为金属、二氧化硅以及硅相对于真空能级的能级图。ϕ_m 是金属功函数，χ 为电子亲和能。参数 χ_i 为氧化电子亲和能，对于二氧化硅，$\chi_i = 0.9$ V。

图 10.13(b) 是零栅压时完整的金属-氧化物-半导体结构的能带图。系统处于热平衡时，费米能级为常数。我们定义 ϕ'_m 为修正的金属功函数——从金属向氧化物的导带注入一个电子所需的势能。

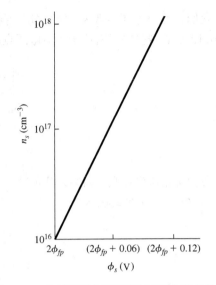

图 10.12　电子反型电荷密度与表面电势的关系

类似地，χ' 定义为修正的电子亲和能。电压 V_{ox0} 是零栅压时穿过氧化物的电势差，因为 ϕ_m 和 χ 存在着势垒，所以它不一定为零。电势 ϕ_{s0} 是表面势。

如果把金属一侧的费米能级与半导体一侧的费米能级相加，就可以得到：

$$e\phi'_m + eV_{ox0} = e\chi' + \frac{E_g}{2} - e\phi_{s0} + e\phi_{fp} \tag{10.13}$$

式(10.13)还可以写成

$$V_{ox0} + \phi_{s0} = -\left[\phi'_m - \left(\chi' + \frac{E_g}{2e} + \phi_{fp}\right)\right] \tag{10.14}$$

定义 ϕ_{ms} 为：

$$\boxed{\phi_{ms} \equiv \left[\phi'_m - \left(\chi' + \frac{E_g}{2e} + \phi_{fp}\right)\right]} \tag{10.15}$$

它称为金属-半导体功函数差。

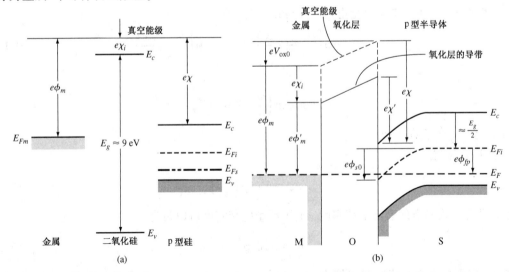

图 10.13　(a)接触之前的 MOS 系统的能级图；(b)接触之后的处于热平衡状态下的 MOS 结构能带图

例 10.2 根据给定的 MOS 系统和半导体掺杂计算金属-半导体功函数差 ϕ_{ms}。

对于铝-二氧化硅结，$\phi'_m = 3.20$ V，对于硅-二氧化硅结，$\chi' = 3.25$ V。设 $E_g = 1.12$ V。p 型掺杂浓度为 $N_a = 10^{15}$ cm^{-3}。

■ **解**

在 $T = 300$ K 时，可以求出 ϕ_{fp} 为：

$$\phi_{fp} = V_t \ln\left(\frac{N_a}{n_i}\right) = (0.0259)\ln\left(\frac{10^{15}}{1.5 \times 10^{10}}\right) = 0.288 \text{ V}$$

则功函数差为：

$$\phi_{ms} = \phi'_m - \left(\chi' + \frac{E_g}{2e} + \phi_{fp}\right) = 3.20 - (3.25 + 0.560 + 0.288)$$

$$\phi_{ms} = -0.898 \text{ V}$$

■ **说明**

ϕ_{ms} 的值随着 p 型衬底掺杂浓度的增加将变得越来越负。

■ **自测题**

E10.2 半导体掺杂浓度为 $N_a = 10^{16}$ cm^{-3}，重做例 10.2。

答案：$\phi_{ms} = -0.957$ V。

淀积在氧化层上的简并掺杂多晶硅常被当成金属栅，图 10.14(a) 是具有 n$^+$ 多晶硅栅和 p 型衬底的 MOS 电容的能带图。图 10.14(b) 是 p$^+$ 多晶硅栅和 p 型衬底的情况时的能带图。在简并掺杂多晶硅中，假设 n$^+$ 的情况时 $E_F = E_c$，而 p$^+$ 的情况时 $E_F = E_v$。

对于 n$^+$ 多晶硅，金属-半导体功函数差为：

$$\phi_{ms} = \left[\chi' - \left(\chi' + \frac{E_g}{2e} + \phi_{fp}\right)\right] = -\left(\frac{E_g}{2e} + \phi_{fp}\right) \tag{10.16}$$

对于 p$^+$ 多晶硅，有：

$$\phi_{ms} = \left[\left(\chi' + \frac{E_g}{e}\right) - \left(\chi' + \frac{E_g}{2e} + \phi_{fp}\right)\right] = \left(\frac{E_g}{2e} - \phi_{fp}\right) \tag{10.17}$$

对于简并掺杂的 n$^+$ 多晶硅和 p$^+$ 多晶硅，费米能级各自在 E_c 之上或 E_v 之下 0.1 V 到 0.2 V 之间。简并的实验 ϕ_{ms} 值与通过式(10.16)以及式(10.17)计算出的值有略微的差别。

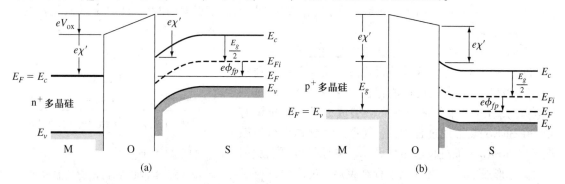

图 10.14 p 型衬底 MOS 结构加零栅压时的能带图。(a) n$^+$ 多晶硅栅；(b) p$^+$ 多晶硅栅

我们已经考虑了 p 型衬底的情况。还有 n 型衬底的 MOS 电容。图 10.15 是具有金属栅和

n 型衬底的 MOS 电容,这种情况下栅压为负值。金属-半导体功函数差定义为:

$$\phi_{ms} = \phi'_m - \left(\chi' + \frac{E_g}{2e} - \phi_{fn}\right) \tag{10.18}$$

其中 ϕ_{fn} 被假设为正值。对于 n$^+$ 多晶硅栅和 p$^+$ 多晶硅栅,我们可以得到类似的表达式。

图 10.16 所示的是功函数差对于各种类型的栅极的掺杂浓度的函数关系。我们可以看出对于多晶硅栅的 ϕ_{ms} 比式(10.16)和式(10.17)求出的要大一些。这个误差是因为对于 n$^+$ 多晶硅栅费米能级不与导带重合或对于 p$^+$ 多晶硅栅费米能级不与价带重合。在下面将要讨论的平带电压和阈值电压中,金属-半导体功函数差显得尤为重要。

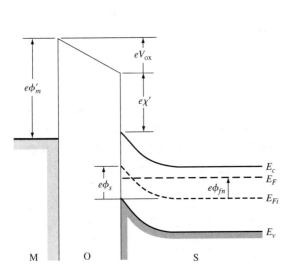

图 10.15　n 型衬底 MOS 结构加负栅压时的能带图

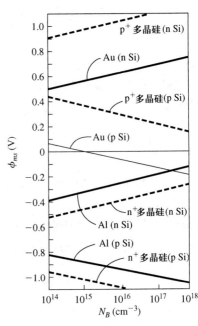

图 10.16　铝、金、n$^+$ 多晶硅栅、p$^+$ 多晶硅栅的金属-半导体功函数差和掺杂浓度的函数关系

10.1.5　平带电压

平带电压的定义为当半导体内没有能带弯曲时所加的栅压,此时净空间电荷为零。图 10.17 说明了这种平带情况。由于功函数差和在氧化物中可能存在的陷阱电荷,此时穿过氧化物的电压不一定为零。

在前面的讨论中,我们已经隐含地假定了在氧化物中的净电荷密度为零。这种假设也许不会生效——通常为正值的净固定电荷密度可能存在于绝缘体之中。这些正电荷与氧化物-半导体界面处破裂或虚悬的共价键有关。在 SiO$_2$ 的热形成过程中,氧气穿过氧化物进行扩散并且在 Si-SiO$_2$ 界面处反应生成 SiO$_2$。硅原子也可以脱离硅而优先形成 SiO$_2$。当氧化过程结束后,过剩的硅原子可以存在于界面附近的栅氧化层中,从而导致存在悬空的共价键。通常,氧化电荷的多少大约是氧化条件的函数,诸如氧化环境和温度。可以通过在氩

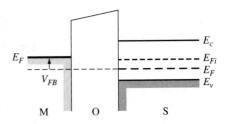

图 10.17　平带时 MOS 电容的能带图

气或氮气环境中对氧化物进行退火来改变这种电荷密度,但是实际上电荷基本不可能为零。

氧化物中的净固定电荷在位置上表现得十分靠近氧化物-半导体界面。在我们对 MOS 结构的分析中将假设单位面积的等价陷阱电荷 Q'_{ss} 位于氧化物中且直接与氧化物-半导体界面相邻。这时,我们将忽略任何其他可能存在于器件中的氧化物类型的电荷。参数 Q'_{ss} 通常称为单位面积电荷数。

对于零栅压,式(10.14)可以写成:

$$V_{ox0} + \phi_{s0} = -\phi_{ms} \tag{10.19}$$

如果加了一定的栅压,通过栅氧化层的势差和表面势就会发生变化,可以写成:

$$V_G = \Delta V_{ox} + \Delta \phi_s = (V_{ox} - V_{ox0}) + (\phi_s - \phi_{s0}) \tag{10.20}$$

由式(10.19)得到:

$$V_G = V_{ox} + \phi_s + \phi_{ms} \tag{10.21}$$

图 10.18 说明了平带时的 MOS 结构的电荷分布情况。半导体中的净电荷为零,我们可以假设在栅氧化层中存在着等价的固定表面电荷。金属上的电荷密度为 Q'_m,由电荷中和原理得到:

$$Q'_m + Q'_{ss} = 0 \tag{10.22}$$

可以通过下式把 Q'_m 和穿过氧化物的电压联系起来:

$$V_{ox} = \frac{Q'_m}{C_{ox}} \tag{10.23}$$

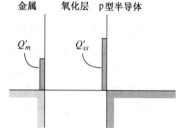

图 10.18　平带时 MOS 电容的电荷分布

其中 C_{ox} 为单位面积的栅氧化层电容①。将式(10.22)代入式(10.23)可得:

$$V_{ox} = \frac{-Q'_{ss}}{C_{ox}} \tag{10.24}$$

在平带情况时,表面势为零,由式(10.21)可得:

$$V_G = \boxed{V_{FB} = \phi_{ms} - \frac{Q'_{ss}}{C_{ox}}} \tag{10.25}$$

式(10.25)就是 MOS 器件的平带电压。

例 10.3　计算 p 型衬底 MOS 电容的平带电压。

考虑一 p 型衬底 MOS 电容,其掺杂浓度为 $N_a = 10^{16}\ \text{cm}^{-3}$,二氧化硅绝缘层厚度为 $t_{ox} = 20\ \text{nm} = 200\ \text{Å}$,$n^+$ 多晶硅栅。假设 $Q'_{ss} = 5 \times 10^{10}/\text{cm}^2$。

■ **解**

由图 10.16,功函数差为 $\phi_{ms} = -1.1\ \text{V}$。栅氧化层电容为:

$$C_{ox} = \frac{\epsilon_{ox}}{t_{ox}} = \frac{(3.9)(8.85 \times 10^{-14})}{200 \times 10^{-8}} = 1.726 \times 10^{-7}\ \text{F/cm}^2$$

等价栅氧化层表面电荷密度为:

$$Q'_{ss} = (5 \times 10^{10})(1.6 \times 10^{-19}) = 8 \times 10^{-9}\ \text{C/cm}^2$$

平带电压为:

---

① 尽管我们一般为单位面积电容或单位面积电荷使用撇号,但为了方便起见,我们将省略氧化物单位面积电容这个参数上的撇号。

$$V_{FB} = \phi_{ms} - \frac{Q_{ss}'}{C_{ox}} = -1.1 \frac{-8 \times 10^{-9}}{1.726 \times 10^{-7}} = -1.15 \text{ V}$$

■ **说明**

对于 p 型衬底器件能够满足平带条件的栅压为负值。如果固定栅氧化层电荷的数量增加，则平带电压将会变得更负。

■ **自测题**

E10.3 用以下条件重做例 10.3：掺杂浓度为 $N_a = 2 \times 10^{15} \text{ cm}^{-3}$，氧化层厚度为 $t_{ox} = 4 \text{ nm} = 40 \text{ Å}$，$Q_{ss}' = 2 \times 10^{10}/\text{cm}^2$。金属–半导体功函数差是多少？

答案： $\phi_{ms} \approx -1.03 \text{ V}$，$V_{FB} = -1.034 \text{ V}$。

10.1.6 阈值电压

阈值电压的定义为达到阈值反型点时所需的栅压。阈值反型点的定义为：对于 p 型器件当表面势 $\phi_s = 2\phi_{fp}$ 时或对于 n 型器件当表面势 $\phi_s = 2\phi_{fn}$ 时的器件状态。这两种情形分别示于图 10.9 和图 10.10。阈值电压能够从 MOS 电容器的电子性质和几何图形性质推导出来。

图 10.19 是 p 型衬底 MOS 器件处于阈值反型点时的电荷分布情况。空间电荷宽度已经达到其最大值。假设存在一等价栅氧化层电荷 Q_{ss}' 以及开启时的金属栅上的正电荷为 Q_{mT}'。它们表示的是单位面积的电荷数量。即使假设表面已经为反型的，我们还是忽略在阈值反型点时的反型层电荷。由电荷守恒原理，我们可以写出：

$$Q_{mT}' + Q_{ss}' = |Q_{SD}'(\text{max})| \tag{10.26}$$

其中

$$\boxed{|Q_{SD}'(\text{max})| = eN_a x_{dT}} \tag{10.27}$$

它是耗尽层单位面积空间电荷密度的最大值。

加正偏栅压的 MOS 系统的能带图如图 10.20 所示。正如我们以前提及的，所加栅压能够改变穿过栅氧化层的电压，从而改变表面势。如式（10.20）那样：

$$V_G = \Delta V_{ox} + \Delta \phi_s = V_{ox} + \phi_s + \phi_{ms}$$

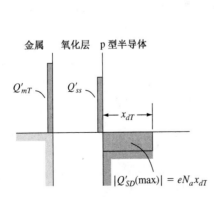

图 10.19　p 型衬底 MOS 器件处于阈值反型点时的电荷分布情况

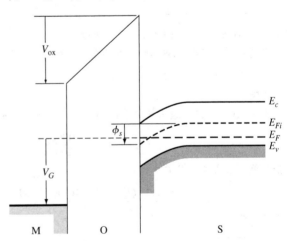

图 10.20　加正偏栅压时的 MOS 结构能带图

在阈值点，我们定义 $V_G = V_{TN}$，其中 V_{TN} 是产生电子反型层电荷的阈值电压。在阈值点表面势 $\phi_s = 2\phi_{fp}$，因此式（10.20）可以写成：

$$V_{TN} = V_{oxT} + 2\phi_{fp} + \phi_{ms} \qquad (10.28)$$

其中 V_{oxT} 是在阈值反型点穿过栅氧化层的电压。

电压 V_{oxT} 是与金属上电荷和栅氧化层电容有关的：

$$V_{oxT} = \frac{Q'_{mT}}{C_{ox}} \qquad (10.29)$$

其中 C_{ox} 为单位面积的栅氧化层电容。由式（10.26），我们可以写出：

$$V_{oxT} = \frac{Q'_{mT}}{C_{ox}} = \frac{1}{C_{ox}}\left(|Q'_{SD}(\max)| - Q'_{ss}\right) \qquad (10.30)$$

最后，阈值电压写为：

$$\boxed{V_{TN} = \frac{|Q'_{SD}(\max)|}{C_{ox}} - \frac{Q'_{ss}}{C_{ox}} + \phi_{ms} + 2\phi_{fp}} \qquad (10.31a)$$

或者

$$V_{TN} = \left(|Q'_{SD}(\max)| - Q'_{ss}\right)\left(\frac{t_{ox}}{\epsilon_{ox}}\right) + \phi_{ms} + 2\phi_{fp} \qquad (10.31b)$$

由式（10.25）利用平带电压的定义，可以得到阈值电压的另外一种表达式：

$$V_{TN} = \frac{|Q'_{SD}(\max)|}{C_{ox}} + V_{FB} + 2\phi_{fp} \qquad (10.31c)$$

对于给定的半导体材料、栅氧化层材料和栅金属，阈值电压是半导体掺杂、栅氧化层电荷 Q'_{ss} 和栅氧化层厚度的函数。

例 10.4　计算铝栅 MOS 系统的阈值电压。

考虑 $T = 300\ \text{K}$ 时的 p 型硅衬底器件，$N_a = 10^{15}\ \text{cm}^{-3}$。设 $Q'_{ss} = 10^{10}\ \text{cm}^{-2}$，$t_{ox} = 12\ \text{nm} = 120\ \text{Å}$，假设栅氧化层为硅栅。

■ **解**

由图 10.16，有 $\phi_{ms} \approx -0.88\ \text{V}$。

我们可以以下面的顺序求出各个参数：

$$\phi_{fp} = V_t \ln\left(\frac{N_a}{n_i}\right) = (0.0259)\ln\left(\frac{10^{15}}{1.5 \times 10^{10}}\right) = 0.2877\ \text{V}$$

$$x_{dT} = \left\{\frac{4\epsilon_s \phi_{fp}}{eN_a}\right\}^{1/2} = \left\{\frac{4(11.7)(8.85 \times 10^{-14})(0.2877)}{(1.6 \times 10^{-19})(10^{15})}\right\}^{1/2} = 8.63 \times 10^{-5}\ \text{cm}$$

$$|Q'_{SD}(\max)| = eN_a x_{dT} = (1.6 \times 10^{-19})(10^{15})(8.63 \times 10^{-5}) = 1.381 \times 10^{-8}\ \text{C/cm}^2$$

现在可以求出阈值电压为：

$$V_{TN} = \left(|Q'_{SD}(\max)| - Q'_{ss}\right)\left(\frac{t_{ox}}{\epsilon_{ox}}\right) + \phi_{ms} + 2\phi_{fp}$$

$$= \left[(1.381 \times 10^{-8}) - (10^{10})(1.6 \times 10^{-19})\right] \cdot \left[\frac{120 \times 10^{-8}}{(3.9)(8.85 \times 10^{-14})}\right]$$

$$+ (-0.88) + 2(0.2877)$$

$$V_{TN} = -0.262\ \text{V}$$

■ **说明**

此例中，虽然半导体是轻微掺杂的，但是氧化层中正电荷和功函数势差一起，使得即使在零栅压时也足以能够产生电子反型层电荷。在这种情况下，阈值电压为负值。

■ **自测题**

E10.4 根据下列参数计算 $T = 300$ K 时，硅 MOS 管的金属 – 半导体功函数差和阈值电压：p^+ 多晶硅栅，$N_a = 2 \times 10^{16}$ cm^{-3}，$t_{ox} = 8$ nm $= 80$ Å，$Q_{ss}' = 2 \times 10^{10}$ cm^{-2}。

答案： $\phi_{ms} \approx +0.28$ V，$V_{TN} = +1.16$ V。

对于 p 型衬底的器件，负的阈值电压表明该器件为耗尽型器件。在栅极必须加负的阈值电压才能使得反型层电荷等于零，然而正偏栅压将产生更多的反型层电荷。

图 10.21 是在不同的正氧化层电荷数量值下阈值电压 V_{TN} 和受主掺杂浓度的函数关系。我们可以看出为了得到增强型的器件，p 型半导体必须被一定程度的重掺杂。

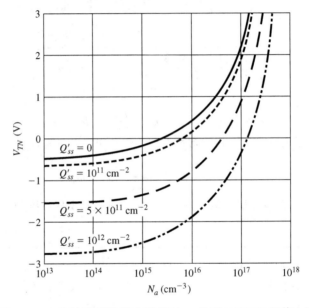

图 10.21　不同氧化层陷阱电荷值下，n 沟道 MOSFET 阈值电压
与 p 型衬底掺杂浓度的关系图（$t_{ox} = 500$Å，铝栅）

以前对阈值电压的推导曾经假设的是 p 型的硅衬底。对 n 型衬底的情形可以有相同形式的推导，只是负栅压能够在栅氧化层–半导体界面处产生空穴反型层。

图 10.15 表明的是加负偏栅压的 n 型衬底 MOS 结构的能带图。此时阈值电压为：

$$V_{TP} = \left(-|Q_{SD}'(\max)| - Q_{ss}' \right)\left(\frac{t_{ox}}{\epsilon_{ox}} \right) + \phi_{ms} - 2\phi_{fn} \tag{10.32}$$

其中

$$\phi_{ms} = \phi_m' - \left(\chi' + \frac{E_g}{2e} - \phi_{fn} \right) \tag{10.33a}$$

$$|Q_{SD}'(\max)| = eN_d x_{dT} \tag{10.33b}$$

$$x_{dT} = \left\{ \frac{4\epsilon_s \phi_{fn}}{eN_d} \right\}^{1/2} \tag{10.33c}$$

$$\phi_{fn} = V_t \ln\left(\frac{N_d}{n_i} \right) \tag{10.33d}$$

我们可以看出 x_{dT} 和 ϕ_{fn} 被定义为正值。还可看出符号 V_{TP} 表示产生空穴反型层的阈值电压。我们在稍后将省略阈值电压符号中的下角标 N 和 P，但是，在现阶段加注下标会使概念更加清晰。

图 10.22 显示了不同 Q'_{ss} 时 V_{TP} 与掺杂浓度的函数关系曲线。我们看到, 对于所有的正栅氧化层电荷, MOS 电容器总是增强型器件。当 Q'_{ss} 增大时, 阈值电压将变得更负, 这意味着需更大的栅压来产生栅氧化层–半导体界面处的反型层。

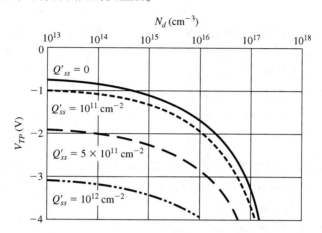

图 10.22　不同氧化层陷阱电荷值下, p 沟道 MOSFET 阈值电压与 n 型衬底掺杂浓度的关系图($t_{ox} = 500$ Å, 铝栅)

例 10.5　设计栅极材料和半导体掺杂浓度以产生特定的阈值电压。

考虑一个 n 型硅衬底的二氧化硅 MOS 器件, 栅氧化层厚度 $t_{ox} = 12$ nm $= 120$ Å, 氧化物电荷为 $Q'_{ss} = 2 \times 10^{10}$ cm^{-2}, 阈值电压约为 $V_{TP} = -0.3$ V。

■ **解**

这个设计问题不能直接求解, 因为掺杂浓度出现在参数 ϕ_{fn}、x_{dT}、$Q'_{SD}(\max)$ 和 ϕ_{ms} 中。阈值电压是 N_d 的非线形函数, 我们不用计算机求解的方法, 而采用反复试验的方法。

图 10.22 表示了铝栅系统的阈值电压, 由于这个问题中要求的阈值电压略负于图 10.22 中所示的值, 我们需要一个比铝栅更正的金属半导体功函数差值, 因此选用 p$^+$ 多晶硅栅。

对于 $N_d = 10^{17}$ cm^{-3}, 由图 10.16, 金属–半导体功函数差为 $\phi_{ms} \approx +1.1$ V, 剩下的参数可以得到

$$\phi_{fn} = V_t \ln\left(\frac{N_d}{n_i}\right) = (0.0259)\ln\left(\frac{10^{17}}{1.5 \times 10^{10}}\right) = 0.407 \text{ V}$$

$$x_{dT} = \left(\frac{4\epsilon_s \phi_{fn}}{eN_d}\right)^{1/2} = \left\{\frac{4(11.7)(8.85 \times 10^{-14})(0.407)}{(1.6 \times 10^{-19})(10^{17})}\right\}^{1/2}$$
$$= 1.026 \times 10^{-5} \text{ cm}$$

那么

$$|Q'_{SD}(\max)| = eN_d x_{dT} = (1.6 \times 10^{-19})(10^{17})(1.026 \times 10^{-5})$$
$$= 1.642 \times 10^{-7} \text{ C/cm}^2$$

阈值电压为:

$$V_{TP} = [-|Q'_{SD}(\max)| - Q'_{ss}] \cdot \left(\frac{t_{ox}}{\epsilon_{ox}}\right) + \phi_{ms} - 2\phi_{fn}$$

$$V_{TP} = \frac{[-(1.642 \times 10^{-7}) - (2 \times 10^{10})(1.6 \times 10^{-19})] \cdot (120 \times 10^{-8})}{(3.9)(8.85 \times 10^{-14})} + 1.1 - 2(0.407)$$

求得的值为:

$$V_{TP} = -0.296 \text{ V} \approx -0.3 \text{ V}$$

这个值基本上等于希望的结果。

■ **说明**

负阈值电压表明了 n 型衬底 MOS 电容器为增强型器件。在零栅压时反型层电荷为零，要想产生空穴反型层，必须加负的栅压。

■ **自测题**

E10.5 考虑一个 n 型硅衬底的二氧化硅 MOS 器件，在温度为 $T = 300$ K 时有以下特性：$N_d = 2 \times 10^{16}$ cm^{-3}，栅氧化层厚度 $t_{ox} = 20$ nm $= 200$ Å，氧化物电荷为 $Q'_{ss} = 5 \times 10^{10}$ cm^{-2}，计算它的阈值电压。这个晶体管是增强型的还是耗尽型的？

答案： $V_{TP} = -0.12$ V，是增强型的。

练习题

T10.1 (a)考虑 $T = 300$ K 时的覆有氧化层的 n 型硅器件。硅中杂质掺杂浓度为 $N_d = 8 \times 10^{15}$ cm^{-3}。计算硅的最大空间电荷宽度；(b)当杂质浓度 $N_d = 4 \times 10^{16}$ cm^{-3} 时，重做(a)。

答案： (a) 0.332 μm；(b) 0.158 μm。

T10.2 在铝-二氧化硅-硅 MOS 结构中，硅的掺杂浓度为 $N_a = 3 \times 10^{16}$ cm^{-3}。使用式(10.16)中的参数，确定金属-半导体功函数差 ϕ_{ms}。

答案： $\phi_{ms} = -0.936$ V。

T10.3 用式(10.17)再做一遍练习题 T10.2。

答案： $\phi_{ms} = +0.184$ V。

T10.4 思考在练习题 T10.3 中描述的 MOS 管电容器，氧化层厚度为 $t_{ox} = 16$ nm，氧化物电荷密度是 $Q'_{ss} = 8 \times 10^{10}$ cm^{-2}，求平带电压。

答案： +0.125 V。

T10.5 p 型硅衬底器件的栅极为 n$^+$ 多晶硅栅，$N_a = 3 \times 10^{16}$ cm^{-3}。设 $Q'_{ss} = 5 \times 10^{10}$ cm^{-2}，判断在 $V_{TN} = +0.65$ V 时氧化层的厚度。

答案： $t_{ox} = 45.2$ nm $= 452$ Å。

10.2　电容-电压特性

MOS 电容结构是 MOSFET 的核心。MOS 器件和栅氧化层-半导体界面处的大量信息可以从器件的电容-电压的关系即电容-电压特性曲线中得到。器件的电容定义为：

$$C = \frac{\mathrm{d}Q}{\mathrm{d}V} \tag{10.34}$$

其中 $\mathrm{d}Q$ 为板上电荷的微分变量，它是穿过电容的电压的微分变量的函数。这时的电容是小信号或称 ac 变量，可通过在所加直流栅压上叠加一交流电压测量出。因此，电容是直流栅压的函数。

10.2.1　理想电容-电压特性

首先讨论 MOS 电容的理想电容-电压特性，然后讨论使得实际结果与理想曲线产生偏差的因素。假设栅氧化层中和栅氧化层-半导体界面处均无陷阱电荷。

MOS 电容有三种工作状态：即堆积、耗尽和反型。图 10.23(a)是加负栅压的 p 型衬底 MOS 电容的能带图，如图所示，在栅氧化层-半导体界面处产生了空穴堆积层。一个小的电压微分变量将导致金属栅和空穴堆积电荷的微分变量发生变化，如图 10.23(b)所示。这种电荷密度的微分改变发生在栅氧化层的边缘，就像平行板电容器中的那样。堆积模式时 MOS 电容器的单位面

积电容 C' 就是栅氧化层电容，即

$$C'(\text{acc}) = C_{\text{ox}} = \frac{\epsilon_{\text{ox}}}{t_{\text{ox}}} \tag{10.35}$$

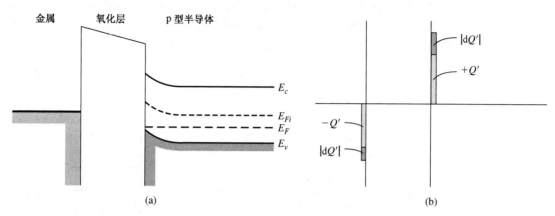

图 10.23　(a) MOS 电容器在堆积模式时的能带图；(b) 堆积模式下当栅压微变时的微分电荷分布

图 10.24(a) 为施加微小正偏栅压的 MOS 器件的能带图，可见产生了空间电荷区。图 10.24(b) 为此时器件中的电荷分布情况。栅氧化层电容与耗尽层电容是串联的。电压的微分改变将导致空间电荷宽度的微分改变以及电荷密度的微分改变，如图所示。串联总电容为：

$$\frac{1}{C'(\text{depl})} = \frac{1}{C_{\text{ox}}} + \frac{1}{C'_{SD}} \tag{10.36a}$$

或者

$$C'(\text{depl}) = \frac{C_{\text{ox}} C'_{SD}}{C_{\text{ox}} + C'_{SD}} \tag{10.36b}$$

由于 $C_{\text{ox}} = \epsilon_{\text{ox}}/t_{\text{ox}}$ 且 $C'_{SD} = \epsilon_s/x_d$，方程(10.36b) 可以写成

$$C'(\text{depl}) = \frac{C_{\text{ox}}}{1 + \dfrac{C_{\text{ox}}}{C'_{SD}}} = \frac{\epsilon_{\text{ox}}}{t_{\text{ox}} + \left(\dfrac{\epsilon_{\text{ox}}}{\epsilon_s}\right) x_d} \tag{10.37}$$

总电容 C' (耗尽层) 随着空间电荷宽度的增大而减小。

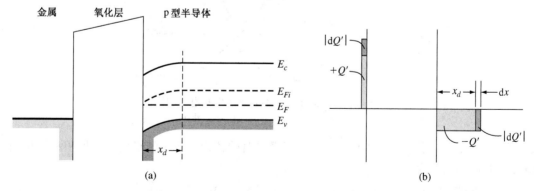

图 10.24　(a) MOS 电容器在耗尽模式时的能带图；(b) 耗尽模式下当栅压微变时的微分电荷分布

记得我们先前定义的阈值反型点是当达到最大耗尽宽度且反型层电荷密度为零时的情形。此时得到最小电容 C'_{min}：

$$C'_{\min} = \frac{\epsilon_{ox}}{t_{ox} + \left(\frac{\epsilon_{ox}}{\epsilon_s}\right)x_{dT}} \tag{10.38}$$

图 10.25(a) 为反型时的 MOS 器件的能带图。在理想情况下，MOS 电容电压的一个微小的改变量将导致反型层电荷密度的微分变量发生变化。而空间电荷宽度不变。如图 10.25(b) 所示，若反型层电荷能跟得上电容电压的变化，则总电容就是栅氧化层电容：

$$C'(\text{inv}) = C_{ox} = \frac{\epsilon_{ox}}{t_{ox}} \tag{10.39}$$

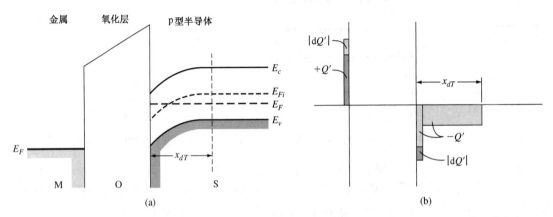

图 10.25　(a)反型模式时 MOS 电容器的能带图；(b)反型模式下栅压低频变化时的微分电荷分布

图 10.26 为理想电容和栅压的函数曲线图，即 p 型衬底 MOS 电容的电容-电压特性。图中的三条虚线分别对应三个分量：C_{ox}、C'_{SD} 和 $C'_{\min}$。实线为理想 MOS 电容器的净电容。如图所示，中等反型区是当栅压仅改变空间电荷密度时和当栅压仅改变反型层电荷时的过渡区。

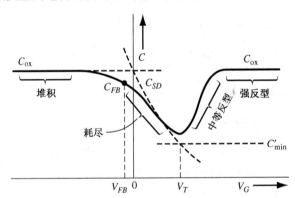

图 10.26　p 型衬底 MOS 电容器理想低频电容和栅压的
函数关系图。各部分的电容在图中也有标示

图中的黑点是值得我们注意的，它对应于平带时的情形。平带情形发生在堆积和耗尽模式之间，平带时的电容为：

$$C'_{FB} = \frac{\epsilon_{ox}}{t_{ox} + \left(\frac{\epsilon_{ox}}{\epsilon_s}\right)\sqrt{\left(\frac{kT}{e}\right)\left(\frac{\epsilon_s}{eN_a}\right)}} \tag{10.40}$$

我们看到平带电容是栅氧化层厚度和掺杂浓度的函数。这个点在电容-电压曲线中的通常位置示于图 10.26 中。

例10.6 计算 MOS 电容的 C_{ox}、C'_{min} 和 C'_{FB}。

考虑 $T = 300$ K 时的 p 型硅衬底器件，掺杂浓度为 $N_a = 10^{16}$ cm^{-3}，栅氧化层为厚度是 180 Å 的二氧化硅，栅材料为铝。

■ **解**

栅氧化层电容为：

$$C_{ox} = \frac{\epsilon_{ox}}{t_{ox}} = \frac{(3.9)(8.85 \times 10^{-14})}{180 \times 10^{-8}} = 1.9175 \times 10^{-7} \text{ F/cm}^2$$

为了求最小电容，需要计算：

$$\phi_{fp} = V_t \ln\left(\frac{N_a}{n_i}\right) = (0.0259) \ln\left(\frac{10^{16}}{1.5 \times 10^{10}}\right) = 0.3473 \text{ V}$$

和

$$x_{dT} = \left\{\frac{4\epsilon_s \phi_{fp}}{eN_a}\right\}^{1/2} = \left\{\frac{4(11.7)(8.85 \times 10^{-14})(0.3473)}{(1.6 \times 10^{-19})(10^{16})}\right\}^{1/2}$$

$$\approx 0.30 \times 10^{-4} \text{ cm}$$

则

$$C'_{min} = \frac{\epsilon_{ox}}{t_{ox} + \left(\frac{\epsilon_{ox}}{\epsilon_s}\right)x_{dT}} = \frac{(3.9)(8.85 \times 10^{-14})}{180 \times 10^{-8} + \left(\frac{3.9}{11.7}\right)(0.30 \times 10^{-4})}$$

$$= 2.925 \times 10^{-8} \text{ F/cm}^2$$

可以得到：

$$\frac{C'_{min}}{C_{ox}} = \frac{2.925 \times 10^{-8}}{1.9175 \times 10^{-7}} = 0.1525$$

平带电容为：

$$C'_{FB} = \frac{\epsilon_{ox}}{t_{ox} + \left(\frac{\epsilon_{ox}}{\epsilon_s}\right)\sqrt{\frac{V_t \epsilon_s}{eN_a}}}$$

$$= \frac{(3.9)(8.85 \times 10^{-14})}{180 \times 10^{-8} + \left(\frac{3.9}{11.7}\right)\sqrt{\frac{(0.0259)(11.7)(8.85 \times 10^{-14})}{(1.6 \times 10^{-19})(10^{16})}}}$$

$$= 1.091 \times 10^{-7} \text{ F/cm}^2$$

同样可以得到：

$$\frac{C'_{FB}}{C_{ox}} = \frac{1.091 \times 10^{-7}}{1.9175 \times 10^{-7}} = 0.569$$

■ **说明**

C'_{min}/C_{ox} 和 C'_{FB}/C_{ox} 之比是从电容-电压曲线中得到的典型值。

■ **自测题**

E10.6 一个 MOS 电容器，它的参数为：n$^+$ 多晶硅栅，$N_a = 3 \times 10^{16}$ cm^{-3}，$t_{ox} = 8$ nm，$Q'_{ss} = 2 \times 10^{10}$ cm^{-2}，确定 C'_{min}/C_{ox} 和 C'_{FB}/C_{ox} 之比。

答案：$C'_{min}/C_{ox} = 0.118$，$C'_{FB}/C_{ox} = 0.504$。

假设单位面积氧化物电容 $C_{ox} = 1.9175 \times 10^{-7}$ F/cm^2，沟道长度 L 和沟道宽度 W 的典型值分别为 2 μm 和 20 μm，此例中的总栅氧化层电容为：

$$C_{oxT} = C_{ox}LW = (1.9175 \times 10^{-7})(2 \times 10^{-4})(20 \times 10^{-4})$$

$$= 7.67 \times 10^{-14}\ F = 0.0767\ pF = 76.7\ fF$$

在常见的 MOS 器件中这个值是很小的。

可以通过改变电压坐标轴的符号得到 n 型衬底 MOS 电容器的理想电容-电压特性曲线。正偏栅压时为堆积模式，负偏栅压时为反型模式。理想曲线如图 10.27 所示。

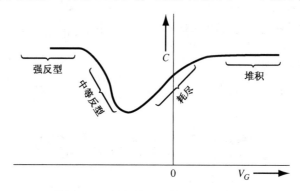

图 10.27　n 型衬底 MOS 电容器理想低频电容和栅压的函数关系图

10.2.2　频率特性

图 10.25（a）是偏置在反型模式下的 p 型衬底 MOS 电容的示意图。我们已经讨论了在理想情况下电容电压的微小变化能够引起反型层电荷密度的变化。但是，实际中我们必须考虑导致反型层电荷密度变化的电子的来源。

能使反型层电荷密度改变的电子的来源有两处：一处来自通过空间电荷区的 p 型衬底中的少子电子的扩散。此扩散过程与反偏 pn 结中产生反向饱和电流的过程相同。另一处电子的来源是在空间电荷区中由热运动形成的电子-空穴对。此过程与 pn 结中产生反偏生成电流的过程相同。反型层中的电子浓度不能瞬间发生改变。若 MOS 电容的交流电压很快变化，则反型层中电荷的变化将不会有所响应。因此，电容-电压特性是用来测量电容的交流信号频率的函数。

高频时，反型层电荷不会响应电容电压的微小改变。图 10.28 为 p 型衬底 MOS 电容的电荷分布情况。当信号频率很高时，只有金属和空间电荷区处的电荷发生改变。MOS 电容器的电容就是 C'_{min}，如前所述。

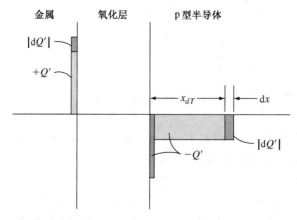

图 10.28　反型模式下栅压高频变化时的微分电荷分布

高频和低频时的电容–电压特性曲线如图 10.29 所示。通常高频为 1 MHz 左右，低频为 5 ~ 100 Hz。MOS 电容的高频特性测量如图所示。

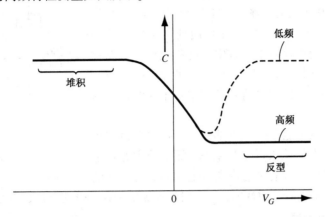

图 10.29　p 型衬底 MOS 电容器低频和高频电容与栅压的函数关系图

10.2.3　固定栅氧化层和界面电荷效应

到现在为止我们关于电容–电压特性的所有讨论，都是假设理想氧化层中不含有固定的栅氧化层电荷或氧化层–半导体界面电荷。这两种电荷会改变电容–电压特性曲线。

我们以前曾经讨论过固定的氧化层电荷是如何影响阈值电压的。这种电荷也会影响平带电压。由方程式(10.25)，平带电压表达式为：

$$V_{FB} = \phi_{ms} - \frac{Q'_{ss}}{C_{ox}}$$

其中 Q'_{ss} 为固定氧化层电荷，ϕ_{ms} 为金属–半导体功函数差。要产生正的固定氧化层电荷，平带电压要变得更负。由于栅氧化层电荷不是栅压的函数，不同的栅氧化层电荷表现为曲线的平移，而电容–电压曲线和理想状态时相同。图 10.30 所示的是在不同的固定正氧化层电荷时 p 型衬底 MOS 电容的高频特性曲线。

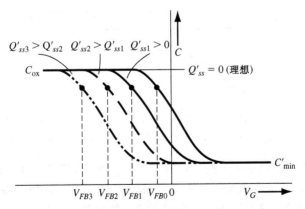

图 10.30　不同有效氧化层陷阱电荷值下，p 型 MOS 电容器高频电容和栅压的函数关系图

电容–电压特性曲线可用来确定等价固定氧化层电荷。对于给定的 MOS 结构，ϕ_{ms} 和 C_{ox} 是已知的，所以理想平带电压和平带电容可以求出。平带电压的实验值可以从电容–电压特性曲线测出，从而固定氧化层电荷能够被确定。电容–电压测量方法是表征 MOS 器件很有用的判别工具。

尤其是在学习 MOS 器件的辐射效应时它的用处将更为突出，这部分内容将在下一章中讨论。

我们首先遇到的是于第 9 章讨论肖特基势垒二极管时所涉及的氧化物–半导体界面态。图 10.31 显示了氧化物–半导体界面处的半导体能带图。半导体在界面处周期性突然中止，以便允许的电子能级存在于禁带中。这些允许的能态称为界面态。与固定氧化层电荷相比，电荷在半导体和界面态之间流动。这些界面态中的净电荷是带隙中费米能级位置的函数。

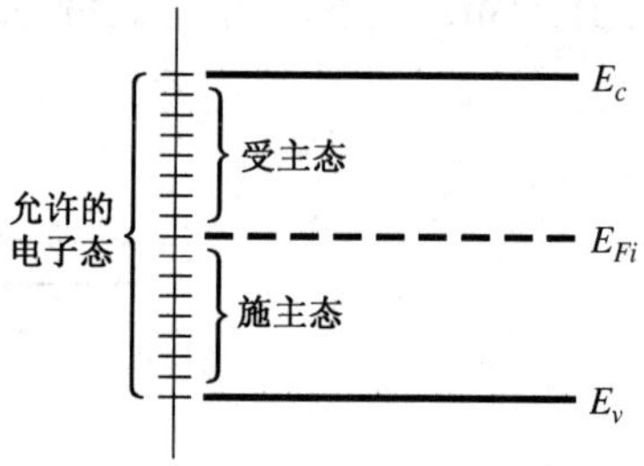

通常，受主态存在于能带的上半部分，而施主态存在于能带的下半部分。若费米能级低于受主态，那么受主态是中性的，一旦费米能级位于其上时它将是负电性的。若费米能级高于施主态，那么施主态是中性的，一旦费米能级位于其下时它将是正电性的。因此界面电荷是 MOS 电容器栅压的函数。

图 10.31　氧化层界面处表明界面态的示意图

图 10.32(a) 为堆积模式时的 p 型衬底 MOS 电容的能带图。此时，在施主态中存在着净正陷阱电荷。现在改变栅压使之变为图 10.32(b) 的能带图所示的情形。在界面处费米能级和本征费米能级重合；从而，所有的界面态为中性，这种特定的偏置情况称为禁带中央。图 10.32(c) 为反型时的情形，此时，受主态中存在净负电荷。

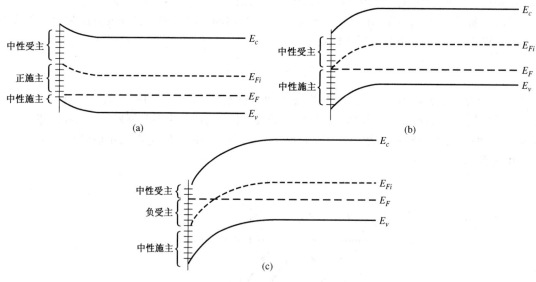

图 10.32　当 MOS 电容器偏置时 p 型半导体中被表面态俘获的电荷及其能带图。(a) 堆积模式；(b) 禁带中央；(c) 反型模型

界面处的净电荷由正变负是由于栅压扫过了堆积、耗尽和反型模式。可以看出由于固定氧化层电荷的存在，电容–电压特性曲线向负栅压方向移动。当界面态出现时，随着栅压的扫描平移的大小和方向均发生了改变，这是因为界面陷阱电荷的数量和正负改变了。电容–电压特性曲线变得平滑了，如图 10.33 所示。

而且，电容–电压测量方法可作为半导体器件过程控制的判别工具。对于给定的 MOS 器件，理想电容–电压特性曲线能够确定下来，平滑量能够确定出界面态密度。这种测量方法在学习 MOS 器件的辐射效应时是大有裨益的，有关这方面的内容将在下一章进行讨论。

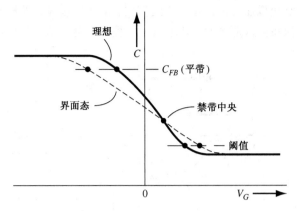

图 10.33　MOS 电容器的高频电容–电压特性曲线，说明界面态效应

10.3　MOSFET 基本工作原理

MOS 场效应晶体管的电流之所以存在，是由于反型层以及与氧化层–半导体界面相邻的沟道区中的电荷的流动。我们已经讨论了增强型 MOS 电容中反型层电荷的形成机理。还可以制造出耗尽型的器件，这种器件在零栅压时沟道就已经存在了。

10.3.1　MOSFET 结构

共有四种 MOSFET 器件。图 10.34 是 n 沟道增强型 MOSFET。增强的含义为氧化层下面的半导体衬底在零栅压时不是反型的。需要加正偏栅压才能产生电子反型层，从而把 n 型源区和 n 型漏区连接起来。载流子从源端流向漏端。对于这类 n 沟道器件，电子从源端流向漏端，因此习惯意义上的电流将进入漏端而流出源端。其电流符号也在图中有所表示。

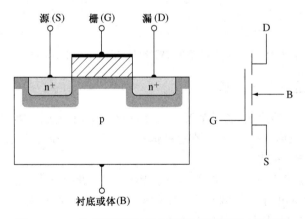

图 10.34　n 沟道增强型 MOSFET 的剖面图和电路符号

图 10.35 是 n 沟道耗尽型 MOSFET。栅压为零时氧化层下面已经存在 n 型沟道区。我们已经知道 p 型衬底 MOS 器件的阈值电压可以为负，这意味着在零栅压时电子反型层已经存在了。这种器件也被认为是耗尽型器件。图中的 n 沟道可以是电子反型层或是特意掺杂的 n 区。n 沟耗尽型 MOSFET 的习惯意义上的电流符号如图 10.35 所示。

图 10.36(a)和图 10.36(b)分别为 p 沟道增强型 MOSFET 和 p 沟道耗尽型 MOSFET。在 p 沟

道增强型器件中，必须加负栅压才能产生空穴反型层，从而连接 p 型的源区和漏区。空穴从源流向漏，因此习惯上的电流将流入源区而流出漏区。零栅压时耗尽型器件已经存在 p 沟道区了。电流符号如图 10.38 所示。

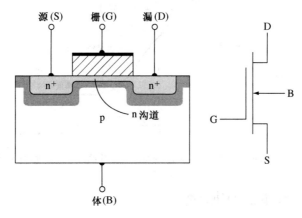

图 10.35　n 沟道耗尽型 MOSFET 的剖面图和电路符号

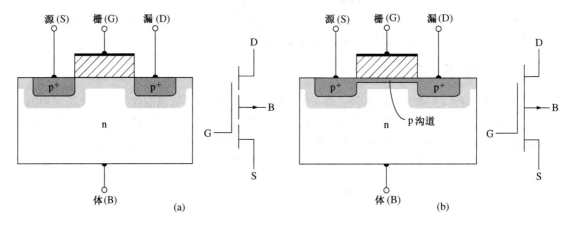

图 10.36　(a) p 沟道增强型 MOSFET 的剖面图和电路符号；(b) p 沟道耗尽型 MOSFET 的剖面图和电路符号

10.3.2　电流-电压关系——概念

如图 10.37(a) 所示 n 沟道增强型 MOSFET，加一小于阈值电压的栅源电压以及一非常小的漏源电压。源和衬底（或称体区）接地。在这种偏置下，没有电子反型层，漏到衬底的 pn 结是反偏的，漏电流为零（忽略 pn 结漏电流）。

图 10.37(b) 为所加栅压 $V_{GS} > V_T$ 时的同一个 MOSFET。此时电子反型层产生了，当加一较小的漏电压时，反型层中的电子将从源端流向正的漏端。习惯上的电流流入漏极而流出源极。在这种理想情况下，没有电流从氧化层向栅极流过。

对于较小的 V_{DS}，沟道区具有电阻的特性，因此可得：

$$I_D = g_d V_{DS} \tag{10.41}$$

式中 g_d 为在 V_{DS} 趋近于零时的沟道电导。沟道电导可以由下式表达：

$$g_d = \frac{W}{L} \cdot \mu_n |Q'_n| \tag{10.42}$$

式中 μ_n 为反型层中的电子迁移率。$|Q'_n|$ 为单位面积的反型层电荷数量。反型层电荷是栅压的

函数；因此，基本 MOS 晶体管的工作机理为栅压对沟道电导的调制作用。而沟道电导决定漏电流。我们可以先假设迁移率为一常数；在下一章中将讨论迁移率效应。

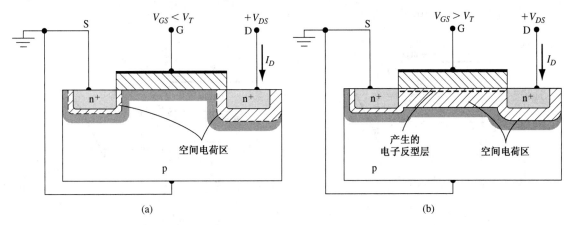

图 10.37 n 沟道增强型 MOSFET。(a)所加栅压 $V_{GS} < V_T$；(b)所加栅压 $V_{GS} > V_T$

对于较小的 V_{DS}，I_D-V_{DS} 的特性曲线如图 10.38 所示。当 $V_{GS} < V_T$ 时，漏电流为零。当 $V_{GS} > V_T$ 时，沟道反型层电荷密度增大，从而增大沟道电导。g_d 越大，图中的 I_D-V_{DS} 的特性曲线的初始斜率也越大。

图 10.39(a) 为当 $V_{GS} > V_T$ 且 V_{DS} 较小时基本 MOS 结构的示意图。图中反型沟道层的厚度定性地表明了相对电荷密度，这时的相对电荷密度在沟道长度方向上为一常数。相应的 I_D-V_{DS} 的特性曲线如图 10.38 所示。

图 10.39(b) 为当 V_{DS} 增大时的情形。由于漏电压增大，漏端附近的氧化层压降下降，这意味着漏端附近的反型层电荷密度将减小。漏端的沟道电导减小，从而 I_D-V_{DS} 的特性曲线的斜率减小。这种效应示于图 10.39(b) 的曲线图中。

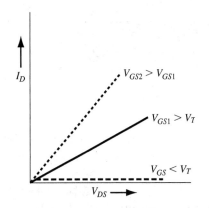

图 10.38 三个不同 V_{GS} 值对应的对于较小 V_{DS} 时的 I_D-V_{DS} 的特性曲线

当 V_{DS} 增大到漏端的氧化层压降等于 V_T 时，漏极处的反型层电荷密度为零。这个效应示于图10.39(c)，此时，漏极处的电导增量为零，这意味着 I_D-V_{DS} 的特性曲线的斜率为零。我们可以写出：

$$V_{GS} - V_{DS}(\text{sat}) = V_T \tag{10.43a}$$

或者

$$\boxed{V_{DS}(\text{sat}) = V_{GS} - V_T} \tag{10.43b}$$

式中 $V_{DS}(\text{sat})$ 为在漏极处产生零反型层电荷密度的漏源电压。

当 $V_{DS} > V_{DS}(\text{sat})$ 时，沟道中反型电荷为零的点移向源端。这时，电子从源端进入沟道，通过沟道流向漏端。在电荷为零的点处，电子被注入空间电荷区，并被电场推向漏端。如果假设沟道长度的变化 ΔL 相对于初始沟道长度 L 而言很小，那么当 $V_{DS} > V_{DS}(\text{sat})$ 时漏电流为一常数。这种情形在 I_D-V_{DS} 的特性曲线中对应于饱和区。图 10.39(d) 为此种情形的示意图。

当 V_{GS} 改变时，I_D-V_{DS} 的特性曲线将有所变化。我们看到，若 V_{GS} 增大，则 I_D-V_{DS} 的特性曲线的斜率增大。我们还可以从式（10.43b）中看到 V_{DS}（sat）是 V_{GS} 的函数。可以做出 n 沟道增强型 MOSFET 的曲线簇如图 10.40 所示。

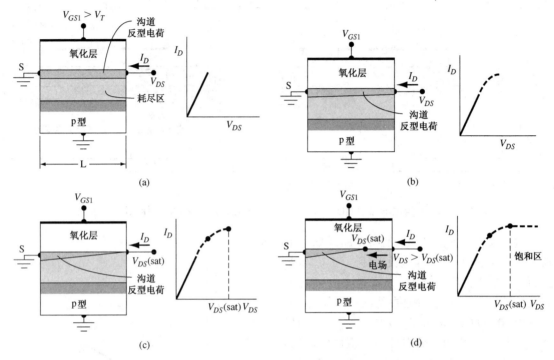

图 10.39　当 $V_{GS} < V_T$ 时器件剖面和 I_D-V_{DS} 的特性曲线。（a）较小的 V_{GS}；
（b）稍大的 V_{DS}；（c）$V_{DS} = V_{DS}$（sat）；（d）$V_{DS} > V_{DS}$（sat）时的情形

图 10.41 为 n 沟道耗尽型 MOSFET 的示意图。如果 n 沟道区是由金属-半导体功函数差和固定氧化层电荷生成的电子反型层，那么电流-电压特性就和我们先前讨论的相同，只是 V_T 为负值。我们还可以考虑另一种情况，即 n 沟道区是一 n 型半导体区。在这类器件中，负栅压可以在氧化层下产生一空间电荷区，从而减小 n 沟道区的厚度。进而沟道电导减小，漏电流减小。正栅压可以产生一电子堆积层，从而增大漏电流。这类器件需满足一个条件，就是沟道厚度 t_c 必须小于最大空间电荷宽度，以使器件能够正常截止。常见的 n 沟耗尽型 MOSFET 的 I_D-V_{DS} 的特性曲线簇示于图 10.42。

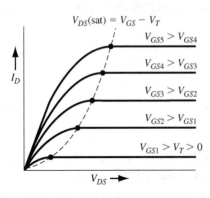

图 10.40　n 沟道增强型 MOSFET
的 I_D-V_{DS} 的特性曲线

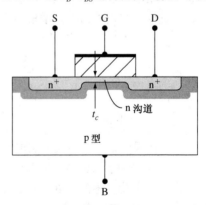

图 10.41　n 沟道耗尽型 MOSFET 的剖面图

下一节我们将推导 n 沟道 MOSFET 的理想电流-电压关系。在非饱和区，我们得到：

$$\boxed{I_D = \frac{W\mu_n C_{ox}}{2L}\left[2(V_{GS} - V_T)V_{DS} - V_{DS}^2\right]} \quad (10.44\text{a})$$

也可以写成：

$$I_D = \frac{k_n'}{2}\cdot\frac{W}{L}\cdot\left[2(V_{GS} - V_T)V_{DS} - V_{DS}^2\right] \quad (10.44\text{b})$$

或

$$I_D = K_n\left[2(V_{GS} - V_T)V_{DS} - V_{DS}^2\right] \quad (10.44\text{c})$$

$k_n' = \mu_n C_{ox}$ 称为 n 沟道 MOSFET 的器件工艺传导参数，单位为 A/V^2；$K_n = (W\mu_n C_{ox})/2L = (k_n'/2)\cdot(W/L)$ 称为 n 沟道 MOSFET 的器件传导参数，单位也为 A/V^2。

在饱和区，理想的电流-电压关系为：

$$\boxed{I_D = \frac{W\mu_n C_{ox}}{2L}(V_{GS} - V_T)^2} \quad (10.45\text{a})$$

也可写为：

$$I_D = \frac{k_n'}{2}\cdot\frac{W}{L}\cdot(V_{GS} - V_T)^2 \quad (10.45\text{b})$$

或者

$$I_D = K_n(V_{GS} - V_T)^2 \quad (10.45\text{c})$$

通常，在同一工艺条件下，k_n' 为常数。由式(10.44b)和式(10.45b)，可以看出，I_D 是由宽长比决定的。

p 沟道器件的工作原理和 n 沟道器件的相同，只是载流子为空穴且习惯上的电流方向和电压极性是相反的。

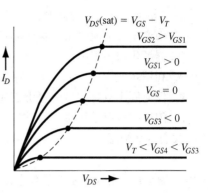

图 10.42　n 沟道耗尽型 MOSFET 的 I_D - V_{DS} 的特性曲线簇

*10.3.3　电流-电压关系——数学推导

在上一节中，我们定性地讨论了电流-电压特性。这一节里，我们将推导漏电流、栅源电压以及漏源电压之间的数学关系。我们将利用图 10.43 所示的器件的示意图进行下面的推导。

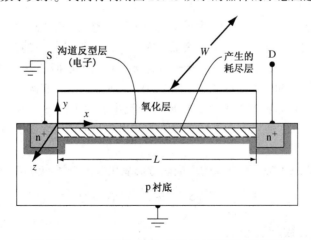

图 10.43　用来推导 I_D-V_{DS} 关系的 MOSFET 示意图

在分析前，要做下列假设：

1. 沟道中的电流是由漂移而非扩散产生的。
2. 栅氧化层中无电流。
3. 利用缓变沟道近似，$\partial E_y / \partial y \gg \partial E_x / \partial x$，这个近似意味着 E_x 为一常数。
4. 任何固定氧化层电荷等价于在氧化层–半导体界面处的电荷密度。
5. 沟道中载流子迁移率为常数。

我们从欧姆定律开始分析，欧姆定律可以写成：

$$J_x = \sigma E_x \tag{10.46}$$

式中 σ 为沟道电导率，E_x 为漏源电压产生的沟道方向的电场。沟道电导率定义为 $\sigma = e\mu_n n(y)$，式中 μ_n 为电子迁移率，$n(y)$ 为反型层中的电子浓度。

在 y 和 z 方向上的沟道截面对 J_x 进行积分可以得到总沟道电流。即

$$I_x = \int_y \int_z J_x \, dy \, dz \tag{10.47}$$

我们可以得到：

$$Q_n' = - \int en(y) \, dy \tag{10.48}$$

式中 Q_n' 为单位面积的反型层电荷，此时为一负值。

式（10.47）可以变形为：

$$I_x = -W\mu_n Q_n' E_x \tag{10.49}$$

其中 W 为沟道宽度，它是 z 方向积分的结果。

我们将在推导电流–电压关系时用到下面两个概念：电荷中和以及高斯定理。图 10.44 为当 $V_{GS} > V_T$ 时器件中电荷密度的示意图。图中的电荷均用单位面积电荷表示。利用电荷中和概念，我们可得：

$$Q_m' + Q_{ss}' + Q_n' + Q_{SD}'(\max) = 0 \tag{10.50}$$

对于 n 沟器件反型层电荷和空间电荷均为负值。

高斯定理可以写为：

$$\oint_s \epsilon E_n \, dS = Q_T \tag{10.51}$$

式中的积分是对封闭表面积的积分，Q_T 为封闭表面中的总电荷，E_n 为通过表面 S 电场的向外的分量。高斯定理将被应用于图 10.45 定义的表面。因为表面必须是封闭的，所以必须考虑位于 x-y 平面上的两侧的表面。然而，由于没有 z 分量的电场，这两个表面对式（10.51）的积分不起作用。

现在考虑标有表面 1 和表面 2 的表面，如图 10.45 所示。由缓变沟道近似，假设 E_x 在沟道长度上为常数。这个假设意味着进入表面 2 的 E_x 等于流出表面 1 的 E_x。由于式（10.51）中的积分采用的是电场的外向分量，所以表面 1 和表面 2 的作用相互抵消。表面 3 位于中性的 p 区，所以在此表面电场为零。

表面 4 是对式（10.51）唯一有贡献的表面。考虑氧化层内电场的方向，式（10.51）变形为：

$$\oint_s \epsilon E_n \, dS = -\epsilon_{ox} E_{ox} W \, dx = Q_T \tag{10.52}$$

式中 ϵ_{ox} 为氧化层介电常数。总电荷为：

$$Q_T = [Q_{ss}' + Q_n' + Q_{SD}'(\max)]W \, dx \tag{10.53}$$

合并式(10.52)和式(10.53),得到:

$$-\epsilon_{ox}E_{ox} = Q'_{ss} + Q'_n + Q'_{SD}(\max) \tag{10.54}$$

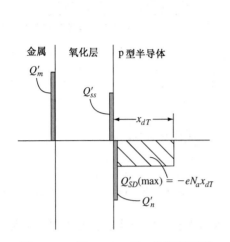

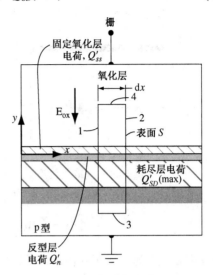

图10.44 当$V_{GS} > V_T$时n沟道增强型
MOSFET的电荷分布情况

图10.45 应用高斯定理的示意图

下面我们需要得到E_{ox}的表达式。图10.46(a)为氧化层和沟道区的示意图。假设源极接地。电压V_x为沟道中沿沟道长度上x点处的电势。x点处氧化层的压降为V_{GS}、V_x和金属–半导体功函数差的函数。

图10.46(b)为MOS结构在x点处的能带图。p型半导体中的费米能级为E_{Fp},金属中的费米能级为E_{Fm}。可以得到:

$$E_{Fp} - E_{Fm} = e(V_{GS} - V_x) \tag{10.55}$$

考虑到势垒高度,我们得到:

$$V_{GS} - V_x = (\phi'_m + V_{ox}) - \left(\chi' + \frac{E_g}{2e} - \phi_s + \phi_{fp}\right) \tag{10.56}$$

上式还可写为:

$$V_{GS} - V_x = V_{ox} + 2\phi_{fp} + \phi_{ms} \tag{10.57}$$

式中ϕ_{ms}为金属–半导体功函数差,且反型时$\phi_s = 2\phi_{fp}$。

氧化层中的电场为

$$E_{ox} = \frac{V_{ox}}{t_{ox}} \tag{10.58}$$

合并式(10.54)、式(10.57)和式(10.58),得到:

$$\begin{aligned}
-\epsilon_{ox} E_{ox} &= \frac{-\epsilon_{ox}}{t_{ox}}[(V_{GS} - V_x) - (\phi_{ms} + 2\phi_{fp})] \\
&= Q'_{ss} + Q'_n + Q'_{SD}(\max)
\end{aligned} \tag{10.59}$$

将上式中的反型层电荷密度Q'_n代入式(10.49)中,得到:

$$I_x = -W\mu_n C_{ox}\frac{dV_x}{dx}[(V_{GS} - V_x) - V_T] \tag{10.60}$$

式中$E_x = -dV_x/dx$,V_T为式(10.31b)中定义的阈值电压。

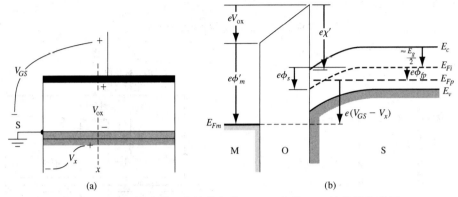

(a)   (b)

图 10.46 （a）沿沟道 x 点处的电势；（b）x 点处 MOS 结构的能带图

沿沟道长度对式（10.60）进行积分，可得：

$$\int_0^L I_x\,\mathrm{d}x = -W\mu_n C_{\mathrm{ox}} \int_{V_x(0)}^{V_x(L)} [(V_{GS} - V_T) - V_x]\,\mathrm{d}V_x \tag{10.61}$$

假设迁移率 μ_n 为常数。对于 n 沟道器件，漏电流进入漏端且沿整个沟道长度方向上为常数。设 $I_D = -I_x$，式（10.61）变形为：

$$I_D = \frac{W\mu_n C_{\mathrm{ox}}}{2L}[2(V_{GS} - V_T)V_{DS} - V_{DS}^2] \tag{10.62}$$

上式在 $V_{GS} \geqslant V_T$ 且 $0 \leqslant V_{DS} \leqslant V_{DS}(\mathrm{sat})$ 时成立。

式（10.62）也可写成：

$$I_D = \frac{k_n'}{2} \cdot \frac{W}{L} \cdot [2(V_{GS} - V_T)V_{DS} - V_{DS}^2] = K_n[2(V_{GS} - V_T)V_{DS} - V_{DS}^2] \tag{10.63}$$

式中 k_n' 是器件工艺传导参数，K_n 是器件传导参数，其描述与定义已由式（10.44b）和式（10.44c）给出。

图 10.47 为不同 V_{GS} 时，式（10.62）中 I_D 和 V_{DS} 的函数关系。我们可以看出 V_{DS} 在电流峰值处满足 $\partial I_D / \partial V_{DS} = 0$。那么，由式（10.62），电流峰值发生在下式成立时：

$$V_{DS} = V_{GS} - V_T \tag{10.64}$$

这时的 V_{DS} 就是 $V_{DS}(\mathrm{sat})$，也就是开始饱和的那一点。当 $V_{DS} > V_{DS}(\mathrm{sat})$ 时，理想漏电流为常数，它等于：

$$I_D(\mathrm{sat}) = \frac{W\mu_n C_{\mathrm{ox}}}{2L}[2(V_{GS} - V_T)V_{DS}(\mathrm{sat}) - V_{DS}^2(\mathrm{sat})] \tag{10.65}$$

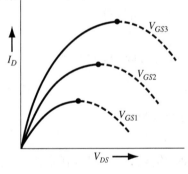

图 10.47 式（10.62）中 I_D 和 V_{DS} 的函数关系

由式（10.64），式（10.65）变形为：

$$I_D(\mathrm{sat}) = \frac{W\mu_n C_{\mathrm{ox}}}{2L}(V_{GS} - V_T)^2 \tag{10.66}$$

上式也可表示成：

$$I_D = \frac{k_n'}{2} \cdot \frac{W}{L} \cdot (V_{GS} - V_T)^2 = K_n(V_{GS} - V_T)^2 \tag{10.67}$$

式（10.62）为 n 沟道 MOSFET 在非饱和区，即 $0 \leqslant V_{DS} \leqslant V_{DS}(\mathrm{sat})$ 时的理想电流-电压关系，式（10.66）为 n 沟道 MOSFET 在饱和区，即 $V_{DS} \geqslant V_{DS}(\mathrm{sat})$ 时的理想电流-电压关系。这些表达式是针对于 n 沟道增强型器件而推导出来的。这些方程用于 n 沟道耗尽型 MOSFET 时，阈值电压 V_T 将为负值。

例10.7　根据给定的偏置电压，通过求电流进而确定 MOSFET 的沟道宽度。

考虑一理想 n 沟道 MOSFET，参数为 $L = 1.25$ μm，$\mu_n = 650$ cm^2/V · s，$C_{ox} = 6.9 \times 10^{-8}$ F/cm^2，$V_T = 0.65$ V。设计沟道宽度使之满足 $V_{GS} = 5$ V 时 $I_D(\text{sat}) = 4$ mA。

■ **解**

由式(10.66)可得：

$$I_D(\text{sat}) = \frac{W\mu_n C_{ox}}{2L}(V_{GS} - V_T)^2$$

或者

$$4 \times 10^{-3} = \frac{W(650)(6.9 \times 10^{-8})}{2(1.25 \times 10^{-4})} \cdot (5 - 0.65)^2 = 3.39\,W$$

那么

$$W = 11.8 \text{ μm}$$

■ **说明**

MOSFET 的电流驱动能力是正比于沟道宽度 W 的。可以通过增大 W 来增加电流驱动能力。

■ **自测题**

E10.7　n 沟道 MOSFET 的参数如下：$\mu_n = 650$ cm^2/V · s，$t_{ox} = 80$ Å，$W/L = 12$，$V_T = 0.40$ V。设晶体管偏置在饱和区，求 $V_{GS} = 0.8$ V、1.2 V、1.6 V 时的漏电流。

答案：$I_D = 0.269$ mA、1.077 mA、2.423 mA。

我们可以用电流-电压关系曲线实验地确定迁移率和阈值电压等参数。由式(10.62)，在 V_{DS} 很小时，可得到：

$$I_D = \frac{W\mu_n C_{ox}}{L}(V_{GS} - V_T)V_{DS} \tag{10.68}$$

图 10.48(a)为 V_{DS} 为常数时式(10.68)中 I_D 与 V_{GS} 的函数关系图。一条直线可以近似通过图中各点。在低 V_{GS} 值处点与直线的偏离是由于亚阈值电导的影响，在高 V_{GS} 值处，点与直线的偏离是由于迁移率成为栅压的函数。这两种效应将在下一章中进行讨论。直线在电流为零时与横轴的交点就是阈值电压，直线的斜率正比于反型载流子迁移率。

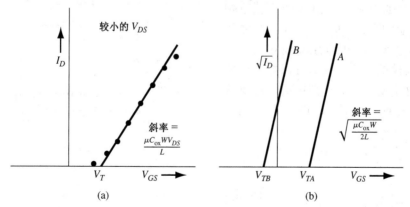

图 10.48　(a)增强型 MOSFET 的 I_D-V_{GS} 的特性曲线(较小的 V_{DS} 时)；(b) n 沟道增强型(曲线A)和耗尽型(曲线B)MOSFET在饱和区的理想 $\sqrt{I_D}$-V_{GS} 特性曲线

将式(10.66)开方，可得到：

$$\sqrt{I_D(\text{sat})} = \sqrt{\frac{W\mu_n C_{ox}}{2L}}(V_{GS} - V_T) \tag{10.69}$$

图10.48(b)为式(10.69)的函数曲线图。在理想情况下，我们可以从这两种曲线中得到相同的结果。但是，在下一章中，正如我们所看到的，阈值电压在短沟道器件中可能会是 V_{DS} 的函数。由于式(10.69)在器件处于饱和区时才成立，式中的参数 V_T 可能与图10.48(a)中所示的不同。通常，非饱和电流-电压特性能产生更可靠的数据。

例10.8 由实验结果确定反型载流子迁移率。

考虑一 n 沟道 MOSFET，$W = 15\ \mu m$，$L = 2\ \mu m$，$C_{ox} = 6.9 \times 10^{-8}\ F/cm^2$，假设非饱和区漏电流在 $V_{DS} = 0.10\ V$ 固定不变时，$V_{GS} = 1.5\ V$ 时 $I_D = 35\ \mu A$；$V_{GS} = 2.5\ V$ 时 $I_D = 75\ \mu A$。

■ **解**

由式(10.68)我们可以得到：

$$I_{D2} - I_{D1} = \frac{W \mu_n C_{ox}}{L}(V_{GS2} - V_{GS1})V_{DS}$$

因此

$$75 \times 10^{-6} - 35 \times 10^{-6} = \left(\frac{15}{2}\right)\mu_n(6.9 \times 10^{-8})(2.5 - 1.5)(0.10)$$

从而

$$\mu_n = 773\ cm^2/V \cdot s$$

我们能够确定出：

$$V_T = 0.625\ V$$

■ **说明**

反型层的载流子迁移率小于体内的载流子迁移率，这是因为表面散射效应。我们将在下一章讨论这个效应。

■ **自测题**

E10.8 一个 n 沟道 MOSFET，$W = 6\ \mu m$，$L = 1.5\ \mu m$，$t_{ox} = 80\ Å$。当它工作在饱和区时，当 $V_{GS} = 1.0\ V$ 时漏电流 $I_D(sat) = 0.132\ mA$；当 $V_{GS} = 1.25\ V$ 时漏电流 $I_D(sat) = 0.295\ mA$。计算电子迁移率和阈值电压的大小。

答案： $\mu_n \approx 600\ cm^2/V \cdot s$，$V_T = 0.495\ V$。

p 沟道器件的电流-电压关系可以通过相同的分析得到。图10.49 为 p 沟道增强型 MOSFET 的示意图。其中电压极性和电流方向与 n 沟道器件的相反。我们可以在下面的说明中看到这个变化。对于图中所示的电流方向，p 沟道 MOSFET 的电流-电压关系为：

$$I_D = \frac{W \mu_p C_{ox}}{2L}\left[2(V_{SG} + V_T)V_{SD} - V_{SD}^2\right]$$

(10.70)

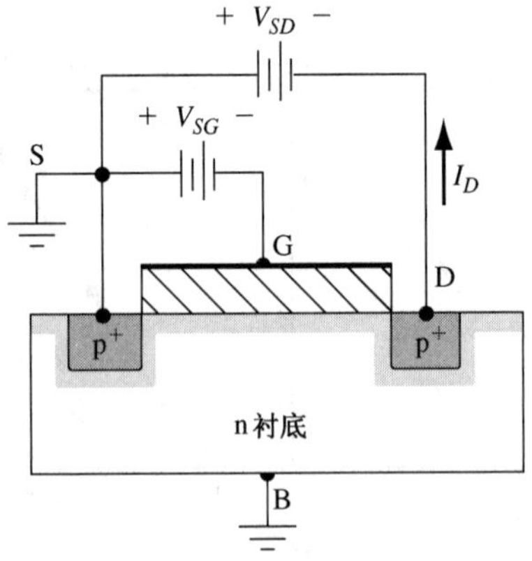

图10.49　p 沟道增强型 MOSFET 的剖面图和偏置情况

这时 $0 \leqslant V_{SD} \leqslant V_{SD}(sat)$，式(10.70)也可写成：

$$I_D = \frac{k_p'}{2} \cdot \frac{W}{L} \cdot \left[2(V_{SG} + V_T)V_{SD} - V_{SD}^2\right] = K_p\left[2(V_{SG} + V_T)V_{SD} - V_{SD}^2\right]$$

(10.71)

其中，$k_p' = \mu_p C_{ox}$ 称为 p 沟道 MOSFET 的器件工艺跨导参数；$K_p = (W \mu_p C_{ox})/2L = (k_p'/2) \cdot (W/L)$ 称为 p 沟道 MOSFET 的跨导系数。

当 $V_{SD} \geqslant V_{SD}(\text{sat})$ 时，工作在饱和区，即

$$I_D(\text{sat}) = \frac{W\mu_p C_{\text{ox}}}{2L}(V_{SG} + V_T)^2 \tag{10.72}$$

式(10.72)也可以写成：

$$I_D = \frac{k'_p}{2} \cdot \frac{W}{L} \cdot (V_{SG} + V_T)^2 = K_p(V_{SG} + V_T)^2 \tag{10.73}$$

源漏饱和电压为：

$$V_{SD}(\text{sat}) = V_{SG} + V_T \tag{10.74}$$

注意 V_T 前面的符号变化以及迁移率现在是空穴反型层中的空穴迁移率。要记住 p 沟道增强型 MOSFET 的 V_T 为负值而耗尽型器件的 V_T 为正值。

在推导电流–电压关系时我们用到了一个假设，即由式(10.50)确定的电荷中和条件在整个沟道长度内均成立。这相当于假设了沿沟道长度 $Q'_{SD}(\text{max})$ 为常数。然而空间电荷宽度由于漏源电压而在源、漏间变化；它在漏端处当 $V_{DS} > 0$ 时最宽。沿沟道长度的空间电荷密度的变化必须被相应的反型层电荷密度的变化所平衡。空间电荷宽度的增加意味着反型层电荷的减少，表明了漏电流和漏源饱和电压小于理想值。由于体电荷效应，实际中的饱和漏电流可能比计算出的值小20%之多。

10.3.4　跨导

MOSFET 的跨导定义为相对于栅压的漏电流的改变，或者写为：

$$g_m = \frac{\partial I_D}{\partial V_{GS}} \tag{10.75}$$

跨导有时也称为晶体管增益。

如果我们考虑工作在非饱和区的 n 沟道 MOSFET，由式(10.62)，可得：

$$g_{mL} = \frac{\partial I_D}{\partial V_{GS}} = \frac{W\mu_n C_{\text{ox}}}{L} \cdot V_{DS} \tag{10.76}$$

在非饱和区，跨导随 V_{DS} 线性变化，而与 V_{GS} 无关。

工作于饱和区的 n 沟道 MOSFET 的电流–电压特性由式(10.66)给出。这时的跨导为：

$$g_{ms} = \frac{\partial I_D(\text{sat})}{\partial V_{GS}} = \frac{W\mu_n C_{\text{ox}}}{L}(V_{GS} - V_T) \tag{10.77}$$

在饱和区，跨导随 V_{GS} 线性变化，而与 V_{DS} 无关。

跨导是器件结构、载流子迁移率和阈值电压的函数。随着器件沟道宽度的增加、沟道长度的减小或氧化层厚度的减小，跨导都会增大。在 MOSFET 电路设计中，晶体管的尺寸，尤其是沟道宽度 W，是一个重要的工程设计参数。

10.3.5　衬底偏置效应

到现在为止的所有讨论中，衬底，或称为体，都是与源相连并接地的。在 MOSFET 电路中，源和衬底不一定是相同的电势。图 10.50(a) 为 n 沟道 MOSFET 及其在两种体偏置时的能带图。源到衬底的 pn 结必须为零或反偏，因此 V_{SB} 总是大于等于零的。

如果 $V_{SB} = 0$，那么阈值电压的定义如先前讨论过的一样，此时 $\phi_s = 2\phi_{fp}$，如图 10.50(b) 所示。当 $V_{SB} > 0$ 时，表面仍然在 $\phi_s = 2\phi_{fp}$ 时试图成为反型，但是表面处电子的势能比源端电子的势能

要高。新产生的电子将横向移动并流出源极。当 $\phi_s = 2\phi_{fp} + V_{SB}$ 时，表面达到反型条件。这种情况的能带图示于图 10.50(c)。标有 E_{Fn} 的曲线为从 p 型衬底经过反偏源–衬底 pn 结到源端的费米能级。

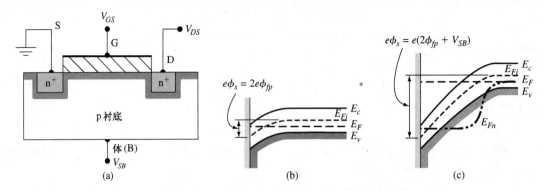

图 10.50　(a)n 沟道 MOSFET 所加电压的示意图；(b)当 $V_{SB} = 0$ 时
反型点处的能带图；(c)当 $V_{SB} > 0$ 时反型点处的能带图

当在反偏源–衬底结上施加一个电压时，氧化层下的空间电荷宽度从初始值 x_{dT} 开始增加。当 $V_{SB} > 0$ 时，有更多的电荷与此区有关。考虑到 MOS 结构的电荷中性条件，金属栅上的正电荷必须增多以补偿负空间电荷的增多，从而达到阈值反型点。因此当 $V_{SB} > 0$ 时，n 沟道 MOSFET 的阈值电压增加。

当 $V_{SB} = 0$ 时，有：

$$Q'_{SD}(\max) = -eN_a x_{dT} = -\sqrt{2e\epsilon_s N_a(2\phi_{fp})} \tag{10.78}$$

当 $V_{SB} > 0$ 时，空间电荷宽度增大，有：

$$Q'_{SD} = -eN_a x_d = -\sqrt{2e\epsilon_s N_a(2\phi_{fp} + V_{SB})} \tag{10.79}$$

空间电荷密度的变化量为：

$$\Delta Q'_{SD} = -\sqrt{2e\epsilon_s N_a}\left[\sqrt{2\phi_{fp} + V_{SB}} - \sqrt{2\phi_{fp}}\right] \tag{10.80}$$

为了能够达到阈值条件，所加栅压必须增大。阈值电压的改变量为：

$$\boxed{\Delta V_T = -\frac{\Delta Q'_{SD}}{C_{ox}} = \frac{\sqrt{2e\epsilon_s N_a}}{C_{ox}}\left[\sqrt{2\phi_{fp} + V_{SB}} - \sqrt{2\phi_{fp}}\right]} \tag{10.81}$$

式中 $\Delta V_T = V_T(V_{SB} > 0) - V_T(V_{SB} = 0)$。我们注意到 V_{SB} 必须为正值以使 n 沟道器件的 ΔV_T 总是正值。n 沟道 MOSFET 的阈值电压将按照源–衬底结电压的函数关系增加。

根据式(10.81)，我们可以定义：

$$\gamma = \frac{\sqrt{2e\epsilon_s N_a}}{C_{ox}} \tag{10.82}$$

定义 γ 为体效应系数，因此式(10.81)可以表达为：

$$\Delta V_T = \gamma\left[\sqrt{2\phi_{fp} + V_{SB}} - \sqrt{2\phi_{fp}}\right] \tag{10.83}$$

例 10.9　计算由于源–衬底偏压引起的阈值电压的改变量。

引入 $T = 300$ K 时的一个 n 沟道 MOSFET。设衬底掺杂浓度为 $N_a = 3 \times 10^{16}$ cm^{-3}，二氧化硅厚度为 $t_{ox} = 200$ Å，$V_{SB} = 1$ V。

■ **解**

我们可以求出：

$$\phi_{fp} = V_t \ln\left(\frac{N_a}{n_i}\right) = (0.0259)\ln\left(\frac{3 \times 10^{16}}{1.5 \times 10^{10}}\right) = 0.3758 \text{ V}$$

和

$$C_{ox} = \frac{\epsilon_{ox}}{t_{ox}} = \frac{(3.9)(8.85 \times 10^{-14})}{200 \times 10^{-8}} = 1.726 \times 10^{-7} \text{ F/cm}^2$$

由式(10.82)，可得到：

$$\gamma = \frac{\sqrt{2e\epsilon_s N_a}}{C_{ox}} = \frac{[2(1.6 \times 10^{-19})(11.7)(8.85 \times 10^{-14})(3 \times 10^{16})]^{1/2}}{1.726 \times 10^{-7}}$$

或者

$$\gamma = 0.5776 \text{ V}^{1/2}$$

当 $V_{SB} = 1$ V 时，其阈值电压变为：

$$\begin{aligned}\Delta V_T &= \gamma\left[\sqrt{2\phi_{fp} + V_{SB}} - \sqrt{2\phi_{fp}}\right] \\ &= (0.5776)\left[\sqrt{2(0.3758) + 1} - \sqrt{2(0.3758)}\right] \\ &= (0.5776)[1.3235 - 0.8669] = 0.264 \text{ V}\end{aligned}$$

■ **说明**

图 10.51 为不同 V_{SB} 时 $\sqrt{I_D(\text{sat})}$ 与 V_{GS} 的函数曲线图。初始阈值电压 V_{T_o} 为 0.64 V。

■ **自测题**

E10.9 有一硅 MOS 器件，其参数如下：$N_a = 10^{16} \text{ cm}^{-3}$，$t_{ox} = 120$ Å，计算(a)体效应系数；(b)阈值电压在下面两种体偏置下的改变(i) $V_{SB} = 1$ V，(ii) $V_{SB} = 2$ V。

答案：(a) $\gamma = 0.200 \text{ V}^{1/2}$；(b)(i) $\Delta V_T = 0.0937$ V，(ii) $\Delta V_T = 0.162$ V。

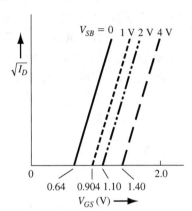

图 10.51　对于 n 沟道 MOSFET 不同 V_{SB} 时 $\sqrt{I_D}$-V_{GS} 的函数曲线图

若在 p 沟道器件的体或衬底施加偏压，则阈值电压将向负电压偏移。因为 p 沟道增强型 MOSFET 的阈值电压是负值，衬底电压增大，则栅负电压必须增大才能形成反型层。n 沟道 MOSFET 也同理。

练习题

T10.6 改变自测题 10.7 中 n 沟道 MOSFET 的 W/L，使得当 $V_{GS} = 1.0$ V 时饱和漏电流 $I_D = 100$ μA，求此时的 W/L。

答案：$W/L = 1.98$。

T10.7 一个 p 沟道 MOSFET 的参数为：$\mu_p = 310 \text{ cm}^2/\text{V} \cdot \text{s}$，$t_{ox} = 220$ Å，$W/L = 60$ 和 $V_T = -0.40$ V。假设晶体管工作在饱和区，计算 $V_{SG} = 1$ V，1.5 V，2 V 时的漏电流。

答案：$I_D = 0.526$ mA，1.77 mA，3.74 mA。

T10.8 改变练习题 T10.7 中 MOSFET 的 W/L，使得当 $V_{SG} = 1.25$ V 时饱和漏电流 $I_D = 200$ μA，求此时的 W/L。

答案：$W/L = 11.4$。

T10.9 当自测题 10.9 中的 MOSFET 衬底掺杂浓度 $N_a = 10^{15} \text{ cm}^{-3}$ 时，重新计算例 10.9。

答案：(a) $\gamma = 0.0633 \text{ V}^{1/2}$；(b)(i) $\Delta V_T = 0.0314$ V，(ii) $\Delta V_T = 0.0536$ V。

10.4 频率限制特性

在许多实际应用中，MOSFET 被用于线性放大电路。用 MOSFET 的小信号等效电路可以从数学上对电子电路进行分析。等效电路包括产生频率效应的电容和电阻。我们首先说明小信号等效电路，然后讨论限制 MOSFET 频率响应的物理因素，最后定义晶体管截止频率并推导出其表达式。

10.4.1 小信号等效电路

MOSFET 的小信号等效电路可由基本 MOSFET 结构示意图推导出来。图 10.52 为基于晶体管寄生电容、电阻的模型示意图。在等效电路中为了简化起见，假设源和衬底均接地。

其中两个连到栅极的电容 C_{gs} 和 C_{gd} 是器件中固有的，它们分别体现了栅极和源、漏附近的沟道电荷之间的相互作用。余下的两个栅电容 C_{gsp} 和 C_{gdp} 寄生或交叠电容。在实际的器件中，栅氧化层会由于工艺因素和源、漏有所交叠。正如我们看到的，漏极交叠电容 C_{gdp} 会减小器件的频率响应。参数 C_{ds} 为漏-衬底 pn 结电容，r_s 和 r_d 为和源、漏极有关的串联电阻。小信号沟道电流由通过跨导的栅源电压控制。

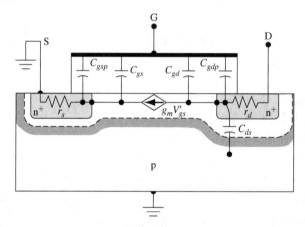

图 10.52　n 沟道 MOSFET 的固有电阻和电容

n 沟道共源 MOSFET 的小信号等效电路如图 10.53 所示。电压 V'_{gs} 为内部栅源电压，它控制沟道电流。参数 C_{gsT} 和 C_{gdT} 为总栅源电容和总栅漏电容。其中有一个参数 r_{ds} 在图 10.52 中没有标出，而出现在图 10.53 中。这个电阻与 I_D-V_{DS} 特性曲线的斜率有关。当理想 MOSFET 工作在饱和区时，I_D 不依赖于 V_{DS}，因此 r_{ds} 为无限大。特别地，在短沟道器件中，由于沟道长度调制效应，r_{ds} 是有限大的，沟道长度调制效应将在下一章中讨论。

简化的小信号等效电路在低频时成立，如图 10.54 所示。其中串联电阻 r_s 和 r_d 被忽略，从而漏电流仅是通过跨导的栅源电压的函数。在这个简化模型里输入栅极阻抗为无限大。

源极电阻 r_s 会对晶体管的特性有很大的影响。图 10.55 为包含 r_s 而忽略 r_{ds} 的简化低频等效电路示意图。漏电流为：

$$I_d = g_m V'_{gs} \tag{10.84}$$

V_{gs} 和 V'_{gs} 的关系可以写为：

$$V_{gs} = V'_{gs} + (g_m V'_{gs})r_s = (1 + g_m r_s)V'_{gs} \tag{10.85}$$

由式(10.84)漏电流现在可以写成：

$$I_d = \left(\frac{g_m}{1 + g_m r_s}\right) V_{gs} = g'_m V_{gs} \tag{10.86}$$

源电阻减小了有效跨导或晶体管增益。

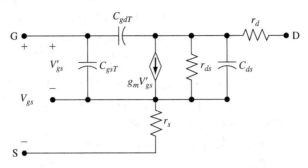

图 10.53　共源 n 沟道 MOSFET 的小信号等效电路

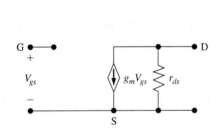

图 10.54　简化的共源 n 沟道 MOSFET
低频小信号等效电路

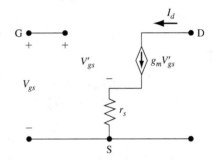

图 10.55　包含源电阻 r_s 的简化的共源 n 沟道
MOSFET 低频小信号等效电路

　　p 沟道 MOSFET 的等效电路与 n 沟道器件的完全相同，只是所有电压的极性和电流的方向都是与 n 沟道器件相反的。p 沟道模型中的各个电容、电阻和 n 沟道中的相同。

10.4.2　频率限制因素与截止频率

　　在 MOSFET 中有两个基本的频率限制因素。第一个因素为沟道输运时间。如果我们假设载流子在其饱和漂移速度 v_{sat} 下行进，那么输运时间为 $\tau_t = L/v_{sat}$，其中 L 为沟道长度。若 $v_{sat} = 10^7$ cm/s，$L = 1$ μm，则 $\tau_t = 10$ ps，它可以转换为最大频率，即 100 GHz。这个频率比 MOSFET 的典型最大频率响应还要大。载流子通过沟道的输运时间通常不是 MOSFET 频率响应的限制因素。

　　另一个因素为栅或电容充电时间。如果忽略 r_s、r_d、r_{ds} 和 C_{ds}，则得到的等效小信号电路如图 10.56 所示，其中 R_L 为负载电阻。

　　在这个等效电路中输入栅极阻抗不再是无限大。把输入栅极的各个电流相加，得到：

$$I_i = j\omega C_{gsT} V_{gs} + j\omega C_{gdT}(V_{gs} - V_d) \tag{10.87}$$

式中 I_i 为输入电流。同理，输出漏端的电流和为：

$$\frac{V_d}{R_L} + g_m V_{gs} + j\omega C_{gdT}(V_d - V_{gs}) = 0 \tag{10.88}$$

合并式（10.87）和式（10.88），消去电压变量 V_d，可得输入电流的表达式为：

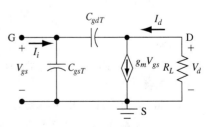

图 10.56　共源 n 沟道 MOSFET 的
高频小信号等效电路

$$I_i = \mathrm{j}\omega\left[C_{gsT} + C_{gdT}\left(\frac{1 + g_m R_L}{1 + \mathrm{j}\omega R_L C_{gdT}}\right)\right]V_{gs} \tag{10.89}$$

通常，$\omega R_L C_{gdT}$ 远小于 1，因此可以忽略 $\mathrm{j}\omega R_L C_{gdT}$ 这一项。这样，式(10.89)简化为：

$$I_i = \mathrm{j}\omega[C_{gsT} + C_{gdT}(1 + g_m R_L)]V_{gs} \tag{10.90}$$

图 10.57 为使用式(10.90)描述的等效输入阻抗的等效电路。参数 C_M 为米勒电容，由下式描述：

$$C_M = C_{gdT}(1 + g_m R_L) \tag{10.91}$$

漏极交叠电容的影响表现得比较严重。当晶体管工作在饱和区时，C_{gd} 变为零，但 C_{gdp} 为常数。这个寄生电容由于晶体管增益而翻倍，从而可以成为影响输入阻抗的重要因数。

截止频率 f_T 定义为器件的电流增益为 1 时的频率，或是当输入电流 I_i 等于理想负载电流 I_d 时的频率。由图 10.57，我们可以看到：

$$I_i = \mathrm{j}\omega(C_{gsT} + C_M)V_{gs} \tag{10.92}$$

理想负载电流为：

$$I_d = g_m V_{gs} \tag{10.93}$$

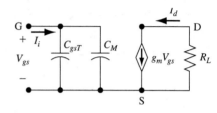

图 10.57　含有米勒电容的小信号等效电路

则电流增益为：

$$\left|\frac{I_d}{I_i}\right| = \frac{g_m}{2\pi f(C_{gsT} + C_M)} \tag{10.94}$$

令截止频率处的电流增益等于 1，我们得到：

$$f_T = \frac{g_m}{2\pi(C_{gsT} + C_M)} = \frac{g_m}{2\pi C_G} \tag{10.95}$$

式中 C_G 为等效输入栅极电容。

在理想 MOSFET 中，交叠或寄生电容 C_{gsp} 和 C_{gdp} 为零。当晶体管偏置在饱和区时，C_{gd} 接近于零，C_{gs} 大约为 $C_{ox}WL$。工作在饱和区的理想 MOSFET 的跨导(假设迁移率为常数)由式(10.77)给出：

$$g_{ms} = \frac{W\mu_n C_{ox}}{L}(V_{GS} - V_T)$$

在理想情况下，截止频率为：

$$\boxed{f_T = \frac{g_m}{2\pi C_G} = \frac{\dfrac{W\mu_n C_{ox}}{L}(V_{GS} - V_T)}{2\pi(C_{ox}WL)} = \frac{\mu_n(V_{GS} - V_T)}{2\pi L^2}} \tag{10.96}$$

例 10.10　计算迁移率为常数时理想 MOSFET 的截止频率。

假设 n 沟道器件的电子迁移率为 $\mu_n = 400\ \mathrm{cm^2/V \cdot s}$，沟道长度 $L = 4\ \mu\mathrm{m}$，设 $V_T = 1\ \mathrm{V}$，$V_{GS} = 3\ \mathrm{V}$。

■ **解**

由式(10.96)，截止频率为：

$$f_T = \frac{\mu_n(V_{GS} - V_T)}{2\pi L^2} = \frac{400(3-1)}{2\pi(4\times 10^{-4})^2} = 796\ \mathrm{MHz}$$

■ **说明**

在实际的 MOSFET 中，寄生电容的影响会微弱地减小从此例中求得的截止频率。

■ **自测题**

E10.10　n 沟道 MOSFET 的参数如下：$\mu_n = 420\ \mathrm{cm^2/V \cdot s}$，$t_{ox} = 180\ \text{Å}$，$L = 1.2\ \mu\mathrm{m}$，$W = 24\ \mu\mathrm{m}$，$V_T = 0.40\ \mathrm{V}$，$V_{GS} = 1.5\ \mathrm{V}$，晶体管工作在饱和区，求截止频率。

答案：$f_T = 5.11\ \mathrm{GHz}$。

练习题

T10.10 自测题 10.10 中, 晶体管接负载 $R_L = 100 \text{ k}\Omega$。计算米勒电容 C_M 与栅漏电容 C_{gdT} 之比。

　　　　答案: 178。

*10.5　CMOS 技术

这一节的主要内容是阐述半导体材料的基本物理性质, 而不对各种制造过程进行过细的讨论; 这部分重要的内容将在以后讲述。然而, 有一种广泛应用的 MOS 技术必须加以考虑以便对器件和电路的特性有更深入的理解。这个 MOS 技术就是互补 MOS, 即 CMOS 工艺。

我们已经讨论了 n 沟道和 p 沟道增强型 MOSFET 的物理性质。这两种器件被用在 CMOS 反相器中, 而 CMOS 反相器是 CMOS 数字逻辑电路的基础。通过使用互补的 p 沟道和 n 沟道 MOS-FET 对可使数字电路的 dc 功耗降到很低。

在集成电路中为了构成 n 沟道和 p 沟道晶体管, 形成 p 衬底和 n 衬底区必须是绝缘的。p 阱工艺在 CMOS 电路中是一种常用的技术。在这种工艺中, 首先要有一个很低浓度的 n 型硅衬底, 以容纳 p 沟道 MOSFET。再在 p 型扩散区, 即所谓的 p 阱中生成 n 沟道 MOSFET。通常, p 型衬底的掺杂浓度必须大于 n 型衬底的掺杂浓度, 才能得到希望的阈值电压。更大的 p 型掺杂能够较容易地补偿初始 n 型掺杂, 从而形成 p 阱。简化的 p 阱 CMOS 结构的剖面图示于图 10.58(a)。符号 FOX 表示场氧化层, 它是一层较厚的氧化层用来隔离不同的器件。场氧化层可以阻止 p 型或 n 型衬底变为反型, 还有助于两个器件之间的绝缘。实际中, 必须采用一些其他的工艺, 例如, 提供 p 阱和 n 型衬底的连接以使它们能够连接到适当的电压上。n 型衬底的电势必须总是高于 p 阱, 因此, 此 pn 结总是反偏的。

由于现在离子注入为控制阈值电压的常用方法, 因此 n 阱和双阱 CMOS 工艺得以实现。图 10.58(b)所示的 n 阱 CMOS 工艺中, n 沟道 MOSFET 位于 p 型衬底中(通常, n 沟道 MOSFET 有更好的特性, 所以这样可以制作出很好的 n 沟道器件)。然后加入 n 阱, p 沟道器件植入其中。n 阱区的掺杂可由离子注入来控制。

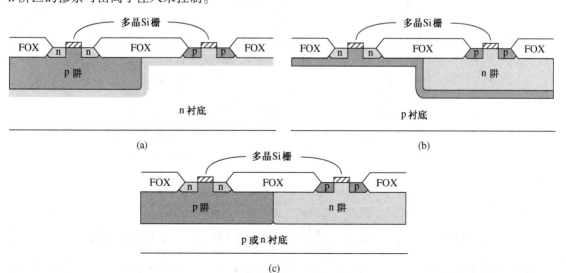

图 10.58　CMOS 结构。(a) p 阱; (b) n 阱; (c) 双阱

图 10.58（c）所示的双阱 CMOS 工艺中 n 阱和 p 阱均可被很好地掺杂。从而控制每个晶体管的阈值电压和跨导。自对准工艺使得双阱工艺有着更高的集成密度。

在 CMOS 电路中有个很重要的问题，就是闩锁效应。闩锁效应是指四层 pnpn 结构中大电流、低电压的情形。图 10.59（a）为 CMOS 反相器的电路，图 10.59（b）为简化的反相器电路的集成电路版图。在 CMOS 版图中，p^+ 源区、n 型衬底、p 阱和 n^+ 源区构成了四层结构。

这种四层结构的等效电路示于图 10.60。硅控整流器在寄生 pnp 和 npn 晶体管的相互作用下工作。npn 晶体管对应于垂直方向上的 n^+ 源区到 p 阱到 n 型衬底的结构，pnp 晶体管对应于横向的 p 阱到 n 型衬底到 p^+ 源区的结构。当 CMOS 正常工作时，这两个寄生双极晶体管都是截止的。然而，在某些情况下，雪崩击穿可以产生 p 阱到 n 型衬底的 pn 结，从而使两个双极晶体管进入饱和区。这种大电流、低电压的情况，即闩锁现象，可以靠正反馈来自身维持。这样一来就阻碍了 CMOS 电路的正常工作，并且能够造成电路的永久损坏或烧毁。

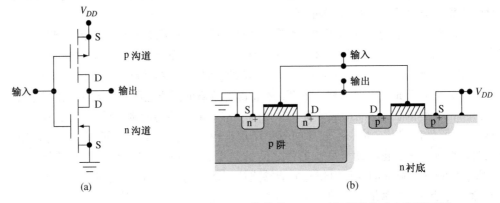

图 10.59　（a）CMOS 反相器电路；（b）简化的 CMOS 反相器的集成电路剖面图

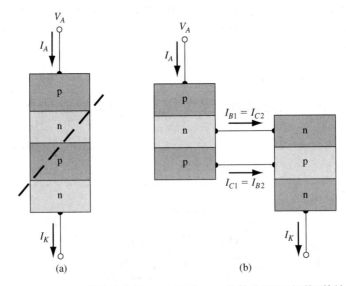

图 10.60　（a）pnpn 结构的分解；（b）四层 pnpn 器件的"双三极管"等效电路

如果乘积 $\beta_n\beta_p$ 总小于 1，则可以抑制闩锁现象，其中 β_n 和 β_p 分别为 npn 和 pnp 寄生双极晶体管的共射极电流增益。一种抑制闩锁现象的方法是减小少数载流子的寿命。可以通过掺金或中子辐射来减小少子的寿命。这两种方法均在半导体中引入了深能级陷阱。这些深陷阱增大了过剩少子的复合率并且减小电流增益。另一种抑制闩锁现象的方法是利用适当的电路版图技术。如果两个双极晶体管能够有效地耦合，那么闩锁效应能被降低到最小或消除。还可使用另一种不同的制造技术使两个寄生晶体管发生耦合。例如，SOI 技术可使 n 沟道和 p 沟道 MOSFET 被绝缘体隔离开。这个隔离层使得两个寄生双极晶体管发生耦合。

10.6 小结

- 这一章讨论了金属-氧化物-半导体场效应晶体管(MOSFET)的基本物理结构和特性。
- MOSFET 的核心为 MOS 电容器。与氧化层-半导体界面相邻的半导体能带是弯曲的，它由加在 MOS 电容器上的电压决定。表面处导带和价带相对于费米能级的位置是 MOS 电容器电压的函数。
- 氧化层-半导体界面处的半导体表面可通过施加正偏栅压由 p 型到 n 型发生反型，或者通过施加负偏栅压由 n 型到 p 型发生反型。因此，在与氧化层相邻处产生了反型层流动电荷。基本 MOS 场效应原理是由反型层电荷密度的调制作用体现的。
- 阈值电压是指达到阈值反型点时所加的栅压，讨论了平带电压及其定义。
- 描述了 n 沟道增强型和耗尽型 MOSFET，以及 p 沟道增强型和耗尽型 MOSFET。
- MOSFET 中的电流是由于源漏之间反型层载流子的流动。反型层电荷密度和沟道电导由栅压控制，这意味着沟道电流也被栅压控制。
- 推导了理想 MOSFET 的电流-电压关系。
- 讨论并定义了体效应。阈值电压与体电压有关。
- 讨论了含有电容的 MOSFET 小信号等效电路。
- 考虑了影响频率限制的 MOSFET 的一些物理因素，得到了一个截止频率的表达式。
- 简要讨论了 n 沟道和 p 沟道器件制作在同一块芯片上的 CMOS 技术。

重要术语解释

- accumulation layer charge(**堆积层电荷**)：由于热平衡载流子浓度过剩而在氧化层下面产生的电荷。
- channel conductance(**沟道电导**)：当 $V_{DS} \rightarrow 0$ 时漏电流与漏源电压之比。
- channel conductance modulation(**沟道电导调制**)：沟道电导随栅源电压改变的过程。
- CMOS(**互补 MOS**)：将 p 沟道和 n 沟道器件制作在同一芯片上的电路工艺。
- cutoff frequency(**截止频率**)：输入交流栅电流等于输出交流漏电流时的信号频率。
- depeletion mode MOSFET(**耗尽型 MOSFET**)：必须施加栅电压才能关闭的一类 MOSFET。
- enhancement mode MOSFET(**增强型 MOSFET**)：必须施加栅电压才能开启的一类 MOSFET。
- equivalent fixed oxide charge(**等价固定氧化层电荷**)：与氧化层-半导体界面紧邻的氧化层中的有效固定电荷，用 Q'_{ss} 表示。
- field-effect(**场效应**)：与半导体表面正交的电场用以调制该电导的现象。
- flat-band voltage(**平带电压**)：平带条件发生时所加的栅压，此时在氧化层下面的半导体中没有空间电荷区。
- interface state(**界面态**)：氧化层-半导体界面处禁带宽度中允许的电子能态。
- inversion layer charge(**反型层电荷**)：氧化层下面产生的电荷，它们与半导体掺杂的类型是相反的。
- inversion layer mobility(**反型层迁移率**)：反型层中载流子的迁移率。

- metal-semiconductor work function difference(**金属-半导体功函数差**)：金属功函数和电子亲和能之差的函数，用 ϕ_{ms} 表示。
- oxide capacitance(**栅氧化层电容**)：氧化层介电常数与氧化层厚度之比，表示的是单位面积的电容，记为 C_{ox}。
- process conduciton parameter(**过程电导参数**)：载流子迁移率和栅氧化层电容的积。
- saturation(**饱和**)：在漏端反型电荷密度为零且漏电流不再是漏源电压的函数的情形。
- strong inversion(**强反型**)：反型电荷密度大于掺杂浓度时的情形。
- threshold inversion point(**阈值反型点**)：反型电荷密度等于掺杂浓度时的情形。
- threshold voltage(**阈值电压**)：达到阈值反型点所需的栅压。
- transconductance(**跨导**)：漏电流的改变量与其对应的栅压改变量之比。
- weak inversion(**弱反型**)：反型电荷密度小于掺杂浓度时的情形。

知识点

学完本章后，读者应具备如下能力：

- 绘出在不同偏置情况下的 MOS 电容器的能带图。
- 描述 MOS 电容器中反型层电荷的产生过程。
- 分析当反型层形成时空间电荷区宽度达到最大值的原因。
- 分析金属-半导体功函数差的意义。使用铝栅、n^+ 多晶硅栅、p^+ 多晶硅栅时，这个值为什么不同？
- 描述平带电压的意义。
- 定义阈值电压。
- 绘出 p 型衬底和 n 型衬底 MOS 电容器在高频和低频时的电容-电压特性曲线。
- 分析电容-电压特性曲线中固定氧化层陷阱电荷和界面态的影响。
- 绘出 n 沟道和 p 沟道 MOSFET 的剖面图。
- 解释 MOSFET 的基本工作原理。
- 讨论偏置在饱和区和非饱和区时 MOSFET 的电流-电压特性。
- 描述衬底偏置对阈值电压的影响。
- 绘出含有电容的 MOSFET 小信号等效电路，并解释每个电容的物理来源。
- 分析定义 MOSFET 截止电压的条件。
- 绘出 CMOS 结构的剖面图。
- 分析 CMOS 结构中闩锁的意义。

复习题

1. 分别绘出工作在堆积、耗尽和反型模式下的 n 型衬底 MOS 电容器的能带图。
2. 描述反型层电荷的意义及其在 p 型衬底 MOS 电容器中是如何形成的。
3. 为什么当反型层形成时 MOS 电容器的空间电荷区就能达到最大宽度？
4. 表面势的定义。表面势是否会随栅电压接近阈值电压而明显改变。
5. 绘出零偏置下 p 型衬底、n^+ 多晶硅栅 MOS 结构的能带图。
6. 平带电压的定义。画出一个 MOS 电容的平带能带图。
7. 阈值电压的定义。什么是阈值电压的表面势。
8. 绘出低频时 n 型衬底 MOS 电容器的电容-电压特性曲线。当高频时曲线如何变化？

9. 说明高频时 p 型衬底 MOS 电容器电容–电压特性曲线中平带时的近似电容。

10. 正的氧化层陷阱电荷增多对 p 型衬底 MOS 电容器的电容–电压特性曲线有什么影响?

11. 定性地绘出当晶体管偏置在非饱和区时沟道中的反型电荷密度示意图。当晶体管偏置在饱和区时重新绘制此图。

12. 定义 $V_{DS}(\text{sat})$。

13. 分别定义 n 沟道、p 沟道增强型和耗尽型器件。

14. 绘出工作在反型模式时的 p 型衬底 MOS 电容器的电荷分布情况。写出电荷中和方程。

15. 讨论为什么当反偏源–衬底电压施加到 MOSFET 后阈值电压就发生改变。

习题

注意:在下列习题中,假设 MOS 系统中的半导体和氧化层分别为硅和二氧化硅。除非特别声明,温度为 $T = 300$ K。使用图 10.16 确定金属–半导体功函数差。

10.1 双端 MOS 结构

10.1 四个理想 MOS 电容器的 dc 电容分布示于图 P10.1 中。对每一种情况:(a)半导体是 n 型的还是 p 型的?(b)器件偏置在堆积模式、耗尽模式还是反型模式?(c)画出半导体区的能带图。

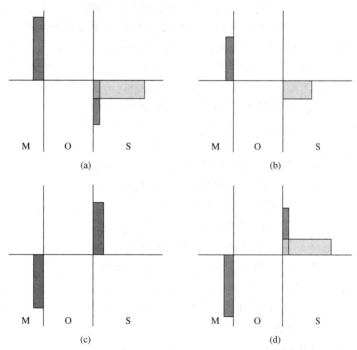

图 P10.1 习题 10.1 的示意图

10.2 (a)分别计算当(i)$N_a = 7 \times 10^{15}$ cm^{-3} 和(ii)$N_a = 3 \times 10^{16}$ cm^{-3} 时 p 型硅衬底的 MOS 电容最大空间电荷宽度 x_{dT} 和最大空间电荷密度 $|Q'_{SD}(\text{max})|$,$T = 300$ K;(b)当 $T = 350$ K 时,重新计算(a)。

10.3 (a)设 $T = 300$ K。计算 n 型硅衬底 MOS 电容的衬底掺杂浓度,使得 $|Q'_{SD}(\text{max})| = 1.25 \times 10^{-8}$ C/cm^2;(b)计算引起最大空间电荷宽度的表面势。

10.4 确定当栅极分别为(a)铝;(b)n$^-$ 多晶硅栅;(c)p$^+$ 多晶硅栅时 p 型硅衬底 MOS 结构的金属–半导体功函数差 ϕ_{ms}。令 $N_a = 6 \times 10^{15}$ cm^{-3}。

10.5 硅化铝氧化硅的 MOS 器件中的硅衬底中杂质掺杂浓度 $N_a = 4 \times 10^{16}$ cm^{-3}，利用例 10.2 中的参数，计算金属－半导体功函数差 ϕ_{ms}。

10.6 考虑一 n 型硅衬底 MOS 结构。金属-半导体功函数差 $\phi_{ms} = -0.30$ V。确定当栅极为：(a)n$^+$多晶硅栅；(b)p$^+$多晶硅栅；(c)铝栅时满足上述条件的硅掺杂浓度。如果有的栅极材料不能满足要求，则解释其原因。

10.7 (a)参考习题 10.5 中的参数，对于一个氧化层厚度 $t_{ox} = 20$ nm $= 200$ Å 和 $Q'_{ss} = 5 \times 10^{10}$ cm^{-2}，计算平带电压；(b)改变氧化层厚度 $t_{ox} = 8$ nm $= 80$ Å 时，重新计算(a)。

10.8 考虑一 n$^+$多晶硅-二氧化硅-n 型硅的 MOS 电容器。设 $N_d = 4 \times 10^{15}$ cm^{-3}。计算下列情况时的平带电压：(a)$t_{ox} = 200$ Å，而 Q'_{ss} 分别为(i) 4×10^{10} cm^{-2}，(ii)10^{11} cm^{-2}；(b)当 $t_{ox} = 120$ Å 时重做(a)。

10.9 考虑一 $t_{ox} = 450$ Å 的铝栅-二氧化硅-p 型硅 MOS 结构。硅掺杂浓度为 $N_a = 2 \times 10^{16}$ cm^{-3}，平带电压为 $V_{FB} = -1.0$ V。确定固定氧化层电荷 Q'_{ss}。

10.10 一 MOS 晶体管制作在 $N_a = 2 \times 10^{16}$ cm^{-3} 的 p 型硅衬底上。栅氧化层厚度 $t_{ox} = 150$ Å，等价固定氧化层电荷 $Q'_{ss} = 7 \times 10^{10}$ cm^{-2}。计算当栅极材料为(a)铝；(b)n$^+$多晶硅栅；(c)p$^+$多晶硅栅时的阈值电压。

10.11 当 n 型硅衬底 $N_d = 3 \times 10^{15}$ cm^{-3} 时，重做习题 10.10。

10.12 $N_a = 5 \times 10^{15}$ cm^{-3} 的 p 型硅衬底上，栅氧化层厚度 $t_{ox} = 400$ Å，平带电压为 -0.9 V。计算在阈值反型点处的表面势和阈值电压，忽略氧化层电荷。再求此器件的最大空间电荷宽度。

10.13 铝栅 MOS 电容器制作在 p 型硅衬底上。氧化层厚度 $t_{ox} = 220$ Å，等价固定氧化层电荷 $Q'_{ss} = 4 \times 10^{10}$ cm^{-2}，测出的阈值电压为 $V_T = +0.45$ V。确定 p 型掺杂浓度。

10.14 一个 MOS 器件的参数为：p$^+$多晶硅栅，n 型硅衬底，$t_{ox} = 180$ Å，$Q'_{ss} = 4 \times 10^{10}$ cm^{-2}。计算硅衬底的掺杂浓度，使得阈值电压范围为：-0.35 V $\leq V_{TP} \leq -0.25$ V。

10.15 当衬底为 n 型硅，测出的阈值电压为 $V_T = -0.975$ V 时重做习题 10.13，并确定 n 型掺杂浓度。

10.16 一个 n$^+$多晶硅栅-氧化硅 MOS 电容的氧化层厚度 $t_{ox} = 180$ Å，$N_a = 10^{15}$ cm^{-3}，氧化层电荷密度 $Q'_{ss} = 6 \times 10^{10}$ cm^{-2}。计算(a)平带电压；(b)阈值电压。

10.17 一 n$^+$多晶硅栅 n 沟道耗尽型 MOSFET 如图 10.41 所示。n 沟道掺杂浓度 $N_d = 10^{15}$ cm^{-3}，栅氧化层厚度为 $t_{ox} = 500$ Å。等价固定氧化层电荷 $Q'_{ss} = 10^{10}$ cm^{-2}，n 沟道厚度 t_c 等于最大空间电荷宽度(忽略 n 沟道 p 型衬底结的空间电荷区)。(a)确定沟道厚度 t_c；(b)计算阈值电压。

10.18 考虑一 n$^+$多晶硅栅 n 型硅衬底的 MOS 电容器。设 $N_a = 10^{16}$ cm^{-3}，n$^+$多晶硅栅 $E_F - E_C = 0.2$ eV，$t_{ox} = 300$ Å，χ'(多晶硅) $= \chi'$(单晶硅)。(a)绘出下列情况下的能带图：(i) $V_G = 0$ 时，(ii)平带时；(b)计算金属-半导体功函数差；(c)计算理想情况下，即零固定氧化层电荷和零界面态时的阈值电压。

*10.19 n 沟道 MOSFET 的阈值电压由式(10.31a)给出。考虑使用铝栅和 n$^+$多晶硅栅的情况。假设功函数与温度无关，且使用与例 10.4 相似的器件参数。画出 V_T 与温度的函数关系图，其中200 K $\leq T \leq$ 450 K。

*10.20 画出与图 10.21 相似的 n 沟道 MOSFET 阈值电压和 p 型衬底掺杂浓度之间的函数关系图。考虑 n$^+$多晶硅栅和 p$^+$多晶硅栅。使用合理的器件参数。

*10.21 画出与图 10.22 相似的 p 沟道 MOSFET 阈值电压和 n 型衬底掺杂浓度之间的函数关系图。考虑 n$^+$多晶硅栅和 p$^+$多晶硅栅。使用合理的器件参数。

10.22 考虑一 NMOS 器件，参数由习题 10.12 给定。画出 V_T 和 t_{ox} 的函数关系图，其中 20 Å $\leq t_{ox} \leq$ 500 Å。

10.2　电容–电压特性

10.23　一理想 n^+ 多晶硅栅 MOS 电容器，二氧化硅层厚度为 $t_{ox} = 120$ Å，p 型硅衬底的受主浓度为 $N_a = 10^{16}$ cm^{-3}，计算(a)$f = 1$ Hz 和(b)$f = 1$ MHz 时的电容 C_{ox}、C'_{FB}、$C'(\text{inv})$ 和 $C'_{\min}$；(c)计算 V_{FB} 和 V_T。画出(a)和(b)情形时 C'/C_{ox} 与 V_G 的函数关系图。

10.24　对于 p 型硅衬底和 p^+ 多晶硅栅理想 MOS 电容器，施主浓度为 $N_d = 5 \times 10^{14}$ cm^{-3}，重做习题 10.23。

*10.25　利用叠加原理，证明由于氧化层中固定电荷分布 $\rho(x)$ 引起的平带电压位移量为：

$$\Delta V_{FB} = -\frac{1}{C_{ox}} \int_0^{t_{ox}} \frac{x\rho(x)}{t_{ox}} dx$$

*10.26　利用习题 10.25 的结果，设 $t_{ox} = 200$ Å，计算在下列氧化层电荷分布时的平带电压位移量：(a)$Q'_{ss} = 8 \times 10^{10}$ cm^{-2} 且完全位于氧化层 – 半导体界面处；(b)$Q'_{ss} = 8 \times 10^{10}$ cm^{-2} 且在氧化层中均匀分布；(c)$Q'_{ss} = 8 \times 10^{10}$ cm^{-2}，呈三角分布，峰值位于氧化物–半导体界面，零值位于 $x = 0$ 处(金属–氧化层界面)。

10.27　一理想 MOS 电容器由本征硅和 n^+ 多晶硅栅制作成。(a)绘出达到平带条件时 MOS 结构的能带图；(b)绘出低频时栅压从负到正范围内的电容–电压特性曲线。

10.28　一 p 型衬底 MOS 电容器。假设施主界面陷阱仅存在于能带的中央(在 E_{Fi} 处)。绘出高频时从堆积到反型的电容–电压特性曲线。将此图与理想电容–电压特性进行比较。

10.29　一 MOS 电容器如图 P10.29 所示。假设 SiO$_2$ 是理想的(无陷阱电荷)且其厚度为 $t_{ox} = 500$ Å。掺杂浓度为 $N_a = 10^{16}$ cm^{-3} 和 $N_d = 10^{16}$ cm^{-3}。(a)画出器件的能带图(i)平带时，(ii)$V_G = 3$ V，(iii)$V_G = -3$ V；(b)求平带电压；(c)估算氧化层电压(i)$V_G = 3$ V，(ii)$V_G = -3$ V；(d)画出高频电容–电压特性曲线。

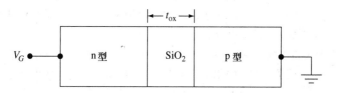

图 P10.29　习题 10.29 的示意图

10.30　一 MOS 电容器的高频特性曲线如图 P10.30 所示。器件面积为 2×10^{-3} cm^2，金属–半导体功函数差 $\phi_{ms} = -0.50$ V，氧化层为 SiO$_2$，半导体为硅，半导体掺杂浓度为 2×10^{16} cm^{-3}。(a)半导体是 n 型的还是 p 型的？(b)氧化层厚度是多少？(c)等价氧化层陷阱电荷密度是多少？(d)求平带电容。

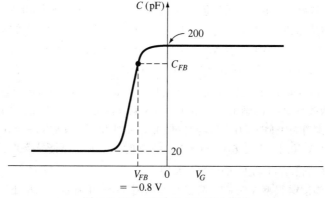

图 P10.30　习题 10.30 的示意图

10.31 考虑图 P10.31 所示的高频电容-电压曲线。(a)说明哪点对应于平带、反型、堆积、开启和耗尽模式；(b)画出各种情况下的能带图。

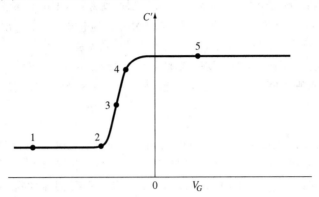

图 P10.31　习题 10.31 的示意图

10.3　MOSFET 基本工作原理

10.32 反型电荷密度的表达式由式(10.59)给出。考虑阈值电压的定义，证明饱和时漏端反型电荷密度为零[设 $V_x = V_{DS} = V_{DS}(\text{sat})$]。

10.33 一 n 沟道 MOSFET 的参数如下：$k'_n = 0.18 \text{ mA/V}^2$，$W/L = 8$，$V_T = 0.4$ V，分别计算(a)$V_{GS} = 0.8$ V，$V_{DS} = 0.2$ V；(b)$V_{GS} = 0.8$ V，$V_{DS} = 1.2$ V；(c) $V_{GS} = 0.8$ V，$V_{DS} = 2.5$ V；(d) $V_{GS} = 1.2$ V，$V_{DS} = 2.5$ V 时的漏电流 I_D。

10.34 一 p 沟道 MOSFET 的参数如下：$k'_p = 0.10 \text{ mA/V}^2$，$W/L = 15$，$V_T = -0.4$ V，分别计算(a) $V_{SG} = 0.8$ V，$V_{SD} = 0.25$ V；(b) $V_{SG} = 0.8$ V，$V_{SD} = 1.0$ V；(c) $V_{SG} = 1.2$ V，$V_{SD} = 1.0$ V；(d) $V_{SG} = 1.2$ V，$V_{SD} = 2.0$ V 时的漏电流 I_D。

10.35 一 n 沟道 MOSFET 的 $k'_n = 0.6 \text{ mA/V}^2$，$V_T = 0.8$ V。当 $V_{GS} = 1.4$ V，$V_{SB} = 0$ V，$V_{DS} = 4$ V 时漏电流为 1 mA。试求(a)W/L 的值；(b) 当 $V_{GS} = 1.85$ V，$V_{SB} = 0$ V，$V_{DS} = 6$ V 时的漏电流 I_D；(c)当 $V_{GS} = 1.2$ V，$V_{SB} = 0$ V，$V_{DS} = 0.15$ V 时的漏电流 I_D。

10.36 一 p 沟道 MOSFET 的 $k'_p = 0.12 \text{ mA/V}^2$，$W/L = 20$。当 $V_{SG} = 0$ V，$V_{SB} = 0$ V，$V_{SD} = 1.0$ V 时，漏电流为 100 μA；试求(a)V_T 的值；(b)当 $V_{SG} = 0.4$ V，$V_{SB} = 0$ V，$V_{SD} = 1.5$ V 时的漏电流 I_D；(c)当 $V_{SG} = 0.6$ V，$V_{SB} = 0$ V，$V_{SD} = 0.15$ V 时的漏电流 I_D。

10.37 一理想 n 沟道 MOSFET 的参数如下：$V_T = 0.45$ V，$\mu_n = 425 \text{ cm}^2/\text{V} \cdot \text{s}$，$t_{ox} = 110$ Å，$W = 20$ μm，$L = 1.2$ μm。(a)画出当 $V_{GS} = 0$ V、0.6 V、1.2 V、1.8 V 和 2.4 V 且 $0 \leqslant V_{DS} \leqslant 3$ V 时 I_D 与 V_{DS} 的函数关系图。说明各条曲线上的 $V_{DS}(\text{sat})$ 点；(b)画出 $0 \leqslant V_{GS} \leqslant 2.4$ V 时 $\sqrt{I_D(\text{sat})}$ 与 V_{GS} 函数关系图；(c)画出 $V_{DS} = 0.1$ V，$0 \leqslant V_{GS} \leqslant 2.4$ V 时 I_D 与 V_{GS} 的函数关系图。

10.38 一理想 p 沟道 MOSFET 的参数如下：$V_T = -0.35$ V，$\mu_p = 210 \text{ cm}^2/\text{V} \cdot \text{s}$，$t_{ox} = 110$ Å，$W = 35$ μm，$L = 1.2$ μm。(a)画出当 $V_{SG} = 0$ V、0.6 V、1.2 V、1.8 V 和 2.4 V 且 $0 \leqslant V_{SD} \leqslant 3$ V 时 I_D 与 V_{SD} 的函数关系图。说明各条曲线上的 $V_{SD}(\text{sat})$ 点；(b)画出 $0 \leqslant V_{SG} \leqslant 2.4$ V 时 $\sqrt{I_D(\text{sat})}$ 与 V_{SG} 函数关系图；(c)画出 $V_{SD} = 0.1$ V，$0 \leqslant V_{SG} \leqslant 2.4$ V 时 I_D 与 V_{SG} 的函数关系图。

10.39 考虑一 n 沟道 MOSFET，其参数与习题 10.37 中的相同，只是 $V_T = -0.8$ V。(a)画出 $V_{GS} = -0.8$ V、0 V、0.8 V 和 1.6 V 且 $0 \leqslant V_{DS} \leqslant 3$ V 时 I_D 与 V_{DS} 的函数关系图；(b)画出 -0.8 V $\leqslant V_{GS}$ $\leqslant 1.6$ V时 $\sqrt{I_D(\text{sat})}$ 与 V_{GS} 的函数关系图。

10.40 考虑一 n 沟道增强型 MOSFET 偏置情况如图 P10.40 所示。画出下列情况的 I_D-V_{DS} 特性：(a) $V_{GD} = 0$；(b) $V_{GD} = V_T/2$；(c) $V_{GD} = 2V_T$。

10.41 图 P10.41 为包含源极和漏极电阻的 NMOS 器件的剖面图。这些电阻表征了体区 n⁺ 半导体电阻和欧姆接触电阻。可以通过将理想方程中的 $V_G - I_D R_S$ 代替 V_{GS} 并且 $V_D - I_D(R_S + R_D)$ 代替 V_{DS} 得到电流-电压关系。设晶体管参数为：$V_T = 1$ V，$K_n = 1$ mA/V²。(a)画出(i)$R_S = R_D = 0$，(ii)$R_S = R_D = 1$ kΩ 时 $0 \leq V_D \leq 5$ V 且 $V_G = 2$ V 和 3 V 的 I_D-V_D 的函数关系图；(b)在同一幅图中画出(i)$R_S = R_D = 0$，(ii)$R_S = R_D = 1$ kΩ 时 $0 \leq I_D \leq 1$ mA 且 $V_D = 0.1$ V 和 5 V 的 $\sqrt{I_D}$-V_G 的函数关系图。

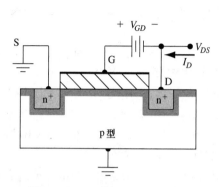

图 P10.40　习题 10.40 的示意图

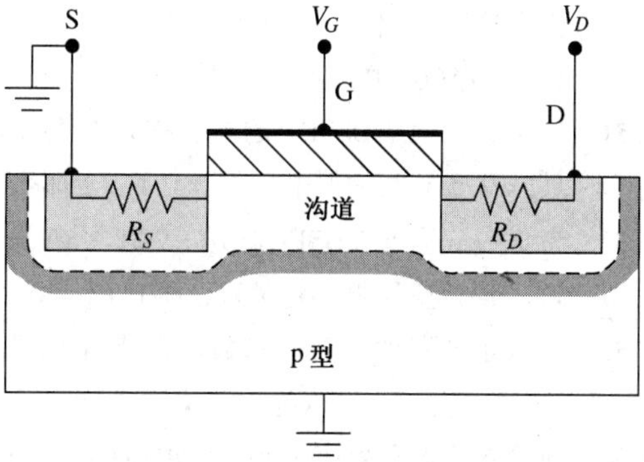

图 P10.41　习题 10.41 的示意图

10.42 一 n 沟道 MOSFET 的参数与习题 10.37 中给定的相同。栅极和漏极相连。画出 $0 \leq V_{DS} \leq 5$ V 时 I_D 与 V_{DS} 的函数关系图。分别确定当晶体管工作在非饱和区和饱和区时 V_{DS} 的范围。

10.43 p 沟道 MOSFET 的沟道电导定义为：

$$g_d = \frac{\partial I_D}{\partial V_{SD}}\bigg|_{V_{SD} \to 0}$$

画出 $0 \leq V_{SG} \leq 2.4$ V 时习题 10.38 中的 p 沟道 MOSFET 的沟道电导示意图。

10.44 一个 n 沟道的 MOSFET 的跨导 $g_m = \partial I_D / \partial V_{GS} = 1.25$ mA/V($V_{DS} = 50$ mV)，阈值电压 $V_T = 0.3$ V。试求：(a)K_n；(b)当 $V_{GS} = 0.8$ V，$V_{DS} = 50$ mV 时的电流大小；(c)当 $V_{GS} = 0.8$ V，$V_{DS} = 1.5$ V 时的电流大小。

10.45 偏置在饱和区的理想 n 沟道 MOSFET 的实验特性如图 P10.45 所示。假设 $W/L = 10$，$t_{ox} = 425$ Å，确定 V_T 和 μ_n。

10.46 n 沟道 MOSFET 的特性由下列参数表征：$I_D(\text{sat}) = 2 \times 10^{-4}$ A，$V_{DS}(\text{sat}) = 4$ V，$V_T = +0.80$ V。

(a)栅压是多少？

(b)导带参数值是多少？

(c)假设 $V_G = 2$ V，$V_{DS} = 2$ V，求 I_D。

(d)假设 $V_G = 3$ V，$V_{DS} = 1$ V，求 I_D。

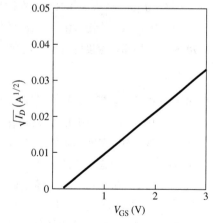

图 P10.45　习题 10.45 的示意图

(e)对(c)和(d)中给定的条件，分别画出通过沟道的反型电荷密度和耗尽区。

10.47 (a)一理想 n 沟道 MOSFET 的反型载流子迁移率为 $\mu_n = 450$ cm²/V·s，阈值电压为 $V_T = +0.4$ V。氧化层厚度为 $t_{ox} = 180$ Å。当偏置在饱和区时，$V_{GS} = 2.0$ V 时所需的电流为 $I_D(\text{sat}) = 0.8$ mA。确定(a)所需的宽长比；(b)一 p 沟道 MOSFET 当 $V_{SG} = 2.0$ V 时有相同的要求，它的参数与(a)中的相同，只是 $\mu_p = 210$ cm²/V·s，$V_T = -0.4$ V。试求(i)器件跨导参数 k'_n，(ii)宽长比。

10.48 考虑习题 10.37 中描述的晶体管。(a)计算 $V_{DS} = 0.10$ V 时的 g_{mL}；(b)计算 $V_{GS} = 1.5$ V 时的 g_{ms}。

10.49 考虑习题 10.38 中描述的晶体管。(a)计算 $V_{SD} = 0.10$ V 时的 g_{mL}；(b)计算 $V_{SG} = 1.5$ V 时的 g_{ms}。

10.50 一 n 沟道 MOSFET 的参数如下：$t_{ox} = 150$ Å，$W = 8$ μm，$L = 1.2$ μm，$\mu_n = 450$ cm²/V·s，$N_a = 5 \times 10^{16}$ cm⁻³，$V_{FB} = -0.5$ V。(a)试求体效应系数；(b)画出 $0 \leqslant I_D \leqslant 0.5$ mA，晶体管偏置在饱和区，源–体电压分别为：$V_{SB} = 0$ V、1 V、2 V 和 4 V 时 $\sqrt{I_D(\text{sat})}$ 和 V_{GS} 的函数关系图；(c)确定(b)中的阈值电压。

10.51 一个 n 沟道 MOSFET 的衬底掺杂浓度和体效应系数分别为：$N_a = 10^{16}$ cm⁻³，$\gamma = 0.12$ V$^{1/2}$。$V_{SB} = 2.5$ V 时阈值电压 $V_T = 0.5$ V，那么 $V_{SB} = 0$ V 时阈值电压 V_T 等于多少？

10.52 考虑一 p 沟道 MOSFET，$t_{ox} = 200$ Å，$N_d = 5 \times 10^{15}$ cm⁻³，求(a)体效应系数 γ；(b)体–源电压 V_{BS}、阈值电压偏移量 ΔV_T，其中 $V_{BS} = 0$ 曲线上的 $\Delta V_T = -0.22$ V。

10.53 一 NMOS 器件有下列参数：n⁺ 多晶硅栅，$t_{ox} = 400$ Å，$N_a = 10^{15}$ cm⁻³，$Q'_{ss} = 5 \times 10^{10}$ cm⁻²。(a)求 V_T；(b)可以施加一 V_{SB} 使得 $V_T = 0$？如果可以，则求 V_{SB} 的值。

10.54 研究衬底偏置效应引起的阈值电压。阈值电压偏移由式(10.81)给出。画出不同 N_a 和 t_{ox} 下 ΔV_T 和 V_{SB} 的函数关系图，其中 $0 \leqslant V_{SB} \leqslant 5$ V。求在 V_{SB} 范围内使得 $\Delta V_T \leqslant 0.7$ V 的条件。

10.4 频率限制特性

10.55 一理想 n 沟道 MOSFET $W/L = 10$，$\mu_n = 400$ cm²/V·s，$t_{ox} = 475$ Å，$V_T = 0.65$ V。(a)求当 $V_{GS} = 5$ V 时使得饱和电导 g_{ms} 下降不大于理想值 20% 的源极电阻的最大值；(b)使用在(a)中计算的 r_s 值，当 $V_{GS} = 3$ V 时 g_{ms} 从其理想值减少了多少？

10.56 一 n 沟道 MOSFET 的参数如下：$\mu_n = 400$ cm²/V·s，$t_{ox} = 500$ Å，$V_T = 0.75$ V，$L = 2$ μm，$W = 20$ μm，假设晶体管偏置在饱和区，$V_{GS} = 4$ V。(a)计算理想截止电压；(b)假设源、漏均有 0.75 μm 的栅氧化层交叠。假设负载电阻 $R_L = 10$ kΩ 接至输出，计算截止电压。

10.57 当电子的速度达到饱和且值为 $v_{\text{sat}} = 4 \times 10^6$ cm/s 时，重做习题 10.56。

综合题

*10.58 设计一理想 n 沟道多晶硅栅 MOSFET，$V_T = 0.65$ V，假设 $t_{ox} = 300$ Å，$L = 1.25$ μm，$Q'_{ss} = 1.5 \times 10^{11}$ cm⁻²，希望漏电流为 $I_D(\text{sat}) = 50$ μA，$V_{DS} = 0.1$ V，$V_{GS} = 2.5$ V。确定所需衬底掺杂浓度、沟道宽度和栅的类型。

*10.59 设计一理想 n 沟道多晶硅栅 MOSFET，$V_T = -0.65$ V，假设 $t_{ox} = 300$ Å，$L = 1.25$ μm，$Q'_{ss} = 1.5 \times 10^{11}$ cm⁻²，希望漏电流为 $I_D(\text{sat}) = 50$ μA，$V_{GS} = 0$ V。确定所需衬底掺杂浓度、沟道宽度和栅的类型。

*10.60 考虑一 CMOS 反相器如图 10.59(a)所示。理想 n 沟道和 p 沟道器件的设计要求为：$L = 2.5$ μm，$t_{ox} = 450$ Å，假设反型沟道中的迁移率是衬底中的一半。n 沟道和 p 沟道晶体管的阈值电压分别为 0.5 V 和 -0.5 V。当 $V_{DD} = 5$ V，输入电压为 1.5 V 和 3.5 V 时的漏电流为 $I_D = 0.256$ mA，每个器件的栅极材料是相同的。确定栅的类型、衬底掺杂浓度和沟道宽度。

*10.61 一理想 n 沟道和 p 沟道 MOSFET 互补对，要将其设计为偏置时的电流–电压曲线相同。器件有相同的氧化层厚度 $t_{ox} = 250$ Å，相同的沟道长度 $L = 2$ μm，假设二氧化硅层是理想的。n 沟器件的沟道宽度为 $W = 20$ μm，$\mu_n = 600$ cm²/V·s，$\mu_p = 220$ cm²/V·s，且保持不变。(a)确定 p 型和 n 型衬底掺杂浓度。(b)阈值电压是多少？(c)p 沟道器件的沟道宽度是多大？

参考文献

1. Dimitrijev, S. *Principles of Semiconductor Devices*. New York：Oxford University，2006.

2. Hu，C. C. *Modern Semiconductor Devices for Integrated Cicuits*. Upper Saddle River，NJ：Pearson Prentice Hall, 2010.

3. Kano, K. *Semiconductor Devices*. Upper Saddle River, NJ：Prentice Hall，1998.

4. Muller, R. S., and T. I. Kamins. *Device Electronics for Integrated Circuits*. 2nd ed. New York：Wiley，1986.

5. Ng, K. K. *Complete Guide to Semiconductor Devices*. New York：McGraw-Hill，1995.

6. Nicollian, E. H., and J. R. Brews. *MOS Physics and Technology*. New York：Wiley，1982.

7. Ong, D. G. *Modern MOS Technology*：*Processes*, *Devices*, *and Design*. New York：McGraw-Hill，1984.

8. Pierret, R. F. *Semiconductor Device Fundamentals*. Reading, MA：Addison-Wesley，1996.

9. Roulston, D. J. *An Introduction to the Physics of Semiconductor Devices*. New York：Oxford University Press, 1999.

10. Schroder, D. K. *Advanced MOS Devices*, *Modular Series on Solid State Devices*. Reading, MA：Addison-Wesley, 1987.

11. Shur, M. *Introduction to Electronic Devices*. New York：John Wiley & Sons, Inc. , 1996.

*12. _____[①]. *Physics of Semiconductor Devices*. Englewood Cliffs, NJ：Prentice Hall, 1990.

13. Singh, J. *Semiconductor Devices*：*An Introduction*. New York：McGraw-Hill, 1994.

14. _____. *Semiconductor Devices*：*Basic Principles*. New York：Wiley, 2001.

15. Streetman, B. G., and S. K. Banerjee. *Solid State Electronic Devices*. 6th ed. Upper Saddle River, NJ：Pearson Prentice Hall, 2006.

16. Sze, S. M. *High-Speed Semiconductor Devices*. New York：Wiley, 1990.

17. Sze, S. M. and K. K. Ng. Physics of Semiconductor Devices, 3rd ed. Hoboken, NJ：John Wiley & Sons, Inc. , 2007.

18. Taur, Y. and T. H. Ning. *Fundamentals of Modern VLSI Devices*, 2nd ed. Cambridge University Press, 2009.

*19. Tsividis, Y. *Operation and Modeling of the MOS Transistor*. 2nd ed. Burr Ridge, IL：McGraw-Hill, 1999.

20. Werner, W. M. "The Work Function Difference of the MOS System with Aluminum Field Plates and Polycrystalline Silicon Field Plates." *Solid State Electronics* 17，(1974)，pp. 769-775.

21. Yamaguchi, T. , S. Morimoto, G. H. Kawamoto, and J. C. DeLacy. "Process and Device Performance of 1 μm-Channel n-Well CMOS Technology." *IEEE Transactions on Electron Devices* ED-31 (February 1984), pp. 205-214.

22. Yang, E. S. *Microelectronic Devices*. New York：McGraw-Hill, 1988.

---

① 原书如此，疑为作者名——编者注。

第 11 章　金属-氧化物-半导体场效应晶体管：概念的深入

这一章我们将讨论在金属-氧化物-半导体场效应晶体管中经常遇到的一些较深入的概念。这些概念包括非理想效应、小器件的几何图形、击穿、通过离子注入调节阈值电压及辐射效应等。尽管在 IC 中制作 MOSFET 有许多细节十分重要，但这里我们仅考虑其中的一部分。更多的细节可以在其他更深入的教材中学习。

11.0　概述

本章包含以下内容：

- 描述并分析亚阈值导电，这是达到所定义的阈值电压前，在沟道中感应出电流的现象。
- 分析沟道长度调制，即一种短沟道长度特性，可以导致无限大的输出阻抗。
- 说明增大栅压而降低载流子迁移率的影响。
- 分析载流子饱和速度的影响。在短沟道器件中，载流子很容易达到它们的饱和速度。
- 讨论 MOSFET 等比例缩小，它描述了器件尺寸减小时各种参数必须以何种方式变化。
- 探讨小尺寸器件，如短沟道长度器件和小沟道宽度器件引起的阈值电压偏差。
- 说明并分析 MOSFET 中各种电压击穿机理。
- 说明并分析离子注入阈值电压调整技术。
- 介绍离子辐射和热电子效应引入的氧化层电荷。

11.1　非理想效应

对于任何半导体器件，MOSFET 的实验特性都和建立在各种假设和近似基础上，用理论推导出来的理想特性有着一定程度上的偏差。在这一节里，我们将考虑造成与理想推导时用的假设偏离的 5 种效应。这些效应为亚阈值电导、沟道长度调制、沟道迁移率变化、速度饱和，以及弹道输运。

11.1.1　亚阈值电导

在理想电流-电压关系中，当栅源电压小于或等于阈值电压时漏电流为零。而在实验中，当 $V_{GS} \leqslant V_T$ 时，I_D 并不为零。图 11.1 是已经推导出的理想特性与实验结果之间的对比示意图。$V_{GS} \leqslant V_T$ 时的漏电流称为亚阈值电流。

图 11.2 是 p 型衬底 MOS 结构偏置在 $\phi_s < 2\phi_{fp}$ 时的能带图。此时，费米能级更靠近于导带而非禁带，因此半导体表面反映了轻掺杂 n 型材料的特性。这样，我们就可以观察到 n^+ 源区和漏区之间在这条弱反型沟道中存在着导通。$\phi_{fp} < \phi_s < 2\phi_{fp}$ 时的情形称为弱反型。

图 11.3 分别为当施加一个较小的漏电压时，累积、弱反型以及反型模式下沿沟道长度方向上表面势的示意图。p 型体区假设为零电势点。图 11.3(b) 和图 11.3(c) 为累积和弱反型的情

形。在 n$^+$ 源区和沟道区之间存在一个势垒，为了能够产生沟道电流，电子必须克服这个势垒。通过与 pn 结中的势垒相比较，可以得出，沟道电流是 V_{GS} 的指数函数。在图 11.3(d) 所示的反型模式中，势垒非常小，以至于使函数不再是指数函数，这是因为此时的 pn 结更像欧姆接触。

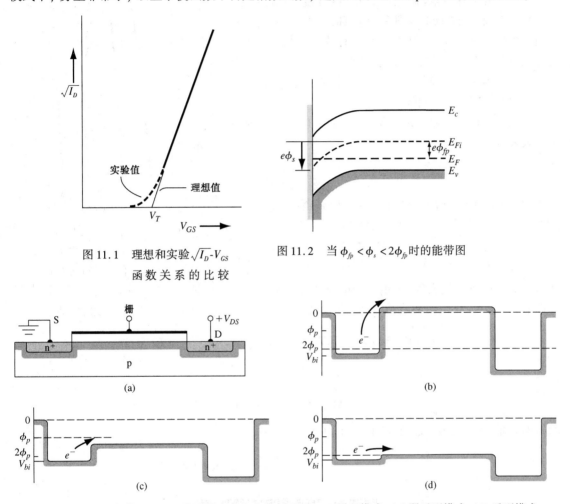

图 11.1　理想和实验 $\sqrt{I_D}$-V_{GS} 函数关系的比较

图 11.2　当 $\phi_{fp} < \phi_s < 2\phi_{fp}$ 时的能带图

图 11.3　(a) n 沟道 MOSFET 沟道长度方向上的剖面图；(b) 累积模式；(c) 弱反型模式；(d) 反型模式

亚阈值电流的具体推导过程已经超出了本书所讨论的范围，我们可以直接得到：

$$I_D(\text{sub}) \propto \left[\exp\left(\frac{eV_{GS}}{kT} \right) \right] \cdot \left[1 - \exp\left(\frac{-eV_{DS}}{kT} \right) \right] \tag{11.1}$$

如果 V_{DS} 大于几(kT/e)伏特，那么亚阈值电流就与 V_{DS} 无关了。

图 11.4 为不同体-源电压下亚阈值电流的指数特性。这张图还在各条曲线上标出了阈值电压的值。理想情况下，栅压每改变 60 mV 就会引起亚阈值电流一个数量级的改变。亚阈值条件的细致分析表明了 I_D-V_{DS} 曲线的斜率是半导体掺杂浓度和界面态密度的函数。对曲线簇斜率的测量已经成为实验上确定氧化层-半导体界面态密度的一种方法。

如果 MOSFET 被偏置在等于或稍低于阈值电压，则漏电流并不为零。在含有数以百计或千计 MOSFET 的大规模集成电路中，亚阈值电流可以造成很大的功耗。因此电路设计必须考虑到亚阈值电流的影响，或者保证 MOSFET 被偏置在足够低的阈值电压，从而使器件处于关闭状态。

11.1.2 沟道长度调制

我们在推导理想电流-电压关系时曾假设沟道长度 L 为常数。然而，当 MOSFET 偏置在饱和区时，漏端的耗尽区横向延伸而进入沟道，从而减小了有效沟道长度。因为耗尽区宽度与偏置有关，所以有效沟道长度也与偏置有关，且受漏-源电压调制。图 11.5 示出的是 n 沟道 MOSFET 的这种沟道长度调制效应。

零偏压时耗尽层宽度延伸至 pn 结的 p 区中的现象可由下式表示：

$$x_p = \sqrt{\frac{2\epsilon_s \phi_{fp}}{eN_a}} \tag{11.2}$$

对于单边 n^+p 结，施加的全部反偏电压都落在低掺杂的 p 区上。漏-衬底结的空间电荷宽度约为：

$$x_p = \sqrt{\frac{2\epsilon_s}{eN_a}(\phi_{fp} + V_{DS})} \tag{11.3}$$

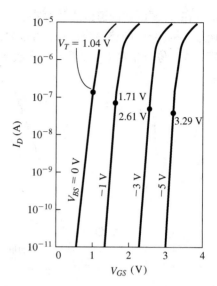

图 11.4   在不同衬底偏压时亚阈值电流-电压特性（在各条曲线上标有对应的阈值电压）

然而，在图 11.5 中定义为 ΔL 的空间电荷区直到 $V_{DS} > V_{DS}(\text{sat})$ 时才开始形成。作为第一个对 ΔL 的近似，我们可以将 ΔL 写成总空间电荷宽度减去当 $V_{DS} = V_{DS}(\text{sat})$ 时的空间电荷宽度，即：

$$\Delta L = \sqrt{\frac{2\epsilon_s}{eN_a}}\left[\sqrt{\phi_{fp} + V_{DS}(\text{sat}) + \Delta V_{DS}} - \sqrt{\phi_{fp} + V_{DS}(\text{sat})}\right] \tag{11.4}$$

式中

$$\Delta V_{DS} = V_{DS} - V_{DS}(\text{sat}) \tag{11.5}$$

所施加的漏-源电压为 V_{DS}，假设 $V_{DS} > V_{DS}(\text{sat})$。

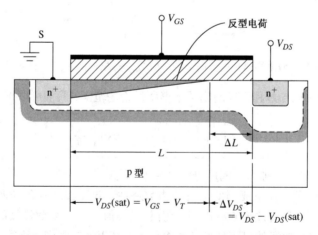

图 11.5   n 沟道 MOSFET 的沟道长度调制效应示意图

作为第二个假设对 ΔL 的近似，我们可以考虑图 11.6，再回顾一下一维泊松方程。E_{sat} 为反型层电荷夹断点处的横向电场。忽略由于电流的影响而产生的任何电荷，可得到：

$$\frac{dE}{dx} = \frac{\rho(x)}{\epsilon_s} \qquad (11.6)$$

式中 $\rho(x) = -eN_a$，它在均匀掺杂的衬底中为常数。对式(11.6)积分，并使用边界条件，得到由 ΔL 定义的空间电荷区的电场为：

$$E = -\frac{eN_a x}{\epsilon_s} - E_{sat} \qquad (11.7)$$

空间电荷区的电势为：

$$\phi(x) = -\int E dx = \frac{eN_a x^2}{2\epsilon_s} + E_{sat} x + C_1 \qquad (11.8)$$

式中 C_1 为积分常数。边界条件为 $\phi(x=0) = V_{DS}(sat)$ 且 $\phi(x = \Delta L) = V_{DS}$。将边界条件代入式(11.8)中，可得：

$$V_{DS} = \frac{eN_a(\Delta L)^2}{2\epsilon_s} + E_{sat}(\Delta L) + V_{DS}(sat) \qquad (11.9)$$

解出 ΔL，可得：

$$\Delta L = \sqrt{\frac{2\epsilon_s}{eN_a}} \left[\sqrt{\phi_{sat} + [V_{DS} - V_{DS}(sat)]} - \sqrt{\phi_{sat}} \right] \qquad (11.10)$$

式中

$$\phi_{sat} = \frac{2\epsilon_s}{eN_a} \cdot \left(\frac{E_{sat}}{2}\right)^2$$

通常，E_{sat} 的范围是 $10^4 \text{ V/cm} < E_{sat} < 2 \times 10^5 \text{ V/cm}$。

另一个定义 ΔL 的模型含有由于漏电流而产生的负电荷以及二维效应。这些模型在这里不再讨论。

因为漏电流反比于沟道长度，可以写出：

$$\boxed{I'_D = \left(\frac{L}{L - \Delta L}\right) I_D} \qquad (11.11)$$

式中 I'_D 为实际的漏电流，而 I_D 为理想漏电流。由于 ΔL 是 V_{DS} 的函数，因此即使晶体管偏置在饱和区，I'_D 也是 V_{DS} 的函数。

由于 I'_D 现在成了 V_{DS} 的函数，输出阻抗不再是无限的，饱和区的漏电流可写为：

$$I'_D = \frac{k'_n}{2} \cdot \frac{W}{L} \cdot \left[(V_{GS} - V_T)^2 (1 + \lambda V_{DS}) \right] \qquad (11.12)$$

式中 λ 是沟道长度调制系数。

输出电阻是：

$$r_o = \left(\frac{\partial I'_D}{\partial V_{DS}}\right)^{-1} = \left\{ \frac{k'_n}{2} \cdot \frac{W}{L} \cdot (V_{GS} - V_T)^2 \cdot \lambda \right\}^{-1} \qquad (11.13a)$$

由于通常情况下 λ 比较小，所以上式可以写为：

$$r_o \approx \frac{1}{\lambda I_D} \qquad (11.13b)$$

图 11.7 为在沟道长度调制的影响下，饱和区的 I'_D 和 V_{DS} 的函数关系，曲线的斜率是正的。随着 MOSFET 尺寸的缩小，沟道长度 ΔL 的改变与原始沟道长度 L 比起来将占很大的一部分，因此沟道长度调制效应将越加显著。

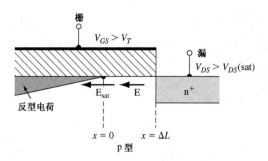

图 11.6 为了说明沟道长度调制效应的 n 沟道 MOSFET 漏端附近的剖面图

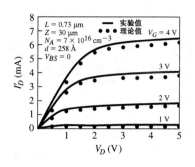

图 11.7 说明短沟道效应的 MOSFET 的电流–电压特性曲线

例 11.1 短沟道调制引起的漏电流增加。

考虑一 n 沟道 MOSFET，其衬底杂质掺杂浓度为 $N_a = 2 \times 10^{16}$ cm^{-3}，阈值电压为 $V_T = 0.4$ V，沟道长度 $L = 1$ μm。器件偏置情况为 $V_{GS} = 1$ V，$V_{DS} = 2.5$ V。求由于沟道长度调制引起的漏电流和理想漏电流之比。

■ 解

我们发现：

$$\phi_{fp} = V_t \ln\left(\frac{N_a}{n_i}\right) = (0.0259)\ln\left(\frac{2 \times 10^{16}}{1.5 \times 10^{10}}\right) = 0.3653 \text{ V}$$

$$V_{DS}(\text{sat}) = V_{GS} - V_T = 1.0 - 0.4 = 0.6 \text{ V}$$

$$\Delta V_{DS} = V_{DS} - V_{DS}(\text{sat}) = 2.5 - 0.6 = 1.9 \text{ V}$$

利用式(11.4)可得到：

$$\Delta L = \sqrt{\frac{2\epsilon_s}{eN_a}}\left[\sqrt{\phi_{fp} + V_{DS}(\text{sat}) + \Delta V_{DS}} - \sqrt{\phi_{fp} + V_{DS}(\text{sat})}\right]$$

$$= \sqrt{\frac{2(11.7)(8.85 \times 10^{-14})}{(1.6 \times 10^{-19})(2 \times 10^{16})}}\left[\sqrt{0.3653 + 0.6 + 1.9} - \sqrt{0.3653 + 0.6}\right]$$

$$= 1.807 \times 10^{-5} \text{ cm}$$

或者

$$\Delta L = 0.1807 \text{ μm}$$

然后

$$\frac{I_D'}{I_D} = \frac{L}{L - \Delta L} = \frac{1}{1 - 0.1807} = 1.22$$

■ 说明

当晶体管偏置在饱和区时，实际的漏电流随着有效沟道长度的减小而增加。

■ 自测题

E11.1 一 n 沟道 MOSFET 的参数除了沟道长度都如例 11.1 中描述的那样，晶体管偏置情况为 $V_{GS} = 0.8$ V，$V_{DS} = 2.5$ V。求使得由于沟道长度调制引起的实际漏电流和理想漏电流之比不大于 1.35 的最小沟道长度。

答案：$L = 0.698$ μm。

11.1.3 迁移率变化

在理想电流–电压关系的推导中，我们假设了迁移率是常数。然而，这个假设必须由于两个原因而更改。第一个要考虑的因素是迁移率随着栅压的改变。第二个原因是随着载流子接近饱和速度，这个极限有效载流子迁移率将减小。这个影响将在下一节讨论。

如图11.8中的n沟道器件所示，反型层电荷是由于垂直电场而产生的。正栅压在反型层电子上产生一股力量将之推向半导体表面。随着电子穿过沟道移向漏端，它们将被表面吸引，但是随后将由于本地库仑力而被排斥。如图11.9所示，这个效应称为表面散射。表面散射效应降低了迁移率。如果在氧化层-半导体界面附近存在正的固定氧化层电荷，那么由于附加库仑力的相互作用，迁移率将进一步降低。

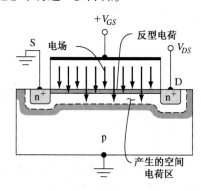

11.8 n沟道MOSFET的垂直电场

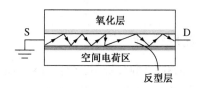

图11.9 载流子表面散射效应

反型层电荷迁移率和横向电场的关系通常由实验测得。有效横向电场可由下式表示：

$$E_{eff} = \frac{1}{\epsilon_s} \left(|Q_{SD}'(\max)| + \frac{1}{2} Q_n' \right) \quad (11.14)$$

有效反型层电荷迁移率可由沟道电导确定，其中沟道电导是栅压的函数。图11.10为$T = 300$ K时不同掺杂和不同氧化层厚度下的有效电子迁移率。有效迁移率只是反型层电场的函数，与氧化层厚度无关。有效迁移率可以写为：

$$\mu_{eff} = \mu_0 \left(\frac{E_{eff}}{E_0} \right)^{-1/3} \quad (11.15)$$

式中μ_0和E_0为常数，由实验结果确定。

由于晶格散射，有效反型层电荷迁移率强烈地依赖于温度。随着温度的降低，迁移率将增大。

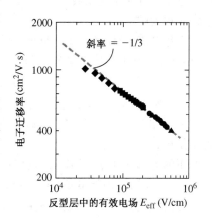

图11.10 实验测得的反型层电子迁移率与反型层电场的关系（参见Yang[25]）

例11.2 计算对于给定半导体掺杂的器件在开启时的有效电场强度。

考虑一p型硅衬底器件，$T = 300$ K，掺杂浓度为$N_a = 3 \times 10^{16}$ cm^{-3}。

■ **解**

由第10章的结果，可以求得：

$$\phi_{fp} = V_t \ln \left(\frac{N_a}{n_i} \right) = (0.0259) \ln \left(\frac{3 \times 10^{16}}{1.5 \times 10^{10}} \right) = 0.376 \text{ V}$$

和

$$x_{dT} = \left\{ \frac{4\epsilon_s \phi_{fp}}{eN_a} \right\}^{1/2} = \left\{ \frac{4(11.7)(8.85 \times 10^{-14})(0.376)}{(1.6 \times 10^{-19})(3 \times 10^{16})} \right\}^{1/2}$$

得到$x_{dT} = 0.18$ μm。那么

$$|Q_{SD}'(\max)| = eN_a x_{dT} = 8.64 \times 10^{-8} \text{ C/cm}^2$$

在阈值反型点，可以假设$Q_n' = 0$，因此由式(11.14)，有效电场为：

$$E_{eff} = \frac{1}{\epsilon_s}|Q'_{SD}(\max)| = \frac{8.64 \times 10^{-8}}{(11.7)(8.85 \times 10^{-14})} = 8.34 \times 10^4 \text{ V/cm}$$

■ 说明

由图 11.10 可以看到，表面处的有效横向电场对于有效反型层电荷迁移率而言是足够大的，它明显地比体区内的电场值要小。

■ 自测题

E11.2 当表面电场为 $E_{eff} = 2 \times 10^5$ V/cm 时，求有效反型层电子迁移率

答案：$\mu_n \approx 550$ cm^2/V · s。

有效迁移率是穿过反型层电荷的栅压的函数[参见式(11.14)]，随着栅压的增大，载流子迁移率将变小。

11.1.4　速度饱和

在长沟 MOSFET 的分析中，假设迁移率是常数，这意味着随着电场的增大，漂移速度将无限增加。在这种理想情况下，载流子速度会一直增加，直到达到理想的电流。然而，我们可以看到在增大电场时载流子速度会出现饱和。速度饱和在短沟道器件中尤其重要，因为相应的水平电场通常是很大的。

在理想电流-电压关系中，当反型层电荷密度在漏端处变为零时发生电流饱和，对于 n 沟道 MOSFET，在下面的情况时电流饱和：

$$V_{DS} = V_{DS}(\text{sat}) = V_{GS} - V_T \tag{11.16}$$

但是，速度饱和会改变这个饱和条件。当水平电场大约为 10^4 V/cm 时会发生速度饱和。如果一器件的 $V_{DS} = 5$ V，沟道长度 $L = 1$ μm，则平均电场为 5×10^4 V/cm。所以，速度饱和现象在短沟道器件中是很容易发生的。

修正的 $I_D(\text{sat})$ 特性可由下式近似描述：

$$I_D(\text{sat}) = WC_{ox}(V_{GS} - V_T)v_{sat} \tag{11.17}$$

式中 v_{sat} 为饱和速度(对于体硅中的电子约为 10^7 cm/s)，C_{ox} 为每平方厘米的栅氧化层电容。由于垂直电场和表面散射的影响，饱和速度会随着所加栅压而减小一些。速度饱和会导致 $I_D(\text{sat})$ 和 $V_{DS}(\text{sat})$ 的值比理想关系中的小一些。$I_D(\text{sat})$ 大约是 V_{GS} 的线性函数，而不是前面所述的理想平方律关系。

关于迁移率和电场关系的模型有若干种，一种比较常用的关系为：

$$\mu = \frac{\mu_{eff}}{\left[1 + \left(\frac{\mu_{eff}E}{v_{sat}}\right)^2\right]^{1/2}} \tag{11.18}$$

图 11.11 为漏电流与漏源电压的函数关系在迁移率为常数时和在迁移率依赖于电场时的对比情况。从依赖于电场的迁移率曲线中可以看到，$I_D(\text{sat})$ 的值变小了，而且它近似地线性依赖于 V_{GS}。

跨导由下式给出：

$$g_{ms} = \frac{\partial I_D(\text{sat})}{\partial V_{GS}} = WC_{ox}v_{sat} \tag{11.19}$$

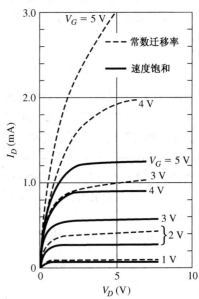

图 11.11　漏电流与漏源电压的函数关系在迁移率为常数时和在由于速度饱和效应迁移率依赖于电场时的对比情况

当速度饱和发生时，它与 V_{GS} 和 V_{DS} 无关。由于速度饱和效应，漏电流将饱和，从而导致跨导为一常数。

当速度饱和发生时，截止频率为：

$$f_T = \frac{g_m}{2\pi C_G} = \frac{WC_{ox}v_{sat}}{2\pi(C_{ox}WL)} = \frac{v_{sat}}{2\pi L} \qquad (11.20)$$

其中寄生电容假设为被忽略。

11.1.5　弹道输运

如第5章讨论过的，半导体中的散射机制把载流子的速度限制在一个平均的漂移速度上。这个平均漂移速度是碰撞的平均时间或散射间平均距离的函数。在长沟道器件中，沟道长度 L 远大于碰撞平均距离 l，因此存在平均载流子漂移速度。随着 MOSFET 沟道的缩小，碰撞平均距离 l 可以变得和 L 相比拟，从而前面的讨论可能不再适用。当沟道长度继续减小到 $L < l$，载流子中的一大部分可以不经过散射就能从源端到达漏端。这种载流子的运动称为弹道输运。

弹道输运是指载流子以比平均漂移速度或饱和速度更快的速度行进，这个效应会产生一些高速器件。弹道输运会发生在亚微米 $(L < 1\ \mu m)$ 器件中。随着 MOSFET 技术的进一步发展，沟道长度将接近 $0.1\ \mu m$，弹道输运现象将会变得更加重要。

练习题

T11.1　一个 MOSFET 工作在亚阈值区域，$V_D \gg kT/e$，在给出的理想关系中，栅源电压变化多少才能引起漏电流变化十倍？

　　答案：$\Delta V_{GS} = 59.64\ mV$。

T11.2　考虑一个 NMOS 晶体管，参数如下：$L = 1\ \mu m$，$W = 10\ \mu m$，$\mu_n = 1000\ cm^2/V \cdot s$，$C_{ox} = 10^{-8}\ F/cm^2$，$V_T = 0.4\ V$，$v_{sat} = 5 \times 10^6\ cm/s$。在下列情况下于同一幅图中绘出 $I_D(sat)$ 和 V_{GS} 的函数关系图，其中 $0 \leqslant V_{GS} \leqslant 4\ V$。(a) 理想情况下的晶体管 [参见式 (10.45a)]；(b) 发生速度饱和时 [参见式 (11.17)]。

　　答案：(a) $I_D(sat) = 50(V_{GS} - 0.4)^2\ \mu A$，(b) $I_D(sat) = 50(V_{GS} - 0.4)\ \mu A$。

11.2　MOSFET 按比例缩小理论

如上一章所讨论的，MOSFET 的频率响应会随着沟道长度的减小而增大。在过去的 20 年中，CMOS 技术的发展使得沟道长度越来越小。$0.25\ \mu m$ 到 $0.13\ \mu m$ 的沟道长度是当今的标准。一个必须考虑的问题是随着沟道长度的缩小，器件的其他参数将如何改变。

11.2.1　恒定电场按比例缩小

恒定电场按比例缩小是指器件尺寸和电压等比例地缩小，而电场（水平和垂直）保持不变。为了确保按比例缩小后器件的可靠性，器件中的电场不能增大。

图 11.12(a) 为初始 NMOS 器件的剖面图及其参数，图 11.12(b) 为按比例缩小后的器件，比例因子为 k。通常，对于给定的工艺 $k \approx 0.7$。

如图所示，沟道长度从 L 缩小到 kL。为了保持恒定的水平电场，漏电压必须从 V_D 变化到 kV_D。最大栅压从 V_G 变化到 kV_G，以使栅压和漏压相匹配。为了保持恒定的垂直电场，氧化层厚度必须从 t_{ox} 变化到 kt_{ox}。

对于单边 pn 结，漏端的最大耗尽层宽度为：

$$x_D = \sqrt{\frac{2\epsilon(V_{bi} + V_D)}{eN_a}} \qquad (11.21)$$

由于沟道长度减小了，耗尽层宽度也要相应减小。如果衬底掺杂浓度增大为原来的$(1/k)$，那么由于V_D减小为原来的k倍，耗尽层宽度将大约减小为原来的k倍。

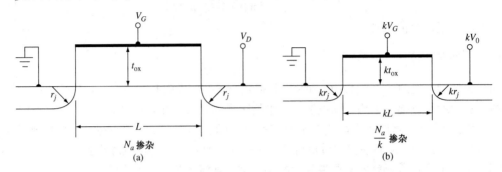

图 11.12 （a）初始 NMOS 晶体管的剖面图；（b）按比例缩小后的 NMOS 晶体管的剖面图

对于偏置在饱和区的晶体管，单位沟道宽度的漏电流可以写为：

$$\frac{I_D}{W} = \frac{\mu_n \epsilon_{ox}}{2t_{ox}L}(V_G - V_T)^2 \rightarrow \frac{\mu_n \epsilon_{ox}}{2(kt_{ox})(kL)}(kV_G - V_T)^2 \approx \text{常数} \qquad (11.22)$$

单位沟道宽度的漂移电流保持为常数，所以，如果沟道宽度减小k倍，那么漏电流也减小k倍。器件的面积$A \approx WL$减小k^2倍，功率$P = IV$也减小k^2倍。芯片的功率密度保持不变。

表 11.1 总结了器件的按比例缩小原理及其对电路参数的影响。要注意互连线的宽度和长度也假设为按照相同的比例因子缩小。

表 11.1 恒定电场器件按比例缩小的总结

	器件和电路参数	比例因子（$k < 1$）
比例参数	器件尺寸（L，t_{ox}，W，x_j）	k
	掺杂浓度（N_a，N_d）	$1/k$
	电压	k
器件参数效应	电场	1
	载流子速度	1
	耗尽区宽度	k
	电容（$C = \epsilon A/t$）	k
	漂移电流	k
电路参数效应	器件密度	$1/k^2$
	功率密度	1
	器件功耗（$P = IV$）	k^2
	电路延迟时间（$\approx CV/I$）	k
	功率–延迟积（$P\tau$）	k^3

引自 Taur 和 Ning[23]。

11.2.2 阈值电压——第一级近似

在恒定电场按比例缩小中，器件的电压按照比例因子k减小。那么阈值电压看起来也应该按照同样的比例因子减小。对于均匀掺杂的衬底，阈值电压可以写为：

$$V_T = V_{FB} + 2\phi_{fp} + \frac{\sqrt{2\epsilon e N_a(2\phi_{fp})}}{C_{ox}} \qquad (11.23)$$

式(11.23)中的前两项分别为器件材料参数的函数，不按比例缩小，只是很小程度地依赖于掺杂浓度。最后一项近似正比于$\sqrt{k}$，所以阈值电压不直接按照比例因子k变化。

短沟道效应对阈值电压的影响将在11.3节中进行讨论。

11.2.3 全部按比例缩小理论

在恒定电场按比例缩小理论中，电压按照器件尺寸缩小的比例因子k减小。然而，在实际的技术演化中，电压并不按照相同的比例因子减小。例如，在以前应用过的电路中，改变标准化的功率供给级别是困难的。另外，其他没有按比例缩小的参数，如阈值电压和亚阈值电流，造成所加电压的减小，这些并不是我们所希望的。因此，随着MOS器件尺寸的缩小，电场应该增大。

电场增大将导致可靠性的降低和功率密度的增大。随着功率密度的增大，器件的温度会升高。而升高的温度可以影响器件的可靠性。由于氧化层厚度减小而电场增大，栅氧化层更接近于击穿状态，氧化层的完整性将更难保持。此外，载流子通过氧化层的直接隧穿可能更容易发生。增大了的电场还可以增大热电子效应的几率，这个问题我们将在本章中随后讨论。缩小了尺寸的器件将产生一些必须解决的富有挑战性的问题。

练习题

T11.3 一NMOS晶体管有下列参数：$L = 1\ \mu m$，$W = 10\ \mu m$，$t_{ox} = 250\ Å$，$N_a = 5 \times 10^{15}\ cm^{-3}$，所加栅压为3 V。假设器件按恒定电场等比例缩小，求当比例因子为$k = 0.7$时新的器件参数。

答案：$L = 0.7\ \mu m$，$W = 7\ \mu m$，$t_{ox} = 175\ Å$，$N_a = 7.14 \times 10^{15}\ cm^{-3}$，所加栅压为2.1 V。

11.3 阈值电压的修正

在前一章我们推导理想MOSFET关系时讨论了阈值电压的表达式和电流-电压特性。现在将讨论包括沟道长度调制的一些非理想效应。当器件尺寸缩小时，一些附加效应会对阈值电压产生影响。沟道长度的减小会增大MOSFET的跨导以及频率响应，沟道宽度的减小会增大集成电路的集成度。沟道长度和沟道宽度同时减小或其一减小都将影响阈值电压。

11.3.1 短沟道效应

对理想MOSFET，我们利用电荷中和的概念推导出阈值电压，电荷中和是指金属氧化物反型层和半导体空间电荷区中的电荷总和为零。我们还将假设栅面积与半导体有效面积相同。使用这个假设，我们仅考虑等价表面电荷密度，忽略由于源、漏空间电荷进入有效沟道区而造成的任何影响阈值电压的因素。

图11.13(a)为长n沟道MOSFET处于平等时的剖面图，此时源、漏电压均为零。源端和漏端的空间电荷区进入到了沟道区，但是仅占据整个沟道区中很小的一部分。栅压能够控制反型时沟道区中的所有空间电荷，如图11.13(b)所示。

随着沟道长度的减小，沟道区中由栅压控制的电荷将变少。这个影响可以从图11.14的平带情况中看出。随着漏电压的增大，漏端的反偏空间电荷区会更严重地延伸到沟道区，从而栅压控制的体电荷会变得更少。由栅极控制的沟道区中的电荷数量$Q'_{SD}(\max)$会对阈值电压造成影响，如式(11.24)所示：

$$V_{TN} = \left(|Q'_{SD}(\max)| - Q'_{ss}\right)\left(\frac{t_{ox}}{\epsilon_{ox}}\right) + \phi_{ms} + 2\phi_{fp} \tag{11.24}$$

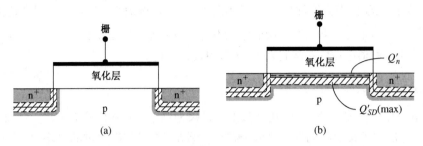

图 11.13　长 n 沟道 MOSFET 剖面图。(a)平带时的情形；(b)反型时的情形

我们可以通过考虑图 11.15 所示的参数，定量地确定短沟道效应对阈值电压造成的影响。源结和漏结由扩散结深 r_j 表示。假设栅极下面的横向扩散距离等于垂直扩散距离。这个假设对于扩散结是一个很合理的近似，但是对于离子注入结则不是那么准确。我们首先考虑源、漏和体区都接地的情况。

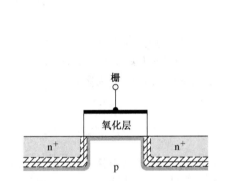

11.14　短 n 沟道 MOSFET 在平带时的剖面图

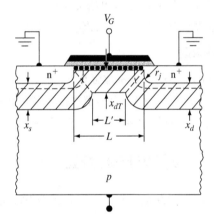

图 11.15　短沟道阈值电压模型中的电荷分享

分析中的一个基本的假设为栅极下面梯形区域中的体电荷由栅极控制。在阈值反型点处落在空间电荷区上的势差为 $2\phi_{fp}$，源和漏结的内建势垒高度也约为 $2\phi_{fp}$，这表明了三个空间电荷宽度是完全相等的。我们可以得到：

$$x_s \approx x_d \approx x_{dT} \equiv x_{dT} \qquad (11.25)$$

利用几何近似，梯形区域内单位面积的平均体电荷 Q_B' 为：

$$|Q_B'| \cdot L = e N_a x_{dT} \left(\frac{L + L'}{2} \right) \qquad (11.26)$$

由几何图形，得到：

$$\frac{L + L'}{2L} = \left[1 - \frac{r_j}{L} \left(\sqrt{1 + \frac{2x_{dT}}{r_j}} - 1 \right) \right] \qquad (11.27)$$

那么

$$|Q_B'| = e N_a x_{dT} \left[1 - \frac{r_j}{L} \left(\sqrt{1 + \frac{2x_{dT}}{r_j}} - 1 \right) \right] \qquad (11.28)$$

式(11.28)中用 $|Q_{SD}'(\max)|$ 来表示阈值电压。

由于 $|Q_{SD}'(\max)| = e N_a x_{dT}$，可以求出 ΔV_T 为：

$$\Delta V_T = -\frac{eN_a x_{dT}}{C_{ox}}\left[\frac{r_j}{L}\left(\sqrt{1+\frac{2x_{dT}}{r_j}}-1\right)\right] \tag{11.29}$$

式中

$$\Delta V_T = V_{T(短沟道)} - V_{T(长沟道)} \tag{11.30}$$

随着沟道长度的减小，阈值电压向负方向移动，从而使得 n 沟道 MOSFET 向耗尽模式转变。

例11.3　计算由于短沟道效应引起的阈值电压移动。

考虑一 n 沟道 MOSFET，参数如下：$N_a = 3 \times 10^{16}$ cm^{-3}，$t_{ox} = 20$ nm，设 $L = 1.0$ μm，$r_j = 0.3$ μm。

■ **解**

可以求出氧化层电容为：

$$C_{ox} = \frac{\epsilon_{ox}}{t_{ox}} = \frac{(3.9)(8.85 \times 10^{-14})}{200 \times 10^{-8}} = 1.726 \times 10^{-7} \text{ F/cm}^2$$

$$\phi_{fp} = V_t \ln\left(\frac{N_a}{n_i}\right) = (0.0259)\ln\left(\frac{3 \times 10^{16}}{1.5 \times 10^{10}}\right) = 0.3758 \text{ V}$$

$$x_{dT} = \left[\frac{4\epsilon_s \phi_{fp}}{eN_a}\right]^{1/2} = \left[\frac{4(11.7)(8.85 \times 10^{-14})(0.3758)}{(1.6 \times 10^{-19})(3 \times 10^{16})}\right]^{1/2}$$

$$= 0.18 \times 10^{-4} \text{ cm} = 0.18 \text{ μm}$$

求得结果为：

$$\Delta V_T = -\frac{eN_a x_{dT}}{C_{ox}}\left[\frac{r_j}{L}\left(\sqrt{1+\frac{2x_{dT}}{r_j}}-1\right)\right]$$

$$= -\frac{(1.6 \times 10^{-19})(3 \times 10^{16})(0.18 \times 10^{-4})}{1.726 \times 10^{-7}}\left[\frac{0.3}{1.0}\left(\sqrt{1+\frac{2(0.18)}{0.3}}-1\right)\right]$$

或

$$\Delta V_T = -0.0726 \text{ V}$$

■ **说明**

例如，假设 n 沟道 MOSFET 的阈值电压为 $V_T = 0.35$ V，由于短沟道效应引起的阈值电压偏移量 $\Delta V_T = -0.0726$ V 是比较大的，在器件设计中需要考虑这个影响。

■ **自测题**

E11.3　将例 11.3 的参数改为：$N_a = 10^{16}$ cm^{-3}，$t_{ox} = 12$ nm，设 $L = 0.75$ μm，$r_j = 0.25$ μm，重做该题。

答案：$\Delta V_T = -0.0469$ V。

随着沟道长度的进一步减小，短沟道效应将变得越加显著。

n 沟道 MOSFET 的改变和沟道长度的关系参见图 11.16。随着衬底掺杂浓度的增加，初始阈值电压增大，如我们在上一章中看到的，短沟道阈值移动量也将变大。短沟道对阈值电压的影响直到沟道长度小于 2 μm 时才变得有意义。随着扩散结深 r_j 的变小，阈值电压的移动量也将变小，以至于十分浅的结可以减小阈值电压对沟道长度的依赖。

式(11.29)是建立在源、沟道、漏的空间电荷宽度相等的假设上推导出来的。如果我们现在施加一漏电压，漏端的空间电荷宽度就会变宽，这将使 L' 变小，从而由栅压控制的体电荷数量会减少。这个影响使得阈值电压是漏极电压的函数。随着漏极电压的增大，n 沟道 MOSFET 的阈值电压减小。阈值电压与沟道长度的关系图示于图 11.17，此图分别绘出了两个漏源电压和两个体源电压时的曲线。

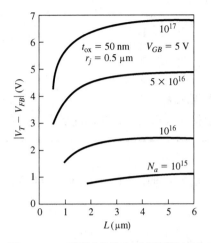

图 11.16　不同衬底掺杂时的阈值电压
和沟道长度的函数关系图

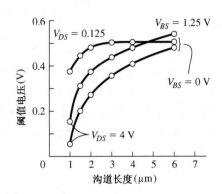

图 11.17　两个漏源电压和两个体源电压时的
阈值电压与沟道长度的函数关系图

11.3.2　窄沟道效应

图 11.18 为处于反型的 n 沟道 MOSFET 沿沟道宽度方向上的剖面图。电流垂直于沟道宽度通过反型层电荷。从图中可以看到，在沟道宽度的两侧存在一个附加的空间电荷区。这些附加的电荷受栅压控制，但是并没有出现在理想阈值电压关系的推导中。因此，阈值电压的表达式必须进行修正，使之含有附加电荷。

如果忽略短沟道效应，那么栅控体电荷可以写为：

$$Q_B = Q_{B0} + \Delta Q_B \qquad (11.31)$$

式中 Q_B 为总体电荷，Q_{B0} 为理想体电荷，ΔQ_B 为沟道宽度两侧附加的体电荷。对于偏置在阈值反型点的均匀掺杂的 p 型半导体，可以写出：

$$|Q_{B0}| = eN_aWLx_{dT} \qquad (11.32)$$

和

$$\Delta Q_B = eN_aLx_{dT}(\xi x_{dT}) \qquad (11.33)$$

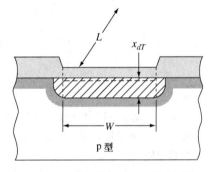

图 11.18　n 沟道 MOSFET 沿沟道宽
度方向上耗尽区的剖面图

式中 ξ 为考虑到横向空间电荷宽度后的调整参数。由于两侧变厚的场氧化层或离子注入导致的非均匀半导体掺杂浓度，横向空间电荷宽度可以和垂直宽度 x_{dT} 不同。如果两端是半圆形，那么 $\xi = \pi/2$。

我们可以写出：

$$|Q_B| = |Q_{B0}| + |\Delta Q_B| = eN_a\,WL\,x_{dT} + eN_a\,Lx_{dT}\,(\xi x_{dT})$$
$$= eN_a\,WLx_{dT}\left(1 + \frac{\xi x_{dT}}{W}\right) \qquad (11.34)$$

随着宽度 W 的减小以及因数 (ξx_{dT}) 变为宽度 W 相对重要的一部分，边缘空间电荷区的影响变得重要起来。

由于附加空间电荷的影响，阈值电压的改变为：

$$\boxed{\Delta V_T = \frac{eN_ax_{dT}}{C_{ox}}\left(\frac{\xi x_{dT}}{W}\right)} \qquad (11.35)$$

由于窄沟道的影响，阈值电压的偏移对于 n 沟道 MOSFET 而言是向正方向的。随着宽度 W 逐渐变小，阈值电压的偏移量会越来越大。

例11.4 设计沟道宽度，使之把由于窄沟道效应引起的阈值电压改变量限制在某一特定值。

考虑一 n 沟道 MOSFET，参数如下：$N_a = 3 \times 10^{16}$ cm^{-3}，$t_{ox} = 200$ Å，设 $\xi = \pi/2$。假设将阈值电压偏移量限制在 $\Delta V_T = 0.2$ V。

■ **解**

我们可得：

$$C_{ox} = 1.726 \times 10^{-7} \text{ F/cm}^2 \qquad \text{和} \qquad x_{dT} = 0.18 \text{ μm}$$

由式(11.35)，可以得到沟道宽度的表达式为：

$$W = \frac{eN_a(\xi x_{dT}^2)}{C_{ox}(\Delta V_T)} = \frac{(1.6 \times 10^{-19})(3 \times 10^{16})\left(\dfrac{\pi}{2}\right)(0.18 \times 10^{-4})^2}{(1.726 \times 10^{-7})(0.2)}$$

$$= 7.08 \times 10^{-5} \text{ cm}$$

$$W = 0.708 \text{ μm}$$

■ **说明**

可以注意到阈值电压的改变量 $\Delta V_T = 0.2$ V 发生在沟道宽度 $W = 0.708$ μm 时，这大约是空间电荷宽度 x_{dT} 的 4 倍。

■ **自测题**

E11.4 重做例11.4，此时 $N_a = 10^{16}$ cm^{-3}，$t_{ox} = 8$ nm $= 80$ Å，确定沟道宽度以使阈值电压偏移量限制在 $\Delta V_T = 0.1$ V。

答案： $W = 0.524$ μm。

图 11.19 为阈值电压和沟道宽度的函数关系图。从图中可以注意到，当沟道宽度可以和空间电荷宽度比拟时，阈值电压偏移才变得显著。

图 11.20(a) 和图 11.20(b) 分别定性地描述了 n 沟道 MOSFET 中由于短沟道和窄沟道效应引起的阈值电压的偏移情况。窄沟道器件使阈值电压变大，而短沟道器件使阈值电压变小。如果器件同时受短沟道和窄沟道效应的影响，那么这两种模型要合并成一个由栅极控制的空间电荷区的三维体近似。

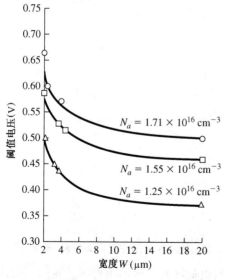

图 11.19 阈值电压与沟道宽度的函数关系图(实线是理论值;点为实验值)

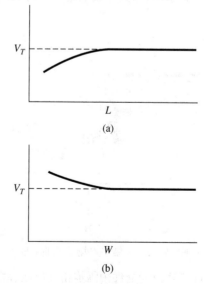

图 11.20 阈值电压改变的定性描述。(a)沟道长度;(b)沟道宽度

11.4 附加电学特性

在关于半导体物理和器件的介绍性书籍中，有关 MOSFET 的大量知识都没有包含进去。然而，这里将涉及两个附加的内容：即击穿电压和通过离子注入调节阈值电压。

11.4.1 击穿电压

在 MOSFET 中，有几种电压击穿机制必须要加以考虑，包括加在氧化层上的电压击穿，以及各种半导体结中的电压击穿。

氧化层击穿：我们已经假设氧化层是理想绝缘体。然而，如果氧化层中的电场变得足够大，击穿就会发生，这将导致器件的崩溃。在二氧化硅中，击穿时的电场为 6×10^6 V/cm 左右。此击穿场强比硅中的大，但是栅氧化层还是很薄。当氧化层厚度为 500 Å 时，大约 30 V 的栅压可以造成击穿。但是，通常因数的安全边界值为 3，因此 $t_{ox} = 500$ Å 时的最大安全栅压为 10 V。因为在氧化层中可能存在缺陷，从而降低击穿场强，所以安全的边界值是必要的。除了在功率器件和极薄氧化层器件中，氧化层击穿通常不是很重要的问题。其他氧化层退化问题将在本章后面进行讨论。

雪崩击穿：漏极附近的空间电荷区离化可以造成雪崩击穿。我们考虑第 7 章中讲述的 pn 结雪崩击穿。在理想单边 pn 结中，击穿主要是 pn 结低掺杂区的掺杂浓度的函数。对于 MOSFET，低掺杂区对应于半导体衬底。例如，如果一 p 型衬底掺杂浓度为 $N_a = 3 \times 10^{16}$ cm^{-3}，那么对于缓变结，击穿电压大约为 25 V。然而，n$^+$ 漏极可能是一个相当浅的扩散区并发生弯曲。耗尽区的电场在弯曲处有集中的趋向，从而降低了击穿电压。这个弯曲效应示于图 11.21 中。

准雪崩反向击穿：另一种击穿机制为如图 11.22 所示的 S 形击穿曲线。这种击穿是由于二级效应而产生的，可以通过图 11.23 加以解释。图 11.23(a) 中的 n 沟道增强型 MOSFET 的几何图形表明了 n 型的源漏接触和 p 型衬底。源极和漏极接地。n(源)−p(衬底)−n(漏) 结构形成了一个寄生双极晶体管。其等效电路示于图 11.23(b)。

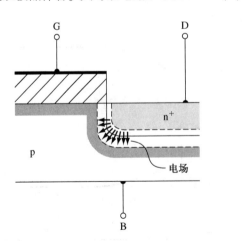

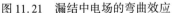

图 11.21　漏结中电场的弯曲效应

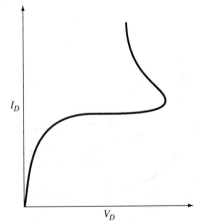

图 11.22　说明反向击穿效应的电流-电压特性

图 11.24(a) 为器件中雪崩击穿刚刚在漏端空间电荷区发生时的示意图。我们一般认为雪崩击穿瞬间发生在某一特定的电压时。然而，雪崩击穿是一个逐渐的过程，它开始于一个小电流且电场小于击穿场强时。通过雪崩过程产生的电子流向漏极，从而成为漏电流的一部分。雪崩产生

的空穴通常通过衬底流向体区的另一端。由于衬底的电阻非零，如图所示，压降就随之产生了。这个势能差使源-衬底 pn 结在源极附近处于正偏状态。而源区为重掺杂 n 型半导体，因此，正偏时大量的电子可以从源极注入衬底。当衬底压降接近 $0.6 \sim 0.7$ V 时，这个过程会变得很剧烈。一部分注入的电子将通过寄生基区扩散到反偏漏空间电荷区，它们同时也会加入到漏电流中。

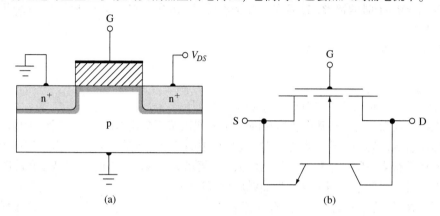

图 11.23　(a)n 沟道 MOSFET 的剖面图；(b)含有寄生双极晶体管的等效电路

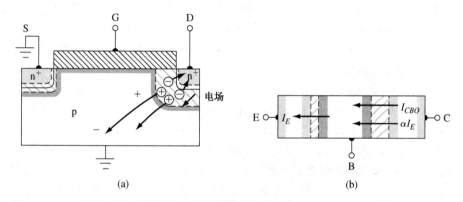

图 11.24　(a)衬底电流和漏端由于雪崩倍增引入的压降；(b)寄生双极晶体管中的电流

雪崩击穿过程不仅是电场的函数，还是相关载流子数量的函数。当漏极空间电荷区中载流子数量增多时，雪崩击穿的速度会增快。从而产生了再生或正反馈机制。漏极附近的雪崩击穿产生衬底电流，从而产生正偏的源-衬底 pn 结电压。正偏结注入能够扩散回漏极的载流子，从而加速雪崩过程。正反馈过程是不稳定系统。

图 11.22 中曲线的反转或负阻部分现在可以利用寄生双极晶体管来解释。发射极(源极)附近的双极晶体管基区的电势几乎是悬空的，这是因为此电压主要由雪崩产生的衬底电流所决定，而非主要由外加电压所决定。

对于如图 11.24 所示的基区开路双极晶体管，可以写出：

$$I_C = \alpha I_E + I_{CB0} \tag{11.36}$$

式中 α 为共基电流增益，I_{CB0} 为基极-集电极漏电流。对于基极开路，$I_C = I_E$，所以式(11.36)变形为：

$$I_C = \alpha I_C + I_{CB0} \tag{11.37}$$

当击穿时，B-C 结中的电流被倍增因数 M 加倍，我们得到：

$$I_C = M(\alpha I_C + I_{CB0}) \tag{11.38}$$

从中解出 I_C 得:

$$I_C = \frac{MI_{CB0}}{1 - \alpha M} \tag{11.39}$$

击穿定义为当 $I_C \to \infty$ 时的情形。对于单个反偏 pn 结而言,击穿时 $M \to \infty$。但是,由式(11.39),击穿定义为当 $\alpha M \to 1$ 时的情形,或者对于开基极情况,击穿时 $M \to 1/\alpha$,和单个 pn 结相比这是一个很小的倍增因子。

关于倍增因子的一个经验公式为:

$$M = \frac{1}{1 - (V_{CE}/V_{BD})^m} \tag{11.40}$$

式中 m 为经验常数,值在 3 ~ 6 之间,V_{BD} 为结击穿电压。

当集电极电流较小时,共基电流增益因数 α 强烈依赖于集电极电流。这个影响将在第 12 章有关双极晶体管的讲述中讨论。低电流时,B-E 结中的复合电流在总电流中占一定的比例,以至于共基电流增益很小。随着集电极电流的增大,α 值增大;因此,小的 M 和 V_{CE} 值是产生雪崩击穿所需要的条件。反转或负阻击穿特性曲线就可以得到了。

正偏源-衬底结的注入电子中,只有一部分被漏极收集。对反转特性更精确的计算必须要考虑这部分电子;因此,简单模型需要修正。然而,上面的讨论定性地描述了反转效应。反转特性可以用重掺杂衬底加以概括性说明,因为重掺杂彻底可以阻止任何正在产生的有效电压。产生所需阈值电压的一定掺杂浓度的薄 p 型外延层可以生长在重掺杂衬底上。

源漏穿通效应:是指这样的情形,漏-衬底空间电荷区完全经过沟道区延展到源-衬底空间电荷区。此时,源、漏之间的势垒完全消失,可能存在较大的漏电流。

然而,漏电流会在真正的隧穿条件到达之前就很快地增大。这个特性成为准隧穿条件,也称为漏诱导势垒降低(Drain-Induced Barrier Lowering,DIBL)。图 11.25(a)为长 n 沟道 MOSFET 当 $V_{GS} < V_T$ 且漏源电压相对较小时的理想能带图。较高的势垒会阻止源漏之间的电流。图 11.25(b)为当施加一个相对较大的漏极电压 V_{DS2} 时的能带图。漏极附近的空间电荷区开始和源极的空间电荷区发生相互作用,而且势垒高度降低了。由于电流为势垒高度的指数函数,因此一旦准穿通条件得到满足,电流就会很快增大。图 11.26 为短沟道器件在准穿通条件时的一些典型特性曲线。

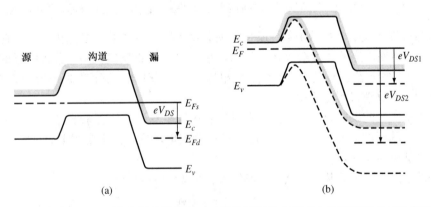

图 11.25　(a)长沟道 MOSFET 沿表面的等势图;(b)短沟道器件在隧穿之前和隧穿之后沿表面的等势图

例 11.5　计算理论上的隧穿电压,假设 pn 结为突变结。

考虑一 n 沟道 MOSFET,源、漏掺杂浓度为 $N_d = 10^{19}$ cm^{-3},沟道区的掺杂浓度为 $N_a = 10^{16}$ cm^{-3},设沟道长度为 $L = 1.2$ μm,源和体区接地。

■ **解**

pn 结内建势垒高度为：

$$V_{bi} = V_t \ln\left(\frac{N_a N_d}{n_i^2}\right) = (0.0259)\ln\left[\frac{(10^{16})(10^{19})}{(1.5 \times 10^{10})^2}\right] = 0.874 \text{ V}$$

零偏源-衬底 pn 结宽度为：

$$x_{d0} = \left[\frac{2\epsilon_s V_{bi}}{eN_a}\right]^{1/2} = \left[\frac{2(11.7)(8.85 \times 10^{-14})(0.874)}{(1.6 \times 10^{-19})(10^{16})}\right]^{1/2} = 0.336 \text{ μm}$$

反偏漏-衬底 pn 结宽度为：

$$x_d = \left[\frac{2\epsilon_s(V_{bi} + V_{DS})}{eN_a}\right]^{1/2}$$

当发生隧穿时，有：

$$x_{d0} + x_d = L \quad \text{或} \quad 0.336 + x_d = 1.2$$

从而得到隧穿时 $x_d = 0.864$ μm，这样就可以得到：

$$V_{bi} + V_{DS} = \frac{x_d^2 eN_a}{2\epsilon_s} = \frac{(0.864 \times 10^{-4})^2(1.6 \times 10^{-19})(10^{16})}{2(11.7)(8.85 \times 10^{-14})}$$

$$= 5.77 \text{ V}$$

隧穿电压为：

$$V_{DS} = 5.77 - 0.874 = 4.9 \text{ V}$$

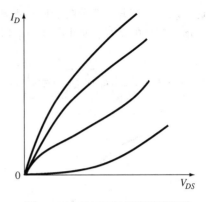

图 11.26　MOSFET 隧穿效应的典型电流-电压特性曲线

■ **说明**

当两个空间电荷区都到达隧穿条件时，突变结的近似将不再是一个很好的假设。在到达理论上的隧穿电压之前，漏电流将会急速增加。

■ **自测题**

E11.5 重做例 11.5，基底掺杂浓度为 $N_a = 3 \times 10^{16}$ cm^{-3}，设沟道长度为 $L = 0.8$ μm。
　　　　答案：$V_{DS} = 7.52$ V。

对于 10^{16} cm^{-3} 的掺杂浓度，当突变耗尽层大约分开 0.25 μm 时，两个空间电荷区开始相互作用。准隧穿条件发生时的漏极电压要小于例 11.5 计算出的理想隧穿电压（参见习题 11.33）。

*11.4.2　轻掺杂漏晶体管

结击穿电压是最大电场强度的函数。随着沟道长度的变小，偏置电压可能不会相应地按比例缩小，因此结电场会变大。当电场变大时，近雪崩击穿和近隧穿效应会变得更加严重。此外，器件的几何图形按比例缩小后，寄生双极器件的影响更大，从而使击穿效应增强。

一种抑制击穿效应的方法是改变漏极的掺杂剖面。轻掺杂漏（LDD）设计及其掺杂剖面示于图 11.27(a)中，传统的 MOSFET 及其掺杂剖面示于图 11.27(b)作为对比。通过引入轻掺杂漏，空间电荷区中电场的峰值减小了，击穿效应被降到最小。漏极的电场峰值是半导体掺杂浓度和 n⁺漏区弯曲程度的函数。图 11.28 为传统 n⁺漏区和 LDD 结果在同一张图中的物理几何示意图。在 LDD 结构中，氧化层-半导体界面处的场强要比传统结构的小。传统器件的电场大约在冶金结处达到峰值，而在漏极迅速下降到零，这是因为在高电导的 n⁺区无电场存在。另一方面，在 LDD 器件中，电场在漏区掺杂为零之前就延伸至 n 区。这个效应可以抑制击穿和热电子效应，这些内容将在 11.5.3 节中讨论。

轻掺杂漏器件的两个缺点是制造复杂和漏极电阻增大。但是，通过一些附加的工艺步骤可以制造出性能明显改进的器件。图 11.27 所示的 LDD 器件的剖面图表明了源端轻掺杂的 n 区。

这个区的存在并不能改善器件的性能，但却尽可能地降低了工艺的复杂程度。附加的串联电阻会增加器件的功耗；因此在高功率器件的设计中必须考虑到这个问题。

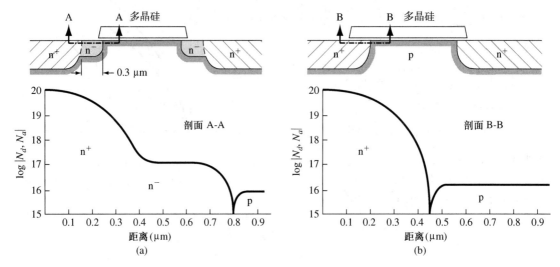

图 11.27　（a）轻掺杂漏（LDD）结构；（b）传统的结构

11.4.3　通过离子注入进行阈值调整

有许多的因素，诸如固定氧化层电荷、金属-半导体功函数差、栅氧化层厚度以及半导体掺杂浓度，都可以影响阈值电压。尽管对各种不同的应用来说所得的阈值电压不一定满足条件，所有的这些参数都可以在特定的设计和工艺中被确定下来。可以通过离子注入来调整氧化层-半导体表面附近的衬底掺杂浓度，从而得到满意的阈值电压。另外，离子注入不仅可以用来掺杂沟道区，它还被广泛应用于器件的制造过程中，是一种标准的工艺；例如，它可以被用于形成晶体管的源区和漏区。

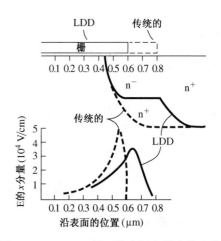

图 11.28　Si-SiO$_2$ 界面处电场和距离的函数关系；$V_{DS} = 10$ V，$V_{SB} = 2$ V，$V_{GS} = V_T$

改变掺杂浓度从而改变阈值电压，准确地说，就是控制注入氧化层表面附近的半导体中的施主或受主的数目。当 MOS 器件偏置在耗尽模式或反型模式，且注入掺杂原子位于空间电荷区中时，离化的掺杂电荷添加到（或从中减掉）最大空间电荷密度中，这样就控制了阈值电压。将受主注入p 型或n 型衬底中，会使阈值电压变得更正，而注入施主将使阈值电压变得更负。离子注入可以使耗尽型器件变成增强型的，也可以使增强型器件变成耗尽型的，这是这项技术的很重要的应用。

作为第一种近似，假设每平方厘米注入 p 型衬底的受主原子为 D_I，它们与氧化层-半导体界面相邻，如图 11.29（a）所示。由于注入而引起的阈值电压偏移为：

$$\Delta V_T = + \frac{eD_I}{C_{\text{ox}}} \tag{11.41}$$

如果施主原子被注入 p 型衬底中，空间电荷密度就会减小；因此，阈值电压会变得更负。

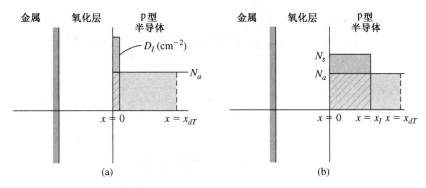

图 11.29　（a）用 delta 函数近似的离子注入剖面图；（b）用阶跃函数
近似的离子注入剖面图，其中 x_i 小于空间电荷宽度 x_{dT}

　　第二种注入近似为阶跃结，如图 11.29(b)所示。如果在阈值反型点时的空间电荷宽度小于 x_I，阈值电压就由平均掺杂浓度 N_s 所决定。另一方面，如果在阈值反型点时的空间电荷宽度大于 x_I，就必须推导 x_{dT} 的新表达式。可以利用泊松方程推导出阶梯注入后引入的最大空间电荷宽度为：

$$x_{dT} = \sqrt{\frac{2\epsilon_s}{eN_a}} \left[2\phi_{fp} - \frac{ex_I^2}{2\epsilon_s}(N_s - N_a) \right]^{1/2} \tag{11.42}$$

阶梯注入后当 $x_{dT} > x_I$ 时，阈值电压为：

$$\boxed{V_T = V_{T0} + \frac{eD_I}{C_{ox}}} \tag{11.43}$$

式中 V_{T0} 为注入前阈值电压。参数 D_I 由下式给出：

$$D_I = (N_s - N_a)x_I \tag{11.44}$$

它是每平方厘米注入的离子数目。注入前阈值电压为：

$$V_{T0} = V_{FB0} + 2\phi_{fp0} + \frac{eN_a x_{dT0}}{C_{ox}} \tag{11.45}$$

式中的下标 0 表示注入前的值。

例 11.6　设计调整阈值电压到某一特定值所需的离子注入剂量。

　　考虑一 n 沟道 MOSFET，掺杂浓度为 $N_a = 5 \times 10^{15}$ cm^{-3}，氧化层厚度为 $t_{ox} = 180$ Å，初始平带电压为 $V_{FB0} = -1.25$ V。求得到阈值电压 $V_T = 0.4$ V 所需的离子注入剂量。

　■ **解**

　　我们可以求出一些必要的参数如下：

$$\phi_{fpO} = V_t \ln\left(\frac{N_a}{n_i}\right) = (0.0259) \ln\left(\frac{5 \times 10^{15}}{1.5 \times 10^{10}}\right) = 0.3294 \text{ V}$$

$$x_{dTO} = \left[\frac{4\epsilon_s \phi_{fpO}}{eN_a}\right]^{1/2} = \left[\frac{4(11.7)(8.85 \times 10^{-14})(0.3294)}{(1.6 \times 10^{-19})(5 \times 10^{15})}\right]^{1/2}$$

$$= 0.4130 \times 10^{-4} \text{ cm}$$

$$C_{ox} = \frac{\epsilon_{ox}}{t_{ox}} = \frac{(3.9)(8.85 \times 10^{-14})}{180 \times 10^{-8}} = 1.9175 \times 10^{-7} \text{ F/cm}^2$$

初始注入前阈值电压为：

$$V_{TO} = V_{FBO} + 2\phi_{fpO} + \frac{eN_a x_{dTO}}{C_{ox}}$$

$$= -1.25 + 2(0.3294) + \frac{(1.6 \times 10^{-19})(5 \times 10^{15})(0.4130 \times 10^{-4})}{1.9175 \times 10^{-7}}$$

$$= -0.419 \text{ V}$$

由式(11.43)，注入后的阈值电压为：

$$V_T = V_{TO} + \frac{eD_I}{C_{ox}}$$

得到：

$$+0.40 = -0.419 + \frac{(1.6 \times 10^{-19})D_I}{1.9175 \times 10^{-7}}$$

从而得到：

$$D_I = 9.815 \times 10^{11} \text{ cm}^{-2}$$

例如，如果平均阶梯注入延伸到深度为 $x_I = 0.15$ μm，那么表面处的等价受主浓度为

$$N_s - N_a = \frac{D_I}{x_I}$$

或者

$$N_s - 5 \times 10^{15} = \frac{9.815 \times 10^{11}}{0.15 \times 10^{-4}}$$

$$N_s = 7.04 \times 10^{16} \text{ cm}^{-3}$$

■ 说明

计算时假设了沟道区中引入的空间电荷宽度大于离子注入深度 x_I。我们可以看到在此例中很好地满足了实际需要。

■ 自测题

E11.6 一 MOS 晶体管有如下参数：$N_a = 10^{15}$ cm^{-3}，$t_{ox} = 120$ Å，p$^+$ 多晶硅栅初始平带电压为 $V_{FBO} = 0.95$ V。利用图 11.29(a)中描述的理想的 delta 函数离子注入剖面，得到最终的阈值电压为 $V_T = 0.40$ V。(a)需注入何种类型的离子(受主还是施主)；(b)求所需的离子剂量 D_I。

答案：(a)施主；(b)$D_I = 2.11 \times 10^{12}$ cm^{-2}。

实际中注入剂量和距离的函数关系既不是 delta 函数，也不是阶梯函数；它趋向于高斯型分布。由于非均匀离子注入密度引起的阈值电压偏移可以定义为 N_{inv} 和 V_G 函数关系图中 N_{inv} 的偏移量，其中 N_{inv} 为每平方厘米的反型载流子密度。当晶体管偏置在线性模式时，此偏移对应于漏电流和 V_G 函数关系中的指数偏移。在注入型器件中，阈值反型点的标准，即 $\phi_s = 2\phi_{fp}$，有着不确定的含义，这是由于衬底中的非均匀掺杂造成的。这时阈值电压的确定会变得更加复杂，我们在这里将不再述及。

练习题

T11.4 假设最终的阈值电压为(a)$V_T = 0.25$ V；(b)$V_T = -0.25$ V 重做例 11.6。

答案：(a)$D_I = 8.02 \times 10^{11}$ cm^{-2}；(b)$D_I = 2.03 \times 10^{11}$ cm^{-2}。

*11.5 辐射和热电子效应

我们已经研究了 MOS 电容的电容-电压特性曲线和 MOS 特性曲线中的固定氧化层陷阱电荷以及界面态电荷。这些电荷之所以能够存在，是因为氧化层是完美的电介质，且在介电材料中存

在净电荷密度。产生这些电荷的两个过程是工作在雪崩击穿附近的 MOSFET 的漏区产生电离辐射和碰撞电离。

例如，通过 Van Allen 辐射带的通信卫星轨道的 MOS 器件暴露在离化射线下。离化射线可以产生附加的固定氧化层电荷和附加的界面态。在我们对 MOSFET 辐射效应的简短讨论中，将只考虑发生在器件特性中的永恒效应。

氧化层电荷和界面态的另一个来源是热电子效应。工作在雪崩击穿的 MOSFET 漏极附近的电子可能有比热平衡时大得多的能量值。这些热电子有足够的能量以穿透氧化层-半导体势垒。

11.5.1 辐射引入的氧化层电荷

半导体或氧化层材料上偶尔遇到的 Gamma 射线或 X 射线，可以使价带中的电子发生相互作用。偶遇的辐射光子可以给价带电子足够的能量，从而将电子拉至导带；同时一个空态或空穴在价带产生。这个过程产生了电子-空穴对。产生的新的电子和空穴可以在电场的作用下在半导体材料中移动。

图 11.30 为 p 型衬底正栅压的 MOS 器件能带图。二氧化硅的禁带宽度大约为 9 eV。此图形象地说明了在氧化层中由于离化辐射引起的电子-空穴对。辐射引入的电子被推向栅极，辐射引入的空穴被推向衬底。现在已经发现氧化层中产生的电子有着很大的迁移率，其值大约在 $20 \ \text{cm}^2/\text{V} \cdot \text{s}$ 数量级左右。当高场强时，氧化层中的电子速度也会在 $10^7 \ \text{cm/s}$ 时饱和，在典型的栅氧化层厚度下，电子的迁移时间的数量级为 1 ps。当正栅压时，大量的辐射引入电子从栅极流出；因此，通常这些电子对 MOS 器件的辐射响应并不起主要作用。

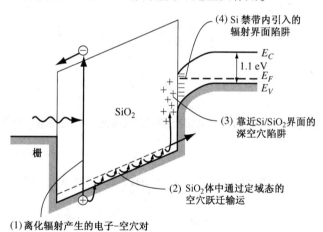

图 11.30 正栅压 MOS 电容器的离化辐射过程(参见 Ma et al. [7])

另一方面，产生的空穴在氧化层中为一随机跳跃输运过程(如图 11.30 所示)。空穴输运过程是分散进行的，它是电场、温度和氧化层厚度的函数。二氧化硅中有效空穴迁移率在 $10^{-4} \sim 10^{-11} \ \text{cm}^2/\text{V} \cdot \text{s}$ 之间；因此，空穴相对于电子来说是不动的。

当空穴到达硅-二氧化硅界面时，其中的一部分被陷阱俘获，另一部分流入硅中。由于这些被俘获的空穴，辐射引入的净正电荷位于氧化层的陷阱内。这些被俘获的电荷很长时间地存在陷阱中，可以长达数月或数年之久。正如我们所看到的，正氧化层电荷会引起阈值电压向负方向偏移。

空穴陷阱密度在 $10^{12} \sim 10^{13} \ \text{cm}^{-2}$ 范围内，依赖于氧化层和器件的工艺。通常，这些陷阱存在于 Si-SiO₂ 界面附近大约 50 Å 的区域。空穴陷阱通常和硅缺陷有关，这些硅缺陷在 SiO₂ 结构中存在氧空位。氧空位存在于 Si-SiO₂ 界面附近的"多硅"区域。

由于阈值电压或平带电压的偏移是陷阱电荷数量的函数，电压偏移是氧化层所加电压的函数。图 11.31 表明了 MOS 电容器的平带电压偏移是辐射过程中所加栅压的函数。对于较小的栅压，一些辐射产生的空穴和电子在氧化层中复合掉了。因此，到达 Si-SiO$_2$ 界面处以及正在被陷阱俘获的电荷数量就会小于加大栅压时的情况，施加大栅压时，辐射产生的空穴不与电子复合而完全到达界面处。如果变为陷阱的空穴相对为一常数，那么电压偏移就不依赖于正偏栅压，如图所示。对于负的栅压，辐射引入的空穴移向栅极。在栅极附近氧化层中将会出现正陷阱电荷，但是这些陷阱电荷对阈值电压的影响很小。

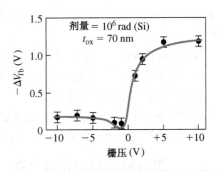

图 11.31　MOS 电容器中由于辐射引起的平带电压的偏移是所加栅压的函数

例 11.7　计算由于辐射引入的氧化层陷阱电荷而引起的阈值电压的偏移。

考虑一 MOS 器件，氧化层厚度 t_{ox} 为 250 Å。假设在离子辐射的作用下氧化层每立方厘米产生了 10^{18} 个的电子-空穴对。还假设电子被从栅极扫出而无复合，有 20% 的空穴在氧化层界面处被俘获成为陷阱。

■ **解**

氧化层中产生的空穴的面密度为：
$$N_h = (10^{18})(250 \times 10^{-8}) = 2.5 \times 10^{12} \text{ cm}^{-2}$$

等价表面陷阱电荷密度为：
$$Q'_{ss} = (2.5 \times 10^{12})(0.2)(1.6 \times 10^{-19}) = 8 \times 10^{-8} \text{ C/cm}^2$$

阈值电压偏移为：
$$C_{ox} = \frac{\epsilon_{ox}}{t_{ox}} = \frac{(3.9)(8.85 \times 10^{-14})}{250 \times 10^{-8}} = 1.381 \times 10^{-7} \text{ F/cm}^2$$

我们得到
$$\Delta V_T = -\frac{Q'_{ss}}{C_{ox}} = -\frac{8 \times 10^{-8}}{1.381 \times 10^{-7}} = -0.579 \text{ V}$$

■ **说明**

正如我们以前看到的，正的固定氧化层电荷会使阈值电压向负方向偏移。电离辐射会使增强型器件变为耗尽型器件。

■ **自测题**

E11.7　重做例 11.7，MOS 器件的氧化层厚度为(a)120 Å；(b)80 Å；(c)当氧化层厚度减小时，阈值电压怎么变？

　　　答案：(a)$\Delta V_T = -0.134$ V；(b)$\Delta V_T = -0.0593$ V；(c)偏移减小。

因此，n 沟道 MOSFET 集成电路中，由于辐射引入的氧化层电荷能使增强型变为耗尽型，从而产生错误。在零栅压时，器件通常会导通而非截止；所以，电路可能失去原有的功能或者在电路中需要有更多的功率来提供电流。

p 沟道 MOSFET 的栅压通常相对于衬底是负值。氧化层中辐射产生的空穴被推向栅-氧化层界面。这个区域中的陷阱电荷对阈值电压的影响较小，所以，如果栅-氧化层界面和氧化层-半导体界面处的陷阱电荷浓度在同一个数量级下，那么 p 沟道 MOSFET 中阈值电压的偏移一般较小。

11.5.2　辐射引入的界面态

我们已经讨论了界面态对 MOS 电容器电容-电压特性以及对 MOSFET 特性的影响。n 沟道 MOS

器件界面态中的净电荷在达到阈值反型点时是负的。这些负电荷会使阈值电压向正的方向偏移，这与由于正氧化层电荷导致的偏移方向相反。另外，由于界面态可以被充电，会和反型电荷有一定的库仑作用，这意味着反型载流子迁移率是界面态密度的函数。因此，界面态对阈值电压和载流子迁移率都有影响。

当 MOS 器件被离化辐射后，在 Si-SiO₂ 界面处产生附加的界面态。辐射引入的界面态在禁带的下半部分表现为施主态，在上半部分表现为受主态。图 11.32 为 n 沟道和 p 沟道 MOSFET 阈值电压和离化辐射剂量的函数关系图。我们可以看到，由于辐射引入的正氧化层电荷而引起的负阈值电压的偏移。高剂量时阈值电压的反转是由于辐射引入的界面态的产生，这些界面态可以补偿辐射引入的正氧化层电荷。

我们讨论亚阈值电导时曾经讲过，I_D 和 V_{GS} 函数曲线中在亚阈值区处的斜率是界面态密度的函数。图 11.33 为不同总离化剂量下的亚阈值电流。图中斜率的变化说明了界面态密度随总剂量而增大。

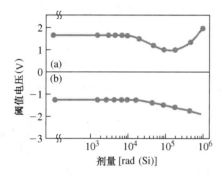

图 11.32　阈值电压和总离化辐射剂量的函数关系图。
（a）n 沟道 MOSFET；（b）p 沟道 MOSFET

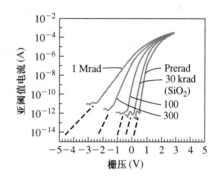

图 11.33　四个不同的总离化辐射剂量下亚阈值电流和栅压的函数关系图

辐射引入的界面态的生成过程是发生在一个相对较长的时间段内的，它受氧化层电场的影响极大。图 11.34 是不同的氧化层电场值下，辐射引入的界面态密度和离化冲击后时间的函数关系图。在离化辐射冲击后 100 ~ 10 000 s 时才达到最终的界面态密度。几乎所有表示辐射引入界面态产生过程的模型，都依赖于 Si-SiO₂ 界面处由于辐射产生的空穴的传输和进入陷阱的过程。传输和进入陷阱的过程依赖于时间和电场。

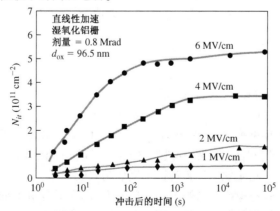

图 11.34　不同的氧化层电场值下，辐射引入的界面态密度和离化冲击后时间的函数关系图

Si-SiO₂界面辐射引入界面态的生成过程强烈依赖于器件的工艺。铝栅 MOSFET 中界面态的生成要小于多晶硅栅器件所生成的界面态。这个区别主要是因为两种工艺之间的差别而非器件固有的区别。氢气对于辐射引入的界面态的生成显得比较重要，因为氢气在界面处可以使硅键悬浮，从而减小了界面态的预辐射密度。然而，被氢气钝化的器件更容易生成界面态。界面处的硅-氢键可能会被辐射过程所损坏，从而留下悬浮的硅键，表现为界面态陷阱。这些界面处的陷阱已经从电子自旋共振试验中得到证实。

界面态可以严重影响 MOSFET 特性，从而影响 MOSFET 电路的性能。正如我们已经讲过的，辐射引入的界面态可以导致阈值电压发生偏移，影响电路的性能。迁移率的降低会影响电路的速度和输出驱动能力。

11.5.3　热电子充电效应

我们已经讨论了 MOSFET 中击穿电压的效应。特别地，当漏结空间电荷区的电场增大时，由于碰撞电离可以产生电子-空穴对。在 n 沟道 MOSFET 中，产生的电子被扫向漏极，产生的空穴被扫入衬底。

由于正栅压产生的电场，空间电荷区中的一些电子被吸引到氧化层；这个效应示于图 11.35。这些产生的电子的能量比热平衡时要高得多，被称为热电子。如果电子的能量在 1.5 eV 左右，它们就可能穿入氧化层，或者可能克服二氧化硅势垒而产生栅电流，大小约为 10^{-15} A(fA) 或 10^{-12} A(pA)。一部分电子穿越氧化层时可能被俘获，形成净的负氧化层电荷，电子被俘获的概率通常小于空穴的；但是热电子引入的栅电流可以很长时间存在，因此负的充电效应就产生了。负氧化层陷阱电荷会导致阈值电压的正向偏移。

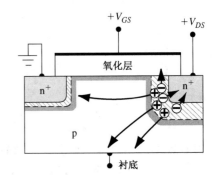

图 11.35　热载流子产生，电流产生以及氧化层中注入的电子

当具有较大能量的电子通过 Si-SiO₂界面时，会产生附近的界面态。界面态产生的原因可能是由于硅-氢键的破裂——产生了悬浮的硅键，从而表现为界面态。界面态中的陷阱电荷引起阈值电压的偏移、附加的表面散射和迁移率的下降。热电子充电效应是一个连续的过程，因此器件经过一段时间后会衰退。这种衰退显然是我们不希望的，它可以影响器件的使用寿命。我们已经在 11.4.2 节中讨论了轻掺杂漏（LDD）结构。在这种器件中，最大电场减小了，从而碰撞电离和热电子效应会得到减小。

11.6　小结

- 这一章中讨论了 MOSFET 的一些深入的概念。
- 亚阈值电导是指在 MOSFET 中当栅-源电压小于阈值电压时漏电流不为零。这种情况下，晶体管被偏置在弱反型模式下，漏电流由扩散机制控制而非漂移机制。
- 当 MOSFET 工作于饱和区时，由于漏极处的耗尽区进入了沟道区，有效沟道长度会随着漏电压的增大而减小。这个效应称为沟道长度调制效应。
- 反型层中的载流子迁移率不是常数。当栅压增大时，氧化层界面处的电场增大，引起附加的表面散射。这些散射的载流子导致迁移率的下降，使其偏离理想的电流-电压曲线。
- 随着沟道长度的减小，横向电场增大。沟道中流动的载流子可以达到饱和速度，从而在较低的漏极电压下漏电流就会饱和。此时，漏电流成为栅–源电压的线性函数。

- MOSFET 设计的趋势是使器件尺寸越来越小。我们讨论了恒定电场等比缩小理论。
- 讨论了随着器件尺寸的缩小阈值电压的修正。由于衬底的电荷分享效应，随着沟道长度的减小，阈值电压也减小；随着沟道宽度的减小，阈值电压会增大。
- 讨论了各种电压击穿机制。包括氧化层击穿，雪崩击穿，准雪崩击穿或称为寄生晶体管击穿以及准隧穿效应。在器件尺寸减小时，这些击穿机制都会变得更加明显。轻掺杂漏可以把漏极击穿效应降到最小。
- 离子注入可以作为调整阈值电压的最后一步。这个过程称为通过离子注入调整阈值电压，它被广泛地应用于器件的制造过程中。
- 简单讨论了电离辐射和热电子效应对 MOSFET 性能的影响。

重要术语解释

- channel length modulation(沟道长度调制)：当 MOSFET 进入饱和区时有效沟道长度随漏–源电压的改变。
- drain-induced barrier lowering(漏致势垒降低)：截止晶体管中源区和沟道区之间电压差由于应用大漏电压的击穿条件。
- hot electrons(热电子)：由于在高场强中被加速，能量远大于热平衡时的值的电子。
- lightly doped drain (LDD) (轻掺杂漏)：为了减小电压击穿效应，在紧邻沟道处制造一轻掺杂漏区的 MOSFET。
- narrow-channel effects(窄沟道效应)：沟道宽度变窄后阈值电压的偏移。
- near punch-through(源漏穿通)：由于漏–源电压引起的源极和衬底之间的势垒高度降低，从而导致漏电流的迅速增大。
- short-channel effects(短沟道效应)：沟道长度变短引起的阈值电压的偏移。
- snapback(寄生晶体管击穿)：寄生双极晶体管中电流增益的改变而引起的 MOSFET 击穿过程中出现的负阻效应。
- subthreshold conduction(亚阈值导电)：当晶体管栅偏置电压低于阈值反型点时，MOSFET 中的导电过程。
- surface scattering(表面散射)：当载流子在源极和漏极漂移时，氧化层–半导体界面处载流子的电场吸引作用和库仑排斥作用。
- threshold adjustment(阈值调整)：通过离子注入改变半导体掺杂浓度，从而改变阈值电压的过程。

知识点

学完本章后，读者应该具备如下能力：

- 描述亚阈值电导的概念和效应。
- 讨论沟道长度调制。
- 描述载流子迁移率和栅–源电压的函数关系，讨论对 MOSFET 电流–电压特性的影响。
- 讨论速度饱和现象对 MOSFET 电流–电压特性的影响。
- 定义恒定电场 MOSFET 器件等比缩小，讨论在恒定电场等比缩小时器件的参数如何变化。
- 说明当沟道长度减小和沟道宽度减小时阈值电压为什么会改变。
- 描述 MOSFET 中的各种电压击穿机制，诸如栅氧化层击穿、沟道雪崩击穿、寄生晶体管击穿和源漏穿通效应。

- 描述轻掺杂漏晶体管的优点。
- 讨论通过离子注入调整阈值电压过程的优点。

复习题

1. 什么是亚阈值电导？画出漏电流与栅极电压的关系图，以表示当管子处于饱和区时的亚阈值电流。
2. 什么是沟道长度调制？画出电流-电压特性曲线图来表明沟道长度调制效应。
3. 为什么通常情况下在给定栅极电压下反型层中载流子的迁移率不是常数？
4. 什么是速度饱和以及它对 MOSFET 的电流-电压特性有什么影响？
5. 什么是恒定电场等比例缩小以及 MOSFET 中的参数如何改变？
6. 画出短沟道 MOSFET 沟道中的空间电荷区，并说明电荷分享效应。为什么在短沟道 NMOS 器件中阈值电压会变小？
7. 画出 NMOS 器件沿沟道宽度方向上的空间电荷区。为什么随着 NMOS 器件沟道宽度的减小，阈值电压会增大？
8. 画出 NMOS 器件 I_D 和 V_D 的函数关系图，说明寄生晶体管击穿效应。
9. 画出 NMOS 器件源极和漏极之间的能带图，说明准隧穿效应的原理。
10. 画出轻掺杂漏晶体管的剖面图。这种设计有什么优点？
11. 要增大阈值电压需向 MOSFET 注入何种类型的离子？要减小阈值电压需向 MOSFET 注入何种类型的离子？

习题

注：在下列习题中，假设 MOS 系统中的半导体和氧化层分别为硅和二氧化硅。除非特别声明，温度为 $T = 300\ \text{K}$。

11.1 非理想效应

11.1 假设 MOSFET 的亚阈值电流由下式给出：

$$I_D = 10^{-15} \exp\left(\frac{V_{GS}}{(2.1)V_t}\right)$$

其中 $0 \leqslant V_{GS} \leqslant 1\ \text{V}$，因数 2.1 考虑了界面态的影响。假设芯片上的 10^6 个相同的晶体管都偏置在同样的 V_{GS} 且 $V_{DD} = 5\ \text{V}$。（a）计算 $V_{GS} = 0.5\ \text{V}, 0.7\ \text{V}, 0.9\ \text{V}$ 时需要提供给芯片的总电流是多少？（b）计算对于同样 V_{GS} 值下的芯片总功耗。

11.2 MOSFET 的亚阈值电流公式已给出：$I_D = I_s \exp(V_{GS}/nV_t)$。计算在以下情况下的为了使漏电流变化 10 倍而使 V_{GS} 改变多少？（a）$n = 1$；（b）$n = 1.5$；（c）$n = 2.1$。

11.3 一 n 沟道 MOSFET 的受主掺杂浓度为 $N_a = 2 \times 10^{16}\ \text{cm}^{-3}$，阈值电压为 $V_T = 0.4\ \text{V}$。求下列条件下的沟道长度变化 ΔL。（a）$V_{DS} = 2.0\ \text{V}, V_{GS} = 1.0\ \text{V}$；（b）$V_{DS} = 4.0\ \text{V}, V_{GS} = 1.0\ \text{V}$；（c）$V_{DS} = 2.0\ \text{V}, V_{GS} = 2.0\ \text{V}$；（d）$V_{DS} = 4.0\ \text{V}, V_{GS} = 2.0\ \text{V}$。

11.4 一 n 沟道 MOSFET 的受主掺杂浓度为 $N_a = 2 \times 10^{16}\ \text{cm}^{-3}$，阈值电压为 $V_T = 0.4\ \text{V}$。（a）求在 $V_{DS} = 3\ \text{V}$ 且 $V_{GS} = 2\ \text{V}$ 时，使得 ΔL 不大于初始沟道长度 L 的 10% 的最小沟道长度；（b）当 $V_{DS} = 5\ \text{V}$ 时重做（a）。

11.5 一 MOSFET，$N_a = 4 \times 10^{16}\ \text{cm}^{-3}$，$t_{ox} = 120\ \text{Å}$，$Q_{ss}' = 4 \times 10^{10}\ \text{cm}^{-2}$，$\phi_{ms} = -0.5\ \text{V}$，偏置为 $V_{GS} = 1.25\ \text{V}$，$V_{SB} = 0$。（a）当（i）$\Delta V_{DS} = 1\ \text{V}$；（ii）$\Delta V_{DS} = 2\ \text{V}$；（iii）$\Delta V_{DS} = 4\ \text{V}$；计算相应的 ΔL；（b）求当 $V_{GS} = 1.25\ \text{V}$，$\Delta V_{DS} = 4\ \text{V}$ 使得 $\Delta L/L$ 为 0.12 的最小长度 L。

11.6 硅 MOSFET 参数如下：$N_a = 3 \times 10^{16}$ cm^{-3}，$V_T = 0.40$ V，$k_n' = 50$ μA/V^2，$L = 0.80$ μm，$W = 15$ μm。(a)求当 $V_{GS} = 1.0$ V，(i)$V_{DS} = 2.0$ V，(ii)$V_{DS} = 4.0$ V 时的 I_D'；(b)输出阻抗定义为 $r_o = (\Delta I_D'/\Delta V_{DS})^{-1}$，求(a)中的 r_o；(c)当 $V_{GS} = 2.0$ V 时重做(a)(b)。

11.7 考虑 n 沟道硅 MOSFET，参数如下：$k_n' = 75$ μA/V^2，$W/L = 10$，$V_T = 0.35$ V，施加的漏源电压为 $V_{DS} = 1.5$ V。(a)当 $V_{GS} = 0.8$ V 时，求(i)理想的漏电流，(ii)当 $\lambda = 0.02$ V^{-1} 时，求漏电流，(iii)当 $\lambda = 0.02$ V^{-1} 时，求输出阻抗；(b)当 $V_{GS} = 1.25$ V 时，重做(a)。

11.8 一 n 沟道 MOSFET 衬底掺杂浓度为 $N_a = 10^{16}$ cm^{-3}，$V_{DS}(\text{sat}) = 2$ V。使用式(11.10)，绘出 ΔL 和 V_{DS} 的函数关系图，其中 2 V $\leq V_{DS} \leq 5$ V。(a) $\text{E}_{\text{sat}} = 10^4$ V/cm；(b) $\text{E}_{\text{sat}} = 2 \times 10^5$ V/cm。

11.9 假设在反型电荷夹断点处横向电场为 $\text{E}_{\text{sat}} = V_{DS}(\text{sat})/L_0$。(a)求 $L = 3$ μm，1.0 μm，0.50 μm，0.25 μm，0.13 μm 时的 E_{sat}；(b)由(a)的各种情况，估算载流子迁移率。

11.10 一 n 沟道 MOSFET 有如下参数：$V_T = 0.45$ V，$\mu_n = 425$ cm^2/V·s，$t_{ox} = 11$ nm $= 110$ Å，$W = 20$ μm，$L = 1.2$ μm，衬底掺杂为 $N_a = 3 \times 10^{16}$ cm^{-3}。(a)使用式(11.4)和式(11.11)计算输出阻抗 $r_o = (\partial I_D'/\partial V_{DS})^{-1}$，当 $V_{GS} = 0.8$ V，$\Delta V_{DS} = 2.0$ V；(b)假设沟道长度减小到 $L = 0.80$ μm，重做(a)。

11.11 (a)一 n 沟道增强型 MOSFET，$W/L = 10$，$C_{ox} = 6.9 \times 10^{-8}$ F/cm^2，$V_T = 1$ V。假设 $\mu_n = 500$ cm^2/V·s，且保持不变。绘出晶体管偏置在饱和区时 $0 \leq V_{GS} \leq 5$ V $\sqrt{I_D}$ 和 V_{GS} 的函数关系图；(b)假设沟道中有效迁移率由下式给定：

$$\mu_{\text{eff}} = \mu_0 \left(\frac{\text{E}_{\text{eff}}}{\text{E}_c}\right)^{-1/3}$$

式中 $\mu_0 = 1000$ cm^2/V·s，$\text{E}_c = 2.5 \times 10^4$ V/cm。利用一级近似，设 $\text{E}_{\text{eff}} = V_{GS}/t_{ox}$，使用 μ_{eff} 代替 μ_n，绘出与(a)中 V_{GS} 范围相同的 $\sqrt{I_D}$ 和 V_{GS} 的函数关系图；(c)将(a)和(b)的曲线画在同一幅图中。两条曲线的斜率说明了什么？

11.12 一个用来描述 NMOS 器件中电子迁移率变化的模型是：

$$\mu_{\text{eff}} = \frac{\mu_0}{1 + \theta(V_{GS} - V_{TN})}$$

式中 θ 称为迁移率退化参数。假设下列参数：$C_{ox} = 10^{-8}$ F/cm^2，$W/L = 25$，$\mu_0 = 800$ cm^2/V·s，$V_{TN} = 0.5$ V。在同一幅图中绘出偏置在饱和区的 NMOS 器件的 $\sqrt{I_D}$ 和 V_{GS} 的函数关系图，$0 \leq V_{GS} \leq 3$ V。(a)$\theta = 0$(理想情况)；(b)$\theta = 0.5$ V^{-1}。

11.13 一 n 沟道增强型 MOSFET 的参数如下所示：$V_T = 0.40$ V，$t_{ox} = 20$ nm $= 200$ Å，$L = 1.0$ μm，$W = 10$ μm。(a)假设 $\mu_n = 475$ cm^2/V·s 且保持不变。计算 $V_{GS} - V_T = 2.0$ V 时当(i)$V_{DS} = 0.5$ V，(ii)$V_{DS} = 1.0$ V，(iii)$V_{DS} = 1.25$ V，(iv)$V_{DS} = 2.0$ V 时的 I_D；(b)考虑如图 P11.13 所示的载流子速度和 V_{DS} 的线性函数关系，计算与在(a)中给定的电压值相同的电压值时的 I_D[参见式(11.17)]；(c)计算(a)和(b)曲线中的 $V_{DS}(\text{sat})$ 值。

11.14 NMOS 晶体管的阈值电压为 $V_{TN} = 0.4$ V。当 $0 \leq V_{GS} \leq 3$ V 时，在同一幅图中绘出 $V_{DS}(\text{sat})$。(a)理想 MOSFET(迁移率为常数)；(b)器件的漂移速度如图 P11.13 所示。

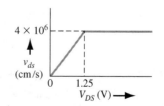

图 P11.13　习题 11.13 和习题 11.14 的示意图

11.2 MOSFET 按比例缩小理论

11.15 在饱和区和非饱和区对理想电流-电压关系应用恒定电场等比例缩小理论。(a)在两种偏置区中漏电流如何变化？(b)在两种偏置区中每个器件的功耗如何变化？

11.16 一 n 沟道 MOSFET 被偏置在载流子达到饱和速度的情况下，如果将恒定电场等比例缩小理论应用于这个器件，那么漏电流将如何变化？

11.17 一 n 沟道 NMOS 晶体管初始参数为：$k'_n = 0.15 \text{ mA/V}^2$，$L = 1.2 \text{ μm}$，$W = 6.0 \text{ μm}$，$V_T = 0.45 \text{ V}$。器件工作在 $0 \sim 3 \text{ V}$ 的范围内且恒定电场等比例缩小因子为 $k = 0.65$，V_{TN} 保持不变。（a）求 (i) 初始器件，(ii) 缩小后的器件的最大漏电流；（b）求 (i) 初始器件，(ii) 缩小后的器件的最大功耗。

11.3 阈值电压的修正

11.18 一 n 沟道 MOSFET，$N_a = 5 \times 10^{16} \text{ cm}^{-3}$，$t_{ox} = 12 \text{ nm} = 120 \text{ Å}$，$L = 0.80 \text{ μm}$，当 $r_j = 0.25 \text{ μm}$ 时，求由于短沟道效应引起的阈值电压偏移量。

11.19 一 n 沟道 MOSFET，$N_a = 2 \times 10^{16} \text{ cm}^{-3}$，$L = 0.70 \text{ μm}$，$t_{ox} = 8 \text{ nm} = 80 \text{ Å}$，扩散结半径 $r_j = 0.30 \text{ μm}$，考虑到短沟道效应，设计的阈值电压为 $V_T = 0.35 \text{ V}$，那么等效长沟道阈值电压是多少？

11.20 一 n 沟道 MOSFET，$N_a = 3 \times 10^{16} \text{ cm}^{-3}$，$t_{ox} = 20 \text{ nm} = 200 \text{ Å}$，扩散结半径 $r_j = 0.30 \text{ μm}$，假设由于短沟道效应引起的阈值电压偏移量不大于 $\Delta V_T = -0.15 \text{ V}$，求最小沟道长度 L。

*11.21 由于短沟道效应引起的阈值电压偏移由式（11.29）给出，假设空间电荷区宽度处处相等。如果施加一漏电压，则原来的假设不再成立。使用同样的梯形近似，证明阈值电压偏移量由下式决定：

$$\Delta V_T = -\frac{eN_a x_{dT}}{C_{ox}} \cdot \frac{r_j}{2L}\left[\left(\sqrt{1 + \frac{2x_{ds}}{r_j} + \alpha^2} - 1\right) + \left(\sqrt{1 + \frac{2x_{dD}}{r_j} + \beta^2} - 1\right)\right]$$

式中

$$\alpha^2 = \frac{x_{ds}^2 - x_{dT}^2}{r_j^2} \qquad \beta^2 = \frac{x_{dD}^2 - x_{dT}^2}{r_j^2}$$

其中 x_{ds} 和 x_{dD} 分别为源和漏的空间电荷宽度。

*11.22 由于短沟道效应引起的阈值电压偏移由式（11.29）给出，推导时假设了 L 足够大，以使梯形电荷区能够定义为如图 11.15 那样。当 L 足够小以至于梯形变为三角形时，推导此种情况下的 ΔV_T 表达式。假设不发生隧穿。

11.23 考虑短沟道效应，绘出 $V_T - V_{FB}$ 和 L 的函数关系如图 11.16 所示，$0.5 \text{ μm} \leqslant L \leqslant 6 \text{ μm}$。使用图中的参数，并假设 $V_{SB} = 0$。

11.24 当 $V_{SB} = 0 \text{ V}$，2 V，4 V，6 V，$N_a = 10^{16} \text{ cm}^{-3}$ 和 $N_a = 10^{17} \text{ cm}^{-3}$ 时，重做习题 11.23。

11.25 式（11.29）描述的是由于短沟道效应引起的阈值电压偏移。如果应用恒定电场等比例缩小理论，那么对应于 ΔV_T 的比例因子应该是多少？

11.26 一 n 沟道 MOSFET 衬底掺杂浓度为 $N_a = 3 \times 10^{16} \text{ cm}^{-3}$，$t_{ox} = 8 \text{ nm} = 80 \text{ Å}$，沟道宽度 $W = 2.2 \text{ μm}$，忽略短沟道效应，计算由于窄沟道效应引起的阈值电压偏移（假设参数 $\zeta = \pi/2$）。

11.27 一 n 沟道 MOSFET，$N_a = 10^{16} \text{ cm}^{-3}$，$t_{ox} = 12 \text{ nm} = 120 \text{ Å}$，在沟道宽度每端的耗尽区可以近似为三角形，如图 P11.27 所示。假设横向和纵向耗尽宽度都等于 x_{dT}，由于窄沟道效应引起的阈值电压偏移为 $\Delta V_T = 0.045 \text{ V}$，计算最小沟道宽度 W。忽略短沟道效应。

11.28 考虑窄沟道效应。使用例 11.4 中晶体管的参数，绘出长沟器件 $0.5 \text{ μm} \leqslant W \leqslant 5 \text{ μm}$ 时 $V_T - V_{FB}$ 的函数关系图。

11.29 式（11.35）描述了由于窄沟道效应引起的阈值电压偏移。如果应用恒定电场等比例缩小理论，则对应于 ΔV_T 的比例因子应该是多少？

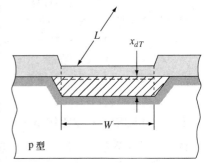

图 P11.27　习题 11.27 的示意图

11.4 附加电学特性

11.30 (a)一 MOS 器件的二氧化硅层厚度为 $t_{ox} = 200$ Å。(i)计算理想氧化层击穿电压，(ii)当安全因数为 3 时，求施加的最大安全栅压；(b)氧化层厚度为 $t_{ox} = 8$ nm $= 80$ Å 时重做(a)。

11.31 (a)在一功率 MOS 器件中，能施加的最大栅压为 8 V。当安全因数为 3 时，求二氧化硅层的最小厚度；(b)施加的最大栅压为 12 V 时，重做(a)。

*11.32 当发生寄生晶体管击穿时 $\alpha M = 1$，其中 α 为共基电流增益，M 为式(11.40)给出的常数。设 $m = 3$，$V_{BD} = 15$ V。共基电流增益强烈依赖于结电流 I_D。假设 α 由下面的关系式决定：

$$\alpha = (0.18)\lg\left(\frac{I_D}{3 \times 10^{-9}}\right)$$

式中 I_D 单位为安培。绘出满足寄生晶体管击穿条件的 I_D 和 V_{CE} 函数关系图，其中 10^{-8} A $\leq I_D \leq 10^{-3}$ A(电流使用对数坐标)。

11.33 当两个耗尽区相距大约 6 个德拜(Debye)长度时就会发生准隧穿现象。本征德拜长度 L_D 定义为：

$$L_D = \left[\frac{\epsilon_s(kT/e)}{eN_a}\right]^{1/2}$$

考虑例 11.5 中描述的 n 沟 MOSFET。计算准隧穿电压。这个电压和例题中计算出的理想隧穿电压有何差别？

11.34 n 沟道 MOSFET 的准隧穿电压(参见习题 11.33)不小于 $V_{DS} = 5$ V。源、漏区掺杂浓度为 $N_d = 10^{19}$ cm^{-3}，沟道区的掺杂浓度为 $N_a = 3 \times 10^{16}$ cm^{-3}，源和衬底接地。求最小沟道长度。

11.35 当源-衬底电压 $V_{SB} = 2$ V 时重做习题 11.34。

11.36 一 n 沟道 MOSFET 氧化层厚度为 $t_{ox} = 12$ nm $= 120$ Å，阈值电压需要增加 0.80 V，确定所需离子注入类型和注入剂量。

11.37 一 p 沟道 MOSFET 氧化层厚度为 $t_{ox} = 18$ nm $= 180$ Å，其阈值电压需要减小 0.60 V，确定所需离子注入类型和注入剂量。

11.38 一 n 沟道 MOSFET 栅极为 n$^+$ 多晶硅栅，$N_a = 6 \times 10^{15}$ cm^{-3}，$t_{ox} = 15$ nm $= 150$ Å，$Q'_{ss} = 5 \times 10^{10}$ cm^{-2}。(a)计算阈值电压；(b)希望的阈值电压为 0.50 V，求所需的离子注入密度及其离子类型。假设紧邻氧化层-半导体界面。

11.39 一 p 沟道 MOSFET 栅极为 p$^+$ 多晶硅栅，$N_d = 2 \times 10^{16}$ cm^{-3}，$t_{ox} = 18$ nm $= 180$ Å，$Q'_{ss} = 10^{11}$ cm^{-2}。(a)计算阈值电压；(b)希望的阈值电压 V_T 为 -0.40 V，求所需的离子注入密度及其离子类型。假设紧邻氧化层-半导体界面。

11.40 一 n 沟道 MOSFET，$N_a = 4 \times 10^{15}$ cm^{-3}，$t_{ox} = 8$ nm $= 80$ Å，初始平带电压 V_{FB} 为 -1.25 V。(a)计算阈值电压；(b)对于增强型器件，希望的阈值电压 V_T 为 0.40 V，求所需的离子注入密度及其离子类型；(c)对于耗尽型器件，希望的阈值电压 V_T 为 -0.40 V，重做(b)。

11.41 一 p 型衬底器件，$t_{ox} = 500$ Å，$N_a = 10^{14}$ cm^{-3}，注入施主有效剂量为 $D_I = 10^{12}$ cm^{-2}。注入可以近似为 $x_I = 0.2$ μm 的阶梯函数。计算体效应引起的阈值电压的偏移，其中 $V_{SB} = 1.3$ V，5 V。

11.42 一 MOSFET 有如下参数：n$^+$ 多晶硅栅，$t_{ox} = 80$ Å，$N_d = 10^{17}$ cm^{-3}，$Q'_{ss} = 5 \times 10^{10}$ cm^{-2}。(a)此 MOSFET 的阈值电压是多少？器件是增强型的还是耗尽型的？(b)使得 $V_T = 0$ 的注入剂量和类型是什么？

*11.5 辐射和热电子效应

11.43 一拉德辐射剂量单位(Si)平均可以在二氧化硅中产生 8×10^{12} 电子-空穴对/cm^3[①]。假设 10^5

[①] 1拉德（Si）等效于每立方厘米硅上淀积0.000 01 J能量。我们通常用这个剂量符号来表征二氧化硅中的总剂量效应。

拉德(Si)的离化辐射冲击总剂量注射到一 MOS 器件上，氧化层厚度为 750 Å。假设无电子-空穴复合，且电子被扫向栅极。假设 10% 的空穴被氧化层-半导体界面所俘获，求阈值电压的偏移量。

11.44 再考虑习题 11.43。假设阈值电压的偏移量不大于 $\Delta V_T = -0.50$ V，计算能被俘获的最大空穴百分比。

11.45 根据我们曾经讨论过的辐射引入空穴陷阱的简单模型，证明阈值电压偏移量正比于 $-t_{ox}^2$。耐辐射 MOS 器件的一个要求是薄氧化层。

综合题

*11.46 设计一个 n 沟道 MOSFET，多晶硅栅极，要求阈值电压为 $V_T = 0.30$ V，氧化层厚度是 $t_{ox} = 12$ nm $= 120$ Å，沟道长度为 $L = 0.8$ μm，假设 $Q'_{ss} = 0$，欲在 $V_{GS} = 1.25$ V 和 $V_{DS} = 0.25$ V 时产生漏电流 $I_D = 80$ μA，计算衬底掺杂浓度，沟道宽度和栅极的类型。指出可能用到的离子注入工艺，并考虑短沟道效应。

*11.47 一种特殊的工艺可以制成具有下列参数的 MOSFET：$t_{ox} = 325$ Å，$N_a = 10^{16}$ cm^{-3}，n$^+$ 多晶硅栅，$Q'_{ss} = 10^{11}$ cm^{-2}，$L = 0.8$ μm，$W = 20$ μm，$r_j = 0.35$ μm。希望的阈值电压在 300 K 时是 $V_T = 0.35$ V。设计一个附加工艺，通过离子注入产生一个 0.35 μm 深的阶跃函数，使得器件满足要求。

*11.48 一 CMOS 反相器的 n 沟道和 p 沟道器件具有相同的掺杂浓度，大小都是 10^{16} cm^{-3}，以及相同的氧化层厚度 $t_{ox} = 150$ Å，相同的氧化层陷阱电荷 $Q'_{ss} = 8 \times 10^{10}$ cm^{-2}，n 沟道器件的栅极为 p$^+$ 多晶硅，p 沟道器件的栅极为 n$^+$ 多晶硅，求满足最终阈值电压 $V_{TN} = 0.5$ V 和 $V_{TP} = -0.5$ V 的每个器件的离子注入剂量和类型。

参考文献

1. Akers, L. A., and J. J. Sanchez. "Threshold Voltage Models of Short, Narrow, and Small Geometry MOSFETs: A Review." *Solid State Electronics* 25 (July 1982), pp. 621-641.

2. Baliga, B. J. *Fundamentals of Power Semiconductor Devices*. Springer, Berlin, Germany 2008.

3. Brews, J. R. "Threshold Shifts Due to Nonuniform Doping Profiles in Surface Channel MOSFETs." *IEEE Transactions on Electron Devices* ED-26 (November 1979), pp. 1696-1710.

4. Dimitrijev, S. *Principles of Semiconductor Devices*. New York: Oxford University Press, 2006.

5. Kano, K. *Semiconductor Devices*. Upper Saddle River, NJ: Prentice Hall, 1998.

6. Klaassen, F. M., and W. Hes. "On the Temperature Coefficient of the MOSFET Threshold Voltage." *Solid State Electronics* 29 (August 1986), pp. 787-789.

7. Ma, T. P., and P. V. Dressendorfer. *Ionizing Radiation Effects in MOS Devices and Circuits*. New York: John Wiley and Sons, 1989.

8. Muller, R. S., and T. I. Kamins. *Device Electronics for Integrated Circuits*. 2nd ed. New York: John Wiley and Sons, 1986.

9. Neamen, D. A., B. Buchanan, and W. Shedd. "Ionizing Radiation Effects in SOS Structures." *IEEE Transactions on Nuclear Science* NS-22 (December 1975), pp. 2179-2202.

*10. Nicollian, E. H., and J. R. Brews. *MOS Physics and Technology*. New York: John Wiley and Sons, 1982.

11. Ning, T. H., P. W. Cook, R. H. Dennard, C. M. Osburn, S. E. Schuster, and H. N. Yu. "1 μm MOSFET VLSI Technology: Part IV-Hot Electron Design Constraints." *IEEE Transactions on Electron*

Devices ED-26（April 1979），pp. 346-353.

12. Ogura, S., P. J. Tsang, W. W. Walker, D. L. Critchlow, and J. F. Shepard. "Design and Characteristics of the Lightly Doped Drain-Source（LDD）Insulated Gate Field-Effect Transistor." *IEEE Transactions on Electron Devices* ED-27（August 1980），pp. 1359-1367.

13. Ong, D. G. *Modern MOS Technology：Processes，Devices，and Design.* New York：McGraw-Hill, 1984.

14. Pierret, R. F. *Semiconductor Device Fundamentals.* Reading, MA：Addison-Wesley,1996.

15. Roulston, D. J. *An Introduction to the Physics of Semiconductor Devices.* New York：Oxford University Press, 1999.

16. Sanchez, J. J., K. K. Hsueh, and T. A. DeMassa. "Drain-Engineered Hot-Electron-Resistant Device Structures：A Review." *IEEE Transactions on Electron Devices* ED-36（June 1989），pp. 1125-1132.

17. Schroder, D. K. *Advanced MOS Devices，Modular Series on Solid State Devices.* Reading, MA：Addison-Wesley, 1987.

18. Shur, M. *Introduction to Electronic Devices.* New York：John Wiley and Sons, 1996.

*19. _____①. *Physics of Semiconductor Devices.* Englewood Cliffs, NJ：Prentice Hall,1990.

20. Singh, J. *Semiconductor Devices：Basic Principles.* New York：John Wiley and Sons, 2001.

21. Streetman, B. G., and S. Banerjee. *Solid State Electronic Devices.* 6th ed. Upper Saddle River, NJ：Pearson Prentice Hall, 2006.

22. Sze, S. M., and K. K. Ng. Physics of Semiconductor Devices, 3rd ed. Hoboken, NJ：John Wiley and Sons, 2007.

23. Taur, Y. and T. H. Ning. *Fundamentals of Modern VLSI Devices*, 2nd ed. New York Cambridge University Press, 2009.

*24. Tsividis, Y. *Operation and Modeling of the MOS Transistor*, 2nd ed. Burr Ridge, IL：McGraw-Hill, 1999.

25. Yang, E. S. *Microelectronic Devices.* New York：McGraw-Hill, 1988.

26. Yau, L. D. "A Simple Theory to Predict the Threshold Voltage of Short-Channel IGFETs." *Solid-State Electronics* 17（October 1974），pp. 1059-1063.

---

① 原书如此，疑为作者名——编者注。

第12章 双极晶体管

晶体管是一种与其他电路元件结合使用时可产生电流增益、电压增益和信号功率增益的多结半导体器件。因此，晶体管称为有源器件，而二极管称为无源器件。晶体管的基本工作方式是在其两端施加电压时控制另一端的电流。

双极晶体管（BJT）是两种主要类型的晶体管之一。本章介绍 BJT 的物理基础。双极晶体管因其高电流增益而广泛用于模拟电子电路中。

可以制造两种互补 BJT，即 npn 器件和 pnp 器件。在同一电路中使用两种类型的器件时，电路设计会变得非常多样。

12.0 概述

本章包含以下内容：

- 讨论双极晶体管的物理结构，双极晶体管有三个单独的掺杂区和两个靠得非常近的 pn 结，因而两个结间可发生交互作用。
- 讨论双极晶体管的工作原理，包括各种可能的工作方式。
- 推导各种工作方式下通过器件的少子浓度的表达式。
- 推导双极晶体管中各个电流分量的表达式。
- 定义共基极和共发射极电流增益。
- 定义限制因素并推导电流增益的表达式。
- 讨论双极晶体管中的几种非理想效应，包括基极宽度调制和高级注入效应。
- 给出双极晶体管的小信号等效电路。该电路用于将模拟电路中的小信号电流和电压关联起来。
- 定义并推导频率限制因素的表达式。
- 给出一些专用双极晶体管设计的几何尺寸和特性。

12.1 双极晶体管的工作原理

双极晶体管有三个掺杂不同的扩散区和两个 pn 结。npn 型双极晶体管和 pnp 型双极晶体管的基本结构及其电路符号如图 12.1 所示。三端分别称为发射极、基极和集电极。相对于少子扩散长度，基区的宽度很小。(++)号和(+)号表明了通常情况下双极晶体管三个区掺杂浓度的相对大小，(++)号表示非常重的掺杂，而(+)号表示了中等程度的掺杂。发射区掺杂浓度最高，集电区掺杂浓度最低。采用这种相对杂质浓度以及窄基区的原因，将会随着我们推导双极晶体管的理论而变得明晰起来。pn 结的结论将直接应用于双极晶体管的研究。

图 12.1 所示的结构图说明了晶体管的基本结构，是已做简化的草图。图 12.2(a)显示了一个在集成电路工艺中制造的 npn 型双极晶体管的截面图，图 12.2(b)显示了一个用更为先进的技术制造的 npn 型双极晶体管的截面图。可以明显发现，双极晶体管的实际结构并不像图 12.1 中

的结构图那么简单。造成实际结构复杂的原因之一是，各端口的引线要做在表面上；为了降低半导体的电阻，必须要有重掺杂的 n^+ 型掩埋层。另一个原因是，由于在一片半导体材料上要制造很多双极晶体管，晶体管彼此之间必须隔离开来，因为（以集电极为例）并不是所有的集电极都在同一个电位上。可通过添加 p^+ 区形成反偏的 pn 结，来实现器件的隔离[如图 12.2(a)所示]，或使用大的氧化物区也可以实现隔离[如图 12.2(b)所示]。图 10.2(a)为集成电路中的常规 npn 型双极晶体管；图 12.2(b)为氧化物隔离的 npn 型双极晶体管截面图。

在图 12.2 中需要注意的一点是，双极晶体管不是对称的器件。虽然晶体管可以有两个 n 型掺杂区或两个 p 型掺杂区，发射区和集电区的掺杂浓度是不一样的，而且这些区域的几何形状可能有很大的不同。图 12.1 中的方框图是高度简化的，但是在学习最基本的晶体管理论时是很有用的。

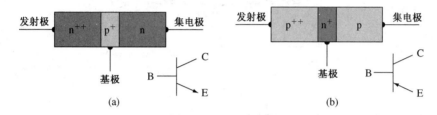

图 12.1　(a)npn 型和(b)pnp 型双极晶体管的简化结构图及电路符号

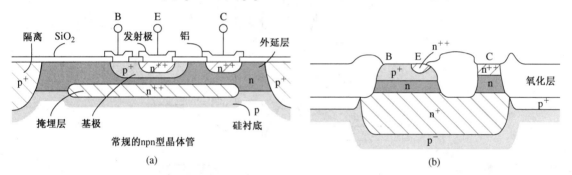

图 12.2　(a)集成电路中的常规 npn 型双极晶体管；(b)氧化物隔离的 npn 型双极晶体管截面图

12.1.1　基本工作原理

npn 型和 pnp 型晶体管是互补的器件。我们以 npn 型晶体管来推导双极晶体管的理论，但其基本原理和方程式也适用于 pnp 型器件。图 12.3 表示的是在所有的区都均匀掺杂的情况下，在一个 npn 型双极晶体管的理想化掺杂浓度分布图。发射区、基区和集电区的典型掺杂浓度分别是 10^{19} cm^{-3}, 10^{17} cm^{-3} 和 10^{15} cm^{-3}。

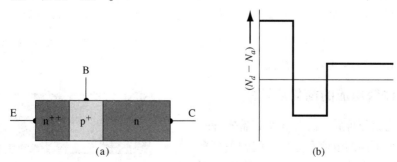

图 12.3　均匀掺杂的 npn 型双极晶体管的理想化掺杂浓度分布图

如图 12.4(a)所示，在通常情况下，B-E 结是正偏的，B-C 结是反偏的。这种情况称为正向有源模式：发射结正偏，所以电子就从发射区越过发射结注入基区。B-C 结反偏，所以在 B-C 结边界，理想情况下少子电子的浓度为零。我们希望基区中的电子浓度分布能如图 12.4(b)所示。大的电子浓度梯度表明从发射区注入的电子会越过基区扩散到 B-C 结的空间电荷区中，那里的电场会把电子扫到集电区中。我们希望尽可能多的电子能到达集电区而不和基区中的多子空穴复合。因此，同少子扩散长度相比，基区宽度必须很小。若基区宽度很小，那么少子电子的浓度是 B-E 结电压和 B-C 结电压的函数。这两个结距离很近，称为互作用 pn 结。

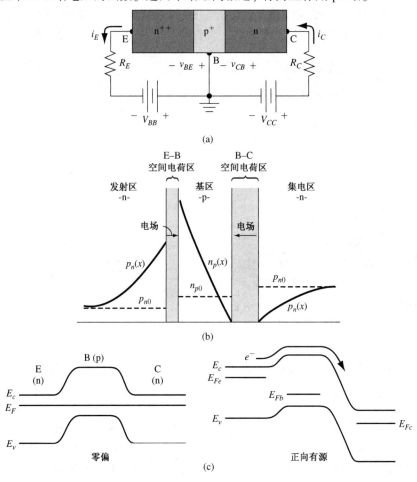

图 12.4　(a) npn 型双极晶体管工作在正向有源区时的偏置情况；(b) 工作于正向有源区时，npn 型双极晶体管中少子的分布；(c) 在零偏和在正向有源区时，npn 型双极晶体管的能带图

图 12.5 显示了在 npn 型晶体管中，电子从 n 型发射区注入（因此称为发射区）和电子在集电区中被收集（因此称为集电区）的截面图。

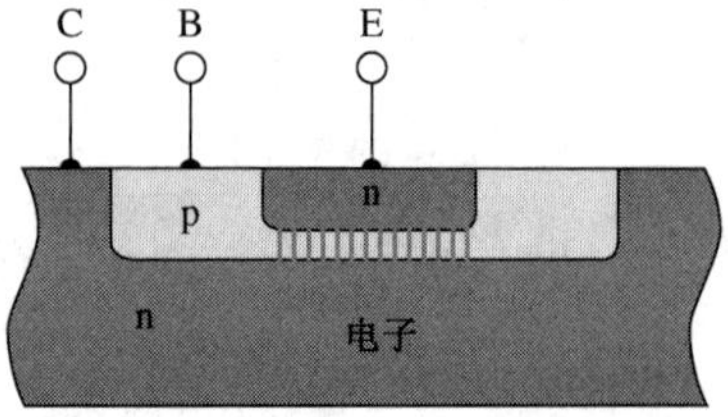

12.1.2　晶体管电流的简化表达式

做一个简化的分析后，我们可以对晶体管的工作原理及各个不同的电流和电压之间的关系有一个基本的了解。之后，将对双极晶体管的物理机理进行更为细致的分析。

图 12.5　npn 型双极晶体管的横截面图，该图显示了正向有源模式下电子的注入和收集

图 12.6 再一次画出了偏置于正向有源模式下的 npn 型双极晶体管中的少子浓度分布图。理想情况下, 基区中少子电子的浓度是基区宽度的线性函数, 这表明没有复合发生。电子扩散过基区, 然后被 B-C 结空间电荷区的电场扫入集电区。

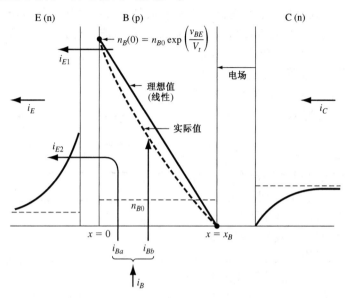

图 12.6 正偏 npn 型双极晶体管中的少子分布和基本电流

集电极电流: 假定在基区中电子为理想化的线性分布, 集电极电流可以以扩散电流的形式写出如下:

$$i_C = eD_n A_{BE} \frac{dn(x)}{dx} = eD_n A_{BE} \left[\frac{n_B(0) - 0}{0 - x_B} \right] = \frac{-eD_n A_{BE}}{x_B} \cdot n_{B0} \exp\left(\frac{v_{BE}}{V_t}\right) \qquad (12.1)$$

这里 A_{BE} 是 B-E 结的横截面积, n_{B0} 是基区中的热平衡电子浓度, V_t 是热电压。电子的扩散沿 $+x$ 方向, 因此习惯上电流沿 $-x$ 方向。仅考虑大小, 式 (12.1) 可写为:

$$i_C = I_S \exp\left(\frac{v_{BE}}{V_t}\right) \qquad (12.2)$$

集电极电流由基极和发射极之间的电压控制; 也就是说, 器件一端的电流由加到另外两端的电压控制。正如我们所提到的, 这就是晶体管的基本工作原理。

发射极电流: 如图 12.6 所示, 发射极电流的一个成分 i_{E1}, 是由从发射区注入基的电子电流形成的。该电流等于由式 (12.1) 给出的集电极电流。

因为 B-E 结是正偏的, 基区中的多子空穴越过 B-E 结注入发射区。这些注入的空穴形成 pn 结电流, 如图 12.6 所示, 这只是 B-E 结电流 i_{E2}, 所以发射极电流中的该成分不是集电极电流的组成部分。由于 i_{E2} 是正偏 pn 结电流, 我们可以写为 (仅考虑大小):

$$i_{E2} = I_{S2} \exp\left(\frac{v_{BE}}{V_t}\right) \qquad (12.3)$$

此处 I_{S2} 包含了发射区中的少子空穴的因素。总发射极电流是这两个组分之和, 或者写成:

$$i_E = i_{E1} + i_{E2} = i_C + i_{E2} = I_{SE} \exp\left(\frac{v_{BE}}{V_t}\right) \qquad (12.4)$$

因为在式 (12.4) 中所有的电流成分都是 (v_{BE}/V_t) 的函数, 所以集电极电流与发射极电流之比是一个常数。我们可以写为:

$$\frac{i_C}{i_E} \equiv \alpha \qquad (12.5)$$

此处 α 称为共基极电流增益。分析式(12.4)可以看出,$i_C < i_E$ 或 $\alpha < 1$。由于 i_{E2} 不是晶体管基本工作原理所需要的电流,所以我们希望这个电流成分越小越好。从而共基极电流增益可以尽可能地接近 1。

参考图 12.4(a)和式(12.4),注意到发射极电流是 B-E 极电压的指数函数,而集电极电流 $i_C = \alpha i_E$。首先做一个近似,只要 B-C 结是反偏的,集电极电流就与 B-C 电压无关。我们可以粗略地画出共基极特性,如图 12.7 所示。双极晶体管就如同一个恒流源。

基极电流: 如图 12.6 所示,因为发射极电流成分 i_{E2} 是 B-E 结电流,所以它也是基极电流的一个成分,记为 i_{Ba}。该电流正比于 $\exp(\nu_{BE}/V_t)$。

基极电流还有第二个成分。我们前面考虑的是理想情况,此时在基区中没有少子电子与多子空穴的复合。然而,实际上会有一些复合。既然多子空穴在基区中消失了,所以必须有一股正电荷流入基极作为补给,这些电荷在图 12.6 中表示为电流 i_{Bb}。基区中单位时间内复合的空穴数直接依赖于基区中少子电子的数量,参见式(6.13)。于是,电流 i_{Bb} 也正比于 $\exp(\nu_{BE}/V_t)$。总的基极电流是 i_{Ba} 与 i_{Bb} 之和,它正比于 $\exp(\nu_{BE}/V_t)$。

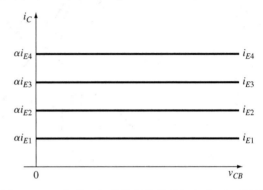

图 12.7　理想化双极晶体管的共基极电流-电压特性

由于二者均正比于 $\exp(\nu_{BE}/V_t)$,因此集电极电流与基极电流之比是常数。可以写为:

$$\frac{i_C}{i_B} \equiv \beta \tag{12.6}$$

此处 β 称为共发射极电流增益。通常,基极电流相对较小,所以共发射极电流增益远大于 1(数量级为 100 或更大)。

12.1.3　工作模式

图 12.8 显示了一个简单电路中的 npn 型晶体管。这种组态下,晶体管可以偏置在三种工作模式下。如果 B-E 电压为零或反偏($V_{BE} \leq 0$),那么发射区中的多子电子就不会注入基区。如果 B-C 结也是反偏的,那么这种情况下,发射极电流和集电极电流是零。这种情况称为截止状态——所有的电流均为零。

B-E 结变为正偏后,发射极电流就产生了,正如我们前面所讨论过的。电子注入基区从而产生集电极电流。沿 C-E 环路,可写出基尔霍夫电压(KVL)方程为:

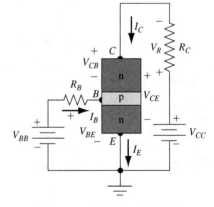

图 12.8　共发射极电路中的 npn 型双极晶体管

$$V_{CC} = I_C R_C + V_{CB} + V_{BE} = V_R + V_{CE} \tag{12.7}$$

如果 V_{CC} 足够大,而 V_R 足够小,那么 $V_{CB} > 0$,意味着结反偏。这种状态就是工作在正向有源区。

随着 B-E 结电压的增大,集电极电流会增大,从而 V_R 也会增大。V_R 的增大意味着反偏的电压降低,于是 $|V_{CB}|$ 减小。在某一点处,集电极电流会增大到足够大,而使得 V_R 和 V_{CC} 的组合

在 B-C 结零偏。过了这一点，集电极电流 I_C 的微小增加会导致 V_R 的微小增加，从而使得结变为正偏($V_{CB}<0$)。这种情况称为饱和。工作于饱和模式时，B-E 结和 B-C 结都是正偏，集电极电流不再受 B-E 结电压控制。

图 12.9 显示了晶体管以共发射极组态连接、基极电流为定值时 I_C 与 V_{CE} 的关系。在一阶理论中，当 C-E 电压足够大而使 B-C 结反偏时，集电极电流是一个定值。C-E 电压较小时，B-C 结电压变为正偏。随着 C-E 电压的降低，对于每一个恒定的基极电流，集电极电流降低为零。

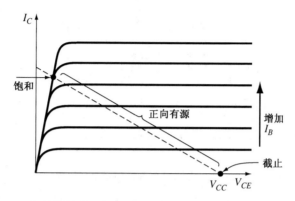

图 12.9　双极晶体管共发射极的电流电压特性(在图中添加了负载线)

对 C-E 环路写出基尔霍夫电压方程，可得

$$V_{CE} = V_{CC} - I_C R_C \tag{12.8}$$

式(12.8)表明 C-E 电压和集电极电流之间存在线性关系。这种线性关系称为负载线，如图 12.9 所示。添加到晶体管特性曲线上的负载线，可以用来观察晶体管的偏置状态和工作模式。$I_C = 0$ 时，晶体管处于截止区；当基极电流变化时，集电极电流没有变化，则处于饱和区；当关系式 $I_C = \beta I_B$ 成立时，晶体管处于正向有源区。这三种工作状态如图 12.9 所示。

虽然图 12.8 中未显示出电路结构，但双极晶体管有可能有第四种工作状态，这种工作模式，又称为反向有源工作状态，出现在 B-E 结反偏而 B-C 结正偏时。这种情况下晶体管的工作情况是颠倒的。发射极和集电极的角色翻转过来了。前面已经说过，双极晶体管是非对称结构的器件，因此反向有源特性和正向有源特性是不一样的。

图 12.10 显示了四种工作模式下结电压的情形。

12.1.4　双极晶体管放大电路

双极晶体管和其他的元件相连，可以实现电压放大和电流放大。下面我们将定量地对放大进行讨论。图 12.11 显示了一个工作于共发射极组态的 n 型双极晶体管。直流电压源 V_{BB} 和 V_{CC} 把晶体管偏置在正向有源区。电压源 ν_i 代表一个需要放大的时变输入电压(如来自卫星的信号)。

图 12.12 显示了电路中的各个电压和电流(假定 ν_i 是正弦电压)。正弦电压 ν_i 产生一个附加在基极静态电流上的正弦

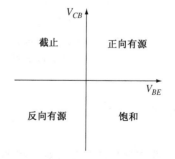

图 12.10　双极晶体管四种工作
模式的结电压条件

电流。因为 $i_C = \beta i_B$，那么在静态集电极电流上就附加上了一个相对较大的集电极电流。时变的集电极电流导致在电阻 R_C 上产生随时间变化的电压，根据基尔霍夫电压定律，在双极晶体管的

集电极和发射极之间存在一个附加在直流电压之上的正弦电压。在电路中，集电极和发射极部分的正弦电压，要比输入信号电压大，所以该电路对时变信号有电压增益。因此，我们称该电路为电压放大器。

在这一章的其余部分，我们将详细讨论双极晶体管的工作机理和特性。

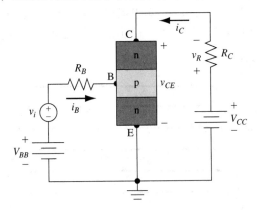

图 12.11　　共发射极 npn 双极电路组态 B-E 环路中包含有一个时变信号电压 v_i

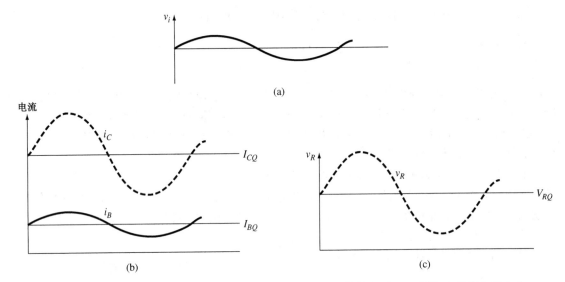

图 12.12　图 12.11 所示电路中的电流和电压。（a）输入正弦信号电压；（b）附加在直流电流之上的正弦基极和集电极电流；（c）附加在直流电压之上的电阻 R_C 的正弦电压

12.2　少子的分布

我们感兴趣的是计算双极晶体管中的电流。正如简单的 pn 结一样，它们由少子的扩散决定。由于扩散电流是由少子的梯度产生的，我们必须确定在稳态下晶体管的三个区中少子的分布。首先考虑正向有源模式，然后再考虑其他工作模式。表 12.1 总结了后续讨论中用到的符号。

表 12.1 双极晶体管分析中用到的符号

符 号	定 义
npn 和 pnp 晶体管	
N_E, N_B, N_C	发射区、基区和集电区中的掺杂浓度
x_E, x_B, x_C	电中性发射区, 基区和集电区的宽度
D_E, D_B, D_C	发射区、基区和集电区中的少子扩散系数
L_E, L_B, L_C	发射区、基区和集电区中的少子扩散长度
τ_{E0}, τ_{B0}, τ_{C0}	发射区、基区和集电区中的少子寿命
npn 晶体管	
p_{E0}, n_{B0}, p_{C0}	发射区、基区和集电区中的热平衡少子空穴、电子和空穴浓度
$p_E(x')$, $n_B(x)$, $p_C(x'')$	发射区、基区和集电区中的总少子空穴、电子和空穴浓度
$\delta p_E(x')$, $\delta n_B(x)$, $\delta p_C(x'')$	发射区、基区和集电区中的过剩少子空穴、电子和空穴浓度
pnp 晶体管	
n_{E0}, p_{B0}, n_{C0}	发射区、基区和集电区中的热平衡少子电子、空穴和电子浓度
$n_E(x')$, $p_B(x)$, $n_C(x'')$	发射区、基区和集电区中的总少子电子、空穴和电子浓度
$\delta n_E(x')$, $\delta p_B(x)$, $\delta n_C(x'')$	发射区、基区和集电区中的过剩少子电子、空穴和电子浓度

12.2.1 正向有源模式

现在考虑几何尺寸如图 12.13 所示的均匀掺杂的 npn 双极晶体管。当我们单独考虑发射区 x、基区 x' 或集电区 x'' 时，需要把起始点移到空间电荷区的边界，采用正的坐标值，如图 12.13 所示。

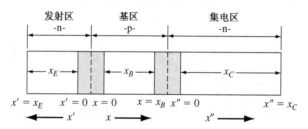

图 12.13 计算少子分布用到的 npn 双极晶体管的几何图形

在正向有源区, B-E 结正偏, B-C 结反偏。可以想象少子分布如图 12.14 所示。因为有两个 n 型区, 在发射区和集电区都有少子空穴的分布。为了区分这两个区中的少子空穴, 我们采用图中所示的符号。记住, 我们只关心少子的分布。参数 p_{E0}, n_{B0} 和 p_{C0} 分别代表发射区、基区和集电区中热平衡状态下的少子浓度。函数 $p_E(x')$, $n_B(x)$ 和 $p_C(x'')$ 分别代表发射区、基区和集电区的稳态少子浓度。假定中性集电区长度 x_C 比少子在集电区中的扩散长度 L_C 大得多, 但是我们需要考虑有限发射区长度 x_E。如果假定在 $x' = x_E$ 处表面复合速度为无限大, 那么在 $x' = x_E$ 处过剩少子浓度为零, 即 $p_E(x' = x_E) = p_{E0}$。当在 $x' = x_E$ 处制作欧姆接触时, 无限大表面复合速度是一个很好的近似。

基区：稳态下过剩少子电子浓度可以通过解晶体管的传输方程得到, 这已经在第 6 章详细讨论过。在电中性基区, 静电场为零, 稳态下载流子传输方程简化为：

$$D_B \frac{\partial^2 (\delta n_B(x))}{\partial x^2} - \frac{\delta n_B(x)}{\tau_{B0}} = 0 \tag{12.9}$$

此处 δn_B 是过剩少子电子浓度, D_B 和 τ_{B0} 分别是基区中的少子扩散系数和少子寿命。过剩少子浓度定义为：

$$\delta n_B(x) = n_B(x) - n_{B0} \tag{12.10}$$

式(12.9)的解一般可以写为:

$$\delta n_B(x) = A \exp\left(\frac{+x}{L_B}\right) + B \exp\left(\frac{-x}{L_B}\right) \tag{12.11}$$

这里 L_B 是少子在基区中的扩散长度,其值为 $L_B = \sqrt{D_B \tau_{B0}}$。由于基区是有限宽的,因此式(12.11)中的两个指数都必须保留。

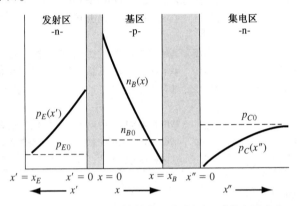

图12.14 npn 双极晶体管在正向有源区时的少子分布

在两个边界处,过剩少子电子浓度变为:

$$\delta n_B(x = 0) \equiv \delta n_B(0) = A + B \tag{12.12a}$$

和

$$\delta n_B(x = x_B) \equiv \delta n_B(x_B) = A \exp\left(\frac{+x_B}{L_B}\right) + B \exp\left(\frac{-x_B}{L_B}\right) \tag{12.12b}$$

B-E 结正偏,因此在 $x = 0$ 处的边界条件为:

$$\delta n_B(0) = n_B(x = 0) - n_{B0} = n_{B0}\left[\exp\left(\frac{eV_{BE}}{kT}\right) - 1\right] \tag{12.13a}$$

B-C 结反偏,因此在 $x = x_B$ 处的第二个边界条件为:

$$\delta n_B(x_B) = n_B(x = x_B) - n_{B0} = 0 - n_{B0} = -n_{B0} \tag{12.13b}$$

由式(12.13a)和式(12.13b)给出的边界条件,可以确定式(12.12a)和式(12.12b)中的系数 A 和 B。解出其值为:

$$A = \frac{-n_{B0} - n_{B0}\left[\exp\left(\frac{eV_{BE}}{kT}\right) - 1\right]\exp\left(\frac{-x_B}{L_B}\right)}{2\sinh\left(\frac{x_B}{L_B}\right)} \tag{12.14a}$$

和

$$B = \frac{n_{B0}\left[\exp\left(\frac{eV_{BE}}{kT}\right) - 1\right]\exp\left(\frac{x_B}{L_B}\right) + n_{B0}}{2\sinh\left(\frac{x_B}{L_B}\right)} \tag{12.14b}$$

将式(12.14a)和式(12.14b)代入式(12.9),得到基区中的过剩少子电子浓度为:

$$\delta n_B(x) = \frac{n_{B0}\left\{\left[\exp\left(\frac{eV_{BE}}{kT}\right) - 1\right]\sinh\left(\frac{x_B - x}{L_B}\right) - \sinh\left(\frac{x}{L_B}\right)\right\}}{\sinh\left(\frac{x_B}{L_B}\right)} \tag{12.15a}$$

由于包含双曲正弦函数，式(12.15a)看起来太复杂。我们强调过，基区宽度 x_B 同少子扩散长度 L_B 相比很小。做这种近似现在看来好像有些武断，但随着继续计算，其原因会变得清晰起来。由于我们希望 $x_B < L_B$，双曲正弦函数的变量总小于 1，而且大多数情况下远小于 1。图 12.15 画出了在 $0 \leqslant y \leqslant 1$ 时 $\sinh(y)$ 的曲线，以及它在小 y 值下的线性近似。如果 $y < 0.4$，那么 $\sinh(y)$ 与其线性近似误差不超过 3%。这样可得一个结论，在中性基区中，δn_B 近似为 x 的线性函数[参见式(12.15a)]。用 $\sinh(x) \approx x$ 在 $x \ll 1$ 时的近似，基区中的过剩电子浓度可表示为：

$$\delta n_B(x) \approx \frac{n_{B0}}{x_B}\left\{\left[\exp\left(\frac{eV_{BE}}{kT}\right) - 1\right](x_B - x) - x\right\}$$

(12.15b)

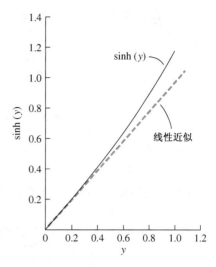

图 12.15　双曲正弦函数及其线性近似

在后面例子的计算中，我们将采用线性近似。在紧接着的练习题中，我们会看到由式(12.15a)和式(12.15b)得到的过剩载流子浓度的差别。

练习题

T12.1 一个硅基 npn 双极晶体管的发射极和基极均匀掺杂的杂质浓度分别为 10^{18} cm^{-3} 和 10^{16} cm^{-3}。正偏 $V_{BE} = 0.610$ V。中性基区宽度 $x_B = 2$ μm，基区少子扩散长度 $L_B = 10$ μm。计算分别在基区(a)$x = 0$ 和(b)$x = x_B/2$ 处，过剩载流子浓度；(c)确定在 $x = x_B/2$ 处[参见式(12.15a)]，现实情况下少子浓度和理想情况下之比。

答案：(a) $n_B(0) = 3.81 \times 10^{14}$ cm^{-3}；(b) $\delta n_B(x_B/2) \approx n_B(x_B/2) = 1.8947 \times 10^{14}$ cm^{-3} (c)$(1.8947 \times 10^{14}/1.9042 \times 10^{14}) = 0.9950$。

表 12.2 列出了这一章会遇到的一些双曲函数的泰勒展开式。大多数情况下，在展开这些函数时，我们只考虑其线性分量。

表 12.2　双曲函数的泰勒展开

函　　数	泰 勒 展 开
$\sinh(x)$	$x + \dfrac{x^3}{3!} + \dfrac{x^5}{5!} + \cdots$
$\cosh(x)$	$1 + \dfrac{x^2}{2!} + \dfrac{x^4}{4!} + \cdots$
$\tanh(x)$	$x - \dfrac{x^3}{3} + \dfrac{2x^5}{15} + \cdots$

发射区：现在考虑发射区中的少子空穴的浓度。稳态过剩空穴浓度由式(12.16)给出。

$$D_E \frac{\partial^2[\delta p_E(x')]}{\partial x'^2} - \frac{\delta p_E(x')}{\tau_{E0}} = 0 \qquad (12.16)$$

此处，D_E 和 τ_{E0} 分别是发射区中的少子扩散系数和少子寿命。过剩空穴浓度为：

$$\delta p_E(x') = p_E(x') - p_{E0} \qquad (12.17)$$

式(12.16)的通解可以写为：

$$\delta p_E(x') = C \exp\left(\frac{+x'}{L_E}\right) + D \exp\left(\frac{-x'}{L_E}\right) \qquad (12.18)$$

此处 $L_E = \sqrt{D_E \tau_{E0}}$。若假定中性发射区长度 x_E 同 L_E 相比不够长，那么式（12.18）中的两个指数项都必须保留。

两个边界处的过剩少子空穴浓度为：

$$\delta p_E(x'=0) \equiv \delta p_E(0) = C + D \tag{12.19a}$$

和

$$\delta p_E(x'=x_E) \equiv \delta p_E(x_E) = C \exp\left(\frac{x_E}{L_E}\right) + D \exp\left(\frac{-x_E}{L_E}\right) \tag{12.19b}$$

因为 B-E 结正偏，所以

$$\delta p_E(0) = p_E(x'=0) - p_{E0} = p_{E0}\left[\exp\left(\frac{eV_{BE}}{kT}\right) - 1\right] \tag{12.20a}$$

在 $x' = x_E$ 处，无限大的表面复合速度表明

$$\delta p_E(x_E) = 0 \tag{12.20b}$$

解式（12.19）和式（12.20）可得参数 C 和 D，从而由式（12.18）得到过剩少子浓度为：

$$\boxed{\delta p_E(x') = \frac{p_{E0}\left[\exp\left(\dfrac{eV_{BE}}{kT}\right) - 1\right] \sinh\left(\dfrac{x_E - x'}{L_E}\right)}{\sinh\left(\dfrac{x_E}{L_E}\right)}} \tag{12.21a}$$

若 x_E 较小，那么过剩少子浓度也会随长度线性变化，得到

$$\boxed{\delta p_E(x') \approx \frac{p_{E0}}{x_E}\left[\exp\left(\frac{eV_{BE}}{kT}\right) - 1\right](x_E - x')} \tag{12.21b}$$

若 x_E 可同 L_E 相比，那么 $\delta p_E(x')$ 以指数关系依赖于 x_E。

练习题

T12.2 一个 npn 双极晶体管，其发射区和基区均匀掺杂，浓度分别为 10^{18} cm^{-3} 和 10^{16} cm^{-3}。B-E 结正偏，$V_{BE} = 0.610$ V。中性发射区宽度为 $x_E = 4$ μm，中性发射区的少子扩散长度为 $L_E = 4$ μm。计算发射区中的过剩少子浓度。(a) $x' = 0$ 处；(b) $x' = X_E/2$ 处。
答案：3.808×10^{12} cm^{-3}；(b) $= 1.689 \times 10^{12}$ cm^{-3}。

集电区：集电区中过剩少子空穴浓度由式（12.22）给出：

$$D_C \frac{\partial^2[\delta p_C(x'')]}{\partial x''^2} - \frac{\delta p_C(x'')}{\tau_{C0}} = 0 \tag{12.22}$$

此处 D_C 和 τ_{C0} 分别是集电区中的少子扩散系数和少子寿命。集电区中的少子空穴浓度可表示为：

$$\delta p_C(x'') = p_C(x'') - p_{C0} \tag{12.23}$$

式（12.22）的通解为：

$$\delta p_C(x'') = G \exp\left(\frac{x''}{L_C}\right) + H \exp\left(\frac{-x''}{L_C}\right) \tag{12.24}$$

此处 $L_C = \sqrt{D_C \tau_{C0}}$。假定集电区很长，那么系数 G 必为零，因为过剩少子浓度为有限值。第二个边界条件为：

$$\delta p_C(x''=0) \equiv \delta p_C(0) = p_C(x''=0) - p_{C0} = 0 - p_{C0} = -p_{C0} \tag{12.25}$$

由以上分析可得集电区中的少子浓度为：

$$\boxed{\delta p_C(x'') = -p_{C0} \exp\left(\frac{-x''}{L_C}\right)} \tag{12.26}$$

结果刚好就是我们对反偏 pn 解所期望得到的。

练习题

T12.3　考虑一个工作在正向有源区中的 npn 双极晶体管的集电区。x'' 与 L_C 之比为何值时,少子浓度达到热平衡值的 95% 。

　　答案: $x''/l_c \approx 3$。

12.2.2　其他工作模式

　　双极晶体管也可以工作在截止、饱和或反向有源模式。我们将定量地讨论这些情况下的少子分布,并在本章结尾处把具体的计算作为习题留给大家。

　　图 12.16(a)示例了 npn 晶体管工作在截止区时的少子分布。在截止区,B-E 结和 B-C 结均为反偏;于是,在每个空间电荷区的边界,少子浓度为零。该图中假定发射区和集电区比较长,基区相对于少子扩散长度则较窄。既然 $x_B \ll L_B$,所以所有的少子都被扫出了基区。

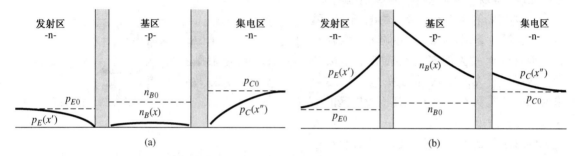

图 12.16　npn 晶体管工作在截止区(a)和饱和区(b)时的少子分布

　　图 12.16(b)示例了 npn 双极晶体管工作在饱和区时的少子分布。B-E 结和 B-C 结均为正偏,因此在每个空间电荷区的边界存在过剩少子。然而,既然晶体管在饱和区时仍然有集电极电流存在,那么基区中少子仍然存在浓度梯度。

　　最后,图 12.17(a)示例了 npn 晶体管工作在反向有源区时的少子分布。这时,B-C 结正偏,B-E 结反偏。电子从集电区注入基区,与正向有源区相比,基区中少子电子的浓度梯度方向刚好相反,所以发射极电流和集电极电流改变了方向。图 12.17(b)显示了电子从集电区到基区的注入。一般来说,B-C 结面积比 B-E 结面积大得多,因此不是所有的电子都能被发射极收集。基区与集电区的相对掺杂浓度和基区与发射区的相对掺杂浓度不同;于是,我们说晶体管是非几何对称的。因此,可以想象,晶体管在正向有源模式下和在反向有源模式下的特性会有很大不同。

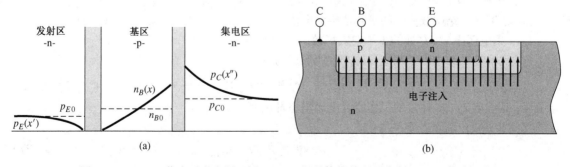

图 12.17　(a)工作在反向有源区时,npn 双极晶体管的少子分布;(b)工作在反向
　　　　　有源区时,npn双极晶体管的横截面图,该图说明了电子的注入和收集

12.3　低频共基极电流增益

双极晶体管的基本工作原理是用 B-E 结电压控制集电极电流。集电极电流是从发射区越过 B-E 结注入基区，最后到达集电区的多子数量的函数。我们把共基极电流增益定义为集电极电流与发射极电流之比。各种不同的带电载流子的流动，导致了定义出的各种特殊的电流。我们依据一些因素，用这些定义来计算电流增益。

12.3.1　有用的因素

图 12.18 显示了 npn 双极晶体管中的各种粒子流成分。我们定义这些成分并考虑由它们的运动所产生的电流。虽然看起来有很多的粒子流成分，但我们可以将各种因素与图 12.14 中的少子分布联系起来，从而使考虑起来清晰明了。

J_{nE}^- 是从发射区注入基区中的电子流。随着电子扩散过基区，一部分将同多子空穴复合。因复合而失去的多子空穴需由基极补给。这部分补充的空穴流记为 J_{RB}^+。到达集电区的电子流是 J_{nC}^-。从基区注入发射区的多子空穴导致产生一股空穴流，记为 J_{pE}^+。注入正偏的 B-E 结的电子和空穴的一部分会在空间电荷区复合。复合导致电子流 J_R^-。反偏 B-C 结中存在电子和空穴的产生，这种产生

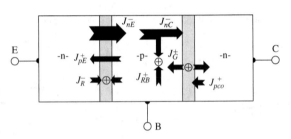

图 12.18　npn 型晶体管工作于正向有源区时，粒子流密度和粒子流成分的示意图

导致一股空穴流 J_G^+。最后，B-C 结的反向饱和电流记为空穴流 J_{pco}^+。

npn 晶体管中的电流密度如图 12.19 所示，图中也画出了正向有源模式时的少子分布。曲线与图 12.14 一样。与 pn 结一样，晶体管中的电流也是依据少子的扩散电流而定的。电流密度定义如下：

J_{nE}：基区中 $x=0$ 处的少子电子扩散电流。

J_{nC}：基区中 $x=x_B$ 处的少子电子扩散电流。

J_{RB}：由基区中的过剩少子电子同多子空穴的复合造成的 J_{nE} 和 J_{nC} 之差。电流 J_{RB} 是流入基区中以补充因复合而消失的空穴的空穴流。

J_{pE}：发射区中 $x'=0$ 处的少子空穴扩散电流。

J_R：正偏 B-E 结中载流子的复合产生的电流。

J_{pc0}：集电区中 $x''=0$ 处的少子空穴扩散产生的电流。

J_G：反偏 B-C 结中由于载流子的产生所形成的电流。

电流 J_{RB}，J_{pE} 和 J_R 仅仅是 B-E 结的电流，对集电极电流没有贡献。电流 J_{pc0} 和 J_G 仅仅是 B-C 结电流，这些电流对晶体管的工作或者电流增益都没有贡献。

直流共基极电流增益定义为：

$$\alpha_0 = \frac{I_C}{I_E} \tag{12.27}$$

假定集电结和发射结的横截面积一样，则可以依据电流密度写出电流增益为：

$$\alpha_0 = \frac{J_C}{J_E} = \frac{J_{nC} + J_G + J_{pc0}}{J_{nE} + J_R + J_{pE}} \tag{12.28}$$

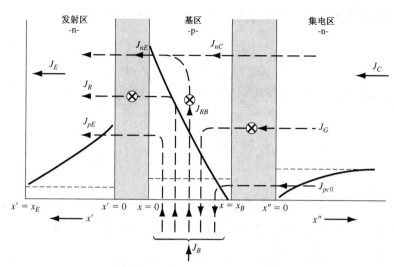

图 12.19   npn 晶体管工作于正向有源模式时的电流密度成分

我们的兴趣主要在于确定发射极电流变化对集电极电流的影响。小信号或正弦信号的共基极电流增益定义为：

$$\alpha = \frac{\partial J_C}{\partial J_E} = \frac{J_{nC}}{J_{nE} + J_R + J_{pE}} \tag{12.29}$$

反偏 B-C 结电流 J_G 和 J_{pc0} 不是发射极电流的函数。

重写式(12.29)为：

$$\alpha = \left(\frac{J_{nE}}{J_{nE} + J_{pE}}\right)\left(\frac{J_{nC}}{J_{nE}}\right)\left(\frac{J_{nE} + J_{pE}}{J_{nE} + J_R + J_{pE}}\right) \tag{12.30a}$$

或

$$\alpha = \gamma \alpha_T \delta \tag{12.30b}$$

式(12.30b)中的因子定义为：

$$\gamma = \left(\frac{J_{nE}}{J_{nE} + J_{pE}}\right) \equiv 发射极注入效率系数 \tag{12.31a}$$

$$\alpha_T = \left(\frac{J_{nC}}{J_{nE}}\right) \equiv 基区输运系数 \tag{12.31b}$$

$$\delta = \frac{J_{nE} + J_{pE}}{J_{nE} + J_R + J_{pE}} \equiv 复合系数 \tag{12.31c}$$

我们希望集电极电流的变化同发射极电流的变化一模一样，或有 $\alpha = 1$。然而，考虑一下式(12.29)就可知 α 永远小于1。我们的目标是使 α 尽可能地接近1。为了达到这个目标，由于每个因子都小于1，就需要式(12.30b)中的每一项都要尽可能地接近1。

发射极注入效率系数 γ 考虑了发射区中的少子空穴扩散电流对电流增益的影响。该电流是发射极电流的一部分，但是它对晶体管的工作没有作用，因为 J_{pE} 不是集电极电流的一部分。基区输运系数 α_T 考虑了基区中过剩少子电子的复合的影响。理想情况下，我们希望基区中没有复合。复合系数 δ 考虑了正偏 B-E 结中的复合的影响。电流 J_R 对发射极电流有贡献，但是对集电极电流没有贡献。

12.3.2   电流增益的数学表达式

我们希望依据电参数和几何参数得到电流增益表达式中的每一个增益因子。数学表达式表明了晶体管的各个参数对器件电学性质的影响，从而指出了设计一个"好"器件的方法。

发射极注入效率系数：首先，考虑发射极注入效率系数。由式（12.31a）可得

$$\gamma = \left(\frac{J_{nE}}{J_{nE} + J_{pE}}\right) = \frac{1}{\left(1 + \dfrac{J_{pE}}{J_{nE}}\right)} \tag{12.32}$$

在 12.2.1 节中，我们得出了正向有源区的少子分布函数。注意，图 12.19 中定义的电流 J_{nE} 在 $-x$ 方向，可以写出电流密度为

$$J_{pE} = -eD_E \frac{\mathrm{d}[\delta p_E(x')]}{\mathrm{d}x'}\bigg|_{x'=0} \tag{12.33a}$$

和

$$J_{nE} = (-)eD_B \frac{\mathrm{d}[\delta n_B(x)]}{\mathrm{d}x}\bigg|_{x=0} \tag{12.33b}$$

此处 $\delta p_E(x')$ 和 $\delta n_B(x)$ 分别由式（12.21）和式（12.15）给出。将它们代入上式得

$$J_{pE} = \frac{eD_E p_{E0}}{L_E}\left[\exp\left(\frac{eV_{BE}}{kT}\right) - 1\right] \cdot \frac{1}{\tanh(x_E/L_E)} \tag{12.34a}$$

和

$$J_{nE} = \frac{eD_B n_{B0}}{L_B}\left\{\frac{1}{\sinh(x_B/L_B)} + \frac{[\exp(eV_{BE}/kT) - 1]}{\tanh(x_B/L_B)}\right\} \tag{12.34b}$$

J_{pE} 和 J_{nE} 为正值，表明它们的方向如图 12.19 所示。如果假定 B-E 结正偏值足够大，以至于 $V_{BE} \gg kT/e$，那么

$$\exp\left(\frac{eV_{BE}}{kT}\right) \gg 1$$

同时也有

$$\frac{\exp(eV_{BE}/kT)}{\tanh(x_B/L_B)} \gg \frac{1}{\sinh(x_B/L_B)}$$

由式（12.32）可知，发射极注入效率系数变为：

$$\boxed{\gamma = \frac{1}{1 + \dfrac{p_{E0}D_E L_B}{n_{B0}D_B L_E} \cdot \dfrac{\tanh(x_B/L_B)}{\tanh(x_E/L_E)}}} \tag{12.35a}$$

假定式（12.35a）中，除了 p_{E0} 和 n_{B0}，所有的参数均为定值，那么为了让 $\gamma \approx 1$，必须有 $p_{E0} \ll n_{B0}$。而

$$p_{E0} = \frac{n_i^2}{N_E} \qquad \text{和} \qquad n_{B0} = \frac{n_i^2}{N_B}$$

此处，N_E 和 N_B 分别是发射区和基区的掺杂浓度。而 $p_{E0} \ll n_{B0}$ 表明 $N_E \gg N_B$。因为发射极注入效率接近于 1，n 型发射区的掺杂浓度必定远大于 p 型基区的掺杂浓度。$x_B \ll L_B$，$x_E \ll L_E$，那么发射极注入效率可写为

$$\boxed{\gamma \approx \frac{1}{1 + \dfrac{N_B}{N_E} \cdot \dfrac{D_E}{D_B} \cdot \dfrac{x_B}{x_E}}} \tag{12.35b}$$

例 12.1 计算发射极注入效率。

假设晶体管参数如下：$N_B = 10^{15}$ cm^{-3}，$N_E = 10^{17}$ cm^{-3}，$D_E = 10$ cm^2/s，$D_B = 20$ cm^2/s，$x_B = 0.80$ μm 以及 $x_E = 0.60$ μm。

■ **解**

根据式(12.35b)，可得

$$\gamma \approx \frac{1}{1 + \left(\frac{N_B}{N_E}\right)\left(\frac{D_E}{D_B}\right)\left(\frac{x_B}{x_E}\right)} = \frac{1}{1 + \left(\frac{10^{15}}{10^{17}}\right)\left(\frac{10}{20}\right)\left(\frac{0.80}{0.60}\right)} = 0.9934$$

■ **说明**

这个简单的例子展示了典型的发射极注入效率。

■ **自测题**

E12.1 假设 $N_B = 5 \times 10^{15}$ cm^{-3}, $N_E = 10^{18}$ cm^{-3}, 重新计算例12.1。

答案: $\gamma = 0.9967$。

基区输运系数: 另一个要考虑的因素是基区输运系数，它由式(12.31b)确定，$\alpha_T = J_{nC}/J_{nE}$。由图12.19中电流方向的定义，可得

$$J_{nC} = (-)eD_B \frac{d[\delta n_B(x)]}{dx}\bigg|_{x=x_B} \tag{12.36a}$$

和

$$J_{nE} = (-)eD_B \frac{d[\delta n_B(x)]}{dx}\bigg|_{x=0} \tag{12.36b}$$

用式(12.15)给出的 $\delta n_B(x)$ 的表达式，可得

$$J_{nC} = \frac{eD_B n_{B0}}{L_B}\left\{\frac{[\exp(eV_{BE}/kT) - 1]}{\sinh(x_B/L_B)} + \frac{1}{\tanh(x_B/L_B)}\right\} \tag{12.37}$$

J_{nE} 的表达式由式(12.34a)给出。

若再次假定 B-E 结正偏得足够大，以至于 $V_{BE} \gg kT/e$，则 $\exp(eV_{BE}/kT) \gg 1$。将式(12.37)和式(12.34b)代入式(12.31b)，可得

$$\alpha_T = \frac{J_{nC}}{J_{nE}} \approx \frac{\exp(eV_{BE}/kT) + \cosh(x_B/L_B)}{1 + \exp(eV_{BE}/kT)\cosh(x_B/L_B)} \tag{12.38}$$

为了让 α_T 接近于1，中性基区宽度 x_B 必须远小于少子在基区中的扩散长度 L_B。若 $x_B \ll L_B$，则 $\cosh(x_B/L_B)$ 稍大于1。此外，若 $\exp(eV_{BE}/kT) \gg 1$，则基区输运系数近似为

$$\boxed{\alpha_T \approx \frac{1}{\cosh(x_B/L_B)}} \tag{12.39a}$$

因为 $x_B \ll L_B$，我们可以将函数展开为泰勒级数，所以有

$$\boxed{\alpha_T \approx \frac{1}{\cosh(x_B/L_B)} \approx \frac{1}{1 + \frac{1}{2}(x_B/L_B)^2} \approx 1 - \frac{1}{2}(x_B/L_B)^2} \tag{12.39b}$$

如果 $x_B \ll L_B$，那么基区输运系数 α_T 会接近于1。现在就可以知道为什么前面指出中性基区宽度 x_B 要小于 L_B。

例 12.2 计算基区迁移率。

假设晶体管参数为 $x_B = 0.80$ μm, $L_B = 10$ μm。

■ **解**

由式(12.39a)，可得

$$\alpha_T \approx \frac{1}{\cosh\left(\dfrac{x_B}{L_B}\right)} = \frac{1}{\cosh\left(\dfrac{0.80}{10.0}\right)} = 0.9968$$

■ 说明

这个简单的例子显示了典型的基区迁移率。

■ 自测题

E12.2 当 $x_B = 1.20\ \mu\mathrm{m}$，$L_B = 10\ \mu\mathrm{m}$ 时，重新计算例 12.2。

答案：$\alpha_T = 0.9928$。

复合系数：复合系数由式（12.31c）给出，可写为：

$$\delta = \frac{J_{nE} + J_{pE}}{J_{nE} + J_R + J_{pE}} \approx \frac{J_{nE}}{J_{nE} + J_R} = \frac{1}{1 + J_R/J_{nE}} \tag{12.40}$$

我们在式（12.40）中已经假定过 $J_{pE} \ll J_{nE}$。由于正偏 pn 结中载流子的复合，在第 8 章已经讨论过，复合电流密度可写为：

$$J_R = \frac{e x_{BE} n_i}{2\tau_0} \exp\left(\frac{eV_{BE}}{2kT}\right) = J_{r0} \exp\left(\frac{eV_{BE}}{2kT}\right) \tag{12.41}$$

此处 x_{BE} 是 B-E 结空间电荷区宽度。

由式（12.34b），电流 J_{nE} 近似为：

$$J_{nE} = J_{s0} \exp\left(\frac{eV_{BE}}{kT}\right) \tag{12.42}$$

其中

$$J_{s0} = \frac{e D_B n_{B0}}{L_B \tanh(x_B/L_B)} \tag{12.43}$$

由式（12.40），复合系数可写为：

$$\delta = \frac{1}{1 + \dfrac{J_{r0}}{J_{s0}} \exp\left(\dfrac{-eV_{BE}}{2kT}\right)} \tag{12.44}$$

复合系数是 B-E 结电压的函数。随着 V_{BE} 的增加，复合电流所占的比例更小，复合系数接近于 1。

例 12.3 计算复合系数。

假设晶体管参数如下：$x_{BE} = 0.10\ \mu\mathrm{m}$，$\tau_o = 10^{-7}\ \mathrm{s}$，$N_B = 5 \times 10^{15}\ \mathrm{cm}^{-3}$，$D_B = 20\ \mathrm{cm}^2/\mathrm{s}$，$L_B = 10\ \mu\mathrm{m}$，$x_B = 0.80\ \mu\mathrm{m}$。假设 $V_{BE} = 0.50\ \mathrm{V}$。

■ 解

由式（12.41），可得

$$J_{r0} = \frac{e x_{BE} n_i}{2\tau_o} = \frac{(1.6 \times 10^{-19})(0.10 \times 10^{-4})(1.5 \times 10^{10})}{2(10^{-7})} = 1.2 \times 10^{-7}\ \mathrm{A/cm}^2$$

由式（12.43）可得

$$J_{s0} = \frac{e D_B n_{B0}}{L_B \tanh(x_B/L_B)} = \frac{e D_B (n_i^2/N_B)}{L_B \tanh(x_B/L_B)}$$

$$= \frac{(1.6 \times 10^{-19})(20)[(1.5 \times 10^{10})^2/5 \times 10^{15}]}{(10 \times 10^{-4})\tanh(0.80/10.0)} = 1.804 \times 10^{-9}\ \mathrm{A/cm}^2$$

由式（12.44），复合系数可得

$$\delta = \frac{1}{1 + \frac{J_{r0}}{J_{s0}} \cdot \exp\left(\frac{-V_{BE}}{2V_t}\right)} = \frac{1}{1 + \left(\frac{1.2 \times 10^{-7}}{1.804 \times 10^{-9}}\right) \cdot \exp\left(\frac{-0.50}{2(0.0259)}\right)}$$

$$= 0.99574$$

■ **说明**

此简单例子说明了典型的复合系数值。

■ **自测题**

E12.3 假设 $V_{BE} = 0.65$ V，重新计算例 12.3。

答案：$\delta = 0.999\ 76$。

复合系数也一定包含了表面效应的因素。表面效应可以由表面复合速率来描述，这在第 6 章中已经讨论过了。图 12.20(a) 显示的是 npn 晶体管 B-E 结靠近半导体表面的部分。假定 B-E 结是正偏的。图 12.20(b) 显示的是基区中沿截面 A-A′ 的过剩少子浓度。该曲线是一般情况下正偏结的少子浓度。图 12.20(c) 显示的是从表面沿截面 C-C′ 的过剩少子电子浓度。如前所述，我们知道表面处的过剩浓度小于体内的过剩浓度。由于电子的这种分布，就存在着电子从体内到表面的扩散，在那里，电子同多子空穴复合。图 12.20(d) 显示了电子从发射区注入基区和电子向表面的扩散。这种扩散产生了复合电流的另一种成分。这种成分必须包含在复合系数 δ 中。虽然实际计算困难，因为需要进行二维分析，但是复合电流的形式仍和式 (12.41) 一样。

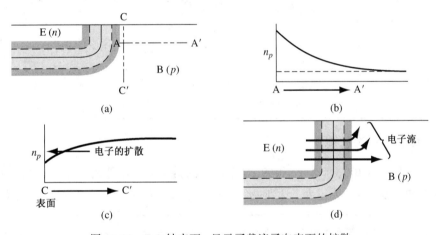

图 12.20　E-B 结表面，显示了载流子向表面的扩散

12.3.3　小结

虽然我们已经在各个方面对 npn 晶体管进行了研究，但相同的分析同样适合于 pnp 晶体管；我们能得到同样的少子分布，只是电子浓度需要变成空穴浓度，反之亦然。电流方向和电压极性也要取相反的方向。

我们已经对共基极电流增益进行了分析。式 (12.27) 将共基极电流增益定义为 $\alpha_0 = I_C / I_E$。共发射极电流增益定义为 $\beta_0 = I_C / I_B$。由图 12.8 可知 $I_E = I_B + I_C$。由

$$\frac{I_E}{I_C} = \frac{I_B}{I_C} + 1$$

代入电流增益的定义，可得

$$\frac{1}{\alpha_0} = \frac{1}{\beta_0} + 1$$

由于该关系式对于直流分析和小信号情况均成立，所以可以去掉下标。共发射极电流增益用共基极电流增益表示可以写成：

$$\beta = \frac{\alpha}{1-\alpha}$$

共基极电流增益用共发射极电流增益表示，就是

$$\alpha = \frac{\beta}{1+\beta}$$

表 12.3 总结了共基极电流增益的各个限制因素的表达式，假定 $x_B \ll L_B$ 及 $x_E \ll L_E$。同时给出了共基极电流增益和共发射极电流增益的近似表达式。

表 12.3　限制因素小结

发射极注入效率

$$\gamma \approx \frac{1}{1 + \frac{N_B}{N_E} \cdot \frac{D_E}{D_B} \cdot \frac{x_B}{x_E}} \qquad (x_B \ll L_B),\, (x_E \ll L_E)$$

基区输运系数

$$\alpha_T \approx \frac{1}{1 + \frac{1}{2}\left(\frac{x_B}{L_B}\right)^2} \qquad (x_B \ll L_B)$$

复合系数

$$\delta = \frac{1}{1 + \frac{J_{r0}}{J_{s0}} \exp\left(\frac{-eV_{BE}}{2kT}\right)}$$

共基极电流增益

$$\alpha = \gamma \alpha_T \delta \approx \frac{1}{1 + \frac{N_B}{N_E} \cdot \frac{D_E}{D_B} \cdot \frac{x_B}{x_E} + \frac{1}{2}\left(\frac{x_B}{L_B}\right)^2 + \frac{J_{r0}}{J_{s0}} \exp\left(\frac{-eV_{BE}}{2kT}\right)}$$

共发射极电流增益

$$\beta = \frac{\alpha}{1-\alpha} \approx \frac{1}{\frac{N_B}{N_E} \cdot \frac{D_E}{D_B} \cdot \frac{x_B}{x_E} + \frac{1}{2}\left(\frac{x_B}{L_B}\right)^2 + \frac{J_{r0}}{J_{s0}} \exp\left(\frac{-eV_{BE}}{2kT}\right)}$$

12.3.4　电流增益的计算

假定 β 的典型值为 100，那么 $\alpha = 0.99$。若同时假定 $\gamma = \alpha_T = \delta$，那么为使 $\beta = 100$，每一个值都必须等于 0.9967。该计算表明了为了达到一个可观的电流增益，每个因子必须接近于 1 的程度。

例 12.4　试确定发射区掺杂浓度与基区掺杂浓度之比，以使发射极注入效率系数达到 $\gamma = 0.9967$。

假定 $D_E = D_B$，$L_E = L_B$，$x_E = x_B$。

■ **解**

式 (12.35b) 可简化为：

$$\gamma = \frac{1}{1 + \frac{p_{E0}}{n_{B0}}} = \frac{1}{1 + \frac{n_i^2/N_E}{n_i^2/N_B}}$$

所以

$$\gamma = \frac{1}{1 + \frac{N_B}{N_E}} = 0.9967$$

于是

$$\frac{N_B}{N_E} = 0.003\,31 \qquad \textbf{或} \qquad \frac{N_E}{N_B} = 302$$

■ **说明**

为了得到高的发射极注入效率，发射区的掺杂浓度必须远大于基区的掺杂浓度。

■ **自测题**

E12.4　假设晶体管参数和例 12.4 一样。设 $N_E = 6 \times 10^{18}$ cm^{-3}。计算 N_B 为何值时，$\gamma = 0.9950$。

　　答案：$N_B = 3.02 \times 10^{16}$ cm^{-3}。

例 12.5　设计基区宽度，使基区输运系数 $\alpha_T = 0.9967$。

　　设想是一个 pnp 双极晶体管，假设 $D_B = 10$ cm^2/s，$\tau_{B0} = 10^{-7}$ s

■ **解**

pnp 和 npn 晶体管的基区输运系数均为：

$$\alpha_T = \frac{1}{\cosh(x_B/L_B)} = 0.9967$$

于是

$$x_B/L_B = 0.0814$$

可得

$$L_B = \sqrt{D_B \tau_{B0}} = \sqrt{(10)(10^{-7})} = 10^{-3} \text{ cm}$$

所以基区宽度为

$$x_B = 0.814 \times 10^{-4} \text{ cm} = 0.814 \text{ μm}$$

■ **说明**

如果基区宽度小于 0.8 μm，则可以满足要求的基区输运系数。大多数条件下，基区输运系数不会限制双极晶体管的电流增益。

■ **自测题**

E12.5　假设晶体管参数和例 12.5 一样。计算当基区输运系数 $\alpha_T = 0.9980$ 时，最小的基区宽度 x_B。

　　答案：$x_B = 0.633$ μm。

例 12.6　当 $\delta = 0.9967$ 时，求 V_{BE} 值。考虑 $T = 300$ K 时，npn 双极晶体管。假设 $J_{r0} = 10^{-8}$ A/cm^2，$J_{s0} = 10^{-11}$ A/cm^2。

■ **解**

由式(12.44)得

$$\delta = \frac{1}{1 + \dfrac{J_{r0}}{J_{s0}} \exp\left(\dfrac{-eV_{BE}}{2kT}\right)}$$

从而有

$$0.9967 = \frac{1}{1 + \dfrac{10^{-8}}{10^{-11}} \exp\left(\dfrac{-eV_{BE}}{2kT}\right)}$$

得到

$$\exp\left(\frac{+eV_{BE}}{2kT}\right) = \frac{0.9967 \times 10^3}{1 - 0.9967} = 3.02 \times 10^5$$

则

$$V_{BE} = 2(0.0259) \ln(3.02 \times 10^5) = 0.654 \text{ V}$$

■ **说明**

该例表明复合系数可以成为双极晶体管电流增益中重要的限制因素。本例中，如果 V_{BE} 小于 0.654 V，则 δ 将小于需求的 0.9967。

■ **自测题**

E12.6　当 $J_{r0} = 10^{-8}$ A/cm^2，$J_{s0} = 10^{-11}$ A/cm^2 时，V_{BE} 为何值时，$\delta = 0.9950$。

　　答案：$V_{BE} = 0.6320$ V。

例12.7 计算 $T = 300$ K 时，硅基 npn 双极晶体管共射极电流增益。参数如下所示：

$$D_E = 10 \text{ cm}^2/\text{s} \qquad\qquad x_B = 0.70 \text{ μm}$$
$$D_B = 25 \text{ cm}^2/\text{s} \qquad\qquad x_E = 0.50 \text{ μm}$$
$$\tau_{E0} = 1 \times 10^{-7} \text{ s} \qquad\qquad N_E = 1 \times 10^{18} \text{ cm}^{-3}$$
$$\tau_{B0} = 5 \times 10^{-7} \text{ s} \qquad\qquad N_B = 1 \times 10^{16} \text{ cm}^{-3}$$
$$J_{r0} = 5 \times 10^{-8} \text{ A/cm}^2 \qquad\qquad V_{BE} = 0.65 \text{ V}$$

参数计算如下：

$$p_{E0} = \frac{(1.5 \times 10^{10})^2}{1 \times 10^{18}} = 2.25 \times 10^2 \text{ cm}^{-3}$$

$$n_{B0} = \frac{(1.5 \times 10^{10})^2}{1 \times 10^{16}} = 2.25 \times 10^4 \text{ cm}^{-3}$$

$$L_E = \sqrt{D_E \tau_{E0}} = 10^{-3} \text{ cm}$$

$$L_B = \sqrt{D_B \tau_{B0}} = 3.54 \times 10^{-3} \text{ cm}$$

■ **解**

由式（12.35a）可得

$$\gamma = \frac{1}{1 + \frac{(2.25 \times 10^2)(10)(3.54 \times 10^{-3})}{(2.25 \times 10^4)(25)(10^{-3})} \cdot \frac{\tanh(0.0198)}{\tanh(0.050)}} = 0.9944$$

由式（12.39a）可知基区输运系数为：

$$\alpha_T = \frac{1}{\cosh\left(\frac{0.70 \times 10^{-4}}{3.54 \times 10^{-3}}\right)} = 0.9998$$

由式（12.44）得复合系数为：

$$\delta = \frac{1}{1 + \frac{5 \times 10^{-8}}{J_{s0}} \exp\left(\frac{-0.65}{2(0.0259)}\right)}$$

其中

$$J_{s0} = \frac{e D_B n_{B0}}{L_B \tanh\left(\frac{x_B}{L_B}\right)} = \frac{(1.6 \times 10^{-19})(25)(2.25 \times 10^4)}{3.54 \times 10^{-3} \tanh(1.977 \times 10^{-2})} = 1.29 \times 10^{-9} \text{ A/cm}^2$$

我们现在可以计算出 $\delta = 0.999\,86$。则共基极电流增益为：

$$\alpha = \gamma \alpha_T \delta = (0.99\,44)(0.99\,98)(0.999\,86) = 0.994\,06$$

所以共发射极电流增益为

$$\beta = \frac{\alpha}{1-a} = \frac{0.994\,06}{1 - 0.994\,06} = 167$$

■ **说明**

在该例中，发射极注入效率是电流增益中的限制因素。

■ **自测题**

E12.7 假设 $\gamma = \alpha_T = 0.9980$，$J_{r0} = 5 \times 10^{-9} \text{A/cm}^2$，$J_{s0} = 2 \times 10^{-11}$ A/cm^2，求解当（a）$V_{BE} = 0.550$ V 和（b）$V_{BE} = 0.650$ V 时，共射极电流增益 β。

答案：（a）$\beta = 98.5$；（b）$\beta = 204$。

练习题

注意：在下列练习题中，假定一个硅基 npn 双极晶体管在 $T = 300$ K 时的少子参数如下：$D_E = 8 \text{ cm}^2/\text{s}$，$D_B = 20 \text{ cm}^2/\text{s}$，$D_C = 12 \text{ cm}^2/\text{s}$，$\tau_{E0} = 10^{-8} \text{ s}$，$\tau_{B0} = 10^{-7} \text{ s}$，$\tau_{C0} = 10^{-6} \text{ s}$。

T12.4 假设发射区掺杂浓度为 $N_E = 5 \times 10^{18} \text{ cm}^{-3}$，确定基区掺杂浓度，使得 $\gamma = 0.9950$。假设 $x_E = 2x_B = 2 \text{ μm}$。

　　答案：$N_B = 1.08 \times 10^{17} \text{ cm}^{-3}$。

T12.5 假设 $\alpha_T = \delta = 0.9967$，$x_B = x_E = 1 \text{ μm}$，$N_B = 5 \times 10^{16} \text{ cm}^{-3}$，$N_E = 5 \times 10^{18} \text{ cm}^{-3}$。试确定共发射极电流增益 β。

　　答案：$\beta = 92.4$。

T12.6 假设 $\gamma = \delta = 0.9967$，$x_B = 0.80 \text{ μm}$。试确定共发射极电流增益 β。

　　答案：$\beta = 121$。

12.4　非理想效应

在前面所有的讨论中，我们考虑的是均匀掺杂、小注入、发射区和基区宽度恒定、禁带宽度为定值、电流密度为均匀值、所有的结都在非击穿区的晶体管。如果这些理想情况中的任何一个不再存在，那么晶体管特性就会与我们已经得到的理想情况有所出入。

12.4.1　基区宽度调制效应

我们在前面已默认中性基区宽度 x_B 为恒定值。然而，实际上基区宽度是 B-C 结电压的函数，因为随着结电压的变化，B-C 结空间电荷区会扩展进基区。随着 B-C 结反偏电压的增加，B-C 结空间电荷区宽度增加，使得 x_B 减小。中性基区宽度的变化使得集电极电流发生变化，如图 12.21 所示。基区宽度的减小会使得少子浓度梯度增加。这种效应称为基区宽度调制效应，又称为厄利(Early)效应。

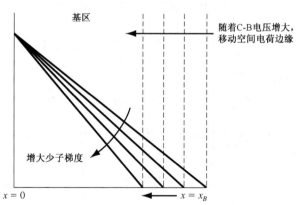

图 12.21　随 B-C 结空间电荷区宽度变化，基区宽度的变化及少子浓度梯度的变化

在图 12.22 所示的电流-电压特性曲线中，可以观察到厄利效应。多数情况下，恒定基极电流与恒定的 B-E 结电压是等效的。理想情况下，集电极电流与 B-C 结电压无关，所以曲线斜率为零；于是晶体管的输出电导为零。然而，基区宽度调制效应，或厄利效应，使曲线斜率和输出电导不为零。如果集电极电流特性曲线反向延长使集电极电流为零，那么曲线与电压轴相交于一点，该点被定义为厄利电压。厄利电压只考虑其绝对值。它是描述晶体管特性时的一个共有参数。厄利电压的典型值在 $100 \sim 300 \text{ V}$ 之间。

由图 12.22 可得

$$\frac{\mathrm{d}I_C}{\mathrm{d}V_{CE}} \equiv g_o = \frac{I_C}{V_{CE} + V_A} = \frac{1}{r_o} \qquad (12.45\text{a})$$

此处 V_A 和 V_{CE} 定义为正值，g_o 定义为输出电导。式(12.45a)可写为：

$$I_C = g_o(V_{CE} + V_A) = \frac{1}{r_o}(V_{CE} + V_A) \tag{12.45b}$$

这直观地表明集电极电流是 C-E 结电压或 C-B 结电压的函数。

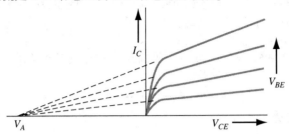

图 12.22　电流–电压特性曲线，从中可看出厄利电压的大小

例 12.8　随中性基区宽度的变化，计算集电极电流的变化，并估算厄利电压。

考虑均匀掺杂的硅基双极晶体管，$T = 300$ K，基区掺杂浓度为 $N_B = 5 \times 10^{16}$ cm^{-3}，集电区掺杂浓度为 $N_C = 2 \times 10^{15}$ cm^{-3}，$x_{B0} = 0.7$ μm，$D_B = 25$ cm^2/s。假定当 $V_{BE} = 0.6$ V 时，$x_{B0} \ll L_B$。$2 \text{ V} \leqslant V_{CB} \leqslant 10 \text{ V}$。

■ **解**

由式(12.15b)得，基区过剩少数电子浓度为：

$$\delta n_B(x) \approx \frac{n_{B0}}{x_B}\left\{\left[\exp\left(\frac{V_{BE}}{V_t}\right) - 1\right](x_B - x) - x\right\}$$

集电极电流为：

$$|J_C| = eD_B\frac{\mathrm{d}[\delta n_B(x)]}{\mathrm{d}x} \approx \frac{eD_B n_{B0}}{x_B}\exp\left(\frac{V_{BE}}{V_t}\right)$$

n_{B0} 值可得为：

$$n_{B0} = \frac{n_i^2}{N_B} = \frac{(1.5 \times 10^{10})^2}{5 \times 10^{16}} = 4.5 \times 10^3 \text{ cm}^{-3}$$

对于 $V_{CB} = 2$ V，可得(参考自测题 E12.8)

$$x_B = x_{B0} - x_{dB} = 0.70 - 0.0518 = 0.6482 \text{ μm}$$

和

$$|J_C| = \frac{(1.6 \times 10^{-19})(25)(4.5 \times 10^3)}{0.6482 \times 10^{-4}}\exp\left(\frac{0.60}{0.0259}\right) = 3.195 \text{ A/cm}^2$$

对于 $V_{CB} = 10$ V，可得

$$x_B = 0.70 - 0.103 = 0.597 \text{ μm}$$

和

$$|J_C| = \frac{(1.6 \times 10^{-19})(25)(4.5 \times 10^3)}{0.597 \times 10^{-4}}\exp\left(\frac{0.60}{0.0259}\right) = 3.469 \text{ A/cm}^2$$

由式(12.45a)可得

$$\frac{\mathrm{d}J_C}{\mathrm{d}V_{CE}} = \frac{\Delta J_C}{\Delta V_{CB}} = \frac{J_C}{V_{CE} + V_A} = \frac{J_C}{V_{BE} + V_{CB} + V_A}$$

或者

$$\frac{3.469 - 3.195}{8} = \frac{3.195}{0.60 + 2 + V_A}$$

厄利电压为

$$V_A = 90.7 \text{ V}$$

■ **说明**

这个例子表明由 B-C 结空间电荷区宽度的变化而引起中性基区宽度的变化，集电极电流有多大程度的变化，同时表明了厄利电压的幅度。

■ 自测题

E12.8 一个硅基 npn 晶体管的参数如例 12.8 所示。计算当(a)$V_{CB} = 2$ V 和(b)$V_{CB} = 10$ V 时，中性基区的宽度。忽略 B-E 空间电荷区宽度。

答案：(a)$x_B = 0.6482$ μm；(b)$x_B = 0.597$ μm。

该例也表明，随晶体管制造工艺的误差，晶体管的特性也会有所变化。由于制造中的误差，晶体管特别是窄基区晶体管的基区宽度会有变化，这直接导致了集电极电流特性的变化。

12.4.2 大注入效应

我们确定少子分布时所用的双极传输方程默认采用了小注入。随着 V_{BE} 的增加，注入的少子浓度开始接近，其至变得比多子浓度还要大。如果假定准电荷中性，那么基区中在 $x = 0$ 处由于过剩空穴的存在，多子空穴浓度将会增加，如图 12.23 所示。

在大注入时，晶体管中会发生两种效应。第一种效应是发射极注入效率会降低。大注入时 $x = 0$ 处的多子空穴浓度增加，则会有更多的空穴注入发射区。注入空穴的增加使 J_{pE} 增加，而 J_{pE} 的增加降低了发射极注入效率。所以大注入时，共发射极电流增益下降。图 12.24 显示了一个典型的共发射极电流增益随集电极电流变化的曲线。小电流时增益较小是因为复合系数较小，而大电流时增益下降则是由于大注入效应的影响。

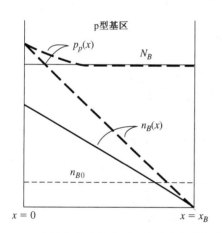

图 12.23 小注入和大注入时，基区中少子和多子的浓度(实线为小注入，虚线为大注入)

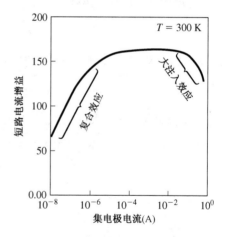

图 12.24 共发射极电流增益随集电极电流变化的曲线

现在考虑大注入的第二种影响。在小注入情况下，$x = 0$ 处，npn 晶体管的多子空穴浓度为：

$$p_p(0) = p_{p0} = N_a \tag{12.46a}$$

少子电子浓度为：

$$n_p(0) = n_{p0}\exp\left(\frac{eV_{BE}}{kT}\right) \tag{12.46b}$$

二者之积为：

$$p_p(0)n_p(0) = p_{p0}n_{p0}\exp\left(\frac{eV_{BE}}{kT}\right) \tag{12.46c}$$

大注入情况下，式(12.46c)同样适用。但是，$p_p(0)$ 也会增加，特别是在大注入时，它会增加到几乎和 $n_p(0)$ 一个量级。$n_p(0)$ 的增加的渐近函数为：

$$n_p(0) \approx n_{p0}\exp\left(\frac{eV_{BE}}{2kT}\right) \qquad (12.47)$$

基极的剩余少子浓度在大注入情况下，随 B-E 间电压增长的幅度比小注入时的幅度有所下降，集电极电流的情况也是如此。如图 12.25 所示。大注入情况和 pn 结二极管中的串联电阻效应非常近似。

12.4.3 发射区禁带变窄

另一个影响发射极注入效率的现象是禁带变窄。在前面的讨论中，我们知道，随着发射区掺杂浓度对基区掺杂浓度比值的增加，发射极注入效率会增加并接近于 1。随着硅变得重掺杂，n 型发射区中的分立施主能级会分裂为一组分立能级。随杂质施主原子浓度的增加，施主原子能级的距离变小，施主能级的分裂是由于施主原子间的互相作用引起的。随掺杂浓度的持续增加，施主能带变宽，变得倾斜，向导带移动，并最终同它合并在一起。此时，有效禁带宽度减小。图 12.26 显示了随杂质掺杂浓度的增加，禁带宽度的变化。

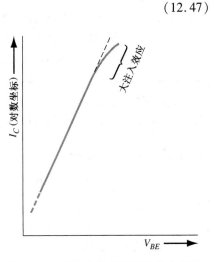

图 12.25 大注入条件下集电极电流随基极-发射级电压变化的曲线

禁带宽度的减小增加了本征载流子浓度。本征载流子浓度为：

$$n_i^2 = N_c N_v \exp\left(\frac{-E_g}{kT}\right) \qquad (12.48)$$

在重掺杂的发射区，本征载流子浓度可写为：

$$n_{iE}^2 = N_c N_v \exp\left[\frac{-(E_{g0} - \Delta E_g)}{kT}\right] = n_i^2 \exp\left(\frac{\Delta E_g}{kT}\right) \qquad (12.49)$$

此处 E_{g0} 是低掺杂浓度时的禁带宽度，ΔE_g 是禁带变窄因子。

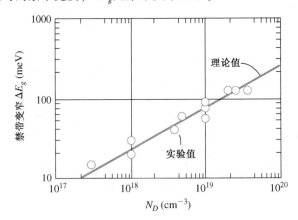

图 12.26 禁带宽度变窄效应与硅中掺杂施主浓度的关系

发射极注入效率系数由式(12.35)给出为：

$$\gamma = \frac{1}{1 + \dfrac{p_{E0}D_E L_B}{n_{B0}D_B L_E} \cdot \dfrac{\tanh\left(x_B/L_B\right)}{\tanh\left(x_E/L_E\right)}}$$

p'_{E0} 是发射区中热平衡少子浓度，考虑到禁带宽度变窄的影响，它可写为：

$$p'_{E0} = \frac{n_{iE}^2}{N_E} = \frac{n_i^2}{N_E} \exp\left(\frac{\Delta E_g}{kT}\right) \tag{12.50}$$

随发射区掺杂浓度的增加，ΔE_g 增加；p'_{E0} 于是并不随着发射区掺杂浓度 N_E 的增加而减小。如果 p'_{E0} 由于禁带变窄而开始增加，那么发射极注入效率将开始减小，而不是增大。

例 12.9 计算由于禁带变窄造成的发射区中 p_{E0} 的增加。

假设有一个 $T = 300\ K$ 发射级的掺杂浓度由 $10^{18}\ cm^{-3}$ 增加到 $10^{19}\ cm^{-3}$，求 p'_{E0} 的值和 p'_{E0}/p_{E0} 的值。

■ **解**

对于 $N_E = 10^{18}\ cm^{-3}$ 和 $N_E = 10^{19}\ cm^{-3}$，忽略禁带宽度变窄效应，则有

$$p_{E0} = \frac{n_i^2}{N_E} = \frac{(1.5 \times 10^{10})^2}{10^{18}} = 2.25 \times 10^2\ cm^{-3}$$

和

$$p_{E0} = \frac{n_i^2}{N_E} = \frac{(1.5 \times 10^{10})^2}{10^{19}} = 2.25 \times 10^1\ cm^{-3}$$

考虑到图 12.26 的禁带变窄效应，对于 $N_E = 10^{18}\ cm^{-3}$ 和 $N_E = 10^{19}\ cm^{-3}$，分别有

$$p'_{E0} = \frac{n_i^2}{N_E} \exp\left(\frac{\Delta E_g}{kT}\right) = \frac{(1.5 \times 10^{10})^2}{10^{18}} \exp\left(\frac{0.020}{0.0259}\right) = 4.87 \times 10^2\ cm^{-3}$$

和

$$p'_{E0} = \frac{(1.5 \times 10^{10})^2}{10^{19}} \exp\left(\frac{0.080}{0.0259}\right) = 4.94 \times 10^2\ cm^{-3}$$

将 $N_E = 10^{18}\ cm^{-3}$ 代入 p'_{E0}/p_{E0} 有

$$\frac{p'_{E0}}{p_{E0}} = \exp\left(\frac{\Delta E_g}{kT}\right) = \exp\left(\frac{0.020}{0.0259}\right) = 2.16$$

$N_E = 10^{19}\ cm^{-3}$ 时

$$\frac{p'_{E0}}{p_{E0}} = \exp\left(\frac{0.080}{0.0259}\right) = 21.95$$

■ **说明**

随着发射极掺杂浓度从 $10^{18}\ cm^{-3}$ 增加到 $10^{19}\ cm^{-3}$，热平衡少子浓度将会增加，而非像我们期望的那样减少 10 倍。

■ **自测题**

E12.9 考虑禁带宽度变窄效应时，发射极掺杂浓度为 $N_E = 10^{20}\ cm^{-3}$ 时的热平衡少子浓度。

答案：$p_{E0} = 2.25\ cm^{-3}$，$p'_{E0} = 1.618 \times 10^4\ cm^{-3}$。

随着发射区掺杂浓度的增加，禁带变窄因子 ΔE_g 将会增加；这实际上会使 p_{E0} 增加。随着 p_{E0} 的增加，发射极注入效率会减小；这会导致晶体管增益下降，如图 12.24 所示。发射区掺杂浓度很高时，由于禁带变窄效应，会使电流增益比我们预期的要小。

12.4.4 电流集边效应

由于晶体管的基极电流通常比发射极电流或者集电极电流小得多，因此忽略它往往是非常有效的。图 12.27 是 npn 晶体管的截面图，它表示出了其基极电流的横向分布情况。基区厚度通常小于 1 mm，因此其基区电阻往往是很大的。非零的基区电阻会引起发射极的横向电势差。对于 npn 型晶体管，电势差沿着发射极边缘到中心逐渐减小。由于发射极重掺杂，我们可以近似认为发射极是等电势的。

注入发射极的电子和 B-E 间电压呈指数关系。随着基区压降的降低，更多的电子会被注入发射极边缘而不是中心，这就导致了发射极电流聚集在边缘，发射极电流集边效应如图 12.28 所示。发射极边缘的较大的电流密度会引起局部发热效应和局部的大注入效应。非均匀的发射极电流也会导致发射极下方非均匀的横向基极电流。由于非均匀的基极电流的存在，如果要计算出实际电势随着距离下降的情况，就需要进行二维分析。另一种方式就是将一个晶体管设想成一组并联的晶体管，将各晶体管的基极电阻等效成一个外部电阻。

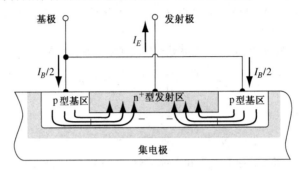

图 12.27　npn 双极晶体管的截面图，说明了基极电流的分布及基区中的横向电压降

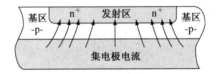

图 12.28　npn 双极晶体管的截面图，说明了发射极电流集边效应

处理大电流的功率晶体管为了能够承受较大的电流密度，需要很大的发射区面积。为避免电流集边效应，这些晶体管的发射极通常设计得较窄，并做成叉指结构。图 12.29 显示了其基本的几何结构。实际运用中，会将许多窄发射极并联起来，以得到所需的发射极面积。

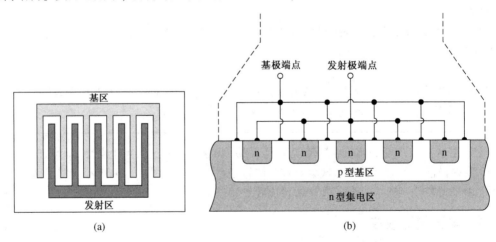

(a)　　　　　　　　　　(b)

图 12.29　相互交叉的 npn 双极晶体管的顶视图(a)和截面图(b)

练习题

T12.7　分析如图 12.30 所示的几何尺寸。基区掺杂浓度为 $N_B = 10^{16}$ cm^{-3}，中性基区宽度为 $x_B = 0.80$ μm，发射极宽度为 $S = 10$ μm，发射极长度为 $L = 10$ μm。(a)计算介于 $x = 0$ 和 $x = S/2$

之间的基区电阻。假定空穴迁移率为 $\mu_p = 400\ \text{cm}^2/\text{V·s}$；（b）假设在此区域内基极是均匀的且 $I_B/2 = 5\ \mu\text{A}$，计算 $x = 0$ 和 $x = S/2$ 之间的电势差；（c）用（b）中的结果，确定 $x = 0$ 处的电流密度是 $x = S/2$ 处的多少倍。

答案：（a）9.77 kΩ；（b）48.83 mV；（c）6.59。

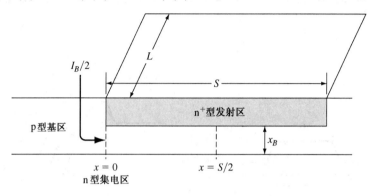

图 12.30　自测题 T12.7 的示意图

*12.4.5　基区非均匀掺杂的影响

在分析双极晶体管时，通常假设均匀掺杂，但是非均匀掺杂的情况有时也会出现。图 12.31 表示了双重扩散的 npn 晶体管的掺杂情况。我们可以从均匀掺杂的 n 型衬底出发，从表面扩散的受主原子形成 p 型基区，从表面扩散的施主原子则形成了双倍掺杂的 n 型发射区。扩散过程导致了非均匀的掺杂浓度。

我们在第 5 章知道变化的掺杂浓度会产生一个感生电场，对于处在热平衡状态下的 p 型基区，有

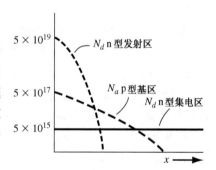

图 12.31　双重扩散的 npn 双极晶体管的浓度分布

$$J_p = e\mu_p N_a \text{E} - eD_p \frac{\text{d}N_a}{\text{d}x} = 0 \tag{12.51}$$

那么

$$\text{E} = +\left(\frac{kT}{e}\right)\frac{1}{N_a}\frac{\text{d}N_a}{\text{d}x} \tag{12.52}$$

以图 12.31 为例，$\text{d}N_a/\text{d}x$ 为负值；于是感生电场为 $-x$ 方向。

电子从 n 型发射区注入基区，基区的少数载流子扩散到集电区。由于非均匀掺杂产生的基区电场将对电子产生朝向集电极的作用力。这样一来，感生电场就协助了少数载流子在基区的迁移，这个电场就称为加速场。

加速场会在扩散电流之上产生漂移电流分量。由于基区中沿基区方向少子浓度有变化，漂移电流不是定值。然而通过基区的总电流是恒定的。非均匀掺杂感生的静电场必然会改变少子的浓度分布，以使漂移电流分量和扩散电流分量之和为定值。计算表明，基区均匀掺杂理论对于评估基区特性是很有用的。

12.4.6　击穿电压

双极晶体管中有两种击穿机制。第一种称为穿通。随着反向 B-C 电压的增加，B-C 结的空间电荷区变宽并且扩展到中性基区当中。B-C 结的耗尽区很有可能会贯通整个基区，这种效应称为

穿通。图 12.32(a)显示的是 npn 双极晶体管在热平衡下的能带图，图 12.32(b)显示的是两种 B-C 结反偏电压 V_R 情况下的能带图。当 B-C 结电压 V_{R1} 较小时，B-E 结势垒还未受到影响；于是晶体管的电流几乎为零。当反偏电压 V_{R2} 较大时，耗尽区向基区扩展，B-E 结势垒由于 C-B 结电压而降低。B-E 结势垒的降低会使得随 C-B 结电压的微小变化，电流会有很大变化。这种现象称为穿通击穿现象。

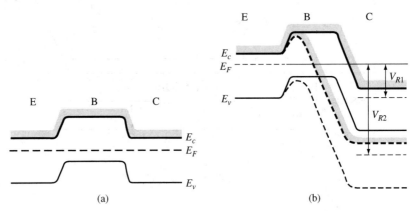

图 12.32　npn 双极晶体管的禁带宽度示意图。(a)热平衡条件下；(b)B-C 结施加反偏电压时 V_{R1} 未穿通，而加反偏电压 V_{R2} 时已穿通

图 12.33 显示了计算穿通电压时所用的几何尺寸。假定 N_B 和 N_C 分别是基区和集电区中的均匀掺杂浓度。x_{BO} 为基区的(冶金)宽度，x_{dB} 为 B-C 结延伸到基区的空间电荷宽度。如果忽略 B-E 结正偏或者零偏时的空间电荷宽度，假设突变结近似的情况，当 $x_{dB} = x_{BO}$ 时就会出现穿通，从而有

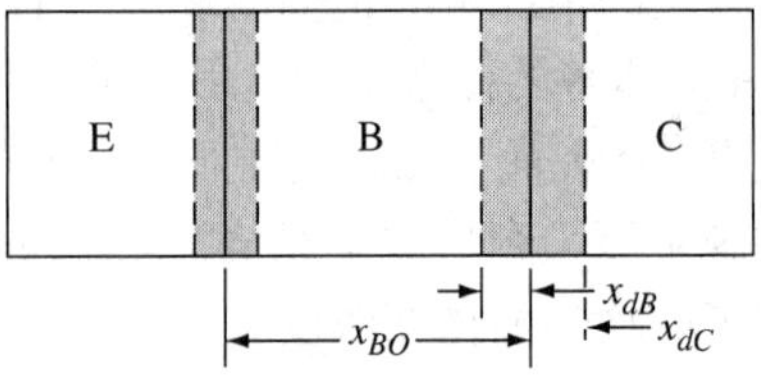

图 12.33　计算穿通电压时所用的双极晶体管的几何尺寸图

$$x_{dB} = x_{BO} = \left\{ \frac{2\epsilon_s(V_{bi} + V_{pt})}{e} \cdot \frac{N_C}{N_B} \cdot \frac{1}{N_C + N_B} \right\}^{1/2}$$

(12.53)

此处 V_{pt} 是穿通时 B-C 结电压，同 V_{pt} 相比，忽略 V_{bi}，可解得

$$\boxed{V_{pt} = \frac{ex_{BO}^2}{2\epsilon_s} \cdot \frac{N_B(N_C + N_B)}{N_C}}$$

(12.54)

例 12.10　试确定集电区掺杂浓度和集电区宽度，以满足穿通电压的要求。

假设有一非均匀掺杂的硅双极晶体管，基区宽度为 0.5 μm，基区掺杂浓度为 $N_B = 10^{16}$ cm^{-3}。穿通电压期望值为 $V_{pt} = 25$ V。

■ **解**

最大的集电区掺杂浓度可由式(12.54)确定为：

$$25 = \frac{(1.6 \times 10^{-19})(0.5 \times 10^{-4})^2(10^{16})(N_C + 10^{16})}{2(11.7)(8.85 \times 10^{-14})N_C}$$

或

$$12.94 = 1 + \frac{10^{16}}{N_C}$$

得到

$$N_C = 8.38 \times 10^{14}\ \text{cm}^{-3}$$

集电极利用这个掺杂浓度，就可以得到集电极区域的最小宽度，这样延伸到集电极的耗尽区就不会到达衬底，进而导致集电极区域的击穿。利用第 7 章的结果有

$$x_{dC} = x_C = 5.97 \ \mu m$$

■ 说明

根据图 7.15，该结预期的雪崩击穿电压大于 300 V，很显然在这种情况下正常击穿电压之前就会出现穿通。对于大的穿通电压的情况，要求有更大的基极宽度，因为较小的集电极掺杂浓度往往是不可行的。更大的穿通电压同样要求更大的集电极宽度，以避免这个区域的过早击穿。

■ 自测题

E12.10 硅双极晶体管的基区宽度为 $x_{B0} = 0.80 \ \mu m$，基极和集电极掺杂浓度为 $N_B = 5 \times 10^{16} \ cm^{-3}$，$N_C = 2 \times 10^{15} \ cm^{-3}$。求（a）穿通电压和（b）雪崩电压。

　　答案：（a）$V_{pt} = 643$ V；（b）$BV = 180$ V。

第二种击穿机制是雪崩击穿，但是要考虑到晶体管的增益[①]。图 12.34(a) 是 B-C 结反偏，发射极开路的 npn 晶体管，电流 I_{CBO} 是反偏结电流。图 12.34(b) 是 C-E 结上施加电压而基极开路的情况，这种情况下 B-C 结同样是反偏。此时的电流记为 I_{CEO}。

图 12.34(b) 的 I_{CBO} 是 B-C 结正常反偏时的电流。该电流的一部分是由于少子空穴从集电极穿过 B-C 区域到基极而产生的。空穴向基极流动使得基极比发射极的电势高。正偏的 B-E 结产生电流 I_{CEO}，主要是由于电子从发射极注入基极。注入的电子从基极向 B-C 结扩散，这些电子会经历双极晶体管中所有的复合过程，这个电流是 αI_{CEO}，其中 α 为共基极电流增益。于是有

$$I_{CEO} = \alpha I_{CEO} + I_{CBO} \tag{12.55a}$$

或

$$I_{CEO} = \frac{I_{CBO}}{1 - \alpha} \approx \beta I_{CBO} \tag{12.55b}$$

其中 β 是共发射极电流增益。当晶体管偏置在基极开路模式时，反偏结电流 I_{CBO} 被放大了 β 倍。

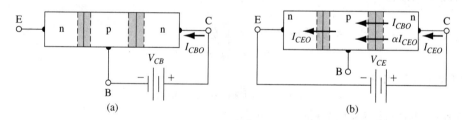

图 12.34　（a）发射极开路模式的饱和电流 I_{CBO}；（b）基极开路模式的饱和电流 I_{CEO}

当晶体管偏置在发射极开路模式时，如图 12.34(a) 所示，击穿时的电流 I_{CBO} 变为 $I_{CBO} \rightarrow MI_{CBO}$，这里 M 是倍增因子。倍增因子的一种经验化的近似通常写为：

$$M = \frac{1}{1 - (V_{CB}/BV_{CBO})^n} \tag{12.56}$$

其中 n 是经验常数，通常介于 3 ~ 6 之间，BV_{CBO} 是发射极悬空时的 B-C 结击穿电压。

当晶体管偏置在如图 12.34(b) 所示的基极悬空的情况下时，B-C 结击穿时，B-C 结的电流会加倍，即

$$I_{CEO} = M(\alpha I_{CEO} + I_{CBO}) \tag{12.57}$$

---

① 假定基区和集电区中的掺杂浓度足够小，以至于可以不考虑齐纳击穿系数。

解出 I_{CEO} 得

$$I_{CEO} = \frac{MI_{CBO}}{1 - \alpha M} \qquad (12.58)$$

击穿时对应的条件是

$$\alpha M = 1 \qquad (12.59)$$

由式(12.56)并假定 $V_{CB} \approx V_{CE}$，式(12.59)变为

$$\frac{\alpha}{1 - (BV_{CEO}/BV_{CBO})^n} = 1 \qquad (12.60)$$

其中 BV_{CEO} 是基极开路时的 C-E 结击穿电压，解之得

$$BV_{CEO} = BV_{CBO} \sqrt[n]{1 - \alpha} \qquad (12.61)$$

其中 α 是共基极电流增益。共发射极与共基极电流增益的关系为

$$\beta = \frac{\alpha}{1 - \alpha} \qquad (12.62a)$$

通常 $\alpha \approx 1$，所以

$$1 - \alpha \approx \frac{1}{\beta} \qquad (12.62b)$$

式(12.61)可以写为

$$\boxed{BV_{CEO} = \frac{BV_{CBO}}{\sqrt[n]{\beta}}} \qquad (12.63)$$

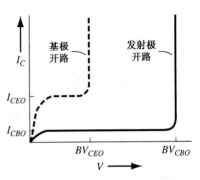

图 12.35 基极开路和发射极开路时的相对击穿电压与饱和电流

可见，基极开路时的击穿电压比真实的雪崩击穿电压小，缩小的比例为 $\sqrt[n]{\beta}$，这在图 12.35 中可以看出。

例 12.11 设计一个双极晶体管，使之满足击穿电压的要求。

假设是一个硅双极晶体管，共发射极电流增益为 $\beta = 100$，基区掺杂浓度为 $N_B = 10^{17} \text{ cm}^{-3}$。基极开路时的最小击穿电压为 15 V。

■ 解

由式(10.63)可知，发射极开路时的最小击穿电压为

$$BV_{CBO} = \sqrt[n]{\beta} BV_{CEO}$$

假设经验常数 n 为 3，可得

$$BV_{CBO} = \sqrt[3]{100}(15) = 69.6 \text{ V}$$

由图 7.15 可知，集电区掺杂浓度最大约为 $7 \times 10^{15} \text{ cm}^{-3}$。

■ 说明

在晶体管电路中，晶体管设计时应该保证可以工作在最坏的情况下。在该例中，晶体管工作在基极开路时，必须保证不会发生击穿。就像我们在先前推导过的，减小集电区掺杂浓度可以提高击穿电压。

■ 自测题

E12.11 一个硅双极晶体管，基区和集电区均匀掺杂，其浓度分别为 $N_B = 7 \times 10^{16} \text{ cm}^{-3}$，$N_C = 3 \times 10^{15} \text{ cm}^{-3}$，共发射极电流增益 $\beta = 125$。假定经验常数 $n = 3$，试计算 (a) BV_{CBO}；(b) BV_{CEO}。
答案：(a) $BV_{CBO} = 125 \text{ V}$；(b) $BV_{CEO} = 25 \text{ V}$。

练习题

T12.8 一个晶体管的输出电阻为 200 kΩ，厄利电压 $V_A = 125 \text{ V}$，求当 V_{CE} 从 2 V 变化到 8 V 时的集电极电流变化。

答案：$\Delta I_C = 30 \ \mu A$。

T12.9 （a）由于工艺误差，假设中性基区的宽度 $0.800 \ \mu m \leqslant x_B \leqslant 1.00 \ \mu m$，求基区渡越系数 α_T 的变化。假设 $L_B = 1.414 \times 10^{-3} \ cm$；（b）利用（a）的结果，假设 $\gamma = \delta = 0.9967$，共发射极电流增益的变化是多少？

答案：（a）$0.9975 \leqslant \alpha_T \leqslant 0.9984 \ m$；（b）$109 \leqslant \beta \leqslant 121$。

T12.10 基区的掺杂浓度为 $N_B = 3 \times 10^{16} \ cm^{-3}$，冶金结基区的宽度 $x_B = 0.70 \ \mu m$，最小穿通电压 $V_{pt} = 70 \ V$，则最大允许的集电极掺杂浓度为多少？

答案：$N_C = 5.81 \times 10^{15} \ cm^{-3}$。

12.5 等效电路模型

无论是手算还是计算机编程分析晶体管电路，都需要用到晶体管的数学模型，或者说等效电路模型。晶体管有许多不同的等效模型，各有其优势，对于所有可能模型的研究不在此章的研究范围内。但是，我们将学习三个等效电路模型。每一个模型都与我们之前学过的 pn 结二极管和三极管的知识息息相关。通常来讲，电子电路的计算机分析比人工估算更加常见，但是需要考虑计算机编程时采用的晶体管模型种类。

一般来说，根据晶体管在电子电路中的应用，我们将双极晶体管总体上分为两大范畴：开关器件和放大器件。开关器件是指把一个晶体管从它的关态或截止态转变为开态，也就是正向有源或是饱和，然后再回到截止态。放大器件是把正弦信号叠加在直流值之上，因此只在偏置电压或电流附近做微扰。Ebers-Moll（E-M）模型应用于开关电路中，混合 π 模型应用于放大电路中。

*12.5.1 Ebers-Moll 模型

Ebers-Moll 模型，或者其等效电路，是双极晶体管的经典模型之一。这个模型以 pn 结的相互作用为基础，可适用于任何晶体管的工作状态。图 12.36 是 Ebers-Moll 模型中的电流方向和电压极性。定义电流全部流向终端，则

$$I_E + I_B + I_C = 0 \tag{12.64}$$

发射极电流的方向与我们以前分析时采用的方向相反，但只要在分析时保持一致，那么如何定义方向便无关紧要。

集电极电流通常可以写为：

$$I_C = \alpha_F I_F - I_R \tag{12.65a}$$

此处 α_F 是正向有源状态下的共基极电流增益。在这种状态下，式（12.65a）可写为：

$$I_C = \alpha_F I_F + I_{CS} \tag{12.65b}$$

此处 I_{CS} 是反偏 B-C 结电流。电流 I_F 为：

$$I_F = I_{ES}\left[\exp\left(\frac{eV_{BE}}{kT}\right) - 1\right] \tag{12.66}$$

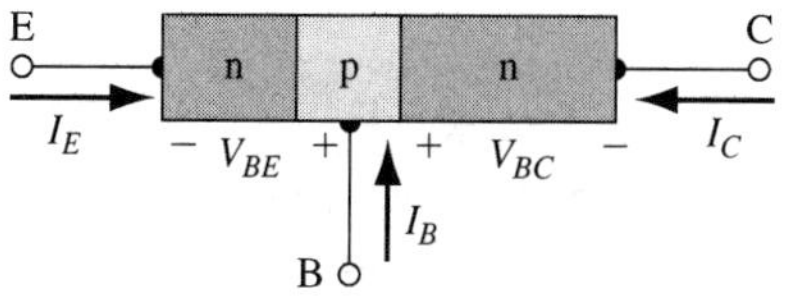

图 12.36 Ebers-Moll 模型中的电流方向和电压极性

如果 B-C 结正偏，比如饱和，则电流 I_R 为：

$$I_R = I_{CS}\left[\exp\left(\frac{eV_{BC}}{kT}\right) - 1\right] \tag{12.67}$$

由式（12.66）和式（12.67），集电极电流 I_R 可以写为：

$$I_C = \alpha_F I_{ES}\left[\exp\left(\frac{eV_{BE}}{kT}\right) - 1\right] - I_{CS}\left[\exp\left(\frac{eV_{BC}}{kT}\right) - 1\right] \quad (12.68)$$

发射极电流也可以写为：

$$I_E = \alpha_R I_R - I_F \quad (12.69)$$

或

$$I_E = \alpha_R I_{CS}\left[\exp\left(\frac{eV_{BC}}{kT}\right) - 1\right] - I_{ES}\left[\exp\left(\frac{eV_{BE}}{kT}\right) - 1\right] \quad (12.70)$$

式中电流 I_{ES} 是反偏结电流，α_R 是反向有源状态下的共基极电流增益。式(12.68)和式(12.70)是经典的 Ebers-Moll 等式。

图 12.37 是式(12.68)和式(12.70)的相应等效电路。等效电路的电流源代表其他结电压决定的电流成分。Ebers-Moll 模型有四个参数：α_F, α_R, I_{ES}, I_{CS}。然而，只有三个参数是独立的。其相互关系为：

$$\alpha_F I_{ES} = \alpha_R I_{CS} \quad (12.71)$$

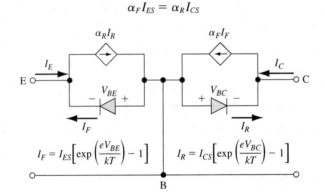

图 12.37　基本的 Ebers-Moll 等效电路模型

由于 Ebers-Moll 模型在四种工作方式下都适用，比如，我们可以利用这个模型分析饱和状态下的晶体管。在饱和状态下，B-C 结和 B-E 结都是正偏的，所以，$V_{BE} > 0$，$V_{BC} > 0$，由于我们会对结施加电压，所以 B-E 结的电压是已知的。正偏的 B-C 电压时晶体管处于饱和状态的结果，无法由 Ebers-Moll 模型确定。在一般的电子器件中，饱和状态下的 C-E 电压是我们关心的。我们定义 C-E 结的饱和电压为

$$V_{CE}(\text{sat}) = V_{BE} - V_{BC} \quad (12.72)$$

结合 Ebers-Moll 模型，可以得到 $V_{CE}(\text{sat})$ 的表达式。下面的例子中将说明 Ebers-Moll 模型在手动分析中的作用，读者也会看到计算机分析如何使得估算过程变得更加的简单。

结合式(12.64)式(12.70)有

$$-(I_B + I_C) = \alpha_R I_{CS}\left[\exp\left(\frac{eV_{BC}}{kT}\right) - 1\right] - I_{ES}\left[\exp\left(\frac{eV_{BE}}{kT}\right) - 1\right] \quad (12.73)$$

如果由式(12.73)解出[$\exp(eV_{BC}/kT) - 1$]，并把结果代入式(12.68)，则可得 V_{BE} 为：

$$V_{BE} = V_t \ln\left[\frac{I_C(1 - \alpha_R) + I_B + I_{ES}(1 - \alpha_F \alpha_R)}{I_{ES}(1 - \alpha_F \alpha_R)}\right] \quad (12.74)$$

此处 V_t 是热电压。类似地，由式(12.68)解出[$\exp(eV_{BE}/kT) - 1$]，并把结果代入式(12.73)，可得到 V_{BC} 为：

$$V_{BC} = V_t \ln\left[\frac{\alpha_F I_B - (1 - \alpha_F)I_C + I_{CS}(1 - \alpha_F \alpha_R)}{I_{CS}(1 - \alpha_F \alpha_R)}\right] \quad (12.75)$$

忽略式(12.74)和式(12.75)的分子中的 I_{ES} 和 I_{CS} 项, 解得

$$V_{CE}(\text{sat}) = V_{BE} - V_{BC} = V_t \ln \left[\frac{I_C(1 - \alpha_R) + I_B}{\alpha_F I_B - (1 - \alpha_F)I_C} \cdot \frac{I_{CS}}{I_{ES}} \right] \tag{12.76}$$

I_{CS} 与 I_{ES} 之比可以根据式(12.71)由 α_F 和 α_R 表示。最终得到

$$V_{CE}(\text{sat}) = V_t \ln \left[\frac{I_C(1 - \alpha_R) + I_B}{\alpha_F I_B - (1 - \alpha_F)I_C} \cdot \frac{\alpha_F}{\alpha_R} \right] \tag{12.77}$$

例 12.12　计算一个双极晶体管在 $T = 300$ K, $\alpha_F = 0.99$, $\alpha_R = 0.20$, $I_C = 1$ mA 和 $I_B = 50$ μA 时的 C-E 结饱和电流。

■ **解**

把各个参数代入式(12.77), 可得

$$V_{CE}(\text{sat}) = (0.0259) \ln \left[\frac{(1)(1 - 0.2) + (0.05)}{(0.99)(0.05) - (1 - 0.99)(1)} \left(\frac{0.99}{0.20} \right) \right] = 0.121 \text{ V}$$

■ **说明**

这个 $V_{CE}(\text{sat})$ 是典型的 C-E 极饱和电压值, 由于 $V_{CE}(\text{sat})$ 呈对数关系, 它的值与 I_C 和 I_B 关系不大。

■ **自测题**

E12.12　$\alpha_F = 0.992$, $\alpha_R = 0.05$, $I_C = 0.5$ mA 和 $I_B = 50$ μA, 重做例 12.12。

　　　　答案: $V_{CE}(\text{sat}) = 0.141$ V。

12.5.2　Gummel-Poon 模型

　　Gummel-Poon 模型相对 Ebers-Moll 模型更多地考虑到双极晶体管的物理特性。例如, 这个模型可用于基区非均匀掺杂的情况

　　npn 晶体管的基区电子流密度可写为:

$$J_n = e\mu_n n(x)\text{E} + eD_n \frac{\text{d}n(x)}{\text{d}x} \tag{12.78}$$

如果基区为非均匀掺杂, 那么基区中会存在电场, 这在 12.4.5 节中已经讨论过了。由式(12.52), 电场可写为:

$$\text{E} = \frac{kT}{e} \cdot \frac{1}{p(x)} \cdot \frac{\text{d}p(x)}{\text{d}x} \tag{12.79}$$

此处 $p(x)$ 是基区中的多子浓度。小注入时, 空穴浓度就是受主杂质浓度。若掺杂浓度剖面如图 12.31 所示, 那么电场为负值(由集电区指向发射区)。该电场会帮助电子渡越基区。

　　将式(12.79)代入式(12.78), 可得

$$J_n = e\mu_n n(x) \cdot \frac{kT}{e} \cdot \frac{1}{p(x)} \cdot \frac{\text{d}p(x)}{\text{d}x} + eD_n \frac{\text{d}n(x)}{\text{d}x} \tag{12.80}$$

由爱因斯坦关系, 式(12.80)变为

$$J_n = \frac{eD_n}{p(x)} \left[n(x)\frac{\text{d}p(x)}{\text{d}x} + p(x)\frac{\text{d}n(x)}{\text{d}x} \right] = \frac{eD_n}{p(x)} \cdot \frac{\text{d}(pn)}{\text{d}x} \tag{12.81}$$

式(12.81)可写为

$$\frac{J_n p(x)}{eD_n} = \frac{\text{d}(pn)}{\text{d}x} \tag{12.82}$$

在基区中对式(12.82)积分, 并假定电子电流密度和扩散常数为定值, 可得

$$\frac{J_n}{eD_n} \int_0^{x_B} p(x)\text{d}x = \int_0^{x_B} \frac{\text{d}p(x)}{\text{d}x} \text{d}x = p(x_B)n(x_B) - p(0)n(0) \tag{12.83}$$

假设 B-E 结正偏且 B-C 结反偏，$n(0) = n_{B0}\exp(V_{BE}/V_t)$ 和 $n(x_B) = 0$。注意到 $n_{B0}p = n_i^2$，于是式(12.83)可写为：

$$J_n = \frac{-eD_n n_i^2 \exp(V_{BE}/V_t)}{\int_0^{x_B} p(x)\,\mathrm{d}x} \tag{12.84}$$

分母的积分是基区多子电荷的总数，定义为基区 Gummel 数，记为 Q_B。

对发射区做同样的分析，我们会发现 npn 晶体管的发射极空穴浓度为

$$J_p = \frac{-eD_p n_i^2 \exp(V_{BE}/V_t)}{\int_0^{x_E} n(x')\,\mathrm{d}x'} \tag{12.85}$$

分母的积分是发射区多子电荷的总数发射区 Gummel 数，记为 Q_E。

由于 Gummel-Poon 模型中的电流是基极和发射极电荷积分的函数，这个对于非均匀掺杂的晶体管来说，电流的大小很容易确定。

利用 Gummel-Poon 模型还可以分析非理想效应，比如厄利效应和大注入情况。由于 B-C 结电压会改变基区宽度，因此 V_{BC} 引起的 Q_B 变化会导致式(12.84)中电子流密度随 B-C 结电压而变化，这就是 12.4.1 节讨论的基极宽度调制效应，或者说厄利效应。

如果 B-E 结电压过大，小注入条件不再满足，就会出现大注入的情况。在这种情况下，基区空穴的浓度由于剩余空穴的浓度的增加而增加。Q_B 的增加会引起电子流密度的增加，如式(12.84)所示，大注入的情况在 12.4.2 节中也已经讨论过。

Gummel-Poon 模型可以被用于描述晶体管的基本工作情况和非理想效应。

12.5.3　混合 π 模型

双极晶体管常用于放大时变信号或者正弦信号的电路中。在这些线性放大电路中，晶体管处于正向有源区，小的正弦电压和电流被加在直流的电压和电流上。在这些应用中，正弦参数是我们关心的，因此利用对双极晶体管提出小信号等效模型电路来分析更为方便（参见第 8 章）。

图 12.38(a)是小信号电流和电压时的共发射极 npn 双极晶体管，图 12.38(b)是 npn 晶体管的截面图。C、B、E 端是晶体管的外部接口，C′、B′、E′是理想的内部集电区、基区和发射区。

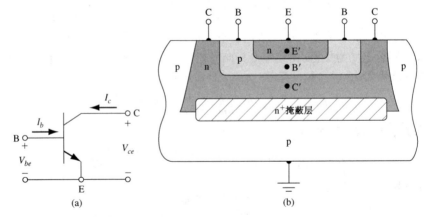

图 12.38　(a)小信号电流和电压时的共发射极 npn 双极晶体管；(b)混合 π 模型中 npn 双极晶体管的横截面

仔细考虑每一个不同的端点后，我们开始构造晶体管的等效电路。图 12.39(a)显示了外部基极输入端和发射极输入端之间的等效电路。电阻 r_b 是外部基极输入端 B 和内部基极区域 B′的

串联电阻。B'-E'结是正偏的,所以 C_π 是结扩散电容,r_π 是该结的扩散电阻。扩散电容 C_π 与式(8.105)给出的扩散电容 C_d 相同。扩散电阻 r_π 与式(8.68)给出的扩散电阻 r_d 相同。这两个参数的值都是结电流的函数。它们和结电容 C_{je} 相并联。最后,r_{ex} 是外部发射极和内部发射区之间的串联电阻。该电阻通常很小,数量级为 1 ~ 2 Ω。

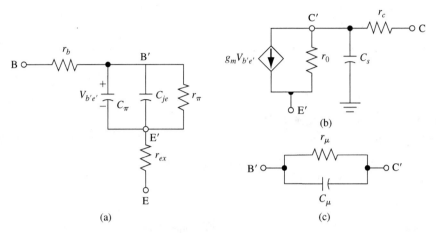

图 12.39　混合 π 模型等效电路中的组成部分。(a)基极和发射极之间;(b)集电极和发射极之间;(c)基极和集电极之间

图 10.39(b)显示的是从集电极看进去时的等效电路。电阻 r_c 是外集电极和内集电极之间的串联电阻。电容 C_s 是反偏集电区 – 衬底结的结电容。受控电流源 $g_m V_{b'e'}$ 是晶体管中的集电极电流,它受控于内部基区 – 发射区电压。电阻 r_0 是输出电导 g_0 的倒数,它的存在是由于厄利效应。

最后,图 12.39(c)表示的是反偏 B'-C'结的等效模型。C_μ 是反偏结电容,r_μ 是反偏结的扩散电阻。通常,r_μ 都在兆欧姆量级,可以忽略。电容 C_μ 通常比 C_π 小得多,但是由于反馈效应引起的米勒效应和米勒电容,多数情况下 C_μ 不可忽略。米勒电容是 B'和 E'间的等效电容 C_μ 和反馈效应(包括晶体管的增益)。米勒电容同样反映了在 C'和 E'端输出的电容 C_μ。然而,米勒效应对输出特性的影响一般可以忽略。

图 12.40 表示了完整的混合 π 等效电路模型。由于大量因素的影响,完整的模型通常需要计算机仿真。但是,为了获得双极晶体管的频率响应,通常需要做一些简化。电容会导致晶体管有一定的频率响应特性,即晶体管的增益会是输入信号频率的函数。

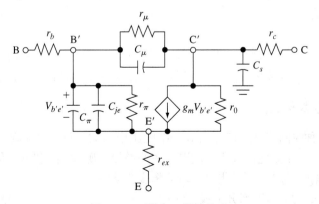

图 12.40　混合 π 等效电路

例 12.13　试确定小信号电流增益下降到其低频的 $1/\sqrt{2}$ 时的频率。

考虑图 12.41 的简化混合 π 等效电路模型，忽略 C_μ，C_s，r_μ，C_{je}，r_0 和串联电阻。必须指出，这是一种一阶计算，通常 C_μ 是不可忽略的。

■ **解**

低频时，忽略 C_π，于是有

$$V_{be} = I_b r_\pi \qquad 和 \qquad I_c = g_m V_{be} = g_m r_\pi I_b$$

于是

$$h_{fe0} = \frac{I_c}{I_b} = g_m r_\pi$$

此处 h_{fe0} 是低频小信号共发射极电流增益。

将 C_π 考虑进来，有

$$V_{be} = I_b \left(\frac{r_\pi}{1 + j\omega r_\pi C_\pi} \right)$$

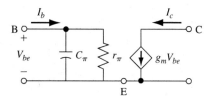

图 12.41　简化的混合 π 等效电路模型

则有

$$I_c = g_m V_{be} = I_b \left(\frac{h_{fe0}}{1 + j\omega r_\pi C_\pi} \right)$$

小信号电流增益可以写为

$$A_i = \frac{I_c}{I_b} = \left(\frac{h_{fe0}}{1 + j\omega r_\pi C_\pi} \right)$$

$$|A_i| = \left| \frac{I_c}{I_b} \right| = \frac{h_{fe0}}{\sqrt{1 + (\omega r_\pi C_\pi)^2}} = \frac{h_{fe0}}{\sqrt{1 + (2\pi f r_\pi C_\pi)^2}}$$

$f = 1/2\pi r_\pi C_\pi$ 时，电流增益的幅度下降到其低频值的 $1/\sqrt{2}$。

例如，如果 $r_\pi = 2.6\ \text{k}\Omega$，$C_\pi = 4\ \text{pF}$，则 $f = 15.3\ \text{MHz}$。

■ **说明**

高频晶体管的扩散电容必须很小，这要求高频晶体管必须做得很小。

■ **自测题**

E12.13　利用例 12.13 的结果，求 $|A_i| = h_{fe0}/\sqrt{2}$ 时频率为 $f = 35\ \text{MHz}$ 时 C_π 的最大值。

答案：$C_\pi = 17.5\ \text{pF}$。

12.6　频率上限

上一节中的混合 π 等效电路，介绍了电容-电阻电路的频率效应。我们现在讨论影响器件频率上限的双极晶体管中的各种物理因素，然后定义截止频率，它是标志晶体管品质的一个参数。

12.6.1　时间延迟因子

双极晶体管是一种时间渡越器件。当 B-E 结电压增加的时候，比如附加的载流子由发射区注入基区，穿过基区，再由集电区收集。随着频率的增加，渡越时间和输入信号的时间相当。这时，输出响应不再和输入同步，同时集电极增益幅度会下降。

发射极到集电极的时间由四部分组成，写为：

$$\tau_{ec} = \tau_e + \tau_b + \tau_d + \tau_c \tag{12.86}$$

其中:

τ_{ec}——发射区到集电区的延迟时间

τ_e——E-B 结结电容充电时间

τ_b——基区渡越时间

τ_d——集电结耗尽区渡越时间

τ_c——集电结电容充电时间

B-E 结正偏的等效电路模型如图 12.39(a)所示。C_{je}是结电容。如果忽略串联电阻,那么发射结电容充电时间是:

$$\tau_e = r'_e \, (C_{je} + C_p) \tag{12.87}$$

此处 r'_e 是发射结电阻或称为扩散电阻。电容 C_p 包括了基区和发射区之间的所有寄生电容。电阻 r'_e 是 I_E 与 V_{BE} 曲线的斜率的倒数。可得

$$r'_e = \frac{kT}{e} \cdot \frac{1}{I_E} \tag{12.88}$$

此处 I_E 是直流发射极电流。

τ_b 是基区渡越时间,即少子扩散过中性基区所需的时间。基区渡越时间和 B-E 结的扩散电容 C_π 有关。对于 npn 晶体管,基区的电子流密度为:

$$J_n = -en_B(x)v(x) \tag{12.89}$$

此处 $v(x)$ 是平均速度,可以写为:

$$v(x) = \mathrm{d}x/\mathrm{d}t \quad 或 \quad \mathrm{d}t = \mathrm{d}x/v(x) \tag{12.90}$$

积分后可得渡越时间为

$$\tau_b = \int_0^{x_B} \mathrm{d}t = \int_0^{x_B} \frac{\mathrm{d}x}{v(x)} = \int_0^{x_B} \frac{en_B(x)\,\mathrm{d}x}{(-J_n)} \tag{12.91}$$

基区中的电子浓度线性近似[参见式 12.15(b)]后得到

$$n_B(x) \approx n_{B0}\Big[\exp\Big(\frac{eV_{BE}}{kT}\Big)\Big]\Big(1 - \frac{x}{x_B}\Big) \tag{12.92}$$

电子电流密度为:

$$J_n = eD_n\frac{\mathrm{d}n_B(x)}{\mathrm{d}x} \tag{12.93}$$

联立式(12.92)、式(12.93)和式(12.91),可得基区渡越时间为:

$$\tau_b = \frac{x_B^2}{2D_n} \tag{12.94}$$

第三个时间延迟因素 τ_d 为集电极耗尽区渡越时间。假设 npn 器件的电子以饱和速度穿过 B-C 区,则

$$\tau_d = \frac{x_{dc}}{v_s} \tag{12.95}$$

此处 x_{dc} 是 B-C 的空间电荷区宽度,v_s 是电子饱和速度。

第四个时间延迟项 τ_c 是集电结电容充电时间。B-C 结反偏,所以和结电容并联的扩散电阻非常大,充电时间是 r_c 的函数。可以写为:

$$\boxed{\tau_c = r_c(C_\mu + C_s)} \qquad (12.96)$$

此处 C_μ 是 C_s 是集电区-衬底的电容。外延层部分的串联电阻通常较小，于是 τ_c 在某些情况下可忽略。

下一节将会给出计算各种时间延迟因子的例子，这些例子将作为截止频率讨论的一部分。

12.6.2 晶体管截止频率

由例 12.13 可知，电流增益是频率的函数，所以共基极电流增益可写为：

$$\alpha = \frac{\alpha_0}{1 + j\dfrac{f}{f_\alpha}} \qquad (12.97)$$

此处 α_0 是低频共基极电流增益，f_α 定义为 α 截止频率。频率 f_α 与少子从发射区到集电区的渡越时间 τ_{ec} 有关：

$$f_\alpha = \frac{1}{2\pi\tau_{ec}} \qquad (12.98)$$

当该频率等于 α 截止频率时，共基极电流增益的幅值下降为其低频值的 $1/\sqrt{2}$。

我们可以通过下式将 α 截止频率和共发射极电流增益联系起来：

$$\beta = \frac{\alpha}{1 - \alpha} \qquad (12.99)$$

用式（12.97）给出的表达式替换式（12.99）中的 α。当频率 f 的幅值与 f_α 的量级相同时，有

$$|\beta| = \left|\frac{\alpha}{1 - \alpha}\right| \approx \frac{f_\alpha}{f} \qquad (12.100)$$

此处假定 $\alpha_0 \approx 1$。当信号频率等于 α 截止频率时，共发射极电流增益幅度等于 1。通常定义截止频率的符号为 f_T，所以有

$$\boxed{f_T = \frac{1}{2\pi\tau_{ec}}} \qquad (12.101)$$

由例 12.13 的分析，也可以将共发射极电流增益写为

$$\beta = \frac{\beta_0}{1 + j(f/f_\beta)} \qquad (12.102)$$

此处 f_β 称为 β 截止频率，它是共发射极电流增益 β 的幅值下降到其低频值的 $1/\sqrt{2}$ 时的频率。

联立式（12.99）和式（12.97），可得到

$$\beta = \frac{\alpha}{1 - \alpha} = \frac{\dfrac{\alpha_0}{1 + j(f/f_T)}}{1 - \dfrac{\alpha_0}{1 + j(f/f_T)}} = \frac{\alpha_0}{1 - \alpha_0 + j(f/f_T)} \qquad (12.103)$$

或

$$\beta = \frac{\alpha_0}{(1 - \alpha_0)\left[1 + j\dfrac{f}{(1 - \alpha_0)f_T}\right]} \approx \frac{\beta_0}{1 + j\dfrac{\beta_0 f}{f_T}} \qquad (12.104)$$

其中

$$\beta_0 = \frac{\alpha_0}{1 - \alpha_0} \approx \frac{1}{1 - \alpha_0}$$

比较式(12.104)和式(12.102),β 截止频率与截止频率的关系为:

$$\boxed{f_\beta \approx \frac{f_T}{\beta_0}} \qquad (12.105)$$

图 12.42 示范性地说明了共发射极电流增益是频率的函数,并显示了 β 截止频率与截止频率的相对关系。注意,频率轴使用的是对数坐标,因此 f_β 与 f_T 的值通常具有不同值。

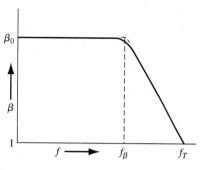

图 12.42 共发射极电流增益-频率图

例 12.14 计算双极晶体管的发射区-集电区渡越时间和截止频率。

$T = 300 \text{ K}$ npn 硅晶体管参数如下:

$$I_E = 1 \text{ mA} \qquad C_{je} = 1 \text{ pF}$$
$$x_B = 0.5 \text{ μm} \qquad D_n = 25 \text{ cm}^2\text{/s}$$
$$x_{dc} = 2.4 \text{ μm} \qquad r_c = 20 \text{ Ω}$$
$$C_\mu = 0.1 \text{ pF} \qquad C_s = 0.1 \text{ pF}$$

■ **解**

首先估算不同的时间延迟因素。如果忽略寄生电阻,则发射结的充电时间为:

$$\tau_e = r'_e C_{je}$$

其中

$$r'_e = \frac{kT}{e} \cdot \frac{1}{I_E} = \frac{0.0259}{1 \times 10^{-3}} = 25.9 \text{ Ω}$$

于是

$$\tau_e = (25.9)(10^{-12}) = 25.9 \text{ ps}$$

基区渡越时间为:

$$\tau_b = \frac{x_B^2}{2D_n} = \frac{(0.5 \times 10^{-4})^2}{2(25)} = 50 \text{ ps}$$

集电结耗尽区渡越时间 τ_d 为:

$$\tau_d = \frac{x_{dc}}{v_s} = \frac{2.4 \times 10^{-4}}{10^7} = 24 \text{ ps}$$

集电结电容充电时间为:

$$\tau_c = r_c (C_\mu + C_s) = (20)(0.2 \times 10^{-12}) = 4 \text{ ps}$$

发射区到集电区的延迟时间为:

$$\tau_{ec} = 25.9 + 50 + 24 + 4 = 103.9 \text{ ps}$$

所以截止频率为:

$$f_T = \frac{1}{2\pi \tau_{ec}} = \frac{1}{2\pi (103.9 \times 10^{-12})} = 1.53 \text{ GHz}$$

若假设低频共发射极电流增益为 $\beta = 100$,那么 β 截止频率为:

$$f_\beta = \frac{f_T}{\beta_0} = \frac{1.53 \times 10^9}{100} = 15.3 \text{ MHz}$$

■ **说明**

设计高频晶体管时,需减小几何尺寸以降低电容,并采用窄基区以减小基区渡越时间。

■ **自测题**

E12.14 有一个双极性晶体管和例 12.14 中的参数相同，但 $I_E = 0.5$ μA，$C_{je} = 0.40$ pF，$C_\mu = 0.05$ pF。求发射极到集电极的渡越时间，截止频率和 β 截止频率。

答案： $\tau_{ec} = 282.2$ ps，$f_T = 564$ MHz，$f_\beta = 5.64$ MHz。

12.7　大信号开关

将晶体管从一个状态转换到另一个状态时会强烈依赖于其频率特性。但是，开关状态被认为是大信号改变，而频率效应只影响到小信号幅度的改变。

12.7.1　开关特性

考虑如图 12.43（a）所示电路中的 npn 晶体管，它由截止态转换为饱和态，然后再转换为截止态。我们将描述转换过程中晶体管内发生的物理过程。

首先考虑从截止态转换为饱和态的情况。假定截止电压 $V_{BE} \approx V_{BB} < 0$，于是在 $t = 0$ 时，假定 V_{BB} 变化为 V_{BB0}，如图 12.43（b）所示。我们设 V_{BB0} 足够大，能将晶体管驱动到饱和态。在 $0 \leqslant t \leqslant t_1$ 时，基极电流提供电荷使 B-E 结由反偏变为略微正偏，B-E 结的空间电荷宽度变窄，施主和受主离子被中和，很少的电荷此时也被注入基极。集电极电流由 0 变化到其终值的 10%，这段时间称为延迟时间。

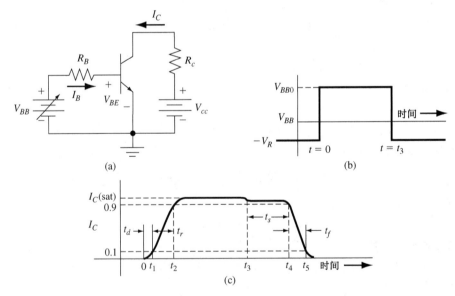

图 12.43　（a）研究晶体管开关特性所用的电路；（b）驱动晶体管的基极输入；（c）晶体管工作状态转换过程中集电极电流随时间的变化

在下一段时间 $t_1 \leqslant t \leqslant t_2$ 内，基极电流提供电荷，使 B-E 结电压从接近截止到接近饱和。这段时间内，多余的载流子被注入基区，基区的少子电子浓度梯度增加，使得集电极电流增加。这段时间呈上升时间，集电极电流由终值的 10% 增加到 90%。$t > t_2$ 时，基极驱动继续提供电流，将晶体管驱动到饱和态，在器件内建立起稳定的少子分布。

晶体管从饱和态转换为截止态则是抽取存储在发射区-基区和集电区中的过剩少子的过程。

图 12.44 表示的是饱和态时基区中和集电区中的电荷存储。电荷 Q_B 是正向有源晶体管中的过剩电荷。Q_{BX} 和 Q_C 是存储在饱和态正偏晶体管中的额外电荷。在 $t = t_3$ 时，基极电压 V_{BB} 变为负值 $-V_R$。晶体管中的基极电流反向，就像将 pn 结二极管由正偏变为反偏一样。反向电流将存储的额外电荷由发射区抽取到基区。刚开始，集电极电流并没有很大的改变，因为基区少子浓度并不立即变化。回忆晶体管饱和状态时，即 B-E 结，B-C 结全都是正偏时，基极电荷 Q_{BX} 被抽走，使得正偏的 B-C 结电压在集电极电流改变之前变为零。这个时间称为存储时间，记为 t_s。存储时间就是集电极电流下降到饱和电流的 90% 时 V_{BB} 变化的时间，存储时间通常是影响双极晶体管转换速度最重要的因素。

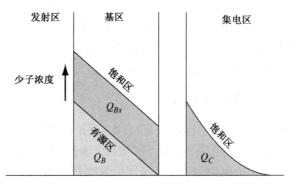

图 12.44　饱和态和有源区中，基区和集电区中的电荷存储

影响转换速度的最后因素是下降时间 t_f，即集电极电流由最大值的 90% 下降到 10% 的时间。在这段时间内，B-C 结反偏，但是基区的载流子仍在减少，B-E 结的结电压下降。

晶体管的转换时间可以由 Ebers-Moll 模型确定。必须利用频率有关的增益参数和拉普拉斯变换得到时间响应。这种分析的细节十分单调，这里不做赘述。

12.7.2　肖特基钳位晶体管

减小存储时间、提高晶体管转换速度的一种常用方法是采用肖特基钳位晶体管。它是一个普通的 npn 晶体管，其基极和集电极之间连接有一个肖特基二极管，如图 12.45(a)所示。肖特基钳位晶体管的电路符号如图 12.45(b)所示。晶体管在正向有源区时，B-C 结反偏，于是肖特基二极管反偏，在电路中不起作用。肖特基钳位晶体管或者说肖特基晶体管就是普通的晶体管。

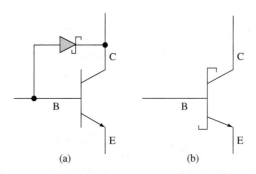

图 12.45　(a)肖特基钳位晶体管；(b)肖特基钳位晶体管的电路符号

当晶体管进入饱和区时，B-C 结变为正偏；于是肖特基二极管也变为正偏。在第 9 章中我们

知道，肖特基二极管的开启电压大约只有 pn 结的一半。肖特基二极管的开启电压比较小，所以大部分过剩基极电流都被肖特基二极管从基区中分流走了，因此存储在基区和集电区中的过剩少子电荷的数量就大大减少了。在基区和集电区的集电结位置的过剩少子浓度是集电结电压 V_{BC} 的指数函数。举一个例子，如果 V_{BC} 由 0.5 V 减小为 0.3 V，那么过剩少子浓度就降低了 3 个数量级。肖特基晶体管的基区中，过剩电荷大大减少了，于是存储时间也大大减小了。在肖特基晶体管中，存储时间通常为 1 ns 或更小。

*12.8　其他的双极晶体管结构

这一节要简单介绍三种特殊的双极晶体管结构。第一种结构是多晶硅发射区双极结型晶体管。第二种是 SiGe 基区晶体管，第三种是异质结双极晶体管（HBT）。多晶硅发射区双极晶体管应用在最近的一些集成电路中，SiGe 基区晶体管和 HBT 多用于高频/高速电路中。

12.8.1　多晶硅发射区双极结型晶体管

由于有载流子从基区注入发射区，因此发射极注入效率就被降低了。一般来说，发射区很薄，这样可以提高速度，降低寄生电阻。然而，如图 12.19 所示，薄基区提高了少子浓度梯度。少子浓度梯度的增加会使 B-E 结电流增大，这又使得发射极注入效率和共基极电流增益下降。表 12.3 中总结了这种效应。

图 12.46 显示的是多晶硅发射区 npn 双极晶体管的理想化截面图。如图所示，p 型基区和 n 型多晶硅之间有一层非常薄的 n^+ 型单晶硅区。为便于分析，我们首先做一个近似，认为发射区的多晶硅部分是低迁移率硅，也就是说，载流子在其中的扩散系数较低。

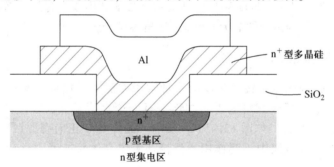

图 12.46　npn 多晶硅发射区 BJT 的简化截面图

假定发射区的多晶硅部分和单晶硅部分的中性区宽度均比各自的扩散长度小得多，那么在每一个区中少子均为线性分布。少子浓度和扩散电流沿多晶硅/硅界面必定是连续的。于是有

$$eD_{E(\text{poly})} \frac{\mathrm{d}(\delta p_{E(\text{poly})})}{\mathrm{d}x} = eD_{E(n^+)} \frac{\mathrm{d}(\delta p_{E(n^+)})}{\mathrm{d}x} \tag{12.106a}$$

或

$$\frac{\mathrm{d}(\delta p_{E(n^+)})}{\mathrm{d}x} = \frac{D_{E(\text{poly})}}{D_{E(n^+)}} \cdot \frac{\mathrm{d}(\delta p_{E(\text{poly})})}{\mathrm{d}x} \tag{12.106b}$$

由于 $D_{E(\text{poly})} < D_{E(n^+)}$，于是在 n^+ 区中 B-E 结耗尽区的发射区边缘，少子浓度梯度下降，如图 12.47 所示。这表明从基区反注入发射区的电流减小了，所以提高了共基极电流增益。

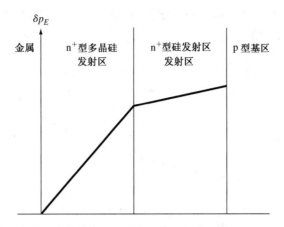

图 12.47 n$^+$ 型多晶硅和 n$^+$ 型硅发射区中过剩少子空穴的分布

12.8.2 SiGe 基区晶体管

锗的禁带宽度(约 0.67 eV)远比硅的(约 1.12 eV)小。将锗掺进硅中,那么同纯硅相比,其禁带宽度会降低。若将锗掺入硅双极晶体管的基区,则禁带宽度的降低一定会影响器件的特性。我们想要的锗分布是,在靠近 B-E 结处,锗浓度最小,在靠近 B-C 结处,锗浓度最大。图 12.48 (a)显示了 p 型基区硼浓度均匀分布、锗浓度线性分布的剖面图。

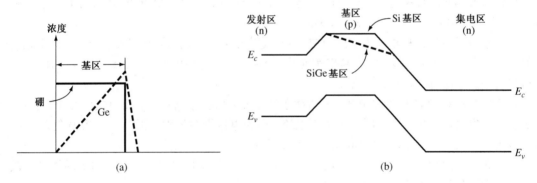

图 12.48 (a)SiGe 基区晶体管基区硼和锗的假想分布;(b)Si 基区和 SiGe 基区晶体管的能带图

假设硼和锗的分布如图 12.48(a)所示,那么同 Si 基区 npn 晶体管相比,SiGe 基区 npn 晶体管的能带图如图 12.48(b)所示。由于锗的浓度非常小,这两种晶体管的 E-B 结实际上是完全一样的。然而,SiGe 基区晶体管靠近 B-C 结处的禁带宽度比 Si 基区晶体管的要小。而基极电流是由 B-E 结参数决定的,因此两种晶体管的基极电流实际上是完全一样的。禁带宽度的变化将会影响集电极电流。

集电极电流和电流增益效应:图 12.49 显示了热平衡状态 SiGe 晶体管和 Si 晶体管基区中少子电子的浓度分布。浓度可表示为:

$$n_{B0} = \frac{n_i^2}{N_B} \tag{12.107}$$

此处 N_B 假定为常数。而本征浓度是能带的函数,可写为:

$$\frac{n_i^2(\text{SiGe})}{n_i^2(\text{Si})} = \exp\left(\frac{\Delta E_g}{kT}\right) \tag{12.108}$$

此处 $n_i(SiGe)$ 是 SiGe 材料的本征载流子浓度，$n_i(Si)$ 是硅材料的本征载流子浓度，ΔE_g 是 SiGe 材料相对于硅材料禁带宽度的变化。

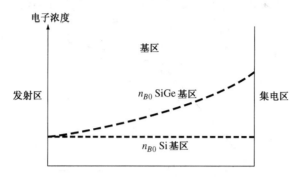

图 12.49　通过 Si 基区和 SiGe 基区晶体管的基区的热平衡少子电子浓度

由前面的分析可看出，SiGe 基区晶体管能够提高集电极电流。集电极电流由式(12.36a)确定，式中的导数是集电结边界的值。这就是说式(12.37)给出集电极电流表达式中的值 n_{B0} 是 B-C 结边界的值。由图 12.49 可看出，SiGe 晶体管中这个值较大，因此其集电极电流比 Si 基区晶体管的大。由于两种晶体管的基极电流相等，因此 SiGe 基区晶体管的电流增益相对较大。如果禁带宽度缩小 100 meV，那么集电极电流和电流增益会增大约 4 倍。

厄利效应：SiGe 晶体管的厄利电压比 Si 基区晶体管的大。该效应的解释没有集电极电流和电流增益增大的原因解释起来那么浅显。禁带宽度减小 100 meV，厄利电压增加约 12 倍。可以看出，将锗掺进基区后，厄利电压增大很多。

基区渡越时间和 E-B 结充电时间效应：禁带宽度由 B-E 结向 B-C 结减小，会在基区中感应出电场，它帮助电子穿过 p 型基区。禁带宽度减小 100 meV，感应电场的数量级为 $10^3 \sim 10^4$ V/cm。该电场使基区渡越时间减小 2.5 倍。

由式(12.87)可知，E-B 结充电时间常数正比于发射区扩散电阻 r'_e。而由式(12.88)可知，该参数反比于发射极电流。给定同一个基极电流，因为电流增益较大，所以 SiGe 晶体管的发射极电流较大。因此 SiGe 晶体管的 E-B 结充电时间较短。

基区渡越时间和 E-B 结充电时间的减小增加了 SiGe 晶体管的截止频率。SiGe 晶体管的截止频率会远大于硅晶体管的截止频率。

12.8.3　异质结双极晶体管

前面提到过，提高双极晶体管电流增益的一个基本的限制因素就是如何提高发射极注入效率 γ。要提高发射极注入效率 γ，可以降低发射区的热平衡少子浓度 p_{E0}。然而，随发射区掺杂浓度的增大，禁带变窄效应使得我们所期望提高的初衷难以实现。一种可能的解决方法是采用宽禁带材料作为发射区，因为这样可以减小载流子从基区到发射区的反向注入。

图 12.50(a)显示了 AlGaAs/GaAs 异质结双极晶体管的截面图。图 12.50(b)显示了 n-Al-GaAs 发射区/p-GaAs 基区结的能带图。势垒 V_h 较高，因此就限制了从基区反注入发射区的空穴的数量。

我们知道，本征载流子浓度是禁带宽度的函数：

$$n_i^2 \propto \exp\left(\frac{-E_g}{kT}\right)$$

对于给定的发射区掺杂浓度，发射区由窄禁带材料变为宽禁带材料时，注入发射区的少子空穴的

减少正比于

$$\exp\left(\frac{\Delta E_g}{kT}\right)$$

如果 $\Delta E_g = 0.30$ eV, $T = 300$ K, 则 n_i^2 减小约 10^5。对于宽禁带发射区, n_i^2 大幅度的减小意味着发射区浓度不一定要很高, 却同样可得很高的发射极注入效率。发射区掺杂浓度的降低减小了禁带变窄效应的影响。

异质结 GaAs 双极晶体管有可能成为频率很高的器件。宽禁带发射区掺杂浓度降低, 于是结电容减小, 提高了器件的速度。同时, GaAs npn 晶体管, 基区中的少子电子迁移率很高。GaAs 中电子的迁移率大约是在硅中的 5 倍; 于是, GaAs 的基区渡越时间非常短。实验中, 基区宽度为 0.1 μm 量级的 AlGaAs/GaAs 异质结晶体管的截止频率为 40 GHz。

GaAs 的一个缺点是少子寿命较短。寿命短不会影响窄基区器件的基区渡越时间, 但是它会造成 B-E 结的复合电流较大, 这就降低了复合系数, 减小了电流增益。但是已经有电流增益为 150 的相关报道。

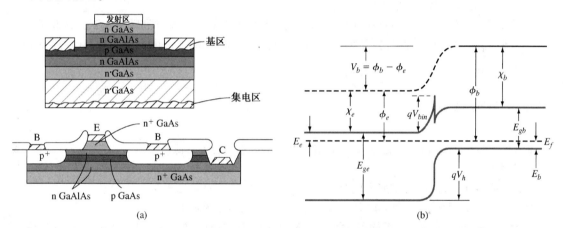

图 12.50　(a) 分立和集成电路中的 AlGaAs/GaAs 异质结双极晶体管;
(b) n-AlGaAs 发射区/p-GaAs 基区形成的 pn 结的能带图

12.9　小结

- 有两种类型的双极晶体管, 即 npn 型和 pnp 型。每一种晶体管都有三个不同的掺杂区和两个 pn 结。中心区域(基区)非常窄, 所以这两个结称为相互作用结。
- 晶体管工作于正向有源区时, B-E 结正偏, B-C 结反偏。发射区中的多子注入基区, 在那里它们变为少子。少子扩散过基区进入 B-C 结空间电荷区, 在那里, 它们被扫入集电区。
- 当晶体管工作在正向有源区时, 晶体管一端的电流(集电极电流)受另外两个端点所施加的电压控制。
- 晶体管的三个扩散区有不同的少子浓度分布。器件中主要的电流由这些少子的扩散决定。
- 共基极电流增益是三个因子的函数——发射极注入效率系数、基区输运系数和复合系数。发射极注入效率考虑了从基区注入发射区的载流子, 基区输运系数反映了载流子在基区中的复合, 复合系数反映了载流子在正偏发射结内部的复合。
- 考虑了几个非理想效应:

1. 基区宽度调制效应，或者说是厄利效应——中性基区宽度随 B-C 结电压变化而发生变化，于是集电极电流随 B-C 结或 C-E 结电压变化而变化。
2. 大注入效应使得集电极电流随 C-E 结电压增加而以低速率增加。
3. 发射区禁带变窄效应使得发射区掺杂浓度非常高时发射效率变小。
4. 电流集边效应使得发射极边界的电流密度大于中心位置的电流密度。
5. 基区非均匀掺杂在基区中感生出静电场，有助于少子渡越基区。
6. 两种击穿机理——穿通和雪崩击穿。

■ 我们介绍了三种晶体管的等效电路模型，Ebers-Moll 模型对于任何工作状态下的晶体管都适用，Gummel-Poon 在处理非均匀掺杂的晶体管问题时较为方便，小信号混合 π 模型适用于正向偏压下的线性放大电路。

■ 晶体管的截止频率是表征晶体管品质的一个重要参数，它是共发射极电流增益的幅值变为 1 时的频率。频率响应是 E-B 结电容充电时间、基区渡越时间、集电结耗尽区渡越时间和集电结电容充电时间的函数。

■ 虽然开关应用涉及电流和电压较大的变化，但晶体管的开关特性和频率上限直接相关。开关特性的一个重要的参数是电荷存储时间，它反映了晶体管由饱和态转变为截止态的快慢。

重要术语解释

■ **α cutoff frequency**（α **截止频率**）：共基极电流增益幅值变为其低频值的 $1/\sqrt{2}$ 时的频率，就是截止频率。

■ **bandgap narrowing**（**禁带变窄**）：随着发射区重掺杂，禁带的宽度减小。

■ **base transit time**（**基区渡越时间**）：少子通过中性基区所用的时间。

■ **base transport factor**（**基区输运系数**）：共基极电流增益中的一个系数，体现了中性基区中载流子的复合。

■ **base width modulation**（**基区宽度调制效应**）：随 C-E 结电压或 C-B 结电压的变化，中性基区宽度的变化。

■ **β cutoff frequency**（β **截止频率**）：共发射极电流增益幅值下降到其低频值的 $1/\sqrt{2}$ 时的频率。

■ **collector capacitance charging time**（**集电结电容充电时间**）：随发射极电流变化，B-C 结空间电荷区和集电区-衬底结空间电荷区宽度发生变化的时间常数。

■ **collector depletion region transit time**（**集电结耗尽区渡越时间**）：载流子被扫过 B-C 结空间电荷区所需的时间。

■ **common-base current gain**（**共基极电流增益**）：集电极电流与发射极电流之比。

■ **common-emitter current gain**（**共发射极电流增益**）：集电极电流与基极电流之比。

■ **current crowding**（**电流集边**）：基极串联电阻的横向压降使得发射结电流为非均匀值。

■ **cutoff**（**截止**）：晶体管两个结均加零偏或反偏时，晶体管电流为零的工作状态。

■ **cutoff frequency**（**截止频率**）：共发射极电流增益的幅值为 1 时的频率。

■ **early effect**（**厄利效应**）：基带宽度调制效应的另一种称呼。

■ **early voltage**（**厄利电压**）：反向延长晶体管的 I_C-V_{CE} 特性曲线与电压轴交点的电压的绝对值。

■ **emitter-base junction capacitance charging time**（E-B **结电容充电时间**）：发射极电流的变化引起 B-E 结空间电荷区宽度变化所需的时间。

- emitter injection efficiency factor(**发射极注入效率系数**)：共基极电流增益的一个系数，描述了载流子从基区向发射区的注入。
- forward active(**正向有源**)：B-E 结正偏、B-C 结反偏时的工作模式。
- inverse active(**反向有源**)：B-E 结反偏、B-C 结正偏时的工作模式。
- output conductance(**输出电导**)：集电极电流对 C-E 两端电压的微分之比。

知识点

学完本章后，读者应具备如下能力：

- 描述晶体管的基本工作情况。
- 画出晶体管工作于不同的模式时，热平衡时的能带图。
- 发射结加电压后，近似计算集电极电流。
- 画出晶体管在不同工作情况下的少子浓度分布草图。
- 由少子分布曲线，确定晶体管中不同的扩散电流和其他的电流成分。
- 解释限制电流增益的各种因素的物理机制。
- 由晶体管中的电流成分来定义限制电流的因素。
- 描述基区宽度调制效应及其对晶体管的电流–电压特性产生影响的物理机制。
- 描述双极晶体管的击穿机制。
- 画出晶体管工作于正向有源区时，简化的小信号混合 π 等效电路。
- 定性描述双极晶体管的频率响应的 4 个延迟时间或时间常数。

复习题

1. 描述 npn 晶体管在正向有源状态下的电荷流动情况，是扩散电流还是漂移电流？
2. 共发射极电流增益是什么？解释为什么它近似是一个常数？共发射极电流增益和共基极电流增益的关系是什么？
3. 描述截止、饱和和反向有源工作模式的条件。
4. 画出 pnp 二极管工作在正向有源模式下的少子浓度分布。
5. 定义并描述共基极电流增益的三个极限因素。为什么基区的掺杂浓度会影响发射极的注入效率。
6. 描述基区宽度调制效应，画出基区宽度调制效应的 I-V 特性曲线。
7. 大注入指的是什么？
8. 解释发射极电流集边效应。
9. I_{CBO}，I_{CEO} 分别指什么？为什么 $I_{CBO} < I_{CEO}$？
10. 画出 npn 晶体管的混合 π 模型，并说明这个等效电路的试用情况。
11. 描述影响双极晶体管频率极限的时间延迟因素。
12. 双极晶体管的截止频率是什么？
13. 双极晶体管由饱和变为截止过程中的表现是什么？

习题

下列习题中，除非特别说明，晶体管尺寸参数使用图 12.13 中所示，假设温度 $T = 300$ K。

12.1　双极晶体管的工作原理

12.1 对于处于热平衡状态下的均匀掺杂 $n^{++} p^+ n$ 双极晶体管。(a)画出其能带图；(b)画出器件的电场分布情况；(c)假设该管工作于正向有源状态，重做(a)(b)。

12.2 对于 $p^{++}n^{+}p$ 的双极晶体管，画出其处于以下状态下的能带图：(a)热平衡状态；(b)正向有源区；(c)反向有源区；(d)B-E 结和 B-C 结均为反偏，晶体管处于截止区时。

12.3 npn 型 Si 的双极晶体管，其基极参数如下：$D_n = 18$ cm^2/s，$n_{B0} = 4 \times 10^3$ cm^{-3}，$x_B = 0.80$ μm，$A_{BE} = 5 \times 10^{-5}$ cm^2。(a)比较式(12.1)和式(12.2)，估算 I_s；(b)当 v_{BE} 分别等于 0.58 V，0.65 V，0.72 V 时，计算集电极电流。

12.4 npn 双极晶体管参数如下：$D_n = 22$ cm^2/s，$n_{B0} = 2 \times 10^4$ cm^{-3}，$x_B = 0.80$ μm，(a)若要求 $v_{BE} = 0.60$ V 时，$i_C = 2$ mA，则 A_{BE} 应为多少？(b)利用(a)的结果，$i_C = 5$ mA，则 v_{BE} 应为多少？

12.5 在习题 12.3 中，(a)若 $\alpha = 0.9850$，求共发射极电流增益 $\beta = \alpha/(1-\alpha)$；(b)求习题 12.3 中对应的发射极和基极电流；(c)假设 $\alpha = 0.9940$，重做(a)和(b)。

12.6 工作在正向有源区的双极晶体管，(a)假设 $I_B = 4.2$ μA，$I_C = 0.625$ mA，求(i) β，(ii) α 和(iii) I_E；(b)假设 $I_E = 1.273$ mA，$I_C = 1.254$ mA，求(i) β，(ii) α 和(iii) I_B；(c)假设 $I_B = 0.065$ μA，$\beta = 150$，求 α，I_C，I_E。

12.7 假设 npn 双极晶体管的 $\beta = 100$。(a) 画出其理想的 i_C 特性曲线 v_{CE} 在 0~10 V 范围内变化，i_B 以 0.01 mA 的步长从 0~0.1 mA 变化；(b)假设在图 12.8 所示电路中，$V_{CC} = 10$ V，$R_C = 1$ kΩ，在(a)的晶体管特性曲线上加上负载线；(c)在图上标出 $i_B = 0.05$ mA 时对应的 i_C，v_{CE} 的值。

12.8 如图 12.8 所示，假设 $V_{CC} = 3$ V，$V_{BE} = 0.65$ V。(a)假设 $R_C = 25$ kΩ，(i)画出 I_C 随 V_{CE} 变化的曲线，V_{CE} 在 0.20 V 到 3 V 之间，(ii) I_C 是多少时，V_{CB} 才能为 0？(b) $R_C = 10$ kΩ 时，重做(a)。

12.2 少子的分布

12.9 一个均匀掺杂的 npn 硅双极晶体管工作于正向有源区。$T = 300$ K，晶体管掺杂浓度为 $N_E = 8 \times 10^{17}$ cm^{-3}，$N_B = 2 \times 10^{16}$ cm^{-3}，$N_C = 10^{15}$ cm^{-3}。(a)求热平衡时的 n_{B0}，p_{E0} 和 p_{C0}；(b) $V_{BE} = 0.640$ V 时，计算 $x = 0$ 处的 n_B 和 $x' = 0$ 处的 p_E；(c)画出器件内的少子浓度分布情况并对每条线加标注。

12.10 $T = 300$ K 时的硅 pnp 双极晶体管，均匀掺杂，工作在正向有源区。掺杂浓度为 $N_E = 5 \times 10^{17}$ cm^{-3}，$N_B = 10^{16}$ cm^{-3}，$N_C = 10^{15}$ cm^{-3}。(a)求热平衡时的 n_{E0}，p_{B0}，n_{C0}；(b) $V_{EB} = 0.615$ V 时，计算 $x = 0$ 处的 p_B 和 $x' = 0$ 处的 n_E；(c)画出器件内的少子浓度分布情况并对每条线加标注。

12.11 $T = 300$ K 时，一个均匀掺杂的 pnp 硅双极晶体管工作在正向有源区，$V_{CB} = 2.5$ V，基区宽度 $x_{B0} = 1.0$ μm，掺杂浓度为 $N_E = 8 \times 10^{17}$ cm^{-3}，$N_B = 2 \times 10^{16}$ cm^{-3}，$N_C = 10^{15}$ cm^{-3}。(a)确定 B-E 电压，使得求 $x = 0$ 处少子电子浓度 n_B 是 10% 的多子空穴浓度；(b)确定在这个偏压下 $x' = 0$ 处少子空穴的浓度。

12.12 考虑式(12.15a)中 npn 双极晶体管基区的少子电子浓度，在本题中要比较 B-C 结和 B-E 结中的电子浓度的变化，特别地，请计算出 $x_B/L_B = 0.1$，$x_B/L_B = 1.0$ 和 $x_B/L_B = 10$ 三种情况下，$x = x_B$ 处的 $\mathrm{d}(\delta n_B)/\mathrm{d}x$ 和 $x = 0$ 处的 $\mathrm{d}(\delta n_B)/\mathrm{d}x$ 之比。

12.13 试给出式(12.14a)和式(12.14b)的表达式。

*12.14 试推导出均匀掺杂 pnp 双极晶体管在正向有源工作区的基极剩余少子空穴浓度。

12.15 npn 双极晶体管基区过剩电子浓度如式(12.15a)所示，其线性近似如式(12.15b)所示，如果 $\delta n_{B0}(x)$ 是式(12.15b)给出的线性近似，则 $\delta n_B(x)$ 是由式(12.15a)给出的实际分布。在 $x_B/L_B = 0.1$ 和 $x_B/L_B = 1.0$ 两种情况下，计算 $x = x_B/2$ 时如下表达式的值，假设 $V_{BE} \gg kT/e$：

$$\frac{\delta n_{B0}(x) - \delta n_B(x)}{\delta n_{B0}(x)} \times 100\%$$

12.16 考虑小注入模式下工作在正向有源模式的均匀掺杂 pnp 双极晶体管，$x = 0$ 处的过剩少子空穴浓度为 $\delta p_B(0) = 10^{15}$ cm^{-3}，$x = x_B$ 处的过剩少子空穴浓度为 $\delta p_B(x_B) = -5 \times 10^3$ cm^{-3}。(a)

基的多子电子浓度是多少？E-B 电压是多少？(b)$x_B = 0.80$ μm, $D_B = 10$ cm^2/s, 计算 $x = 0$ 和 $x = x_B$ 的扩散电流密度($x_B \ll L_B$)[参见式(12.15b)]；(c)$x_B = L_B = 12$ μm 时, 重做(b)[参见式(12.15a)]；(d)$J(x = x_B)/J(x = 0)$ 时, 重做(b)和(c)。

*12.17 (a)$T = 300$ K 时, 均匀掺杂的 npn 双极晶体管处于饱和状态。利用少数载流子的连续性方程, 基区的过剩电子浓度为：

$$\delta n_B(x) = n_{B0} \left\{ \left[\exp\left(\frac{eV_{BE}}{kT}\right) - 1 \right] \left(1 - \frac{x}{x_B} \right) + \left[\exp\left(\frac{eV_{BC}}{kT}\right) - 1 \right] \left(\frac{x}{x_B} \right) \right\}$$

此处 $x_B/L_B \ll 1$, x_B 是中性基区宽度。(b)证明基极少子电流密度为：

$$J_n = -\frac{eD_B n_{B0}}{x_B} \left[\exp\left(\frac{eV_{BE}}{kT}\right) - \exp\left(\frac{eV_{BC}}{kT}\right) \right]$$

(c)证明基区的过剩少子电荷(C/cm^2)为：

$$\delta Q_{nB} = \frac{-e n_{B0} x_B}{2} \left\{ \left[\exp\left(\frac{eV_{BE}}{kT}\right) - 1 \right] + \left[\exp\left(\frac{eV_{BC}}{kT}\right) - 1 \right] \right\}$$

*12.18 $T = 300$ K 时的均匀掺杂的 npn 双极晶体管, $N_E = 10^{18}$ cm^{-3}, $N_B = 5 \times 10^{16}$ cm^{-3}, $N_C = 10^{15}$ cm^{-3}, $x_B = 0.70$ μm, $D_B = 25$ cm^2/s, 晶体管工作在饱和态, $|J_n| = 125$ A/cm^2, $V_{BE} = 0.70$ V, 求(a)V_{BC}；(b)V_{CE}(sat)；(c)基区的过剩少子电子数(单位为 cm^{-2})；(d)长集电极的过剩少子空穴数(#/cm^2)。假设 $L_C = 35$ μm。

12.19 $T = 300$ K 时的均匀掺杂的 npn 双极晶体管, $N_E = 10^{19}$ cm^{-3}, $N_B = 10^{17}$ cm^{-3}, $N_C = 7 \times 10^{15}$ cm^{-3}, 工作在反向有源区, $V_{BE} = -2$ V, $V_{BC} = 0.565$ V。(a)画出器件的少子分布情况；(b)讨论 $x = x_B$ 和 $x^n = 0$ 的少子浓度；(c)基极宽度为 1.2 μm 时, 求中性基极宽度。

12.20 均匀掺杂的 pnp 双极晶体管在 $T = 300$ K, $N_E = 5 \times 10^{17}$ cm^{-3}, $N_B = 10^{16}$ cm^{-3}, $N_C = 5 \times 10^{14}$ cm^{-3}, 工作在反向有源区时小注入情况下的最大 B-C 电压为多少？

12.3 低频共基极电流增益

12.21 (a)在均匀掺杂的 npn 双极晶体管中测得如下电流：

$$I_{nE} = 0.50 \text{ mA} \qquad I_{pE} = 3.5 \text{ μA}$$
$$I_{nC} = 0.495 \text{ mA} \qquad I_R = 5.0 \text{ μA}$$
$$I_G = 0.50 \text{ μA} \qquad I_{pc0} = 0.50 \text{ μA}$$

确定下列电流增益参数：γ, α_T, δ, α, β；(b)如果要求的共发射极电流增益为 $\beta = 120$, 那么为使 $\gamma = \alpha_T = \delta$, 求 I_{nC}, I_{pE}, I_R。

12.22 $T = 300$ K, 硅 pnp 双极晶体管的 B-E 结面积 $A_{BE} = 5 \times 10^{-4}$ cm^2, 中性基区宽度 $x_B = 0.70$ μm, 中性发射区宽度 $x_E = 0.50$ μm, 均匀掺杂的浓度为 $N_E = 5 \times 10^{17}$ cm^{-3}, $N_B = 10^{16}$ cm^{-3}, $N_c = 10^{15}$ cm^{-3}, 其他的参数为 $D_B = 10$ cm^2/s, $D_E = 15$ cm^2/s, $\tau_{E0} = \tau_{B0} = 5 \times 10^{-7}$ s, $\tau_{C0} = 2 \times 10^{-6}$ s, 假设晶体管工作于正向有源区, 复合系数为 $\delta = 0.995$。计算三种情况下的集电极电流：(a)$V_{EB} = 0.550$ V；(b)$I_B = 0.80$ μA；(c)$I_E = 125$ μA。

12.23 考虑 $T = 300$ K 时均匀掺杂的 npn 双极晶体管, 参数如下：

$N_E = 10^{18}$ cm^{-3}	$N_B = 5 \times 10^{16}$ cm^{-3}	$N_C = 10^{15}$ cm^{-3}
$D_E = 8$ cm^2/s	$D_B = 15$ cm^2/s	$D_C = 12$ cm^2/s
$\tau_{E0} = 10^{-8}$ s	$\tau_{B0} = 5 \times 10^{-8}$ s	$\tau_{C0} = 10^{-7}$ s
$x_E = 0.8$ μm	$x_B = 0.7$ μm	$J_{r0} = 3 \times 10^{-8}$ A/cm^2

$V_{BE} = 0.60$ V, $V_{CE} = 5$ V 时, 计算：(a)J_{nE}, J_{pE}, J_{nC} 和 J_R；(b)电流增益因子 γ, α_T, δ, α 和 β。

12.24 三个 npn 双极晶体管除了基极浓度和基极宽度, 其他参数全部一致, 三个管子的基极参数如下：

器　件	基区掺杂浓度	基区宽度
A	$N_B = N_{B0}$	$x_B = x_{B0}$
B	$N_B = 2N_{B0}$	$x_B = x_{B0}$
C	$N_B = N_{B0}$	$x_B = x_{B0}/2$

器件 B 的基极掺杂浓度是器件 A 和器件 C 的两倍，器件 C 的基区宽度是器件 A 和器件 B 的一半。

(a)分别求器件 B 与器件 A，器件 C 与器件 A 的发射极注入效率之比。

(b)对于基区传输系数重做(a)。

(c)对于复合系数重做(a)。

(d)哪一个器件的共射极电流增益 β 最大？

12.25 假设三个器件发射极参数不同，如下图所示，重做习题 12.24。

器　件	发射区掺杂浓度	基区宽度
A	$N_E = N_{E0}$	$x_E = x_{E0}$
B	$N_E = 2N_{E0}$	$x_E = x_{E0}$
C	$N_E = N_{E0}$	$x_E = x_{E0}/2$

12.26 npn 硅双极晶体管工作在反向有源模式下，其中 $V_{BE} = -3$ V，$V_{BC} = 0.6$ V，掺杂浓度为 $N_E = 10^{18}$ cm^{-3}，$N_B = 10^{17}$ cm^{-3}，$N_C = 10^{16}$ cm^{-3}，其他的参数为 $D_B = 20$ cm^2/s，$D_C = 15$ cm^2/s，$D_E = 10$ cm^2/s，$\tau_{E0} = \tau_{B0} = \tau_{C0} = 2 \times 10^{-7}$ s，$x_B = 1$ μm。(a)估算并画出器件内的少子分布情况；(b)计算集电极和发射极电流(忽略几何参数影响并假设复合系数为 1)。

12.27 (a)$x_B/L_B = 0.01$，$x_B/L_B = 0.10$，$x_B/L_B = 1.0$ 和 $x_B/L_B = 10$ 这几种情况下，分别计算基区输运系数 α_T；(b)$N_B/N_E = 0.01, 0.10, 1.0$ 和 10 时，分别计算发射极注入效率 γ，假设 α_T 和 δ 为 1，计算每种情况下的 α 值；(c)考虑(a)(b)的结果可以得出什么结论？什么时候基区传输系数是共射极电流增益的限制因素？什么时候发射结注入效率是共射极电流增益的限制因素？

12.28 (a)考虑如下参数，计算 $V_{BE} = 0.2$ V，0.4 V，0.6 V 时的复合系数：

$$D_B = 25 \text{ cm}^2/\text{s} \qquad D_E = 10 \text{ cm}^2/\text{s}$$
$$N_E = 5 \times 10^{18} \text{ cm}^{-3} \qquad N_B = 1 \times 10^{17} \text{ cm}^{-3}$$
$$N_C = 5 \times 10^{15} \text{ cm}^{-3} \qquad x_B = 0.7 \text{ μm}$$
$$\tau_{B0} = \tau_{E0} = 10^{-7} \text{ s} \qquad J_{r0} = 2 \times 10^{-9} \text{ A/cm}^2$$
$$n_i = 1.5 \times 10^{10} \text{ cm}^{-3}$$

(b)假设基区传输系数和发射结注入效率因数为 1，求(a)的条件下共射极电流增益；(c)考虑(b)的结果，是否可以说复合因数是影响共发射极电流增益的限制因素？

12.29 $T = 300$ K 时，均匀掺杂的硅 npn 双极晶体管的参数如下：$D_B = 23$ cm^2/s，$D_E = 8$ cm^2/s，$\tau_{B0} = 2 \times 10^{-7}$ s，$\tau_{E0} = 8 \times 10^{-8}$ s，$x_E = 0.35$ μm，$N_B = 2 \times 10^{16}$ cm^{-3}，已知复合系数 δ 为 0.9975。我们要求共发射极电流增益为 $\beta = 150$。可获得的最小基区宽度 $x_B = 0.80$ μm。(a)为满足题意，求一个最合适的中性基区宽度和最小的发射极掺杂浓度 N_E；(b)利用(a)的结果，α_T，γ 的值是多少？

*12.30 (a)$T = 300$ K 时，npn 硅双极晶体管的复合电流密度为 $J_{r0} = 5 \times 10^{-8}$ A/cm^2，均匀掺杂浓度为 $N_E = 10^{18}$ cm^{-3}，$N_B = 5 \times 10^{16}$ cm^{-3}，$N_C = 10^{15}$ cm^{-3}，其他参数为 $D_B = 25$ cm^2/s，$D_E = 10$ cm^2/s，$\tau_{E0} = 10^{-8}$ s，$\tau_{B0} = 10^{-7}$ s。确定 $V_{BE} = 0.55$ V，复合因数 δ 为 0.995 时的基区宽度；(b)假设 J_{r0} 不随温度变化，$V_{BE} = 0.55$ V，$T = 400$ K 时 δ 为多少[利用(a)中确定的 x_B 值]？

12.31 (a)对于双极晶体管，画出基极传输因数 α_T 随 (x_B/L_B) 在 $0.01 \leqslant (x_B/L_B) \leqslant 10$ 范围内变化的曲线(x 轴用对数坐标)；(b)假设发射结注入效率和基区复合因数均为 1，画出(a)条件下的共发射极电流增益；(c)考虑(b)的结果，是否可以得到基区传输系数是共射极电流增益的限制因素的结论？

12.32 (a)在 $0.01 \leqslant (N_B/N_E) \leqslant 10$ 范围内，画出发射极注入系数随掺杂浓度比 N_B/N_E 变化的曲线，假设 $D_E = D_B$，$L_B = L_E$，$x_B = x_E$（横轴用对数坐标）。忽略禁带变窄效应；(b)假设发射结注入效率和基区复合因数均为1，画出(a)条件下的共发射极电流增益；(c)考虑(b)的结果，是否可以得到发射极注入效率是共射极电流增益的限制因素的结论？

12.33 (a)画出复合系数随 B-E 结电压 V_{BE} 在 $0.1 \leqslant V_{BE} \leqslant 0.6$ 范围内变化的曲线。假设参数如下：

$$D_B = 25 \text{ cm}^2/\text{s} \qquad D_E = 10 \text{ cm}^2/\text{s}$$
$$N_E = 5 \times 10^{18} \text{ cm}^{-3} \qquad N_B = 1 \times 10^{17} \text{ cm}^{-3}$$
$$N_C = 5 \times 10^{15} \text{ cm}^{-3} \qquad x_B = 0.7 \text{ μm}$$
$$\tau_{B0} = \tau_{E0} = 10^{-7} \text{ s} \qquad J_{r0} = 2 \times 10^{-9} \text{ A/cm}^2$$
$$n_i = 1.5 \times 10^{10} \text{ cm}^{-3}$$

(b)假设发射结注入效率和基区复合因数均为1，画出(a)的条件下共发射极电流增益；

(c)是否可以得到复合系数是共发射极电流增益的限制因素的结论？

12.34 BJT 中的发射区通常都做得非常薄，以得到较高的工作速度。这里，我们考察发射区宽度对电流增益的影响。考虑由式(12.35a)给出的发射极注入效率。假设 $N_E = 100N_B$，$D_E = D_B$，$L_B = L_E$。设 $x_B = 0.1L_B$。画出发射极注入效率随 x_E 变化，在 $0.01L_E \leqslant x_E \leqslant 10L_E$ 范围内变化的曲线。由此结果讨论发射区宽度对电流增益的影响。

12.4　非理想效应

12.35 工作在正向有源区的 npn 双极晶体管。(a)集电极电流 $I_C = 1.2$ mA，$V_{CE} = 2$ V，厄利电压 $V_A = 120$ V，试计算(i)输出电阻 r_o，(ii)输出导纳 g_o，(iii)$V_{CE} = 4$ V 时的集电极电流；(b)$V_A = 160$ V，$V_{CE} = 2$ V，$I_C = 0.25$ mA 时重做(a)。

12.36 假设双极晶体管的输出电阻 $r_o = 180$ kΩ，$V_A = 80$ V，试确定 V_{EC} 从 $2 \sim 5$ V 变化时集电极电流的变化。

12.37 均匀掺杂的 npn 双极晶体管在 $T = 300$ K 时有 $N_E = 2 \times 10^{18}$ cm^{-3}，$N_B = 2 \times 10^{16}$ cm^{-3}，$N_C = 2 \times 10^{15}$ cm^{-3}，$D_B = 25$ cm^2/s，$x_{Bo} = 0.85$ μm，假设 $V_{BE} = 0.650$ V，$x_{Bo} \ll L_B$。(a)$V_{CB} = 4$ V，8 V，12 V 时，确定基极的电子密度；(b)估计厄利电压。

*12.38 均匀掺杂的 npn 双极晶体管 $T = 300$ K，$N_E = 10^{18}$ cm^{-3}，$N_B = 3 \times 10^{16}$ cm^{-3}，$N_C = 5 \times 10^{15}$ cm^{-3}。假设 $D_B = 20$ cm^2/s，$\tau_{B0} = 5 \times 10^{-7}$ s，$V_{BE} = 0.70$ V，当 $V_{CB} = 5$ V，10 V 时，估计基极宽度分别为 1.0 μm，0.80 μm，0.60 μm 时的厄利电压。

12.39 一个均匀掺杂的 pnp 硅双极晶体管的基区掺杂浓度为 $N_B = 10^{16}$ cm^{-3}，$N_C = 10^{15}$ cm^{-3}，$x_{B0} = 0.70$ μm，基区少子扩散系数 $D_B = 10$ cm^2/s，B-E 结的横截面积 $A_{BE} = 10^{-4}$ cm^2，$V_{EB} = 0.625$ V，晶体管工作在正向有源区，假设 $x_B \ll L_B$。(a)确定 V_{BC} 从 $1 \sim 5$ V 变化时，基区宽度的变化；(b)试求相应集电极电流的变化；(c)估计厄利电压；(d)试求输出电阻。

12.40 考虑一个均匀掺杂的 npn 硅双极晶体管，$x_B = x_E$，$D_E = D_B$，$L_B = L_E$，假设 $\alpha_T = \delta = 0.995$，$N_B = 10^{17}$ cm^{-3}。(a)忽略禁带宽度变窄时和(b)考虑禁带变窄效应时，在 $N_E = 10^{17}$ cm^{-3}，10^{18} cm^{-3}，10^{19} cm^{-3}，10^{20} cm^{-3} 的各情况下估算共发射极电流增益。

12.41 一个 pnp 双极晶体管，在 $T = 300$ K 时的发射极注入效率 $\gamma = 0.996$。假设 $x_E = x_B$，$D_E = D_B$，$L_E = L_B$，发射区掺杂浓度为 $N_E = 10^{19}$ cm^{-3}。(a)考虑禁带宽度变窄时，计算最大基极掺杂浓度；(b)忽略禁带宽度变窄时，计算最大基极掺杂浓度。

12.42 利用图 P12.42 中的几何尺寸的晶体管一级近似计算电流集边效应。假设基极电流的一半从发射极条的任一边流向发射极中心，假设基区是 p 型的，参数如下：$N_B = 2 \times 10^{16}$ cm^{-3}，$x_B = $

0.65 μm，$\mu_p = 250$ cm^2/V·s 和 $L = 25$ μm。(a)假设 $S = 10$ μm，(i)计算 $x = 0$ 和 $x = S/2$ 之间的电阻，(ii)假设 $\frac{1}{2}I_B = 5$ μA，计算 $x = 0$ 和 $x = S/2$ 之间的电压降，(iii) $x = S/2$ 处 $V_{BE} = 0.6$ V，估算从发射区注入基区的电子在 $x = S/2$ 处的浓度与在 $x = 0$ 处注入的电子浓度的百分比；(b)假设 $S = 3$ μm，重做(a)的计算。

12.43 考虑一个晶体管，除 S 之外，其他的参数和习题 12.42 中的一样。假设在 $x = S/2$ 处注入基区中的电子浓度不少于在 $x = 0$ 处注入电子浓度的 0.90 倍，求 S 的最大值。

*12.44 一个 n⁺pn 双极晶体管的基区掺杂浓度近似表示为：

$$N_B = N_B(0) \exp\left(\frac{-ax}{x_B}\right)$$

此处 a 是一个常数，且

$$a = \ln\left(\frac{N_B(0)}{N_B(x_B)}\right)$$

(a)证明中性基区在热平衡下的电场强度是一个常数；(b)指出电场强度的方向。该电场是有助于还是阻碍少子电子越过基区？(c)在正偏时，推导基区中少子电子的稳态分布。假设基区中没有复合(将电子浓度表示为电子电流密度)。

图 P12.42　习题 12.42 和习题 12.43 的示意图

12.45 一个均匀掺杂的 pnp 双极晶体管，其参数分别为 $N_E = 10^{18}$ cm^{-3}，$N_B = 5 \times 10^{16}$ cm^{-3} 和 $N_C = 2 \times 10^{15}$ cm^{-3}，假设共基极电流增益为 $\alpha = 0.9930$。试计算(a) BV_{BCO}；(b) BV_{ECO} 和(c) E-B 结的击穿电压(假设经验常数 $N = 3$)。

12.46 一个高压 npn 硅双极晶体管，其基区掺杂浓度为 $N_B = 10^{16}$ cm^{-3}，共发射极电流增益 $\beta = 50$。击穿电压 BV_{CEO} 至少为 60 V，求满足此电压要求的最大集电极掺杂和最小的集电极长度(假设 $n = 3$)。

12.47 一个硅 npn 双极晶体管均匀掺杂，基区的掺杂浓度 $N_B = 5 \times 10^{16}$ cm^{-3}，集电区的掺杂浓度 $N_C = 8 \times 10^{15}$ cm^{-3}，当 $V_{BE} = V_{CB} = 0$ 时，中性基区宽度为 $x_{B0} = 0.50$ μm。(a)计算 B-C 结的理想雪崩击穿电压；(b)计算击穿电压 V_{CB}，并同该结的雪崩击穿电压做比较。

12.48 一个 npn 双极晶体管，掺杂浓度 $N_B = 2 \times 10^{16}$ cm^{-3}，$N_C = 5 \times 10^{15}$ cm^{-3}，$V_{BE} = 0.625$ V，中性基区宽度 $x_{B0} = 0.65$ μm。(a)估算击穿时的 V_{CE}；(b)估算击穿时的 B-C 结最大电场强度。

12.49 一个均匀掺杂的硅 pnp 双极晶体管，掺杂浓度 $N_E = 10^{18}$ cm^{-3}，$N_B = 5 \times 10^{16}$ cm^{-3}，$N_C = 3 \times 10^{15}$ cm^{-3}，试求击穿电压 $V_{pt} = 15$ V 时的最小基区宽度。

12.5 等效电路模型

12.50 npn 双极晶体管的饱和电压 V_{CE}(sat)随基极电流的增加缓慢下降。在 Ebers-Moll 模型中，假设 $\alpha_F = 0.99$，$\alpha_R = 0.20$，$I_C = 1$ mA，$T = 300$ K，求基极电流 I_B，以使(a) V_{CE}(sat) $= 0.3$ V；(b) V_{CE}(sat) $= 0.2$ V；(c) V_{CE}(sat) $= 0.1$ V。

12.51 考虑一个工作于有源区的 npn 双极晶体管。试运用 Ebers-Moll 模型，试将基极电流 I_B 用 α_F，α_R，I_{ES}，I_{CS} 和 V_{BE} 表示出来。

12.52 考虑 Ebers-Moll 模型，将基极开路，使 $I_B = 0$。证明，当施加 C-E 结电压 V_{CE} 时，有：

$$I_C \equiv I_{CEO} = I_{CS}\frac{(1 - \alpha_F \alpha_R)}{(1 - \alpha_F)}$$

12.53 Ebers-Moll 模型中，$\alpha_F = 0.9920$，$I_{ES} = 5 \times 10^{-14}$ A，$I_{CS} = 10^{-13}$ A。$T = 300$ K 时，画出在 $-0.5 < V_{CB} < 2$ V 时，(a) $V_{BE} = 0.2$ V；(b) $V_{BE} = 0.4$ V；(c) $V_{BE} = 0.6$ V 三种情况下的 I_C-V_{CB} 曲线(注意，$V_{CB} = -V_{BC}$)。

12.54 在 Ebers-Moll 模型中,由式(12.77)可以得到 C-E 结的饱和电压的表达式。考虑一个功率 BJT,其参数 $\alpha_F = 0.975$,$\alpha_R = 0.150$,$I_C = 5$ A,请画出 I_B 在 0.15 Å $\leqslant I_B \leqslant 1.0$ A 变化时,V_{CE}(sat)随 I_B 变化的曲线。

12.6 频率上限

12.55 考虑 $T = 300$ K 下,均匀掺杂硅基双极晶体管,其参数如下:

$$I_E = 0.25 \text{ mA} \qquad C_{je} = 0.35 \text{ pF}$$
$$x_B = 0.65 \text{ μm} \qquad D_n = 25 \text{ cm}^2/\text{s}$$
$$x_{dc} = 2.2 \text{ μm} \qquad r_c = 18 \text{ Ω}$$
$$C_s = C_\mu = 0.020 \text{ pF} \qquad \beta = 125$$

(a)计算传输时间系数(i)τ_e,(ii)τ_b,(iii)τ_d 和(iv)τ_c;(b)计算总的传输时间 τ_{ec};(c)计算截止频率 f_T;(d)计算 β 截止频率 f_β。

12.56 在一个特殊的双极晶体管中,基区传输时间为总时间的 20%。基区宽度为 0.5 μm,基区扩散系数 $D_B = 20$ cm²/s。试确定截止频率。

12.57 假设 BJT 基区运输时间为 100 ps,载流子以 10^7 cm/s 的速度穿过 1.2 μm 的 B-C 空间电荷区。E-B 结充电时间为 25 ps,集电极电容和电阻分别为 0.1 pF 和 10 Ω,确定截止频率。

综合题

*12.58 (a)设计一个 npn 硅基双极晶体管,在 $T = 300$ K 时,厄利电压至少为 140 V,共射级电流增益至少为 $\beta = 120$;(b)换成 pnp 晶体管重做(a)。

*12.59 设计一个均匀掺杂的 npn 双极晶体管,使得 $T = 300$ K 时,$\beta = 100$。C-E 结最大电压为 15 V,击穿电压至少为此值的 3 倍。假设符合系数为常数 $\delta = 0.995$。晶体管工作于小注入条件下,最大集电极电流为 $I_C = 5$ mA。设计时应尽量减少禁带变窄效应和基区宽度调制效应的影响。令 $D_E = 6$ cm²/s,$D_B = 25$ cm²/s,$\tau_{E0} = 10^{-8}$ s,$\tau_{B0} = 10^{-7}$ s。试确定掺杂浓度、冶金结基区宽度、有源区面积和最大允许电压 V_{BE}。

*12.60 设计一对互补的 npn 和 pnp 双极晶体管。它们有同样的冶金结基区宽度和发射区宽度:$W_B = 0.75$ μm,$x_E = 0.5$ μm。假设两种器件有相同的少子参数:

$$D_n = 23 \text{ cm}^2/\text{s} \qquad \tau_{n0} = 10^{-7} \text{ s}$$
$$D_p = 8 \text{ cm}^2/\text{s} \qquad \tau_{p0} = 5 \times 10^{-8} \text{ s}$$

两种器件的集电区掺杂浓度均为 $N_C = 5 \times 10^{15}$ cm^{-3},复合系数均为 $\delta = 0.9950$。(a)如果可能,则设计器件使 $\beta = 100$,如果不可能,则能得到的最接近的值为多少?(b)在 B-E 结上加相等的正偏电压,使晶体管工作在小注入条件下时,集电极电流为 $I_C = 5$ mA。试确定有源区的横截面积。

参考文献

1. Dimitrijev, S. *Principles of Semiconductor Devices*. New York:Oxford University, 2006.

2. Hu, C. C. *Modern Semiconductor Devices for Integrated Circuits*. Upper Saddle River, NJ: Pearson Prentice Hall, 2010.

3. Kano, K. *Semiconductor Devices*. Upper Saddle River, NJ: Prentice Hall, 1998.

4. Muller, R. S., and T. I. Kamins. *Device Electronics for Integrated Circuits*. 2nd ed. New York:John Wiley & Sons, 1986.

5. Navon, D. H. *Semiconductor Microdevices and Materials*. New York:Holt, Rinehart, & Winston, 1986.

6. Neudeck, G. W. *The Bipolar Junction Transistor*. Vol. 3 of the *Modular Series on Solid State Devices*. 2nd ed. Reading, MA: Addison-Wesley, 1989.

7. Ng, K. K. *Complete Guide to Semiconductor Devices*. New York: McGraw-Hill, 1995.

8. Ning, T. H., and R. D. lsaac. "Effect of Emitter Contact on Current Gain of Silicon Bipolar Devices." *Polysilicon Emitter Bipolar Transistors*. eds. A. K. Kapoor and D. J. Roulston. New York: IEEE Press, 1989.

9. Pierret, R. F. *Semiconductor Device Fundamentals*. Reading, MA: Addison-Wesley, 1996.

10. Roulston, D. J. *Bipolar Semiconductor Devices*. New York: McGraw-Hill, 1990.

11. _____. *An Introduction to the Physics of Semiconductor Devices*. New York: Oxford University Press, 1999.

*12. Shur, M. *GaAs Devices and Circuits*. New York: Plenum Press, 1987.

13. _____. *Introduction to Electronic Devices*. New York: John Wiley & Sons, Inc. ,1996.

*14. _____. *Physics of Semiconductor Devices*. Englewood Cliffs, NJ: Prentice Hall, 1990.

15. Singh, J. *Semiconductor Devices: An Introduction*. New York: McGraw-Hill, 1994.

16. _____. *Semiconductor Devices: Basic Principles*. New York: John Wiley & Sons, Inc. , 2001.

17. Streetman, B. G. , and S. K. Banerjee. *Solid State Electronic Devices*, 6th ed. Upper Saddle River, NJ: Pearson Prentice Hall, 2006.

18. Sze, S. M. *High-Speed Semiconductor Devices*. New York: John Wiley & Sons, 1990.

19. _____. and K. K. Ng. *Physics of Semiconductor Devices*, 3rd ed. Hoboken, NJ: John Wiley & Sons, Inc. , 2007.

20. Tiwari, S. , S. L. Wright, and A. W. Kleinsasser. "Transport and Related Properties of (Ga, Al)As /GaAs Double Heterojunction Bipolar Junction Transistors." *IEEE Transactions on Electron Devices*, ED-34 (February 1987), pp. 185-187.

*21. Taur, Y. and T. H. Ning. *Fundamentals of Modern VLSI Devices*, 2nd ed. Cambridge University Press, 2009.

*22. Wang, S. *Fundamentals of Semiconductor Theory and Device Physics*. Englewood Cliffs, NJ: Prentice Hall, 1989.

*23. Warner, R. M. Jr. , and B. L. Grung. *Transistors: Fundamentals for the Integrated-Circuit Engineer*. New York: John Wiley & Sons, 1983.

24. Yang, E. S. *Microelectronic Devices*. New York: McGraw-Hill, 1988.

*25. Yuan, J. S. *SiGe, GaAs, and InP Heterojunction Bipolar Transistors*. New York: John Wiley & Sons, Inc. , 1999.

第13章 结型场效应晶体管

结型场效应晶体管(JFET)是另一种类型的场效应晶体管。第 10 章和第 11 章讨论了 MOS-FET。本章介绍 JFET 的物理基础和属性。由于前面几章已介绍过 MOS 和双极晶体管,因此本章仅介绍关于半导体材料的知识和 pn 结及肖特基结的特性。

如前面几章介绍晶体管时那样,JFET 与其他电路元件结合使用,也可提高电压增益和信号功率增益。同样,基本的晶体管操作是在器件的两端施加电压时,控制另一端的电流。

JFET 有两种类型。第一种是 pn 结 FET 或 pn JFET,第二种是金属 – 半导体场效应晶体管或 MESFET。pn JFET 与一个 pn 结一起制造,MESFET 与一个肖特基势垒整流结一起制造。

13.0 概述

本章包含以下内容:

- 给出 pn JFET 和 MESFET 器件的几何形状并讨论它们的基本工作方式。
- 通过施加一个正交于沟道的电场,分析 JFET 的沟道电导调制。调制电场由反偏 pn 结或反偏肖特基势垒结的空间电荷区感生。
- 依据器件的半导体材料和几何属性推导 JFET 的理想电流-电压特性。
- 探讨 JFET 的晶体管增益或跨导。
- 讨论 JFET 的一些非理想效应,包括沟道长度调制和速度饱和效应。
- 开发一个用于将器件中小信号电流和电压关联起来的小信号等效 JFET 电路。
- 检查影响 JFET 的频率响应和限制的各种物理因素,并推导截止频率的表达式。
- 给出称为 HEMT 的专用 JFET 的几何形状和特性。

13.1 JFET 概念

场效应现象早在 20 世纪 20 年代和 30 年代被发现,当时的专利文件记载了如图 13.1 所示的晶体管结构,它是第一个被提出来的固态晶体管。施加在金属板上的电压调控金属下面的半导体电导,从而实现对欧姆接触间电流的控制。由于那时还没有良好的半导体材料和先进的制作工艺,所以直到 20 世纪 50 年代,这种器件才被重新研究。

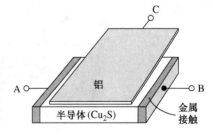

图 13.1 理想的场效应管

我们将半导体的电导被垂直于半导体表面的电场调制的现象称为场效应。由于这种类型的晶体管在工作时只存在一种载流子,即多数载流子,所以它通常也称为单极晶体管。在本节中,我们将定性地讨论这两种 JFET 的基本工作原理并介绍一些 JFET 的制造工艺。

13.1.1 pn JFET 的基本工作原理

第一种结型场效应管叫 pn 结场效应管或 pn JFET。pn 结场效应晶体管的横截面图如图 13.2 所示,两个 p 区之间的 n 区是导电沟道,在这个 n 沟道器件中,多数载流子电子自源极流向漏极,器件的栅极是控制端。图 13.2 是将两个栅极连在一起形成的单栅极器件。由于在 n 沟道晶体管中,多数载流子电子主要起导电作用,所以 JFET 是多数载流子导电器件。

将 n 沟道器件的 p 区与 n 区互换位置，就形成了 p 沟道器件。在 p 沟道器件中，空穴从源极流向漏极。p 沟道 JFET 中电流方向和电压的极性与 n 沟道 JFET 相反。因为空穴的迁移率比电子的低，所以 p 沟道 JFET 的工作频率比 n 沟道 JFET 的低。

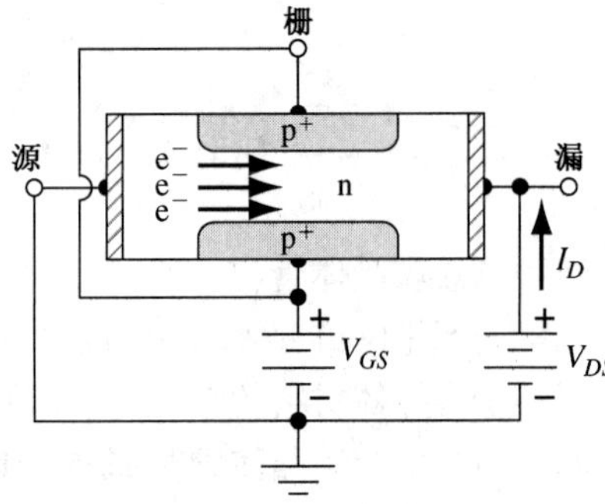

图 13.3(a) 显示了一个当栅极零偏时的 n 沟道 pn JFET。如果源极接地，并在漏极上加一个小的正电压，则在源漏极间就产生了一个漏电流 I_D。n 沟道实际上是一个电阻，因此，对于小的 V_{DS}，I_D 与 V_{DS} 的曲线接近于线性变化，如图所示。

图 13.2　对称结构的 n 沟道 pn JFET 的横截面示意图

当我们给 pn JFET 的栅极与源极之间加一个电压后，沟道电导系数将发生变化，如图 13.3 所示。如果给 n 沟道 pn JFET 的栅极加一个负电压，则栅极和沟道形成的 pn 结反偏，其空间电荷区增宽，沟道宽度变窄，沟道电阻增加。对于小 V_{DS}，I_D-V_{DS} 曲线的斜率减小。这些变化表示在图 13.3(b) 中。如果增大栅电压数值，则形成如图 13.3(c) 所示图形。反偏达到一定程度时的空间电荷区将沟道区完全填满了，这种情况成为沟道夹断。此时漏电流几乎为零，因为耗尽区隔离了源端和漏端。此时的 I_D-V_{DS} 曲线如图 13.3(c) 所示，与其他两种情况相同。

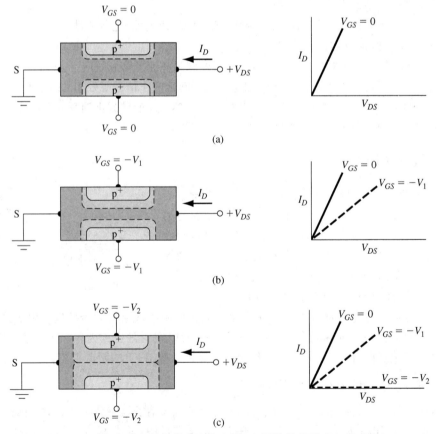

图 13.3　栅–沟道空间电荷分布和电流–电压特性曲线（V_{DS} 较小时）。

(a) 零偏栅压；(b) 小反偏栅压；(c) 至沟道夹断的高反偏栅压

沟道中的电流由栅电压控制。对电流的控制，一部分是通过栅电压实现的，而另一部分是晶体管本身的行为，这种器件通常称为常开型或耗尽型器件，也就是说，必须施加栅极电压才能使器件关断。

现在分析栅电压为零($V_{GS}=0$)时，漏电压变化的情况。图 13.4(a)是图 13.3(a)的副本，此时栅电压为零，漏电压很小。随着源漏电压的增大（正的），栅与沟道形成的 pn 结反偏，空间电荷区向沟道区扩展。随着空间电荷区的扩展，有效沟道电阻增大；因此，如图 13.4(b)所示，I_D-V_{DS}曲线的斜率减小。此时沿沟道长度方向，沟道电阻随位置的不同而变化，而沟道电流是一个常数，所以沟道压降将随位置的不同发生相应的变化。

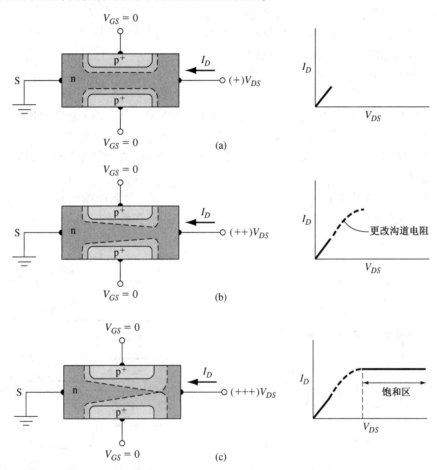

图13.4　栅–沟道空间电荷分布和电流-电压特性曲线(零偏栅压)。(a)V_{DS}很小；(b)V_{DS}较大；(c)V_{DS}增大到沟道夹断

如果漏极电压进一步升高，则沟道将在漏极处夹断，如图 13.4(c)所示。漏极电压继续增大，漏电流将保持不变。图中显示了这种情况下的电流-电压特性曲线，夹断时的漏极电压表示为$V_{DS}(\text{sat})$。当$V_{DS}>V_{DS}(\text{sat})$时，晶体管工作在饱和区，在理想情况下，漏电流取决于V_{DS}。也许我们会认为当沟道在漏极夹断时，漏电流会变为零，实际情况并非如此，下面给出具体解释。

图 13.5 是放大了的沟道夹断区截面图，n 型沟道的漏极被长度为ΔL的空间电荷区分开，电子从源极通过沟道注入空间电荷区中，在电场的作用下被扫到漏极接触区。假定$\Delta L \ll L$，则 n 型沟道区中的电场强度保持不变，随着$V_{DS}(\text{sat})$的变化，漏电流始终为一常数。一旦载流子进入漏区，漏电流将由V_{DS}决定；这时，器件就像是一个恒定电流源。

13.1.2 MESFET 的基本工作原理

另一种类型的结型场效应管是 MESFET，它的栅结是肖特基势垒整流接触，而非 pn 结。MESFET 可由硅制成，也可以用砷化镓以及其他合成半导体材料。图 13.6 是 GaAs MESFET 的横截面图，薄的 GaAs 外延层作为有源区，衬底由具有高电阻率的 GaAs 材料制成，即半绝缘型衬底。GaAs 中有意地掺入铬，铬作为单一的受主杂质接近于禁带的中间，使它半绝缘，具有电阻率 $10^9 \ \Omega \cdot cm$。这种器件的优点在于它具有高的电子迁移率，因此具有较低的输运

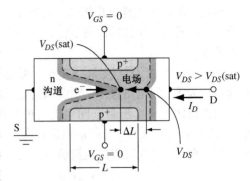

图 13.5 $V_{DS} > V_{DS}(sat)$ 时沟道中的空间电荷区示意图

时间和较快的反应速度，并且减小了寄生电容的影响；由于采用了半绝缘的 GaAs 衬底，所以制造工艺简单。

在图 13.6 所示的 MESFET 中，如同 pn 结型场效应管一样，当在栅源极之间加一个反偏电压时，在金属栅极下面产生一个空间电荷区，用以调制沟道电导。若所加的负电压足够大，则空间电荷区将扩展到衬底，这种情况就是夹断。图中所示的器件是一个耗尽型器件，因为必须加一个栅电压才能使沟道夹断。

如果我们把半绝缘衬底用本征材料制成，那么衬底-沟道-金属在栅极零偏时的能带图将如图 13.7 所示。因为在沟道和衬底之间以及沟道和金属之间存在势垒，所以多数载流子电子将被束缚在沟道中。

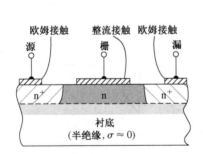

图 13.6 n 沟道半绝缘衬底 MESFET 横截面图

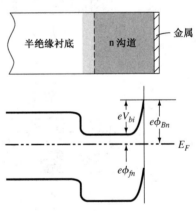

图 13.7 理想 n 沟道 MESFET 的能带图

现在考虑另一种类型的 MESFET，沟道在 $V_{GS} = 0$ 时被夹断。图 13.8(a) 显示了这种情况，沟道厚度比零偏时空间电荷区宽度小。为了使沟道开启，耗尽区必须缩小，即在栅与半导体结上必须加一个正偏电压。当加一个较低的正偏电压时，耗尽区收缩到边缘，这种情况称为沟道阈值，如图 13.8(b) 所示。阈值电压即是产生沟道夹断时的栅源电压。对于这种 n 沟道的 MESFET 来说，阈值电压是一个正值，而对于 n 沟道耗尽型器件来说，阈值电压是一个负值。若加一个较大的正偏电压，则沟道区的情况如图 13.8(c) 所示。在出现明显的栅电流以前，所加的正偏栅电压限制在零点几伏特，这种器件就是 n 沟道增强型 MESFET。同样可制造出 p 沟道增强型 MESFET 和增强型 pn 结型场效应管。增强型 MESFET 的优点在于栅极和漏极电压极性相同。但是，这种器件的输出电压摆幅变化范围很小。

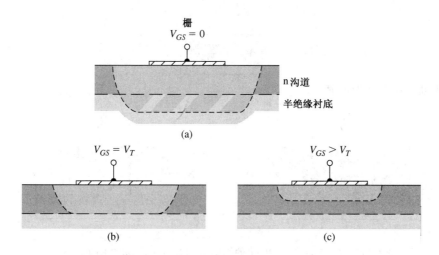

图 13.8　增强型 MESFET 的沟道空间电荷区。(a) $V_{GS} = 0$；(b) $V_{GS} = V_T$；(c) $V_{GS} > V_T$

13.2　器件的特性

　　描述 JFET 的基本电学特性之前，我们先分析一个均匀掺杂的耗尽型 pn JFET，然后再讨论增强型器件的情况。夹断电压以及漏源饱和电压将被确定，这些参数的表达式将用几何方法结合电学特性推导得出。我们还将得出理想的电流-电压关系以及跨导和晶体管增益的表达式。

　　图 13.9(a) 显示了一个对称的双边 pn JFET，图 13.9(b) 显示了一个半绝缘衬底的 MESFET。双边器件可以简单地认为是两个 JFET 的并行连接。通过推导出单边器件的理想直流电流-电压关系，并用 I_{D1} 表示其电流，那么双边器件的漏电流 $I_{D2} = 2I_{D1}$。理想情况下，忽略单边器件衬底处的耗尽区。

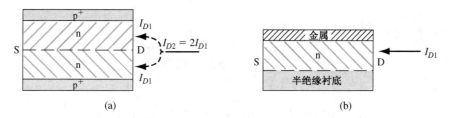

图 13.9　漏电流示意图。(a) 对称的双边 pn JFET；(b) 单边 MESFET

13.2.1　内建夹断电压、夹断电压和漏源饱和电压

　　n 沟道 pn JFET：图 13.10(a) 显示了一个简单的单边 n 沟道 pn JFET。位于 p^+ 栅区与衬底之间的沟道厚度为 a，单边 p^+n 结中耗尽区的宽度是 h。假定漏源电压为零，并且近似为突变，那么空间电荷区的宽度为

$$h = \left[\frac{2\epsilon_s (V_{bi} - V_{GS})}{eN_d} \right]^{1/2} \tag{13.1}$$

其中 V_{GS} 是栅源电压，V_{bi} 是内建电势差。对于一个反偏的 p^+n 结，V_{GS} 是一个负值。

　　在阈值点，$h = a$，p^+n 结的总电势称为内建夹断电压，用 V_{p0} 表示。我们有

$$a = \left[\frac{2\epsilon_s V_{p0}}{eN_d} \right]^{1/2} \tag{13.2}$$

或

$$V_{p0} = \frac{ea^2 N_d}{2\epsilon_s}$$

(13.3)

可见内建夹断电压定义为正值。

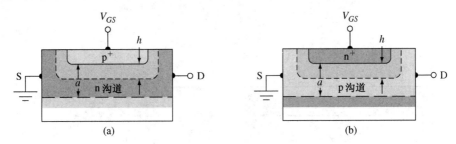

图 13.10　(a) n 沟道 pn JFET 的结构图；(b) p 沟道 pn JFET 的结构图

内建夹断电压 V_{p0} 不是形成沟道夹断时的栅源电压。形成沟道夹断的栅源电压称为夹断电压（阈电压），用 V_p 表示，它由式(13.1)和式(13.2)定义为

$$V_{bi} - V_p = V_{p0} \qquad \text{或} \qquad \boxed{V_p = V_{bi} - V_{p0}}$$

(13.4)

在 n 沟道耗尽型 JFET 中，夹断电压（阈电压）是一个负值，因此 $V_{p0} > V_{bi}$。

例 13.1　计算 n 沟道 JFET 的内建夹断电压和夹断电压（阈电压）。

假定有一个均匀掺杂硅的 n 沟道 JFET 的 p^+n 结，$T = 300$ K，掺杂浓度为 $N_a = 10^{18}$ cm^{-3}，$N_d = 10^{16}$ cm^{-3}，并且冶金沟道厚度为 $a = 0.75$ μm，即 0.75×10^{-4} cm。

■ **解**

内建夹断电压由式(13.3)给出，为：

$$V_{p0} = \frac{ea^2 N_d}{2\epsilon_s} = \frac{(1.6 \times 10^{-19})(0.75 \times 10^{-4})^2 (10^{16})}{2(11.7)(8.85 \times 10^{-14})} = 4.35 \text{ V}$$

内建电势差为：

$$V_{bi} = V_t \ln\left(\frac{N_a N_d}{n_i^2}\right) = (0.0259) \ln\left[\frac{(10^{18})(10^{16})}{(1.5 \times 10^{10})^2}\right] = 0.814 \text{ V}$$

由式(13.4)得出夹断电压（阈电压）为：

$$V_p = V_{bi} - V_{p0} = 0.814 - 4.35 = -3.54 \text{ V}$$

■ **说明**

夹断电压（阈电压），即形成沟道夹断时的栅源电压，正如我们所分析的那样，对于 n 沟道 JFET 来说是一个负值。

■ **自测题**

E13.1　考虑一个均匀掺杂硅的 JFET，$T = 300$ K，掺杂浓度为 $N_a = 10^{18}$ cm^{-3}，$N_d = 2 \times 10^{16}$ cm^{-3}。夹断电压 $V_p = -2.50$ V。试求冶金结宽度 a。

答案：$a = 0.464$ μm。

夹断电压（阈电压）是使 JFET 夹断时的栅源电压，所以一定存在一个满足电路设计要求的范围。夹断电压的数值一定低于结的击穿电压。

n 沟道 pn JFET： 图 13.10(b)显示了一个与 n 沟道 JFET 具有相同几何尺寸的 p 沟道 JFET。单边 n^+p 结的耗尽区宽度用 h 表示为：

$$h = \left[\frac{2\epsilon_s(V_{bi} + V_{GS})}{eN_a} \right]^{1/2} \tag{13.5}$$

对于一个反偏的 n^+p 结，V_{GS} 一定是一个正值。内建夹断电压仍是形成沟道夹断时的整个 pn 结的电压。因此，当 $h = a$ 时，有

$$a = \left[\frac{2\epsilon_s V_{p0}}{eN_a} \right]^{1/2} \tag{13.6}$$

或

$$\boxed{V_{p0} = \frac{ea^2 N_q}{2\epsilon_s}} \tag{13.7}$$

p 沟道器件的内建夹断电压根据定义也是一个正值。

夹断电压(阈电压)仍是形成沟道夹断时的栅源电压。对于 p 沟道耗尽型器件来说，由式(13.5)有

$$V_{bi} + V_p = V_{p0} \qquad \text{或} \qquad \boxed{V_p = V_{p0} - V_{bi}} \tag{13.8}$$

对于 p 沟道耗尽型 JFET，夹断电压是一个正值。

例 13.2　为制造具有如下夹断电压的器件，设计器件的沟道掺杂浓度以及冶金沟道的厚度。

$T = 300$ K 时，考虑一个 p 沟道的硅 pn JFET。假定栅极掺杂浓度为 $N_d = 10^{18}$ cm^{-3}。确定该沟道的掺杂浓度的沟道厚度，以使 $V_p = 2.25$ V。

■ **解**

对于这个设计问题，答案不是唯一的。我们拿沟道掺杂浓度为 $N_a = 2 \times 10^{16}$ cm^{-3} 的器件为例，确定沟道厚度。内建电势差为

$$V_{bi} = V_t \ln\left(\frac{N_a N_d}{n_i^2} \right) = (0.0259) \ln\left[\frac{(2 \times 10^{16})(10^{18})}{(1.5 \times 10^{10})^2} \right] = 0.832 \text{ V}$$

由式(13.8)，内建夹断电压一定是

$$V_{p0} = V_{bi} + V_p = 0.832 + 2.25 = 3.08 \text{ V}$$

由式(13.6)，沟道厚度为

$$a = \left[\frac{2\epsilon_s V_{p0}}{eN_a} \right]^{1/2} = \left[\frac{2(11.7)(8.85 \times 10^{-14})(3.08)}{(1.6 \times 10^{-19})(2 \times 10^{16})} \right]^{1/2} = 0.446 \text{ μm}$$

■ **说明**

如果沟道掺杂浓度值选得大一些，则所需沟道厚度可减小；如果设计的沟道厚度太小，则在工艺上难以制作。

■ **自测题**

E13.2　考虑一个均匀掺杂硅的 p 沟道 JFET 的 n^+p 结。$T = 300$ K，掺杂浓度为 $N_d = 10^{18}$ cm^{-3}，$N_a = 10^{16}$ cm^{-3}，冶金沟道的厚度为 $a = 0.40$ μm。计算 JFET 的内建夹断电压和夹断电压。

　　　答案： $V_{p0} = 1.236$ V，$V_p = 0.422$ V。

此外，若沟道掺杂浓度减小，则器件的电流特性会下降。因此在设计器件时，都应采用折中方案。

我们已经计算出了 n 沟道 JFET 和 p 沟道 JFET 在源漏电压为零时的夹断电压值。现在我们来分析给栅极和漏极同时加上电压时的情况。耗尽区的宽度随在沟道中的位置而不同。图 13.11 显示了一个 n 沟道器件的基本几何图形。源极端点处的耗尽层宽度 h_1 是 V_{bi} 和 V_{GS} 的函数，而与漏电压无关。耗尽层宽度在漏端的表达式为：

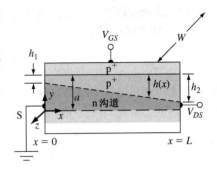

图 13.11　n 沟道 pn JFET 的几何结构图

$$h_2 = \left[\frac{2\epsilon_s(V_{bi} + V_{DS} - V_{GS})}{eN_d}\right]^{1/2} \qquad (13.9)$$

注意，V_{GS} 对于 n 沟道器件来说是一个负值。

当 $h_2 = a$ 时，沟道夹断在漏端发生。在该点达到饱和条件，$V_{DS} = V_{DS}(\text{sat})$，那么

$$a = \left[\frac{2\epsilon_s(V_{bi} + V_{DS}(\text{sat}) - V_{GS})}{eN_d}\right]^{1/2} \qquad (13.10)$$

又可以写为：

$$V_{bi} + V_{DS}(\text{sat}) - V_{GS} = \frac{ea^2N_d}{2\epsilon_s} = V_{p0} \qquad (13.11)$$

或

$$\boxed{V_{DS}(\text{sat}) = V_{p0} - (V_{bi} - V_{GS})} \qquad (13.12)$$

式(13.12)给出了在漏端产生沟道夹断的漏源电压。这个漏源饱和电压随着栅源反偏电压的增加而减小。当 $|V_{GS}| > |V_p|$ 时，式(13.12)将失去意义。

在 p 沟道 JFET 中，电压极性与 n 沟道器件相反。我们可以将 p 沟道 JFET 饱和时的公式表示为：

$$\boxed{V_{SD}(\text{sat}) = V_{p0} - (V_{bi} + V_{GS})} \qquad (13.13)$$

这时源端电压比漏端电压高。

13.2.2　耗尽型 JFET 的理想直流电流–电压特性

JFET 的理想电流–电压关系的推导过程有点麻烦，公式的结果也不适于手工计算。在我们进入推导的步骤之前，先分析下面的表达式，该表达式是 JFET 进入饱和状态时电流–电压关系的近似表达式，常用于 JFET 的近似计算：

$$\boxed{I_D = I_{DSS}\left(1 - \frac{V_{GS}}{V_p}\right)^2} \qquad (13.14)$$

其中 I_{DSS} 是 $V_{GS} = 0$ 时的饱和电流。在这一节的最后，我们将比较式(13.14)与推导出来的理想电流–电压公式。

电流–电压公式的推导：JFET 的理想电流–电压关系的推导开始于欧姆定律。考虑一个如图 13.11 所示的 n 沟道 JFET。我们只分析双边对称结构的一半。在沟道中 x 点处的微分电阻是

$$dR = \frac{\rho dx}{A(x)} \qquad (13.15)$$

其中 ρ 是电阻率，$A(x)$ 是横截面积。如果忽略 n 沟道中的少数载流子空穴，则沟道电阻率是

$$\rho = \frac{1}{e\mu_n N_d} \qquad (13.16)$$

横截面积由下式给出：

$$A(x) = [a - h(x)]W \tag{13.17}$$

其中 W 是沟道宽度。式（13.15）可以表示为：

$$dR = \frac{dx}{e\mu_n N_d[a - h(x)]W} \tag{13.18}$$

微分长度为 dx 的微分电压为：

$$dV(x) = I_{D1}\,dR(x) \tag{13.19}$$

其中漏电流 I_{D1} 在整个沟道中是一个常数。将式（13.18）代入式（13.19）得

$$dV(x) = \frac{I_{D1}\,dx}{e\mu_n N_d W[a - h(x)]} \tag{13.20a}$$

或

$$I_{D1}\,dx = e\mu_n N_d W[a - h(x)]\,dV(x) \tag{13.20b}$$

耗尽层宽度 $h(x)$ 表示为

$$h(x) = \left\{\frac{2\epsilon_s[V(x) + V_{bi} - V_{GS}]}{eN_d}\right\}^{1/2} \tag{13.21}$$

其中 $V(x)$ 是沟道中的电势，它取决于漏源电压。求出式（13.21）中的 $V(x)$ 并微分得

$$dV(x) = \frac{eN_d h(x)\,dh(x)}{\epsilon_s} \tag{13.22}$$

$$I_{D1}\,dx = \frac{\mu_n(eN_d)^2 W}{\epsilon_s}[ah(x)\,dh(x) - h(x)^2\,dh(x)] \tag{13.23}$$

对式（13.23）沿着沟道长度求积分，可得到漏电流 I_{D1} 的表达式。假定电流和迁移率在沟道中为常数，我们得到

$$I_{D1} = \frac{\mu_n(eN_d)^2 W}{\epsilon_s L}\left[\int_{h_1}^{h_2} ah\,dh - \int_{h_1}^{h_2} h^2\,dh\right] \tag{13.24}$$

或

$$I_{D1} = \frac{\mu_n(eN_d)^2 W}{\epsilon_s L}\left[\frac{a}{2}(h_2^2 - h_1^2) - \frac{1}{3}(h_2^3 - h_1^3)\right] \tag{13.25}$$

则有

$$h_2^2 = \frac{2\epsilon_s(V_{DS} + V_{bi} - V_{GS})}{eN_d} \tag{13.26a}$$

$$h_1^2 = \frac{2\epsilon_s(V_{bi} - V_{GS})}{eN_d} \tag{13.26b}$$

和

$$V_{p0} = \frac{ea^2 N_d}{2\epsilon_s} \tag{13.26c}$$

式（13.25）可以写成

$$I_{D1} = \frac{\mu_n(eN_d)^2 Wa^3}{2\epsilon_s L}\left[\frac{V_{DS}}{V_{p0}} - \frac{2}{3}\left(\frac{V_{DS} + V_{bi} - V_{GS}}{V_{p0}}\right)^{3/2} + \frac{2}{3}\left(\frac{V_{bi} - V_{GS}}{V_{p0}}\right)^{3/2}\right] \tag{13.27}$$

我们定义

$$\boxed{I_{P1} \equiv \frac{\mu_n(eN_d)^2 Wa^3}{6\epsilon_s L}} \tag{13.28}$$

其中 I_{P1} 称为夹断（阈）电流。式（13.27）变为：

$$I_{D1} = I_{P1}\left[3\left(\frac{V_{DS}}{V_{p0}}\right) - 2\left(\frac{V_{DS} + V_{bi} - V_{GS}}{V_{p0}}\right)^{3/2} + 2\left(\frac{V_{bi} - V_{GS}}{V_{p0}}\right)^{3/2}\right] \tag{13.29}$$

式（13.29）的有效范围是 $0 \leqslant |V_{GS}| \leqslant |V_p|$ 和 $0 \leqslant V_{DS} \leqslant V_{DS}(\text{sat})$。阈电流 I_{P1} 是 JFET 中在零偏耗尽区可以忽略时或者 V_{GS} 和 V_{bi} 均为零时的最大漏电流。

式（13.29）是单边 n 沟道 JFET 在非饱和区的电流-电压关系。对于图 13.9（a）中所示的双边对称的 JFET，总的漏电流应该是 $I_{D2} = 2I_{D1}$。

式（13.27）又可以写成

$$I_{D1} = G_{01}\left\{V_{DS} - \frac{2}{3}\sqrt{\frac{1}{V_{p0}}}\left[(V_{DS} + V_{bi} - V_{GS})^{3/2} - (V_{bi} - V_{GS})^{3/2}\right]\right\} \tag{13.30}$$

其中

$$G_{01} = \frac{\mu_n(eN_d)^2 Wa^3}{2\epsilon_s L V_{p0}} = \frac{e\mu_n N_d Wa}{L} = \frac{3I_{P1}}{V_{p0}} \tag{13.31}$$

沟道电导定义为

$$g_d = \left.\frac{\partial I_{D1}}{\partial V_{DS}}\right|_{V_{DS} \to 0} \tag{13.32}$$

将式（13.30）对 V_{DS} 求微分，得

$$g_d = \left.\frac{\partial I_{D1}}{\partial V_{DS}}\right|_{V_{DS} \to 0} = G_{01}\left[1 - \left(\frac{V_{bi} - V_{GS}}{V_{p0}}\right)^{1/2}\right] \tag{13.33}$$

从式（13.33）得到：当 V_{GS} 和 V_{bi} 均为零时，G_{01} 是沟道电导。这种情况存在于沟道中没有空间电荷区时。从式（13.33）我们还能得到：沟道电导被栅电压调制或控制。

这种沟道电导调制效应是场效应现象的基础。

$$V_{DS} = V_{DS}(\text{sat}) = V_{p0} - (V_{bi} - V_{GS}) \tag{13.34}$$

在饱和区，当 $V_{DS} = V_{DS}$

$$I_{D1} = I_{D1}(\text{sat}) = I_{P1}\left\{1 - 3\left(\frac{V_{bi} - V_{GS}}{V_{p0}}\right)\left[1 - \frac{2}{3}\sqrt{\frac{V_{bi} - V_{GS}}{V_{p0}}}\right]\right\} \tag{13.35}$$

理想饱和漏电流与漏极电压无关。图 13.12 显示了硅 n 沟道 JFET 的理想电流-电压特性曲线。

例 13.3 考虑一个掺杂硅的 n 沟道 JFET。

当 $T = 300$ K 时，它具有以下参数：$N_a = 10^{18}$ cm^{-3}，$N_d = 10^{16}$ cm^{-3}，$a = 0.75$ μm，$L = 10$ μm，$W = 30$ μm，$\mu_n = 1000$ cm^2/V · s。

■ **解**

由式（13.28）可得阈电流为

$$I_{P1} = \frac{(1000)[(1.6 \times 10^{-19})(10^{16})]^2 (30 \times 10^{-4})(0.75 \times 10^{-4})^3}{6(11.7)(8.85 \times 10^{-14})(10 \times 10^{-4})} = 0.522 \text{ mA}$$

从例 13.1 我们还能得到 $V_{bi} = 0.814$ V，$V_{p0} = 4.35$ V。当 $V_{GS} = 0$ 时产生最大电流，由式（13.35）得

$$I_{D1}(\text{max}) = I_{P1}\left\{1 - 3\left(\frac{V_{bi}}{V_{p0}}\right)\left[1 - \frac{2}{3}\sqrt{\frac{V_{bi}}{V_{p0}}}\right]\right\} \tag{13.36}$$

或

$$I_{D1}(\text{max}) = (0.522)\left\{1 - 3\left(\frac{0.814}{4.35}\right)\left[1 - \frac{2}{3}\sqrt{\frac{0.814}{4.35}}\right]\right\} = 0.313 \text{ mA}$$

■ 说明

JFET 的最大电流值低于阈电流 I_{P1} 的值。

■ 自测题

E13.3 分析一个掺杂硅的 n 沟道 JFET，它具有以下参数：$N_a = 10^{18}$ cm^{-3}，$N_d = 10^{16}$ cm^{-3}，$a = 0.40$ μm，$L = 5$ μm，$W = 50$ μm，$\mu_n = 900$ cm^2/V·s。计算阈电流 I_{P1} 和 $V_{GS} = 0$ 时的最大漏电流 I_{D1}(sat)。

答案： $I_{P1} = 0.237$ mA，I_{D1}(sat) $= 22.13$ μA。

例题中计算得出的最大饱和电流比图 13.12 中的要低，因为器件的宽长比有很大的不同。一旦确定了 JFET 的夹断电压，就可以通过设计器件的沟道宽度 W 来满足具体的电流要求。

小结： 式(13.29)和式(13.35)不适合手工计算。我们在本节的开始就已指出，式(13.14)给出了饱和区漏电流的一个较好的近似公式，即

$$I_D = I_{DSS}\left(1 - \frac{V_{GS}}{V_p}\right)^2$$

电流 I_{DSS} 是最大漏电流，它与式(13.36)中的 I_{D1}(max)值相同。V_{GS} 是栅源电压，V_p 是夹断电压。我们知道，V_{GS} 和 V_p 都是负值，对于一个 V_{GS} 和 V_p 都是正值。图 13.13 显示了式(13.14)和式(13.35)的区别。

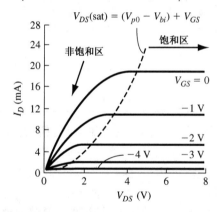

图 13.12　$a = 1.5$ μm，$W/L = 170$，$N_d = 2.5 \times 10^{15}$ cm^{-3} 时，n 沟道 JFET 的理想电流-电压特性曲线

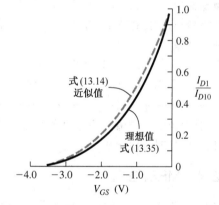

图 13.13　用式(13.14)和式(13.35)计算的饱和区漏电流 I_D 与 V_{GS} 的关系

13.2.3　跨导

跨导就是 JFET 的增益，它表明栅电压控制漏电流的情况。跨导的定义为

$$g_m = \frac{\partial I_D}{\partial V_{GS}} \tag{13.37}$$

用上一节中求得的理想漏电流的表达式，我们可以写出跨导的表达式。

对于一个 n 沟道耗尽型 JFET，在非饱和区的漏电流由式(13.29)给出。我们可以推导出晶体管跨导在该区的表达式为：

$$g_{mL} = \frac{\partial I_{D1}}{\partial V_{GS}} = \frac{3I_{P1}}{V_{p0}}\sqrt{\frac{V_{bi} - V_{GS}}{V_{p0}}}\left[\sqrt{\left(\frac{V_{DS}}{V_{bi} - V_{GS}}\right) + 1} - 1\right] \tag{13.38}$$

取极限使 V_{DS} 很小，则跨导表达式变为：

$$g_{mL} \approx \frac{3I_{P1}}{2V_{p0}} \cdot \frac{V_{DS}}{\sqrt{V_{p0}(V_{bi} - V_{GS})}} \tag{13.39}$$

我们还可以将式(13.39)以跨导参数 G_{01} 的形式表示为：

$$g_{mL} = \frac{G_{01}}{2} \cdot \frac{V_{DS}}{\sqrt{V_{p0}(V_{bi} - V_{GS})}} \tag{13.40}$$

JFET 的饱和区中的理想漏电流由式(13.35)给出。则饱和区的跨导为：

$$g_{ms} = \frac{\partial I_{D1}(\text{sat})}{\partial V_{GS}} = \frac{3I_{P1}}{V_{p0}}\left(1 - \sqrt{\frac{V_{bi} - V_{GS}}{V_{p0}}}\right) = G_{01}\left(1 - \sqrt{\frac{V_{bi} - V_{GS}}{V_{p0}}}\right) \tag{13.41a}$$

应用由式(13.14)给出的电流-电压近似关系，跨导表达式还可以写为：

$$g_{ms} = \frac{-2I_{DSS}}{V_p}\left(1 - \frac{V_{GS}}{V_p}\right) \tag{13.41b}$$

由于 V_p 对于 n 沟道是一个负值，所以 g_{ms} 是一个正值。

例 13.4 分析例 13.3 中描述的掺杂硅的 JFET，我们计算得到 $I_{P1} = 0.522$ mA，$V_{bi} = 0.814$ V，$V_{p1} = 4.35$ V。

■ **解**

$V_{GS} = 0$ 时，跨导值最大。式(13.14a)可以写为：

$$g_{ms}(\text{max}) = \frac{3I_{P1}}{V_{p0}}\left(1 - \sqrt{\frac{V_{bi}}{V_{p0}}}\right) = \frac{3(0.522)}{4.35}\left(1 - \sqrt{\frac{0.814}{4.35}}\right) = 0.204 \text{ mA/V}$$

■ **说明**

饱和跨导是 V_{GS} 的函数，当 $V_{GS} = V_P$ 时，饱和跨导值为零。

■ **自测题**

E13.4 计算自测题 E13.3 中 n 沟道 JFET 的最大跨导。

答案：$g_{ms}(\text{max}) = 0.109$ mA/V。

实验得出的跨导值与理论值有偏离，其原因是源极存在电阻。这种影响将在后面讨论 JFET 的小信号模型时予以分析。

13.2.4 MESFET

到目前为止，我们的讨论只涉及 pn JFET。对于 MESFET，除了 pn 结被肖特基势垒整流接触结代替，其他均与 pn JFET 相同。图 13.9(b)显示了 MESFET 的基本结构。MESFET 通常用砷化镓制造。在后面的讨论中，我们将忽略沟道与衬底之间的耗尽区的影响，且只讨论耗尽型器件(在这种器件中，需要加一个栅源电压，以使晶体管截止)。当然，用砷化镓材料也能制成增强型的 MESFET，在 13.1.2 节中已经讨论过它的基本工作原理。我们还将讨论增强型砷化镓 pn JFET。

由于砷化镓中的电子迁移率比空穴迁移率大得多，所以我们集中讨论 n 沟道砷化镓 MESFET 或 JFET。式(13.3)给出的内建夹断电压的定义也适合于上述器件。在分析增强型 JFET 时，我们用阈电压代替夹断电压。同样，在讨论 MESFET 时，也用阈电压表示。

对于 n 沟道 MESFET，阈电压由式(13.4)表示为：

$$V_{bi} - V_T = V_{p0} \quad \text{或} \quad \boxed{V_T = V_{bi} - V_{p0}} \tag{13.42}$$

对于 n 沟道耗尽型 JFET，$V_T < 0$，对于 n 沟道增强型 MESFET，$V_T > 0$。由式(13.42)可知，对于 n 沟道增强型 JFET，$V_{bi} > V_{p0}$。

例 13.5　计算某一阈电压时, 砷化镓 MESFET 的沟道厚度。

对于一个肖特基势垒接触的 n 沟道砷化镓 MESFET, $T = 300$ K 时, 假定势垒高度 ϕ_{Bn} 为 0.89 V。n 沟道掺杂浓度为 $N_d = 2 \times 10^{15}$ cm^{-3}, $V_T = 0.25$ V, 计算沟道厚度。

■ **解**

我们知道

$$\phi_n = V_t \ln \left(\frac{N_c}{N_d} \right) = (0.0259) \ln \left(\frac{4.7 \times 10^{17}}{2 \times 10^{15}} \right) = 0.141 \text{ V}$$

内建电势差为:

$$V_{bi} = \phi_{Bn} - \phi_n = 0.89 - 0.141 = 0.749 \text{ V}$$

由式(13.42)得阈电压为:

$$V_T = V_{bi} - V_{p0}$$

或

$$V_{p0} = V_{bi} - V_T = 0.749 - 0.25 = 0.499 \text{ V}$$

又

$$V_{p0} = \frac{ea^2 N_d}{2\epsilon_s}$$

或

$$0.499 = \frac{a^2 (1.6 \times 10^{-19}) (2 \times 10^{15})}{2(13.1)(8.85 \times 10^{-14})}$$

那么沟道厚度为:

$$a = 0.601 \text{ μm}$$

■ **说明**

对于一个增强型的 n 沟道 MESFET, 内部夹断电压小于内建电势差, 而沟道厚度的一个很小变化就会导致阈值电压很大的变化。

■ **自测题**

E13.5　考虑一个 n 沟道 GaAs MESFET, 势垒高度 ϕ_{Bn} 为 0.85 V, 沟道掺杂浓度 $N_d = 5 \times 10^{15}$ cm^{-3}, 沟道厚度 $a = 0.40$ μm, 计算内部夹断电压和阈值电压。

答案: $V_{p0} = 0.5520$ V, $V_T = 0.180$ V。

增强型 JFET 的设计通过薄的沟道厚度和低沟道掺杂浓度实现。通过对沟道厚度和沟道掺杂浓度的精确控制, 可以获得零点几伏的内建夹断电压, 这正是制造增强型 MESFET 的难点。

例 13.6　n 沟道砷化镓增强型 pn JFET, $T = 300$ K, $N_a = 10^{18}$ cm^{-3}, $N_d = 3 \times 10^{15}$ cm^{-3} 和 $a = 0.70$ μm。计算使沟道宽度为 0.10 μm、漏极电压为零时, 所加正偏栅极电压。

■ **解**

内建电势差为:

$$V_{bi} = V_t \ln \left(\frac{N_a N_d}{n_i^2} \right) = (0.0259) \ln \left[\frac{(10^{18})(3 \times 10^{15})}{(1.8 \times 10^6)^2} \right] = 1.25 \text{ V}$$

内建夹断电压为:

$$V_{p0} = \frac{ea^2 N_d}{2\epsilon_s} = \frac{(1.6 \times 10^{-19})(0.7 \times 10^{-4})^2 (3 \times 10^{15})}{2(13.1)(8.85 \times 10^{-14})} = 1.01 \text{ V}$$

则阈电压为:

$$V_T = V_{bi} - V_{p0} = 0.24 \text{ V}$$

沟道耗尽层宽度由式(13.1)给出。设 $h = 0.60\ \mu m$ 时，沟道宽度为 $0.1\ \mu m$。求解 V_{GS} 得

$$V_{GS} = V_{bi} - \frac{eh^2 N_d}{2\epsilon_s} = 1.25 - \frac{(1.6 \times 10^{-19})(0.6 \times 10^{-4})^2(3 \times 10^{15})}{2(13.1)(8.85 \times 10^{-14})}$$

$$= 1.25 - 0.745 = 0.50\ V$$

■ 说明

所加的栅极电压 0.50 V 远大于阈值电压，此时耗尽区比冶金沟道厚度要小。在源极接触处形成一个 n 型沟道区。正偏栅电压不能太大，否则器件中会产生一个无用的栅电流。

■ 自测题

E13.6 考虑一个 n 沟道 GaAs MESFET，势垒高度 ϕ_{Bn} 为 0.89 V，沟道掺杂浓度 $N_d = 10^{16}\ cm^{-3}$，假设阈值电压 $V_T = 0.25\ V$，求需要的沟道厚度。

答案：$a = 0.280\ \mu m$。

理想情况下，增强型器件的电流-电压特性曲线与耗尽型器件的相同，唯一不同的是内建夹断电压的相对值。饱和区电流由式(13.35)给出：

$$I_{D1} = I_{D1}(\text{sat}) = I_{P1}\left\{ 1 - 3\left(\frac{V_{bi} - V_{GS}}{V_{p0}}\right)\left[1 - \frac{2}{3}\sqrt{\frac{V_{bi} - V_{GS}}{V_{p0}}}\right]\right\}$$

n 沟道器件的阈电压由式(13.42)定义为 $V_T = V_{bi} - V_{p0}$，因此

$$V_{bi} = V_T + V_{p0} \tag{13.43}$$

将这个关于 V_{bi} 的表达式代入式(13.35)中，得到

$$I_{D1}(\text{sat}) = I_{P1}\left\{1 - 3\left[1 - \left(\frac{V_{GS} - V_T}{V_{p0}}\right)\right] + 2\left[1 - \left(\frac{V_{GS} - V_T}{V_{p0}}\right)\right]^{3/2}\right\} \tag{13.44}$$

式(13.44)在 $V_{GS} \geq V_T$ 时有效。

当晶体管导通时，有 $(V_{GS} - V_T) \ll V_{p0}$。式(13.44)可以展开为泰勒级数，得到

$$I_{D1}(\text{sat}) \approx I_{P1}\left[\frac{3}{4}\left(\frac{V_{GS} - V_T}{V_{p0}}\right)\right]^2 \tag{13.45}$$

将 I_{P1} 和 V_{p0} 的表达式代入式(13.45)中，得到

$$I_{D1}(\text{sat}) = \frac{\mu_n \epsilon_s W}{2aL}(V_{GS} - V_T)^2, \qquad V_{GS} \geq V_T \tag{13.46}$$

现在，我们可以将式(13.46)写成

$$\boxed{I_{D1}(\text{sat}) = k_n(V_{GS} - V_T)^2} \tag{13.47}$$

其中

$$\boxed{k_n = \frac{\mu_n \epsilon_s W}{2aL}} \tag{13.48}$$

系数 k_n 称为电导参数。式(13.47)的形式与 MOSFET 的相同。

式(13.47)的平方根，即 $\sqrt{I_{D1}(\text{sat})}$ 与 V_{GS} 的理想关系曲线绘于图 13.14 中。理想曲线与电压轴相交的一点的值是阈电压 V_T 的值。实线绘出的是实验所得的结果。式(13.46)描述的实验结果与阈电压相符得不理想。理想电流-电压关系是在假定 pn 结耗尽区突变近似的情况下推导出来的。然而，当

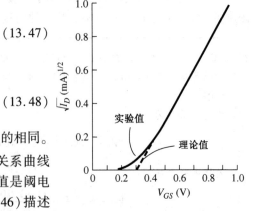

图 13.14 增强型 JFET 的实验值和理论值 $\sqrt{I_D}$-V_{GS} 的关系图

耗尽区扩展到整个沟道中时, 为了更精确地预测阈值附近的漏电流值, 必须采用更精确地空间电荷区模型。我们将在 13.3.3 节中讨论亚阈值的情况。

例 13.7 设计一个 n 沟道 GaAs 增强型 pn JFET 的沟道宽度, 使其在给定一个偏压时产生特定的电流值。

分析例 13.6 中描述的 GaAs JFET。此外, 假定 $\mu_n = 8000 \text{ cm}^2/\text{V} \cdot \text{s}$ 以及 $L = 1.2 \text{ μm}$。设计沟道宽度, 使器件在给定偏压 $V_{GS} = 0.5 \text{ V}$, $I_{D1} = 75 \text{ μA}$。

■ **解**

在饱和区, 电流由下式给出:

$$I_{D1} = k_n(V_{GS} - V_T)^2$$

或

$$75 \times 10^{-6} = k_n(0.5 - 0.24)^2$$

则电导参数为

$$k_n = 1.109 \text{ mA/V}^2$$

由式 (13.48), 可知导电参数为

$$k_n = \frac{\mu_n \epsilon_s W}{2aL}$$

则

$$1.109 \times 10^{-3} = \frac{(8000)(13.1)(8.85 \times 10^{-14})(W)}{2(0.70 \times 10^{-4})(1.2 \times 10^{-4})}$$

因此, 所需的沟道宽度为

$$W = 20.1 \text{ μm}$$

■ **说明**

如果 V_{GS} 或晶体管宽度增加, 则饱和电流明显增加。

■ **自测题**

E13.7 考虑自测题 E 13.5 中描述的 GaAs MESFET, 假设 $\mu_n = 7000 \text{ cm}^2/\text{V} \cdot \text{s}$, $L = 0.8 \text{ μm}$, $W = 25 \text{ μm}$。计算导电参数 k_n 和 $V_{GS} = 0.50 \text{ V}$ 时的电流 $I_{D1}(\text{sat})$。

答案: $k_n = 3.17 \text{ mA/V}^2$, $I_{D1}(\text{sat}) = 0.325 \text{ mA}$。

饱和区中的增强型器件的跨导可以推导出来。采用式 (13.47), 得

$$g_{ms} = \frac{\partial I_{D1}(\text{sat})}{\partial V_{GS}} = 2k_n(V_{GS} - V_T) \tag{13.49}$$

对于增强型器件, 同耗尽型器件一样, V_{GS} 增加则跨导增加。

练习题

T13.1 考虑一个 GaAs pn 结型的 n 沟道 FET, p+ 的掺杂浓度为 $N_a = 5 \times 10^{18} \text{ cm}^{-3}$, n 沟道的掺杂浓度 $N_d = 5 \times 10^{15} \text{ cm}^{-3}$, 零偏时的耗尽区宽度为 $1.2a$ 且沟道完全耗尽。计算 a 的值和夹断电压的值。

答案: $a = 0.513 \text{ μm}$, $V_P = 0.397 \text{ V}$。

T13.2 对于一个 p 沟道 JFET, 式 (13.28) 给出了夹断电流 I_{P1} 的表达式, 将式 (13.26c) 中的 μ_n 用 μ_p 代替, N_d 用 N_a 代替, 可以得到其夹断电压的表达式。假设有一个 p 沟道 JFET 的参数如下:
$N_d = 5 \times 10^{18} \text{ cm}^{-3}$, $N_a = 2 \times 10^{16} \text{ cm}^{-3}$, $a = 0.50 \text{ μm}$, $L = 5 \text{ μm}$, $W = 40 \text{ μm}$, $\mu_p = 400 \text{ cm}^2/\text{V} \cdot \text{s}$,
计算夹断电流 I_{P1} 和 $V_{GS} = 0$ 时的最大漏电流 $I_{D1}(\text{sat})$。

答案: $I_{P1} = 0.659 \text{ mA}$, $I_{D1}(\text{sat}) = 0.256 \text{ mA}$。

耗尽区

*13.3 非理想因素

如同其他半导体器件一样，存在着使器件特性发生改变的非理想因素。在前面所有的讨论中，我们分析的是具有恒定沟道长度和恒定迁移率的理想晶体管，而忽略了栅电流的影响。然而，当 JFET 处于饱和区时，有效的电场沟道长度是 V_{DS} 的函数。这种非理想因素的影响称为沟道长度调制效应。此外，当晶体管处于饱和区及其附近时，沟道中的电场强度能变得足够大，以使多数载流子达到饱和速率。这时，迁移率不再是常数。栅电流的数量级将影响到输入阻抗，这在设计电流时应予以考虑。

13.3.1 沟道长度调制效应

漏电流的表达式与给定的沟道长度 L 成反比，如式（13.27）所示。在推导电流表达式的过程中，我们假定沟道长度是一个常数。然而，有效沟道长度是变化的。图13.5显示了晶体管偏置在饱和区时沟道中的空间电荷区。中性 n 沟道的长度随 V_{DS} 的增加而减小，从而漏电流将增大。有效沟道长度的改变以及相应漏电流的变化称为沟道长度调制。

对于夹断电流的计算公式（13.28），由于存在沟道长度调制效应修改为：

$$I'_{P1} = \frac{\mu_n (eN_d)^2 W a^3}{6 \epsilon_s L'} \tag{13.50}$$

其中

$$L' \approx L - \frac{1}{2} \Delta L \tag{13.51}$$

如果假定图13.5中显示的沟道耗尽区向沟道和漏区等距离扩展，那么取一级近似时，因子 $\frac{1}{2}$ 将包括在 L' 的表达式中。

漏电流的表达式可以写为：

$$I'_{D1} = I_{D1} \cdot \frac{I'_{P1}}{I_{P1}} = I_{D1} \left(\frac{L}{L - \frac{1}{2} \Delta L} \right) \tag{13.52}$$

其中 I_{D1} 是式（13.35）中的理想漏电流值。饱和区的另一种电流–电压形式是

$$I'_{D1}(\text{sat}) = I_{D1}(\text{sat})(1 + \lambda V_{DS}) \tag{13.53}$$

有效沟道长度 L' 与 $V_{DS}(\text{sat})$ 电压有关，沟道中的空间电荷区长度 ΔL 与超出饱和电压以外的漏极电压有关。忽略由于电流引起的空间电荷区的变化，并取一级近似，则损耗层长度 ΔL 变为

$$\Delta L = \left[\frac{2 \epsilon_s (V_{DS} - V_{DS}(\text{sat}))}{eN_d} \right]^{1/2} \tag{13.54}$$

由于有效沟道长度随 V_{DS} 变化，则漏电流是 V_{DS} 的函数。小信号模型在漏极处的输出阻抗定义为：

$$r_{ds} = \frac{\partial V_{DS}}{\partial I'_{D1}} \approx \frac{\Delta V_{DS}}{\Delta I'_{D1}} \tag{13.55}$$

例13.8 计算受沟道长度调制效应影响的小信号模型在漏极处的输出电阻。

分析一个 n 沟道耗尽型硅 JFET，沟道掺杂浓度为 $N_d = 3 \times 10^{15}$ cm^{-3}。计算 V_{DS} 从 $V_{DS}(1) = V_{DS}(\text{sat}) + 2.0$ 变化到 $V_{DS}(2) = V_{DS}(\text{sat}) + 2.5$ 时的 r_{ds} 值。假设 $L = 10$ μm，$I_{D1} = 4.0$ mA。

■ **解**

已知

$$r_{ds} = \frac{\Delta V_{DS}}{\Delta I'_{D1}} = \frac{V_{DS}(2) - V_{DS}(1)}{\Delta I'_{D1}(2) - I'_{D1}(1)}$$

我们可以计算在两种电压下的沟道长度的变化值

$$\Delta L(2) = \left[\frac{2\epsilon_s(V_{DS}(2) - V_{DS}(\text{sat}))}{eN_d}\right]^{1/2} = \left[\frac{2(11.7)(8.85 \times 10^{-14})(2.5)}{(1.6 \times 10^{-19})(3 \times 10^{15})}\right]^{1/2} = 1.04 \ \mu\text{m}$$

和

$$\Delta L(1) = \left[\frac{2(11.7)(8.85 \times 10^{-14})(2.0)}{(1.6 \times 10^{-19})(3 \times 10^{15})}\right]^{1/2} = 0.929 \ \mu\text{m}$$

则漏电流为：

$$I'_{D1}(2) = I_{D1}\left(\frac{L}{L - \frac{1}{2}\Delta L(2)}\right) = 4.0\left(\frac{10}{9.48}\right)$$

和

$$I'_{D1}(1) = I_{D1}\left(\frac{L}{L - \frac{1}{2}\Delta L(1)}\right) = 4.0\left(\frac{10}{9.54}\right)$$

所以输出电阻为：

$$r_{ds} = \frac{2.5 - 2.0}{4\left(\frac{10}{9.48}\right) - 4\left(\frac{10}{9.54}\right)} = 18.9 \ \text{k}\Omega$$

■ **说明**

输出电阻值明显低于理想的无穷大值。

■ **自测题**

E13.8 当沟道掺杂浓度增大到 $N_d = 10^{16} \ \text{cm}^{-3}$ 时，重复例 13.8 中的计算(所有其他参数均保持不变)。

答案： $r_{ds} = 39.46 \ \text{k}\Omega$。

对于高频 MESFET，典型的沟道长度是 1 μm 数量级。沟道长度调制效应以及其他效应在短沟道器件中变得很重要。

13.3.2 速度饱和影响

我们知道，硅中载流子的漂移速度随着电场强度的增加而达到饱和。由于速度饱和的影响，迁移率不是一个常数。对于很短的沟道，载流子可以很容易达到饱和速度，这会使电流-电压曲线发生变化。

图 13.15 显示了给漏极加电压后的沟道区示意图。由于沟道中的电流是一个常数，随着沟道在漏极处变窄，载流子速度不断增加。载流子首先在沟道漏极端达到饱和，此时耗尽区达到饱和时的厚度，因此有

$$I_{D1}(\text{sat}) = eN_d v_{\text{sat}}(a - h_{\text{sat}})W \quad (13.56)$$

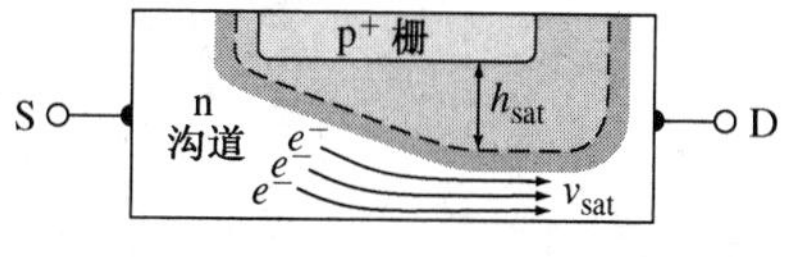

图 13.15 载流子速度和空间电荷区宽度饱和效应的 JFET 剖面图

其中 v_{sat} 是饱和速度，h_{sat} 是饱和耗尽层宽度。这种饱和效应发生在漏极电压比先前得出的 $V_{DS}(\text{sat})$ 小时。$V_{DS}(\text{sat})$ 和 $I_{DS}(\text{sat})$ 的值都比前面计算得到的值要小。

图 13.16 显示了标准的 I_D-V_{DS} 曲线。图 13.16(a) 显示了迁移率为常数时的情况，图 13.16(b) 显示了速度达到饱和时的情况。当速度饱和时，由于电流-电压曲线发生变化，跨导也会发生变化(跨导会变小)；因此，当速度达到饱和时，晶体管的有效增益会变小。

13.3.3 亚阈值特性和栅电流效应

亚阈值电流是 JFET 中当栅极电压低于夹断电压或阈电压时的电流。图 13.14 显示了亚阈值电导。当 JFET 工作于饱和区时，漏电流随着栅源电压呈二次方变化。当 V_{GS} 的值低于阈电压时，漏电流随着栅源电压呈指数变化。在阈值附近，突变耗尽近似不能精确地描述沟道区。对空间电荷区，必须采用更精确的描述。然而，这些超出了本书的范围。

当 n 沟道 MESFET 的栅极电压约为 $0.5 \sim 1.0$ V 时，此时低于阈电压，漏极电流达到一个最小值，然后随着栅极电压的减小而缓慢增加。这个区域的漏极电流是栅极泄漏电流。图 13.17 显示了栅极电压的三个区域中漏极电流随 V_{GS} 变化的曲线。该曲线表明，在阈值点下面，漏电流减小，但不为零。这种小电流模式可用于低功耗电路中。

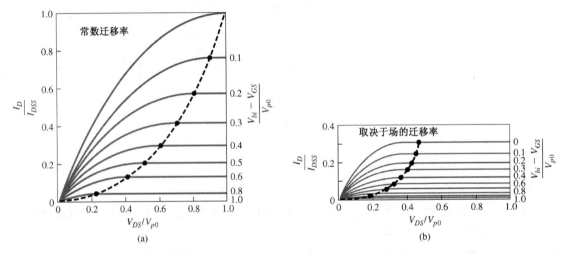

图 13.16　不同情况下的 I_D-V_{DS} 曲线。(a)迁移率为常数；(b)迁移率取决于场

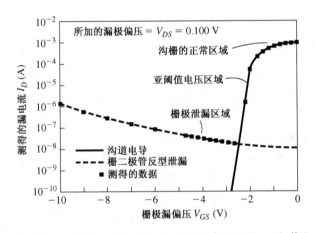

图 13.17　GaAs MESFET 漏极电流随 V_{GS} 变化的曲线（包括正常漏电流、亚阈值电流和栅极泄漏电流）

*13.4　等效电路和频率限制

为了进行晶体管的电路分析，需要一个数学模型或者一个等效电路。最有用的模型之一是小信号等效电路，这种电路适用于工作于线性放大区的晶体管。通过引入等效电容-电阻电路进

行频率特性分析，我们还将讨论 JFET 中不同的物理因子对频率限制的影响，并定义晶体管的一个特征参数——截止频率。

13.4.1　小信号等效电路

图 13.18 显示了一个 n 沟道 pn JFET 的横截面图，包括源区和漏区的电阻。衬底是半绝缘材料砷化镓，或是 p$^+$ 型衬底。

图 13.19 显示了 JFET 的小信号等效电路图。电压 $V_{g's'}$ 是内部栅源电压，它控制漏极电流。r_{gs} 和 C_{gs} 分别是栅源扩散电阻和结电容。耗尽型器件的栅源结反偏，增强型器件只有很小的正偏电压，因此 r_{gs} 的值通常很大。r_{gd} 和 C_{gd} 分别是栅漏电阻和结电容。电阻 r_{ds} 是漏源电阻，它是沟道长度调制效应的函数。电容 C_{ds} 主要是漏源寄生电容，C_s 是漏极与衬底之间的电容。

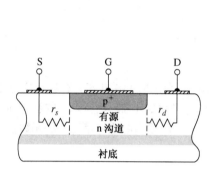

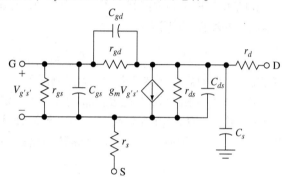

图 13.18　包括漏源串联电阻的 n 沟道 pn JFET 的横截面图

图 13.19　JFET 的小信号等效图

理想的小信号等效电路图如图 13.20(a)所示。所有的扩散电阻无穷大，串联电阻为零，低频时电容是开路的。小信号漏电流是

$$I_{ds} = g_m V_{gs} \tag{13.57}$$

它是跨导和输入电压的函数。

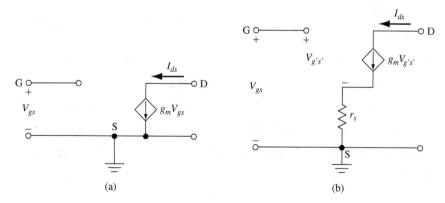

(a)　　　　　　　　　　(b)

图 13.20　(a)理想的低频小信号等效电路；(b)包括串联电阻 r_s 的理想低频小信号等效电路

源串联电阻的影响如图 13.20(b)所示，我们有

$$I_{ds} = g_m V_{g's'} \tag{13.58}$$

V_{gs} 和 $V_{g's'}$ 的关系如下：

$$V_{gs} = V_{g's'} + (g_m V_{g's'}) r_s = (1 + g_m r_s) V_{g's'} \tag{13.59}$$

式(13.58)又可以写为：

$$I_{ds} = \left(\frac{g_m}{1 + g_m r_s}\right) V_{gs} = g'_m V_{gs} \tag{13.60}$$

源极电阻的影响是降低有效跨导或晶体管增益。

由于 g_m 是直流栅源电压的函数，因此 g'_m 也是 V_{GS} 的函数。式(13.41b)是晶体管工作于饱和区时 g_m 与 V_{GS} 的关系。图 13.21 显示了跨导的理论值与例 13.4 中使用 $r_s = 2000\ \Omega$ 所得出的实验值之间的关系（$r_s = 2000\ \Omega$ 也许看来太大，但是半导体的实际厚度可能是 1 μm 级或更小；因此，如果未给与特殊的关注，就会导致大电阻的形成）。

13.4.2 频率限制因子和截止频率

JFET 中有两个频率限制因子。一个是沟道运输时间。若沟道长度是 1 μm，载流子以饱和速度运动，那么输运时间为：

$$\tau_t = \frac{L}{v_s} = \frac{1 \times 10^{-4}}{1 \times 10^{+7}} = 10\ \text{ps} \tag{13.61}$$

沟道输运时间仅在高频器件中才作为限制因子。

另一个频率限制因子是电容存储时间，图 13.22 显示了一个包括主要电容而忽略扩散电阻的基本等效电路图，输出电流是短路电流。随着输入信号电压 V_{gs} 频率的增加，C_{gd} 和 C_{gs} 的容抗减小，所以流过 C_{gd} 的电流增加。对于 $g_m V_{gs}$ 为常数，电流 I_{ds} 将减小。这时输出电流将是频率的函数。

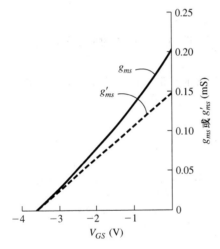

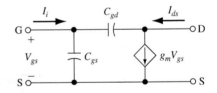

图 13.21　JFET 跨导与 V_{GS} 的关系。(a)理想情况；(b)有串联电阻的情况

图 13.22　包含电容的小信号等效电路

若电容充电时间是限制因子，则截止频率 f_T 定义为输入电流 I_i 等于本征晶体管理想输出电流 $g_m V_{gs}$ 时的频率。输出短路时有

$$I_i = j\omega (C_{gs} + C_{gd}) V_{gs} \tag{13.62}$$

如果使 $C_G = C_{gs} + C_{gd}$，那么截止频率为：

$$|I_i| = 2\pi f_T C_G V_{gs} = g_m V_{gs} \tag{13.63}$$

即

$$f_T = \frac{g_m}{2\pi C_g} \tag{13.64}$$

由式(13.41b)，最大跨导为：

$$g_{ms}(\max) = G_{01} = \frac{e\mu_n N_d Wa}{L} \tag{13.65}$$

最小栅电容为

$$C_G(\min) = \frac{\epsilon_s WL}{a} \tag{13.66}$$

其中 a 是最大空间电荷区宽度。最大截止频率为:

$$\boxed{f_T = \frac{e\mu_n N_d a^2}{2\pi\epsilon_s L^2}} \tag{13.67}$$

例 13.9 计算 Si JFET 的截止频率,具体参数如下:

$$\mu_n = 1000\ \text{cm}^2/\text{V·s} \qquad a = 0.60\ \mu\text{m}$$

$$N_d = 10^{16}\ \text{cm}^{-3} \qquad L = 5\ \mu\text{m}$$

■ **解**

将参数代入式(13.67)得

$$f_T = \frac{e\mu_n N_d a^2}{2\pi\epsilon_s L^2} = \frac{(1.6 \times 10^{-19})(1000)(10^{16})(0.6 \times 10^{-4})^2}{2\pi(11.7)(8.85 \times 10^{-14})(5 \times 10^{-4})^2} = 3.54\ \text{GHz}$$

■ **说明**

该例表明即使是 Si JFET 也有很高的截止频率。

■ **自测题**

E13.9 一个 n 沟道的硅 JFET 的参数如下: $\mu_n = 1000\ \text{cm}^2/\text{V·s}$, $N_d = 5 \times 10^{15}\ \text{cm}^{-3}$, $a = 0.50\ \mu\text{m}$, $L = 2\ \mu\text{m}$,计算它的截止频率。

答案: $f_T = 7.69\ \text{GHz}$。

对于小几何尺寸的砷化镓 JFET 或 MESFET,截止频率更大。在高频器件中,沟道运输时间也作为限制因子。在这种情况下,截止频率的表达式应该加以改进。

GaAs FET 的一个用途是用于超高速数字集成电路中。传统的 GaAs MESFET 逻辑门可以实现达到次(亚)纳秒范围内的传播延迟时间。这些延迟时间可以与快速 ECL 相比,但是能量的损耗比 ECL 电路小 3 个数量级。增强型 GaAs JFET 在逻辑电路中用于驱动级,耗尽型器件用于负载。可以实现低至 45 ps 的延迟时间。特殊的 JFET 结构还可以进一步提高速度。这些结构中包括掺杂调制场效应晶体管,这种结构将在下一节中讨论。

练习题

T13.3 一个 p 沟道的硅 JFET,具体参数为: $\mu_p = 400\ \text{cm}^2/\text{V·s}$, $N_a = 2 \times 10^{16}\ \text{cm}^{-3}$, $a = 0.50\ \mu\text{m}$, $L = 4\ \mu\text{m}$,计算它的截止频率。

答案: $f_T = 3.07\ \text{GHz}$。

T13.4 一个 n 沟道的 GaAs JFET,具体参数为: $\mu_n = 6500\ \text{cm}^2/\text{V·s}$, $N_d = 3 \times 10^{15}\ \text{cm}^{-3}$, $a = 0.50\ \mu\text{m}$, $L = 1\ \mu\text{m}$,计算它的截止频率。

答案: $f_T = 107\ \text{GHz}$。

*13.5 高电子迁移率晶体管

随着频率、功率容量以及低噪声容限需求的增加,砷化镓 MESFET 已经达到了其设计上的极限。这些需求意味着需要具有更短的沟道长度、更大的饱和电流和更大跨导的短沟道 FET。我们可以通过增加栅极下面的沟道掺杂浓度来满足这些要求。在我们讨论的所有器件中，沟道区是对体材料掺杂而形成的，多数载流子与电离的杂质共同存在。多数载流子受电离杂质散射，从而使载流子迁移率减小，器件性能降低。

迁移率的减小量和 GaAs 中的峰值电压取决于掺杂浓度的增加，这种情况可以通过将多数载流子从电离了的杂质中分离出来而尽量减小。导带和价带之间的突变不连续的异质结构可以实现这种分离。在第 9 章中，我们分析了基本的异质结。图 13.23 显示了一个 N-AlGaAs 本征 GaAs 异质结在热平衡时的导带相对于费米能级的能带图。当电子从宽带隙的 AlGaAs 中流入 GaAs 中并被势阱束缚时就实现了热平衡。然而，电子沿平行于异质结表面的运动是自由的。在这种结构中，由于势阱中的多数载流子电子与 AlGaAs 中的杂质掺杂剂原子分离，因此，杂质散射的趋势减弱了。

用这种异质结制成的 FET 有几种名称，这里用的是高电子迁移率晶体管（HEMT）。其他的名称包括掺杂调制场效应晶体管（MODFET）、选择性掺杂异质结场效应晶体管（SDHT）以及二维电子气场效应晶体管（TEGFET）。

图 13.23　N-AlGaAs 本征 GaAs 突变异质结的导带能带图

13.5.1　量子阱结构

图 13.23 显示了 N-AlGaAs 本征 GaAs 异质结的导带能级图。在未掺杂的 GaAs 的薄势阱（约为 80 Å）中形成了电子的一个二维表面沟道层。可以获得 10^{12} cm^{-2} 数量级的电子载流子密度。由于杂质散射效应降低，载流子在低场中平行于异质结运动的迁移率得到改进。在温度为 300 K 时，据报道迁移率在 $8500 \sim 9000$ cm^2/V·s 范围内，反之，掺杂浓度为 $N_d = 10^{17}$ cm^{-3} 的 GaAs MESFET 的低场迁移率低于 5000 cm^2/V·s。异质结中的电子迁移率现在看来是由晶格或声子的散射决定的，因此随着温度的降低，迁移率迅速增加。

通过更多地分离电子与电离了的施主杂质，可以使杂质散射效应进一步降低。图 13.23 显示了突变异质结势阱中电子与施主原子的分离，但由于距离太近，还会受到了库仑引力的作用。一个未掺杂的 AlGaAs 的薄间隔层可以置于掺杂的 AlGaAs 与未掺杂的 GaAs 之间。图 13.24 显示了这种结构的能带图。增大载流子与电离施主的分离程度，可使它们之间的库仑引力更小，从而可以进一步增大电子迁移率。这种异质结的一个不足是势阱中的电子密度比突变结中的小。

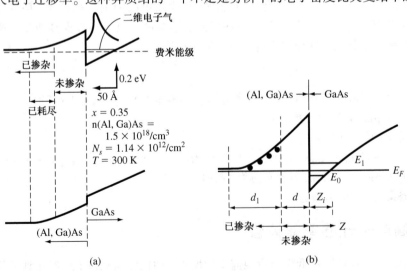

图 13.24　N-AlGaAs 本征 GaAs 异质结的导带能级图

　　分子束外延技术可以通过特定掺杂,生长一层很薄的特殊半导体材料,尤其是可以形成多层掺杂异质结构,如图 13.25 所示。可以平行形成几个表面沟道电子层。这种结构可以有效地增加沟道电子密度,进而增强 FET 的负载能力。

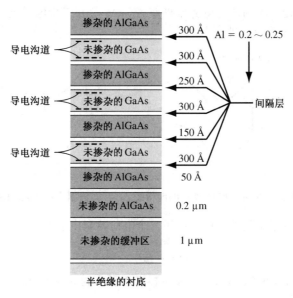

图 13.25   多层结构异质结

13.5.2   晶体管性能

　　图 13.26 显示了典型的 HEMT 结构。N-AlGaAs 与未掺杂的 GaAs 之间被一个未掺杂的 Al-GaAs 间隔层隔开。N-AlGaAs 通过肖特基接触形成栅极。这种结构是标准的 MODFET 结构。图 13.27 显示了一个反转的结构,此时肖特基接触形成于未掺杂的 GaAs 层。人们对反转 MODF-ET 结构的研究比标准结构的研究要少,因为标准结构能得出更好的结果。

　　势阱里的二维电子气层中的电子密度受控于栅极电压。当在栅极加足够大的负电压时,肖特基栅极中的电场使势阱中的二维电子气层耗尽。图 13.28 显示了金属-AlGaAs-GaAs 结构零偏以及在栅极加反偏电压时的能带图。零偏时,GaAs 的导带边缘低于费米能级,这表明二维电子气的密度很大;在栅极加负电压时,GaAs 的导带边缘高于费米能级,这意味着二维电子气的密度很小,并且 FET 中的电流几乎为零。

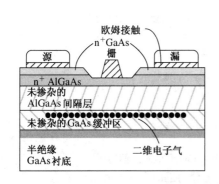

图 13.26   标准的 AlGaAs-GaAs HEMT 器件结构图

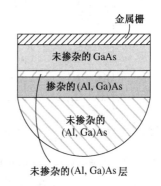

图 13.27   反转的 GaAs-AlGaAs HEMT 器件结构图

　　肖特基势垒使 AlGaAs 层在表面耗尽，异质结使 AlGaAs 层在异质结表面耗尽。理想情况下，设计器件时应该使两个耗尽区交叠，这样可以避免电子通过 AlGaAs 层导电。对于耗尽型器件，肖特基栅极中的耗尽层将只会向异质结中的耗尽层中扩展；对于增强型器件，掺杂的 AlGaAs 层厚度较小，而且肖特基栅极中的内建电势差将使 AlGaAs 层和二维电子气沟道完全耗尽。在增强型器件的栅极上加正电压将使器件开启。

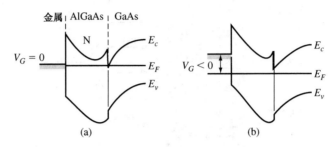

图 13.28　标准 HEMT 器件的能带图。(a)零偏栅压；(b)负偏栅压

　　在标准结构中，二维电子气的密度可以用一个电荷控制模型来描述，即

$$n_s = \frac{\epsilon_N}{q\,(d + \Delta d)}\,(V_g - V_{\text{off}}) \tag{13.68}$$

其中 ϵ_N 是 N-AlGaAs 的介电常数，$d = d_d + d_i$ 是掺杂以及未掺杂 AlGaAs 层厚度，Δd 是修正因子，表示如下：

$$\Delta d = \frac{\epsilon_N a}{q} \approx 80 \text{ Å} \tag{13.69}$$

阈电压 V_{off} 为：

$$V_{\text{off}} = \phi_B - \frac{\Delta E_c}{q} - V_{p2} \tag{13.70}$$

其中 ϕ_B 是肖特基势垒高度，V_{p2} 为：

$$V_{p2} = \frac{qN_d d_d^2}{2\epsilon_N} \tag{13.71}$$

负栅极电压将使二维电子气的浓度降低。如果加正电压，则二维电子气的密度将增加。增加栅极电压将使二维电子气的密度增加，直到 AlGaAs 的导带与电子气的费米能级交叠。图 13.29 就是这种效应的图形。此时，栅极失去了对电子气的控制，因为 AlGaAs 中形成了一个平行的导电通道。

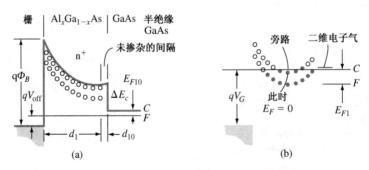

图 13.29　增强型 HEMT 器件的能带图。(a)很小的正偏栅压；
　　　　　　(b)足以在 AlGaAs 中产生传导沟道的大正偏栅压

例 13.10　计算 N-AlGaAs-本征 GaAs 异质结的二维电子浓度。

分析掺杂浓度为 10^{18} cm^{-3} 的 N-Al$_{0.3}$Ga$_{0.7}$As，厚度为 500 Å，假定有一个厚度为 20 Å 的未掺杂的间隔层，设 $\phi_B = 0.85$ V，$\Delta E_c/q = 0.22$ V。Al$_{0.3}$Ga$_{0.7}$As 的相对介电常数是 $\epsilon_N = 12.2$。

■ 解

参数 V_{p2} 为：

$$V_{p2} = \frac{qN_d d_d^2}{2\epsilon_N} = \frac{(1.6 \times 10^{-19})(10^{18})(500 \times 10^{-8})^2}{2(12.2)(8.85 \times 10^{-14})} = 1.85 \text{ V}$$

则阈电压为：

$$V_{off} = \phi_B - \frac{\Delta E_c}{q} - V_{p2} = 0.85 - 0.22 - 1.85 = -1.22 \text{ V}$$

由式(13.68)得到，$V_g = 0$ 时的沟道电子浓度为：

$$n_s = \frac{(12.2)(8.85 \times 10^{-14})}{(1.6 \times 10^{-19})(500 + 20 + 80) \times 10^{-8}} [-(-1.22)] = 1.37 \times 10^{12} \text{ cm}^{-2}$$

■ 说明

阈电压 V_{off} 的值是负的，这使器件成为一个耗尽型 MODFET；加一个负栅压会使器件截止。$n_s \approx 10^{12} \text{ cm}^{-2}$ 是标准的沟道浓度值。

MODFET 的电流–电压关系可以通过电荷控制模型和逐级沟道近似得到，沟道载流子浓度为：

$$n_s(x) = \frac{\epsilon_N}{q(d + \Delta d)} [V_g - V_{off} - V(x)] \tag{13.72}$$

其中 $V(x)$ 是沿着沟道方向的电势，其值取决于漏源电压。漏极电流是

$$I_D = qn_s v(\text{E})W \tag{13.73}$$

其中 $v(E)$ 是载流子漂移速度，W 是沟道宽度。这样的分析与 13.2.2 节中对 pn JFET 的分析很近似。

如果我们假定迁移率为常数，那么对于低 V_{DS} 值，有

$$I_D = \frac{\epsilon_N \mu W}{2L(d + \Delta d)} [2(V_g - V_{off}) V_{DS} - V_{DS}^2] \tag{13.74}$$

这个公式的形式与 pn JFET 或 MESFET 在非饱和区的形式相同。如果 V_{DS} 增加，使载流子达到饱和速度，那么

$$I_D(\text{sat}) = \frac{\epsilon_N W}{(d + \Delta d)} (V_g - V_{off} - V_0)v_{sat} \tag{13.75}$$

其中 v_{sat} 是饱和速度，$V_0 = \text{E}_s L$，E_s 是使载流子达到饱和速度时的沟道中的电场强度。

不同的速度对应着不同的电场强度，这可以推导出不同的电流–电压表达式。然而，式(13.74)和式(13.75)会在大多数的情况下产生令人满意的结果。图 13.30 是由试验得出的电流–电压值与理论计算得出的电流–电压值的比较，观察图得知，这些异质结器件中的电流可以达到很大。MODFET 跨导的定义与 pn JFET 和 MESFET 相同，$T = 300$ K 时的标准测得值为 250 mS/mm 左右，更高的值也已被报道。这些跨导值明显比 pn JFET 和 MESFET 的大。

HEMT 也可以制成多层异质结，这种类型的器件如图 13.31 所示。有着 AlGaAs-GaAs 表面的异质结也已有一个数量级为 1×10^{12} cm^{-2} 的最大二维电子层密度。通过在同一个外延层上生长两层或者更多的 AlGaAs-GaAs 表面，可以使这个值增大。器件的电流将增大，负载能力也增强。多层沟道的 HEMT 受栅电压调制的作用，与多个单层沟道平行接触形成的 HEMT 受栅电压调制的

作用基本相同，但是阈电压有微小的差别。最大跨导不能直接用沟道的数量来衡量，因为沟道的阈电压随沟道的不同而变化。此外，有效沟道长度会随栅极与沟道之间的距离的增加而增加。

HEMT 可以应用于高速逻辑电路中。在 $T = 300$ K 时，它们被用于时钟频率为 5.5 GHz 的触发电路中，低温时，时钟频率可以增加。也可用于小信号、高频放大器。HEMT 在以频率 35 GHz 运行时，会出现低噪声、高增益；最大频率随着沟道长度的减小而增加。沟道长度为 0.25 μm 时，测得截止频率的数量级为 100 GHz。

HEMT 以其高的运行速度、低能量损耗以及低噪声等固有优势优于其他的 FET 器件，这些优势使得高速 FET 器件用未掺杂的 GaAs 作为沟道层。一种在未掺杂的沟道中形成合适的载流子浓度的方法是，使载流子在半导体异质结表面堆积。HEMT 的缺点在于制作异质结的工艺过于复杂。

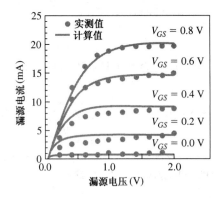

图 13.30 增强型 HEMT 器件的电流-电压曲线，实线为理论计算值，圆点是实测值

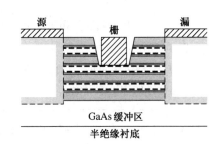

图 13.31 多层结构 HEMT 器件

13.6 小结

- 讨论了结型场效应晶体管的性质、工作原理及特性曲线。
- JFET 中的电流由垂直于电流方向的电场控制，电流存在于源极和漏极接触之间的沟道区中。在 pn JFET 中，沟道形成了 pn 结的一边，用于调制沟道电导。
- JFET 的两个主要参数是内建夹断电压 V_{p0} 和夹断电压 V_p（阈电压）。内建夹断电压定义为正值，它是引起结空间电荷层完全填满沟道区的栅极与沟道之间的总电势。夹断电压（阈电压）定义成形成夹断时所需加的栅极电压。
- 推导了理想的电流-电压关系。跨导即晶体管增益，是漏电流随着栅源电压变化的规律。
- 讨论了三种非理想的因素：沟道长度调制效应、饱和速度和亚阈值电流，这些效应将改变理想的电流-电压关系。
- 分析了 JEFT 的一种小信号等效电路，等效电路中包含等效电容：两个物理因素影响到频率限制，即沟道输运时间与电容电荷存储时间。电容电荷存储时间常数通常在短沟道器件中起作用。
- 高电子迁移率晶体管（HEMT）中用到了异质结结构。在异质结表面，二维电子气被限制在势阱中。电子可以平行于表面运动。这些电子与电离了的施主分离，以减小电离杂质散射效应，形成高的迁移率。

重要术语解释

- capacitance charging time(**电容电荷存储时间**)：栅极输入信号改变使栅极输入电容存储或释放电荷的时间。
- channel conductance(**沟道电导**)：当漏源电压趋近于极限值零时，漏电流随着漏源电压的变化率。
- channel conductance modulation(**沟道电导调制效应**)：沟道电导随栅极电压的变化过程。
- channel length modulation(**沟道长度调制效应**)：JFET 处于饱和区时，有效沟道长度随漏源电压而变化。
- conduction parameter(**电导参数**)：增强型 MESFET 的漏电流与栅源电压的表达式中的倍数系数 k_n。
- cutoff frequency(**截止频率**)：小信号栅极输入电流值与小信号漏极电流值一致时的频率。
- depletion mode JFET(**耗尽型 JFET**)：必须加以漏源电压才能形成沟道夹断使器件截止的 JFET。
- enhancement mode JFET(**增强型 JFET**)：栅极电压为零时已经夹断，必须加以栅源电压以形成沟道，以使器件开启的 JFET。
- internal pinchoff voltage(**内建夹断电压**)：沟道夹断时栅结上的总电压降。
- output resistance(**输出电阻**)：栅源电压随漏极电流的变化率。
- pinchoff(**夹断**)：栅结空间电荷区完全扩展进沟道，以至于沟道被耗尽的自由载流子充满的现象。

知识点

学完本章后，读者应具备如下能力：

- 叙述 pn JFET 和 MESFET 的基本工作原理。
- 讨论具有半绝缘衬底的 GaAs MESFET 的沟道区中电流的分布情况。
- 大致绘出耗尽型 JFET 的电流–电压特性曲线。
- 讨论内建夹断电压和夹断电压是怎样定义的。
- 确定 JFET 的跨导。
- 讨论增强型 MESFET 的概念。
- 讨论 JFET 中的三种非理想情况：沟道长度调制效应、饱和速度和亚阈值电流。
- 大致绘出 JFET 的小信号等效电路。
- 讨论频率限制系数，定义截止频率。
- 大致绘出一个典型的 HEMT 的截面图。
- 列举 HEMT 相对于 MESFET 的优点。

复习题

1. 大致绘出 p 沟道 pn JFET 的截面图，标明器件工作时的电压极性。
2. 大致绘出 p 沟道 pn JFET 的截面图，分别标明工作于非饱和区和饱和区时的耗尽区。
3. 什么是 pn JFET 饱和电流的机制？
4. 大致绘出 n 沟道 GaAs MESFET 的截面图。
5. 什么是 MESFET 饱和电流的机制？

6. 详细说明 pn JFET 的内建夹断电压和夹断电压。

7. 详细说明 MESFET 的阈电压。

8. 大致绘出 JFET 的小信号等效电路。

9. 详细说明 JFET 的两个频率限制因子，以及截止频率的条件。

10. 大致绘出 AlGaAs-GaAs HEMT 的截面图，以及异质结的导带能带图。

11. HEMT 相对于 MESFET 的优势是什么？

习题

注意：在没有特殊说明的情况下，假定以下习题中 $T = 300$ K。

13.1　JFET 概念

13.1　(a) 画出 p 沟道 JFET 结构的能带图，类似于图 13.2；(b) 定性地讨论电流–电压特性，包括电流方向以及电压极性，类似于图 13.3 和图 13.4。

13.2　分析图 P13.32 中的 n 沟道 JFET。p 型衬底与 n 型源极相接。大致绘出当 $V_{DS} = 0$ 时对于不同的 V_{GS} 的空间电荷区，以及当 $V_{GS} = 0$ 时对于不同的 V_{DS} 的空间电荷区。

13.2　器件的特性

13.3　一个 n 沟道 GaAs pn JFET 在 $T = 300$ K 时有如下掺杂浓度 $N_d = 3 \times 10^{16}$ cm^{-3}，$N_a = 2 \times 10^{18}$ cm^{-3}，$a = 0.40$ μm。(a) 估算 (i) 内建夹断电压 V_{p0} 和 (ii) 夹断电压 V_p；(b) 计算 $V_{GS} = -0.5$ V，V_{DS} 等于以下值时最小未耗尽沟道厚度 $a - h$：(i) $V_{DS} = 0$，(ii) $V_{DS} = -2.5$ V，(iii) $V_{DS} = -5$ V；(c) 计算 $V_{DS}(\text{sat})$，当 (i) $V_{GS} = 0$，(ii) $V_{GS} = -1$ V。

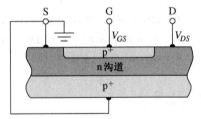

图 P13.2　习题 13.2 的示意图

13.4　当器件为 n 沟道硅 pn JFET 时，重做习题 13.3。

13.5　考虑一个 p 沟道 GaAs pn JFET，在 $T = 300$ K 时，参数为 $N_d = 10^{18}$ cm^{-3}，$a = 0.65$ μm。(a) 计算当内建夹断电压 V_{po} 为 2.75 V 时的沟道掺杂浓度；(b) 利用 (a) 的结果，计算夹断电压 V_p；(c) 当 V_{SD} 为 0 时，计算 V_{GS}，假定最小沟道耗尽层厚度为 0.15 μm；(d) 当 $V_{GS} = 0$ 时，计算 V_{SD}，假定沟道正好在漏端夹断。

13.6　当器件为 p 沟道硅 pn JFET 时，重做习题 13.5。

13.7　考虑一个 p 沟硅 pn JFET，参数为 $N_d = 3 \times 10^{18}$ cm^{-3}，$N_a = 2 \times 10^{16}$ cm^{-3}。(a) 计算冶金结厚度 a，假定夹断电压 $V_p = +3$ V；(b) 利用 (a) 的结果，计算内建夹断电压 V_{p0}；(c) 计算 $V_{SD}(\text{sat})$，当 (i) $V_{GS} = 0$，(ii) $V_{GS} = 1.5$ V。

13.8　当器件为 p 沟道 pn JFET 时，重做习题 13.7。

13.9　考虑一个 n 沟道硅 pn JFET，其掺杂浓度为 $N_a = 4 \times 10^{18}$ cm^{-3}，$N_d = 4 \times 10^{16}$ cm^{-3}。(a) 计算沟道冶金结厚度 a，假定 $V_{GS} = 0$，$V_{DS}(\text{sat}) = 5.0$ V；(b) 利用 (a) 的结果，计算夹断电压和内建夹断电压。

13.10　考虑一个 p 沟道 GaAs pn JFET，其掺杂浓度为 $N_a = 5 \times 10^{15}$ cm^{-3}，$N_d = 10^{18}$ cm^{-3}。(a) 计算沟道冶金结厚度 a，假定 $V_{GS} = +1.0$ V，$V_{SD}(\text{sat}) = 3.5$ V；(b) 利用 (a) 的结果，计算夹断电压和内建夹断电压。

13.11　一个 n 沟道的 Si JFET 在 $T = 300$ K 时具有如下参数：

$$N_a = 10^{19} \text{ cm}^{-3} \qquad N_d = 10^{16} \text{ cm}^{-3}$$
$$a = 0.50 \text{ μm} \qquad L = 20 \text{ μm}$$
$$W = 400 \text{ μm} \qquad \mu_n = 1000 \text{ cm}^2/\text{V·s}$$

忽略饱和速度影响，计算(a)I_{P1}；(b)V_{GS}为以下值时的V_{DS}(sat)值：(i)$V_{GS}=0$，(ii)$V_{GS}=V_p/4$，(iii)$V_{GS}=V_p/2$，(iv)$V_{GS}=3V_p/4$；(c)V_{GS}为上述值时的I_{D1}(sat)值；(d)应用(b)和(c)的结果，绘制电流–电压特性曲线。

13.12 分析习题 13.11 中描述的 JFET，估算沟道跨导 g_d 的值，并绘制 g_d-V_{GS} 曲线，$0 < |V_{GS}| < |V_p|$。

13.13 分析一个 n 沟道 GaAs JFET，$T=300$ K 时它有如下参数：

$$N_a = 5 \times 10^{18} \text{ cm}^{-3} \qquad N_d = 2 \times 10^{16} \text{ cm}^{-3}$$
$$a = 0.35 \text{ μm} \qquad L = 10 \text{ μm}$$
$$W = 30 \text{ μm} \qquad \mu_n = 8000 \text{ cm}^2/\text{V·s}$$

忽略饱和速度影响。(a)计算 G_{01}；(b)V_{GS}为以下值时的 V_{DS}(sat)：(i)$V_{GS}=0$，(ii)$V_{GS}=V_p/2$；(c)V_{GS}为以下值时的 I_{D1}(sat)：(i)$V_{GS}=0$，(ii)$V_{GS}=V_p/2$；(d)V_{GS}为上述值时的电流–电压特性曲线。

13.14 (a)用习题 13.11 中的参数，计算饱和区的最大跨导，单位用 mS/mm 表示。

13.15 (a)用习题 13.13 中的参数，计算晶体管的最大跨导；(b)假设沟道长度减小为 2 μm，计算最大跨导值。

13.16 一个金属-n-GaAs MESFET 的肖特基势垒高度为 0.90 V，掺杂浓度为 $N_d = 1.5 \times 10^{16}$ cm^{-3}。沟道厚度为 $a = 0.5$ μm，$T = 300$ K。(a)计算内建夹断电压 V_{p0} 和夹断电压 V_T；(b)判断器件的类型，它是增强型的还是耗尽型的？

13.17 分析一个 n 沟道 GaAs MESFET，$T = 300$ K 时形成肖特基势垒接触。假定势垒高度 ϕ_{Bn} 为 0.89 V，沟道厚度为 $a = 0.35$ μm。(a)计算使阈值电压为 $V_T = 0.10$ V 时的沟道均匀掺杂的浓度；(b)用(a)计算得出的结果，计算当 $T = 400$ K 时的阈值电压。

13.18 一个金属 n-GaAs MESFET 的肖特基势垒高度 ϕ_{Bn} 为 0.87 V，沟道掺杂浓度 $N_d = 2 \times 10^{16}$ cm^{-3}。(a)计算沟道厚度 a，假定内建夹断电压 $V_{p0} = 1.5$ V；(b)利用上面的结果计算阈值电压；(c)计算沟道最小夹断宽度，当 $V_{GS} = 0.4$ V，$V_{DS} = 0$，1 V，4 V。

13.19 两个 n 沟道 GaAs MESFET 的势垒高度 ϕ_{Bn} 均为 0.87 V。(a)器件 1 中的沟道掺杂浓度为 $N_d = 5 \times 10^{15}$ cm^{-3}，沟道冶金结厚度为 $a = 0.50$ μm，计算其阈值电压；(b)器件 2 中的沟道掺杂浓度为 $N_d = 3 \times 10^{16}$ cm^{-3}，计算当阈值电压与器件 1 相同时的冶金结厚度。

13.20 考虑一个 n 沟道 GaAs MESFET，$T = 300$ K 时，势垒高度 ϕ_{Bn} 为 0.85 V，$a = 0.25$ μm。计算使阈值电压 V_T 为 0.5 V 时所需的沟道掺杂浓度。

13.21 一个 n 沟道 Si MESFET，与金接触。n 型沟道的掺杂浓度为 $N_d = 10^{16}$ cm^{-3}，$T = 300$ K。当 $V_{DS} = 0$，$V_{GS} = 0.35$ V 时，未耗尽沟道厚度为 $a = 0.075$ μm。(a)计算沟道厚度 a 和阈值电压 V_T；(b)计算 $V_{GS} = 0.35$ V 时 V_{DS}(sat)的值。

13.22 一个 n 沟道 GaAs MESFET 的势垒高度 ϕ_{Bn} 为 0.90 V，冶金结厚度 $a = 0.65$ μm，沟道掺杂浓度 $N_d = 2 \times 10^{16}$ cm^{-3}。(a)计算 V_{bi}，V_{po}，V_T；(b)当 V_{GS} 为 −1 V，−2 V，−3 V 时 V_{DS}(sat)的值。

13.23 一个 n 沟道 GaAs MESFET 的参数为 $V_T = 0.15$ V，$a = 0.25$ μm，$L = 1.5$ μm，$W = 12$ μm，$\mu_n = 6500$ cm^2/V·s。(a)计算跨导参数 k_n；(b)当 V_{GS} 为 0.25，0.45 V 时，计算 I_{D1}(sat)；(c)当 V_{GS} 为 0.25 V 和 0.45 V 时，计算 V_{DS}(sat)。

13.24 一个 n 沟道 GaAs MESFET 的参数除了沟道宽度与习题 13.23 的相同。(a)V_{GS} 为 0.45 V 的最大跨导为 1.25 mA/V，计算沟道宽度 W；(b)利用上面的结果，当 V_{GS} 为 0.25 V 和 0.45 V 时，计算 I_{D1}(sat)。

13.25 用式(13.27)，对于给定的 V_{GS} 值，绘出 I_{D1}-V_{DS} 曲线。如果允许 V_{DS} 比 V_{DS}(sat)大，那么 I_{D1} 在 V_{DS}(sat)处从峰值开始下降。通过曲线，得出在不同 V_{GS} 值下的 V_{DS}(sat)值。将得出的值与式(13.12)得出的值进行比较。

13.26 比较式(13.14)和式(13.35)给出的 JFET 漏电流值。选择器件的参数，以使两个公式中 $V_{GS} = 0$ 时得出的漏电流相同。

13.3 非理想因素

13.27 一个均匀掺杂的 n 沟道 JFET，它有如下参数：$N_a = 10^{18}$ cm^{-3}，$N_d = 3 \times 10^{16}$ cm^{-3}，$a = 0.50$ μm，$\mu_n = 850$ cm^2/V·s。最大漏源电压是 $V_{DS} = 10$ V。(a)当 $V_{GS} = 0$ 时，有效沟道长度 L' 是原始沟道长度的 90%。计算 L 的最小值；(b)当 $V_{GS} = -3$ V 时，重做(a)。

*13.28 假定沟道长度的变化值 ΔL 很小，试推导一个关于 λ 的近似表达式，用沟道参数表示，其中 λ 由式(13.53)给出[注意，参数 λ 可能不是一个常数。但通过用式(13.53)绘出 λ 表达式在 $1.5 V_{DS}(\text{sat}) \leqslant V_{DS} \leqslant 3.0 V_{DS}(\text{sat})$ 范围的曲线，可证明其正确性。其他参数选用标准值]。

*13.29 由一级近似，假定 n 沟道硅 JFET 的沟道中的电场，在整个沟道中是一致的。同时，假定电子的漂移速度与场强的关系由图 P13.29 所示的分段线性近似曲线给出。设

$$N_a = 5 \times 10^{18} \text{ cm}^{-3} \qquad N_d = 4 \times 10^{16} \text{ cm}^{-3}$$
$$L = 2 \text{ μm} \qquad W = 30 \text{ μm}$$
$$a = 0.50 \text{ μm}$$

(a)计算速度达到饱和时的 V_{DS} 值，令 $V_{GS} = 0$；(b) $V_{GS} = 0$，计算 h_{sat} 的值；(c)计算速度达到饱和时的 $I_{D1}(\text{sat})$ 值；(d)假设电子迁移率是一个常数并等于 $\mu_n = 1000$ cm^2/V·s，计算速度未达到饱和时的 $I_{D1}(\text{sat})$ 值。

*13.30 (a)假设 $L = 1$ μm，其他参数不变，重做习题 13.29 的计算；(b)如果速度达到饱和，那么是否还存在关系 $I_{D1}(\text{sat}) \propto L^{-1}$？试解释。

13.31 n 沟道 GaAs MESFET 的沟道长度是 $L = 2$ μm，假定沟道中水平电场强度的均值是 E = 5 kV/cm。计算如下情况时电子在沟道中的传输时间：(a)迁移率为常数 $\mu_n = 8000$ cm^2/V·s；(b)速度达到饱和。

13.32 n 沟道 GaAs MESFET 的沟道长度是 $L = 2$ μm，假定沟道中水平电场强度的均值是 E = 10 kV/cm。计算如下情况时电子在沟道中的传输时间：(a)迁移率为常数 $\mu_n = 1000$ cm^2/V·s；(b)速度达到饱和。

13.33 分析一个单边 n 沟道硅 JFET，$T = 300$ K，夹断电压如图 P13.33 所示。图中源栅反偏电流和漏栅反偏电流分离，假定反偏电流主要是继电流。参数如下：

$$N_a = 5 \times 10^{18} \text{ cm}^{-3} \qquad N_d = 3 \times 10^{16} \text{ cm}^{-3}$$
$$\tau_0 = 5 \times 10^{-8} \text{ s} \qquad a = 0.30 \text{ μm}$$
$$W = 30 \text{ μm} \qquad L = 2.4 \text{ μm}$$

计算如下情况中的 I_{DG}：(a) $V_{DS} = 0$；(b) $V_{DS} = 1$ V；(c) $V_{DS} = 5$ V[用式(8.42)分析耗尽区的体积]。

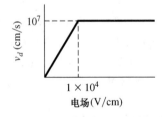

图 P13.29 习题 13.29 的示意图

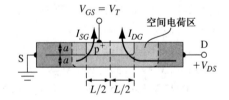

图 P13.33 习题 13.33 的示意图

13.4 等效电路和频率限制

13.34 MESFET 的源极电阻会使跨导 g_m 的值降低。假定 GaAs MESFET 的源区的掺杂浓度是 $N_d = 7 \times 10^{16}$ cm^{-3}，$a = 0.30$ μm，$L = 1.5$ μm，$W = 5.0$ μm。令 $\mu_n = 4500$ cm^2/V·s，$\phi_{Bn} = 0.89$ V。(a)计算 $V_{GS} = 0$ 时的理想 g_{ms} 值；(b)当 g'_{ms} 值为理想值的 80% 时。计算 r_s 的值；(c)计算使 r_s 小于(b)中求得的值的最大沟道到漏极的有效距离。

13.35 估算习题 13.34 中 MESFET 的截止频率。

13.36 一个 n 沟道 GaAs MESFET，$T = 300$ K，参数如下：$\phi_{Bn} = 0.90$ V，$N_d = 4 \times 10^{16}$ cm^{-3}，$\mu_n = 7500$ cm^2/V·s，$a = 0.30$ μm，$W = 5$ μm，$L = 1.2$ μm。计算如下情况时的截止频率：(a)迁移率为常数；(b)速度达到饱和。

13.37 分析一个 n 沟道 JFET，参数为 $a = 0.40$ μm，$\mu_n = 1000$ cm^2/V·s，$N_d = 2 \times 10^{16}$ cm^{-3}。计算如下情况时的截止频率：(a)$L = 3$ μm；(b)$L = 1.5$ μm。

13.38 一个 p 沟道硅 JFET，参数为 $\mu_p = 420$ cm^2/V·s，$a = 0.40$ μm，$N_a = 2 \times 10^{16}$ cm^{-3}。计算如下情况截止频率时的最大沟道长度：(a)$f_T = 5$ GHz；(b)$f_T = 12$ GHz。

*13.5　高电子迁移率晶体管

13.39 分析 N-Al$_{0.3}$Ga$_{0.7}$As 本征 GaAs 突变异质结。假定 AlGaAs 的掺杂浓度为 $N_d = 3 \times 10^{18}$ cm^{-3}，厚度为 350 Å。令 $\phi_{Bn} = 0.89$ V，$\Delta E_c = 0.24$ eV。(a)计算 V_{off}；(b)计算 $V_g = 0$ 时的 n_s 的值。

13.40 假设习题 13.39 中的 JFET 沟道中的电子以饱和速度 2×10^7 cm/s 运动，计算：(a)$V_g = 0$ 时的单位厚度的跨导；(b)$V_g = 0$ 时的单位厚度的饱和电流值(假定 $V_0 = 1$ V)。

13.41 分析一个 N-Al$_{0.3}$Ga$_{0.7}$As 本征 GaAs 突变异质结，假定 N-AlGaAs 的掺杂浓度为 $N_d = 2 \times 10^{18}$ cm^{-3}，肖特基势垒高度为 0.85 V，异质结导带边缘的不连续程度是 $\Delta E_c = 0.22$ eV。计算 $V_{off} = -0.3$ V 时 AlGaAs 层的厚度。

综合题

***13.42** 设计一个单边 p 沟道 pn JFET，使 $V_p = 3.2$ V，当 $V_{GS} = 0$ 时 $I_{D1}(\text{sat}) = 1.2$ mA，$f_T = 10$ GHz。确定 L、W 以及 N_a 的值。

***13.43** 设计一个单边 n 沟道 GaAs MESFET，势垒高度 $\phi_{Bn} = 0.89$ V，使得 $V_T = +0.12$ V，当 $V_{GS} = 0.45$ V 时，$I_{DSS} = 2.0$ μA，$f_T = 50$ GHz，假定 $\mu_n = 7500$ cm^2/V·s。

***13.44** 设计一对互补的 n 沟道和 p 沟道 Si JFET，使 $T = 300$ K 时，每个器件的 $I_{DSS} = 1.0$ mA，$|V_p| = 3.2$ V。假设器件在 $0 \le V_{DS} \le 5$ V 范围内工作，评论你的设计中的速度饱和效应和沟道长度调制效应。

参考文献

1. Chang，C. S.，and D. Y. S. Day. "Analytic Theory for Current-Voltage Characteristics and Field Distribution of GaAs MESFETs." *IEEE Transactions on Electron Devices* 36，no. 2 (February 1989)，pp. 269-280.

2. Daring，R. B. "Subthreshold Conduction in Uniformly Doped Epitaxial GaAs MESFETs." *IEEE Transactions on Electron Devices* 36，no. 7 (July 1989)，pp. 1264-1273.

3. Dimitrijev，S. *Principles of Semiconductor Devices.* New York：Oxford University Press，2006.

4. Drummond，T. J.，W. T. Masselink，and H. Morkoc. "Modulation-Doped GaAs / (Al，Ga)As Heterojunction Field-Effect Transistors：MODFETs." *Proceedings of the IEEE* 74，no. 6 (June 1986)，pp. 773-812.

5. Fritzsche，D. "Heterostructures in MODFETs." *Solid-State Electronics* 30，no. 11 (November 1987)，pp. 1183-1195.

6. Ghandhi，S. K. *VLSI Fabrication Principles：Silicon and Gallium Arsenide.* New York：John Wiley & Sons，1983.

7. Kano，K. *Semiconductor Devices.* Upper Saddle River，NJ：Prentice Hall，1998.

8. Liao, S. Y. *Microwave Solid-State Devices*. Englewood Cliffs, NJ: Prentice Hall, 1985.

9. Ng, K. K. *Complete Guide to Semiconductor Devices*. New York: McGraw-Hill, 1995.

10. Pierret, R. F. *Field Effect Devices*. Vol. 4 of the *Modular Series on Solid State Devices*. 2nd ed. Reading, MA: Addison-Wesley, 1990.

11. _____[①]. *Semiconductor Device Fundamentals*. Reading, MA: Addison-Wesley, 1996.

12. Roulston, D. J. *An Introduction to the Physics of Semiconductor Devices*. New York: Oxford University Press, 1999.

*13. Shur, M. *GaAs Devices and Circuits*. New York: Plenum Press, 1987.

14. _____. *Introduction to Electronic Devices*. New York: John Wiley & Sons, 1996.

15. Singh, J. *Semiconductor Devices: An Introduction*. New York: McGraw-Hill, 1994.

16. _____. *Semiconductor Devices: Basic Principles*. New York: John Wiley & Sons, 2001.

17. Streetman, B. G., and S. K. Banerjee. *Solid State Electronic Devices*, 6th ed. Upper Saddle River, NJ: Pearson Prentice Hall, 2006.

18. Sze, S. M. *High-Speed Semiconductor Devices*. New York: John Wiley & Sons, 1990.

19. _____. *Semiconductor Devices: Physics and Technology*. New York: John Wiley & Sons, 1985.

20. Sze, S. M. and K. K. Ng. Physics of Semiconductor Devices, 3rd ed. Hoboken, NJ: John Wiley & Sons, 2007.

21. Turner, J. A., R. S. Butlin, D. Parker, R. Bennet, A. Peake, and A. Hughes. "The Noise and Gain Performance of Submicron Gate Length GaAs FETs." *GaAs FET Principles and Technology*. Edited by J. V. Di-Lorenzo and D. D. Khandelwal. Dedham, MA: Artech House, 1982.

22. Yang, E. S. *Microelectronic Devices*. New York: McGraw-Hill, 1988.

---

① 原书如此，疑为作者名——编者注。

第三部分

专用半导体器件

第 14 章 光 器 件

在前面的章节中，我们讨论了用于放大或者转换电信号的晶体管的基本物理结构。使用半导体器件同样也能够设计和生产出探测和产生光信号的器件。这些器件用于通过光纤进行的宽带通信和数据传输中。

在这一章中，我们将讨论太阳能电池、光学探测器、发光二极管和激光二极管的基本原理。太阳能电池和光学探测器可以将光能转换为电能，发光二极管和激光二极管可将电能转换为光能。

14.0 概述

本章包含以下内容：

- 讨论和分析半导体中的光子吸收现象，并给出几种半导体材料的吸收系数数据。
- 说明太阳能电池的基本原理，分析其电流-电压特性，并讨论转换系数。
- 展示各种类型的太阳能电池，包括同质结、异质结和无定形硅太阳能电池。
- 讨论光探测器的基本原理，包括光电导器件、光二极管和光晶体管。
- 推导各种光探测器的输出电流特性。
- 给出并分析发光二极管的基本工作方式。
- 讨论激光二极管的基本原理和工作方式。

14.1 光学吸收

在第 2 章中我们讨论了波粒二象性，表明了光波能够被看成粒子，也就是我们所说的光子。光子的能量是 $E = h\nu$，其中 h 是普朗克常数，ν 是频率。光子的波长和能量有如下关系：

$$\lambda = \frac{c}{\nu} = \frac{hc}{E} = \frac{1.24}{E} \, \mu m \tag{14.1}$$

在这里 E 是光子能量，单位是 eV，c 是光速。

有几种可能的光电半导体的作用机理。例如，光子能够和晶格作用，并将其能量转换成焦耳热。光子也能够和杂质、施主或者受主作用，或者还可以和半导体内部的缺陷作用。可是，光子最容易的还是和价电子发生作用。当光子和价电子发生碰撞时，释放的能量足够将电子激发到导带。这就产生了电子-空穴对，形成过剩载流子浓度。这些过剩载流子已在第 6 章讨论过。

14.1.1 光子吸收系数

当用光照射半导体时，光子可以被半导体吸收，也有可能穿透半导体，这将取决于光子能量和半导体禁带宽度 E_g。如果光子能量小于 E_g，则将不能被吸收。在这种情况下，光将会透射过材料，此时半导体表现为光学透明。

如果 $E = h\nu > E_g$，光子则会和价电子作用，把电子激发到导带。价带里有很多电子，而且导带里有很多空位，因而当 $h\nu > E_g$ 时，这种作用很可能发生。这种作用能够在导带里产生一个电子，在价带里产生一个空穴，即一对电子-空穴对。对于不同的 $h\nu$ 值，这个吸收过程如图 14.1 所示。

当 $h\nu > E_g$ 时，产生一对电子-空穴对，额外的能量作为电子或空穴的动能，在半导体中将以焦耳热的形式散失掉。

光流强度可以用 $I_\nu(x)$ 表示，单位是能量/cm² · s。图 14.2 显示了入射光在 $x + dx$ 处时，x 位置处的光强。在距离 dx 内每单位时间吸收的能量为：

$$\alpha I_\nu(x) dx \tag{14.2}$$

这里 α 是吸收系数。吸收系数是单位距离所吸收的相对光子数，单位是 cm^{-1}。

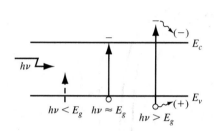

图 14.1　半导体中因吸收光而产生的电子-空穴对

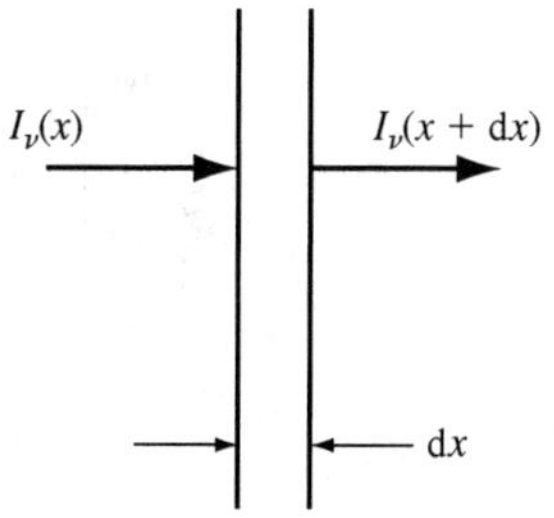

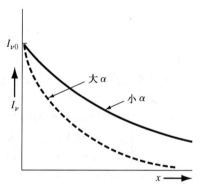

图 14.2　dx 长度内的光学吸收

由图 14.2 可得

$$I_\nu(x + dx) - I_\nu(x) = \frac{dI_\nu(x)}{dx} \cdot dx = -\alpha I_\nu(x) dx \tag{14.3}$$

或

$$\frac{dI_\nu(x)}{dx} = -\alpha I_\nu(x) \tag{14.4}$$

如果初始位置是 $I_\nu(0) = I_{\nu 0}$，则微分方程式(14.4)的解是

$$I_\nu(x) = I_{\nu 0} e^{-\alpha x} \tag{14.5}$$

光流强度随着深入半导体材料的距离指数衰减。图 14.3 中画出了两种不同吸收系数的光强度与 x 的关系。如果吸收系数大，则光的吸收实际上集中在晶体很薄的表面层内。

半导体的吸收系数是光能和禁带宽度的函数。图 14.4 显示了几种不同的半导体材料的吸收系数 α 与波长的关系。若 $h\nu > E_g$，或者 $\lambda < 1.24/E_g$，则吸收系数上升得很快。若 $h\nu < E_g$，则吸收系数就很小。在这个能量范围内的半导体材料对光子表现为光学透明。

图 14.3　两种不同吸收系数的
光强度与 x 的关系

例 14.1　计算能够吸收 90% 的入射光能时半导体的厚度。

考虑硅的情况，假设在第一种情况下入射波长 λ 是 1.0 μm，第二种情况下入射波长 λ 是 0.5 μm。

■ 解

由图 14.4 可知，对于 $\lambda = 1.0$ μm 时，$\alpha \approx 10^2$ cm^{-1}。如果 90% 的光强在距离 d 之内被吸收，那么在 $x = d$ 处的光强将只有 10% 的初始光强。我们可得

$$\frac{I_\nu(d)}{I_{\nu 0}} = 0.1 = e^{-\alpha d}$$

求解距离 d 得到

$$d = \frac{1}{\alpha} \ln\left(\frac{1}{0.1}\right) = \frac{1}{10^2} \ln(10) = 0.0230 \text{ cm}$$

在第二种情况下，$\lambda = 0.5$ μm 时吸收系数 $\alpha \approx 10^4$ cm^{-1}。入射流的 90% 被吸收时的距离是 d，则

$$d = \frac{1}{10^4} \ln\left(\frac{1}{0.1}\right) = 2.30 \times 10^{-4} \text{ cm} = 2.30 \text{ μm}$$

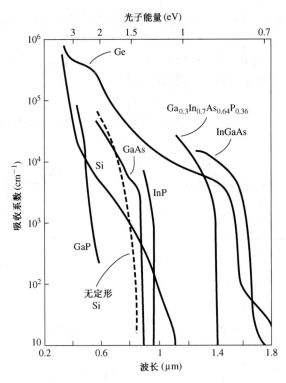

图 14.4　各种半导体材料中波长与吸收系数的关系

■ **说明**

随着入射光能增加，吸收系数很快增加，以至于在半导体表面非常窄的区域里光能就被完全吸收。

■ **自测题**

E14.1　考虑一块 5 μm 厚的 Si 材料，计算能穿过 Si 板的入射光能量所占的百分比，假设入射光波长为（a）$\lambda = 0.8$ μm；（b）$\lambda = 0.6$ μm。

　　　　答案：（a）60.7%；（b）10.5%。

常见的半导体材料的禁带宽度和光谱之间的关系如图 14.5 所示。我们可以看出硅和砷化镓可以完全吸收可见光，但是磷化镓却可以透射过红光。

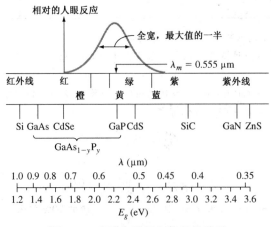

图 14.5　光谱与波长和能量的关系

14.1.2 电子–空穴对的产生率

我们已经知道光能大于 E_g 时,光子能够被半导体吸收,从而产生电子–空穴对,光强度 $I_\nu(x)$ 的单位是能量/$cm^2 \cdot s$,$\alpha I_\nu(x)$ 是单位体积内吸收能量的比率。假设吸收了一个能量为 $h\nu$ 的光子并产生了一个电子–空穴对,那么电子–空穴对的产生率是

$$g' = \frac{\alpha I_\nu(x)}{h\nu} \qquad (14.6)$$

单位是/$cm^3 \cdot s$。$I_\nu(x)/h\nu$ 是光流。如果一个吸收光子平均产生的电子–空穴对少于一对,那么式(14.6)必须乘以一个系数。

例 14.2 给定一个入射光强度,求电子–空穴对的产生率。

考虑在 $T = 300$ K 时的砷化镓。假设当入射光波长为 $\lambda = 0.75$ μm 时,在特定位置处的光强为 $I_\nu(x) = 0.05$ W/cm^2。这种光强是典型的太阳光的光强。

■ **解**

在 $\lambda = 0.75$ μm 时,砷化镓的吸收系数是 $\alpha \approx 0.9 \times 10^4$ cm^{-1}。由式(14.1)得到

$$E = h\nu = \frac{1.24}{0.75} = 1.65 \text{ eV}$$

由式(14.6)以及焦耳和 eV 之间的转换因子,可得单位效应因子为:

$$g' = \frac{\alpha I_\nu(x)}{h\nu} = \frac{(0.9 \times 10^4)(0.05)}{(1.6 \times 10^{-19})(1.65)} = 1.70 \times 10^{21} \text{ cm}^{-3} \cdot \text{s}^{-1}$$

如果入射光强度是稳定的,则由第 6 章可知稳态的过剩载流子浓度是 $\delta n = g'\tau$,τ 是过剩少子寿命。如果 $\tau = 10^{-7}$ s,则有

$$\delta n = (1.70 \times 10^{21})(10^{-7}) = 1.70 \times 10^{14} \text{ cm}^{-3}$$

■ **说明**

本例给出了电子–空穴对产生率的大小和过剩载流子浓度的大小。显然,随着半导体中距离的增加,光强度下降,产生率也下降。

■ **自测题**

E14.2 强度为 $I_{\nu 0} = 0.10$ W/cm^2 的光流入射到硅表面。入射光信号的波长是 $\lambda = 1$ μm。不计任何表面的反射,分别计算在距 Si 表面以下两种深度时的电子–空穴对的产生率:(a) $x = 5$ μm;(b) $x = 20$ μm。

答案:(a) 4.79×10^{19} $cm^{-3} \cdot s^{-1}$;(b) 4.13×10^{19} $cm^{-3} \cdot s^{-1}$。

练习题

T14.1 (a) 强度为 $I_{\nu 0} = 0.10$ W/cm^2 的光流入射到硅表面。入射光信号的波长是 $\lambda = 1$ μm。不计任何表面的反射,计算在距 Si 表面以下两种深度时的光子通量(i) $x = 5$ μm,(ii) $x = 20$ μm;(b) 对于波长 $\lambda = 0.60$ μm 的情况,重做(a)。

答案:(a) (i) 0.0591 W/cm^2,(ii) 0.0819 W/cm^2;(b) (i) 0.0135 W/cm^2,(ii) 3.35 $\times 10^{-5}$ W/cm^2。

14.2 太阳能电池

太阳能电池是一种在 pn 结处没有施加电压的半导体器件。太阳能电池将光能转换成电能并传递给负载。太阳能电池可以作为长期电源,现已在人造卫星及宇宙飞船中广泛使用,也可以给

计算机供应能量。我们首先讨论过剩载流子均匀产生时的简单 pn 结太阳能电池。我们还将简单地讨论一下异质结太阳能电池和无定形硅太阳能电池。

14.2.1 pn 结太阳能电池

图 14.6 研究的是带有负载的 pn 结太阳能电池。即使施加零偏压，在空间电荷区也存在电场，如图所示。入射光的照射能够在空间电荷区产生电子-空穴对，它们将被扫过，从而在图中的反偏区形成光电流 I_L。

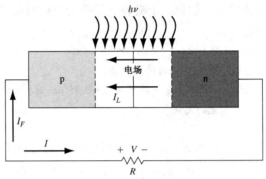

图 14.6 带有负载的 pn 结太阳能电池

光电流 I_L 在负载上产生电压降，这个电压降可以使 pn 结正偏。这个正偏电压产生一个图中所示的正偏电流 I_F。在反偏情况下，净 pn 结电流为：

$$I = I_L - I_F = I_L - I_S\left[\exp\left(\frac{eV}{kT}\right) - 1\right] \tag{14.7}$$

这里运用了理想二极管方程。随着二极管加正偏电压，空间电荷区的电场变弱，但是不可能变为零或者改变方向。光电流总是沿反偏方向的电流，因此太阳能电池的电流也总是沿反偏方向的。

我们只对两种情况感兴趣。首先是 pn 结短路，此时 $R = 0$，所以 $V = 0$。这时所得的电流是短路电流，或

$$I = I_{sc} = I_L \tag{14.8}$$

第二种情况是 pn 结开路，即 $R \to \infty$ 时，此时净电流是零，得到开路电压。光电流正好被正向结电流抵消，因此可以得到

$$I = 0 = I_L - I_S\left[\exp\left(\frac{eV_{oc}}{kT}\right) - 1\right] \tag{14.9}$$

同时还可得开路电压 V_{oc} 为：

$$V_{oc} = V_t \ln\left(1 + \frac{I_L}{I_S}\right) \tag{14.10}$$

光电池的电流-电压特性关系为式（14.7），相应的特性曲线如图 14.7 所示。在图中可得短路电压和开路电压。

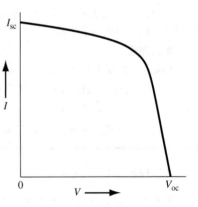

图 14.7 pn 结太阳能电池的
电流-电压特性曲线

例 14.3 计算硅太阳能电池的开路电压。

考虑在 $T = 300$ K 时的硅 pn 结，其参数如下：

$$N_a = 5 \times 10^{18}\ cm^{-3} \qquad N_d = 10^{16}\ cm^{-3}$$
$$D_n = 25\ cm^2/s \qquad D_p = 10\ cm^2/s$$
$$\tau_{n0} = 5 \times 10^{-7}\ s \qquad \tau_{p0} = 10^{-7}\ s$$

光电流密度 $J_L = I_L/A = 15$ mA/cm^2。

■ **解**

我们知道

$$J_S = \frac{I_S}{A} = \left(\frac{eD_n n_{p0}}{L_n} + \frac{eD_p p_{n0}}{L_p} \right) = en_i^2 \left(\frac{D_n}{L_n N_a} + \frac{D_p}{L_p N_d} \right)$$

可以计算

$$L_n = \sqrt{D_n \tau_{n0}} = \sqrt{(25)(5 \times 10^{-7})} = 35.4 \ \mu m$$

和

$$L_p = \sqrt{D_p \tau_{p0}} = \sqrt{(10)(10^{-7})} = 10.0 \ \mu m$$

那么

$$J_S = (1.6 \times 10^{-19})(1.5 \times 10^{10})^2 \times \left[\frac{25}{(35.4 \times 10^{-4})(5 \times 10^{18})} + \frac{10}{(10 \times 10^{-4})(10^{16})} \right]$$

$$= 3.6 \times 10^{-11} \ A/cm^2$$

由式(14.10)，我们得到

$$V_{oc} = V_t \ln \left(1 + \frac{I_L}{I_S} \right) = V_t \ln \left(1 + \frac{J_L}{J_S} \right) = (0.0259) \ln \left(1 + \frac{15 \times 10^{-3}}{3.6 \times 10^{-11}} \right) = 0.514 \ V$$

■ **说明**

我们可以确定这个结的内建电势为 $V_{bi} = 0.8556$ V。计算开路电压和内建电势的比值，可以得到 $V_{oc}/V_{bi} = 0.60$。开路电压一般比内建电势低。

■ **自测题**

E14.3 考虑一个 GaAs pn 结太阳能电池，参数如下：$N_a = 10^{17} \ cm^{-3}$，$N_d = 2 \times 10^{16} \ cm^{-3}$，$D_n = 190 \ cm^2/s$，$D_p = 10 \ cm^2/s$，$\tau_{n0} = 10^{-7}$ s，$\tau_{p0} = 10^{-8}$ s。假设光电流密度为 $J_L = 20 \ mA/cm^2$，(a) 计算开路电压；(b) 确定开路电压和内建电势的比值。

答案：$V_{oc} = 0.971$ V；(b) $V_{oc}/V_{bi} = 0.783$。

传送到负载上的功率是

$$P = I \cdot V = I_L \cdot V - I_S \left[\exp \left(\frac{eV}{kT} \right) - 1 \right] \cdot V \quad (14.11)$$

通过令 P 的导数为零，即 $dP/dV = 0$，可以求出负载上最大功率时的电流和电压值。利用式(14.11)可得

$$\frac{dP}{dV} = 0 = I_L - I_S \left[\exp \left(\frac{eV_m}{kT} \right) - 1 \right] - I_S V_m \left(\frac{e}{kT} \right) \exp \left(\frac{eV_m}{kT} \right)$$

$$(14.12)$$

这里，V_m 是产生最大功率时的电压。也可以将式(14.12)写成如下形式：

$$\left(1 + \frac{V_m}{V_t} \right) \exp \left(\frac{eV_m}{kT} \right) = 1 + \frac{I_L}{I_S} \quad (14.13)$$

V_m 值可通过反复试验获得。图 14.8 显示了最大功率矩形，其中 I_m 是在 $V = V_m$ 时的电流。

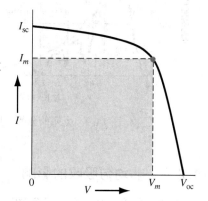

图 14.8　太阳能电池电流-电压特性曲线的最大功率矩形

14.2.2　转换效率与太阳光集中

太阳能电池的转换效率定义为输出电能和入射光能的比值。对于最大功率输出，我们可以写出

$$\eta = \frac{P_m}{P_{in}} \times 100\% = \frac{I_m V_m}{P_{in}} \times 100\% \tag{14.14}$$

太阳能电池中可能的最大电流和可能的最大电压分别是 I_{sc} 和 V_{oc}。比率 $I_m V_m / I_{sc} V_{oc}$ 称为占空系数，它是太阳能电池可实现功率的量度。具有代表性的占空系数在 0.7～0.8 之间。

常见的 pn 结太阳能电池只有一个禁带宽度。当电池暴露在太阳光下时，能量小于 E_g 的光子对电池的输出功率没有影响，但能量大于 E_g 的光子对电池的输出功率会有影响。大于 E_g 的那部分能量最终将以焦耳热的形式耗散掉。图 14.9 显示了太阳的分光照度（单位面积单位波长的能量），其中气团 0 代表太阳光谱在大气层外面，气团 1 是中午时地球表面的太阳光谱。硅 pn 结太阳能电池的最大效率大约为 28%。一些非理想因素，例如串联电阻和半导体表面的反射，一般会把转换系数降低到 10%～15% 之间。

具有较大尺寸的光学透镜可以用来将太阳光集中到太阳能电池上，以至于光照强度能够提高几百倍。短路电流随着光照强度线性地增加，而开路电压仅随光强呈对数增大。$T = 300$ K 时，理想太阳能电池的两个重要参数如图 14.10 所示。我们可看到，转换效率仅随着光照强度略微增加。由于光学透镜比等面积的太阳能电池便宜得多，使用集中技术的主要优点是减少了整个系统的费用。

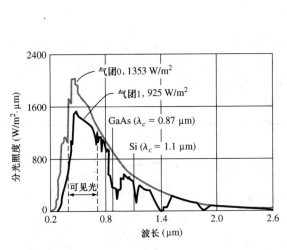

图 14.9　太阳的分光照度

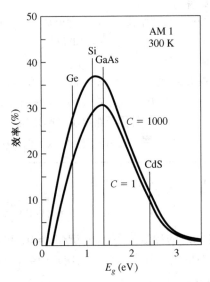

图 14.10　在 $T = 300$ K 时，对于 $C = 1$ 和 $C = 1000$，理想太阳能电池的转换效率与禁带宽度的关系

14.2.3　非均匀吸收的影响

在前面的章节中，我们已经知道半导体中的光子吸收系数是入射光子能量和波长的强函数。图 14.4 画出了几种不同材料的吸收系数和波长的关系。随着吸收系数的增加，在表面吸收的光子能量比其内部吸收的大得多。此时，在太阳能电池中，我们得不到均匀的过剩载流子产生率。

从表面开始，每秒每立方厘米吸收的光子数目是距离 x 的函数，可以写成

$$\alpha \Phi_0 e^{-\alpha x} \tag{14.15}$$

其中 Φ_0 是半导体表面的入射光子通量（$cm^{-2} \cdot s^{-1}$）。我们也要考虑表面处光子的反射。设 $R(\lambda)$ 是被反射的光子部分（对于普通硅，$R \approx 35\%$）。假设每吸收一个光子就可以产生一个电子-空穴对，那么电子-空穴对的产生率就是距离 x 的函数：

$$G_L = \alpha(\lambda)\Phi_0(\lambda)[1-R(\lambda)]e^{-\alpha(\lambda)x} \qquad (14.16)$$

这里的每个参数都是入射光波长的函数。图 14.11 显示了表面上 $s=0$ 时，pn 结太阳能电池中两种不同入射光波长的过剩少数载流子浓度。

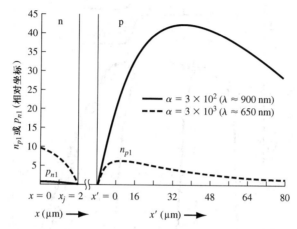

图 14.11　对于两种不同入射光子的波长($x_j = 2$ μm，$W = 1$ μm，

$L_p = L_n = 40$ μm)，pn结太阳能电池中的稳态光生少子浓度

14.2.4　异质结太阳能电池

正如我们在前面所提到的，异质结是由两种不同禁带宽度的半导体形成的。热平衡时的一个典型 pn 异质结的能带图如图 14.12 所示。假设光子入射到禁带宽度较大的材料上。能量小于 E_{gN} 的光子将通过禁带宽度较大的材料，这种材料就像一面光学镜子。能量大于 E_{gp} 的光子将被禁带宽度较小的材料吸收。一般来说，在耗尽区产生的过剩载流子在其扩散长度内被收集，产生光电流。能量大于 E_{gN} 的光子将被禁带宽度较大的材料吸收，产生的过剩载流子在扩散长度范围内被收集。若 E_{gN} 足够大，则高能量的光子将被禁带宽度较小的材料在空间电荷区吸收。异质结太阳能电池比同质结太阳能电池有较好的特性，尤其对短波长来说。

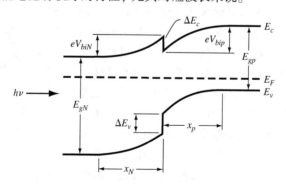

图 14.12　热平衡时 pn 异质结的能带图

异质结的变化如图 14.13 所示。首先生成一个 pn 同质结，然后在其上面生长一个禁带宽度较大的材料。对于 $h\nu < E_{g1}$ 的光子来说，禁带宽度较大的材料就像一面光学镜子。能量为 $E_{g2} < h\nu < E_{g1}$ 的光子将在同质结中产生过剩载流子，能量为 $h\nu > E_{g1}$ 的光子将在玻璃型材料中产生过剩载流子。如果禁带宽度较小的材料的吸收系数很高，则会在结的扩散长度范围内产生所有的过剩载流子，因此收集效率将很高。图 14.13 显示了 $Al_xGa_{1-x}As$ 中不同组分 x 值的归一化光谱响应。

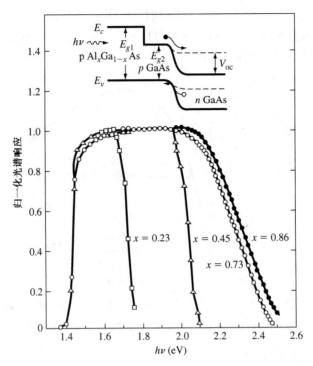

图 14.13 有着不同组分的几个 AlGaAs/GaAs 太阳能电池的归一化光谱响应

14.2.5 非晶态(无定形)硅太阳能电池

单晶硅太阳能电池很昂贵，并且直径限制在 6 英寸左右。一般而言，若太阳能电池给一个系统供电，则会需要大面积的电池组。非晶态硅太阳能电池可以制造相对比较便宜的大面积太阳能电池系统。

在温度低于 600℃ 时，在硅表面采用化学气相淀积，则不论衬底是什么类型，都可以形成非晶态薄膜。非晶态硅是短程有序的，并且看不到结晶层。将氢掺入硅中可以减少悬空键的数目，我们将这个过程形成的材料称为氢化非晶硅。

图 14.14 显示了非晶硅的状态密度与能量的关系。在单晶硅能带范围内，非晶硅中含有大量的电子能级态。但由于短程有序，有效迁移率很小，典型范围在 10^{-6} cm²/V·s 和 10^{-3} cm²/V·s 之间。能级在 E_c 以上和在 E_v 以下的，迁移率在 1 cm²/V·s 和 10 cm²/V·s 之间。因此，由于低迁移率，迁移率在 E_c 和 E_v 之间的传导可以忽略不计。因为迁移率的不同，E_c 和 E_v 称为迁移率边，它们之间的能带称为迁移率隙宽。迁移率隙宽能够通过加入特殊的杂质而改变。典型的

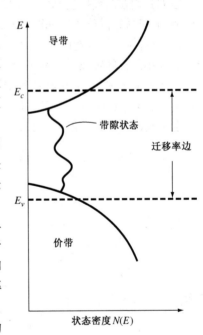

图 14.14 非晶硅的状态密度与能量的关系

迁移率隙宽是迁移率在 E_c 和 E_v 之间的传导可以忽略不计。因为迁移率的不同，E_c 和 E_v 称为迁移率边，它们之间的能带称为迁移率隙宽。迁移率隙宽能够通过加入特殊的杂质而改变。典型的迁移率隙宽是 1.7 eV。

非晶硅有非常高的光学吸收系数,因此大多数太阳光能够在表面 1 μm 处被吸收。所以,太阳能电池只需要非常薄的一层非晶硅。图 14.15 显示的典型的非晶硅太阳能电池是一个 PIN 器件。非晶硅被淀积到一个光学透明的铟锡氧化层玻璃衬底上。如果使用铝作为后接触,则它将反射任何传输光。当本征区的厚度在 $0.5 \sim 1.0$ μm 时,n^+ 区和 p^+ 区可以很薄。热平衡时的能带图如图 14.12(b) 所示。在本征区产生的过剩载流子在场的作用下形成光电流。非晶硅的转换效率很低,但是由于节省成本,这种技术还是很吸引人的。人们已生产出了 40 cm 宽、几米长的非晶硅太阳能电池。

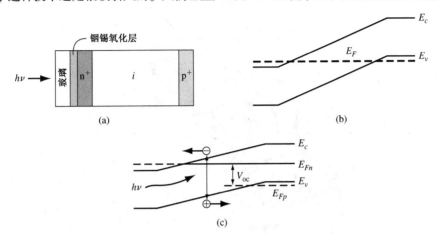

图 14.15   (a)横截面;(b)热平衡下的能带图;(c)在光照射下,非晶硅 PIN 太阳能电池的能带图

■ **练习题**

T14.2   考虑例 14.3 中所给的硅 pn 结太阳能电池。要得到开路电压 $V_{oc} = 0.60$ V,所需要的光电流密度是多少?

答案:$J_L = 0.414$ A/cm^2。

T14.3   计算太阳光集中照射时的开路电压。采用例 14.3 中的硅 pn 结太阳能电池,让太阳光强度增大 10 倍。

答案:$V_{oc} = 0.574$ V。

T14.4   练习题 T14.2 中所描述的硅 pn 结太阳能电池的横截面积为 1 cm^2。计算负载上的最大功率。

答案:0.205 W。

14.3   光电探测器

有许多种半导体器件可以用来探测光子的存在。这些器件就是光电探测器。它们把光学信号转换成电信号。当过剩电子和空穴在半导体中产生时,材料的电导率就会增加。电导率的变化是光电探测器的基础,或者是光电探测器的简单类型。如果在 pn 结空间电荷区有大量的电子和空穴产生,则它们将被电场扫过,从而形成电流。pn 结是几种光电探测器件的基础,包括光电二极管和光电晶体管。

14.3.1   光电导体

图 14.16 显示了一个两端具有欧姆接触的半导体材料,在它的两个端点间加有电压。热平衡时的电导率为

$$\sigma_0 = e(\mu_n n_0 + \mu_p p_0) \tag{14.17}$$

如果在半导体中产生过剩载流子，则电导率变为

$$\sigma = e[\mu_n(n_0 + \delta n) + \mu_p(p_0 + \delta p)] \tag{14.18}$$

δn 和 δp 分别是过剩电子和空穴的浓度。如果我们考虑一个 n 型半导体，根据电中性原理，则可假设 $\delta n = \delta p \equiv \delta p$。我们将使用 δp 作为过剩载流子的浓度。在稳定状态下，过剩载流子浓度 $\delta p = G_L \tau_p$，其中 $G_L(\mathrm{cm}^{-3} \cdot \mathrm{s}^{-1})$ 是过剩载流子的产生率，τ_p 是过剩少子的寿命。

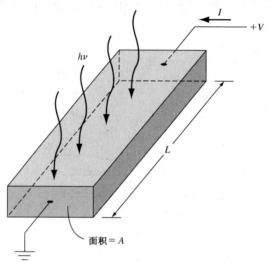

图 14.16 光电导体

式(14.18)的电导率也可以写成

$$\sigma = e(\mu_n n_0 + \mu_p p_0) + e(\delta p)(\mu_n + \mu_p) \tag{14.19}$$

由光激发引起的电导率的变化(也称为光电导率)为：

$$\Delta\sigma = e(\delta p)(\mu_n + \mu_p) \tag{14.20}$$

在半导体上加上电压，可产生一个电场，从而产生电流。电流密度为：

$$J = (J_0 + J_L) = (\sigma_0 + \Delta\sigma)\mathrm{E} \tag{14.21}$$

其中 J_0 是光激发之前的电流密度，J_L 是光电流密度。光电流密度是 $J_L = \Delta\sigma \cdot \mathrm{E}$。如果整个半导体的过剩电子和空穴的产生率一致，那么光电流将是

$$I_L = J_L \cdot A = \Delta\sigma \cdot A\mathrm{E} = eG_L\tau_p(\mu_n + \mu_p)A\mathrm{E} \tag{14.22}$$

其中 A 是器件的横截面积。光电流与过剩载流子的产生率成正比，过剩载流子的产生率又与入射光流量成正比。

如果整个半导体材料的过剩电子和空穴的产生率一致，则在横截面积上对光电导率进行积分可得到光电流。

由于 $\mu_n\mathrm{E}$ 是电子的漂移速度，因此电子的输运时间，也就是电子通过光电导的时间，其为：

$$t_n = \frac{L}{\mu_n\mathrm{E}} \tag{14.23}$$

由式(14.22)，光电流可以写为

$$I_L = eG_L\left(\frac{\tau_p}{t_n}\right)\left(1 + \frac{\mu_p}{\mu_n}\right)AL \tag{14.24}$$

我们定义光电导体增益 Γ_{ph}，它是接触区内电荷被收集的速率与光电导体内电荷产生的速率之比。我们可得增益为

$$\Gamma_{ph} = \frac{I_L}{eG_LAL} \tag{14.25}$$

利用式(14.24)，它又可以写为

$$\Gamma_{ph} = \frac{\tau_p}{t_n}\left(1 + \frac{\mu_p}{\mu_n}\right) \tag{14.26}$$

例 14.4 计算硅光电导体的增益。

考虑 n 型硅光电导体，其长度为 $L = 100\ \mu m$，横截面积为 $A = 10^{-7}\ cm^2$，少子寿命为 $\tau_p = 10^{-6}\ s$。所加电压为 $V = 10\ V$。

■ **解**

电子输运时间为

$$t_n = \frac{L}{\mu_n E} = \frac{L^2}{\mu_n V} = \frac{(100 \times 10^{-4})^2}{(1350)(10)} = 7.41 \times 10^{-9}\ s$$

光电导体增益为

$$\Gamma_{ph} = \frac{\tau_p}{t_n}\left(1 + \frac{\mu_p}{\mu_n}\right) = \frac{10^{-6}}{7.41 \times 10^{-9}}\left(1 + \frac{480}{1350}\right) = 1.83 \times 10^2$$

■ **说明**

事实上，条形半导体材料的光电导体存在增益是让人吃惊的。

■ **自测题**

E14.4 考虑例 14.4 中所示的光电导体。计算当 $G_L = 10^{21}\ cm^{-3}s^{-1}$，$E = 10\ V/cm$ 时的光电流。假设 $\mu_n = 1000\ cm^2/V \cdot s$，$\mu_p = 400\ cm^2/V \cdot s$。

答案：$I_L = 0.224\ \mu A$。

现在我们从物理机制上讨论一下光电转换的发生过程。过剩电子产生以后，它很快地漂移到光电导体的阳极。为了保持整个光电导体的电中性，在阴极处产生一个电子，再向阳极漂移过去。这个过程将持续一段相当于载流子平均寿命的时间。这段时间以后，光电子将与空穴复合。

使用例 14.4 中的电子输运时间，即 $t_n = 7.41 \times 10^{-9}\ s$。单纯地说，光电子在 $10^{-6}\ s$ 时间内，也就是平均载流子寿命内，将环绕光电导体电路 135 次。如果考虑光生空穴，那么对于每一个产生的电子，在光电导体接触区，电荷被收集 183 个。

当没有光信号时，光电流将会指数衰减一段时间，这个时间常数等于少数载流子寿命。由光电导体增益的表达式可以看出，我们喜欢大的少数载流子寿命，但开关速度会因小的少子寿命而增强。这显然需要增益和速度的折中。一般来说，我们下面讨论的光电二极管的性能要优于光电导体的性能。

14.3.2 光电二极管

光电二极管是施加反偏电压的 pn 结二极管。我们将首先考虑一个长二极管，在该二极管中，整个器件中的过剩载流子的产生率一致。图 14.17(a)显示了加反偏电压的二极管，图 14.17(b)显示了光照之前反偏结中的少数载流子分布。

设 G_L 是过剩载流子的产生率。空间电荷区产生的过剩载流子被电场很快地扫过耗尽区；电子进入 n 区，空穴进入 p 区。空间电荷区产生的光电流密度是

$$J_{L1} = e \int G_L \, dx \tag{14.27}$$

该式对整个空间电荷区宽度进行积分。如果 G_L 在整个空间电荷区域内为常数，则有

$$J_{L1} = eG_L W \tag{14.28}$$

其中 W 是空间电荷区的宽度。整个 J_{L1} 是沿反偏电压方向的。这种光电流成分对光照反应很快，因此称为瞬时光电流。

通过比较式(14.28)和式(14.25)，我们知道光电二极管的增益为1。光电二极管的速度受限于空间电荷区的载流子输运速度。若假设饱和漂移速度为 10^7 cm/s，耗尽区宽度为 2 μm，则输运时间为 $\tau_t = 20$ ps。理想的调制频率的周期为 $2\tau_t$，因此频率为 $f = 25$ GHz。该频率响应比光电导体的频率响应要高。

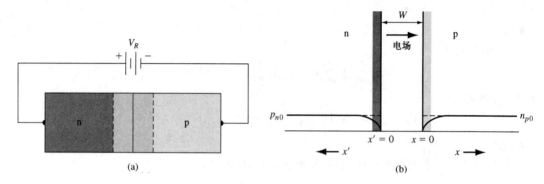

图 14.17 （a）反偏 pn 结；（b）反偏 pn 结中的少数载流子浓度

过剩载流子也可以在二极管的中性 n 区和 p 区产生。p 区中的过剩少数载流子电子分布可以由双极输运方程得到，即

$$D_n \frac{\partial^2(\delta n_p)}{\partial x^2} + G_L - \frac{\delta n_p}{\tau_{n0}} = \frac{\partial(\delta n_p)}{\partial t} \tag{14.29}$$

假设中性区的电场为零。在稳态下，$\partial(\delta n_p)/\partial t = 0$，因此式(14.29)可以写为：

$$\frac{d^2(\delta n_p)}{dx^2} - \frac{\delta n_p}{L_n^2} = -\frac{G_L}{D_n} \tag{14.30}$$

这里 $L_n^2 = D_n \tau_{n0}$。

式(14.30)的解是由通解和特解组成的。通解可由下式得到：

$$\frac{d^2(\delta n_{ph})}{dx^2} - \frac{\delta n_{ph}}{L_n^2} = 0 \tag{14.31}$$

其中 δn_{ph} 为通解，它由下式给出：

$$\delta n_{ph} = Ae^{-x/L_n} + Be^{+x/L_n} \qquad (x \geq 0) \tag{14.32}$$

一个边界条件是 δn_{ph} 必须是有限的，这意味着对于长二极管，$B \equiv 0$。

特解可以由

$$-\frac{\delta n_{pp}}{L_n^2} = -\frac{G_L}{D_n} \tag{14.33}$$

给出，从而有

$$\delta n_{pp} = \frac{G_L L_n^2}{D_n} = \frac{G_L(D_n \tau_{n0})}{D_n} = G_L \tau_{n0} \tag{14.34}$$

P 区中的过剩少子电子浓度总的稳态解为：

$$\delta n_p = Ae^{-x/L_n} + G_L \tau_{n0} \tag{14.35}$$

对于反偏结，在 $x = 0$ 处的总电子浓度为零。则在 $x = 0$ 处的过剩电子浓度为：

$$\delta n_p(x = 0) = -n_{p0} \tag{14.36}$$

使用式(14.36)给出的边界条件, 由式(14.35)给出的电子浓度变为：

$$\delta n_p = G_L \tau_{n0} - (G_L \tau_{n0} + n_{p0})e^{-x/L_n} \tag{14.37}$$

用同样的分析方法可得 n 区中的过剩少数载流子空穴浓度。使用图 14.17 中的符号 x', 可得

$$\delta p_n = G_L \tau_{p0} - (G_L \tau_{p0} + p_{n0})e^{-x'/L_p} \tag{14.38}$$

式(14.37)和式(14.38)已在图 14.18 中画出。我们可以发现, 远离空间电荷区的稳态值与前面给出的稳态值一致。

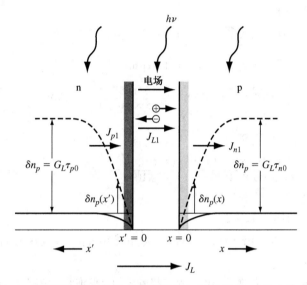

图 14.18　稳态下, 光生少数载流子浓度与"长"反偏 pn 结中的光电流

在 pn 结中, 少数载流子浓度的梯度将产生扩散电流。少子电子在 $x = 0$ 处产生的扩散电流密度为：

$$J_{n1} = eD_n \frac{d(\delta n_p)}{dx}\bigg|_{x=0} = eD_n \frac{d}{dx}[G_L \tau_{n0} - (G_L \tau_{n0} + n_{p0})e^{-x/L_n}]\bigg|_{x=0}$$
$$= \frac{eD_n}{L_n}(G_L \tau_{n0} + n_{p0}) \tag{14.39}$$

式(14.39)也可以写成

$$J_{n1} = eG_L L_n + \frac{eD_n n_{p0}}{L_n} \tag{14.40}$$

式(14.40)的第一项是稳态光电流密度, 第二项是少数载流子电子产生的理想反向饱和电流密度。

在 $x' = 0$ 处, 少子空穴沿 x 方向产生的扩散电流密度为：

$$J_{p1} = eG_L L_p + \frac{eD_p p_{n0}}{L_p} \tag{14.41}$$

类似地, 第一项是稳态光电流密度, 第二项是理想反向饱和电流密度。

对于长二极管, 总稳态二极管光电流密度为：

$$J_L = eG_L W + eG_L L_n + eG_L L_p = e(W + L_n + L_p)G_L \tag{14.42}$$

光电流在整个二极管中是沿反偏方向的。式(14.42)给出的光电流是如下假设的结果：在稳态长二极管的整个结构中, 过剩载流子的产生率一致。

由于这些电流是少数载流子向耗尽区扩散的结果, 因此光电流中的扩散电流成分的时间响应相对比较慢。光电流的扩散成分称为延迟光电流。

例 14.5 计算稳态下长反偏 pn 结二极管的光电流密度。

考虑 $T = 300$ K 时的一个硅 pn 二极管，其参数如下：

$$N_a = 10^{16}\ cm^{-3} \qquad N_d = 10^{16}\ cm^{-3}$$
$$D_n = 25\ cm^2/s \qquad D_p = 10\ cm^2/s$$
$$\tau_{n0} = 5 \times 10^{-7}\ s \qquad \tau_{p0} = 10^{-7}\ s$$

假设所加反偏电压为 $V_R = 5$ V，令 $G_L = 10^{21}\ cm^{-3} \cdot s^{-1}$。

■ **解**

各种所需参数的计算如下：

$$L_n = \sqrt{D_n\tau_{n0}} = \sqrt{(25)(5 \times 10^{-7})} = 35.4\ \mu m$$

$$L_p = \sqrt{D_p\tau_{p0}} = \sqrt{(10)(10^{-7})} = 10.0\ \mu m$$

$$V_{bi} = V_t \ln\left(\frac{N_aN_d}{n_i^2}\right) = (0.0259)\ln\left[\frac{(10^{16})(10^{16})}{(1.5 \times 10^{10})^2}\right] = 0.695\ V$$

$$W = \left\{\frac{2\epsilon_s}{e}\left(\frac{N_a + N_d}{N_aN_d}\right)(V_{bi} + V_R)\right\}^{1/2}$$

$$= \left\{\frac{2(11.7)(8.85 \times 10^{-14})}{1.6 \times 10^{-19}} \cdot \frac{(2 \times 10^{16})}{(10^{16})(10^{16})} \cdot (0.695 + 5)\right\}^{1/2} = 1.21\ \mu m$$

最后，稳态光电流密度为：

$$J_L = e(W + L_n + L_p)G_L$$

$$= (1.6 \times 10^{-19})(1.21 + 35.4 + 10.0) \times 10^{-4}(10^{21}) = 0.75\ A/cm^2$$

■ **说明**

记住，光电流的方向是反偏方向，它比 pn 结二极管中的反偏饱和电流密度大好几个数量级。

■ **自测题**

E14.5 将例 14.5 中的光电二极管的掺杂浓度改为 $N_a = N_d = 10^{15}\ cm^{-3}$。（a）计算稳态光电流密度；（b）计算瞬时光电流与稳态光电流之比。

答案：（a）$J_L = 0.787\ A/cm^2$；（b）$J_{L1}/J_L = 0.0773$。

在该示例的计算中，$L_n \gg W$ 和 $L_p \gg W$。在很多 pn 结结构中，长二极管的假设是不正确的，所以光电流表达式必须修正。另外，在整个 pn 结中，光子能量吸收是不一致的。这种不一致吸收将在下一节讨论。

14.3.3 PIN 光电二极管

在许多光电探测器中，响应速度是很重要的；但在空间电荷区中产生的瞬时光电流是我们唯一感兴趣的光电流。为增加光电探测器的灵敏度，耗尽区的宽度应该做得尽可能大。PIN 光电二极管可以满足这个要求。

PIN 二极管由 n 区和 p 区组成，这两个区被本征区分开。PIN 二极管的剖面图结构如图 14.19(a)所示。本征区的宽度 W 比普通 pn 结的空间电荷区大得多。如果给 PIN 二极管加反偏电压，则空间电荷区将会延伸至整个本征区。

假设 p⁺ 区的入射光子通量为 Φ_0。假设 p⁺ 区的宽度 W_p 非常薄，则本征区中的光通量是距离的函数，即 $\Phi(x) = \Phi_0 e^{-\alpha x}$，其中 α 是光子吸收系数。图 14.19(b)显示了非线性光子吸收。本征区中产生的光电流密度为：

$$J_L = e \int_0^W G_L \, \mathrm{d}x = e \int_0^W \Phi_0 \alpha \mathrm{e}^{-\alpha x} \, \mathrm{d}x = e\Phi_0(1 - \mathrm{e}^{-\alpha W}) \tag{14.43}$$

该等式假设在空间电荷区没有电子-空穴的复合, 并假设每个吸收的光子产生一个电子-空穴对。

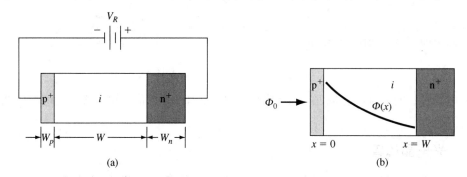

图 14.19 (a)反偏 PIN 光电二极管;(b)非均匀光子吸收的几何形状

例 14.6 计算 PIN 光电二极管中的光电流密度。

考虑一个硅 PIN 二极管, 其本征区宽度为 $W = 20$ μm。假设光子通量为 10^{17} cm$^{-2} \cdot$ s^{-1}, 吸收系数为 $\alpha = 10^3$ cm^{-1}。

■ 解

在本征区的前端, 电子-空穴对的产生率为:

$$G_{L1} = \alpha \Phi_0 = (10^3)(10^{17}) = 10^{20} \text{ cm}^{-3} \cdot \text{s}^{-1}$$

在本征区的末端, 产生率为:

$$G_{L2} = \alpha \Phi_0 \mathrm{e}^{-\alpha W} = (10^3)(10^{17}) \exp\left[-(10^3)(20 \times 10^{-4})\right]$$

$$= 0.135 \times 10^{20} \text{ cm}^{-3} \cdot \text{s}^{-1}$$

整个本征区的产生率明显不一致。光电流密度为:

$$J_L = e\Phi_0(1 - \mathrm{e}^{-\alpha W})$$

$$= (1.6 \times 10^{-19})(10^{17})\{1 - \exp\left[-(10^3)(20 \times 10^{-4})\right]\}$$

$$= 13.8 \text{ mA/cm}^2$$

■ 说明

由于 PIN 光电二极管的空间电荷区较大, 所以它的瞬时光电流比普通光电二极管的瞬时光电流大很多。大多数情况下, 我们没有长二极管;因此, 式(14.42)描述的稳态光电流对大多数光电二极管不适用。

■ 自测题

E14.6 重做例 14.6 中的计算, 吸收系数分别取(a)$\alpha = 10^2$cm^{-1};(b)$\alpha = 10^4$ cm^{-1}。

答案:(a)$J_L = 2.90$ mA/cm^2;(b)$J_L = 16$ mA/cm^2。

在大多数情况下, 很少有长二极管, 因此, 由式(14.42)描述的稳态光电流将不适用于大多数光电二极管。

14.3.4 雪崩光电二极管

雪崩光电二极管与 pn 结或 PIN 光电二极管相似, 只是它上面所加的反偏电压必须大到能引起碰撞电离。正如我们前面所讨论的, 光子吸收后, 会在空间电荷区产生电子-空穴对。光生电子和空穴现在可以通过碰撞电离产生电子-空穴对。雪崩光电二极管的电流增益与雪崩倍增因子有关。

　　光吸收和碰撞电离产生的电子-空穴对会被很快地扫过空间电荷区。如果在 10 μm 宽的耗尽区中，饱和速度为 10^7 cm/s，则输运时间为：

$$\tau_t = \frac{10^7}{10 \times 10^{-4}} = 100 \text{ ps}$$

调制信号的周期为 $2\tau_t$，因此频率为：

$$f = \frac{1}{2\tau_t} = \frac{1}{200 \times 10^{-12}} = 5 \text{ GHz}$$

若雪崩光电二极管的电流增益是 20，则带宽增益是 100 GHz。雪崩光电二极管能够响应调制在微波频率的光波。

14.3.5　光电晶体管

　　双极晶体管也可以用做光电探测器。在整个晶体管中，光电晶体管有较高的增益。图 14.20(a)显示了一个 npn 双极晶体管。这种器件有一个大的 B-C 结面积，通常用于基极开路。图 14.20(b)显示了基极开路光电晶体管的结构。在 B-C 结上加反偏电压，会产生电子-空穴对，它们被扫过空间电荷区，从而形成光电流 I_L。空穴被扫到 p 型基区，从而使得其电位相对于发射极为高电位。由于 B-E 结正偏，电子从发射极注入基极，导致正常的晶体管效应。

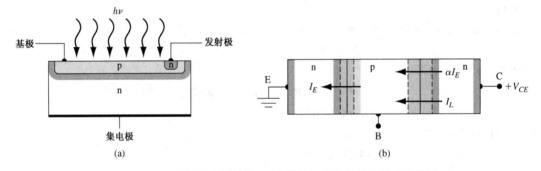

图 14.20　(a)双极光电晶体管；(b)基极开路光电晶体管的结构图

　　从图 14.20(b)，我们可以得到

$$I_E = \alpha I_E + I_L \tag{14.44}$$

其中 I_L 是光电流，α 是共基极电流增益。由于基极开路，我们有 $I_C = I_E$，因此式(14.44)可以写为：

$$I_C = \alpha I_C + I_L \tag{14.45}$$

求解 I_C，可得

$$I_C = \frac{I_L}{1 - \alpha} \tag{14.46}$$

由 α 和 β(直流共发射极电流增益)的关系，式(14.46)变为：

$$I_C = (1 + \beta)I_L \tag{14.47}$$

式(14.47)表明 B-C 结光电流是 I_L 的 $(1 + \beta)$ 倍。光电晶体管则放大基本的光电流。

　　由于有相对较大 B-C 结面积，光电晶体管的频率响应受限于 B-C 结电容。由于基极实际上是器件的输入端，大的 B-C 结电容会因米勒效应而成倍增加，因此光电晶体管的频率响应会进一步降低。但是，光电晶体管相对于雪崩光电二极管来说，是低噪声器件。

光电晶体管也可以由异质结构成。正如第 12 章所讨论的, 注入效率系数会随禁带宽度的不同而增大。由于禁带宽度的不同, 轻掺杂基极约束不再适用。可以生产出重掺杂的窄基区器件, 这种器件有较高的自锁电压和较高的增益。

练习题

T14.5 考虑一个参数如例 14.5 所描述的长 pn 结光电二极管。其横截面积为 $A = 10^{-3}$ cm^2。假设在其上面加了 5 V 的反偏电压, 并串联了一个 5 kΩ 的负载电阻。波长为 $\lambda = 1$ μm 的光学信号入射到光电二极管, 在整个器件上引起一致的过剩载流子产生率。试求负载电阻的电压为 0.5 V 时的入射光强度。

答案: $I_v = 0.266$ W/cm^2。

14.4 光致发光和电致发光

在本章的第一节中, 我们讨论了光吸收产生的过剩电子-空穴对。最后, 过剩电子-空穴复合, 且在直接带隙材料中, 这种复合过程可以发射一个光子, 光发射的这种属性称为发光。光子吸收产生电子-空穴对时, 复合过程产生的光子发射称为光致发光。

电致发光是由于电流激发过剩载流子, 从而发射光子的过程。我们将主要讨论注入光致发光, 它是注入 pn 结载流子的结果。光电二极管和 pn 结激光二极管是这种现象的例子。在这些器件中, 电能以电流的形式直接转换成光子能。

14.4.1 基本跃迁

电子-空穴对产生的同时, 也会伴随很多可能出现的复合过程。一些复合过程会在直接带隙材料中导致光子发射, 但对于同样的材料, 其他复合过程就不可以。

基本的带间跃迁如图 14.21(a) 所示。过程(i) 表示的是禁带宽度非常小的材料的本征发射。过程(ii) 和(iii) 表示的是具有能量的电子和空穴。如果任何一种复合都可以导致光子发射, 则所发射的光子的能量必须大于禁带宽度。光子的发射因此就和发射光谱和禁带宽度有关系了。

可能的复合过程包括有杂质或缺陷参与的跃迁, 如图 14.21(b) 所示。过程(i) 是导带电子跃迁到未电离的受主能级, 过程(ii) 是施主能级上的电子跃迁到价带, 过程(iii) 是施主能级上的电子跃迁到受主能级, 过程(iv) 是深能级中的复合。过程(iv) 是一个非辐射过程, 它符合第 6 章讨论的肖克利-里德-霍尔复合过程。其他复合过程可能导致发光, 也可能不发光。

俄歇复合过程如图 14.21(c) 所示, 它是重掺杂浓度直接带隙材料中很重要的复合过程。俄歇复合过程是一个非辐射过程。过程(i) 表示的俄歇复合是电子-空穴复合时伴随着将能量传给其他自由空穴。相应的第二种情况如(ii) 所示, 电子-空穴复合时伴随着将能量传给其他自由电子。在这个过程中, 所涉及的第三个粒子最终将能量以热能的形式传给晶格。在重掺杂 p 型材料中, 首先发生包括两个空穴和一个电子的过程, 而在重掺杂 n 型材料中, 首先发生包括两个电子和一个空穴的过程。

图 14.21(a) 显示的复合过程表明, 发射的光子不一定是单个的、离散的能量, 而可能是一个能量的范围。自发的发射率通常有如下形式:

$$I(\nu) \propto \nu^2 (h\nu - E_g)^{1/2} \exp\left[\frac{-(h\nu - E_g)}{kT}\right] \tag{14.48}$$

其中 E_g 表示禁带宽度。图 14.22 显示了砷化镓的发射光谱。光子能量的最大值随着温度升高而下降，因为禁带宽度随着温度升高而下降。通过使用光学共振器，我们可以看出在激光二极管中，发射光谱的带宽可以大大减小。

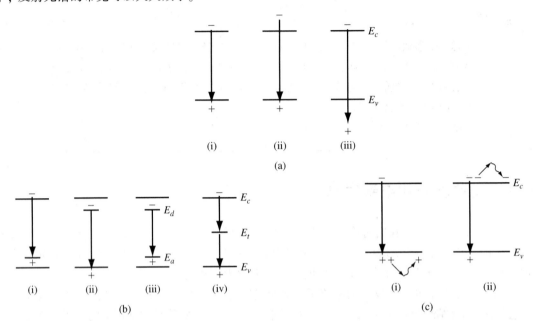

图 14.21　半导体中的基本跃迁

14.4.2　发光效率

我们已经知道并不是所有的复合过程都有辐射。有效的发光材料应该是辐射传输占主导地位的材料。量子效率定义为辐射复合率与整个过程的总复合率之比。我们可以写为：

$$\eta_q = \frac{R_r}{R} \qquad (14.49)$$

这里 η_q 是量子效率，R_r 是辐射复合率，R 是过剩载流子的总复合率。由于复合率反比于寿命，因此根据寿命，可把复合率写为：

$$\eta_q = \frac{\tau_{nr}}{\tau_{nr} + \tau_r} \qquad (14.50)$$

这里，τ_{nr} 是非辐射寿命，τ_r 是辐射寿命。对于一个高的发光效率，非辐射寿命应该很大；因此非辐射复合的可能性相对于辐射复合较小。

电子和空穴的带间复合率正比于电子数量及可提供的空状态（空穴）的数量。我们可以写为：

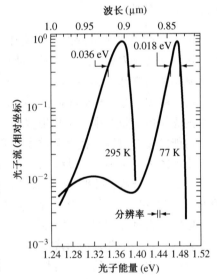

图 14.22　$T = 300$ K 和 $T = 77$ K 时，GaAs 二极管的发射光谱

$$R_r = Bnp \qquad (14.51)$$

其中 R_r 是带与带间的辐射复合率，B 是比例常数。直接带隙材料的 B 值比间接带隙材料的 B 值大 10^6 个数量级。在间接带隙材料中，直接带间辐射复合跃迁是不大可能的。

直接带隙材料中，光子的发射所遇到的问题是发射光子的再吸收。一般来说，发射光子的能量 $h\nu > E_g$，也就是说，对于这个能量，吸收系数不是零。为了从发光器件产生光输出，这个过程必须在表面附近发生。对于再吸收问题，一种解决方法是使用异质结。我们将在后面的小节中讨论它。

14.4.3 材料

对于光器件来说，一种重要的直接带隙半导体材料是砷化镓。另一种人们感兴趣的复合材料是 $Al_xGa_{1-x}As$，这种材料是化合物半导体，其中铝原子的含量与镓原子的含量之比可以改变，以获得特殊的性能。图 14.23 显示了禁带宽度是铝和镓之间的组分函数关系。从图中我们可以看到，对于 $0 < x < 0.45$，这种合金材料是直接带隙材料。对于 $x > 0.45$，该材料就成为间接带隙材料，不适合用做光学器件。对于 $0 < x < 0.35$，禁带宽度可以表示为：

$$E_g = 1.424 + 1.247x \text{ eV} \qquad (14.52)$$

另一种用做光学器件的化合物半导体材料是 $GaAs_{1-x}P_x$。图 14.24(a) 显示了禁带宽度随组分 x 变化的函数。对于 $0 \leqslant x \leqslant 0.45$，该材料也是直接带隙材料，$x > 0.45$ 时，带隙就变成了间接带隙。图 14.24(b) 描述了 E 与 k 的关系，表明随着组分的变化，带隙是如何从直接带隙变化到间接带隙的。

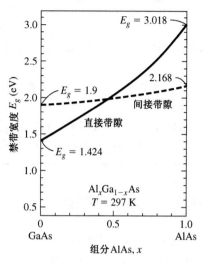

图 14.23　$Al_xGa_{1-x}As$ 的禁带宽度随组分 x 的变化

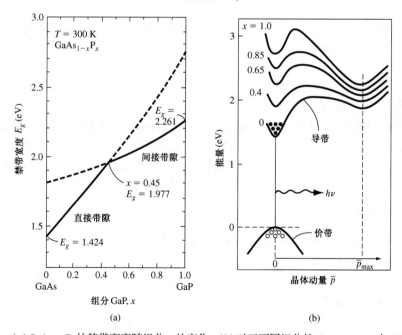

(a)　(b)

图 14.24　(a) $GaAs_{1-x}P_x$ 的禁带宽度随组分 x 的变化；(b) 对于不同组分的 $GaAs_{1-x}P_x$，E 与 k 的关系图

例 14.7　计算两种不同组分的 $GaAs_{1-x}P_x$ 材料的输出波长。

先考虑 GaAs，再考虑 $GaAs_{1-x}P_x$。

■ 解

GaAs 的禁带宽度是 $E_g = 1.42$ eV。这种材料产生的光子波长是

$$\lambda = \frac{1.24}{E} = \frac{1.24}{1.42} = 0.873 \ \mu m$$

该波长在红外线波长范围，而不在可见光范围。如果希望输出可见光的波长是 $\lambda = 0.653 \ \mu m$，那么禁带宽度就应该是

$$E = \frac{1.24}{\lambda} = \frac{1.24}{0.653} = 1.90 \ eV$$

该禁带宽度对应的组分大概约为 $x = 0.4$。

■ **说明**

通过改变 $GaAs_{1-x}P_x$ 的组分，输出可以从红外线变化到红光。

■ **自测题**

E14.7 计算 $GaAs_{1-x}P_x$ 材料的组分分别为（a）$x = 0.15$；（b）$x = 0.30$ 时对应的输出波长。

　　　　答案：（a）$\lambda = 0.775 \ \mu m$；（b）$\lambda = 0.705 \ \mu m$。

14.5　发光二极管

　　光电探测器和太阳能电池都可把光能转换成电能，也就是光子产生过剩电子和空穴，从而形成电流。我们也可以给 pn 结加电压形成电流，依次产生光子和光输出。这种反转机制称为注入电致发光。它就是我们知道的发光二极管（LED）。LED 输出的光谱波长具有相对较宽的波长范围，一般在 $30 \sim 40 \ nm$ 之间。若输出光是可见光，则发射谱会很窄，以至于可以观察到一些特殊颜色。

14.5.1　光的产生

　　正如我们前面讨论的，在直接带隙材料中，电子和空穴通过带与带间的直接复合就可以发射光子。由式（14.1），我们知道发射波长是

$$\lambda = \frac{hc}{E_g} = \frac{1.24}{E_g} \ \mu m \tag{14.53}$$

其中 E_g 是禁带宽度，单位为 eV。

　　当在 pn 结上加电压时，电子和空穴被注入空间电荷区，成为过剩少子。这些过剩少子扩散到中性区并与多数载流子复合。如果这个复合是直接的带与带间的复合，就有光子发射。二极管的扩散电流是正比于复合率的，因此发射光子的强度也将正比于理想二极管的扩散电流。在砷化镓中，电致发光首先在 p 区发生，因为电子的注入效率比空穴的要高。

14.5.2　内量子效率

　　内量子效率是产生发光的二极管电流的一部分。内量子效率是注入效率的函数，以及辐射复合与总复合的百分比的函数。

　　在正偏二极管中有三种成分的电流：少数载流子电子扩散电流、少数载流子空穴扩散电流以及空间电荷复合电流。这些电流的表达式分别是

$$J_n = \frac{eD_n n_{p0}}{L_n}\left[\exp\left(\frac{eV}{kT}\right) - 1 \right] \tag{14.54a}$$

$$J_p = \frac{eD_p p_{n0}}{L_p}\left[\exp\left(\frac{eV}{kT}\right) - 1 \right] \tag{14.54b}$$

和

$$J_R = \frac{e n_i W}{2\tau_0}\left[\exp\left(\frac{eV}{2kT}\right) - 1 \right] \tag{14.54c}$$

一般来说，空间电荷区的电子空穴通过禁带中央附近的陷阱复合，并且是非辐射过程。由于在砷化镓中发光主要是由于少子电子的复合，我们可以定义注入效率为电子电流与总电流之比：

$$\gamma = \frac{J_n}{J_n + J_p + J_R} \tag{14.55}$$

其中 γ 是注入效率。我们可以通过如下方法使得注入效率 γ 趋于 1：采用 J_p 只占二极管电流很小的一部分，以及给二极管加上足够的正偏，这样 J_R 也只是总电流中很小的一部分。

一旦电子被注入 p 区，并不是所有的电子都将辐射复合。我们定义辐射复合和非辐射复合的比率为：

$$R_r = \frac{\delta n}{\tau_r} \tag{14.56a}$$

及

$$R_{nr} = \frac{\delta n}{\tau_{nr}} \tag{14.56b}$$

这里 τ_r 和 τ_{nr} 分别是辐射复合寿命和非辐射复合寿命，δn 是过剩载流子浓度。总复合率为：

$$R = R_r + R_{nr} = \frac{\delta n}{\tau} = \frac{\delta n}{\tau_r} + \frac{\delta n}{\tau_{nr}} \tag{14.57}$$

其中 τ 是有效过剩载流子寿命。

辐射效率定义为辐射复合的分数。我们可以写成

$$\eta = \frac{R_r}{R_r + R_{nr}} = \frac{\frac{1}{\tau_r}}{\frac{1}{\tau_r} + \frac{1}{\tau_{nr}}} = \frac{\tau}{\tau_r} \tag{14.58}$$

其中 η 是辐射效率。非辐射复合率正比于 N_t，N_t 是禁带中非辐射陷阱的密度。显然，随着 N_t 的减小，辐射效率将会增加。

内量子效率就可以写为：

$$\eta_i = \gamma \eta \tag{14.59}$$

辐射复合率正比于 p 型掺杂。随着 p 型掺杂的增加，辐射复合率也增加。可是，注入效率随着 p 型掺杂的增加而下降。因此，有一个最适宜的掺杂可以使内量子效率达到最大。

14.5.3 外量子效率

LED 的一个非常重要的参数是外量子效率。产生的光子实际上是从半导体发出的。外量子效率通常是一个比内量子效率小得多的数。一旦光子在半导体中产生，光子就有可能遇到三种损耗机制：光子在半导体里被吸收、菲涅耳损耗以及临界角损耗。

图 14.25 画出了 LED 的结构图。光子可以向任何方向发射。由于发射光子能量必须满足 $h\nu \geqslant E_g$，因此这些光子可以被半导体材料再吸收。大多数光子实际上是从表面处发射出去的，然后又重新被吸收。

光子必须从半导体中发射到空气中，这些光子必须透射过介质界面。图 14.26 中画出了入射波、反射波和透射波。$\bar{n}_2$ 是半导体的折射系数，$\bar{n}_1$ 是空气的折射系数。反射系数为：

$$\Gamma = \left(\frac{\bar{n}_2 - \bar{n}_1}{\bar{n}_2 + \bar{n}_1}\right)^2 \tag{14.60}$$

这种效应称为菲涅耳损耗。反射系数 Γ 是被反射回半导体的入射光子的一部分。

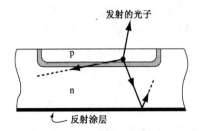

图 14.25　LED 的 pn 结处的光子发射图

图 14.26　非传导性界面处的入射
波、反射波和透射波

例 14.8　计算半导体和空气界面的反射系数。

考虑砷化镓半导体和空气的界面。

■ **解**

砷化镓在波长 $\lambda = 0.70\ \mu m$ 时的折射系数 $\bar{n}_2 = 3.8$，空气的折射系数 $\bar{n}_1 = 1.0$，那么反射系数为：

$$\Gamma = \left(\frac{\bar{n}_2 - \bar{n}_1}{\bar{n}_2 + \bar{n}_1}\right)^2 = \left(\frac{3.8 - 1.0}{3.8 + 1.0}\right)^2 = 0.34$$

■ **说明**

反射系数 $\Gamma = 0.34$ 意味着 34% 来自于砷化镓的入射光子在砷化镓和空气界面处被反射回半导体。

■ **自测题**

E14.8　在波长 $\lambda = 0.70\ \mu m$ 时，砷化镓的折射系数 $\bar{n}_2 = 3.8$，磷化镓的折射系数 $\bar{n}_2 = 3.2$，对于 $GaAs_{1-x}P_x$，其中摩尔分数 $x = 0.40$，假设折射率和摩尔分数线性相关，确定 $GaAs_{1-x}P_x$ 与空气界面的反射系数 Γ。

　　答案：$\Gamma = 0.315$。

半导体和空气界面处的入射光子的折射角如图 14.27 所示。如果光子以大于临界角 θ_c 的角度入射到界面，则全部都是内反射。Snell 定律确定的临界角公式如下：

$$\theta_c = \arcsin\left(\frac{\bar{n}_1}{\bar{n}_2}\right) \tag{14.61}$$

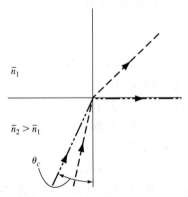

图 14.27　非传导性界面处的折射和临界角处的完全反射

例 14.9　计算半导体和空气界面的临界角。

考虑砷化镓和空气间的界面。

■ **解**

对于砷化镓来说,在波长 $a = 0.70 \ \mu m$ 时 $\bar{n}_2 = 3.8$,而空气的折射系数 $\bar{n}_1 = 1.0$,所以临界角为:

$$\theta_c = \arcsin\left(\frac{\bar{n}_1}{\bar{n}_2}\right) = \arcsin\left(\frac{1.0}{3.8}\right) = 15.3°$$

■ **说明**

任何以大于 15.3° 角入射的光子都将反射回半导体。

■ **自测题**

E14.9 对于 $GaAs_{0.6}P_{0.4}$,重复例 14.9 的问题,参考自测题 E14.8 的参数。

　　答案:$\theta_c = 16.3°$。

图 14.28(a)显示了外量子效率与 p 型掺杂浓度的关系,图 14.28(b)显示了外量子效率与结深的关系。两幅图都表明外量子效率在 1% ~ 3% 之间。

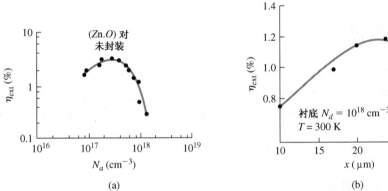

图 14.28 (a)GaP LED 的外量子效率与受主浓度的关系;(b)GaAs LED 的外量子效率与结深的关系

14.5.4 LED 器件

　　LED 的输出信号的波长由半导体的禁带宽度决定。砷化镓这种直接带隙材料,其禁带宽度 $E_g = 1.42 \ eV$,产生的波长是 $\lambda = 0.873 \ \mu m$。比较其波长与图 14.5 所示的可见光波长,砷化镓 LED 的输出波长不在可见光范围内。对于可见光输出,其波长应该是在 $0.4 \sim 0.72 \ \mu m$ 之间。这个范围内的波长对应于 $1.7 \sim 3.1 \ eV$ 之间的禁带宽度。

　　当 $0 \le x \le 0.45$ 时,$GaAs_{1-x}P_x$ 是直接带隙材料,如图 14.24 所示。在 $x = 0.40$ 时,禁带宽度大约是 $E_g = 1.9 \ eV$,应该以红光输出。图 14.29 显示的是二极管对于不同的 x 值的亮度。其峰值也出现在红光范围,采用平面工艺,$GaAs_{0.6}P_{0.4}$ 单阵列已经被用来生产数字和字母显示器件。当组分 x 比 0.45 大时,材料变成间接带隙材料,量子效率就大大下降了。

　　$GaAl_xAs_{1-x}$ 能够采用异质结形成 LED。器件结构如

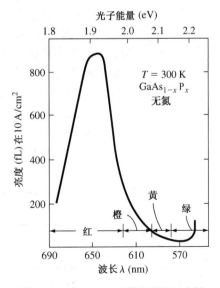

图 14.29 GaAsP 二极管的波长(或禁带宽度)与亮度的关系曲线

图 14.30 所示。电子从带隙较宽的 n 型 $GaAl_{0.7}As_{0.3}$ 注入带隙较窄的 p 型 $GaAl_{0.6}As_{0.4}$ 中。p 型材料中的少子电子能够辐射复合。由于 $E_{gp} < E_{gN}$,光子能够从带隙较宽的 n 型材料中发射出来,而不被吸收。宽带隙 n 型材料就像是一面光学镜子,它的外量子效率也增大了。

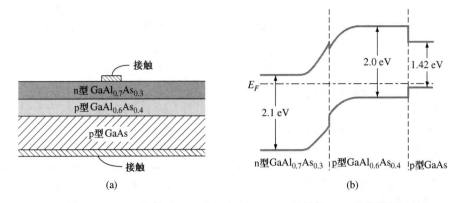

图 14.30　（a）横截面；（b）热平衡时 GaAlAs 异质结 LED 的能带图

14.6　激光二极管

LED 的光子输出归因于电子从导带到价带的跃迁放出了能量。LED 光子发射是自发的，带与带之间的跃迁是独立的。这种自发的过程形成了具有相对较宽带宽的 LED 的谱条件。一旦 LED 的结构和工作条件改变，器件就可以在一个新的模式下工作，产生一致的光谱输出，其波长小于 0.1 nm。这种新型器件就是激光二极管，激光代表着"辐射的受激发射引起的光放大"。尽管激光的种类很多，但我们仅讨论 pn 结激光二极管。

14.6.1　受激发射和分布反转

当入射光子被吸收时，一个电子就能从能量为 E_1 的状态激发到能量为 E_2 的状态，这个过程如图 14.31（a）所示。它就是我们所知道的感应吸收。如果电子自发地回到低能级，并且伴随着放出光子，即可得到图 14.31（b）所示的过程。另一种情况如图 14.31（c）所示，当一个电子在高能级状态时，入射光子和电子相互作用，使得电子回到低能级。向低能级跃迁会产生光子。这个过程是由光子引起的，称为受激发射或者感应发射。受激发射的过程产生两个光子，这样，就能够得到光增益或光放大。这两个发射的光子是同相的，因此其光谱输出是一致的。

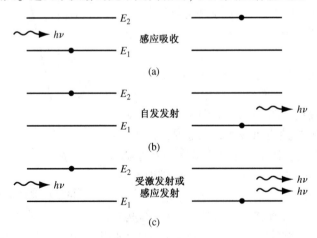

图 14.31　（a）感应吸收；（b）自发发射；（c）受激发射

当热平衡时，半导体中的电子分布由费米统计决定。应用玻尔兹曼常数，可得

$$\frac{N_2}{N_1} = \exp\left[\frac{-(E_2 - E_1)}{kT}\right] \tag{14.62}$$

这里的 N_1 和 N_2 分别是能级 E_1 和 E_2 的电子浓度，$E_2 > E_1$。在热平衡时，$N_2 < N_1$。感应吸收和受激跃迁的可能性相同。被吸收的光子数目与 N_1 成正比，被发射的光子数目与 N_2 成正比。为获得光放大或者发生激光作用，必须有 $N_2 > N_1$，这称为分布反转。在热平衡时，我们得不到激光作用。

图 14.32 显示了两个能级，以及一束沿着 z 方向传播的强度为 I_ν 的光波。强度的变化是 z 的函数，它可以写为：

$$\frac{dI_\nu}{dz} \propto \frac{\#\ \text{发射的光子数}}{cm^3} - \frac{\#\ \text{吸收的光子数}}{cm^3}$$

或

$$\frac{dI_\nu}{dz} = N_2 W_i \cdot h\nu - N_1 W_i \cdot h\nu \tag{14.63}$$

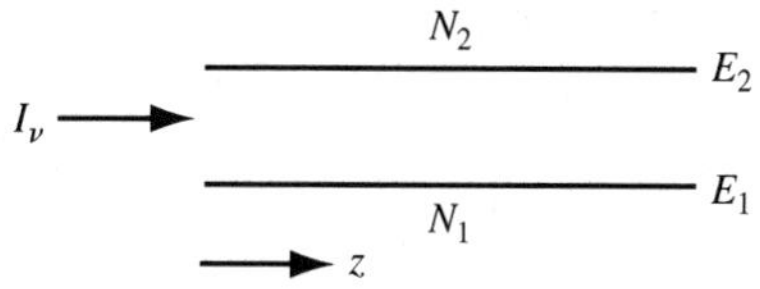

图 14.32　在两个能级之间，沿着 z 方向传播的光波

这里 W_i 是感应跃迁概率。式(14.63)假设没有损耗机制，且忽略了自发跃迁。

式(14.63)也可以写为

$$\frac{dI_\nu}{dz} = \gamma(\nu) I_\nu \tag{14.64}$$

其中 $\gamma(\nu) \propto (N_2 - N_1)$ 是放大系数。由式(14.64)可得强度为：

$$I_\nu = I_\nu(0) e^{\gamma(\nu)z} \tag{14.65}$$

当 $\gamma(\nu) > 0$ 时发生放大，当 $\gamma(\nu) < 0$ 时发生吸收。

如果 pn 结的两边都是简并掺杂，在正向同质二极管中，就能够得到分布反转和激光作用。图 14.33(a) 画出了热平衡时简并掺杂的 pn 结的能带图。在 n 区中，费米能级位于导带，在 p 区中，费米能级位于价带。图 14.33(b) 是正偏时 pn 结的能带图。在 pn 同质结二极管中，增益系数可表示为：

$$\gamma(\nu) \propto \left\{1 - \exp\left[\frac{h\nu - (E_{Fn} - E_{Fp})}{kT}\right]\right\} \tag{14.66}$$

为使 $\gamma(\nu) > 1$，我们必须让 $h\nu < (E_{Fn} - E_{Fp})$，也就是说，结必须是简并掺杂的，并同时要求 $h\nu \geqslant E_g$。在 pn 结附近，有一个分布反转发生的区域。在大量空状态的上方，导带中有大量的电子。如果带与带间的复合发生，就会发射光子，其能量在 $E_g < h\nu < (E_{Fn} - E_{Fp})$ 范围内。

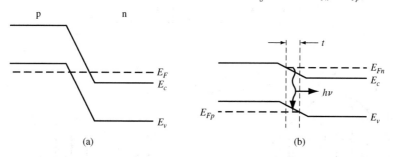

图 14.33　(a)零偏时简并掺杂的 pn 结的能带图；(b)正偏时伴随光子发射的简并掺杂 pn 结的能带图

14.6.2　光学空腔谐振器

发生激光作用的必要条件是分布反转。相干发射输出可以通过光学空腔谐振器得到。由于正反馈，空腔将引起光强的积累。共振腔由两个平行镜面组成，它称为法布里-珀罗共振腔。这

种共振腔可以由裂开的砷化镓晶体沿(110)平面形成，如图 14.34 所示。光波沿 z 方向传播，在反射面间来回反射。实际上镜面只是部分反射，以便光波的一部分将传输出 pn 结。

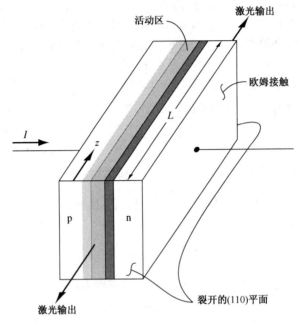

图 14.34　在(110)平面形成法布里–珀罗共振腔的 pn 结激光二极管

对于共振，腔的长度 L 必须是半波长的整数倍：

$$N\left(\frac{\lambda}{2}\right) = L \tag{14.67}$$

这里 N 是整数。由于 λ 很小，所以 L 相对就大，腔中可能有很多共振方式。作为波长的函数的共振方式如图 14.35(a) 所示。

当正偏电流通过 pn 结时，自发发射首先发生。自发发射的光谱相对较宽，在可能的激光方式上有层理性，如图 14.35(b) 所示。为使激光发射，自发发射增益必须比光损耗大。由于腔的正反馈，激光能够在如图 14.35(c) 所示的几个特殊波长处发生。

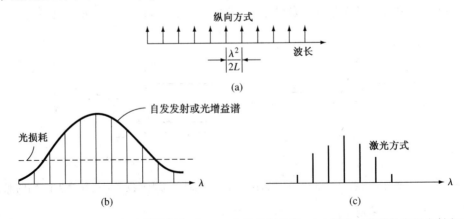

图 14.35　(a)长度为 L 的腔的共振方式；(b)自发发射曲线；(c)激光二极管的实际发射方式

14.6.3 阈值电流

由式(14.65)我们知道器件中的光强度可写为 $I_\nu \propto e^{\gamma(\nu)z}$，其中 $\gamma(\nu)$ 是放大系数。有两种基本损耗机制。第一种是半导体材料中的光子吸收。我们可以写成

$$I_\nu \propto e^{-\alpha(\nu)z} \tag{14.68}$$

这里的 $\alpha(\nu)$ 是吸收系数。第二种损耗机制是光信号通过端面的部分传输，或者通过反射镜面的传输。

在发射激光的阈值处，腔中一个来回的光损耗恰好被光增益抵消。阈值条件可以写成

$$\Gamma_1\Gamma_2 \exp[(2\gamma_t(\nu) - 2\alpha(\nu))L] = 1 \tag{14.69}$$

这里 Γ_1 和 Γ_2 是两个端镜面的反射率。对于砷化镓，如果其光学镜面是裂开的(110)平面，则反射系数大约为：

$$\Gamma_1 = \Gamma_2 = \left(\frac{\bar{n}_2 - \bar{n}_1}{\bar{n}_2 + \bar{n}_1}\right)^2 \tag{14.70}$$

这里 $\bar{n}_2$ 和 $\bar{n}_1$ 分别是半导体和空气的折射系数。$\gamma_t(\nu)$ 是阈值处的光增益。

阈值处的光增益 $\gamma_t(\nu)$ 可以由式(14.69)求出：

$$\gamma_t(\nu) = \alpha + \frac{1}{2L}\ln\left(\frac{1}{\Gamma_1\Gamma_2}\right) \tag{14.71}$$

由于光增益是 pn 结电流的函数，我们可以定义阈值电流密度为：

$$J_{th} = \frac{1}{\beta}\left[\alpha + \frac{1}{2L}\ln\left(\frac{1}{\Gamma_1\Gamma_2}\right)\right] \tag{14.72}$$

其中 β 由理论推导或实验决定。图 14.36 显示了阈值电流密度，它是镜面损耗的函数。我们可以看出，对于 pn 结激光二极管，其阈值电流密度较高。

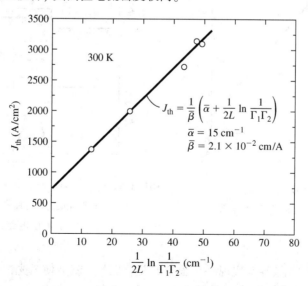

图 14.36 激光二极管的阈值电流密度与镜面损耗的关系

14.6.4　器件结构与特性

我们已经知道，在同质结 LED 中，光子可以向任何方向发射，这降低了外量了效率。器件特性的显著提高可以通过下面的方法来实现：把发射的光子限制在靠近结的一个区域里，该区域可以通过施加一个光学电绝缘的波导来实现。这个基本器件是一个三层双异质结结构，称为双异质结激光器。电绝缘波导的条件是，中心材料的折射率要比另外两个绝缘部分的大。图 14.37 显示了 AlGaAs 系统的折射系数。我们可以看 GaAs 具有最高的折射系数。

双异质结激光器的例子如图 14.38（a）所示。在 p 型 GaAs 和 n 型 AlGaAs 两层之中有一层很薄的 p 型 GaAs。图 14.38（b）显示了一个正偏二极管的简化能级。电子从 n 型 AlGaAs 注入 p 型 GaAs 中。由于导带的势垒阻止了电子扩散到 p 型 AlGaAs 区中，所以分布反转很容易实现。辐射复合被限制在 p 型 GaAs 区中。由于 GaAs 的折射率比 AlGaAs 的大，所以光波总被限制在 GaAs 区中。由于半导体垂直于 n-AlGaAs-p-GaAs 结，所以该光学腔很容易实现。

图 14.39 显示了典型输出功率相对于二极管电流的特性图。阈值电流定义为曲线断点处的电流值。在小电流时，输出光谱很宽，这是自发跃迁的结果。当二极管电流稍大于阈值电流时，就会发现各种各样的共振频率。当二极管电流再大时，就会产生带宽很窄的基波。

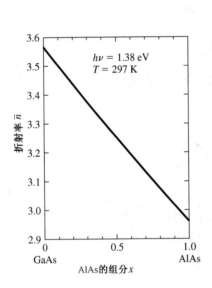

图 14.37　$Al_xGa_{1-x}As$ 的折射系数是组分 x 的函数

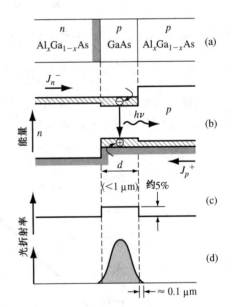

图 14.38　(a) 双异质结的基本结构；(b) 正偏下的能带图；(c) 整个结构折射率的变化；(d) 光在电绝缘波导上的限制

如果用某种更宽的光波导来实现一个很窄的复合区域，就会使激光二极管的特性有很大提高。在人们为了提高半导体激光的性能的努力下，已制成了使用多层复合半导体材料的复杂结构。

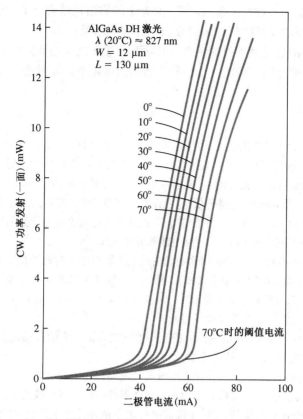

图 14.39   典型输出功率与激光二极管电流在不同温度下的曲线

14.7   小结

- 由于光(光子)在半导体中的吸收和发射, 引申出一系列称为光电子学的研究。在这章讨论和分析了一些这样的器件。
- 本章已经讨论了光吸收的过程, 并给出了半导体的吸收系数。
- 太阳能电池将光能转换成电能。最先考虑的是简单的 pn 结太阳能电池。我们研究了短路电流、开路电压和最大功率。
- 我们也研究了异质结和无定形硅太阳能电池。异质结电池可以增大转换系数并形成相对大的开路电压。无定形硅太阳能电池提供了生产低成本大面积电池的可能性。
- 光电探测器是将光信号转换成电信号的半导体器件。光电导体是最简单的光电探测器。入射光子会引起过剩载流子电子和空穴, 从而引起半导体导电性的变化, 这是这种器件的基本原理。
- 光电二极管是加反偏电压的二极管。入射光子在空间电荷区产生的过剩载流子被电场扫过形成电流。光电流正比于入射光子强度。PIN 和雪崩光电二极管是基本的光电二极管。
- 光电晶体管产生的光电流是晶体管增益的倍数。由于米勒效应和米勒电容, 光电晶体管的频率响应比光电二极管的慢很多。
- 在 pn 结中光子吸收的反转就是注入电致发光。在直接带隙半导体中, 过剩电子和空穴的复合会导致光子的发射。输出的光信号波长取决于禁带宽度。

- 发光二极管（LED）是一种 pn 结二极管，其光子的输出是过剩电子和空穴自发复合的结果。输出信号中相对较宽的带宽（30 nm）是自发过程的结果。
- 激光二极管的输出是受激发射的结果。光学腔即法布里 – 珀罗共振腔用来连接二极管，以便使光子输出是同相或一致的。多层异质结结构可用来提高激光二极管的性能。

重要术语解释

- absorption coefficient（吸收系数）：在半导体材料中，单位距离吸收的相对光子数，用 α 表示。
- conversion efficiency（转换系数）：在太阳能电池中，输出的电功率和入射的光功率之比。
- delayed photocurrent（延迟光电流）：半导体器件中由于扩散电流引起的光电流成分。
- external quantum efficiency（外量子效率）：在半导体器件中，发射的光子数和总光子数的比率。
- fill factor（填充系数）：$I_m V_m$ 与 $I_{sc} V_{oc}$ 的比率，是太阳能电池有效输出能量的度量。I_m 和 V_m 是在最大功率点的电流和电压值。I_{sc} 和 V_{oc} 是短路电流和开路电压。
- fresnel loss（菲涅耳损耗）：由于折射系数的变化，在界面处入射光子被反射的部分。
- internal quantum efficiency（内量子效率）：能够产生发光的二极管电流部分。
- Laser diode（激光二极管）：Laser 是 Light Amplification by Stimulated Emission of Radiation 的缩写，指由正偏 pn 结和光腔一起产生受激发射光。
- LED：发光二极管：在正偏 pn 结中，由于电子–空穴复合而产生的自发光子发射。
- luminescence（发光）：光发射的总性质。
- open-circuit voltage（开路电压）：太阳能电池的外电路开路时的电压。
- photocurrent（光电流）：由于吸收光子而在半导体器件中产生过剩载流子，从而形成的电流。
- population inversion（分布反转）：处于高能级的电子浓度比处于低能级的电子浓度大的情况，是一个非平衡状态。
- prompt photocurrent（瞬时光电流）：半导体器件的空间电荷区产生的光电流成分。
- radiative recombination（辐射复合）：电子和空穴的复合过程能够产生光子，例如砷化镓中的带与带之间的直接复合。
- short-circuit current（短路电流）：太阳能电池两端直接相连时的电流。
- stimulated emission（受激发射）：有个电子被入射光子激发，跃迁到低能级，同时发射第二个光子的过程。

知识点

学完本章后，读者应具备如下能力：

- 描述半导体中的光吸收。何时光吸收基本为零？
- 描述太阳能电池的基本原理和性能，包括开路电压和短路电流。
- 描述影响太阳能电池转换系数的因素。
- 描述无定形硅太阳能电池的优缺点。
- 描述光电导体的性能，包括光电导体增益的概念。
- 描述简单 pn 结光电二极管的原理和性能。
- PIN 和雪崩光电二极管与简单的 pn 结光电二极管相比，有何优点？
- 描述光电晶体管的原理和性能。
- 描述 LED 的原理。
- 描述激光二极管的原理。

复习题

1. 勾画出半导体中作为波长函数的光吸收系数的一些问题。什么时候吸收系数变为零？
2. 画出太阳能电池的电流-电压曲线，在太阳能电池中，短路电流的定义以及开路电压的定义是什么？
3. 讨论太阳能电池在什么情况下是正向偏压？
4. 写出光电导体中的稳态光电流的简单表达式。
5. 在光电二极管中，光电流的来源是什么？光电流是否依赖于反偏电压？解释其原因。
6. 画出光电晶体管的横截面，并给出入射光子产生的电流。解释电流增益是如何实现的。
7. 解释 LED 的基本工作原理，简述影响器件功效的两个因素。
8. 在 LED 中，如何获得不同的颜色？
9. 讨论 LED 和激光二极管的区别。
10. 讨论激光二极管中粒子数反转的概念。

习题

14.1 光学吸收

14.1 计算能够在下列半导体材料中产生电子-空穴对的光源的最大波长 λ。（a）Si；（b）Ge；（c）GaAs；（d）InP。

14.2 （a）两个光源产生的光的波长分别是 $\lambda = 480$ nm 和 $\lambda = 725$ nm，相应的光子能量是多少？（b）三种光源的光子能量分别为 $E = 0.87$ eV，$E = 1.32$ eV，$E = 1.90$ eV，它们的波长分别为多少？

14.3 （a）砷化镓样品厚度为 1.2 μm。该样品被能量为 $h\nu = 1.65$ eV 的光照射。计算（i）吸收系数，（ii）确定样品中被吸收的光的百分比；（b）假设砷化镓样品厚度为 0.8 μm，该样品被能量为 $h\nu = 1.90$ eV 的光照射，重做（a）部分的计算。

14.4 能量为 $h\nu = 1.3$ eV、功率密度为 10^{-2} W/cm^2 的光入射到一薄层硅表面。少数载流子的寿命是 10^{-6} s。计算电子和空穴的产生率，以及稳态下过剩载流子的浓度。不计表面效应。

14.5 考虑 n 型砷化镓样品，其 $\tau_p = 2 \times 10^{-7}$ s。在表面处产生的稳态过剩载流子浓度为 $\delta p = 5 \times 10^{15}$ cm^{-3}，入射光能为 $h\nu = 1.65$ eV。（a）计算所需的入射功率密度（不计表面效应）；（b）在半导体中的什么位置，产生率下降到表面处的 10%？

14.6 一个硅半导体样本被能量为 $h\nu = 1.40$ eV 的光子照射。（a）为使 90% 的能量被吸收，试计算所需的材料厚度；（b）计算使 30% 的能量被透过的材料厚度。

14.7 假设砷化镓半导体的厚度是 1 μm，50% 的入射单色光能被吸收，计算入射光能和波长。

*14.8 一束强度为 I_{i0} 的单色光在很厚（$x = \infty$）的 n 型半导体材料表面（$x = 0$）处入射，假设电场为零，表面复合速度是 s。考虑吸收系数，计算稳态下过剩载流子空穴的浓度（x 的函数）。

*14.9 一束强度为 I_{i0} 的单色光入射到 p 型半导体材料上，如图 P14.9 所示。假设在表面（$x = 0$）处的复合速度为 $s = \infty$，并且假设在 $x = W$ 处的复合速度为 $s = s_0$。导出稳态下过剩电子浓度的表达式，它是 x 的函数。

14.2 太阳能电池

14.10 一个长的硅 pn 结太阳能电池在 $T = 300$ K 时的参数如下：$N_a = 10^{16}$ cm^{-3}，$N_d = 10^{15}$ cm^{-3}，$D_n = 25$ cm^2/s，$D_p = 10$ cm^2/s，$\tau_{n0} = 10^{-6}$ s，$\tau_{p0} = 5 \times 10^{-7}$ s，太阳能电池的横截面积为 5 cm^2。均匀照射整个结使得空穴电子产生率为 $G_L = 5 \times 10^{21}$ cm^{-3}/s。试计算：（a）空间电荷区产生的

光电流；(b)利用(a)的结果，计算开路电压(c)确定 $V_{oc} \sim V_{bi}$ 的值。

14.11 考虑一个与习题 14.10 描述相同的长 pn 结太阳能电池，产生的光电流为 $I_L = 120$ mA。试确定(a)开路电压；(b)产生 $I = 100$ mA 的光电流时的结电压；(c)光电池能产生的最大电压；(d)产生最大电压的负载电压。

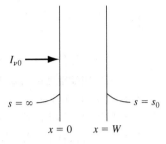

图 P14.9 习题 14.9 的示意图

14.12 考虑习题 14.10 中的太阳能电池。(a)产生 $I_L = 10$ mA 的光电流时的开路电压和最大输出功率；(b)光电流增加 10 倍时的开路电压，最大输出电压以及后者与前者的比值；(c)计算(a)和(b)情形的最大功率比值。

14.13 考虑 n^+p 的 GaAs 太阳能电池在 $T = 300$ K 时的参数如下：$N_d = 10^{19}$ cm^{-3}，$D_n = 225$ cm^2/s，$D_p = 7$ cm^2/s，$\tau_{n0} = \tau_{p0} = 5 \times 10^{-8}$ s 产生的光电流密度为 $J_L = 30$ mA/cm^2，10^{15} cm$^{-3} \leqslant N_a \leqslant 10^{18}$ cm^{-3} 的范围内画出开路电压和 N_a 关系。

14.14 2 cm^2 的长 pn 结太阳能电池的参数如下：

$$N_d = 10^{19} \text{ cm}^{-3} \qquad N_a = 3 \times 10^{16} \text{ cm}^{-3}$$
$$D_p = 6 \text{ cm}^2/\text{s} \qquad D_n = 18 \text{ cm}^2/\text{s}$$
$$\tau_{p0} = 5 \times 10^{-7} \text{ s} \qquad \tau_{n0} = 5 \times 10^{-6} \text{ s}$$

$T = 300$ K 时，假设太阳能电池中的过剩载流子产生的电流密度为 $J_L = 25$ mA/cm^2。(a)画出二极管的电流–电压特性曲线；(b)试确定太阳能电池的最大输出电压；(c)估算形成最大功率时的外部负载电阻。

14.15 $T = 300$ K 时，截面积为 6 cm^2 的硅太阳能电池的反向饱和电流 $I_S = 2 \times 10^{-9}$ A，产生的光电流为 $I_L = 180$ mA。(a)试确定开路电压；(b)最大的输出电压；(c)产生最大输出电压时的负载电阻；(d)假设(c)中的负载电阻增大了 50%，最大的输出电压是多少？

14.16 $T = 300$ K 时，硅太阳能电池的反向饱和电流 $I_S = 10^{-10}$ A，产生的光电流 $I_L = 100$ mA。确定(a)开路电压；(b)求 V_m，I_m，P_m；(c)需要产生至少 10 V 的电压时最少需要多少产生最大电压的太阳能电池串联；(d)产生 5.2 W 的输出功率时需要多少(c)中的电池并联；(e)产生(d)的最大输出电压时需要多大的负载电阻。

*14.17 考虑非均匀照射的 pn 结光电池，试推导出过短路条件下的过剩少子浓度的表达式和 p 区很长 n 区很短时的情况。

14.18 无定形硅的吸收系数在 $h\nu = 1.7$ eV 时大致为 10^4 cm^{-1}，$h\nu = 2.0$ eV 时大致为 10^5 cm^{-1}，试确定 90% 的光子被吸收时的无定形硅的厚度。

14.3 光电探测器

14.19 在 $T = 300$ K 时，硅光电导体的参数如下：

$$N_d = 5 \times 10^{15} \text{ cm}^{-3} \qquad A = 5 \times 10^{-4} \text{ cm}^2$$
$$L = 120 \text{ μm} \qquad \mu_n = 1200 \text{ cm}^2/\text{V} \cdot \text{s}$$
$$\mu_p = 400 \text{ cm}^2/\text{V} \cdot \text{s} \qquad \tau_{n0} = 5 \times 10^{-7} \text{ s}$$
$$\tau_{p0} = 10^{-7} \text{ s}$$

光电导体上所加电压为 3 V。假设过剩电子和空穴的产生率一致，$G_L = 10^{21}$ cm$^{-3} \cdot$ s^{-1}。计算：(a)热平衡电流；(b)稳态过剩载流子的浓度；(c)光电导率；(d)稳态光电流；(e)光电导体增益。

14.20 砷化镓光电导体中的过剩载流子的产生率一致，$G_L = 10^{21}$ cm$^{-3} \cdot$ s^{-1}。面积为 $A = 10^{-4}$ cm^2，长度为 $L = 100$ μm。其他参数如下：

$$N_d = 5 \times 10^{16}\ cm^{-3} \qquad N_a = 0$$
$$\mu_n = 8000\ cm^2/V\cdot s \qquad \mu_p = 250\ cm^2/V\cdot s$$
$$\tau_{n0} = 10^{-7}\ s \qquad \tau_{p0} = 10^{-8}\ s$$

所加电压为 5 V。计算：(a)稳态过剩载流子浓度；(b)光电导率；(c)稳态光电流；(d)光电导体增益。

*14.21 一个 n 型硅光电导体的厚度为 1 μm，宽为 50 μm，所加纵向电场为 50 V/cm。假设入射光子通量为 $\Phi_0 = 10^{16}\ cm^{-2}\cdot s^{-1}$，吸收系数为 $\alpha = 5 \times 10^4\ cm^{-1}$。假设 $\mu_n = 1200\ cm^2/V\cdot s$，$\mu_p = 450\ cm^2/V\cdot s$，$\tau_{p0} = 2 \times 10^{-7}\ s$，计算稳态光电流。

14.22 考虑一个长的硅 pn 结光电二极管。$T = 300$ K 时，其参数如下：$N_a = 10^{16}\ cm^{-3}$，$N_d = 2 \times 10^{15}\ cm^{-3}$，$D_p = 10\ cm^2/s$，$D_n = 25\ cm^2/s$，$\tau_{p0} = 10^{-7}\ s$ 和 $\tau_{n0} = 5 \times 10^{-7}\ s$，$A = 10^{-3}\ cm^2$。假设反偏电压 $V_R = 5$ V，整个光电二极管的产生率为 $G_L = 10^{21}\ cm^{-3}\cdot s^{-1}$。计算：(a)瞬时光电流密度；(b)稳态下远离结区的 n 区和 p 区中的过剩电子浓度；(c)稳态总光电流密度。

*14.23 从少数载流子的双极输运方程开始，使用图 14.17 所示的图形，推导式(14.41)。

14.24 考虑硅 PIN 光电二极管 A，B，C，在 $T = 300$ K，本征区宽度分别为 2 μm，10 μm 和 80 μm。假设入射光子通量为 $\Phi_0 = 5 \times 10^{17}\ cm^{-2}\cdot s^{-1}$，如图 14.19 所示，分别入射到 3 个二极管的表面。(a)假设吸收系数为 $\alpha = 10^4\ cm^{-1}$，计算每个二极管的瞬时光电流密度；(b)假设吸收系数为 $\alpha = 5 \times 10^2\ cm^{-1}$，重做(a)中的计算。

14.25 考虑一个如图 14.19 所示的硅 PIN 光电二极管，$T = 300$ K 时，本征区的宽度为 100 μm。假设反偏电压使本征区完全耗尽。入射的光功率为 $I_{i0} = 0.080\ W/cm^2$，吸收系数为 $\alpha = 10^3\ cm^{-1}$，光子能量为 1.5 eV。忽略二极管顶层中 p^+ 区中的任何吸收。(a)计算稳态电子-空穴对的生成率 G_L 与本征区距离的关系；(b)计算稳态光电流密度。

14.26 考虑一个如图 14.19 所示的硅 PIN 光电二极管，$T = 300$ K 时，本征区的宽度为 20 μm。假设反偏电压使本征区完全耗尽。(a)假设稳态电子-空穴对的生成率 $G_L = 10^{21}\ cm^{-3}\cdot s^{-1}$，且在本征区内保持不变，计算稳态光电流密度；(b)假设在 $x = 0$ 处稳态电子-空穴对的生成率 $G_L = 10^{21}\ cm^{-3}\cdot s^{-1}$，吸收系数为 $\alpha = 10^3\ cm^{-1}$，计算稳态光电流密度。

14.27 考虑一个暴露在太阳光下的硅 PIN 光电二极管。当至少 90% 的光子(波长为 $\lambda \leqslant 1$ μm)在本征区中被吸收时，计算本征区的宽度。忽略 p^+ 或 n^+ 区中的任何吸收。

14.4 光致发光和电致发光

14.28 考虑 $Al_x Ga_{1-x} As$ 系统。确定直接带隙能量的范围以及波长的相应范围。

14.29 考虑 $GaAs_{1-x}P_x$ 系统。(a)假定 $x = 0.2$。确定(i)禁带宽度和(ii)光子波长；(b)假定摩尔数 $x = 0.32$，重新计算(a)部分的值。

14.30 如图 14.23 所示，对于 $Al_x Ga_{1-x} As$ 系统，假设发射的光波长 $\lambda = 0.670$ μm，计算组分 x 和带隙能量范围。

14.31 考虑 $GaAs_{1-x}P_x$ 系统，重做习题 14.30 中的计算。

14.5 发光二极管

14.32 考虑一个 pn 结 GaAs LED。假设在与结正交的平面内，光子在距表面 0.50 μm 的位置的各个方向上均匀地产生。(a)考虑总内反射，计算能从半导体发射的光子部分；(b)使用(a)的结果并包含菲涅耳损耗，确定自半导体发射至空气中的光子部分(忽略吸收损耗)。

*14.33 在一个 pn 结 LED 中，考虑半导体 pn 结上的一个点源，假定光源均匀地向各个方向发射。证明 LED 的外量子效率由下式给出(忽略光子吸收)：

$$\eta_{ext} = \frac{2\bar{n}_1 \bar{n}_2}{(\bar{n}_1 + \bar{n}_2)^2}(1 - \cos \theta_c)$$

其中 $\bar{n}_1$ 和 $\bar{n}_2$ 分别是空气和半导体的折射系数，θ_c 为临界角。

14.6　激光二极管

14.34　考虑一个光学空腔。假设 $N \gg 1$，证明两个相邻共振方式间的波长间隔为 $\Delta\lambda = \lambda^2/2L$。

14.35　假设激光二极管的光子输出等于禁带宽度，求 GaAs 激光器中两个相邻共振方式间的波长间隔，$L = 75\ \mu m$。

参考文献

1. Bhattacharya, P. *Semiconductor Optoelectronic Devices*, 2nd ed. Upper Saddle River, NJ: Prentice Hall, 1997.

2. Carlson, D. E. "Amorphous Silicon Solar Cells." *IEEE Transactions on Electron Devices* ED-24 (April 1977), pp. 449-53.

3. Fonash, S. J. *Solar Cell Device Physics*. New York: Academic Press, 1981.

4. Kano, K. *Semiconductor Devices*. Upper Saddle River, NJ: Prentice Hall, 1998.

5. Kressel, H. *Semiconductor Devices for Optical Communications: Topics in Applied Physics*. Vol. 39. New York: Springer-Verlag, 1987.

6. MacMillan, H. F., H. C. Hamaker, G. F. Virshup, and J. G. Werthen. "Multijunction Ⅲ-Ⅴ Solar Cells: Recent and Projected Results." *Twentieth IEEE Photovoltaic Specialists Conference* (1988), pp. 48-54.

7. Madan, A. "Amorphous Silicon: From Promise to Practice." *IEEE Spectrum* 23 (September 1986), pp. 38-43.

8. Pankove, J. I. *Optical Processes in Semiconductors*. New York: Dover Publications, 1971.

9. Pierret, R. F. *Semiconductor Device Fundamentals. Reading*, MA: Addison-Wesley, 1996.

10. Roulston, D. J. *An Introduction to the Physics of Semiconductor Devices*. New York: Oxford University Press, 1999.

11. Schroder, D. K. *Semiconductor Material and Devices Characterization*, 3rd ed. Hoboken, NJ: John Wiley and Sons, 2006.

12. Shur, M. *Introduction to Electronic Devices*. New York: John Wiley and Sons, 1996.

*13. _____[①]. *Physics of Semiconductor Devices*. Englewood Cliffs, NJ: Prentice Hall, 1990.

14. Singh, J. Optoelectronics: An Introduction to Materials and Devices. New York: McGraw-Hill, 1996.

15. _____. *Semiconductor Devices: Basic Principles*. New York: John Wiley and Sons, 2001.

16. Streetman, B. G., and S. K. Banerjee. *Solid State Electronic Devices*, 6th ed. Upper Saddle River, NJ: Pearson Prentice-Hall, 2006.

17. Sze, S. M. *Semiconductor Devices: Physics and Technology*. New York: John Wiley and Sons, 1985.

18. Sze, S. M. and K. K. Ng. Physics of Semiconductor Devices, 3rd ed. Hoboken, NJ: John Wiley and Sons, 2007.

*19. Wang, S. *Fundamentals of Semiconductor Theory and Device Physics*. Englewood Cliffs, NJ: Prentice Hall, 1989.

20. Wilson, J., and J. F. B. Hawkes. *Optoelectronics: An Introduction*. Englewood Cliffs, NJ: Prentice Hall, 1983.

*21. Wolfe, C. M, N. Holonyak, Jr., and G. E. Stillman. *Physical Properties of Semiconductors*. Englewood Cliffs, NJ: Prentice Hall, 1989.

22. Yang, E. S. *Microelectronic Devices*. New York: McGraw-Hill, 1988.

---

① 原书如此，疑为作者名——编者注。

第15章 半导体微波器件与功率器件

在前面几章中,我们已经讨论了双极和 MOS 晶体管的基本原理、工作方式和特征参数。分析了这些半导体器件的电流-电压特性和频率特性,但是并没有对器件中的微波特性和功率负载能力进行专门的讨论。

在本章中,首先会介绍三种半导体微波器件,包括隧道二极管、耿氏二极管和雪崩二极管。振荡器的基本原理之一是负微分电阻区的存在,我们将对这些器件中负微分电阻区产生的过程以及工作的基本方式进行分析。

然后,将讨论三种专用的半导体功率器件,包括功率二极管和功率 MOSFET。在前几章中,在没有特别考虑器件中的功耗的情况下,分析了这些器件的电流电压特性。在本章中,将对这些器件的电流、电压的限制因素以及功率能力开展讨论;最后,将探讨一种四层器件-半导体闸流管的结构、工作原理和参数特性。

15.0 概述

本章包含以下内容:

■ 讨论隧道二极管中负微分电阻的概念并且和最大电阻截止频率的表达式。
■ 讨论 GaAs 中负微分迁移率的原理并分析耿氏二极管中利用该效应产生微波振荡的过程。
■ 探讨雪崩二极管振荡器的工作原理和动态负阻现象产生的过程。
■ 给出了功率二极管器件的基本尺寸和电学特性,在分析了电压和电流的限制因素的基础上,对 BJT 的安全工作区域进行了探讨。
■ 给出了功率 MOSFET 的基本尺寸和电学特性,在分析了电压和电流的限制因素的基础上,对 MOSFET 的安全工作区域进行了探讨。
■ 讨论了具有四层结构的半导体晶闸管的工作原理。

15.1 隧道二极管

在 8.5 节中,我们曾简要地介绍过隧道二极管,也被称之为江崎二极管的基本概念。隧道二极管的 n 区和 p 区都是重掺杂的,它的空间电荷区的宽度非常窄,约为 0.5×10^{-6} cm,即 50 Å。

图 15.1(a) 是隧道二极管正向偏置的电流-电压特性。当给一个很小的正向偏置电压时 ($V < V_p$),n 区导带中的电子将会与 p 区价带的空量子态中直接对应(详见图 8.29)。n 区中的电子会以一定的概率穿越势垒进入 p 区,从而形成隧道穿通电流。当正向偏压增大,进入 $V_p < V < V_v$ 的范围,p 区和 n 区中的能量相同的量子态在减少,隧道电流出现下降。当偏压增大到 $V > V_v$ 时,扩散电流将占主导地位。

在 $V_p < V < V_v$ 的范围内,由于电压增大出现电流反而减小的现象,因此被称之为负微分电阻区。负微分电阻现象是产生振荡的必要条件。

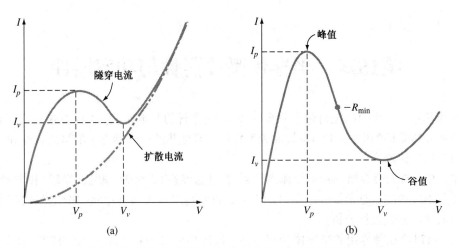

图 15.1　（a）隧道二极管的正向偏压电流–电压特性；（b）隧穿区域的电流–电压特性

图 15.1（b）是隧穿区域的电流–电压特性的示意图。在特性曲线上达到最小负阻值的点已经标出（注意 R_{min} 是个正值）。图 15.2 是对应隧道二极管被偏置在 $-R_{min}$ 处的等效电路图。参数 C_j 是结电容，L_p 和 R_p 分别是连线上的寄生电感和电阻。

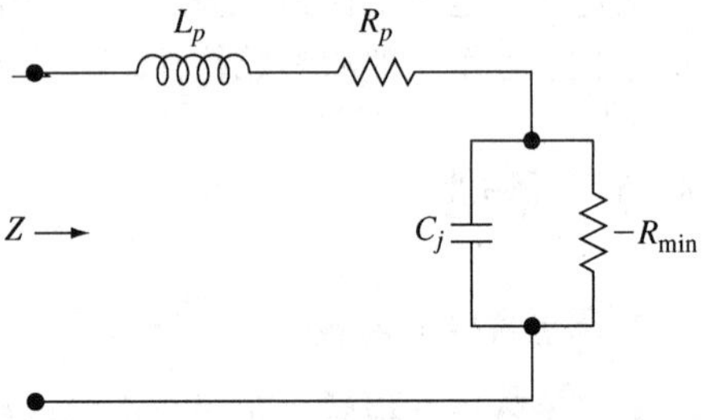

小信号输入阻抗 Z 可以用下式表示

$$Z = \left[R_p - \frac{R_{min}}{1 + \omega^2 R_{min}^2 C_j^2}\right] + j\omega\left[L_p - \frac{\omega R_{min}^2 C_j}{1 + \omega^2 R_{min}^2 C_j^2}\right]$$

$$(15.1)$$

图 15.2　隧道二极管的等效电路

使阻抗中的电阻部分趋近于 0 的频率可表示为：

$$f_r = \frac{1}{2\pi R_{min} C_j}\sqrt{\frac{R_{min}}{R_p} - 1} \tag{15.2}$$

当 f_0 频率 $f > f_r$ 时，阻抗中的电阻部分变成正向的，这时二极管不再具有微分负阻特性，因此工作频率 f_0 必须小于 f_r。频率值 f_r 被称为最大电阻截止频率。

隧道效应是一个多数载流子效应，因此隧道二极管不会由于少数载流子的扩散而导致时间延迟，这说明隧道二极管可以工作在微波频率范围。尽管如此，由于二极管具有负阻特性的区域的电压范围相当小，隧道二极管还没有得到广泛的应用。

15.2　耿氏二极管

耿氏二极管（GUNN diode）是一种微分负阻器件，也被称为转移电子器件（transferred-electron device, TED）。在强电场作用下，半导体中的自由电子会从高迁移率的能带跃迁至低迁移率的能带中，这种现象为转移电子现象。在第 5 章中，我们讨论了 GaAs 的电子平均漂移速度与电场强度的关系，两者关系如图 15.3 所示。InP 半导体也有类似的特性。

图 15.4 扩展了图 5.8 中 GaAs 的能带范围。弱电场下，导带中的电子位于 $E\text{-}k$ 关系图中的低能谷中，电子状态密度有效质量小。而有效质量越小，迁移率则越大。

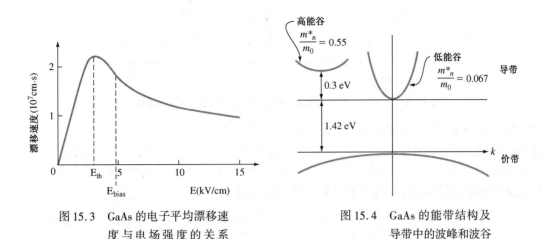

图 15.3　GaAs 的电子平均漂移速
度与电场强度的关系

图 15.4　GaAs 的能带结构及
导带中的波峰和波谷

由于高能谷的能级比低能谷高 0.3 eV，当电场高于一个阈值电场强度 E_{th} 时，电子就可以获得 0.3 eV 以上的能量从低能谷谷底转移到高能谷谷底中，发生谷间散射，这时电子状态密度有效质量增大。有效质量越大，迁移率越小。电子的谷间转移，使得电子的平均漂移速度随电压的增加反而减小，因此电子迁移率为微分负迁移率。GaAs 的最大电子微分负迁移率可达 $-2400\ \text{cm}^2/\text{V}\cdot\text{s}$。

图 15.5(a) 为一个双端欧姆接触的 n 型 GaAs 器件，两端电场强度大于能够产生微分负阻现象的阈值电压强度，即 $E_{bias} > E_{th}$。这时，器件的阴极可能会出现一个小的空间电荷区，如图 15.5(b) 所示。而器件中的电场强度会在这个空间电荷区增大，如图 15.5(c) 所示（通过改变器件内部的结构，可以在近阴极引起微量的空间电荷）。

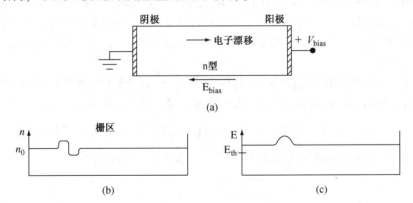

(a)

(b)　　　　　　　　　　　　　　(c)

图 15.5　(a) 双端 GaAs 器件的简化模型；(b) 电子浓度分布示意图；(c) 电场强度分布示意图

我们在第 6 章讨论过剩载流子的时候，得到了半导体净电荷密度和时间的关系：

$$\delta Q(t) = \delta Q(0)\mathrm{e}^{-t/\tau_d} \tag{15.3}$$

其中，τ_d 为介电弛豫时间常数，在 ps 的数量级上。$\tau_d = \epsilon/\sigma$，σ 为半导体电导率。一般材料中，小的空间电荷区很快会达到电中性条件而消失。如果 GaAs 处于负微分电导区，则电导率为负值，式 (15.3) 中的指数部分为正，那么空间电荷区在形成的过程中就会同时向器件阳极漂移。我们现在把这个空间电荷区称为畴。随着畴的增大 [参见图 15.6(a)]，畴内电场增强，相应地畴外电场便有所降低。畴外电场强度可能降低到阈值电场强度以下，但畴内电场强度一直在阈值电场强度之上，如图 15.6(b) 所示。由于这个原因，在任意时刻器件中只能建立一个畴。

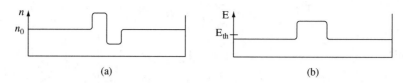

图 15.6　（a）电子浓度分布示意图；（b）电场强度分布示意图

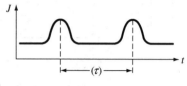

图 15.7　GaAs 器件产生的电流脉冲与时间的关系

当畴到达阳极后，一个电流脉冲就会流入到这个器件的外围电路中；随后，另一个新的畴将从阴极附近形成，流向阳极，如此不断重复。因此不断有电流脉冲产生（参见图 15.7）。电流脉冲之间的时间间隔也就是畴流过器件的时间，相应的振荡频率为：

$$f = 1/\tau = v_d/L \qquad (15.4)$$

v_d 为平均漂移速度，L 为漂移区域的长度。

上述的振荡机制被称为渡越时间模式，同时也可能存在更多的工作模式。研究发现当 n_0L 的乘积为数 10^{12} cm^{-2} 时，渡越时间器件的工作效率最高。在这种条件下，当畴的长度为漂移区域长度一半时，器件会输出一个近正弦电流，且最大的直流－射频转换效率可达 10%。

人们还发现这种振荡频率能够达到 $1 \sim 100$ GHz，甚至更高。如果器件工作在脉冲模式，则输出功率可达几百瓦，因此转移电子器件现在越来越多地被用于雷达系统中的微波发生器中。

15.3　雪崩二极管

雪崩一词代表碰撞电离雪崩渡越时间。雪崩二极管组成的高场雪崩区和漂移区可以在微波频率上产生一个动态负阻。在这个器件中产生的负阻特性是一个时间延迟的结果，从而使交流电流和电压的组分不同相，这一点与隧道二极管相比是一种不同的现象。隧道二极管的电流-电压特性中有一个负的 dI/dV 区。

一个 p$^+$nin$^+$ 结构的雪崩二极管结构如图 15.8（a）所示，典型的掺杂浓度（大小）如图 15.8（b）所示。该器件是反向偏置的，以便在 n 区和本征区完全耗尽。器件的电场分布如图 15.8（c）所示。我们可以看出，$\int E\mathrm{d}x = V_B$，其中，V_B 为所施加的反向偏压，V_B 的大小非常接近击穿电压。雪崩击穿区位于 pn 结附近，本征区中的电场几乎是恒定的，并且本征区也提供了漂移区。

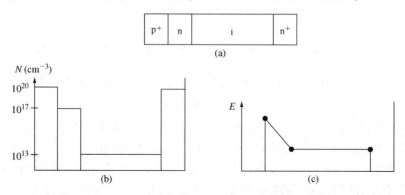

图 15.8　（a）雪崩二极管结构；（b）雪崩二极管的典型掺杂浓度；（c）雪崩二极管中电场与举例关系

如图 15.9 所示是一个雪崩二极管振荡器电路。这个振荡器的工作需要一个 LC 谐振电路。当正向的交流电压加在如图所示的 LC 电路上时，二极管进入击穿区，在 pn 结处产生电子–空穴对。产生的电子流回 p$^+$n 区，同时空穴开始漂移通过耗尽的本征区。在一般情况下，空穴会以它们的饱和速度运动。在负向的交流电压期间，器件工作在击穿电压下，不再产生电子–空穴对。

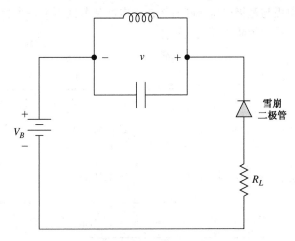

图 15.9　雪崩二极管振荡器电路

在 p$^+$n 结的雪崩峰值和空穴注入本征漂移区之间存在着固定的 π/2 相移，这是由于雪崩产生电子–空穴对需要的建立时间是有限的。因此之后在漂移过程中需要进一步的 π/2 的延迟，以提供在输出端电流与电压之间总的 180° 的相移。空穴的传输时间为 $\tau = L/v_s$，其中 L 是漂移区的长度，v_s 是空穴的饱和速度。LC 电路的谐振频率必须设置为与器件的谐振频率相同，由

$$f = \frac{1}{2\tau} = \frac{v_s}{2L} \qquad (15.5)$$

决定。

当空穴到达 n$^+$ 阴极时，电流达到最大值而电压为最小值。交流电流与交流电压之间存在 180° 的相位差，从而产生动态负阻。

器件可以工作在 100 GHz 甚至更高的频率范围而只产生几瓦特的功率输出。这些器件的效率为 10% ~ 15%，并且这些器件在所有的半导体微波器件中提供最高的连续输出功率。与大多数半导体器件的设计一样，其他的结构可以被制作以提供特殊的输出特性。

15.4　功率双极晶体管

在前面的讨论中，我们忽略了诸如最大电流、电压和功耗等物理因素的制约。在讨论中，我们已假定晶体管能够处理电流、电压，并能在未受到任何损坏的器件中处理功耗。

然而，对于功率晶体管，我们必须考虑到各种晶体管结构上的限制。这些限制包括最大额定电流值（约几安）、最大额定电压值（约 100 V）和最大额定功率（约几瓦特或几十瓦特）[①]。

15.4.1　垂直式功率晶体管的结构

图 15.10 描述了一个垂直式 npn 功率晶体管的结构。先前我们已经研究了垂直结构的 npn 双极晶体管。然而对于小的开关器件，集电极仍然形成于表面，而在垂直式功率双极晶体管的结构中，

---

① 注意，一般来说，最大额定电流和最大额定电压不会同时出现。

集电极则在器件的底部。这种结构更好，因为它会使在器件中电流流过的横截面积最大化。另外，掺杂的浓度和尺寸也和我们在小的开关晶体管中所遇到的不同，最原始的集电极区域是低掺杂浓度的，使得可以在基极与集电极之间加上大的电压，而不会引起击穿。而另一个 n 区，因为有更高的掺杂浓度，会减小集电极串联电阻，并且可以与外部的集电极形成欧姆接触。基区也比一般的小型器件中的宽。较大的集电极与基极电压意味着将在集电区和基区引入一个相对较大的空间电荷区。一个相对较大的基区宽度是为了防止穿通击穿。

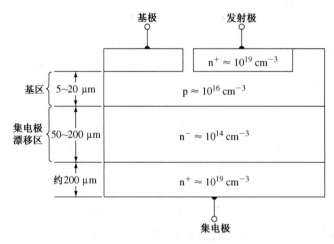

图 15.10　典型垂直式 npn 功率 BJT 的横截面

　　功率晶体管也必须是大面积器件，以便处理大电流。前面我们讨论了如图 15.11 所示的互相交叉的结构。相对较小的发射结宽度可以减小发射结电流集边效应，这已在 12.4.4 节中讨论过。

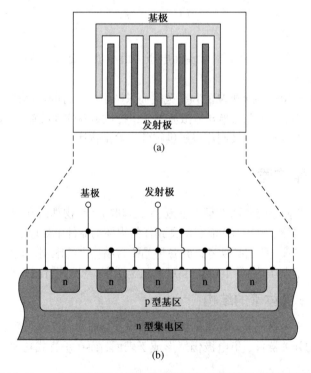

图 15.11　一个相互交叉的双极晶体管结构（顶视图与横截面视图）

15.4.2　功率晶体管的特性

与小开关晶体管相比，功率晶体管相对较宽的基区宽度意味着更小的电流增益 β。而且大面积器件意味着较大的结电容，因而有更低的截止频率。表 15.1 比较了通用小信号双极晶体管和两种功率双极晶体管在参数上的差异。在功率晶体管中，电流增益普遍更小，典型值在 $20 \sim 100$ 的范围内，而且会受到集电极电流和温度的强烈影响。图 15.12 描述了 2N3055 功率晶体管在不同温度下电流增益随集电极电流变化的曲线。

表 15.1　小信号和功率双极晶体管的特性与最大额定值的比较

参　　数	小信号晶体管 (2N2222A)	功率晶体管 (2N3055)	功率晶体管 (2N6078)
$V_{CE}(\max)(V)$	40	60	250
$T_C(\max)(A)$	0.8	15	7
$P_D(\max)(W)$	1.2	115	45
(at $T = 25\,^\circ\mathrm{C}$)			
β	$35 \sim 100$	$5 \sim 20$	$12 \sim 70$
$f_T(MHz)$	300	0.8	1

集电极最大额定电流值 $I_{C,\max}$，可能与下述因素有关：连接半导体和外部电极的导线所能允许通过的最大电流；电流增益下降到某一最小值以下的集电极电流；晶体管偏置于饱和状态时，使其达到最大功耗时的电流值。

在双极晶体管中，最大额定电压值总是与反偏 B-C 结的雪崩击穿相联系。在共发射极结构中，击穿电压机制包括晶体管增益以及 pn 结中的击穿现象。这在 12.4.6 节中已讨论过。典型的 I_C 随 V_{CE} 变化的特性曲线如图 15.13 所示。当晶体管处于正偏状态时，在实际击穿电压到达之前，集电极电流开始显著增加。所有的曲线图都描述了击穿发生时，会出现相同的 C-E 电压。该电压 $V_{CE,\text{sus}}$ 就是在击穿时维持晶体管的最小电压。

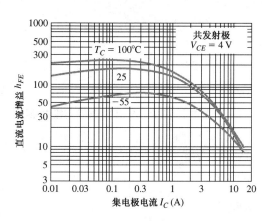

图 15.12　2N3055 的典型直流 β
特性(h_{FE} 随 I_C 的变化)

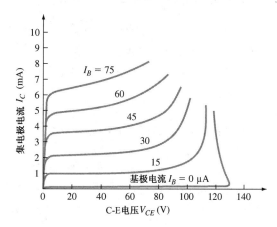

图 15.13　双极晶体管的集电极电流随 C-E 电压
变化的特性曲线，描述了击穿效应

另一个击穿效应称为二次击穿，它发生在双极晶体管工作于高电压和大电流的情形下。电流密度上的不均匀会使得局部区域的热量增加，从而使得半导体材料中的少子浓度增大，转而又会增大这些区域的电流。这种效应会使得正反馈效应发生，使得电流继续增大，从而进一步升高器件的温度，直到材料熔化，使得集电极和发射极短路。

双极晶体管中，平均功耗必须低于某一个最大值，以确保器件的温度低于一个允许的最大值。若假定集电极电流和 C-E 电压均是直流值，则可将晶体管的最大额定功率写为

$$P_T = V_{CE} I_C \tag{15.6}$$

式(15.6)忽略了晶体管功耗中的 $V_{BE} I_B$ 成分。

最大电流、电压和功率限制可在 I_C-V_{CE} 特性曲线中描述，如图 15.14 所示。平均功率限制 P_T 是一个由式(15.6)描述的双曲线。晶体管能安全工作的区域定义为安全工作区(SOA)，它受 $I_{C,\,max}$，$V_{CE,\,sus}$，P_T 和晶体管二次击穿特性曲线的限制。图 15.14(a)描述了安全工作区，该区使用了线性电流和电压坐标。图 15.14(b)用对数坐标描述了相同的特性。

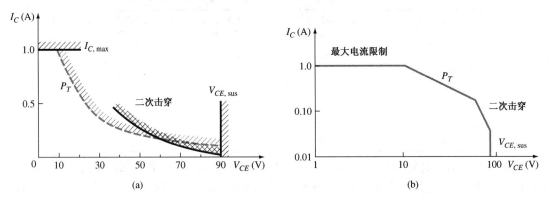

图 15.14　双极晶体管的安全工作区。(a)线性坐标；(b)对数坐标

例 15.1　确定功率 BJT 所要求的电流、电压和额定功率。

考虑图 15.15 中的共发射极电流。参数为 $R_L = 10\ \Omega$ 和 $V_{CC} = 35$ V。

■ **解**

因为 $V_{CE} \approx 0$，所以最大集电极电流为：

$$I_C(\text{max}) = \frac{V_{CC}}{R_L} = \frac{35}{10} = 3.5 \text{ A}$$

因为 $I_C = 0$，所以最大 C-E 电压为：

$$V_{CE}(\text{max}) = V_{CC} = 35 \text{ V}$$

负载线为：

$$V_{CE} = V_{CC} - I_C R_L$$

且必须保持在安全工作区，如图 15.16 所示。

晶体管功耗为：

$$P_T = V_{CE} I_C = (V_{CC} - I_C R_L) I_C = V_{CC} I_C - I_C^2 R_L$$

最大功率产生时的电流，可通过将如下等式设为零而导出：

$$\frac{\mathrm{d}P_T}{\mathrm{d}I_C} = 0 = V_{CC} - 2 I_C R_L$$

得出

$$I_C = \frac{V_{CC}}{2R_L} = \frac{35}{2(10)} = 1.75 \text{ A}$$

C-E 电压在最大功率点为：

$$V_{CE} = V_{CC} - I_C R_L = 35 - (1.75)(10) = 17.5 \text{ V}$$

晶体管中最大功耗发生在负载线的中心。因此，最大晶体管功耗为：

$$P_T = V_{CE} I_C = (17.5)(1.75) = 30.6 \text{ W}$$

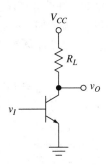

图 15.15　BJT 共发射极电路图

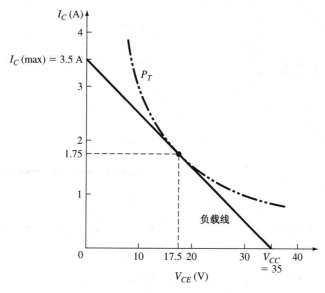

图 15.16 例 15.1 的负载线和最大功率曲线

■ **说明**

为某一给定的应用选择晶体管时，经常要用到安全系数。对于这个例子，刚才讨论的应用所要求的晶体管的额定电流要大于 3.5 A，额定电压要大于 35 V，额定功率要大于 30.6 W。

■ **自测题**

E15.1 假设 BJT 的共射极电路如图 15.15 所示，其中 $I_{C,\max}=5$ A，$V_{CE,sus}=75$ V，$P_T=30$ W。忽略二次击穿效应，确定使得晶体管的 Q 值在安全区范围内的 R_L 值，在 (a) $V_{CC}=60$ V；(b) $V_{CC}=40$ V；(c) $V_{CC}=20$ V。在以上每种情况下，确定 $I_{C,\max}$ 和晶体管的最大功耗。

答案：(a) $R_L=30$ Ω，$I_C(\max)=2$ A，$P(\max)=30$ W；(b) $R_L=13.3$ Ω，$I_C(\max)=3$ A，$P(\max)=30$ W；(c) $R_L=4$ Ω，$I_C(\max)=5$ A，$P(\max)=25$ W。

15.4.3 达林顿组态

前面已经提到，功率 BJT 的基区宽度相对较宽使得电流增益相对较小。一种用于提高有效电流增益的方法是使用达林顿管，如图 15.17 所示。现在来讨论电流，我们知道

$$i_C = i_{CA} + i_{CB} = \beta_A i_B + \beta_B i_{EA} = \beta_A i_B + \beta_B(1+\beta_A)i_B \tag{15.7}$$

所有的共发射极电流增益是

$$\frac{i_C}{i_B} = \beta_A \beta_B + \beta_A + \beta_B \tag{15.8}$$

因此，如果每个晶体管的增益是 $\beta_A=\beta_B=15$，那么达林顿管的总增益是 $i_C/i_B=255$。总增益比单个器件的增益大得多。一个二极管的加入有助于截止晶体管 Q_B，如图 15.17 所示。相反的电流自 Q_B 的基极流过二极管，它把这个晶体管基极的电荷拉出来，从而使该器件比没有二极管时更快地截止。

如图 15.17 所示的达林顿管一般应用于需要一个 npn 双极晶体管的功率放大器的输出级。pnp 达林顿管也可用于提高 pnp 功率器件的有效电流增益。

npn 达林顿管集成电路结构如图 15.18 所示。二氧化硅完全穿通了 p 型基区，使得两个晶体管的基区被隔离。

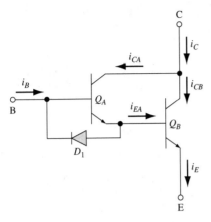

图 15.17 npn 达林顿组态

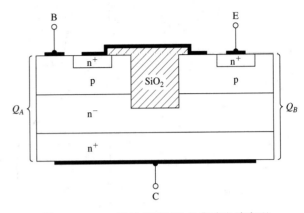

图 15.18 npn 达林顿管结构的集成电路实现

练习题

T15.1 讨论如图 15.10 所示的垂直功率硅 BJT。假设在 B-C 结加上 200 V 的反偏电压。计算进入 (a) 集电区与 (b) 基区的空间电荷区宽度。

答案： (a) $x_n = 50.6 \, \mu m$ ；(b) $x_p = 0.506 \, \mu m$。

T15.2 对于图 15.19 所示的射极跟随器，其参数为 $V_{CC} = 10 \, V$，$R_E = 200 \, \Omega$，晶体管电流增益 $\beta = 150$，电流与电压分别为 $I_{C,\max} = 200 \, mA$，$V_{CE,\text{sus}} = 50 \, V$，讨论使晶体管的 Q 点在安全工作区的最小额定功率。

答案： $P_{\max} = 0.5 \, W$。

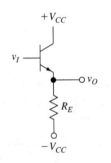

图 15.19 练习题 T15.2 的示意图

15.5 功率 MOSFET

功率 MOSFET 的基本工作原理与其他 MOSFET 一样。但是，这些功率管的电流处理能力通常在安培数量级，并且漏源间的夹断电压可能会在 50~100 V 或更高的范围之内，功率 MOSFET 超过双极功率器件的优点之一是，控制信号加在栅极，而栅极的输入阻抗非常大。甚至在开态和关态之间转换时，栅电流也很小，所以非常小的控制电流就可以转换成相对很大的电流。

15.5.1 功率晶体管的结构

在沟道宽度非常宽的 MOSFET 中，能得到大电流。为了获得特性较好的大沟道器件，功率 MOSFET 是由并行运行的重复结构的小单元制成的。为达到大阈值电压，要采用垂直结构。有两种基本的功率 MOSFET 结构。第一种是 DMOS 器件，如图 15.20 所示。DMOS 器件使用双扩散工艺：p 型基区或 p 型衬底和 n⁺ 源区接触，是通过栅的边缘所确定的窗口进行扩散形成的。p 型基区要比 n⁺ 源区扩散得更深些，p 型基区和 n⁺ 源区横向扩散距离的不同决定了表面的沟道长度。

电子进入源区电极，横向从栅极底下的反型层漂移至 n 型漂移区。然后电子垂直地从 n 型漂移区漂移至漏区电极。

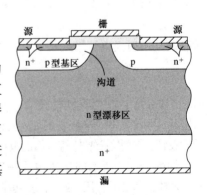

图 15.20 双扩散 MOS(D-MOS) 晶体管的横截面

规定电流方向是从漏极到源极。n 型漂移层必须适度掺杂,这样漏区的击穿电压才会足够大。但是,n 型漂移区的厚度也应该尽可能薄,以使漏极阻抗最小。

　　第二种功率 MOSFET 结构如图 15.21 所示,这是一种 VMOS 结构。垂直的沟道或 VMOS 功率器件是一种非平面结构,这种结构需要一种不同类型的制造工艺。在这种工艺中,p 型基区或衬底的掺杂是在整个表面上形成的,紧接着进行的是 n⁺ 源区扩散。然后再通过延伸至 n 型漂移区做一个 V 形槽。我们发现,一定的化学溶剂腐蚀(111)平面要比其他平面慢很多,如果(100)方向的硅通过表面的窗口腐蚀,这些化学腐蚀剂就会形成一个 V 形槽。栅氧化层生长在 V 形槽上,然后金属栅电极淀积于其上。在基区或者衬底区上产生电子反型层,以便电流本身实质上是一种在源漏间的垂直电流。相对较低浓度掺杂的 n 型漂移区会维持漏区电压,因为耗尽层主要扩展进入这个低掺杂区。

　　我们曾经提到过,许多单个的 MOSFET 单元并联可构成一个宽长比合适的功率 MOSFET。图 15.22 显示了一个 HEXFET 结构。每一个小单元都是 n⁺ 多晶硅栅的 DMOS 器件。HEXFET 有很高的集成度——可能每平方厘米有 100 000 个单元。在 VMOS 结构中,槽的各向异性腐蚀必须在(100)平面的[110]方向上。这种限制条件制约了这种器件在设计上的选择性。

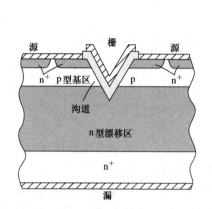

图 15.21　垂直沟道 MOS(VMOS)

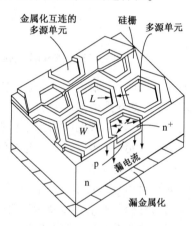

图 15.22　HEXFET 结构

15.5.2　功率 MOSFET 的特性

　　表 15.2 列出了两种 n 沟道功率 MOSFET 的基本参数。漏电流在安培数量级,击穿电压在百伏特数量级。

　　功率 MOSFET 的一个重要参数是导通电阻。它可写为:

$$R_{on} = R_S + R_{CH} + R_D \qquad (15.9)$$

其中 R_S 是源区欧姆接触电阻,R_{CH} 是沟道电阻,R_D 是漏区欧姆接触电阻。R_S 和 R_D 的阻值在功率 MOSFET 中不可忽略不计,因为小电阻和大电流能产生相当大的功耗。

表 15.2　两种功率 MOSFET 的特性

参　　数	2N6757	2N6792
$V_{DS}(\max)(V)$	150	400
$I_D(\max)$(温度为 25℃)	8	2
$P_D(W)$	75	20

　　工作在线性区,沟道电阻可以写为:

$$R_{CH} = \frac{L}{W\mu_n C_{ox}(V_{GS} - V_T)} \qquad (15.10)$$

在前面的章节中,我们注意到随着温度的增加,迁移率会减小。阈值电压随着温度略微变化,当器件中电流增加而产生额外的功耗时,器件的温度就会增加,载流子的迁移率就会减小,R_{CH} 就会增加，因而会限制沟道电流。电阻 R_S 和 R_D 的阻值与半导体的电阻率成正比，与迁移率成反比，因此与 R_{CH} 有相同的温度特性。图 15.23 画出了漏区电流随导通电阻变化的函数曲线。

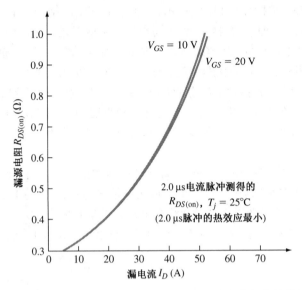

图 15.23　MOSFET 的典型漏源电阻随漏电流变化的特性曲线

随着温度的增加，电阻值增大，这为功率 MOSFET 提供了稳定性。如果任何一个特殊单元的电流开始增加，由此导致的温度增加就会导致导通电阻的增加。因此会限制电流的变化。

由于这个特性，在功率 MOSFET 中，整个电流往往会均匀地分散到各个小单元中，而不是集中在任何一个小单元中，否则将会引起器件的损坏。

功率 MOSFET 无论是在工作原理方面还是在性能方面，都与双极功率晶体管有所不同。功率 MOSFET 有更为出色的性能，其中包括：更快的开关转换时间；无第二次击穿效应；在一个更宽的温度范围内有稳定的增益以及响应时间。图 15.24(a) 显示了 2N6757 MOS 场效应晶体管的跨导随温度变化的关系曲线。MOSFET 跨导随温度的变化率比 BJT 电流增益的变化率要小，如图 15.12 所示。图 15.24(b) 显示了在三种不同温度下漏极电流随栅源电压变化的曲线。我们注意到在大电流时，在同一栅源电压下电流随温度降低而减小。

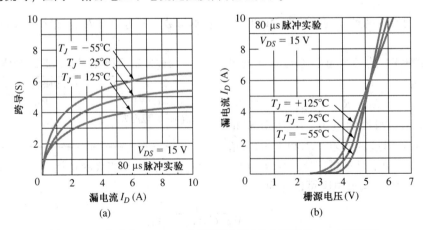

图 15.24　高功率 MOSFET 在不同温度下的典型特性。(a)跨导随
漏电流的变化曲线；(b)漏电流随栅源电压的变化曲线

功率 MOSFET 必须工作在安全工作区。对于功率 BJT，安全工作区由三个因素确定：最大漏电流 $I_{D,\,\max}$、额定击穿电压 BV_{DSS} 和最大功耗 $P_T = V_{DS}I_D$。安全工作区如图 15.25(a)所示，在图中电流与电压用线性坐标画出。同样的 SOA 曲线在图 15.25(b)中用对数坐标画出。

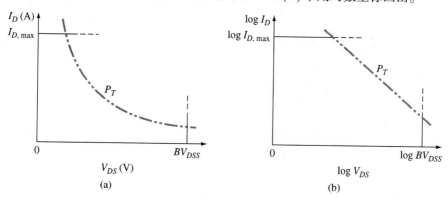

图 15.25　MOSFET 的安全工作区。(a)线性坐标；(b)对数坐标

例 15.2　在 MOSFET 反相器电路中找到最佳的漏极电阻。

MOSFET 反相器电路如图 15.26 所示。该电路中将使用两种不同的 MOSFET。器件 A 和器件 B 的参数给出如下表。

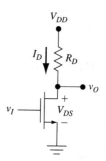

器件 A	器件 B
$BV_{DSS} = 35$ V	$BV_{DSS} = 35$ V
$P_T = 30$ W	$P_T = 30$ W
$I_{D,\,\max} = 6$ A	$I_{D,\,\max} = 4$ A

图 15.26　MOSFET 反相器电路

■ 解

这两种器件的 SOA 曲线如图 15.27 所示。

使用器件 A 的反相器电路的负载线是曲线 A。负载线与电压轴坐标相交于 $V_{DD} = 24$ V。这条曲线与最大功率曲线相切，与电流轴坐标相交于 $I_D = 5$ A。注意，如果我们想要使负载线与最大额定电流相交于 $I_{D,\,\max} = 6$ A，则负载线将在安全工作区以外。

对于负载线 A，漏极电阻为：

$$R_D = \frac{V_{DD}}{I_D} = \frac{24}{5} = 4.8\ \Omega$$

在最大功率点时的电流(使用例 15.1 的结果)为：

$$I_D = \frac{V_{DD}}{2R_D} = \frac{24}{2(4.8)} = 2.5\ \text{A}$$

相应的漏源电压为：

$$V_{DS} = V_{DD} - I_D R_D = 24 - (2.5)(4.8) = 12\ \text{V}$$

晶体管中的最大消耗功率为 $P = V_{DS}I_D = (12)(2.5) = 30\ \text{W} = P_T$，它对应的就是最大额定功率。该点如曲线所示。

　　使用器件 B 的反相器电路的负载线是曲线 B。负载线与电压轴坐标相交于 $V_{DD} = 24$ V。这条曲线现在与电流轴坐标相交于最大额定漏电流 $I_{D,\,max} = 4$ A。该负载线在晶体管的安全工作区内。

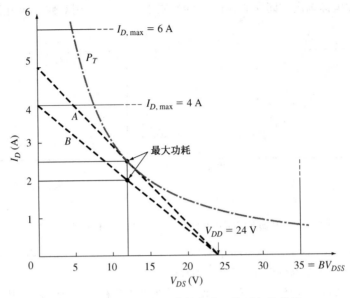

图 15.27　例 15.2 中器件的安全工作区与负载线

对于负载线 B，漏极电阻为：

$$R_D = \frac{V_{DD}}{I_D} = \frac{24}{4} = 6 \; \Omega$$

在最大功率点时的电流为：

$$I_D = \frac{V_{DD}}{2R_D} = \frac{24}{2(6)} = 2 \; A$$

相应的漏源电压为：

$$V_{DS} = V_{DD} - I_D R_D = 24 - (2)(6) = 12 \; V$$

晶体管中的最大消耗功率为 $P = V_{DD} I_D = (12)(2) = 24$ W，它比最大额定功率小。该点如曲线所示。

　　■ 说明
　　我们知道，若使用器件 A，则漏极电阻由最大功率决定。若使用器件 B，则漏极电阻由器件的最大额定电流决定。
　　■ 自测题
E15.2　对于图 15.26 中所示的共源电路，在 (a) $R_D = 12 \; \Omega$，$V_{DD} = 24$ V；(b) $R_D = 8 \; \Omega$，$V_{DD} = 40$ V 时，判断所需的电流、电压、功率。
　　　　答案： (a) $BV_{DSS} = 24$ V，$I_{D,\,max} = 2$ A，$P_T = 12$ W；(b) $BV_{DSS} = 40$ V，$I_{D,\,max} = 5$ A，$P_T = 50$ W。

15.5.3　寄生双极晶体管

　　在 MOSFET 中，由于其自身的结构，会产生一种寄生双极晶体管。这种寄生双极晶体管在 DMOS 和 VMOS 结构中均能出现（如图 15.20 和图 15.21 所示）。源极视为 n 型发射极，p 型基区或衬底区视为 p 型基区。n 型漏区视为 n 型集电区。如图 15.28 所示。MOSFET 的沟道长度视为寄生双极晶体管的基区宽度。因为沟道长度一般来说很小，所以寄生双极晶体管的电流增益 β 会很大。

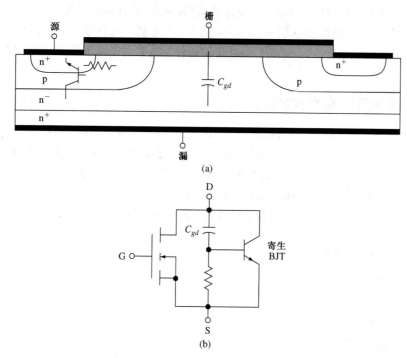

图 15.28　(a)垂直 MOSFET 的横截面显示了寄生 BJT 和分散电阻;
(b)带有分散参数的 MOSFET 和寄生 BJT 的等效电路

寄生双极晶体管应该始终处于关断状态,这意味着源区到衬底的电压(发射极到基极电压)应该尽可能地接近零。由图 15.20 和图 15.21 所示的结构,我们可以看到源极的欧姆接触也穿透了 p 型体区,以至于结电压在晶体管稳态工作时接近于零。但是,双极晶体管在 MOSFET 处于高速开关状态时可能会处于开态。

由图 15.28(b)可以看出寄生双极晶体管的基极和集电极是被栅和漏间的电容连在一起的。寄生或分散电阻也会把寄生双极晶体管的基极和发射极连在一起。当 MOSFET 处于关断状态时,漏源间的电压会增加,由此会导致在由寄生的集电极到寄生的基极方向上产生一个贯穿栅漏电容的寄生电流。这种电流可能会足够大,以至于在寄生电容上产生一个足够大的寄生电压来使发射结正偏,于是此时寄生双极晶体管处于导通状态。处于开态的寄生双极晶体管可能会产生一个大的漏电流,这种电流有可能使 MOSFET 烧坏。这种击穿机制称为反向击穿,已在 11.4.1 节中讨论过。其电流电压特性如图 11.22 所示。为避免上述击穿问题,设计器件时,必须使寄生电阻、集电极基极分散电阻最小。

15.6　半导体闸流管

电子器件的一个重要应用就是在关态(高阻态)到开态(低阻态)间的转换。对于所有 pnpn 结构的半导体器件,如果其能实现双稳态正反馈开关转换特性,就可以称为闸流管。我们已经讨论过一个晶体管由于使用了基极驱动或者栅极电压就可能导通的情况。只要管子持续处于开态,基极驱动或栅电压就必须保持。在很多的应用中,要求器件保持在阻断状态,直到有控制信号使其转换到低阻状态,但这个信号不必一直保持着。上述器件在低频时转换大电流很有效,例如工作在 60 Hz 的工业控制电路。

对于三电极的半导体闸流管来说，半导体整流器（SCR）是常用的名称。SCR（有时指 Si 半导体整流器）是一种有栅控电极的四层 pnpn 结构。对于大多数半导体器件，在器件结构上也有一些变化。我们将首先研究基本的 SCR 工作原理和条件，然后讨论基本的四层结构器件的一些结构上的变化。

15.6.1　半导体闸流管的基本特性

图 15.29（a）显示了四层的 pnpn 结构。最顶层的 p 型区域称为阳极，最底层的 n 型区称为阴极。如果正电压加在阳极上，则器件理论上来说应处于正偏状态。但是，实际上结 J_2 却处于反偏状态，所以只有一个非常小的电流。若在阳极施加一个负电压，则结 J_1 和 J_3 将处于反偏状态，所以同样只有一个非常小的电流出现。图 15.29（b）显示了这些条件下的电流–电压特性。电压 V_p 是结 J_2 的击穿电压。对于设计得比较合适的器件，阻断电压可能会达到几千伏。

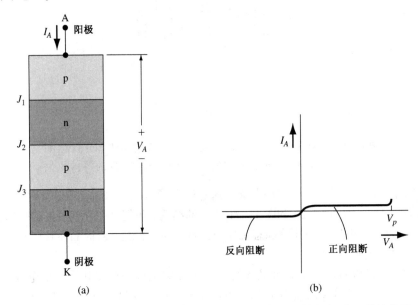

图 15.29　（a）基本的四层 pnpn 结构；（b）pnpn 器件的初始电流-电压特性曲线

当器件进入导通状态时，考虑器件的特性，我们可将此种模块化为耦合 npn 和 pnp 双极晶体管。图 15.30（a）显示了如何分开这种四层结构的方法；图 15.30（b）显示了这两个晶体管的等效电路以及相关电流。因为 pnp 器件的基极就是 npn 晶体管的集电极，基极电流 I_{B1} 事实上是另一个晶体管的集电极电流 I_{C2}。同样，I_{C1} 也就和另一个晶体管的基极电流 I_{B2} 相同。在电压偏置的组态中，pnp 晶体管的 B-C 结和 npn 晶体管的 B-C 结都处于反偏状态，而它们的 B-E 结均处于正偏状态。参数 α_1，α_2 是 pnp 晶体管和 npn 晶体管的共基极电流增益。

我们可写出

$$I_{C1} = \alpha_1 I_A + I_{C01} = I_{B2} \tag{15.11a}$$

和

$$I_{C2} = \alpha_2 I_K + I_{C02} = I_{B1} \tag{15.11b}$$

其中 I_{C01} 和 I_{C02} 分别为两个器件中的反偏 B-C 结饱和电流。在这个特殊的组态中，$I_A = I_K$ 和 $I_{C1} + I_{C2} = I_A$。把式（15.11a）和式（15.11b）相加，可得

$$I_{C1} + I_{C2} = I_A = (\alpha_1 + \alpha_2) I_A + I_{C01} + I_{C02} \tag{15.12}$$

由式(15.12)可推出阳极电流 I_A 为：

$$I_A = \frac{I_{C01} + I_{C02}}{1 - (\alpha_1 + \alpha_2)} \tag{15.13}$$

只要 $(\alpha_1 + \alpha_2)$ 比 1 小得多，那么就正如图 15.29(b)所描述的那样，阳极电流值很小。

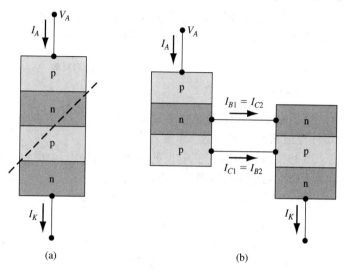

图 15.30　(a)基本的 pnpn 结构的拆分；(b)四层 pnpn 器件的两个晶体管等效电路

正如第 12 章所讨论的那样，共基极电流增益 α_1 和 α_2 和集电极电流的关系非常密切。对于比较小的 V_A 值，每个器件中的集电极电流就是反偏饱和电流，其值非常小。小集电极电流意味着 α_1 和 α_2 都要比 1 小得多。所以，四层结构使得阻断状态会一直维持下去，直到结 J_2 开始进入击穿状态，或者由于外部因素，使得在 J_2 结中引入一个较大的电流。

首先，讨论阳极加上足够大的电压并引起 J_2 结开始雪崩击穿的情形，此效应如图 15.31(a)所示。由电离作用产生的电子将被扫进 n_1 区，使得 n_1 区带更多的负电(负极性加深)，而由电离作用产生的空穴将被扫进 p_2 区，使得 p_2 区带更多的正电(正极性加深)。由于 n_1 区越来越高的负压，而 p_2 区越来越高的正电压，所以正偏电压 V_1 和 V_3 都开始增加。这种 B-E 结电压的增加引起了电流值的增加，结果导致了基极电流增益 α_1 和 α_2 的增加，根据式(15.13)，电流 I_A 也随之增加。于是发生正反馈效应，所以 I_A 将逐渐增大。

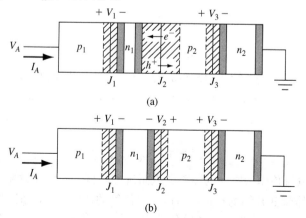

图 15.31　(a) J_2 结进入雪崩击穿时的 pnpn 器件；(b)当器件处于大电流、低阻抗态时 pnpn 结构的结电压

随着阳极电流 I_A，基极电流增益 $\alpha_1 + \alpha_2$ 增大，两个等效的双极晶体管被驱使进入饱和状态，而且 J_2 结正偏。贯穿整个器件的总电压将减小到几乎一个二极管的压降值，如图 15.31(b) 所示。器件中的电流会受到外电路的限制。如果电流允许提高，则欧姆损耗将会变得很重要，以至于整个器件的电压降可能会随着电流而有所升高。I_A 和 V_A 的关系特性曲线如图 15.32 所示。

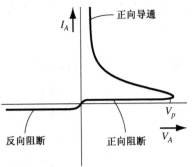

图 15.32　pnpn 器件的电流-电压特性曲线

15.6.2　SCR 的触发机理

上一节中，我们讨论了由于中心结的雪崩击穿而引起的四层 pnpn 结构的器件导通情况。实际上，其他方法也能使器件处于导通状态。图 15.33(a) 显示了三电极的 SCR（其中第三个电极用于施加栅控信号）。重新分析式(15.11a)和式(15.11b)，可以得出栅电流的影响。

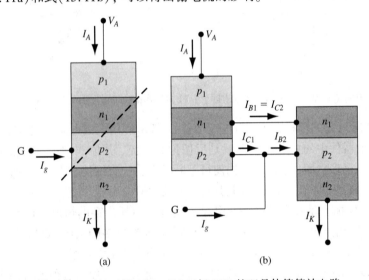

图 15.33　(a)三极 SCR；(b)三极 SCR 的双晶体管等效电路

图 15.33(b)显示了包括栅电流的双晶体管等效电路。我们可以写出

$$I_{C1} = \alpha_1 I_A + I_{C01} \tag{15.14a}$$

和

$$I_{C2} = \alpha_2 I_K + I_{C02} \tag{15.14b}$$

已知 $I_K = I_A + I_g$ 和 $I_{C1} + I_{C2} = I_A$。把式(15.14a)与式(15.14b)相加，可得

$$I_{C1} + I_{C2} = I_A = (\alpha_1 + \alpha_2)I_A + \alpha_2 I_g + I_{C01} + I_{C02} \tag{15.15}$$

求解 I_A 可得

$$I_A = \frac{\alpha_2 I_g + (I_{C01} + I_{C02})}{1 - (\alpha_1 + \alpha_2)} \tag{15.16}$$

我们认为，栅控电流是作为空穴的漂移电流而流进 p_2 区的。多余的空穴提高了 p_2 区的电势，同时也增加了 npn 晶体管 B-E 结的正偏电压以及晶体管的效应。npn 晶体管的效应增加会增大集电极电流 I_{C2}，而 I_{C2} 又会使 pnp 双极晶体管的效应提高，于是整个 pnpn 器件将会从开态过渡到低阻态。其中，用于使 SCR 进入开态的栅极电流的典型值在毫安数量级，从而小栅极电流就能开

启 SCR。而开启后，栅电流可以关断，但 SCR 仍处于导通状态。即一旦 SCR 被触发进入导通状态，栅极就不用起控制 SCR 的作用了。作为栅电流函数的 SCR 的电流，电压特性如图 15.34 所示。

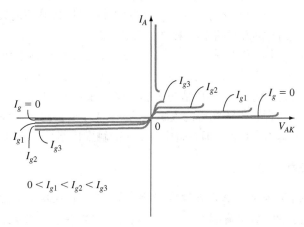

图 15.34　SCR 的电流-电压特性曲线

　　SCR 的一个简单应用是在半波整流电路中，如图 15.35(a)所示。输入信号是一个交流电压，一个触发脉冲将控制 SCR 的开启。假设触发脉冲发生在交流电压周期中的 t_1 时刻，在时刻 t_1 之前，SCR 处于关断状态，以至于负载中的电流为零。因此输出电压也为零。$t = t_1$ 处，SCR 被触发开启，输入电压被完全加在负载上(忽略 SCR 上的压降)。即使触发脉冲在 t_1 之前就已经停止，只要阳极与阴极间的电压变为零，SCR 就会被关断。在交流电压的周期内，SCR 的触发时间是可以改变的。电源电压的改变会直接影响到负载的输出。全波整流电路可用来设计提高整流的效率和幅度。

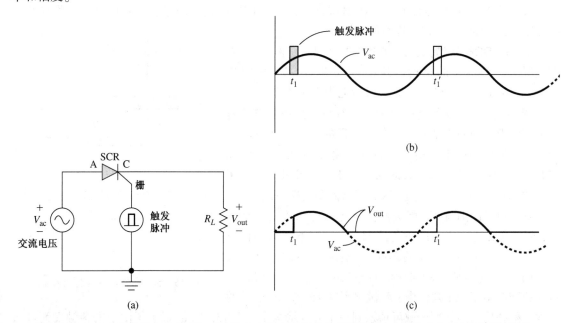

图 15.35　(a)简单的 SCR 电路；(b)输入交流电压信号和触发脉冲；(c)输出电压与时间的关系

栅极可用做 SCR 开启的控制输入端。然而，对于四层 pnpn 结构的晶体管，也可用其他方法来触发。在多数集成电路中，会出现寄生 pnpn 结构。其中一个例子就是在第 10 章我们曾讨论过的 CMOS 器件。瞬态的离子注入脉冲就可以触发 CMOS 器件寄生的四层结构器件。其原因如下：离子注入脉冲中会产生电子-空穴对，于是产生光电流。该光电流相当于 SCR 中的栅控电流。因此寄生晶体管会被开启而进入导通状态。而且一旦器件导通，即使脉冲消失，它也仍会维持在导通状态。光信号用产生电子-空穴对的方法来触发 SCR 器件。

在 pnpn 器件中，另一种触发机制是由 dV/dt 触发。如果正偏阳极电压迅速增加，那么 J_2 结两端的电压也将会迅速改变。这种改变的 J_2 结反偏电压意味着空间电荷区的宽度在增加；因此，电子将会从结的 n_1 侧转移，而空穴将会从结的 p_2 侧转移。如果 dV/dt 很大，这些载流子的转移速度就很快，从而产生一个和栅控电流相等的大瞬态电流，于是就可以将器件触发到低阻抗的导通状态。dV/dt 经常是一个具体的数值，但在寄生 dV/dt 的触发机制是一个潜在的问题。

15.6.3　SCR 的关断

若想将四层结构的器件从导通状态转换到关断状态，则只需将电流 I_A 降至使得 $\alpha_1 + \alpha_2 = 1$ 处在临界电流值之下即可，此临界电流值 I_A 称为维持电流。如果寄生的四层结构被触发进入导通状态，则有效的阳极电流就会降低到相应的维持电流之下，从而使器件关闭。这种要求本质上意味着所有的电源都应关断，以使寄生器件始终处于关断状态。

向器件的 p_2 区提供空穴也可以触发 SCR。当然，从 p_2 区抽走空穴也就可以关断 SCR。如果反偏栅电流大到可使 npn 型双极晶体管脱离饱和状态，则 SCR 将会从导通状态转换到阻断状态，但由于器件的横向尺寸可能会很大，所以，J_2 结和 J_3 结的不一致偏向可能会在负栅控电流的工作时段中发生，于是器件仍保持在低阻导通状态。四层 pnpn 结构器件要特殊设计其关断性能。

15.6.4　器件结构

由于具体应用的不同，许多闸流管根据不同的具体性能设计制造。我们将讨论一些这种类型的器件，以加深对结构多样性的理解。

基本的 SCR 结构： 在制造 SCR 器件时，有多种掺杂、做埋层、外延生长的结构。其中最基本的 SCR 结构如图 15.36 所示。p_1 区和 p_2 区被掺入高电阻率 n_1 材料。于是 n^+ 阴极形成，p^+ 栅接触电极也形成。有较高热传导率的材料可用做阳极和阴极的欧姆接触，其目的在于可使高功率器件的热量很快散出。其中 n_1 区域的宽度可能在 250 μm 左右，以容纳 J_2 结的相当大的反偏电压。p_1 区和 p_2 区的宽度在 75 μm 左右，而 n^+ 与 p^+ 区为正常的薄层区宽度。

双边对称的闸流管： 因为闸流管经常应用于交流功放中，所以在交流电压下的正负周期中，均匀整齐的转换就很有必要。有很多种这样的器件，但是最基本的原理方法是如图 15.37(a) 所示的那样反向并联两个常规的闸流管。将此原理应用于一个器件中，就做出了图 15.37(b) 所示的

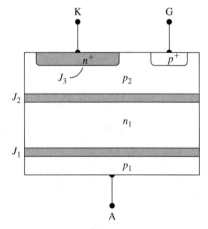

图 15.36　基本的 SCR 器件结构

器件。整齐均匀的 n 型区域可掺入到一个 pnp 结构中。图 15.37(c) 显示了由于击穿触发而进入导通模式的电流-电压特性曲线。在交流电压互相交替的半个周期内，这两个电极交替作为阳极和阴极。

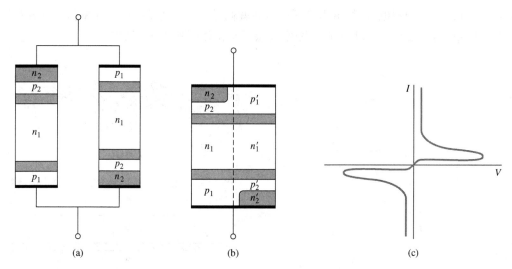

图 15.37 （a）两个半导体闸流管的反向并联连接形成了双面器件；（b）作为一个集成
器件的双面半导体闸流管；（c）双面半导体闸流管的电流-电压特性曲线

对于这种器件来说，栅控信号触发会变得很复杂。因为独立的栅极要为两个反向并联闸流
管服务，因此此器件称为三端双向可控硅开关元件。图 15.38（a）显示了这种器件的交叉结构。
它可被任意极性的栅控制信号以及任意极性的阳极-阴极电压触发而进入导态。

一种特殊的栅控情况如图 15.38（b）所示。相对电极 2 来说，电极 1 是正极，于是相对电极 1
来说，施加了一个负极性的栅电压，所以栅电流是负的。这种电压极性的设置会产生电流 I_1，于
是结 J_4 变得正偏。电子从 n_3 区发射出来，渡越 p_2 区，在 n_1 区被收集。于是，$n_3 p_2 n_1$ 的作用就像是
一个饱和工作状态下的晶体管。在 n_1 区收集的电子，会降低 n_1 区（相对 p_2 区来说）的电势。贯穿
$p_2 n_1$ 的电流会增加，从而触发 $p_2 n_1 p_1 n_4$ 闸流管进入导通状态。

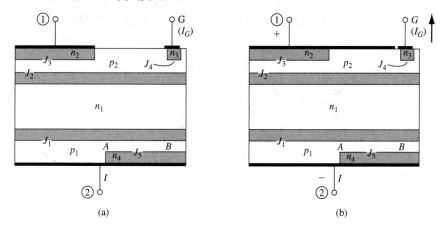

图 15.38 （a）三端双向可控硅开关元件；（b）带有特殊偏置组态的三端双向可控硅开关元件

同理，我们也可以列出另一种栅极、阳极、阴极的组合，其同样会将闸流管触发进入导态。
图 15.39 描述了电极的特性曲线。

MOS 栅控闸流管：MOS 栅控闸流管的工作是基于控制 npn 双极晶体管的增益。图 15.40 所
示的是一个 V 形槽 MOS 栅控闸流管。MOS 栅结构延伸进入了 n 型漂移区。如果栅极电压是零，
在 p 型基区中的耗尽层边缘保持平坦而且平行于 J_2 结；npn 晶体管的增益很低。该效应如图中的

虚线所示。当加上正的栅电压时，p 型基区的表面就耗尽了，通过点线可见 p 型基区的耗尽区与栅相邻。该 npn 双极器件的未耗尽基区宽度 W_μ 会变窄，而器件增益会增加。

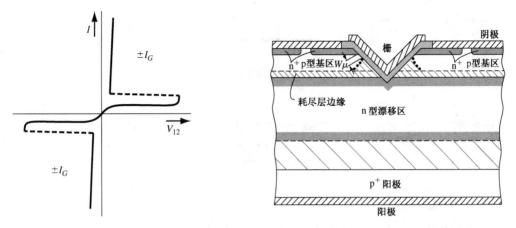

图 15.39　三端双向可控硅开关元件　　　　　　图 15.40　V 形槽 MOS 栅控闸流管
　　　　　的电流-电压特性曲线

当栅极电压大约等于阈电压时，来自 n⁺ 发射区的电子穿过耗尽区进入 n 型漂移区。n 型漂移区的电势降低了，这将进一步正偏 p⁺ 阳极与 n 型漂移结电压，从而产生正反馈过程。产生导通的栅电压大约是 MOS 器件的阈电压。这种器件的优点是控制极的输入阻抗非常高；相关的大电流能转换成很小容量的耦合栅电流。

MOS 关态闸流管： MOS 关态闸流管可通过在 MOS 栅极加上一个信号开启与关掉阳极电流。基本的器件结构如图 15.41 所示。刚才已讨论过通过加上正栅极电压，n⁺pn 双极晶体管能被开启。一旦半导体闸流管被开启，通过加一个负栅极电压，该器件就可以关掉；这个负栅极电压开启了 p 沟道 MOS 晶体管，这将有效地短路 n⁺pn 双极晶体管的 B-E 结。进入 p 型基区的空穴通过另一个路径到达阴极。如果 p 沟道 MOS 晶体管的电阻足够低，则所有电流将从 n⁺p 发射极转移走，从而有效地关断 n⁺pn 器件。

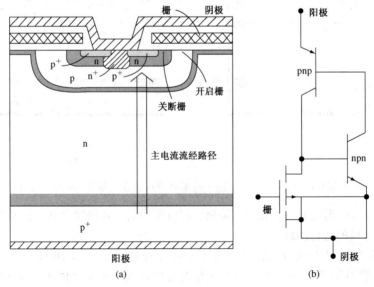

(a)　　　　　　　　　　　　　　　　(b)

图 15.41　（a）MOS 关态闸流管；（b）MOS 关态闸流管的等效电路

15.7 小结

- 隧道二极管电流-电压特性中的微分负阻的概念被用在微波隧道二极管振荡器的设计中。最大电阻的截止频率的表达式已经推导得出。
- 微波耿氏二极管振荡器的工作原理是基于负微分迁移的概念。
- 雪崩二极管振荡器利用注入和漂移的时间延迟形成了微分负阻区域。
- 功率 BJT 具有垂直叉指式的基极-发射极表面结构。集电极的漂移区(掺杂浓度和宽度)决定了 BJT 的额定截止电压,基极的宽度必须足够宽以避免在额定截止电压下发生穿通击穿。
- 功率 BJT 的特性由三个量来描述:最大额定集电极电流、最大额定电压、最大额定功耗,这三个参数定义了晶体管的 SOA。
- 功率 MOSFET 具有垂直叉指式的栅源表面结构,两个典型的特定设备是 DMOS 和 VMOS 结构。漏极漂移区(掺杂浓度和宽度)决定了 MOSFET 的额定截止电压,基体的沟道长度必须足够长以避免在额定截止电压下发生穿通击穿。
- 功率 MOSFET 的特性由三个量来描述:最大额定漏电流、最大额定电压、最大额定功耗,这三个参数定义了晶体管的 SOA。
- MOSFET 的"导通电阻"具有正温度系数,使得 MOSFET 比 BJT 具有更好的温度稳定性。这种特性使得 MOSFET 可被平行制造以增加设备的载流能力。
- 半导体闸流管与一系列 pnpn 开关器件相关,这些开关器件能够在高阻抗、低电流态与低阻抗、高电流态之间转换。这些器件有着双稳态再生正反馈开关特性。
- 基本的 pnpn 器件能被模块化为耦合的 npn 与 pnp 双极晶体管。在开态时,两个双极晶体管都进入饱和态,从而产生大电流和低电压的情况;在关断或者截止态时,即使给器件加上大的电压,电流也基本上为零。
- 半导体闸流管的开启特性能通过栅控制极来控制。三极半导体闸流管也称为半导体可控整流器(SCR)

重要术语解释

- double-diffused MOSFET (DMOS) (双扩散 MOSFET):一种功率 MOSFET,其源区与沟道区是通过双扩散工艺形成的。
- HEXFET:一种功率 MOSFET 的结构,这种结构是由许多的 MOSFET 并行放置而形成的六角形组态。
- maximum rated current(最大额定电流):使得功率晶体管保持正常工作的最大允许电流。
- maximum rated power(最大额定功率):功率晶体管不出现永久损坏时的最大允许功耗。
- maximum rated voltage(最大额定电压):击穿没有发生时功率晶体管的最大允许适用电压。
- negative differential mobility(负微分迁移率):半导体材料漂移速度与电场特性中漂移速度下降而电场增大的区域。
- negative differential resistance(负微分阻抗):器件电流-电压特性中电流下降而电压增大的区域。
- on resistance(导通电阻):功率 MOSFET 的源漏之间的有效电阻。

- **safe operating area(安全工作区)**：功率晶体管允许的电流-电压工作区，受限于最大额定电流、最大额定电压和最大额定功率。
- **second breakdown(二次击穿)**：功率晶体管的一种击穿效应，是由高温产生的一种热漂移现象。
- **SCR(semiconductor controlled rectifier) (半导体可控整流器)**：三极半导体闸流管的通用名称。
- **thyristor(半导体闸流管)**：一系列半导体 pnpn 开关型器件的名称，这些器件有着双稳态正反馈开关特性。
- **transferred-electron effect(转移电子效应)**：导电电子从低能级、高迁移率带散射到高能量、低迁移率带的现象。
- **triac(三端双向可控硅开关元件)**：双边三极半导体闸流管的名称。
- **V-groove MOSFET(VMOS)**：一种功率 MOSFET，其中沟道区是沿半导体表面形成的 V 形槽而形成的。

知识点

学完本章后，读者应具备如下能力：

- 解释隧道二极管的电流-电压特性中的微分负阻区域的形成。
- 讨论 GaAs 中的负微分迁移的概念，以及这种现象如何导致耿氏二极管中域的产生。
- 讨论雪崩二极管振荡器的工作原理。
- 画出功率 BJT 的横截面，并且能讨论器件的电压与电流的限制。
- 讨论功率 BJT 的电流增益比小开关 BJT 的电流增益小的原因。
- 画出功率 BJT 的安全工作区。
- 描述达林顿组态运行的原因。
- 画出 DMOS 和 VMOS 功率 MOSFET 结构的横截面图。
- 画出功率 MOSFET 的安全工作区。
- 说明功率 MOSFET 的"导通电阻"为什么有正的温度系数。
- 说明 pnpn 器件的开关特性。
- 说明半导体受控整流器的开关特性。

复习题

1. 在隧道二极管的电流-电压特性图中，描述负阻区域是怎样产生的。
2. 在 GaAs 的漂移速度与电场特性曲线中，描述负微分迁移区域是怎样生成的。
3. 描述雪崩二极管的负阻特性是怎样产生的。
4. 为什么功率 BJT 中，集电极的漂移区掺杂浓度低且宽度大？
5. 为什么一个功率 BJT 要做成叉指基极-发射极结构？
6. 画出功率 BJT 的安全工作区。
7. 讨论如何形成一个功率 MOSFET 的 DMOS 结构。
8. 讨论一个功率 MOSFET 的电压限制。
9. 给出功率 MOSFET 导通电阻的定义，并证明导通电阻具有正温度系数。
10. 讨论半导体可控整流器的栅端是如何影响开关特性的。

习题

15.1　隧道二极管

15.1　画出以下几种情况下，n 区和 p 区均为重掺杂的隧道二极管的能带图：(a)零偏置；(b)$0 < V < V_p$；(c)$V_p < V < V_v$；(d)$V > V_v$。

15.2　图 15.1(b)的参数为 $I_p = 20$ mA，$I_v = 2$ mA，$V_p = 0.15$ V，$V_v = 0.60$ V 时，假设两个点之间的电流–电压特性近似为直线，计算负微分电阻的值。

15.3　假设 $R_{min} = 10$ Ω，$R_p = 1$ Ω，$C_j = 2$ nF，计算隧道二极管的最大电阻截止频率。

15.2　耿氏二极管

15.4　(a)一个砷化镓转移电子器件的掺杂浓度 $N_d = 10^{15}$ cm^{-3}。计算(i)最小器件长度，(ii)电流脉冲之间的时间间隔，(iii)振荡频率(假设 $v_d = 1.5 \times 10^7$ cm/s)；(b)假设掺杂浓度 $N_d = 10^{16}$ cm^{-3}，重做(a)中的计算。

15.5　一个耿氏二极管的漂移区的长度 $L = 15$ μm，二极管上的电压振荡范围是 8 ~ 10 V。(a)计算器件的平均电场强度；(b)如图 15.3 所示，计算电子的平均漂移速度；(c)使用(b)中得到的结果，计算振荡频率。

15.3　雪崩二极管

15.6　一个硅雪崩二极管的漂移区长度 $L = 10$ μm，计算它的振荡频率。

15.4　功率双极晶体管

15.7　考虑一个如图 15.10 所示的垂直型 npn BJT。掺杂浓度为 $N_E = 10^{18}$ cm^{-3}，$N_B = 8 \times 10^{15}$ cm^{-3}，$N_C = 6 \times 10^{14}$ cm^{-3}。假定中性基区宽度为 2 μm，基区中的电子扩散系数为 $D_B = 20$ cm^2/s。B-E 结面积为 0.4 cm^2。(a)B-E 结处基一侧的过剩电子浓度 $\delta n_p(0) = 10^{14}$ cm^{-3}，计算(i)B-E 结电压，(ii)集电极的近似电流；(b)计算(i)达到大注入条件时的 B-E 结电压，(ii)近似的集电极电流。

15.8　考虑习题 15.7 中描述的 npn 双极功率晶体管。(a)计算理想的 B-C 结雪崩击穿电压；(b)计算穿通电压值；(c)什么是理想的 B-E 结雪崩击穿电压？

15.9　设计一个硅 pnp 功率 BJT。基区掺杂浓度为 $N_B = 5 \times 10^{15}$ cm^{-3}。B-C 结击穿电压将为 $BV_{CBO} = 1000$ V。求最大集电集掺杂浓度和最小基极和集电极区域宽度。

15.10　(a)假定一个功率 BJT 的 B-C 结穿电压为 $BV_{CBO} = 300$ V。计算下列情况的 BV_{CEO}：(i)$\beta = 10$，(ii)$\beta = 50$。假设 $n = 3$[详见式(12.63)]；(b)$BV_{CBO} = 125$ V 时，计算(a)中的值。

15.11　达林顿级的有效 β 为 $\beta_{eff} = 180$。驱动器 BJT 为 Q_A，其电流增益为 $\beta_A = 25$。(a)输出晶体管 Q_B 的 β 是多少？(b)假设 Q_B 的额定集电极电流为 $I_{CB, max} = 20$ A，试确定 Q_A 的额定集电极电流。

15.12　功率 BJT 的最大额定电流、最大额定电压和最大额定功率分别为 5 A，120 V 和 30 W。(a)使用线性电流和电压坐标，画出并标注该晶体管的安全工作区；(b)假设 C-E 电压固定为 60 V，计算最大功率输出负载时 R_L 的值。在得到的 R_L 值下，最大电流和电压分别是多少？(c)计算得到最大功率和最大电流时的 R_L 值；(d)计算得到最大功率和最大电压时的 R_L 值。

15.13　图 15.15 所示的共发射极电路的偏置电压为 $V_{CC} = 12$ V。最大晶体管功率为 $P_T = 10$ W。(a)当这个最大功率施加到负载 R_L 时，求 R_L 的值；(b)晶体管的额定电流 $I_{C, max}$ 是多少？

15.14　考虑如图 15.15 所示的共发射极电路中的晶体管，其参数为 $P_T = 2.5$ W，$V_{CE, sus} = 25$ V，$I_{c, max} = 500$ mA。令 $R_L = 100$ Ω。最大功率施加到负载上时，V_{CC} 的值为多少？

15.5　功率 MOSFET

15.15　在图 15.26 所示的反相器电路中，使用了一个功率 MOSFET，其参数为 $V_{DD} = 200$ V，$R_D = 100$ Ω。结温为 25℃时，晶体管的导通电阻为 $R_{on} = 2$ Ω。导通电阻随着温度的升高而增大，结温为 100℃时，导通电阻为 3 Ω。画出晶体管中功耗与结温的函数关系曲线。

15.16　考虑一个散热片中并联使用了三个 MOSFET，当这三个晶体管导通时，负载电流为 5 A。(a) 三个器件的导通电阻分别为 $R_{on1} = 1.8$ Ω，$R_{on2} = 2$ Ω 和 $R_{on3} = 2.2$ Ω。计算每个器件中的电流和功耗；(b) 由于某些未知的原因，第二个晶体管的导通电阻增大为 $R_{on2} = 3.6$ Ω。再次计算每个器件中的电流和功耗。

15.17　考虑如图 15.20 所示的硅 DMOS 功率 MOSFET 结构。假设源区的掺杂浓度为 5×10^{17} cm^{-3}，基区的掺杂浓度为 10^{15} cm^{-3}。(a) 当阻断电压为 200 V 时，求漏区掺杂浓度、沟通长度以及漏极漂移区的宽度；(b) 当阻断电压为 80 V 时，重复计算 (a) 中的参数。

15.18　如图 15.26 所示，共源组态中连接有一个功率 MOSFET。晶体管的参数为 $I_{D,max} = 8$ A，$BV_{DSS} = 80$ V，$P_T = 45$ W，$V_T = 2$ V，$K_n = 0.20$ A/V^2。电路参数为 $V_{DD} = 60$ V，$R_L = 10$ Ω。(a) 使用线性电流和电压坐标，画出并标注晶体管的安全工作区。在同一曲线上画出负载线；(b) 当 $V_{GS} = 4$ V，6 V 和 8 V 时，计算晶体管中的功耗。晶体管有可能损坏吗？请解释。

15.19　考虑在习题 15.18 中的功率 MOSFET。(a) 当 $V_{DD} = 60$ V，试计算当最大电压传递到输出负载并且晶体管偏置在安全工作区时的 R_L 数值。(b) 当 $R_L = 10$ Ω，计算同样情况下的 V_{DD} 最大值。

15.6　半导体闸流管

15.20　开关闸流管的一个条件是 $\alpha_1 + \alpha_2 = 1$。证明该条件等效于 $\beta_1\beta_2 = 1$，其中 β_1 是闸流管等效电路中的 pnp 双极晶体管的共发射极电流增益，β_2 是闸流管等效电路中的 npn 双极晶体管的共发射极电流增益。

15.21　解释离化辐射脉冲是如何将基本的 CMOS 结构触发为大电流、低阻抗态的。

15.22　证明：通过栅极信号和阳极-阴极电压，三端双向可控硅开关元件可触发至其导通状态。考虑每个电压极性组合。

参考文献

1. Baliga, B. J. *Modern Power Devices*. New York：John Wiley and Sons, 1987.

2. _____[1]. *Power Semiconductor Devices*. Boston：PWS Publishing, 1996.

3. Dimitrijev, S. *Principles of Semiconductor Devices*. New York：Oxford University Press, 2006.

4. Esaki, L. "Discovery of the Tunnel Diode." *IEEE Trans. Elec. Dev.*, ED-23 (1976).

5. Fisher, M. J. *Power Electronics*. Boston：PWS-Kent Publishing, 1991.

6. Gentry, F. E., F. W. Gutzwiller, N. Holonyak, Jr., and E. E. Von Zastrow. *Semiconductor Controlled Rectifiers：Principles and Applications of pnpn Devices*. Englewood Cliffs, NJ：Prentice Hall, 1964.

7. Ghandhi, S. K. *Semiconductor Power Devices：Physics of Operation and Fabrication Technology*. New York：John Wiley and Sons, 1977.

8. Gunn, J. B. "Microwave Oscillations of Current in Ⅲ-Ⅴ Semiconductors." *Solid State Comm.*, 1 (1963).

① 原书如此，疑为作者名——编者注。

9. Oxner, E. S. *Power FETs and Their Applications.* Englewood Cliffs, NJ: Prentice Hall, 1982.

10. Read, W. T. "A Proposed High Frequency, Negative Resistance Diode." *Bell Syst. Tech. J.*, 37 (1958).

11. Ridley, B. K., and T. B. Watkins. "The Possibility of Negative Resistance Effects in Semiconductors." *Proc. Phys. Soc. Lond.*, 78 (1961).

12. Roulston, D. J. *Bipolar Semiconductor Devices.* New York: McGraw-Hill, 1990.

13. Schroder, D. K. *Advanced MOS Devices: Modular Series on Solid State Devices.* Reading, MA: Addison-Wesley, 1987.

14. Shur, M. *Introduction to Electronic Devices.* New York: John Wiley and Sons, 1996.

15. Streetman, B. G., and S. K. Banerjee. *Solid State Electronic Devices*, 6th ed. Upper Saddle River, NJ: Pearson Prentice Hall, 2006.

16. Sze, S. M. *Semiconductor Devices: Physics and Technology.* New York: John Wiley and Sons, 1985.

17. Sze, S. M. and K. K. Ng. *Physics of Semiconductor Devices*, 3rd ed. Hoboken, NJ: John Wiley and Sons, 2007.

*18. Wang, S. *Fundamentals of Semiconductor Theory and Device Physics.* Englewood Cliffs, NJ: Prentice Hall, 1989.

19. Yang, E. S. *Microelectronic Devices.* New York: McGraw-Hill, 1988.

---

* Indicates reference that is at an advanced level compared to this text.

附录 A 部分参数符号列表

此表不包含仅在某一节中临时定义或使用的符号。由于一种符号可能有多种含义，为使文中所用到的符号含义明确，这里每种符号只给出其最常用的几个含义，以备查阅。

a	晶胞大小(Å)，势阱深度，加速度，掺杂浓度梯度，单边 JFET 的沟道宽度(cm)
a_0	玻尔半径(Å)
c	光速(cm/s)
d	距离(cm)
e	电子电荷(量级)(C)，自然对数底
f	频率(Hz)
$f_F(E)$	费米-狄拉克统计分布函数
f_T	截止频率(Hz)
g	产生率($\mathrm{cm^{-3} \cdot s^{-1}}$)
g'	过剩载流子的产生率($\mathrm{cm^{-3} \cdot s^{-1}}$)
$g(E)$	状态密度函数($\mathrm{cm^{-3} \cdot eV^{-1}}$)
g_c, g_v	导带状态密度函数，价带状态密度函数($\mathrm{cm^{-3} \cdot eV^{-1}}$)
g_d	沟道电导(S)，小信号扩散电导(S)
g_m	跨导(A/V)
g_n, g_p	电子，空穴产生率($\mathrm{cm^{-3} \cdot s^{-1}}$)
h	普朗克常数(J·S)，JFET 空间感应电荷宽度(cm)
$\hbar$	修正普朗克常数($h/2\pi$)
h_f	小信号共发射极电流增益
j	虚数单位$\sqrt{-1}$
k	玻尔兹曼常数(J/K)，波速($\mathrm{cm^{-1}}$)
k_n	传导参数($\mathrm{A/V^2}$)
m	质量(kg)
m_0	静电子质量(kg)
m^*	有效质量(kg)
m_{cn}^*, m_{cp}^*	电子和空穴的传导有效质量(kg)
m_{dn}^*, m_{dp}^*	电子和空穴的状态密度有效质量(kg)
m^*n, m_p^*	电子和空穴的有效质量(kg)
n	整数
n, l, m, s	量子数
n, p	电子和空穴浓度($\mathrm{cm^{-3}}$)
$\bar{n}$	折射率
n', p'	与陷阱能量相关的常数($\mathrm{cm^{-3}}$)
n_{B0}, p_{E0}, p_{C0}	基极热平衡少子电子浓度，发射极、集电极热平衡少子空穴浓度($\mathrm{cm^{-3}}$)
n_d	施主能级电子密度($\mathrm{cm^{-3}}$)
n_i	本征载流子浓度($\mathrm{cm^{-3}}$)

n_0 , p_0	热平衡电子和空穴浓度(cm^{-3})
n_p , p_n	少子电子和少子空穴浓度(cm^{-3})
n_{p0} , p_{n0}	热平衡少子电子和少子空穴浓度(cm^{-3})
n_s	二维电子气密度(cm^{-2})
p	动量
p_a	受主能级空穴密度(cm^{-3})
p_i	本征空穴浓度$(=n_i)(cm^{-3})$
q	电荷量(C)
r , θ , ϕ	球坐标
r_d , r_π	小信号扩散电阻(Ω)
r_{ds}	小信号漏源电阻(Ω)
r_o	输出电阻(Ω)
s	表面复合速度(cm/s)
t	时间(s)
t_d	延迟时间(s)
t_{ox}	栅氧化层厚度(cm 或 Å)
t_s	存储时间(s)
$u(x)$	周期波函数
v	速度(cm/s)
v_d	载流子漂移速度(cm/s)
v_{ds} , v_s , v_{sat}	载流子饱和漂移速度(cm/s)
x,y,z	笛卡儿坐标
x	化合物半导体摩尔组分
x_B , x_E , x_C	中性基区、发射区和集电区宽度(cm)
x_d	感应空间电荷区宽度(cm)
x_{dB} , x_{dC}	基区和集电区空间电荷区宽度(cm)
x_{BO}	冶金基区宽度(cm)
x_{dT}	最大空间电荷区宽度(cm)
x_n , x_p	n 型和 p 型半导体冶金结耗尽层宽度(cm)
A	面积(cm^2)
A^*	有效理查森常数$(A/K^2/cm^2)$
B	磁通量密度(Wb/m^2)
B , E , C	基极、发射极和集电极
BV_{CBO}	发射极开路集电极-基极 pn 结击穿电压(V)
BV_{CEO}	基极开路发射极-集电极 pn 结击穿电压(V)
C	电容(F)
C'	单位面积电容(F/cm^2)
C_d , C_π	扩散电容(F)
C_{FB}	平带电容(F)
C_{gs} , C_{gd} , C_{ds}	栅源、栅漏和漏源电容(F)
C'_j	单位面积结电容(F/cm^2)
C_M	米勒电容(F)
C_n , C_p	电子和空穴俘获率常数

C_{ox}	单位面积栅氧化层电容（F/cm²）
C_{μ}	反偏 B-C 结电容（F）
D, S, G	FET 的漏、源和栅
D'	双极扩散系数（cm²/s）
D_B, D_E, D_C	基极、发射极和集电极少子扩散系数（cm²/s）
D_{it}	表面态密度（#/eV·cm³）
D_n, D_p	少子电子和少子空穴扩散系数（cm²/s）
E	能量（J 或 eV）
E_a	受主能级（eV）
E_c, E_v	导带底部边缘的能量和价带顶部边缘的能量（eV）
$\Delta E_c, \Delta E_v$	异质结导带能量差和价带能量差（eV）
E_d	施主能级（eV）
E_F	费米能级（eV）
E_{Fi}	本征费米能级（eV）
E_{Fn}, E_{Fp}	电子和空穴的准费米能级（eV）
E_g	禁带宽度（eV）
ΔE_g	异质结禁带宽度差（eV），禁带变窄因子（eV）
E_t	陷阱能级（eV）
F	力（N）
F_n^-, F_p^+	电子和空穴粒子通量（cm⁻²·s⁻¹）
$F_{1/2}(\eta)$	费米–狄拉克积分函数
G	电子–空穴对产生率（cm⁻³·s⁻¹）
G_L	过剩载流子产生率（cm⁻³·s⁻¹）
G_{n0}, G_{p0}	电子和空穴热平衡产生率（cm⁻³·s⁻¹）
G_{01}	电导（S）
I	电流强度（A）
I_b, I_e, I_c	小信号基极、发射极和集电极电流（A）
I_A	阳极电流（A）
I_B, I_E, I_C	基极、发射极和集电极电流（A）
I_{CBO}	发射极开路反偏 C-B 结电流（A）
I_{CEO}	基极开路反偏 C-E 结电流（A）
I_D	二极管电流（A），漏极电流（A）
$I_D(sat)$	饱和漏极电流（A）
I_L	光电流（A）
I_{P1}	夹断电流（A）
I_S	理想反偏饱和电流（A）
I_{SC}	短路电流（A）
I_v	光强度（能量/cm²/s）
J	电流密度（A/cm²）
J_{gen}	产生电流密度（A/cm²）
J_L	光电流密度（A/cm²）
J_n, J_p	电子和空穴电流密度（A/cm²）
J_n^-, J_p^+	电子和空穴粒子流密度（cm⁻²·s⁻¹）

J_{rec}	复合电流密度(A/cm^2)
J_{r0}	零偏复合电流密度(A/cm^2)
J_R	反偏电流密度(A/cm^2)
J_S	理想反偏饱和电流密度(A/cm^2)
J_{sT}	肖特基二极管理想反向饱和电流密度(A/cm^2)
L	长度(cm)，电感(H)，沟道长度(cm)
ΔL	沟道长度调制因子(cm)
L_B, L_E, L_C	基极、发射极、集电极少子扩散长度(cm)
L_D	德拜长度(cm)
L_n, L_p	少子电子和空穴扩散长度(cm)
M, M_n	乘法因子
N	密度(cm^{-3})
N_a	受主杂质原子密度(cm^{-3})
N_B, N_E, N_C	基极、发射极和集电极掺杂浓度(cm^{-3})
N_c, N_v	导带和价带有效状态密度(cm^{-3})
N_d	施主杂质原子密度(cm^{-3})
N_{it}	表面态密度(cm^{-2})
N_t	陷阱密度(cm^{-3})
P	功率(W)
$P(r)$	概率密度函数
Q	电荷(C)
Q'	单位面积电荷(C/cm^2)
Q_B	栅控体电荷(C)
Q'_n	单位面积反型沟道电荷密度(C/cm^2)
Q'_{sig}	单位面积信号电荷密度(C/cm^2)
$Q'_{SD}(max)$	单位面积最大空间电荷密度(C/cm^2)
Q'_{SS}	单位面积氧化层等价陷阱电荷(C/cm^2)
R	反射系数，复合率($cm^{-3} \cdot s^{-1}$)，电阻(Ω)
$R(r)$	辐射波函数
R_c	接触电阻($\Omega \cdot cm^2$)
R_{cn}, R_{cp}	电子和空穴俘获率($cm^{-3} \cdot s^{-1}$)
R_{en}, R_{ep}	电子和空穴发射率($cm^{-3} \cdot s^{-1}$)
R_n, R_p	电子和空穴复合率($cm^{-3} \cdot s^{-1}$)
R_{n0}, R_{p0}	热平衡电子和空穴复合率($cm^{-3} \cdot s^{-1}$)
T	温度(K)，动能(J 或 eV)，透射率
V	电势(V)，电势能(J 或 eV)
V_a	正偏电压(V)
V_A	厄利电压(V)，阳极电压(V)
V_{bi}	内建电势差(V)
V_B	击穿电压(V)
V_{BD}	漏极击穿电压(V)
V_{BE}, V_{CB}, V_{CE}	基极-发射极电压，集电极-基极电压，集电极-发射极电压(V)
V_{DS}, V_{GS}	源漏电压和栅源电压(V)

$V_{DS}(\text{sat})$	漏源饱和电压(V)
V_{FB}	平带电压(V)
V_G	栅压(V)
V_H	霍尔电压(V)
V_{oc}	开路电压(V)
V_{ox}	氧化层两端电势差(V)
V_{p0}	夹断电压(V)
V_{pt}	穿通电压(V)
V_R	反偏电压(V)
V_{SB}	源衬电压(V)
V_t	热电压(kT/e)
V_T	阈值电压(V)
ΔV_T	阈值电压变化(V)
W	总空间电荷宽度(cm)，沟道宽度(cm)
W_B	冶金结基区宽度(cm)
Y	弹性模量
α	吸收系数(cm^{-1})，共基极电流增益
$\alpha_n,\ \alpha_p$	电子和空穴离化率(cm^{-1})
α_0	直流共基极电流增益
α_T	基区输运系数
β	共射极电流增益
γ	发射极注入效率系数
δ	复合系数
$\delta n,\ \delta p$	过剩电子和空穴浓度(cm^{-3})
$\delta n_p,\ \delta p_n$	过剩少子电子和过剩少子空穴浓度(cm^{-3})
ϵ	介电常数(F/cm^2)
ϵ_0	真空介电常数(F/cm^2)
ϵ_{ox}	氧化层介电常数(F/cm^2)
ϵ_r	相对介电常数
ϵ_s	半导体介电常数(F/cm^2)
λ	波长(cm 或 μm)
μ	磁导率(H/cm)
μ'	双极迁移率($\text{cm}^2/\text{V}\cdot\text{s}$)
$\mu_n,\ \mu_p$	电子和空穴迁移率($\text{cm}^2/\text{V}\cdot\text{s}$)
μ_0	真空磁导率(H/cm)
ν	频率(Hz)
ρ	电阻率($\Omega\cdot\text{cm}$)，空间电荷密度(C/cm^3)
σ	电导率($\Omega^{-1}\cdot\text{cm}^{-1}$)
$\Delta\sigma$	光电导率($\Omega^{-1}\cdot\text{cm}^{-1}$)
σ_i	本征电导率($\Omega^{-1}\cdot\text{cm}^{-1}$)
$\sigma_n,\ \sigma_p$	n 型和 p 型半导体电导率($\Omega^{-1}\cdot\text{cm}^{-1}$)
τ	寿命(s)
$\tau_n,\ \tau_p$	电子和空穴寿命(s)

τ_{n0}, τ_{p0}	过剩少子电子和空穴寿命(s)
τ_0	空间电荷区寿命(s)
ϕ	电势(V)
$\phi(t)$	时间波函数
$\Delta\phi$	肖特基势垒(V)
ϕ_{Bn}	肖特基势垒高度(V)
ϕ_{B0}	理想肖特基势垒高度(V)
ϕ_{fn}, ϕ_{fp}	n 型和 p 型半导体中本征费米能级 E_{Fi} 与准费米能级 E_F 的电势差(绝对值)(V)
ϕ_{Fn}, ϕ_{Fp}	n 型和 p 型半导体中本征费米能级 E_{Fi} 与准费米能级 E_F 的电势差(含符号)(V)
ϕ_m	金属功函数(V)
ϕ'_m	修正金属功函数(V)
ϕ_{ms}	金属半导体功函数差(V)
ϕ_n, ϕ_p	n 型半导体 E_c 与 E_F 的电势差(绝对值),p 型半导体 E_v 与 E_F 的电势差(V)
ϕ_s	半导体功函数(V),表面势(V)
χ	电子亲和能(V)
χ'	修正电子亲和能(V)
$\psi(x)$	定态波函数
ω	角频率(s^{-1})
Γ	反射系数
E	电场强度(V/cm)
E_H	霍尔电场强度(V/cm)
E_{crit}	击穿临界电场强度(V/cm)
$\Theta(\theta)$	角度波函数
Φ	光子通量($cm^{-2} \cdot s^{-1}$)
$\Phi(\phi)$	角度波函数
$\Psi(x, t)$	总波函数

附录 B 单位制、单位换算和通用常数

表 B.1 国际单位制 *

量	单位	符号	量纲
长度	米	m	
质量	千克	kg	
时间	秒	s	
温度	开尔文	K	
电流	安培	A	
频率	赫兹	Hz	$1/s$
力	牛顿	N	$kg \cdot m/s^2$
压强	帕斯卡	Pa	N/m^2
能量	焦耳	J	$N \cdot m$
功率	瓦特	W	J/s
电荷	库仑	C	$A \cdot s$
电势	伏特	V	J/C
电导	西门子	S	A/V
电阻	欧姆	Ω	V/A
电容	法拉	F	C/V
磁通量	韦伯	Wb	$V \cdot s$
磁密度	特斯拉	T	Wb/m^2
电感	亨利	H	Wb/A

* 在半导体物理中，厘米是常用的长度单位，而电子伏特则是能量的常用单位(参见附录 D)。然而，焦耳和米有时在很多公式中需要使用。

表 B.2 单位换算

量级			
$1\text{Å}(埃) = 10^{-8}$ cm $= 10^{-10}$ m	10^{-15}	femto-	= f
$1 \mu m(微米) = 10^{-4}$ cm	10^{-12}	pico-	= p
1 mil $= 10^{-3}$ in $= 25.4 \mu m$	10^{-9}	nano-	= n
2.54 cm $= 1$ in	10^{-6}	micro-	= μ
1 eV $= 1.6 \times 10^{-19}$ J	10^{-3}	milli-	= m
1 J $= 10^7$ erg	10^{+3}	kilo-	= k
	10^{+6}	mega-	= M
	10^{+9}	giga-	= G
	10^{+12}	tera-	= T

表 B.3　物 理 常 数

阿伏伽德罗常数	$N_A = 6.02 \times 10^{+23}$
	单位质量分子所含的原子个数
玻尔兹曼常数	$k = 1.38 \times 10^{-23}$ J/K $= 8.62 \times 10^{-5}$ eV/K
电子电荷量(幅度)	$e = 1.60 \times 10^{-19}$ C
真空静止电子质量	$m_0 = 9.11 \times 10^{-31}$ kg
真空磁导率	$\mu_0 = 4\pi \times 10^{-7}$ H/m
真空介电常数	$\epsilon_0 = 8.85 \times 10^{-14}$ F/cm $= 8.85 \times 10^{-12}$ F/m
普朗克常量	$h = 6.625 \times 10^{-34}$ J·s $= 4.135 \times 10^{-15}$ eV·s
	$\dfrac{h}{2\pi} = \hbar = 1.054 \times 10^{-34}$ J·s
静止质子质量	$M = 1.67 \times 10^{-27}$ kg
真空光速	$c = 2.998 \times 10^{10}$ cm/s
热电压($T = 300$K)	$V_t = \dfrac{kT}{e} = 0.0259$ V
	$kT = 0.0259$ eV

表 B.4　硅、砷化镓和锗的性质($T = 300$ K)

性质	硅	砷化镓	锗
原子密度(cm^{-3})	5.0×10^{22}	4.42×10^{22}	4.42×10^{22}
原子质量	28.09	144.63	72.60
晶格结构	金刚石	闪锌矿	金刚石
密度(g/cm^{-3})	2.33	5.32	5.33
晶格常数(Å)	5.43	5.65	5.65
熔点(℃)	1415	1238	937
介电常数	11.7	13.1	16.0
禁带宽度(eV)	1.12	1.42	0.66
电子亲和能, χ (V)	4.01	4.07	4.13
导带有效状态密度 N_c(cm^{-3})	2.8×10^{19}	4.7×10^{17}	1.04×10^{19}
价带有效状态密度 N_v(cm^{-3})	1.04×10^{19}	7.0×10^{18}	6.0×10^{18}
本征载流子浓度(cm^{-3})	1.5×10^{10}	1.8×10^{6}	2.4×10^{13}
迁移率($\text{cm}^2/\text{V·s}$)			
电子, μ_n	1350	8500	3900
空穴, μ_p	480	400	1900
有效质量 $\left(\dfrac{m^*}{m_0}\right)$			
电子	$m_l^* = 0.98$	0.067	1.64
	$m_t^* = 0.19$		0.082
空穴	$m_{lh}^* = 0.16$	0.082	0.044
	$m_{hh}^* = 0.49$	0.45	0.28
状态密度有效质量			
电子 $\left(\dfrac{m_{dn}^*}{m_o}\right)$	1.08	0.067	0.55
空穴 $\left(\dfrac{m_{dp}^*}{m_o}\right)$	0.56	0.48	0.37
电导率有效质量			
电子 $\left(\dfrac{m_{cn}^*}{m_o}\right)$	0.26	0.067	0.12
空穴 $\left(\dfrac{m_{cp}^*}{m_o}\right)$	0.37	0.34	0.21

表 B.5　其他半导体参数

材料	E_g(eV)	a(Å)	ϵ_r	χ	$\bar{n}$
砷化铝	2.16	5.66	12.0	3.5	2.97
磷化镓	2.26	5.45	10	4.3	3.37
磷化铝	2.43	5.46	9.8		3.0
磷化铟	1.35	5.87	12.1	4.35	3.37

表 B.6　二氧化硅和氮化硅的性质（$T = 300$ K）

性质	SiO$_2$	Si$_3$N$_4$
晶格结构	大多数集成电路应用中是无定形的	
原子或分子密度(cm^{-3})	2.2×10^{22}	1.48×10^{22}
密度(g/cm^3)	2.2	3.4
禁带宽度	≈ 9 eV	4.7 eV
介电常数	3.9	7.5
熔点(℃)	≈ 1700	≈ 1900

附录 C　元素周期表

周期	I族 a	I族 b	II族 a	II族 b	III族 a	III族 b	IV族 a	IV族 b	V族 a	V族 b	VI族 a	VI族 b	VII族 a	VII族 b	VIII族 a			VIII族 b
I	1 H 1.0079																	2 He 4.003
II	3 Li 6.94		4 Be 9.02			5 B 10.82		6 C 12.01		7 N 14.01		8 O 16.00		9 F 19.00				10 Ne 20.18
III	11 Na 22.99		12 Mg 24.32			13 Al 26.97		14 Si 28.06		15 P 30.98		16 S 32.06		17 Cl 35.45				18 Ar 39.94
IV	19 K 39.09		20 Ca 40.08		21 Sc 44.96		22 Ti 47.90		23 V 50.95		24 Cr 52.01		25 Mn 54.93		26 Fe 55.85	27 Co 58.94	28 Ni 58.69	
		29 Cu 63.54		30 Zn 65.38		31 Ga 69.72		32 Ge 72.60		33 As 74.91		34 Se 78.96		35 Br 79.91				36 Kr 83.7
V	37 Rb 85.48		38 Sr 87.63		39 Y 88.92		40 Zr 91.22		41 Nb 92.91		42 Mo 95.95		43 Tc 99		44 Ru 101.7	45 Rh 102.91	46 Pd 106.4	
		47 Ag 107.88		48 Cd 112.41		49 In 114.76		50 Sn 118.70		51 Sb 121.76		52 Te 127.61		53 I 126.92				54 Xe 131.3
VI	55 Cs 132.91		56 Ba 137.36		57–71 Rare earths		72 Hf 178.6		73 Ta 180.88		74 W 183.92		75 Re 186.31		76 Os 190.2	77 Ir 193.1	28 Pt 195.2	
		79 Au 197.2		80 Hg 200.61		81 Tl 204.39		82 Pb 207.21		83 Bi 209.00		84 Po 210		85 At 211				86 Rn 222
VII	87 Fr 223		88 Ra 226.05		89 Ac 227		90 Th 232.12		91 Pa 231		92 U 238.07 93 Np 237 94 Pu 239 95 Am 241 96 Cm 242 97 Bk 246 98 Ct 249 99 Es 254 100 Fm 256 101 Md 256							

稀土元素

VI 57-71	57 La 138.92	58 Ce 140.13	59 Pr 140.92	60 Nd 144.27	61 Pm 147	62 Sm 150.43	63 Eu 152.0	64 Gd 156.9	65 Tb 159.2	66 Dy 162.46	67 Ho 164.90	68 Er 167.2	69 Tm 169.4	70 Yb 173.04	71 Lu 174.99

元素符号前面的数字是原子数，而元素符号下面的数字是原子量。

附录 D　能量单位——电子伏特

电子伏特(eV)是半导体物理和器件常用到的能量单位。下面的讨论将有助于体会电子伏特的含义。

考虑一个平行板电容，所加电压如图 D.1 所示。假设电子从板的一边发射，坐标为 $x = 0$，时间为 $t = 0$。我们有

$$F = m_0 a = m_0 \frac{\mathrm{d}^2 x}{\mathrm{d} t^2} = e\mathrm{E} \tag{D.1}$$

其中 e 代表电子电荷，E 代表电场强度。速度和距离与时间的关系可以通过积分得到

$$v = \frac{e\mathrm{E} t}{m_0} \tag{D.2}$$

或

$$x = \frac{e\mathrm{E} t^2}{2 m_0} \tag{D.3}$$

这里，我们假设 $t = 0$ 时 $v = 0$。

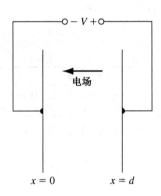

图 D.1　平行板电容

设当 $t = t_0$ 时电子到达电容的正极板，此时 $x = d$。那么

$$d = \frac{e\mathrm{E} t_0^2}{2 m_0} \tag{D.4a}$$

或

$$t_0 = \sqrt{\frac{2 m_0 d}{e\mathrm{E}}} \tag{D.4b}$$

电子到达正极板时的速度是

$$v(t_0) = \frac{e\mathrm{E} t_0}{m_0} = \sqrt{\frac{2 e\mathrm{E} d}{m_0}} \tag{D.5}$$

这时的电子动能为：

$$T = \frac{1}{2} m_0 v(t_0)^2 = \frac{1}{2} m_0 \left(\frac{2 e\mathrm{E} d}{m_0} \right) = e\mathrm{E} d \tag{D.6}$$

电场强度为：

$$E = \frac{V}{d} \tag{D.7}$$

因此能量为：

$$T = e \cdot V \tag{D.8}$$

若电子通过 1 V 的电势加速，则能量为：

$$T = e \cdot V = (1.6 \times 10^{-19})(1) = 1.6 \times 10^{-19} \ (J) \tag{D.9}$$

电子伏特（eV）的单位定义为：

$$\textbf{电子伏特} = \frac{J}{e} \tag{D.10}$$

那么，电子通过 1 V 的电势加速后的能量为：

$$T = 1.6 \times 10^{-19} \ J = \frac{1.6 \times 10^{-19}}{1.6 \times 10^{-19}} (eV) \tag{D.11}$$

或 1 eV。

我们可以看到，1 V 的电压和 1 eV 的能量的意义是相同的。但记住两个量的单位不同是很重要的。

附录 E 薛定谔波动方程的推导

式(2.6)表述了薛定谔波动方程。定态形式的薛定谔方程已由式(2.13)给出。定态薛定谔波动方程也可以由经典波动方程推导。下面将证明薛定谔波动方程。

经典的定态波动方程如下：

$$\frac{\partial^2 V(x)}{\partial x^2} + \left(\frac{\omega^2}{v_p^2}\right) V(x) = 0 \tag{E.1}$$

其中 ω 是角频率，而 v_p 是相位速度。

若使 $\psi(x) = V(x)$，则有

$$\frac{\partial^2 \psi(x)}{\partial x^2} + \left(\frac{\omega^2}{v_p^2}\right) \psi(x) = 0 \tag{E.2}$$

得到

$$\frac{\omega^2}{v_p^2} = \left(\frac{2\pi\nu}{v_p}\right)^2 = \left(\frac{2\pi}{\lambda}\right)^2 \tag{E.3}$$

其中 ν 和 λ 分别表示波的频率和波长。

由波粒二象性理论，我们可以将波长和动量联系起来：

$$\lambda = \frac{h}{p} \tag{E.4}$$

于是有

$$\left(\frac{2\pi}{\lambda}\right)^2 = \left(\frac{2\pi}{h} \cdot p\right)^2 \tag{E.5}$$

令 $\hbar = h/2\pi$，可得

$$\left(\frac{2\pi}{\lambda}\right)^2 = \left(\frac{p}{\hbar}\right)^2 = \frac{2m}{\hbar^2}\left(\frac{p^2}{2m}\right) \tag{E.6}$$

现在有

$$\frac{p^2}{2m} = T = E - V \tag{E.7}$$

其中，T、E 和 V 分别表示动能、总能量和电势能。

然后我们有

$$\frac{\omega^2}{v_p^2} = \left(\frac{2\pi}{\lambda}\right)^2 = \frac{2m}{\hbar^2}\left(\frac{p^2}{2m}\right) = \frac{2m}{\hbar^2}(E - V) \tag{E.8}$$

将式(E.8)代入式(E.2)，我们有

$$\frac{\partial^2 \psi(x)}{\partial x^2} + \frac{2m}{\hbar^2}(E - V)\psi(x) = 0 \tag{E.9}$$

这就是一维定态薛定谔波动方程。

附录 F 有效质量概念

在第 3 章，我们已经讨论了电子和空穴的有效质量和 E-k 关系曲线之间的关系。当时，我们把分析限制在了 k 的空间的一维分析。

F.1 能带结构

GaAs 的能带：图 3.25(a)显示了 GaAs 的 E-k 关系曲线。在 $k=0$ 时有最小导带能量值和最大价带能量值。在一个三维 k_x-k_y-k_z 的坐标系中，最小导带能量附近的等势面本质上是如图 F.1 所示的球面。电子的有效质量的值如同之前讨论的，为 $m_n^* = 0.067m_o$，m_o 是一个电子的静态质量。

Si 的导带：图 3.25(b)显示了 Si 的 E-k 关系曲线，最小导带能量处在[100]方向。在三维 k_x-k_y-k_z 的坐标系中，最小导带能量附近的等势面近似于一个椭球面。实际上有六个椭球能量表面对应于晶体中的六个等效[100]方向，如图 F.2(a)所示。在 k_x 和 k_y 方向的有效质量称为横向有效质量 m_t，k_z 方向的有效质量称为纵向有效质量 m_l。它们在如图 F.2(b)所示的一个椭球中。Si 中这些有效质量的值分别为 $m_t = 0.19m_o$，$m_l = 0.98m_o$。

电子会不断受到随机散射效应(参见第 5 章)，因此在任意时间，在 k_x 和 k_y 方向上分别有三分之一的有效质量为 m_t 的电子，以及在 k_z 方向三分之一的有效质量为 m_l 的电子。状态密度函数中的有效质量参数和电导率计算公式中的有效质量参数因此必定会涉及一些平均的横向和纵向有效质量。

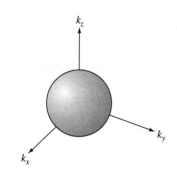

图 F.1 GaAs 中导带的球面等势面

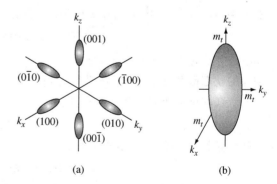

(a) (b)

图 F.2 (a)Si 中导带的六个等效椭圆等势面；
(b)一个椭圆恒定能量表面的有效质量分布

Si 的价带：在 $k=0$ 时有最大价带能量值。实际上，价带有两个近似抛物线的形状的分支[图 3.25(b)中未显示]。开口较小的抛物线(d^2E/dk^2 值较大)对应轻空穴带，开口较大的抛物线(d^2E/dk^2 值较小)对应重空穴带。Si 中轻空穴和重空穴的有效质量值分别为 $m_{lh} = 0.16m_o$，$m_{hh} = 0.49m_o$。

F.2 状态密度有效质量

电子的状态密度有效质量：Si 中一个椭圆等势面上的电子的动能可以表示为 [参见图 F.2(b)]：

$$E = \frac{p_x^2}{2m_t} + \frac{p_y^2}{2m_t} + \frac{p_z^2}{2m_l}$$

或

$$1 = \frac{p_x^2}{2m_t E} + \frac{p_y^2}{2m_t E} + \frac{p_z^2}{2m_l E}$$

在动量空间中一个椭球面方程可以表示为：

$$1 = \frac{p_x^2}{a^2} + \frac{p_y^2}{b^2} + \frac{p_z^2}{c^2}$$

其中 a、b 和 c 为椭球的轴长。对于图 F.2(b) 中的能量椭球体，我们有

$$a^2 = 2m_t E, \; b^2 = 2m_t E, \; c^2 = 2m_l E$$

椭球体的体积与 $a \cdot b \cdot c$ 的乘积成比例，因此有

$$体积 \propto \sqrt{(m_t)^2 m_l}$$

有六个椭球体，因此总体积为：

$$总体积 \propto 6\sqrt{(m_t)^2 m_l}$$

在推导导带的状态密度函数时包含了在 k 的空间（动量空间）中的体积。所以，由式 (3.72) 可知状态密度函数正比于

$$g_c(E) \propto 体积 \propto (m_{dn}^*)^{3/2} = 6\sqrt{(m_t)^2 m_l}$$

因此电子的状态密度有效质量可以写为：

$$m_{dn}^* = 6^{2/3}[(m_t)^2 m_l]^{1/3}$$

对于 Si，有 $m_t = 0.19m_o$，$m_l = 0.98m_o$。所以有

$$m_{dn}^* = 6^{2/3}[(0.19m_o)^2(0.98m_o)]^{1/3} = 1.08m_o$$

其中 m_{dn}^* 是电子的状态密度有效质量。

空穴的状态密度有效质量：在三维 k_x-k_y-k_z 的坐标系中，重空穴和轻空穴的等势面本质上都是球形的。在动量空间中球体的体积为：

$$体积 \propto p^3$$

其中，对于重空穴和轻空穴，我们分别有

$$p_{hh}^2 = 2m_{hh}E \quad 和 \quad p_{lh}^2 = 2m_{lh}E$$

总体积为两个球体体积的总和，因此有

$$总体积 \propto (m_{hh})^{3/2} + (m_{lh})^{3/2}$$

在推导价带的状态密度函数时包含了在 k 的空间（动量空间）中的体积。所以，由式 (3.75) 可知空穴状态密度函数正比于

$$g_v(E) \propto 体积 \propto (m_{dp}^*)^{3/2} = (m_{hh})^{3/2} + (m_{lh})^{3/2}$$

因此空穴的状态密度有效质量可以写为：

$$m_{dp}^* = [(m_{hh})^{3/2} + (m_{lh})^{3.2}]^{2/3}$$

对于 Si，有 $m_{hh} = 0.49m_o$，$m_{lh} = 0.16m_o$。所以有

$$m_{dp}^* = [(0.49m_o)^{3.2} + (0.16m_o)^{3/2}]^{2/3} = 0.55m_o$$

其中 m_{dp}^* 是空穴的状态密度有效质量。

F.3　电导率有效质量

电子的电导率有效质量：第 5 章中讲到，外加电场作用下载流子的平均漂移速度为：

$$\langle v_d \rangle = \frac{1}{2}\left(\frac{e\tau_c}{m_c^*}\right) \cdot \mathrm{E}$$

其中 τ_c 为两次碰撞平均时间，E 为电场强度，m_c^* 为电导率有效质量。

电子气的电子动能可以表示为：

$$E = \frac{1}{2}m^*(\langle v_d \rangle)^2 = \frac{p_x^2}{2m_{cn}^*} + \frac{p_y^2}{2m_{cn}^*} + \frac{p_z^2}{2m_{cn}^*}$$

对于 Si 及其球形等势面，有

$$E = \frac{p_x^2}{2m_t} + \frac{p_y^2}{2m_t} + \frac{p_z^2}{2m_l}$$

若要上述两式相等，则必须有

$$3\left(\frac{1}{2m_{cn}^*}\right) = \frac{2}{2m_t} + \frac{1}{2m_l}$$

或

$$\frac{3}{m_{cn}^*} = \frac{2}{m_t} + \frac{1}{m_l}$$

对于 Si 中的电子，有 $m_t = 0.19m_o$，$m_l = 0.98m_o$，所以有

$$\frac{3}{m_{cn}^*} = \frac{2}{0.19m_o} + \frac{1}{0.98m_o}$$

得到：$m_{cn}^* = 0.26m_o$，其中，m_{cn}^* 为电子的电导率有效质量。

空穴的电导率有效质量：第 5 章中讲到，空穴的漂移电流密度为：

$$J = e\mu_p p\mathrm{E} = e\left(\frac{e\tau_c}{m^*}\right)p\mathrm{E}$$

假设重空穴和轻空穴的两次碰撞平均时间相等，则有

$$J_{\text{Total}} = J_{hh} + J_{lh}$$

即：

$$J_{\text{Total}} \propto e\left(\frac{e\tau_c}{m_{cp}^*}\right)(m_{dp}^*)^{3/2}$$

其中 p 为空穴的总浓度，且正比于 $(m_{dp}^*)^{3/2}$。参数 m_{cp}^* 为空穴的电导率有效质量，m_{dp}^* 为空穴的状态密度有效质量。

重空穴和轻空穴的电流密度分别正比于：

$$J_{hh} \propto e\left(\frac{e\tau_c}{m_{hh}}\right)(m_{hh})^{3/2} = e(e\tau_c)(m_{hh})^{1/2}$$

和

$$J_{lh} \propto e\left(\frac{e\tau_c}{m_{lh}}\right)(m_{lh})^{3/2} = e(e\tau_c)(m_{lh})^{1/2}$$

因此，我们可以得到

$$\frac{(m_{dp}^*)^{3/2}}{m_{cp}^*} = (m_{hh})^{1/2} + (m_{lh})^{1/2}$$

或者

$$m_{cp}^* = \frac{(m_{dp}^*)^{3/2}}{(m_{hh})^{1/2} + (m_{lh})^{1/2}} = \frac{(m_{hh})^{3/2} + (m_{lh})^{3/2}}{(m_{hh})^{1/2} + (m_{lh})^{1/2}}$$

对于 Si，又有 $m_{hh} = 0.49m_o$，$m_{lh} = 0.16m_o$，所以有

$$m_{cp}^* = \frac{(0.49m_o)^{3/2} + (0.16m_o)^{3/2}}{(0.49m_o)^{1/2} + (0.16m_o)^{1/2}} = 0.37m_o$$

其中 m_{cp}^* 为空穴的电导率有效质量。

F.4 小结

锗的能带结构本质上与硅相同，在导带中有四个球形等势面，在价带中对应于重空穴和轻空穴有两个球形等势面。其状态密度有效质量和电导率有效质量的计算与 Si 相同。对应于重空穴和轻空穴，砷化镓价带上也有两个球形等势面。所以对于砷化镓中空穴的状态密度有效质量和空穴的电导率有效质量的计算也与 Si 相同。

电子和空穴的状态密度有效质量分别表示为 m_{dn}^* 和 m_{dp}^*，电导率有效质量分别表示为 m_{cn}^* 和 m_{cp}^*。在分析计算过程中，电子和空穴的有效质量通常分别简单地表示为 m_n^* 和 m_p^*。可通过应用环境判断其代表状态密度有效质量或电导率有效质量。

附录 G　误 差 函 数

$$\text{erf}(z) = \frac{2}{\sqrt{\pi}} \int_0^z e^{-t^2} dt$$

$$\text{erf}(0) = 0 \qquad \text{erf}(\infty) = 1$$

$$\text{erfc}(z) = 1 - \text{erf}(z)$$

z	$\text{erf}(z)$	z	$\text{erf}(z)$
0.00	0.00000	1.00	0.84270
0.05	0.05637	1.05	0.86244
0.10	0.11246	1.10	0.88021
0.15	0.16800	1.15	0.89612
0.20	0.22270	1.20	0.91031
0.25	0.27633	1.25	0.92290
0.30	0.32863	1.30	0.93401
0.35	0.37938	1.35	0.94376
0.40	0.42839	1.40	0.95229
0.45	0.47548	1.45	0.95970
0.50	0.52050	1.50	0.96611
0.55	0.56332	1.55	0.97162
0.60	0.60386	1.60	0.97635
0.65	0.64203	1.65	0.98038
0.70	0.67780	1.70	0.98379
0.75	0.71116	1.75	0.98667
0.80	0.74210	1.80	0.98909
0.85	0.77067	1.85	0.99111
0.90	0.79691	1.90	0.99279
0.95	0.82089	1.95	0.99418
1.00	0.84270	2.00	0.99532

附录 H 部分习题参考答案

第 1 章

1.1 (a) 4 atoms, (b) 2 atoms, (c) 8 atoms

1.3 (a) 2.35 Å, (b) 5×10^{22} atoms/cm^3
(c) 2.33 gm/cm^3

1.5 (a) 2.447 Å, (b) 3.995 Å

1.7 (a) 3.9 Å, (b) 5.515 Å,
(c) 4.503 Å, (d) 9.007 Å

1.9 (a) 0.228 gm/cm^3, (b) 0.296 gm/cm^3

1.11 (b) $a = 2.8$ Å, (c) 2.28×10^{22} cm^{-3} for both
Na and Cl, (d) 2.21 gm/cm^3

1.13 (a) For A and B atoms, 4.687×10^{14} cm^{-2},
(b) For A and B atoms, 3.315×10^{14} cm^{-2}

1.15 (a) (i) See Figure 1.10b,
(ii) See Figure 1.10c,
(iii) Same as (110) plane,
(iv) Intercepts at $p = 2$, $q = 3$, $s = 6$;
(b) Directions perpendicular to planes

1.17 (634) plane

1.19 (a) (i) 4.47×10^{14} cm^{-2}, (ii) 3.16×10^{14} cm^{-2},
(iii) 2.58×10^{14} cm^{-2};
(b) (i) 4.47×10^{14} cm^{-2}, (ii) 6.32×10^{14} cm^{-2},
(iii) 2.58×10^{14} cm^{-2};
(c) (i) 8.94×10^{14} cm^{-2}, (ii) 6.32×10^{14} cm^{-2},
(iii) 1.03×10^{15} cm^{-2}

1.21 (a) 1.328×10^{22} cm^{-3},
(b) 3.148×10^{14} cm^{-2},
(c) 4.74 Å, (d) 5.14×10^{14} cm^{-2}, 3.87 Å

1.23 1.77×10^{23} cm^{-3}

1.25 (a) 1.542×10^{-7}, (b) 2.208×10^{-5}

1.27 $d/a_o = 116$

第 2 章

2.5 $\lambda = 0.254$ μm (gold), $\lambda = 0.654$ μm (cesium)

2.7 (a) (i) 11.2 Å, (ii) 3.54 Å, (iii) 1.12 Å; (b) 0.262 Å

2.9 10.3 keV

2.11 (a) 12.4 kV, (b) 0.11 Å

2.13 (a) (i) $\Delta p = 8.783 \times 10^{-26}$ kg·m/s,
(ii) $\Delta E = 1.31$ eV;
(b) (i) $\Delta p = 8.783 \times 10^{-26}$ kg·m/s,
(ii) $\Delta E = 5.55 \times 10^{-2}$ eV

2.15 (a) $\Delta t = 8.23 \times 10^{-16}$ s, (b) $\Delta p = 7.03 \times 10^{-25}$ kg·m/s

2.17 $|A| = \dfrac{1}{\sqrt{2}}$

2.19 (a) $P = 0.393$, (b) $P = 0.239$, (c) $P = 0.865$

2.21 (a) $P = 0.25$, (b) $P = 0.25$, (c) $P = 1$

2.23 (a) $\psi(x, t) = A \exp[-j(kx + \omega t)]$,
(b) $k = 8.097 \times 10^8$ m^{-1}, $\lambda = 7.76 \times 10^{-9}$ m,
$\omega = 7.586 \times 10^{13}$ rad/s

2.25 $E_1 = 6.69 \times 10^{-3}$ eV, $E_2 = 2.67 \times 10^{-2}$ eV,
$E_3 = 6.02 \times 10^{-2}$ eV

2.27 (a) $n = 7.688 \times 10^{29}$, (b) $E_{n+1} \approx 15$ mJ, (c) No

2.29 $\psi_1 = A \cos\left(\dfrac{\pi x}{a}\right)$, $\psi_2 = B \sin\left(\dfrac{2\pi x}{a}\right)$,
$\psi_3 = C \cos\left(\dfrac{3\pi x}{a}\right)$, $\psi_4 = D \sin\left(\dfrac{4\pi x}{a}\right)$

2.31 (a) $E_{n_x, n_y} = \dfrac{\hbar^2}{2m}\left(\dfrac{n_x^2 \pi^2}{a^2} + \dfrac{n_y^2 \pi^2}{b^2}\right)$

2.33 (a) $\psi_1(x) = B_1 \exp(-jk_1 x)$, $k_1 = \sqrt{\dfrac{2mE}{\hbar^2}}$;
$\psi_2(x) = A_2 \exp(jk_2 x) + B_2 \exp(-jk_2 x)$,
$k_2 = \sqrt{\dfrac{2m}{\hbar^2}(E - V_O)}$
(b) $R = \left(\dfrac{k_2 - k_1}{k_2 + k_1}\right)^2$, $T = \dfrac{4k_1 k_2}{(k_1 + k_2)^2}$

2.35 (a) $T = 0.0295$, (b) $T = 1.24 \times 10^{-5}$,
(c) $N = 1.357 \times 10^{10}$ cm^{-3}

2.37 (a) $T = 5.875 \times 10^{-7}$, (b) $a = 0.842 \times 10^{-14}$ m

2.39 $T = \dfrac{4k_1 k_3}{(k_1 + k_3)^2}$

2.41 $E_1 = -13.58$ eV, $E_2 = -3.395$ eV,
$E_3 = -1.51$ eV, $E_4 = -0.849$ eV

第 3 章

3.5 (b) (i) $\alpha a = \pi$, $\alpha a = 1.729\pi$;
(ii) $\alpha a = 2\pi$, $\alpha a = 2.617\pi$

3.9 (a) $\Delta E = 0.559$ eV, (b) $\Delta E = 2.15$ eV

3.11 (a) $\Delta E = 1.005$ eV, (b) $\Delta E = 3.635$ eV

3.13 $m^*(A) < m^*(B)$

3.15 A,B: velocity = $-x$ direction;
C,D: velocity = $+x$ direction;
B,C: positive mass; A,D: negative mass

3.17 A: $m^* = -0.976 m_o$; B: $m^* = -0.0813 m_o$

3.21 (a) $m_{dn}^* = 0.56 m_o$, (b) $m_{cn}^* = 0.12 m_o$

3.25 $g(E) = \dfrac{1}{\hbar \pi}\sqrt{\dfrac{2m_n^*}{E}} = \dfrac{1.055 \times 10^{18}}{\sqrt{E}}$ m^{-3} J^{-1}

3.27 (a) (i) $g_v = 4.12 \times 10^{19}$ cm^{-3},
(ii) $g_v = 6.34 \times 10^{19}$ cm^{-3};

(b) (i) $g_v = 3.27 \times 10^{19}$ cm^{-3},
　　(ii) $g_v = 5.03 \times 10^{19}$ cm^{-3}

3.29　(a) 2.68, (b) 0.0521

3.31　(a) 120; (b) (i) 66, (ii) 495

3.33　(a) 0.269, (b) 6.69 $\times 10^{-3}$, (c) 4.54 $\times 10^{-5}$

3.35　$E_F = \dfrac{E_c + E_v}{2} = E_{\text{midgap}}$

3.37　(a) $E_F = 2.35$ eV, (b) $E_F = 5.746$ eV

3.39　(a) $E_1 = E_F + 4.6kT$, (b) $f(E_1) \approx 0.01$

3.41　(a) 0.00304, (b) 0.1496, (c) 0.997, (d) 0.50

3.43　(a) At $E = E_1$, $f(E) = 9.3 \times 10^{-6}$;
　　At $E = E_2$, $1 - f(E) = 1.66 \times 10^{-19}$
　　(b) At $E = E_1$, $f(E) = 7.88 \times 10^{-18}$;
　　At $E = E_2$, $1 - f(E) = 1.96 \times 10^{-7}$

3.45　(a) Si: $f(E) = 4.07 \times 10^{-10}$; Ge: $f(E) = 2.93 \times 10^{-6}$;
　　GaAs: $f(E) = 1.24 \times 10^{-12}$;
　　(b) Same values as part (a)

3.47　(a) $\Delta E = 0.1017$ eV, (b) $\Delta E = 0.2034$ eV

第 4 章

4.1　(a) $n_i = 7.68 \times 10^4$ cm^{-3}; 2.38×10^{12} cm^{-3};
　　9.74×10^{14} cm^{-3},
　　(b) $n_i = 2.16 \times 10^{10}$ cm^{-3}; 8.60×10^{14} cm^{-3};
　　3.82×10^{16} cm^{-3},
　　(c) $n_i = 1.38$ cm^{-3}; 3.28×10^9 cm^{-3};
　　5.72×10^{12} cm^{-3}

4.3　(a) $T \approx 367.5$ K, (b) $T \approx 417.5$ K

4.5　(a) 9.325×10^{-6}, (b) 4.43×10^{-4}, (c) 3.05×10^{-3}

4.7　0.0854

4.11　For $T = 200$ K, $E_{Fi} - E_{\text{midgap}} = -0.0086$ eV;
　　For $T = 400$ K, $E_{Fi} - E_{\text{midgap}} = -0.0171$ eV;
　　For $T = 600$ K, $E_{Fi} - E_{\text{midgap}} = -0.0257$ eV

4.13　$n_o = K \cdot kT \exp\left[\dfrac{-(E_c - E_F)}{kT}\right]$

4.15　$r_1 = 15.4$ Å, $E = 0.029$ eV

4.17　(a) 0.2148 eV, (b) 0.9052 eV, (c) 6.90 $\times 10^3$ cm^{-3},
　　(d) Holes, (e) 0.338 eV

4.19　(a) 0.2764 eV, (b) 2.414 $\times 10^{14}$ cm^{-3}, (c) p type

4.21　(a) $n_o = 6.86 \times 10^{15}$ cm^{-3}, $p_o = 7.84 \times 10^7$ cm^{-3};
　　(b) $E_c - E_F = 0.2153$ eV, $p_o = 7.04 \times 10^3$ cm^{-3}

4.23　(a) $n_o = 7.33 \times 10^{13}$ cm^{-3}, $p_o = 3.07 \times 10^6$ cm^{-3};
　　(b) $n_o = 8.80 \times 10^9$ cm^{-3}, $p_o = 3.68 \times 10^2$ cm^{-3}

4.25　(a) 0.2787 eV, (b) 0.8413 eV, (c) 1.134 $\times 10^9$ cm^{-3},
　　(d) Holes, (e) 0.2642 eV

4.27　(a) $p_o = 6.68 \times 10^{14}$ cm^{-3}, $n_o = 7.23 \times 10^4$ cm^{-3};
　　(b) $E_F - E_v = 0.3482$ eV, $n_o = 8.49 \times 10^9$ cm^{-3}

4.29　0.0777 eV

4.31　$E = E_c + \dfrac{1}{2} kT$, $E = E_v - \dfrac{1}{2} kT$

4.35　(a) $p_o = 3 \times 10^{15}$ cm^{-3}, $n_o = 1.08 \times 10^{-3}$ cm^{-3};
　　(b) $n_o = 3 \times 10^{16}$ cm^{-3}, $p_o = 1.08 \times 10^{-4}$ cm^{-3};
　　(c) $n_o = p_o = 1.8 \times 10^6$ cm^{-3};
　　(d) $p_o = 4 \times 10^{15}$ cm^{-3}, $n_o = 1.44 \times 10^2$ cm^{-3};

(e) $n_o = 10^{14}$ cm^{-3}, $p_o = 1.48 \times 10^7$ cm^{-3}

4.37　(a) $\dfrac{n_d}{N_d} = 8.85 \times 10^{-4}$, (b) $f_F(E) = 2.87 \times 10^{-5}$

4.39　(a) n type; (b) $n_o = 8 \times 10^{14}$ cm^{-3},
　　$p_o = 2.81 \times 10^5$ cm^{-3};
　　(c) $N'_a = 4.8 \times 10^{15}$ cm^{-3}, $n_o = 5.625 \times 10^4$ cm^{-3}

4.41　$n_o = 6.88 \times 10^{11}$ cm^{-3}, $p_o = 2.75 \times 10^{12}$ cm^{-3},
　　$N_a = 2.064 \times 10^{12}$ cm^{-3}

4.45　$n_i = 5.74 \times 10^{13}$ cm^{-3}, $p_o = 3 \times 10^{13}$ cm^{-3}

4.47　(a) n type; (b) $n_o = 1.125 \times 10^{16}$ cm^{-3},
　　$p_o = 2 \times 10^4$ cm^{-3};
　　(c) $N_d = 1.825 \times 10^{16}$ cm^{-3}

4.49　For 10^{14} cm^{-3}, $E_c - E_F = 0.3249$ eV,
　　$E_F - E_{Fi} = 0.2280$ eV;
　　10^{15} cm^{-3}, $E_c - E_F = 0.2652$ eV,
　　$E_F - E_{Fi} = 0.2877$ eV;
　　10^{16} cm^{-3}, $E_c - E_F = 0.2056$ eV,
　　$E_F - E_{Fi} = 0.3473$ eV,
　　10^{17} cm^{-3}, $E_c - E_F = 0.1459$ eV,
　　$E_F - E_{Fi} = 0.4070$ eV

4.51　$T = 200$ K, $E_{Fi} - E_F = 0.4212$ eV,
　　$T = 400$ K, $E_{Fi} - E_F = 0.2465$ eV,
　　$T = 600$ K, $E_{Fi} - E_F = 0.0630$ eV

4.53　(a) $E_{Fi} - E_{\text{midgap}} = +0.0447$ eV;
　　(b) (i) Acceptors, (ii) $N_a = 1.97 \times 10^{13}$ cm^{-3}

4.55　(a) (i) $E_c - E_F = 0.2188$ eV,
　　(ii) $N'_d = 1.031 \times 10^{16}$ cm^{-3};
　　(b) (i) $E_c - E_F = 0.1594$ eV,
　　(ii) $N'_d = 1.718 \times 10^{15}$ cm^{-3}

4.57　Add acceptors, $N_a = 4 \times 10^{15}$ cm^{-3}

4.59　(a) 0.2009 eV, (b) 1.360 eV, (c) 0.7508 eV,
　　(d) 0.2526 eV, (e) 1.068 eV

第 5 章

5.1　(a) $\rho = 4.808$ Ω·cm, (b) $\sigma = 0.208$(Ω·cm)$^{-1}$

5.3　(a) $N_d \approx 6 \times 10^{16}$ cm^{-3}, $\mu_n \approx 1050$ cm^2/V·s;
　　(b) $N_a \approx 10^{17}$ cm^{-3}, $\mu_p \approx 320$ cm^2/V·s

5.5　$\mu_n = 1116$ cm^2/V·s

5.7　(a) $R = 100$ Ω, (b) $\sigma = 0.01$(Ω·cm)$^{-1}$,
　　(c) $N_d = 4.63 \times 10^{15}$ cm^{-3},
　　(d) $N_a = 1.13 \times 10^{15}$ cm^{-3}

5.9　(a) $L = 0.0256$ cm, (b) $v_d = 1.56 \times 10^6$ cm/s,
　　(c) $I = 80$ mA

5.11　(a) Si: $t_t = 8.33 \times 10^{-11}$ s, GaAs: $t_t = 1.33 \times 10^{-11}$ s;
　　(b) Si: $t_t = 1.05 \times 10^{-11}$ s, GaAs: $t_t = 1.43 \times 10^{-11}$ s

5.13　(a) $p_o \approx 1.3 \times 10^{17}$ cm^{-3}, $n_o \approx 2.49 \times 10^{-5}$ cm^{-3};
　　(b) $n_o \approx 5.79 \times 10^{14}$ cm^{-3}, $p_o \approx 3.89 \times 10^5$ cm^{-3}

5.15　(a) (i) 4.39 $\times 10^{-6}$ (Ω·cm)$^{-1}$,
　　(ii) 2.23 $\times 10^{-2}$ (Ω·cm)$^{-1}$,
　　(iii) 2.56 $\times 10^{-9}$ (Ω·cm)$^{-1}$;
　　(b) (i) 5.36 $\times 10^9$ Ω, (ii) 1.06 $\times 10^6$ Ω,
　　(iii) 9.19 $\times 10^{12}$ Ω

5.17 $\sigma_{avg} = 3.97 \ (\Omega \cdot cm)^{-1}$

5.21   (a) $J = 1.60 \ A/cm^2$, (b) $T \approx 456 \ K$

5.23   (a) n type: $n_o = 5 \times 10^{16} \ cm^{-3}$, $p_o = 4.5 \times 10^3 \ cm^{-3}$;
         p type: $p_o = 2 \times 10^{16} \ cm^{-3}$,
         $n_o = 1.125 \times 10^4 \ cm^{-3}$; compensated:
         $n_o = 3 \times 10^{16} \ cm^{-3}$, $p_o = 7.5 \times 10^3 \ cm^{-3}$;
         (b) n type: $\mu_n \approx 1100 \ cm^2/V \cdot s$;
         p type: $\mu_p \approx 400 \ cm^2/V \cdot s$;
         compensated: $\mu_n \approx 1000 \ cm^2/V \cdot s$;
         (c) n type: $\sigma = 8.8 \ (\Omega \cdot cm)^{-1}$;
         p type: $\sigma = 1.28 \ (\Omega \cdot cm)^{-1}$;
         compensated: $\sigma = 4.8 \ (\Omega \cdot cm)^{-1}$;
         (d) n type: E = 13.6 V/cm;
         p type: E = 93.75 V/cm;
         compensated: E = 25 V/cm

5.25   (a) $2388 \ cm^2/V \cdot s$, (b) $844 \ cm^2/V \cdot s$

5.29 $n(0) = 0.25 \times 10^{14} \ cm^{-3}$

5.31   (a) $n(x_1) = 1.67 \times 10^{14} \ cm^{-3}$,
         (b) $n(x_1) = 8.91 \times 10^{14} \ cm^{-3}$

5.33 $J_{Total} = -18 \ A/cm^2$

5.35 $E = 14.5 - 26 \exp\left(\dfrac{x}{18}\right) \ V/cm$

5.37   (a) $n(x) = 6.51 \times 10^{15} - (3.255 \times 10^{15}) \exp\left(\dfrac{-x}{d}\right) cm^{-3}$;
         (b) $n(0) = 3.26 \times 10^{15} \ cm^{-3}$,
         $n(50) = 6.19 \times 10^{15} \ cm^{-3}$;
         (c) $J_{drf} = 95.08 \ A/cm^2$, $J_{diff} = 4.92 \ A/cm^2$

5.39   (a) $E = \dfrac{24.1}{\left(\dfrac{x}{L} - 1\right)}$, (b) $E = \dfrac{13.4}{\left(1 - \dfrac{x}{L}\right)}$

5.41 $V = -2.73 \ mV$

5.43   (a) $J_{diff} = -(1.24 \times 10^5) \exp\left(-\dfrac{x}{L}\right) \ A/cm^2$,
         (b) $E = 2.59 \times 10^3 \ V/cm$

5.45   (a) (i) $29.8 \ cm^2/s$, (ii) $160.6 \ cm^2/s$;
         (b) (i) $308.9 \ cm^2/V \cdot s$, (ii) $1351 \ cm^2/V \cdot s$

5.47   (a) $V_H = -0.3125 \ mV$, (b) $E_H = -1.56 \times 10^{-2} \ V/cm$,
         (c) $\mu_n = 3125 \ cm^2/V \cdot s$

5.49   (a) $V_H = -0.825 \ mV$, (b) n type,
         (c) $n = 4.92 \times 10^{15} \ cm^{-3}$, (d) $\mu_n = 1015 \ cm^2/V \cdot s$

第 6 章

6.1   (a) $n_o = 5 \times 10^{15} \ cm^{-3}$, $p_o = 4.5 \times 10^4 \ cm^{-3}$;
        (b) $R' = 5 \times 10^{20} \ cm^{-3} \ s^{-1}$

6.3   (a) $\tau_{n0} = 8.89 \times 10^{+6} \ s$,
        (b) $G = 1.125 \times 10^9 \ cm^{-3} \ s^{-1}$,
        (c) $G = R = 1.125 \times 10^9 \ cm^{-3} \ s^{-1}$

6.7 $\dfrac{\partial F_p^+}{\partial x} = -2 \times 10^{19} \ cm^{-3} \ s^{-1}$

6.9   (a) $\mu' = \mu_n \approx 1300 \ cm^2/V \cdot s$;
        (b) $D' = D_n = 33.67 \ cm^2/s$;
        (c) $\tau_{nt} = \tau_{nO} = 10^{-7} \ s$, $\tau_{pt} = 2.18 \times 10^4 \ s$

6.13   (a) For $0 \leq t \leq 10^{-6} \ s$:
         $\delta n = \delta p = (2 \times 10^{14})\left[1 - \exp\left(\dfrac{-t}{\tau_{pO}}\right)\right] cm^{-3}$,

For $t \geq 10^{-6} \ s$:
$\delta n = \delta p = (2 \times 10^{14}) \exp\left[\dfrac{-(t - 10^{-6})}{\tau_{pO}}\right] cm^{-3}$;
(b) For $0 \leq t \leq 10^{-6} \ s$:
$\sigma = 6.0 + 0.250\left[1 - \exp\left(\dfrac{-t}{\tau_{pO}}\right)\right] (\Omega \cdot cm)^{-1}$,
For $t \geq 10^{-6} \ s$:
$\sigma = 6.0 + 0.250 \exp\left[\dfrac{-(t - 10^{-6})}{\tau_{pO}}\right] (\Omega \cdot cm)^{-1}$

6.15   (a) $\tau_{nO} = 2.5 \times 10^{-7} \ s$;
         (b) $\delta n = \delta p = (5 \times 10^{14})\left[1 - \exp\left(\dfrac{-t}{\tau_{nO}}\right)\right] cm^{-3}$,
         $R' = (2 \times 10^{21})\left[1 - \exp\left(\dfrac{-t}{\tau_{nO}}\right)\right] cm^{-3} \ s^{-1}$;
         (c) (i) $7.19 \times 10^{-8} \ s$, (ii) $1.73 \times 10^{-7} \ s$,
         (iii) $3.47 \times 10^{-7} \ s$, (iv) $7.49 \times 10^{-7} \ s$

6.17   (a) (i) For $0 \leq t \leq 5 \times 10^{-7} \ s$:
         $\delta p = (2.5 \times 10^{14})\left[1 - \exp\left(\dfrac{-t}{\tau_{pO}}\right)\right] cm^{-3}$,
         For $t \geq 5 \times 10^{-7} \ s$:
         $\delta p = (1.58 \times 10^{14}) \exp\left[\dfrac{-(t - 5 \times 10^{-7})}{\tau_{pO}}\right] cm^{-3}$;
         (ii) At $t = 5 \times 10^{-7} \ s$: $\delta p = 1.58 \times 10^{14} \ cm^{-3}$;
         (b) (i) For $0 \leq t \leq 2 \times 10^{-6} \ s$:
         $\delta p = (2.5 \times 10^{14})\left[1 - \exp\left(\dfrac{-t}{\tau_{pO}}\right)\right] cm^{-3}$,
         For $t \geq 2 \times 10^{-6} \ s$:
         $\delta p = (2.454 \times 10^{14}) \exp\left[\dfrac{-(t - 2 \times 10^{-6})}{\tau_{pO}}\right] cm^{-3}$;
         (ii) At $t = 2 \times 10^{-6} \ s$: $\delta p = 2.454 \times 10^{14} \ cm^{-3}$

6.19   (a) $\delta n = \delta p = (2 \times 10^{14}) \exp\left(\dfrac{-x}{L_n}\right) cm^{-3}$,
         $L_n = 5.575 \times 10^{-3} \ cm$;
         (b) $J_n = -0.1784 \exp\left(\dfrac{-x}{L_n}\right) \ A/cm^2$,
         $J_p = +0.1784 \exp\left(\dfrac{-x}{L_n}\right) \ A/cm^2$

6.21 $\delta n(x) = (5 \times 10^{14}) \exp\left(\dfrac{-x}{L_n}\right) cm^{-3}$, $L_n = 5 \times 10^{-3} \ cm$;
         $J_n(x) = -0.4 \exp\left(\dfrac{-x}{L_n}\right) \ A/cm^2$,
         $J_p(x) = +0.4 \exp\left(\dfrac{-x}{L_n}\right) \ A/cm^2$

6.25   For $0 \leq t \leq T$: $\delta n = G_o' t$,
         For $t \geq T$: $\delta n = G_o' T$

6.27 $\mu_p = 390.6 \ cm^2/V \cdot s$, $D_p = 10.42 \ cm^2/s$

6.31   (a) $E_{Fi} - E_F = 0.3294 \ eV$;
         (b) $E_{Fn} - E_{Fi} = 0.2697 \ eV$, $E_{Fi} - E_{Fp} = 0.3318 \ eV$

6.33   (a) $\delta n = \delta p = 5.05 \times 10^{14} \ cm^{-3}$;
         (b) $E_{Fi} - E_{Fp} = 0.3362 \ eV$;
         (c) (i) $E_F - E_{Fp} = kT \ln\left(\dfrac{p_o + \delta p}{p_o}\right)$,
         (ii) $E_F - E_{Fp} = 2.093 \ meV$

6.39   (a) $R = \dfrac{-n_i}{\tau_{pO} + \tau_{nO}}$

6.41   (a) (i) $\delta p = 10^{14} \ cm^{-3}$,
         (ii) $\delta p = 10^{14}\left[1 - 0.167 \exp\left(\dfrac{-x}{L_p}\right)\right] cm^{-3}$,
         (iii) $\delta p = 10^{14}\left[1 - \exp\left(\dfrac{-x}{L_p}\right)\right] cm^{-3}$, $L_p = 10^{-3} \ cm$;
         (b) (i) $\delta p(0) = 10^{14} \ cm^{-3}$,
         (ii) $\delta p(0) = 0.833 \times 10^{14} \ cm^{-3}$,
         (iii) $\delta p(0) = 0$

6.43   (a) $\delta p(x) = 10^{18}(20 \times 10^{-4} - x) \ cm^{-3}$,
         (b) $\delta p(x) = 10^{18}(70 \times 10^{-4} - x) \ cm^{-3}$

第 7 章

7.1 (a) (i) 0.611 V, (ii) 0.671 V, (iii) 0.731 V;
(b) (i) 0.731 V, (ii) 0.790 V, (iii) 0.850 V

7.3 (a) For $N_a = N_d = 10^{14}$ cm^{-3}, $V_{bi} = 0.4561$ V
　　　　　　　　10^{15} cm^{-3},　　0.5754 V
　　　　　　　　10^{16} cm^{-3},　　0.6946 V
　　　　　　　　10^{17} cm^{-3},　　0.8139 V
(b) For $N_a = N_d = 10^{14}$ cm^{-3}, $V_{bi} = 0.9237$ V
　　　　　　　　10^{15} cm^{-3},　　1.043 V
　　　　　　　　10^{16} cm^{-3},　　1.162 V
　　　　　　　　10^{17} cm^{-3},　　1.282 V
(c) Silicon:
　　For $N_a = N_d = 10^{14}$ cm^{-3}, $V_{bi} = 0.2582$ V
　　　　　　　　10^{15} cm^{-3},　　0.4172 V
　　　　　　　　10^{16} cm^{-3},　　0.5762 V
　　　　　　　　10^{17} cm^{-3},　　0.7353 V
　　GaAs:
　　For $N_a = N_d = 10^{14}$ cm^{-3}, $V_{bi} = 0.7129$ V
　　　　　　　　10^{15} cm^{-3},　　0.8719 V
　　　　　　　　10^{16} cm^{-3},　　1.031 V
　　　　　　　　10^{17} cm^{-3},　　1.190 V

7.5 (a) n side: $E_F - E_{Fi} = 0.3653$ eV,
　　p side: $E_{Fi} - E_F = 0.3653$ eV;
(b) $V_{bi} = 0.7306$ V;
(c) $V_{bi} = 0.7305$ V;
(d) $x_n = 0.154$ μm, $x_p = 0.154$ μm,
　　$|E_{max}| = 4.75 \times 10^4$ V/cm

7.7 For $T = 200$ K, $V_{bi} = 1.257$ V
　　　　　300 K,　　1.157 V
　　　　　400 K,　　1.023 V

7.9 (a) $V_{bi} = 0.635$ V;
(b) $x_n = 0.864$ μm, $x_p = 0.0864$ μm;
(d) $|E_{max}| = 1.34 \times 10^4$ V/cm

7.11 $T \approx 380$ K

7.13 (a) $V_{bi} = 0.456$ V,
(b) $x_n = 2.43 \times 10^{-7}$ cm,
(c) $x_p = 2.43 \times 10^{-3}$ cm,
(d) $|E_{max}| = 3.75 \times 10^2$ V/cm

7.17 (a) $V_{bi} = 0.8081$ V;
(b) $x_n = 0.2987$ μm,
　　$x_p = 0.0597$ μm, $W = 0.3584$ μm;
(c) $|E_{max}| = 1.85 \times 10^5$ V/cm;
(d) $C = 5.78$ pF

7.19 (a) $\Delta V_{bi} = 0.02845$ V, (b) 1.732

7.21 (a) 3.13, (b) 0.316, (c) 0.319

7.23 $V_{R2} = 2.58$ V

7.25 (a) $L = 3.306$ mH;
(b) (i) $f = 0.794$ MHz, (ii) $f = 1.069$ MHz

7.27 (a) $N_a = 6.016 \times 10^{15}$ cm^{-3}, $N_d = 1.504 \times 10^{15}$ cm^{-3};
(b) $N_a = 1.19 \times 10^{16}$ cm^{-3}, $N_d = 2.976 \times 10^{15}$ cm^{-3}

7.29 (a) $V_R = 193$ V, (b) $x_n = 0.5$ μm,
(c) $|E_{max}| = 7.65 \times 10^4$ V/cm

7.31 (a) $N = 5.36 \times 10^{15}$ cm^{-3}, (b) $A = 7.56 \times 10^{-5}$ cm^2,
(c) $V_R = 2.96$ V

7.33 (a) $V_{bi} = V_t \ln\left[\dfrac{N_{aO} N_{dO}}{n_i^2}\right]$;
(c) p region: $E = \dfrac{-eN_{aO}}{\epsilon}(x + x_p)$;
　　n region: $0 < x < x_o$, $E = \dfrac{eN_{dO}x}{2\epsilon} - \dfrac{eN_{dO}}{\epsilon}$
　　$\times \left(x_n - \dfrac{x_o}{2}\right)$;
　　$x_o < x < x_n$, $E = \dfrac{-eN_{dO}}{\epsilon}(x_n - x)$

7.35 (a) $N_a = 1.29 \times 10^{16}$ cm^{-3},
(b) $N_a = 2.59 \times 10^{16}$ cm^{-3}

7.37 (a) $V_B \approx 75$ V, (b) $V_B \approx 450$ V

7.39 x_n(min) = 5.09 μm

7.41 (a) $V_R = 4.35 \times 10^3$ V, (b) $V_R = 1.74 \times 10^4$ V
(Note that breakdown is reached first in each case.)

第 8 章

8.1 (a) 60 mV, (b) 120 mV

8.3 (a) $p_n(x_n) = 4.0 \times 10^{11}$ cm^{-3}, $n_p(-x_p) = 1.0 \times 10^{11}$ cm^{-3};
(b) $p_n(x_n) = 9.03 \times 10^{14}$ cm^{-3}, $n_p(-x_p) = 2.26 \times 10^{14}$ cm^{-3};
(c) $p_n(x_n) \approx 0$, $n_p(-x_p) \approx 0$

8.5 (a) $I_n = 1.85$ mA, (b) $I_p = 4.52$ mA, (c) $I = 6.37$ mA

8.7 (a) $I = 0.244$ mA, (b) $I = -1.568 \times 10^{-8}$ A

8.9 $V = -59.6$ mV

8.11 (a) $\dfrac{N_d}{N_a} = 12.73$, (b) $\dfrac{N_d}{N_a} = 0.354$

8.15 (a) p side: $E_{Fi} - E_F = 0.329$ eV, n side:
　　$E_F - E_{Fi} = 0.407$ eV;
(b) $I_S = 4.426 \times 10^{-15}$ A, $I = 1.07$ μA;
(c) $\dfrac{I_p}{I} = 0.0741$

8.17 (a) $\delta p_n(x) = (3.81 \times 10^{14}) \exp\left(\dfrac{-x}{2.83 \times 10^{-4}}\right)$ cm^{-3},
(b) $J_p = 0.597$ A/cm^2, (c) $J_n = 1.39$ A/cm^2

8.19 (a) $N_p = 1.51 \times 10^4$, $N_n = 2.41 \times 10^3$;
(b) $N_p = 7.17 \times 10^5$, $N_n = 1.15 \times 10^5$;
(c) $N_p = 3.40 \times 10^7$, $N_n = 5.45 \times 10^6$

8.21 (b) (i) $\dfrac{I_S(400)}{I_S(300)} = 1383$, (ii) $\dfrac{I_S(400)}{I_S(300)} = 1.17 \times 10^5$

8.23 $T \approx 502$ K, reverse-biased current

8.29 (a) $T \approx 567$ K, $I_S = I_{gen} = 2.314$ μA;
(b) $V_a = 0.5366$ V

8.31 $V_a = 0.4$ V: $I_d = 7.64 \times 10^{-16}$ A, $I_{rec} = 1.35 \times 10^{-10}$ A;
　　　　0.6 V:　　1.73×10^{-12} A,　　6.44×10^{-9} A;
　　　　0.8 V:　　3.90×10^{-9} A,　　3.06×10^{-7} A;
　　　　1.0 V:　　8.80×10^{-6} A,　　1.45×10^{-5} A;
　　　　1.2 V:　　1.99×10^{-2} A,　　6.90×10^{-4} A

8.35 $J_{gen} = 1.5 \times 10^{-3}$ A/cm^2

8.37 (a) $r_d = 21.6$ Ω, $C_d = 11.6$ nF;

(b) $r_d = 216\ \Omega$, $C_d = 1.16$ nF

8.39 For 10 kHz, $Z = 25.9 - j0.0814$;
For 100 kHz, $Z = 25.9 - j0.814$;
For 1 MHz, $Z = 23.6 - j7.41$;
For 10 MHz, $Z = 2.38 - j7.49$

8.41 $\tau_{p0} = 1.3 \times 10^{-7}$ s; $C_d = 2.5 \times 10^{-9}$ F

8.43 (a) $R = 72.3\ \Omega$, $I = 1.38$ mA

8.45 (a) $V_a = 0.4896$ V, (b) $V_a = 0.4733$ V

8.47 (a) $\frac{t_s}{\tau_{pO}} = 0.956$, (b) $\frac{t_s}{\tau_{pO}} = 0.228$

8.49 2.21×10^{-7} s

第 9 章

9.1 (c) $\phi_n = 0.206$ V, $\phi_{B0} = 0.27$ V,
$V_{bi} = 0.064$ V, $|E_{max}| = 1.41 \times 10^4$ V/cm,
(d) $\phi_{Bn} = 0.55$ V, $|E_{max}| = 3.26 \times 10^4$ V/cm

9.3 (a) ϕ_{BO} 1.09 V;
(b) $V_{bi} = 0.8844$ V;
(c) (i) $x_n = 0.4939\ \mu m$, $|E_{max}| = 7.63 \times 10^4$ V/cm;
(ii) $x_n = 0.8728\ \mu m$, $|E_{max}| = 1.35 \times 10^5$ V/cm

9.5 (b) $\phi_n = 0.1177$ V;
(c) $V_{bi} = 0.7623$ V;
(d) (i) $x_n = 0.7147\ \mu m$, $|E_{max}| = 4.93 \times 10^4$ V/cm,
(ii) $x_n = 1.292\ \mu m$, $|E_{max}| = 8.92 \times 10^4$ V/cm

9.7 (a) $V_{bi} = 0.90$ V, (b) $N_d = 1.05 \times 10^{16}$ cm^{-3},
(c) $\phi_n = 0.0985$ V, (d) $\phi_{Bn} = 0.9985$ V

9.13 $D_{it}' = 4.97 \times 10^{11}$ cm^{-2} eV^{-1}

9.15 (a) $\phi_{BO} \approx 0.63$ V; (i) 0.151 V, (ii) 0.211 V,
(iii) 0.270 V;
(b) (i) 0.0654 V, (ii) 0.1317 V, (iii) 0.201 V

9.21 pn junction: (a) 0.678 V, (b) 0.718 V, (c) 0.732 V;
Schottky junction: (a) 0.447 V, (b) 0.487 V,
(c) 0.501 V

9.23 pn junction: (a) 0.691 V, (b) $I = 120$ mA;
Schottky junction: (a) 0.445 V, (b) $I = 53.3$ mA

9.25 (a) $R = 0.1\ \Omega$, (b) $R = 1\ \Omega$, (c) $R = 10\ \Omega$

9.27 (a) $\phi_{Bn} = 0.258$ V, (b) $\phi_{Bn} = 0.198$ V

9.29 $N_d = 3.5 \times 10^{18}$ cm^{-3}

9.33 $|\Delta E_c| = 0.17$ eV

第 10 章

10.1 (a) p type, inversion;
(b) p type, depletion;
(c) p type, accumulation;
(d) n type, inversion

10.3 (a) $N_d = 8.38 \times 10^{14}$ cm^{-3}, (b) $\phi_s = 0.566$ V

10.5 $\phi_{ms} = -0.9932$ V

10.7 (a) $V_{FB} = -1.04$ V, (b) $V_{FB} = -1.012$ V

10.9 $Q_{ss}'/e = 1.2 \times 10^{10}$ cm^{-2}

10.11 (a) $V_{TP} = -1.20$ V, (b) $V_{TP} = +0.210$ V,
(c) $V_{TP} = -1.08$ V

10.13 $N_a \approx 4 \times 10^{16}$ cm^{-3}

10.15 $N_d \approx 5 \times 10^{14}$ cm^{-3}

10.17 (a) $t_C = 0.863\ \mu m$, (b) $V_T = -1.07$ V

10.23 (a) $C_{ox} = 2.876 \times 10^{-7}$ F/cm^2,
$C_{FB}' = 1.346 \times 10^{-7}$ F/cm^2,
$C_{min}' = 3.083 \times 10^{-8}$ F/cm^2,
$C'(\text{inv}) = 2.876 \times 10^{-7}$ F/cm^2;
(b) C_{ox}, C_{FB}', and C_{min}' unchanged from part (a),
$C'(\text{inv}) = 3.083 \times 10^{-8}$ F/cm^2;
(c) $V_{FB} \approx -1.10$ V, $V_T = -0.2385$ V

10.29 (b) $V_{FB} = -0.695$ V;
(c) (i) For $V_G = +3$ V, $V_{ox} = 0.359$ V

10.31 Point 1: Inversion, 2: Threshold, 3: Depletion,
4: Flat band, 5: Accumulation

10.33 (a) 0.0864 mA, (b) 0.1152 mA, (c) 0.1152 mA,
(d) 0.4608 mA

10.35 (a) $\frac{W}{L} = 9.26$, (b) $I_D = 3.06$ mA, (c) $I_D = 0.271$ mA

10.37 (a) $V_{GS} = 0.6$ V, $I_D(\text{sat}) = 0.025$ mA
1.2 V,   0.625 mA
1.8 V,   2.025 mA
2.4 V,   4.225 mA
(c) $V_{GS} = 0.6$ V, $I_D = 0.0222$ mA
1.2 V,   0.156 mA
1.8 V,   0.289 mA
2.4 V,   0.422 mA

10.39 (a) $V_{GS} = 0$ V, $I_D(\text{sat}) = 0.711$ mA
0.8 V,   2.84 mA
1.6 V,   6.40 mA

10.43 For $V_{SG} < 0.35$ V, $g_d = 0$;
For $V_{SG} > 0.35$ V, $g_d = 2(0.961)(V_{SG} - 0.35)$

10.45 $V_T \approx 0.2$ V, $\mu_n = 342$ cm^2/V·s

10.47 (a) (i) $k_n' = 86.29\ \mu$A/V^2, (ii) $\frac{W}{L} = 7.24$;
(b) (i) $k_p' = 40.27\ \mu$A/V^2, (ii) $\frac{W}{L} = 15.5$

10.49 (a) $g_{mL} = 0.192$ mA/V, (b) $g_{ms} = 2.21$ mA/V

10.51 $V_{TO} = 0.386$ V

10.53 (a) $V_T = -0.357$ V, (b) $V_{SB} = 5.43$ V

10.55 (a) $r_s = 198\ \Omega$, (b) 12% reduction

10.57 (a) $f_T = 3.18$ GHz, (b) $f_T = 0.83$ GHz

第 11 章

11.1 $I_D = 10^{-15} \exp\left(\dfrac{V_{GS}}{(2.1)V_t}\right)$, $I_T = (10^6)I_D$,
$P = I_T \cdot V_{DD}$; for $V_{GS} = 0.5$ V,
$I_D = 9.83$ pA, $I_T = 9.83\ \mu$A,
$P = 49.2\ \mu$W; for $V_{GS} = 0.7$ V,
$I_D = 0.388$ nA, $I_T = 0.388$ mA,
$P = 1.94$ mW; for $V_{GS} = 0.9$ V,
$I_D = 15.4$ nA, $I_T = 15.4$ mA, $P = 77$ mW

11.3 (a) $\Delta L = 0.1413\ \mu m$, (b) $\Delta L = 0.2816\ \mu m$,
(c) $\Delta L = 0.0346\ \mu m$, (d) $\Delta L = 0.1749\ \mu m$

11.5 (a) (i) $\Delta L = 0.0735\ \mu m$, (ii) $\Delta L = 0.1303\ \mu m$,
(iii) $\Delta L = 0.2205\ \mu m$;
(b) $L = 1.84\ \mu m$

11.7 (a) (i) $I_D = 75.94$ μA, (ii) $I_D' = 78.22$ μA,

(iii) $r_o = 658$ kΩ;

(b) (i) $I_D = 0.30375$ mA, (ii) $I_D' = 0.3129$ mA,

(iii) $r_o = 165$ kΩ

11.9 (a) Assume V_{DS}(sat) = 1 V; then

$L = 3$ μm ⟹ $E_{sat} = 3.33 \times 10^3$ V/cm

$L = 1$ μm ⟹ $E_{sat} = 10^4$ V/cm

$L = 0.5$ μm ⟹ $E_{sat} = 2 \times 10^4$ V/cm

(b) Assume $\mu_n = 500$ cm²/V·s, $\nu = \mu_n E_{sat}$,

$L = 3$ μm ⟹ $\nu = 1.67 \times 10^6$ cm/s

$L = 1$ μm ⟹ $\nu = 5 \times 10^6$ cm/s

$L \leq 0.5$ μm ⟹ $\nu \approx 10^7$ cm/s

11.13 (a) (i) $I_D = 0.7175$ mA, (ii) $I_D = 1.23$ mA,

(iii) $I_D = 1.409$ mA, (iv) $I_D = 1.64$ mA;

(b) (i) $I_D = 0.552$ mA, (ii) $I_D = 1.10$ mA,

(iii) $I_D = 1.38$ mA, (iv) $I_D = 1.38$ mA;

(c) For (a), V_{DS}(sat) = 2 V; for (b), V_{DS}(sat) = 1.25 V

11.15 (a) Both bias conditions, $I_D \approx kI_D$,

(b) $P \approx k^2 P$

11.17 (a) (i) I_D(max) = 2.438 mA, (ii) I_D(max) = 1.298 mA;

(b) (i) P(max) = 7.314 mW, (ii) P(max) = 2.531 mW

11.19 $V_{TO} = 0.389$ V

11.25 $\Delta V_T \rightarrow k\Delta V_T$

11.27 $W = 1.11$ μm

11.29 $\Delta V_T \rightarrow k\Delta V_T$

11.31 (a) $t_{ox} = 400$ Å, (b) $t_{ox} = 600$ Å

11.33 Near punch-through, $V_{pt} = 2.08$ V;

Ideal punch-through, $V_{pt} = 4.9$ V

11.35 $L = 1.08$ μm

11.37 Donor ions, $D_I = 7.19 \times 10^{11}$ cm⁻²

11.39 (a) $V_{TO} = -0.0969$ V;

(b) Donor ions, $D_I = 3.63 \times 10^{11}$ cm⁻²

11.41 For $V_{SB} = 1$ V: $\Delta V_T = 0.0443$ V

3 V:　　　　0.0987 V

5 V:　　　　0.138 V

11.43 $\Delta V_T = -2.09$ V

第 12 章

12.3 (a) $I_S = 7.2 \times 10^{-15}$ A;

(b) (i) $I_C = 38.27$ μA, (ii) $I_C = 0.571$ mA,

(iii) $I_C = 8.519$ mA

12.5 (a) $\beta = 65.7$;

(b) (i) $I_B = 0.5828$ μA, $I_E = 38.85$ μA;

(ii) $I_B = 8.695$ μA, $I_E = 0.5797$ mA;

(iii) $I_B = 0.1297$ mA, $I_E = 8.649$ mA;

(c) $\beta = 165.7$;

(i) $I_B = 0.2310$ μA, $I_E = 38.50$ μA;

(ii) $I_B = 3.446$ μA, $I_E = 0.5744$ mA;

(iii) $I_B = 51.41$ μA, $I_E = 8.570$ mA

12.9 (a) $p_{EO} = 2.8125 \times 10^2$ cm⁻³,

$n_{BO} = 1.125 \times 10^4$ cm⁻³,

$p_{CO} = 2.25 \times 10^5$ cm⁻³;

(b) $n_B(0) = 6.064 \times 10^{14}$ cm⁻³,

$p_E(0) = 1.516 \times 10^{13}$ cm⁻³

12.11 (a) $V_{BE} = 0.6709$ V, (b) $p_E(0) = 5.0 \times 10^{13}$ cm⁻³

12.15 (a) 0.126%, (b) 11.32%

12.19 (b) $n_B(x_B) = 6.7 \times 10^{12}$ cm⁻³,

$p_C(0) = 9.56 \times 10^{13}$ cm⁻³;

(c) $x_B = 0.994$ μm

12.21 (a) (i) $\gamma = 0.993\ 05$, (ii) $\alpha_T = 0.990$,

(iii) $\delta = 0.990\ 167$, (iv) $\alpha = 0.97345$,

(v) $\beta = 36.7$;

(b) $I_{nC} = 0.4986$ mA, $I_{pE} = 1.38$ μA, $I_R = 1.39$ μA

12.23 (a) $J_{nE} = 1.779$ A/cm², $J_{pE} = 0.0425$ A/cm²,

$J_{nC} = 1.773$ A/cm², $J_R = 3.22 \times 10^{-3}$ A/cm²;

(b) $\gamma = 0.9767$, $\alpha_T = 0.9966$, $\delta = 0.9982$,

$\alpha = 0.9716$, $\beta = 34.2$

12.25 (b) (i) $\dfrac{\alpha_T(B)}{\alpha_T(A)} = 1$, (ii) $\dfrac{\alpha_T(C)}{\alpha_T(A)} = 1$

12.27 (a) $x_B/L_B = 0.01$: $\alpha_T = 0.999\ 95$, $\beta = 19,999$

0.10:　　　　0.995　　　　　199

1.0:　　　　0.648　　　　　1.84

10.0:　　　　≈ 0　　　　　≈ 0

(b) $N_B/N_E = 0.01$: $\gamma = 0.990$, $\beta = 99$

0.10:　　　　0.909　　　　　9.99

1.0:　　　　0.50　　　　　1.0

10.0:　　　　0.0909　　　　0.10

12.29 (a) Let $x_B = 0.80$ μm, then $N_E = 4.61 \times 10^{18}$ cm⁻³

(b) $\alpha_T = 0.999\ 30$, $\gamma = 0.996\ 56$

12.35 (a) (i) $r_o = 101.7$ kΩ, (ii) $g_o = 9.84 \times 10^{-6}$ (Ω)⁻¹,

(iii) $I_C = 1.22$ mA;

(b) (i) $r_o = 648$ kΩ, (ii) $g_o = 1.54 \times 10^{-6}$ (Ω)⁻¹,

(iii) $I_C = 0.253$ mA

12.37 (a) (i) $J_C = 52.16$ A/cm², (ii) $J_C = 57.18$ A/cm²,

(iii) $J_C = 61.85$ A/cm²

(b) $V_A = 38.4$ V

12.39 (a) $\Delta x_{dB} = 0.1188$ μm, (b) $\Delta I_C = 0.519$ mA,

(c) $V_A = 13.3$ V, (d) $r_o = 7.705$ kΩ

12.41 (a) $N_B = 1.83 \times 10^{15}$ cm⁻³,

(b) $N_B = 4.02 \times 10^{16}$ cm⁻³

12.43 $S = 1.42$ μm

12.45 (a) $BV_{BCO} \approx 180$ V, (b) $BV_{ECO} = 34.5$ V,

(c) $BV_{EB} \approx 19$ V

12.47 (a) $BV_{CBO} \approx 64$ V, (b) $V_{pt} = 70.0$ V

12.49 $x_{BO} = 0.1483$ μm

12.55 (a) (i) $\tau_e = 36.26$ ps, (ii) $\tau_b = 84.5$ ps,

(iii) $\tau_d = 22$ ps, (iv) $\tau_c = 0.72$ ps;

(b) $\tau_{ec} = 143.48$ ps;

(c) $f_T = 1.109$ GHz;

(d) $f_\beta = 8.87$ MHz

第 13 章

13.3 (a) (i) $V_{pO} = 3.312$ V, (ii) $V_p = -1.984$ V;

(b) (i) $a - h = 0.103$ μm, (ii) $a - h = 0.065$ μm,
(iii) $a - h = 0$;
(c) (i) $V_{DS}(\text{sat}) = 1.984$ V, (ii) $V_{DS}(\text{sat}) = 0.984$ V

13.5 (a) $N_a = 9.433 \times 10^{15}$ cm^{-3}, (b) $V_p = 1.47$ V,
(c) $V_{GS} = 0.347$ V, (d) $V_{SD} = 1.47$ V

13.7 (a) $a = 0.50$ μm;
(b) $V_{pO} = 3.86$ V;
(c) (i) $V_{SD}(\text{sat}) = 3.0$ V, (ii) $V_{SD}(\text{sat}) = 1.5$ V

13.9 (a) $a = 0.436$ μm;
(b) (i) $V_{pO} = 5.886$ V, (ii) $V_p = -5.0$ V

13.11 (a) $I_{p1} = 1.03$ mA;
(b) (i) $V_{DS}(\text{sat}) = 1.056$ V, (ii) $V_{DS}(\text{sat}) = 0.792$ V,
(iii) $V_{DS}(\text{sat}) = 0.528$ V, (iv) $V_{DS}(\text{sat}) = 0.264$ V;
(c) (i) $I_{D1} = 0.258$ mA, (ii) $I_{D1} = 0.141$ mA,
(iii) $I_{D1} = 0.061$ mA, (iv) $I_{D1} = 0.0148$ mA

13.13 (a) $G_{O1} = 2.69 \times 10^{-3}$ S;
(b) (i) $V_{DS}(\text{sat}) = 0.35$ V, (ii) $V_{DS}(\text{sat}) = 0.175$ V;
(c) (i) $I_{D1}(\text{sat}) = 50.6$ μA, (ii) $I_{D1}(\text{sat}) = 12.4$ μA

13.15 (a) $g_{ms}(\text{max}) = 0.295$ mS, (b) $g_{ms}(\text{max}) = 1.48$ mS

13.17 (a) $N_d = 8.1 \times 10^{15}$ cm^{-3}, (b) $V_T = 0.051$ V

13.19 (a) $V_T = -0.1103$ V, (b) $a = 0.2095$ μm

13.21 (a) $a = 0.26$ μm, $V_T = 0.092$ V;
(b) $V_{DS}(\text{sat}) = 0.258$ V

13.23 (a) $k_n = 1.206$ mA/V^2;
(b) (i) $I_{D1}(\text{sat}) = 12.06$ μA, (ii) $I_{D1}(\text{sat}) = 0.1085$ mA;
(c) (i) $V_{DS}(\text{sat}) = 0.10$ V, (ii) $V_{DS}(\text{sat}) = 0.30$ V

13.27 (a) $L = 2.333$ μm, (b) $L = 2.946$ μm

13.29 (a) $V_{DS} = 2$ V, (b) $h_{sat} = 0.306$ μm,
(c) $I_{D1}(\text{sat}) = 3.72$ mA, (d) $I_{D1}(\text{sat}) = 9.05$ mA

13.31 (a) $t_d = 5$ ps, (b) $t_d = 20$ ps

13.33 (a) $I_{DG} = 0.39$ pA, (b) $I_{DG} = 0.42$ pA,
(c) $I_{DG} = 0.50$ pA

13.35 $f_T = 9.76$ GHz

13.37 (a) $f_T = 8.74$ GHz, (b) $f_T = 35.0$ GHz

13.39 (a) $V_{\text{off}} = -2.07$ V, (b) $n_s = 3.25 \times 10^{12}$ cm^{-2}

13.41 $d = 251$ Å

第 14 章

14.1 (a) 1.11 μm, (b) 1.88 μm, (c) 0.873 μm,
(d) 0.919 μm

14.3 (a) (i) $\alpha \approx 9 \times 10^3$ cm^{-1}, (ii) 0.66;
(b) (i) $\alpha \approx 2.6 \times 10^4$ cm^{-1}, (ii) 0.875

14.5 (a) $I_{vO} = 0.733$ W/cm^2, (b) $d = 2.56$ μm

14.7 $E = 1.65$ eV, $\lambda = 0.75$ μm

14.11 (a) $V_{oc} = 0.4847$ V, (b) $V = 0.4383$ V,
(c) $P_m = 46.5$ mW, (d) $R_L = 3.65$ Ω

14.15 (a) $V_{oc} = 0.474$ V, (b) $P_m = 67.9$ mW,
(c) $R_L = 2.379$ Ω, (d) $P = 55.2$ mW

14.17 $\delta n_p = \dfrac{\alpha \Phi_o \tau_n}{\alpha^2 L_n^2 - 1}\left[\exp\left(\dfrac{-x}{L_n}\right) - \exp(-\alpha x)\right]$

14.19 (a) $I = 120$ mA, (b) $\delta p = 10^{14}$ cm^{-3},
(c) $\Delta\sigma = 2.56 \times 10^{-2}$ (Ω·cm)$^{-1}$,
(d) $I_L = 3.2$ mA, (e) $\gamma_{ph} = 3.33$

14.21 $I_L = 0.131$ μA

14.25 (a) $G_L(x) = (3.33 \times 10^{20})\exp[-(10^3)x]$ cm^{-3} s^{-1},
(b) $J_L = 53.3$ mA/cm^2

14.27 $d = 230$ μm

14.29 (a) (i) $E_g \approx 1.64$ eV, (ii) $\lambda = 0.756$ μm;
(b) (i) $E_g \approx 1.78$ eV, (ii) $\lambda = 0.697$ μm

14.31 $x \approx 0.38$, $E_g = 1.85$ eV

14.35 $\Delta\lambda = 5.08 \times 10^{-3}$ μm

第 15 章

15.1 See Figure 8.29

15.3 $f_r = 23.9$ MHz

15.5 (a) $E = 6 \times 10^3$ V/cm, (b) $v_d \approx 1.5 \times 10^7$ cm/s,
(c) $f = 10$ GHz

15.7 (a) (i) $V_{BE} = 0.5696$ V, (ii) $I_C = 0.640$ A;
(b) (i) $V_{BE} = 0.6234$ V, (ii) $I_C = 5.12$ A

15.9 $N_C \approx 2 \times 10^{14}$ cm^{-3}, base width = 3.16 μm,
collector width = 78.9 μm

15.11 (a) $\beta_B = 5.96$, (b) $I_{CA} = 3.23$ A

15.13 (a) $R_L = 3.60$ Ω, (b) $I_{C,\text{max}} = 3.33$ A

15.17 (a) Let $N_d = 10^{14}$ cm^{-3}, channel length = 4.86 μm,
drift region = 48.6 μm;
(b) Let $N_d = 10^{14}$ cm^{-3}, channel length = 3.08 μm,
drift region = 30.8 μm

15.19 (a) $R_L = 20$ Ω, $I_{D,\text{max}} = 3$ A;
(b) $V_{DD} = 42.4$ V

索　引